**量子数理シリーズ 3**
荒木不二洋／大矢雅則…監修

新井朝雄 著

# 物理学の数理

ニュートン力学から量子力学まで

丸善出版

# まえがき

　本書は，物理現象の根底に横たわる数学的諸原理とその展開の諸相を，基礎的な範囲に限定して，現代数理物理学的な観点から統一的・全体俯瞰的に論述したものである．対象とする分野は，ニュートン力学，解析力学（ラグランジュ形式の力学，ハミルトン形式の力学），古典電磁気学，特殊相対性理論，古典場の理論，量子力学（無限自由度の系も含む）である．叙述の力点は，各理論の根源的・普遍的な数学的構造と秩序を明らかにし，全体の中における各理論の「位置」と各理論相互の有機的連関を示唆することに置かれている．

　本書は，その表題が示す通り，物理学の数理に関する書物であって，通常の意味での物理学を学ぶための書ではない．また，いわゆる「物理数学」の本でもない．本書の根本的意図の一つは，自然哲学的なものであり，物理現象の表層的次元を超えて，より高次の次元から全一的・統合的に俯瞰され得る数学的理念界(イデア)の多層的・多角的・多面的な位階構造とその現成(げんじょう)に関わる透徹した認識と観照の場へ読者をいざなおうとするものである．そのためには，当然のことながら，数学的に厳密な思考が不可欠である．それゆえ，本書は，真正の数学書と同様に，数学的な厳密さを志向する精神によって貫かれている．さらに，通常の感覚から自由な，そしてより高次の思考も必要とされる．

　いま言及した意図と純粋に数学的な観点から，理論の定式化は，電磁場以外の古典場の理論を除いて，すべて抽象的・一般的枠組みにおいて，座標から自由な形式でなされている[1]．ここでは，詳しい説明は省くが，この「座標

---

[1] 電磁場以外の古典場の理論も，もちろん，抽象的な定式化が可能である．だが，本書では，紙

から自由であること」が哲学的には極めて重要である[2]．

　前段で述べたことと関連して，本書では，物理現象が展開される時間と空間，すなわち，時空の次元は通常の 4 に限定していない．これは，時空の 4 次元性——巨視的現象空間の 3 次元性——の「意味」をより高次の視点から探求するためである．たとえば，単一（無分節）存在としての電磁場の概念は任意の次元のミンコフスキー時空で定義されるが，その分節として現れる電場と磁場の成分の個数が一致することを要請すると時空次元は 4 でなければならないことが導かれる（第 5 章の 5.6 節を参照）．

　ちなみに，時間と空間に関して一言するならば，それらの概念は，$\mathbb{R}$ 上の任意の $n$ 次元抽象アファイン空間 $(n \geq 2)$ から，ある自然な展開を通して分節として現れることが示される（ニュートン力学的事象に付随する時間と空間については第 1 章の 1.16 節を，特殊相対論的事象に付随する時間と空間については第 4 章を参照）．これは驚嘆すべき構造である．この意味で，時間と空間は，一次的なものではなく，二次的なものであり，相対的なものであることがわかる[3]．抽象アファイン空間の理念により，「時間–空間已前」へ「遡行」できることの認識論的・存在論的意義は大きい[4]．

　本書では，特殊相対性理論，古典電磁気学，量子力学については，公理論的な定式化を行った．公理論的アプローチは，理論全体の構造を統一的に認識することを可能にするばかりでなく，形而下的次元から形而上的次元にわたる全存在界を観照の射程に据える哲学にとっては，必須のものである．公理論的考察により，たとえば，特殊相対性理論では，光の存在と時間の現れが不可分であるという，意味深長な構造が露わになる（第 4 章の 4.4 節を参照）．量子力学の場合には，その理念的本質が時空的概念と任意の物理的描

---

幅の都合上，それは断念した（ただし，スカラー場，ベクトル場，反対称テンソル場については付録 E と付録 G において，抽象的な定式化がなされている）．

[2] 手短に言えば，座標というのは相対的で恣意的なものであり，現象化の水準との照応においては，身心に依拠する無常なる感覚性と結びつく．それは，絶対的・永遠なるもののいわば仮の姿にすぎない．もちろん，個別的な事象の解析にとっては，座標表示が有効であり得ることは言をまたない．

[3] 時間–空間の相対性自体は，時間–空間の認知と不可分の感覚性の相対性に注意すれば（ここで感覚から自由な思考が必要である），進んだ数理物理学的考察に訴えなくても，洞察し得る．

[4] ここで言及した「時間–空間已前」は，たとえば，禅において言及される「空劫已前」（くうごういぜん）（世界現出以前の虚無期（空劫）よりもさらに以前の状態）や「朕兆未萌の自己」（ちんちょうみぼう）（世界の兆しがまだないときの自己）あるいは「父母未生以前の面目」（ふぼみしょういぜん）の消息の一部と照応する．

像から完全に独立した形で定式化され，物理的描像は，正準交換関係と内部代数（スピンなどの内部自由度を記述するリー代数）のヒルベルト空間表現に付随する要素の一つとなる[5].

　量子力学に触れたついでに，若干の付言をするならば，量子系の観測（測定）は，原理的に不可視の微視的領域の存在形式を現象化という形で表出させる．このことと関連して，近年注目されている量子現象の一つとして「量子ゼノン効果」と呼ばれるものがある．これは，量子系の状態についての観測を非常に狭い時間間隔で連続して行うとほぼ確率1で初期状態は他の状態へ移れないという現象の生起を指す[6]．この現象の数学的に厳密な解析について，著者らによる最近の研究の一端を紹介したのも他の書にはない新しい点の一つである（第7章の7.16.2項を参照）．

　以上の他に，本書の特色をもう一つあげるとすれば，物理学全体を貫く基本原理の一つである変分原理についてやや詳細な論述を展開したことである．特に，通常の物理学の本では，自由運動など簡単な例を除いて，作用汎関数から導かれる変分方程式（運動方程式）の解が，実際に，作用汎関数の極小曲線または最小曲線になっていることが示されていない場合が多いと思われるので，この機会に，変分方程式の解が作用汎関数の極小曲線になる十分条件を定式化した[7]．

　現代的な数学的思考に慣れ親しみ，また物理学と数学に関して一定の知識を有している人であれば，他の本を参照しないでも本書を通読できるように，付録において，本書の内容と関連する数学諸分野の基本的事項をまとめた．また，本書の精神に照らして，本文のところどころに哲学的な注釈を加えた．

　本書の執筆を勧めてくださった，「量子数理シリーズ」監修者の荒木不二洋先生と大矢雅則先生に心より感謝したい．また，本書の原稿査読の労をとられ，有益なコメントを寄せられた査読者の方にお礼を申し上げる．北海道大

---

[5] これは，仏教のコンテクストでは，現象界（色界（しきかい），感覚的・物理的描像の世界）が無自性（むじしょう）（非実体的，非本質的）であること，一言で言えば「空（くう）」あること（色即是空（しきそくぜくう）），そして「空」が「即座に」諸現象に「転ずる」こと（空即是色（くうそくぜしき））の消息の一面に照応する．

[6] 名称は，古代ギリシャの哲学者（エレアの）ゼノンのパラドックス——「運動は存在しない」——にちなむ．

[7] 第2章の2.7節を参照．この節の結果は，何ら困難なしに，古典場の理論（第6章）の場合へと拡張され得る（ただし，本書では，紙幅の都合上，この側面についての論述は割愛した）．

学大学院生の寺西功哲君，二口伸一郎君と日本学術振興会特別研究員 PD の臼井耕太さんはそれぞれ，本書の原稿と初校を読み，誤植や数学的に不十分な箇所を指摘するとともに感想と意見を寄せてくれた．ここに記して謝意を表する．

　本書の哲学的理念の一端を的確に表す偉大な禅者の含蓄のある名文とともに，この「まえがき」を閉じることにしたい．

　　而今(にこん)の山水は，古仏(こぶつ)の道現成(どうげんじょう)なり．

　　ともに法位に住して，究尽(ぐうじん)の功徳(くどく)を成ぜり．

　　空劫已前(くうごういぜん)の消息なるがゆゑに，而今の活計(かっけい)なり．

　　朕兆未萌(ちんちょうみほう)の自己なるがゆゑに，現成の透脱(とうだつ)なり．

　　　　　　　　　　　　——道元『正法眼蔵』,「山水経」の巻より[8]

2012 年初夏　札幌にて

新井朝雄

---

[8] 漢字の読み方は仏教宗派や仏教学者により異なり得る．この文章に関する素晴らしい哲学的注釈が井筒俊彦『意識と本質』（岩波書店，岩波文庫，1991）の p. 144–145 に見られる．

# 目 次

第1章 ニュートン力学 　1
　1.1 運動の概念 . . . . . . . . . . . . . . . . . . . . . . . . 　1
　1.2 力の概念と例 . . . . . . . . . . . . . . . . . . . . . . . 　6
　1.3 ニュートンの運動方程式 . . . . . . . . . . . . . . . . . 　15
　1.4 状態，相空間，因果律 . . . . . . . . . . . . . . . . . . 　18
　1.5 接バンドルとしての状態空間 . . . . . . . . . . . . . . . 　20
　1.6 2点系 . . . . . . . . . . . . . . . . . . . . . . . . . . . 　23
　1.7 $N$ 点系 . . . . . . . . . . . . . . . . . . . . . . . . . . 　28
　1.8 運動方程式からの一般的帰結 . . . . . . . . . . . . . . . 　32
　　1.8.1 運動量の定理 . . . . . . . . . . . . . . . . . . . 　32
　　1.8.2 エネルギーの定理 . . . . . . . . . . . . . . . . 　33
　　1.8.3 力学的エネルギー保存則 . . . . . . . . . . . . . 　35
　1.9 多体系における保存則 . . . . . . . . . . . . . . . . . . 　39
　　1.9.1 全運動量保存則 . . . . . . . . . . . . . . . . . . 　39
　　1.9.2 エネルギー保存則 . . . . . . . . . . . . . . . . 　40
　1.10 角運動量 . . . . . . . . . . . . . . . . . . . . . . . . . 　41
　1.11 面積速度 . . . . . . . . . . . . . . . . . . . . . . . . . 　46
　1.12 多体系における角運動量保存則 . . . . . . . . . . . . . 　48
　1.13 万有引力による運動——惑星の運動への応用 . . . . . . 　50
　1.14 物理量と保存量の一般概念 . . . . . . . . . . . . . . . . 　56
　1.15 ニュートン力学における対称性 . . . . . . . . . . . . . 　59

| | | |
|---|---|---|
| 1.15.1 | 対称性 | 60 |
| 1.15.2 | ニュートン方程式の対称性 | 61 |
| 1.15.3 | 時間並進対称性 | 62 |
| 1.15.4 | 時間反転対称性 | 64 |
| 1.15.5 | 空間操作に関する対称性 | 66 |
| 1.15.6 | 空間反転対称性 | 69 |
| 1.15.7 | 広義回転対称性 | 70 |
| 1.16 | ニュートン力学的時間と空間の源 | 71 |
| 1.16.1 | 抽象アファイン空間からの時間間隔と空間の分節 | 72 |
| 1.16.2 | ガリレイ時空 | 73 |
| 1.16.3 | 基準ベクトル空間の直和分解と定理 1.62 の証明 | 77 |
| 1.16.4 | ガリレイ座標変換 | 79 |
| 1.17 | ニュートン方程式のガリレイ不変性 | 80 |

## 第 2 章 変分原理とラグランジュ形式　　83

| | | |
|---|---|---|
| 2.1 | 数学的準備 | 83 |
| 2.1.1 | 曲線の空間 | 83 |
| 2.1.2 | 変分法の基本補題 | 85 |
| 2.1.3 | 汎関数 | 87 |
| 2.2 | 汎関数の変分 | 90 |
| 2.3 | 変分原理 | 93 |
| 2.4 | ラグランジュ関数に同伴する保存量 | 97 |
| 2.5 | オイラー–ラグランジュ方程式の座標表示 | 98 |
| 2.6 | オイラー–ラグランジュ方程式としてのニュートンの運動方程式 | 101 |
| 2.7 | 停留曲線が極小曲線となる十分条件 | 106 |
| 2.8 | 循環座標と保存則 | 113 |
| 2.9 | オイラー–ラグランジュ方程式の拡張 | 114 |
| 2.10 | 対称性と保存則 | 115 |
| 2.10.1 | 応用 1：ポテンシャルの空間並進対称性と全運動量保存則 | 118 |

2.10.2　応用2：ポテンシャルの広義回転対称性と軌道角運動
　　　　　　量保存則 .................... 119
　2.11　拘束系 ........................... 121

# 第3章　力学のハミルトン形式　　　　　　　　　　　　　133
　3.1　1点系におけるハミルトニアンとハミルトン方程式 .... 133
　3.2　ハミルトン方程式の一般化 (I) ................ 136
　3.3　ハミルトン相流 ........................ 137
　3.4　自励系における体積の時間変化 ............... 140
　3.5　リウヴィルの定理と再帰定理 ................. 145
　3.6　ハミルトン方程式の一般化 (II) ............... 148
　3.7　ラグランジュ形式との関連 .................. 149
　　3.7.1　ハミルトン関数 .................... 149
　　3.7.2　ラグランジュ方程式とハミルトン方程式の関係 .... 151
　3.8　$N$体系のハミルトン方程式の単一化と余接バンドル .... 154
　　3.8.1　双対空間の元としての一般化運動量 .......... 154
　　3.8.2　新しいハミルトニアンによる運動方程式 ........ 156
　　3.8.3　運動方程式の単一化 .................. 157
　　3.8.4　余接バンドルとしての状態空間 ............ 160
　3.9　ハミルトン形式の普遍的定式化 ............... 161
　　3.9.1　シンプレクティックベクトル空間 ........... 162
　　3.9.2　シンプレクティック同型 ................ 169
　　3.9.3　一般ハミルトン方程式 ................. 171
　　3.9.4　物理量の運動方程式——ポアソン括弧 ........ 174
　3.10　シンプレクティック対称性 .................. 176

# 第4章　特殊相対性理論　　　　　　　　　　　　　　　　181
　4.1　ミンコフスキー空間 ..................... 181
　4.2　ミンコフスキー基底とローレンツ行列 ............ 184
　4.3　線形座標系とローレンツ座標系 ............... 187
　　4.3.1　線形座標系 ....................... 187
　　4.3.2　ローレンツ座標系 ................... 188

- 4.4 特殊相対性理論における時間と空間の発現 ........ 189
- 4.5 ベクトルの分類 ........................... 193
- 4.6 時間的ベクトルの基本的性質 ................. 197
- 4.7 分解定理 ................................. 199
- 4.8 ローレンツ写像群 ......................... 200
  - 4.8.1 ローレンツ写像 ..................... 200
  - 4.8.2 ローレンツ対称性 ................... 202
  - 4.8.3 ローレンツ群との関係 ................ 205
  - 4.8.4 ローレンツ写像群と時間的ベクトル .... 206
  - 4.8.5 ポアンカレ変換群 ................... 207
  - 4.8.6 ポアンカレ不変量 ................... 208
- 4.9 ミンコフスキー時空における質点の運動 ........ 209
- 4.10 時間的運動と固有時 ....................... 210
- 4.11 ローレンツ座標系での表示 .................. 215
- 4.12 時計の遅れ .............................. 220
- 4.13 運動方程式 .............................. 222
- 4.14 エネルギーの現れと非相対論的極限 ........... 229
- 4.15 静止座標系 .............................. 233
- 4.16 多体系における全 $(d+1)$ 次元運動量保存則 ... 234
- 4.17 $(d+1)$ 次元的力場の一つのクラスと運動方程式 ... 236
  - 4.17.1 $(d+1)$ 次元的力の一つのクラス ..... 236
  - 4.17.2 ベクトル場から定まる $(d+1)$ 次元的力場と運動方程式 ........................ 237
  - 4.17.3 方向エネルギー運動量保存則 ........ 239
  - 4.17.4 運動方程式のローレンツ座標系での表示 ... 241
- 4.18 変分原理 ................................ 243
- 4.19 変分原理のローレンツ座標系での表示 .......... 245
- 4.20 固有時反転と負のエネルギー ................. 247
- 4.21 光的運動と空間的運動 ..................... 249
  - 4.21.1 光的運動——光的粒子 ............... 250
  - 4.21.2 空間的運動——虚粒子 ............... 252

# 第 5 章　古典電磁気学　　255

- 5.1　はじめに ................................................. 255
- 5.2　電磁ポテンシャルと古典電磁気学の基礎方程式 ....... 257
- 5.3　ローレンツ座標系での基礎方程式の表示 ............... 260
- 5.4　電磁ポテンシャルに対する方程式の解 ................. 265
- 5.5　電磁場テンソル ......................................... 267
- 5.6　電場と磁場の発現およびマクスウェル方程式の導出 ... 269
- 5.7　電場と磁場からつくられるスカラー不変量 ............ 274
- 5.8　電磁場と相互作用する荷電粒子の運動方程式 ......... 275
  - 5.8.1　座標から自由な形式 ............................... 276
  - 5.8.2　固有時反転と反粒子 ............................... 277
  - 5.8.3　座標表示 ........................................... 278
- 5.9　変分原理 ................................................ 279
- 5.10　ゲージ対称性 ......................................... 280
- 5.11　ゲージ条件 ........................................... 284
  - 5.11.1　ローレンツ条件再訪 ............................. 285
  - 5.11.2　クーロン条件 .................................... 285
- 5.12　荷電粒子と電磁場の相互作用系 ..................... 287

# 第 6 章　古典場の理論　　289

- 6.1　はじめに ................................................ 289
- 6.2　古典場の統一的記述形式 ............................. 290
- 6.3　変分原理 (I)——実場の場合 ......................... 292
- 6.4　変分原理 (II)——複素場の場合 ..................... 303
- 6.5　場の共役運動量とハミルトニアン .................... 318
  - 6.5.1　実場の場合 ....................................... 318
  - 6.5.2　複素場の場合 .................................... 322
- 6.6　対称性と保存則 ....................................... 325
  - 6.6.1　U(1) 対称性と保存則 ........................... 325
  - 6.6.2　ラグランジュ密度関数の並進共変性とエネルギー・運動量保存則 ............................................. 331

## 第7章 量子力学　345

- 7.1 はじめに ... 345
- 7.2 量子力学の公理系 ... 346
  - 7.2.1 量子的状態 ... 346
  - 7.2.2 物理量 ... 351
  - 7.2.3 確率解釈 ... 357
  - 7.2.4 状態の「時間発展」 ... 363
  - 7.2.5 物理量の「時間発展」と量子力学的保存量 ... 367
- 7.3 物理量の非可換性と不確定性関係 ... 369
- 7.4 複数の物理量の測定に関する公理 ... 373
- 7.5 量子系の自由度——有限自由度と無限自由度 ... 377
- 7.6 正準交換関係の表現 ... 378
- 7.7 角運動量代数 ... 390
- 7.8 ハミルトニアンの固有値問題が正確に解ける例：量子調和振動子 ... 394
- 7.9 CCR の表現に関する同値性の概念 ... 397
- 7.10 CCR の直和表現，可約性，既約性 ... 399
- 7.11 CCR のヴァイル表現 ... 400
- 7.12 スピン角運動量と内部自由度 ... 403
- 7.13 合成系の状態空間と物理量 ... 408
- 7.14 同種の量子的粒子の不可弁別性と統計性 ... 411
- 7.15 無限粒子系 ... 417
- 7.16 ハミルトニアンの一般的特性 ... 419
  - 7.16.1 最低エネルギーに関する変分原理 ... 419
  - 7.16.2 「時間発展」における遷移確率の評価と量子ゼノン効果 ... 420
- 7.17 代数的定式化 ... 425

## 付録 A 写像と同値関係　433

- A.1 写像の全単射性に関する条件 ... 433

6.7 複素場と電磁場の相互作用——ゲージ場の理論 ... 334

A.2 同値関係と同値類 ............................................. 434

# 付録 B 代数的構造 437
B.1 群 .......................................................... 437
B.2 変換群 ...................................................... 439
B.3 リー代数 .................................................... 439
B.4 結合的代数 .................................................. 442

# 付録 C ベクトル空間とアファイン空間 445
C.1 基底と線形座標系 ............................................ 445
C.2 基底の変換と座標変換 ........................................ 446
C.3 線形作用素 .................................................. 447
C.4 線形作用素の行列表示 ........................................ 447
C.5 ベクトル空間の同型 .......................................... 448
C.6 トレースと行列式 ............................................ 449
C.7 固有値と固有ベクトル ........................................ 449
C.8 双対空間 .................................................... 449
C.9 アファイン空間 .............................................. 451
    C.9.1 定義と例 ............................................. 451
    C.9.2 部分アファイン空間 ................................... 452
    C.9.3 アファイン空間の同型 ................................. 453

# 付録 D 計量ベクトル空間と計量アファイン空間 455
D.1 ベクトル空間の計量 .......................................... 455
D.2 計量ベクトル空間の同型 ...................................... 458
D.3 直交系 ...................................................... 458
D.4 計量ベクトル空間の直和 ...................................... 460
D.5 計量アファイン空間 .......................................... 460
D.6 表現定理 .................................................... 461
D.7 有限次元計量ベクトル空間における共役作用素 .................. 462
D.8 ヒルベルト空間 .............................................. 463
    D.8.1 内積空間のノルムに関する性質 ......................... 463

        D.8.2 点列の収束と極限 .................... 463
        D.8.3 コーシー列とヒルベルト空間 ............. 464
        D.8.4 開集合と閉集合 ...................... 464
        D.8.5 完備化 ........................... 465
  D.9 ベクトル場の連続性 ......................... 466
  D.10 有限次元の不定計量ベクトル空間の位相 ........... 466

## 付録 E ベクトル解析        467

  E.1 曲線 ................................... 467
  E.2 曲線の積分 ............................... 469
  E.3 曲線の長さ ............................... 470
  E.4 スカラー場 ............................... 470
        E.4.1 微分形式 .......................... 470
        E.4.2 勾配ベクトル ....................... 472
        E.4.3 合成写像の微分 ..................... 473
  E.5 ベクトル場, 発散, ラプラシアン ................ 474
        E.5.1 ベクトル場の微分 ................... 474
        E.5.2 発散とラプラシアン .................. 475
  E.6 無発散ベクトル場と保存則 .................... 476
  E.7 有限次元実内積空間における積分 ............... 478

## 付録 F テンソル積        481

  F.1 定義 ................................... 481
  F.2 対称テンソルと反対称テンソル ................. 482
  F.3 反対称的内部積 ............................ 483
  F.4 行列式の本質的特徴づけ ..................... 484
  F.5 ベクトル空間の向き ......................... 484
  F.6 テンソル空間の計量 ......................... 485
  F.7 ホッジのスター作用素 ....................... 485
  F.8 3次元ユークリッドベクトル空間におけるベクトル積と回転 486
        F.8.1 ベクトル積 ........................ 486
        F.8.2 回転 ............................. 487

F.9 外積の微分法 . . . . . . . . . . . . . . . . . . . . . . 487

## 付録G 微分形式の理論 **489**
G.1 微分形式と外微分作用素 . . . . . . . . . . . . . . . . 489
G.2 微分形式に同伴する反対称反変テンソル場 . . . . . . . 491
G.3 余微分作用素 . . . . . . . . . . . . . . . . . . . . . . 492
G.4 ラプラス–ベルトラミ作用素 . . . . . . . . . . . . . . . 493

## 付録H ポアソン方程式と非斉次波動方程式 **495**
H.1 ポアソン方程式 . . . . . . . . . . . . . . . . . . . . . 495
H.2 非斉次波動方程式 . . . . . . . . . . . . . . . . . . . . 498

## 付録I ヒルベルト空間における線形作用素 **503**
I.1 線形作用素 . . . . . . . . . . . . . . . . . . . . . . . 503
I.2 拡大と閉作用素 . . . . . . . . . . . . . . . . . . . . . 506
I.3 レゾルヴェントとスペクトル . . . . . . . . . . . . . . 507
I.4 共役作用素 . . . . . . . . . . . . . . . . . . . . . . . 508
I.5 対称作用素と自己共役作用素 . . . . . . . . . . . . . . 508
I.6 スペクトル測度，作用素解析，スペクトル定理 . . . . . 510
    I.6.1 スペクトル測度 . . . . . . . . . . . . . . . . . 510
    I.6.2 作用素解析 . . . . . . . . . . . . . . . . . . . 511
    I.6.3 スペクトル定理 . . . . . . . . . . . . . . . . . 512
I.7 自己共役作用素の強可換性 . . . . . . . . . . . . . . . . 512

## 索 引 **515**

# 第1章 ニュートン力学

本章では，巨視的物体の運動を記述する理論体系の一つであるニュートン力学の根底にある普遍的な数理的構造を論じる．

## 1.1 運動の概念

本章の主題であるニュートン力学は，私たちのまわりに広がる自然現象のうち，物質の原子的構造が本質的には効いてこない巨視的現象の一定の領域における物体の運動を記述する理論体系である[1]．

各物体は**質量**と呼ばれる固有の量をもっている．これは，たとえば，物体の**慣性**——物体を加速する際に経験される，物体の加速されにくさ——の大小を示す量として現れる．ニュートン力学では，この意味での質量を**慣性質量**と呼ぶ．質量は，単位質量を定めることにより，正の実数で表される[2]．物体のうち，その質量がある1点に集中していると近似的にみなすことができるものを**質点**と呼ぶ[3]．言葉の使い方であるが，質量が $m$ の質点を「質点 $m$」ということにする．

一般に，$n$ を自然数とするとき，$n$ 個の質点からなる系を **$n$ 点系**または **$n$**

---

[1] 現代的な意味における力学理論の一範疇としてのニュートン力学の最初の礎(いしずえ)は，その呼称が示唆するように，17世紀から18世紀にかけて活躍した，イギリスの偉大な自然哲学者ニュートン (Isaac Newton, 1642–1727) によって築かれた．

[2] 本書では，特に断らない限り，物理単位系として，MKSA 単位系を用いる．この単位系では，長さ，質量，時間の単位は，順にメートル (m)，キログラム (kg)，秒 (s) である．

[3] この概念は，物理的には，近似的・相対的な概念であって，どの物体を質点とみなせるかは，考える系に依存し得る．

体系といい，このような系を総称的に**質点系**と呼ぶ．特に，2個以上の質点からなる質点系を**多体系**と呼ぶ．

　ニュートン力学の基本的枠組みは，まず，質点系の運動に対して与えられる．質点の運動とは，感覚的描像としては，質点の空間的位置が時刻とともに変化する現象として捉えられる．言葉の使い方の問題であるが，以下では，便宜上，質点の位置が時刻とともに変わらない場合，すなわち，静止している場合も運動の一形態に含める．

　質点の運動が行われる空間は，通常は，3次元ユークリッド空間 $\mathbb{E}^3$——3次元ユークリッドベクトル空間（3次元実内積空間）を基準ベクトル空間とする計量アファイン空間——であると仮定される[4]．だが，本書では，普遍的な観点から，$d$ を任意の自然数として，$d$ 次元ユークリッド空間 $\mathbb{E}^d$，すなわち，$d$ 次元ユークリッドベクトル空間（$d$ 次元実内積空間）$V_{\mathrm{E}}^d$ を基準ベクトル空間とする計量アファイン空間を（$d$ 次元空間におけるニュートン力学的運動に関わる）巨視的現象空間の数学的概念として採用する[5]．この設定は，3次元空間だけに特有の現象や法則性と，空間次元に依らない普遍的な性質や構造を峻別することを可能にし，存在の理（ロゴス）に関して，より普遍的で高次の認識と観照をもたらし得る．

　$d$ 次元ユークリッド空間 $\mathbb{E}^d$ はアファイン空間であるから，その中の点の位置関係は相対的にしか定まらない．これに対応して，質点の位置関係，したがって，質点の運動も相対的である．これを**運動の相対性**という．したがって，質点の運動を位置の変化として記述するためには，$\mathbb{E}^d$ の中に1点を固定し，この点に関して他の点の位置を測るということが必要になる．そこで，ユークリッド空間 $\mathbb{E}^d$ の任意の1点 O を固定し，この点が $V_{\mathrm{E}}^d$ の原点と一致するようにし，$\mathbb{E}^d$ の各点を $V_{\mathrm{E}}^d$ のベクトルによって表す．これは，物理的には，点 O に観測系の基点（原点）をとることに対応する．ただし，$V_{\mathrm{E}}^d$ における座標系は設定しないで論述を進める．こうすることの利点の一つは，座標系の取り方に依らない性質が直接的に導かれることである．$V_{\mathrm{E}}^d$ の内積とノルムをそれぞれ，$\langle \cdot, \cdot \rangle$，$\| \cdot \|$ と表す．

---

[4] 計量アファイン空間については，付録 D の D.5 節を参照．
[5] $V_{\mathrm{E}}^d$ は通常のユークリッド内積を入れた $d$ 次元数ベクトル空間 $\mathbb{R}^d$（付録 D の例 D.4 を参照）である必要はない．

運動を記述するためのもう一つの基本的要素である時間については，ニュートン力学では，前段で述べた位置空間 $V_\mathrm{E}^d$ とは独立な（「時刻」の集合としての）「時間」を（抽象アファイン空間としての）1 次元ユークリッド空間 $\mathbb{E}^1$ として設定し，そこに原点を任意に定めることにより，「時間」を実数全体 $\mathbb{R}$ と同一視する．この意味での $\mathbb{R}$ を**時間軸**という．そして，時刻は，時間軸上の点，すなわち，実数で表される[6]．時間軸の部分集合としての区間を**時間区間**と呼ぶ[7]．運動が観測される時間区間を $\mathbb{I}$ とすれば，この区間に属する各時刻 $t$ に対して，上述の運動の描像によって，質点の位置を表すベクトル $\mathbf{x}(t) \in V_\mathrm{E}^d$ ——位置ベクトル——がただ一つ決まると想定される．この場合，対応 : $t \mapsto \mathbf{x}(t)$ は $\mathbb{I}$ から $V_\mathrm{E}^d$ への写像を定める．質点の運動は，感覚的な知覚にとっては，質点の位置の「連続的な」変化として映る．したがって，巨視的水準における記述としては，この写像は，さしあたり，「連続」であると仮定され得る．こうして，巨視的運動の一般概念が得られる：

**定義 1.1** 時間区間 $\mathbb{I}$ から $V_\mathrm{E}^d$ への連続写像 $\mathbf{x}(\cdot) : \mathbb{I} \to V_\mathrm{E}^d ; \mathbb{I} \ni t \mapsto \mathbf{x}(t) \in V_\mathrm{E}^d$ を $V_\mathrm{E}^d$ における**運動**または**運動曲線**という[8]．写像 $\mathbf{x}(\cdot)$ の像 $\{\mathbf{x}(t) \mid t \in \mathbb{I}\}$ を運動 $\mathbf{x}(\cdot)$ の**軌跡**または**軌道**と呼ぶ．また，写像 $\mathbf{x}(\cdot)$ の $t$ における値 $\mathbf{x}(t) \in V_\mathrm{E}^d$ を時刻 $t$ における**位置ベクトル**または**動径ベクトル**という（単に**位置**または**動径**ともいう）．スカラー量

$$r(t) := \|\mathbf{x}(t)\| \tag{1.1}$$

を位置 $\mathbf{x}(t)$ までの**距離**または**動径** $\mathbf{x}(t)$ **の長さ**という．

時間軸 $\mathbb{R}$ と空間 $V_\mathrm{E}^d$ の直積空間

$$\mathbb{R} \times V_\mathrm{E}^d = \left\{ (t, \mathbf{x}) \,\middle|\, t \in \mathbb{R}, \mathbf{x} \in V_\mathrm{E}^d \right\} \tag{1.2}$$

---

[6] 実は，ニュートン力学的な意味での時間と空間（時空）の概念は，単一の抽象アファイン空間から，自然な「分節」の一つとして現れる．この側面については，後の 1.16 節でやや詳しく叙述する．なお，慣習にしたがって，時刻の意味で「時間」という言葉を用いる場合がある．

[7] $\mathbb{R}$ の区間は，次の型の集合のいずれかである ($a, b \in \mathbb{R}, a < b$)：$[a, b]$（閉区間），$(a, b)$（開区間），$[a, b), (a, b]$（半開区間），$[a, \infty), (-\infty, a], (a, \infty), (-\infty, a)$（半無限区間），$\mathbb{R} = (-\infty, \infty)$．

[8] この写像は単に $\mathbf{x}$ と書いてもよいのであるが，その場合，$V_\mathrm{E}^d$ の点と混同する恐れがあるので，明確さを期して，$\mathbf{x}(\cdot)$ と記す（ただし，文脈から見て誤解の恐れがない場合には，単に $\mathbf{x}$ あるいは $\mathbf{x} : \mathbb{I} \to V_\mathrm{E}^d$ と書くこともある）．写像 $\mathbf{x}(\cdot)$ の変数 $t$ における値が $\mathbf{x}(t)$ である．言うまでもなく，写像 $\mathbf{x}(\cdot)$ とその値 $\mathbf{x}(t)$ の峻別は，明晰な認識にとって不可欠である．

をニュートン時空という．運動 $\mathbf{x}(\cdot)$ のグラフ $\{(t,\mathbf{x}(t))\,|\,t\in\mathbb{I}\}$（図 1.1）は，ニュートン時空の部分集合である[9]．

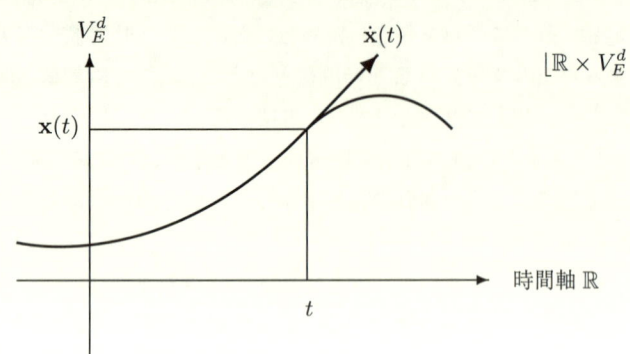

**図 1.1.** 運動のグラフ．

運動 $\mathbf{x}(\cdot):\mathbb{I}\to V_E^d$ が微分可能であるとき，すなわち，任意の $t\in\mathbb{I}$ に対して

$$\dot{\mathbf{x}}(t):=\frac{\mathrm{d}\mathbf{x}(t)}{\mathrm{d}t}:=\lim_{\varepsilon\to 0}\frac{\mathbf{x}(t+\varepsilon)-\mathbf{x}(t)}{\varepsilon}\quad(\varepsilon\in\mathbb{R}\setminus\{0\}) \qquad(1.3)$$

が存在するとき——これは，物理的には，時刻 $t$ における**位置の瞬間変化率**を表す——，これを時刻 $t$ における**速度ベクトル**または単に**速度**といい，写像 $\dot{\mathbf{x}}(\cdot):\mathbb{I}\to V_E^d$（$\mathbf{x}(\cdot)$ の導関数）を運動 $\mathbf{x}(\cdot)$ の**速度**と呼ぶ[10]．速度 $\dot{\mathbf{x}}(\cdot)$ の大きさ

$$v(t):=\|\dot{\mathbf{x}}(t)\| \qquad(1.4)$$

を**速さ**と呼ぶ．言葉の定義の問題であるが，速度はベクトルであり，速さはスカラーであることに注意しよう．

速度ベクトル $\dot{\mathbf{x}}(t)$ は，定義 (1.3) からわかるように，点 $\mathbf{x}(t)$ を始点とする束縛ベクトル[11]と見ることができ，幾何学的には，曲線 $\mathbf{x}(\cdot)$ の点 $\mathbf{x}(t)$ にお

---

[9] 写像のグラフの一般概念については，付録 A の A.1 節を参照．
[10] (1.3) の意味は，$V_E^d$ における極限の定義によって，$\lim_{\varepsilon\to 0}\left\|\dot{\mathbf{x}}(t)-\frac{\mathbf{x}(t+\varepsilon)-\mathbf{x}(t)}{\varepsilon}\right\|_{V_E^d}=0$ ということである．
[11] 付録 C の C.9 節を参照．

ける接ベクトルを表す（図 1.1）．

$\dot{\mathbf{x}}(\cdot)$ は $\mathbb{I}$ 上で連続であると仮定しよう．このとき，微分積分学の基本定理のベクトル値関数版（付録 E の定理 E.3 を参照）により，任意の $t_0, t \in \mathbb{I}$ に対して

$$\mathbf{x}(t) = \mathbf{x}(t_0) + \int_{t_0}^{t} \dot{\mathbf{x}}(s)\,\mathrm{d}s \tag{1.5}$$

が成り立つ[12]．したがって，$\mathbf{x}(t_0)$ を指定すれば，速度 $\dot{\mathbf{x}}(\cdot)$ から運動 $\mathbf{x}(\cdot)$ がわかる．この場合，$t_0$ を運動の**初期時刻**と呼び，$\mathbf{x}(t_0)$ を運動における**位置の初期値**という．時間軸の原点の取り方の任意性により，座標変換 $t' = t - t_0$ を通して，初期時刻を 0 に選ぶことが可能である．だが，一般論では，初期時刻を 0 にとらないで論述を進める．

**例 1.2**（等速度運動）速度が一定の運動，すなわち，ある $\mathbf{v} \in V_{\mathrm{E}}^{d}$ があって，$\dot{\mathbf{x}}(t) = \mathbf{v}, \forall t \in \mathbb{I}$ が成り立つとき，この運動を速度 $\mathbf{v}$ の**等速度運動**と呼ぶ．このとき，(1.5) によって

$$\mathbf{x}(t) = \mathbf{x}(t_0) + (t - t_0)\mathbf{v} \quad (t \in \mathbb{I}) \tag{1.6}$$

が成り立つ．これは，位置の時刻依存性が時刻 $t$ に関して 1 次であること，そして，考察下の等速度運動の軌跡が，$\mathbf{x}(t_0)$ を通り，$\mathbf{v}$ の方向をもつ直線を表すことを示す．この型の運動を**等速直線運動**という．

今度は，$\mathbf{x}(\cdot)$ のかわりに，速度 $\dot{\mathbf{x}}(\cdot)$ に対して同じ議論をすれば，$\dot{\mathbf{x}}(\cdot)$ が $\mathbb{I}$ 上で微分可能であるとき，$\mathbf{x}(\cdot)$ の 2 回微分

$$\ddot{\mathbf{x}}(t) := \frac{\mathrm{d}}{\mathrm{d}t}\dot{\mathbf{x}}(t) = \frac{\mathrm{d}^2\mathbf{x}(t)}{\mathrm{d}t^2} \quad (t \in \mathbb{R}) \tag{1.7}$$

——時刻 $t$ での**速度の瞬間変化率**——が定義される．これを時刻 $t$ における**加速度ベクトル**または単に**加速度**という．写像 $\ddot{\mathbf{x}}(\cdot) : \mathbb{I} \to V_{\mathrm{E}}^{d}$（$\mathbf{x}(\cdot)$ の 2 階導関数）を運動 $\mathbf{x}(\cdot)$ の**加速度**と呼ぶ．公式 (1.5) を $\mathbf{x}(\cdot)$ が $\dot{\mathbf{x}}(\cdot)$ の場合に適用すれば，$\ddot{\mathbf{x}}(\cdot)$ が $\mathbb{I}$ 上で連続のとき

$$\dot{\mathbf{x}}(t) = \dot{\mathbf{x}}(t_0) + \int_{t_0}^{t} \ddot{\mathbf{x}}(s)\,\mathrm{d}s \quad (t \in \mathbb{I}) \tag{1.8}$$

---

[12] 右辺の積分は，ベクトル値関数についてのリーマン積分である．

が得られる．したがって，**速度の初期値** $\dot{\mathbf{x}}(t_0)$ を指定すれば，$\ddot{\mathbf{x}}(\cdot)$ から速度 $\dot{\mathbf{x}}(\cdot)$ が決定される．

**例 1.3**（**等加速度運動**）加速度 $\ddot{\mathbf{x}}(t)$ が時刻 $t$ に依らず一定の場合，すなわち，定ベクトル $\mathbf{a} \in V_E^d$ があって，$\ddot{\mathbf{x}}(t) = \mathbf{a}, \forall t \in \mathbb{I}$ が成り立つとき，この運動を加速度が $\mathbf{a}$ の**等加速度運動**と呼ぶ．この場合，(1.8) から

$$\dot{\mathbf{x}}(t) = \dot{\mathbf{x}}(t_0) + (t - t_0)\mathbf{a} \quad (t \in \mathbb{I}) \tag{1.9}$$

が成立する．これを (1.5) に代入すれば

$$\mathbf{x}(t) = \mathbf{x}(t_0) + (t - t_0)\dot{\mathbf{x}}(t_0) + \frac{(t - t_0)^2}{2}\mathbf{a} \quad (t \in \mathbb{I}) \tag{1.10}$$

を得る．したがって，等加速度運動の場合，質点の位置の時刻依存性は，時刻 $t$ に関して 2 次である．

(1.5) と (1.8) によって，運動 $\mathbf{x}(\cdot)$ の加速度 $\ddot{\mathbf{x}}(\cdot)$ がわかれば，位置と速度の初期値の組 $(\mathbf{x}(t_0), \dot{\mathbf{x}}(t_0))$ を指定することにより，任意の時刻 $t \in \mathbb{I}$ における位置と速度の組 $(\mathbf{x}(t), \dot{\mathbf{x}}(t))$ が決定されることになる．したがって，もし，加速度が何らかの量と $\mathbf{x}(t), \dot{\mathbf{x}}(t)$ から決定されることがわかれば，$\mathbf{x}(\cdot)$ の 3 階以上の導関数を考える必要はなく，(1.5) と (1.8) は $\mathbf{x}(t), \dot{\mathbf{x}}(t)$ を未知関数とする連立方程式となる．この方程式を解くことにより，質点の運動を一意的に決定できる可能性が出てくる．

## 1.2 力の概念と例

質点の質量が時刻とともに変化しない場合には，質点の加速度を決定する物理的な対象が存在することが実験的に知られる．それが「力」と呼ばれるものである．このことは，次のような考察によっても，発見法的に推測され得る．すなわち，そもそも物体の運動の原因は「力」であること，そして，「力」の働き（作用）の本質は，経験によれば，物体の速度の変化を生じさせることにある[13]．一方，速度の瞬間変化率は加速度に他ならない．したがって，「力」

---

[13] ただし，これは，より正確には，物体の質量が時間的に変化しないとみなされる場合にのみ当てはまる．

が加速度を決定する機能を有するであろうことが推測され得るのである．この推測を厳密に定式化することにより，ニュートン力学における基本原理の一つが定立される．

実験によれば，力は次の3要素からなることがわかる：着力点または作用点（力が作用する点），向き，大きさ（図 1.2）．

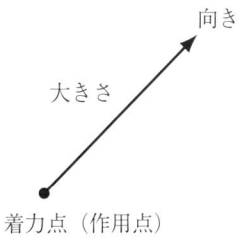

図 **1.2.** 力の 3 要素．

複数の力が1点に作用する場合には，それらはベクトル的に合成され，一つの力——**合力**または**合成力**と呼ばれる——を形成する（図 1.3）．これを**力の重畳原理**あるいは**平行四辺形の法則**という．これらの経験的事実により，力は，数学的には，着力点を始点とする束縛ベクトル[14]によって表されると仮定される．

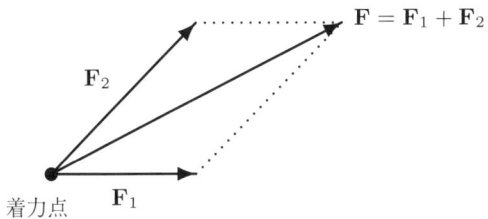

図 **1.3.** 力 $\mathbf{F}_1$ と力 $\mathbf{F}_2$ の合力 $\mathbf{F} = \mathbf{F}_1 + \mathbf{F}_2$．

力に関して，もう一つ重要な性質は「二つの物体 A, B が互いに力を及ぼし合うとき，A が B から受ける力は，B が A から受ける力と向きは反対で

---

[14] 付録 C の C.9 節を参照．

あり，大きさは同じである」という**作用・反作用の法則**である[15]．これも経験則に基づいて一般化された原理の一つである．

**例 1.4** $d = 3$ の場合を考える．二つの質点 $m_1$, $m_2$ が距離 $r > 0$ だけ離れて存在するとき，これらの質点の間には，質点の位置に無関係に，両者を結ぶ直線の方向に互いに引き合う力，すなわち，引力が働く．この力は**万有引力**と呼ばれ，その大きさは $Gm_1m_2/r^2$ で与えられる．ただし，$G = 6.672 \times 10^{-11}\,\mathrm{N \cdot m^2 \cdot kg^{-2}}$ は**万有引力定数**と呼ばれる物理定数である[16]．この形から明らかなように，万有引力の大きさは質点の質量の積に比例し，距離の 2 乗に反比例する．質点 $m_1$, $m_2$ の位置をそれぞれ，$\mathbf{x}_1, \mathbf{x}_2 \in V_\mathrm{E}^3$ とすれば，$r = \|\mathbf{x}_1 - \mathbf{x}_2\|$ であるから，$m_1$ が $m_2$ に及ぼす万有引力は

$$\mathbf{F}_{12} := G \frac{m_1 m_2}{\|\mathbf{x}_1 - \mathbf{x}_2\|^2} \frac{\mathbf{x}_1 - \mathbf{x}_2}{\|\mathbf{x}_1 - \mathbf{x}_2\|}$$

であり，着力点は $\mathbf{x}_2$ である（図 1.4 参照）．同様に，$m_2$ が $m_1$ に及ぼす万有引力は

$$\mathbf{F}_{21} := G \frac{m_1 m_2}{\|\mathbf{x}_2 - \mathbf{x}_1\|^2} \frac{\mathbf{x}_2 - \mathbf{x}_1}{\|\mathbf{x}_2 - \mathbf{x}_1\|}$$

であり，着力点は $\mathbf{x}_1$ である．

いまの例の場合，作用・反作用の法則は，$\mathbf{F}_{12} = -\mathbf{F}_{21}$ と表される．

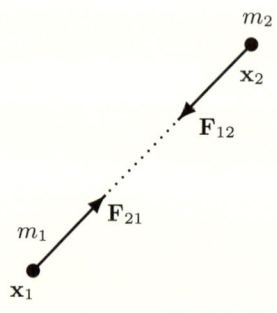

図 1.4. 万有引力．

---

[15] これら二つの力は，着力点が異なるから合成できないことに注意しよう．
[16] $\mathrm{N = kg \cdot m \cdot s^{-2}}$ は，MKS 単位系における力の単位（ニュートン）を表す．

例 1.5 前例と同じく，$d = 3$ とする．二つの質点 $m_1, m_2$ が電荷をもつ場合を考え，それぞれの電荷を $q_1, q_2$ とする ($q_1, q_2 \in \mathbb{R} \setminus \{0\}$). この場合，質点 $m_1, m_2$ の間には，万有引力の他に，電荷の存在に起源を有する力が働く．この力の大きさは，2 質点間の距離 $r$ の逆 2 乗 $1/r^2$ と電荷の大きさの積 $|q_1||q_2|$ に比例し，力の方向は，$m_1$ と $m_2$ を結ぶ線分の方向である．電荷 $q_1$ と $q_2$ の符号が同じときは，斥力であり，異なるときは引力である．この型の力を**電気的クーロン (Coulomb) 力**と呼ぶ．明示的に述べるならば，次のようになる．質点 $m_1, m_2$ の位置をそれぞれ，$\mathbf{x}_1, \mathbf{x}_2 \in V_E^3$ とすれば $m_1$ が $m_2$ に及ぼす電気的クーロン力は

$$\mathbf{F}_C := \frac{q_1 q_2}{4\pi\varepsilon_0} \frac{1}{\|\mathbf{x}_2 - \mathbf{x}_1\|^2} \frac{\mathbf{x}_2 - \mathbf{x}_1}{\|\mathbf{x}_2 - \mathbf{x}_1\|}$$

である（着力点は $\mathbf{x}_2$）．ここで，$\varepsilon_0 = 8.8542 \times 10^{-12} \, \mathrm{C}^2 \cdot \mathrm{N}^{-1} \cdot \mathrm{m}^{-2}$ は真空の誘電率と呼ばれる物理定数である[17]．

例 1.6 （**球体が生成する万有引力**）拡がりをもつ物体で質点とみなせる物体の基本的な例の一つをここで取り上げておく．簡単のため，$V_E^3 = \mathbb{R}^3$ の場合を考え，この空間内にある半径 $R > 0$，質量 $M > 0$ の球体 $\mathcal{O}$ を考える[18]．いま，$\mathcal{O}$ の中心が $\mathbb{R}^3$ の点 $\mathbf{x}_0 \in \mathbb{R}^3$ に置かれているとしよう．したがって，$\mathcal{O}$ は，点 $\mathbf{x}_0$ を中心とする半径 $R$ の閉球

$$B_R(\mathbf{x}_0) := \left\{ \mathbf{x} \in \mathbb{R}^3 \,\middle|\, \|\mathbf{x} - \mathbf{x}_0\| \leq R \right\} \tag{1.11}$$

を占める．物体の質量密度（単位体積当たりの質量）は可積分関数 $\rho : \mathbb{R}^3 \to [0, \infty)$ で，条件「$\mathbf{y} \in \mathbb{R}^3, \|\mathbf{y} - \mathbf{x}_0\| > R$ ならば $\rho(\mathbf{y}) = 0$」（$B_R(\mathbf{x}_0)$ の外には質量はないということ）を満たすものによって記述されるとする．すなわち，$\mathbb{R}^3$ の任意のボレル可測な部分集合 $D$ における物体の質量は $\int_D \rho(\mathbf{y}) \, \mathrm{d}\mathbf{y}$ で与えられるとする．したがって，特に，物体の全質量 $M$ は

$$M = \int_{\mathbb{R}^3} \rho(\mathbf{y}) \, \mathrm{d}\mathbf{y} = \int_{B_R(\mathbf{x}_0)} \rho(\mathbf{y}) \, \mathrm{d}\mathbf{y} \tag{1.12}$$

と表される[19]．

---

[17] C は電気量の単位でクーロンと読む．
[18] 以下の議論は，抽象的な 3 次元ユークリッドベクトル空間 $V_E^3$ でもそのまま成立する．ただし，$V_E^3$ 上の積分は別に定義しておく（付録 E の E.7 節を参照）．
[19] 本書を通じて，積分は，特に断らない限り，ルベーグ積分の意味でとる．

質量密度の簡単な例は，それが一定の場合，すなわち，定数 $m_0 > 0$ があって，$\rho(\mathbf{y}) = m_0$, $\forall \mathbf{y} \in B_R(\mathbf{x}_0)$ が成立する場合である．この場合は，$M = m_0 \int_{B_R(\mathbf{x}_0)} 1 \, d\mathbf{y} = 4\pi R^3 m_0/3$ となる．

さて，球体 O の外部の任意の点 $\mathbf{x}$ （したがって，$\|\mathbf{x} - \mathbf{x}_0\| > R$）に置かれた質点 $m$ に O が及ぼす万有引力を $\mathbf{F}_{M,m}(\mathbf{x})$ とし，これを求めることを考える．そのために，まず，発見法的な議論を行う．

$B_R(\mathbf{x}_0)$ 上のリーマン積分を定義するときのように，$B_R(\mathbf{x}_0)$ を立方格子状に細かく分割し，近似的に，小さな立方体 $c_i$ の集まり $\{c_i\}_i$ として表す．立方体 $c_i$ の中心を $\mathbf{y}_i$ とする．このとき，質量素片 $\rho(\mathbf{y}_i)|c_i|$ （$|c_i|$ は $c_i$ の体積）——点 $\mathbf{y}_i$ に置かれた，質量 $\rho(\mathbf{y}_i)|c_i|$ の質点——が質点 $m$ に及ぼす万有引力は $Gm\rho(\mathbf{y}_i)|c_i|(\mathbf{y}_i - \mathbf{x})/\|\mathbf{y}_i - \mathbf{x}\|^3$ である．したがって，球体全体は，近似的に

$$\mathbf{F}_{\{c_i\}} := \sum_i Gm\rho(\mathbf{y}_i)|c_i| \frac{\mathbf{y}_i - \mathbf{x}}{\|\mathbf{y}_i - \mathbf{x}\|^3}$$

の力を質点 $m$ に及ぼすであろう．もし，$\rho$ が $B_R(\mathbf{x}_0)$ 上で連続ならば，$\mathbf{F}_{\{c_i\}}$ は，分割を無限に細かくする極限をとるとき，積分 $\int_{B_R(\mathbf{x}_0)} Gm\rho(\mathbf{y})(\mathbf{y} - \mathbf{x})/\|\mathbf{y} - \mathbf{x}\|^3 \, d\mathbf{y}$ に収束する．

以上の考察により，$\mathbf{F}_{M,m}(\mathbf{x})$ は

$$\mathbf{F}_{M,m}(\mathbf{x}) := \int_{B_R(\mathbf{x}_0)} Gm\rho(\mathbf{y}) \frac{\mathbf{y} - \mathbf{x}}{\|\mathbf{y} - \mathbf{x}\|^3} \, d\mathbf{y} = \int_{\mathbb{R}^3} Gm\rho(\mathbf{y}) \frac{\mathbf{y} - \mathbf{x}}{\|\mathbf{y} - \mathbf{x}\|^3} \, d\mathbf{y}$$

と定義するのが自然である．便宜上

$$B_R := B_R(\mathbf{0}) = \{\mathbf{x} \in \mathbb{R}^3 \,|\, \|\mathbf{x}\| \leq R\} \tag{1.13}$$

とおく（原点 $\mathbf{0} \in \mathbb{R}^3$ を中心とする半径 $R$ の閉球）．

次の事実を証明しよう：

▶ ボレル可測関数 $\rho_0 : [0, \infty) \to [0, \infty)$ が存在して，$\rho(\mathbf{y}) = \rho_0(\|\mathbf{y} - \mathbf{x}_0\|)$ （$\forall \mathbf{y} \in \mathbb{R}^3$）が成り立つとする（この場合，$\rho$ は点 $\mathbf{x}_0$ に関して**回転対称**であるという）．このとき

$$\mathbf{F}_{M,m}(\mathbf{x}) = -GMm \frac{\mathbf{x} - \mathbf{x}_0}{\|\mathbf{x} - \mathbf{x}_0\|^3} \quad (\|\mathbf{x} - \mathbf{x}_0\| > R). \tag{1.14}$$

**証明** $\mathbf{u} := \mathbf{x} - \mathbf{x}_0$ を導入し，変数変換 $\mathbf{y}' = \mathbf{y} - \mathbf{x}_0$ を行うと

## 1.2. 力の概念と例    **11**

$$\mathbf{F}_{M,m}(\mathbf{x}) := \int_{B_R} Gm\rho(\mathbf{y}+\mathbf{x}_0)\frac{\mathbf{y}-\mathbf{u}}{\|\mathbf{y}-\mathbf{u}\|^3}\,\mathrm{d}\mathbf{y}$$

を得る．$a := \|\mathbf{u}\|$, $\mathbf{f}_3 := \mathbf{u}/a$ とすれば，$\|\mathbf{f}_3\| = 1$ であり，$\mathbf{u} = a\mathbf{f}_3$ と書ける．そこで，$\mathbf{f}_1, \mathbf{f}_2, \mathbf{f}_3$ が $\mathbb{R}^3$ の正規直交基底となる単位ベクトル $\mathbf{f}_1, \mathbf{f}_2$ をとる．このとき

$$\mathbf{F}_{M,m}(\mathbf{x}) = F_1(\mathbf{x})\mathbf{f}_1 + F_2(\mathbf{x})\mathbf{f}_2 + F_3(\mathbf{x})\mathbf{f}_3, \quad \mathbf{y} = y_1\mathbf{f}_1 + y_2\mathbf{f}_2 + y_3\mathbf{f}_3$$

と展開できる ($F_i(\mathbf{x}) = \langle \mathbf{f}_i, \mathbf{F}_{M,m}(\mathbf{x})\rangle$, $y_i = \langle \mathbf{f}_i, \mathbf{y}\rangle \in \mathbb{R}$ $(i = 1, 2, 3)$). $\langle \mathbf{u}, \mathbf{f}_1\rangle = 0$, $\langle \mathbf{u}, \mathbf{f}_2\rangle = 0$ であるから

$$F_j(\mathbf{x}) = \int_{B_R} Gm\frac{\rho_0\left(\sqrt{y_1^2+y_2^2+y_3^2}\right)y_j}{\left(y_1^2+y_2^2+(y_3-a)^2\right)^{3/2}}\,\mathrm{d}\mathbf{y} \quad (j=1,2).$$

右辺の被積分関数は，$y_j$ $(j=1,2)$ について奇関数であり，積分領域 $B_R$ は $y_j$ について対称（変換 $y_j \mapsto -y_j$ で不変）であるから，右辺の積分は 0，すなわち，$F_j(\mathbf{x}) = 0$ $(j=1,2)$ が結論される．したがって

$$\mathbf{F}_{M,m}(\mathbf{x}) = F_3(\mathbf{x})\mathbf{f}_3. \tag{1.15}$$

ゆえに

$$F_3(\mathbf{x}) = \langle \mathbf{F}_{M,m}(\mathbf{x}), \mathbf{f}_3 \rangle = \int_{B_R} Gm\frac{\rho_0(\|\mathbf{y}\|)\left(\langle \mathbf{y}, \mathbf{f}_3\rangle - a\right)}{\|\mathbf{y}-\mathbf{u}\|^3}\,\mathrm{d}\mathbf{y}.$$

右辺の積分を計算するために，極座標 $(r, \theta, \phi)$ に移れば ($y_1 = r\sin\theta\cos\phi$, $y_2 = r\sin\theta\sin\phi$, $y_3 = r\cos\theta$, $0 \leq r \leq R$, $0 \leq \theta \leq \pi$, $0 \leq \phi < 2\pi$)

$$F_3(\mathbf{x}) = \frac{2\pi Gm}{a}\int_0^R \mathrm{d}r\, r\rho_0(r)I(r)$$

と表される．ただし

$$I(r) := \int_0^\pi \mathrm{d}\theta\, \frac{(r\cos\theta - a)ar\sin\theta}{(r^2 - 2ra\cos\theta + a^2)^{3/2}}.$$

容易に確かめられる式

$$\frac{\mathrm{d}}{\mathrm{d}\theta}\frac{1}{\sqrt{r^2-2ra\cos\theta+a^2}} = -ra\sin\theta\frac{1}{(r^2-2ra\cos\theta+a^2)^{3/2}}$$

と部分積分により

$$I(r) = -r\int_0^\pi \mathrm{d}\theta\,\frac{\sin\theta}{\sqrt{r^2-2ra\cos\theta+a^2}}$$

$$= -\frac{1}{a}\int_0^\pi d\theta \frac{d}{d\theta}\sqrt{r^2 - 2ra\cos\theta + a^2}$$
$$= -\frac{2r}{a}$$

となる．したがって

$$F_3(\mathbf{x}) = -\frac{4\pi Gm}{a^2}\int_0^R dr\, r^2 \rho_0(r).$$

一方，(1.12) によって，いまの仮定のもとでは，$M = 4\pi \int_0^R dr\, r^2 \rho_0(r)$．したがって $F_3(\mathbf{x}) = -GmM/a^2$．これと (1.15) から (1.14) が導かれる． ∎

公式 (1.14) は次のことを語る：球体 $\mathcal{O}$ から，$\mathcal{O}$ の外部にある質点 $m$ に働く万有引力は，球体の全質量 $M$ が球体の中心に集中している質点から受ける万有引力に等しい．こうして，回転対称な質量密度をもつ球体は，その中心に全質量が集中した質点とみなすことができる．

**注意 1.7** 上述の証明では $\rho$ の非負性はどこにも使用されていない．したがって，実際には，次の事実が証明されたことになる：

▶ $f : \mathbb{R}^3 \to \mathbb{R}$ は可積分で原点に関して回転対称であり，その台

$$\operatorname{supp} f := \overline{\{\mathbf{x} \in \mathbb{R}^3 \mid f(\mathbf{x}) \neq 0\}}$$

は有界であるとする[20]．このとき

$$\int_{\mathbb{R}^3} \frac{\mathbf{x} - \mathbf{y}}{\|\mathbf{x} - \mathbf{y}\|^3} f(\mathbf{y})\, d\mathbf{y} = \frac{\mathbf{x}}{\|\mathbf{x}\|^3} \int_{\mathbb{R}^3} f(\mathbf{y})\, d\mathbf{y} \quad (\mathbf{x} \in (\operatorname{supp} f)^c). \quad (1.16)$$

これはたいへん興味深い性質である．実は，この特性は，次の意味において，万有引力を特徴づける特性の一つである．$\mathbb{R}^3$ 上の実数値可積分関数で原点に関して回転対称で台が有界であるものの全体を $\mathcal{R}_0(\mathbb{R}^3)$ とし，各 $\alpha > 0$ と $f \in \mathcal{R}_0(\mathbb{R}^3)$ に対して，$\mathbb{R}^3$ 上のベクトル値関数 $\mathbf{F}_f^{(\alpha)}$, $\mathbf{G}_f^{(\alpha)}$ を次のように定義する：$\mathbf{x} \in \operatorname{supp} f$ ならば $\mathbf{F}_f^{(\alpha)}(\mathbf{x}) := 0, \mathbf{G}_f^{(\alpha)}(\mathbf{x}) := 0$, $\mathbf{x} \in (\operatorname{supp} f)^c$ ならば

$$\mathbf{F}_f^{(\alpha)}(\mathbf{x}) := \int_{\mathbb{R}^3} \frac{\mathbf{x} - \mathbf{y}}{\|\mathbf{x} - \mathbf{y}\|^\alpha} f(\mathbf{y})\, d\mathbf{y}, \quad \mathbf{G}_f^{(\alpha)}(\mathbf{x}) := \frac{\mathbf{x}}{\|\mathbf{x}\|^\alpha} \int_{\mathbb{R}^3} f(\mathbf{y})\, d\mathbf{y}.$$

---
[20] 集合 $A \subset \mathbb{R}^3$ に対して，$\overline{A}$ は $A$ の閉包を表す．

このとき，次の事実が見出される：

▶ すべての $f \in \mathcal{R}_0(\mathbb{R}^3)$ に対して，ベクトル値関数の等式 $\mathbf{F}_f^{(\alpha)} = \mathbf{G}_f^{(\alpha)}$ が成立するための必要十分条件は $\alpha = 3$ である．

**証明** 条件の十分性はすでに見た．そこで，条件の必要性を証明しよう．それには，$\alpha \neq 3$ ならば，ある $f \in \mathcal{R}_0(\mathbb{R}^3)$ が存在して，$\mathbf{F}_f^{(\alpha)} \neq \mathbf{G}_f^{(\alpha)}$ が成り立つことを示せばよい．実際，たとえば，$f$ として，$B_R$ ($R > 0$) の定義関数 $\chi_{B_R}$ をとればよいことが次のようにしてわかる．$f = \chi_{B_R}$ の場合の $\mathbf{F}_f^{(\alpha)}$，$\mathbf{G}_f^{(\alpha)}$ をそれぞれ，$\mathbf{F}^{(\alpha)}$，$\mathbf{G}^{(\alpha)}$ としよう．このとき，$F_3(\mathbf{x})$ の計算と同様にして（やや長い計算），$\alpha \neq 2, 4, 6$ のとき，$\|\mathbf{x}\| > R$ に対して

$$\langle \mathbf{F}^{(\alpha)}(\mathbf{x}), \mathbf{x} \rangle = \frac{2\pi}{(4-\alpha)(2-\alpha)} \frac{1}{\|\mathbf{x}\|}$$
$$\times \left\{ \|\mathbf{x}\| R \left[ (\|\mathbf{x}\| + R)^{4-\alpha} + (\|\mathbf{x}\| - R)^{4-\alpha} \right] \right.$$
$$\left. - \frac{1}{6-\alpha} \left[ (\|\mathbf{x}\| + R)^{6-\alpha} - (\|\mathbf{x}\| - R)^{6-\alpha} \right] \right\} \quad (1.17)$$

となることがわかる．$\alpha = 2, 4, 6$ のときの $\langle \mathbf{F}^{(\alpha)}(\mathbf{x}), \mathbf{x} \rangle$ は，右辺の $\alpha \to 2, 4, 6$ の極限で与えられる[21]．一方，

$$\langle \mathbf{G}^{(\alpha)}(\mathbf{x}), \mathbf{x} \rangle = \frac{4\pi R^3}{3} \frac{1}{\|\mathbf{x}\|^{\alpha-2}}$$

である．これらの式から，$\alpha \neq 3$ ならば，関数の非等式 $\mathbf{F}^{(\alpha)} \neq \mathbf{G}^{(\alpha)}$ が導かれる[22]． ∎

一般に，$d$ 次元ユークリッドベクトル空間 $V_\mathrm{E}^d$ において，位置 $\mathbf{x}_2$ にある質点 $m_2$ が，位置 $\mathbf{x}_1$ にある質点 $m_1$ から受ける力が $C(\mathbf{x}_1 - \mathbf{x}_2)/\|\mathbf{x}_1 - \mathbf{x}_2\|^{\beta+1}$ ($C \in \mathbb{R} \setminus \{0\}$，$\beta > 0$ は定数）で与えられるとき，その力の大きさは $|C|/\|\mathbf{x}_1 - \mathbf{x}_2\|^\beta$ である．そこで，この力を**逆 $\beta$ 乗の力**といい，$\beta$ をその**指数**という．この場合，$m_2$ に作用する力は，$C > 0$ ならば引力であり，$C < 0$ ならば斥力である．この型の力を総称的に**逆ベキ乗の力**と呼ぶ．

---

[21] $\mathbf{F}_f^{(\alpha)}(\mathbf{x})$ ($\|\mathbf{x}\| > R$) は，$\alpha$ について連続であることに注意（ルベーグの優収束定理を使えば容易に証明される）．
[22] たとえば，$\|\mathbf{x}\| = R$ での境界値が異なること，すなわち，$\lim_{\|\mathbf{x}\| \to R} \langle \mathbf{F}^{(\alpha)}(\mathbf{x}), \mathbf{x} \rangle \neq \lim_{\|\mathbf{x}\| \to R} \langle \mathbf{G}^{(\alpha)}(\mathbf{x}), \mathbf{x} \rangle$ を示せばよい．

**例 1.8** 3次元空間 $V_E^3$ における万有引力（例 1.4）は逆2乗の力である．例 1.6 によって，この力だけが関与する場合，回転対称な質量密度をもつ球体は，その中心に全質量が集中した質点とみなせる．逆に，注意 1.7 に述べた事実によって，**3次元空間においては，回転対称な質量密度をもつ球体を，その中心に全質量が集中した質点とみなせるように働く逆ベキ乗の力は，逆2乗の力に限られる**．こうして，万有引力の大きさを規定する数「2」の意味の一つが明らかになる．

**例 1.9**（**天体表面近くにおける重力**）十分よい近似で，回転対称な質量密度をもつ球体とみなせる天体（たとえば，地球，月や他の惑星）を考え，その質量と半径をそれぞれ $M, R$ としよう．言葉の使い方であるが，質量 $M$ の球形天体を「天体 $M$」ということにする．天体 $M$ の表面上の任意の1点 P をとり，そこから高さ $h \geq 0$ の位置にある点 Q に質量 $m$ の質点があるとする．点 Q と天体 $M$ の中心の距離は $(h+R)$ であるから，例 1.6 によって，質点は，天体 $M$ から，大きさが

$$F(h) := \frac{GMm}{(h+R)^2} \qquad (1.18)$$

の万有引力を受ける．地球上の人間が質点（物体）の「重さ」として感じる力——地球の重力——の主成分は，地球が物体に及ぼす万有引力に由来する．実際の地球では，万有引力の他に，地球の回転による遠心力も重力の成分の一つである．この点を考慮して，$F(h)$ を天体 $M$ の質点 $m$ に対する**静止重力**と呼ぶ．(1.18) から

$$\frac{F(h)}{F(0)} = \frac{1}{\left(1+\frac{h}{R}\right)^2}.$$

したがって，$h$ が $R$ に比べて「十分」小さいとき，すなわち，$h/R$ が1に比べて「十分」小さい——このことを $h/R \ll 1$ と記す[23]——ならば，$F(h) \approx F(0)$，すなわち

$$F(h) \approx mg, \quad g := \frac{GM}{R^2} \qquad (1.19)$$

と近似できる[24]．これは，質点の位置の高さが天体の半径に比べて「十分」小

---

[23] 小ささを具体的に表すには，$\varepsilon \in (0,1)$ を指定して，$|h/R| \leq \varepsilon$ または $|h/R| < \varepsilon$ と表す．
[24] 零でない複素数 $a, b$ について，$a \approx b$ は $|b/a - 1|$ が「十分」小さいことを表す記号である．

さい範囲では，天体が質点に及ぼす万有引力は，質点の位置に依らず（近似的に）一定で，質点の質量に比例することを意味する．$g$ は**重力加速度**と呼ばれる．地球の場合，中緯度付近で，およそ $9.8\,\mathrm{m/s^2}$ である[25]．

## 1.3 ニュートンの運動方程式

さて，前節の冒頭に言及した考え方の数学的定式化に移ろう．いま，1 個の質点 $m$ だけに着目し，この質点が運動できる範囲は $V_\mathrm{E}^d$ の連結開集合 $D$ 内であるとしよう．このような集合 $D$ を質点の**配位空間**と呼ぶ[26]．ここで考察の対象となる力は，数学的には，3 個の集合 $D, V_\mathrm{E}^d, \mathbb{I}$（時間区間）の直積 $D \times V_\mathrm{E}^d \times \mathbb{I}$ から $V_\mathrm{E}^d$ への写像——$\mathbf{F}$ としよう——によって表されるものである．この種の写像を**力の場**または**力場**と呼ぶ．この呼称は，集合 $D \times V_\mathrm{E}^d \times \mathbb{I}$ の各点 $(\mathbf{x}, \mathbf{v}, t)$ ($\mathbf{x} \in D$, $\mathbf{v} \in V_\mathrm{E}^d$, $t \in \mathbb{I}$) に力のベクトル $\mathbf{F}(\mathbf{x}, \mathbf{v}, t) \in V_\mathrm{E}^d$ が一つずつ配されているという描像による．$(\mathbf{x}, \mathbf{v}, t) \in D \times V_\mathrm{E}^d \times \mathbb{I}$ における $\mathbf{F}$ の値，すなわち，ベクトル $\mathbf{F}(\mathbf{x}, \mathbf{v}, t) \in V_\mathrm{E}^d$ ——点 $\mathbf{x}$ を始点とする束縛ベクトルとして考える——は，いまの文脈では，質点が時刻 $t$，位置 $\mathbf{x}$ にあって速度 $\mathbf{v}$ をもつときに，質点に働く力を表すと解釈される．質点 $m$ が時刻 $t$，位置 $\mathbf{x}$ において速度 $\mathbf{v}$ を有するとき，質点に働くすべての力の合力が $\mathbf{F}(\mathbf{x}, \mathbf{v}, t)$ によって与えられるとしよう[27]．このとき，前節のはじめの段落で述べた推測は，方程式

$$\boxed{m\ddot{\mathbf{x}}(t) = \mathbf{F}(\mathbf{x}(t), \dot{\mathbf{x}}(t), t)} \quad (t \in \mathbb{I}) \tag{1.20}$$

として定式化される．これを**ニュートンの運動方程式**または，より簡潔に，**ニュートン方程式**という．これは，任意の時刻における加速度は，その時刻で質点に働く力に比例し，その比例定数は質量の逆数に等しいことを語る．こ

---

[25] $G$, $M$, $R$ のデータについては，『理科年表』（丸善）を参照．
[26] もちろん，$D = V_\mathrm{E}^d$ の場合も含む．これ以外の例としては，たとえば，$D = V_\mathrm{E}^d \setminus \{\mathbf{0}\}$ がある．
[27] ここでいう力は，束縛力，摩擦力，万有引力や電磁気力といった，いわゆる「実在的」な力だけではなく，慣性力——いわゆる「みかけの力」——や他のあらゆる可能な力を含む．これは，本書では，物体の運動を観測する系をいわゆる「慣性系」に限定せずに理論的定式化を行っているためである．

の性質は**ニュートンの第 2 法則**と呼ばれる．

質量と速度の積

$$\mathbf{p}(t) := m\dot{\mathbf{x}}(t) \tag{1.21}$$

を**運動量**と呼ぶ．これを用いると (1.20) は

$$\boxed{\frac{d\mathbf{p}(t)}{dt} = \widetilde{\mathbf{F}}(\mathbf{x}(t), \mathbf{p}(t), t)} \tag{1.22}$$

という形に表される．ただし

$$\widetilde{\mathbf{F}}(\mathbf{x}, \mathbf{p}, t) := \mathbf{F}\left(\mathbf{x}, \frac{\mathbf{p}}{m}, t\right) \quad ((\mathbf{x}, \mathbf{p}) \in D \times V_E^d,\ t \in \mathbb{I}). \tag{1.23}$$

(1.22) は「任意の時刻での運動量の時間的瞬間変化率がその時刻で質点に働く力に等しい」ことを語る．

質点の運動生成のあり方に関する，この捉え方は，質量が時刻や速度など他の要素に依存する運動の場合へと拡張され得るという意味において，より普遍的である[28]．すなわち，質量 $m$ を各 $(t, \mathbf{x}, \mathbf{v}) \in \mathbb{I} \times D \times V_E^d$ ごとに定まる，$V_E^d$ 上の線形写像[29] $M(t, \mathbf{x}, \mathbf{v}) : V_E^d \to V_E^d$ で置き換え，拡張された意味での運動量を

$$\mathbf{p}_{\mathrm{ext}}(t) := M(t, \mathbf{x}(t), \dot{\mathbf{x}}(t))\dot{\mathbf{x}}(t) \tag{1.24}$$

によって定義し，運動方程式は (1.22) と同じ形であると仮定する：

$$\frac{d\mathbf{p}_{\mathrm{ext}}(t)}{dt} = \widetilde{\mathbf{F}}(\mathbf{x}(t), \mathbf{p}_{\mathrm{ext}}(t), t) \tag{1.25}$$

明らかに，$M(t, \mathbf{x}, \mathbf{v}) = m I_{V_E^d}$ （$I_{V_E^d}$ は $V_E^d$ 上の恒等写像）の場合がもともとのニュートンの運動方程式を与える．

**例 1.10 （自由運動）** 配位空間 $D$ が $V_E^d$ 全体の場合を考える．力の作用をまっ

---

[28] たとえば，ロケットの運動は，質量が時刻に依存する運動の実用的な例の一つである（詳しくは，拙著『物理現象の数学的諸原理』（共立出版，2003）の 4.3.4 項を参照されたい）．質量が速度の大きさに依存する運動の例としては，特殊相対論的運動（第 4 章を参照）がある．
[29] 実ベクトル空間 $V$ 上の写像 $A : V \to V$ は，線形性：$A(ax + by) = aA(x) + bA(y)$ $(a, b \in \mathbb{R}, x, y \in V)$ を満たすとき，線形写像または線形変換あるいは線形作用素と呼ばれる．この場合，$A(x)$ を単に $Ax$ と記すことが多い．

たく受けていない質点は**自由質点**と呼ばれる．この場合，$\mathbf{F} = \mathbf{0}$ であるので，ニュートン方程式は $\ddot{\mathbf{x}}(t) = \mathbf{0}$ となる．したがって，時刻 $t_0 \in \mathbb{I}$ での速度を $\mathbf{v}_0 \in V_\mathrm{E}^d$ とすれば，$\dot{\mathbf{x}}(t) = \mathbf{v}_0$ $(t \in \mathbb{I})$．すなわち，質点は等速度運動を行う．したがって，特に，運動量 $\mathbf{p}(t) = m\dot{\mathbf{x}}(t)$ は時間的に一定であり，$m\mathbf{v}_0$ に等しい．速度に関する微分方程式を積分すれば

$$\mathbf{x}(t) = \mathbf{x}_0 + (t - t_0)\mathbf{v}_0 \quad (t \in \mathbb{I})$$

が得られる．ただし，$\mathbf{x}_0$ は時刻 $t_0$ での質点の位置である．以上から，自由質点は等速直線運動をすることがわかる．

逆に，等速直線運動をする質点は，その位置ベクトルの 2 階の導関数が 0 であるので，自由質点である．

**例 1.11**（定力場による運動）あるベクトル $\mathbf{F}_0 \in V_\mathrm{E}^d$ があって，$\mathbf{F}(\mathbf{x}, \mathbf{v}, t) = \mathbf{F}_0$, $\forall (\mathbf{x}, \mathbf{v}, t) \in D \times V_\mathrm{E}^d \times \mathbb{I}$ を満たす場合，力場 $\mathbf{F}$ を**定力場**という．$D = V_\mathrm{E}^d$ の場合を考えよう．このとき，定力場 $\mathbf{F}_0$ だけの作用のもとでの質点の運動に対するニュートン方程式は $\ddot{\mathbf{x}}(t) = \mathbf{F}_0/m$ という形をとる．したがって，この場合の質点の運動は，$\mathbf{a} := \mathbf{F}_0/m$ を加速度とする等加速度運動である（例 1.3 を参照）．例 1.3 の結果より

$$\dot{\mathbf{x}}(t) = \mathbf{v}_0 + (t - t_0)\mathbf{a},$$
$$\mathbf{x}(t) = \mathbf{x}_0 + (t - t_0)\mathbf{v}_0 + \frac{(t - t_0)^2}{2}\mathbf{a} \quad (t \in \mathbb{I}) \tag{1.26}$$

を得る．

逆に，(1.26) を $t$ に関して 2 回微分することにより，等加速度運動は，定力場だけの作用による運動であることがわかる．

**例 1.12**（天体表面での落下運動）例 1.9 において，点 P を $\mathbb{R}^3 = \{\mathbf{r} = (x, y, z) | x, y, z \in \mathbb{R}\}$ の原点にとり，鉛直上向きを $z$ 軸の正の向きとし，$x$–$y$ 平面は P の接平面に一致させる．例 1.9 の考察により，質点に働く，天体の万有引力は，点 P の近傍では，近似的に，$\mathbf{F} = (0, 0, -mg)$ という定力場によって与えられる．初期時刻 $t_0$ を 0 とし，初期位置を $(0, 0, h)$，初期速度を $(0, v_0, 0)$ $(v_0 > 0)$ としよう（すなわち，高さ $h$ の位置から，$y$ 軸の正の向

きに速さ $v_0$ の運動を開始するということ). 時刻 $t \geq 0$ での質点の位置を $\mathbf{x}(t) = (x(t), y(t), z(t))$ ($t$ は $z(t) \geq 0$ を満たす範囲) と直交座標表示すれば, 前例により

$$\mathbf{x}(t) = (0, 0, h) + t(0, v_0, 0) + \frac{t^2}{2}(0, 0, -g), \quad \dot{\mathbf{x}}(t) = (0, v_0, -gt)$$

となる. したがって, 成分ごとに書けば

$$x(t) = 0, \quad y(t) = v_0 t, \quad z(t) = h - \frac{g}{2}t^2.$$

これから, 質点は落下運動を行い, 時刻とともに速さを増しながら ($y$ 軸方向の速さは一定で $v_0$ に等しく, $z$ 軸方向の速さ $gt$ は $t$ に比例する) $z(t_*) = 0$ となる時刻 $t_* = \sqrt{2h/g}$ に天体表面に到達することがわかる. また, 運動の軌道は

$$z = h - \frac{g}{2v_0^2}y^2 \quad (0 \leq z \leq h, 0 \leq y \leq v_0\sqrt{2h/g})$$

となる. これは放物線である.

## 1.4 状態, 相空間, 因果律

ニュートン方程式 (1.20) は, ベクトル値関数 $\mathbf{x}(\cdot)$ に関する2階の常微分方程式であるから, 1.1節で触れたように, 位置 $\mathbf{x}(t)$ と速度 $\mathbf{v}(t) := \dot{\mathbf{x}}(t)$ の組 $(\mathbf{x}(t), \mathbf{v}(t))$ の初期値 $(\mathbf{x}(t_0), \mathbf{v}(t_0))$ ($t_0 \in \mathbb{I}$) を指定すれば, 時間区間 $\mathbb{I}$ において, 解の存在と一意性が保証される限り, 任意の時刻 $t \in \mathbb{I}$ での位置と速度の組 $(\mathbf{x}(t), \mathbf{v}(t))$ は一意的に定まる. これは, 系の時間発展を位置と速度の組の時間変化として捉える方が自然であることを示唆する. そこで, 時刻 $t \in \mathbb{I}$ での位置と速度の組

$$\psi(t) := (\mathbf{x}(t), \mathbf{v}(t)) \tag{1.27}$$

が満たす微分方程式を導いてみよう. まず

$$\frac{\mathrm{d}\psi(t)}{\mathrm{d}t} = (\dot{\mathbf{x}}(t), \dot{\mathbf{v}}(t)) = \left(\mathbf{v}(t), \frac{1}{m}\mathbf{F}(\mathbf{x}(t), \mathbf{v}(t), t)\right).$$

そこで, 各 $t \in \mathbb{I}$ に対して, 写像 $X_t : D \times V_{\mathrm{E}}^d \to V_{\mathrm{E}}^d \oplus V_{\mathrm{E}}^d$ ($V_{\mathrm{E}}^d$ の直和ベクトル空間) を

$$X_t(\psi) := \left(\mathbf{v}, \frac{1}{m}\mathbf{F}(\mathbf{x}, \mathbf{v}, t)\right) \quad (\psi = (\mathbf{x}, \mathbf{v}) \in D \times V_{\mathrm{E}}^d) \tag{1.28}$$

によって導入すれば

$$\boxed{\frac{\mathrm{d}\psi(t)}{\mathrm{d}t} = X_t(\psi(t))} \tag{1.29}$$

が得られる．これは1階の微分方程式であることに注意しよう．言うまでもなく，1階の微分方程式の方が2階以上の微分方程式よりも扱いやすい．したがって，確かに，系の時間発展を位置と速度の組の時間変化として捉えることは，数学的にも有効であることが推測される．この観点から，次の定義を設ける．位置変数 $\mathbf{x} \in D$ と速度変数 $\mathbf{v} \in V_{\mathrm{E}}^d$ の組 $(\mathbf{x}, \mathbf{v})$, すなわち，直積空間 $D \times V_{\mathrm{E}}^d$ の元を考察下の系の**状態** (state) または**相点** (phase point) といい，この意味での $D \times V_{\mathrm{E}}^d$ を**状態空間** (state space) または**相空間** (phase space) と呼ぶ．

(1.27) によって定義される写像 $\psi(\cdot) : \mathbb{I} \to D \times V_{\mathrm{E}}^d$ をニュートン方程式 (1.20) から定まる**相運動**または**相曲線**あるいは**状態曲線**と呼ぶ．この文脈において，$\dot{\psi}(t) = \mathrm{d}\psi(t)/\mathrm{d}t$——相運動の瞬間変化率——を**相速度**という．

写像 $X_t : D \times V_{\mathrm{E}}^d \to V_{\mathrm{E}}^d \oplus V_{\mathrm{E}}^d$ は，相空間の各点 $\psi$ にベクトル空間 $V_{\mathrm{E}}^d \oplus V_{\mathrm{E}}^d$ のベクトル $X_t(\psi)$ を一つ対応させるので，相空間上のベクトル場である．このベクトル場を**相速度ベクトル場**という．これは，(1.29) が示すように，$X_t$ が相速度を規定することによる．ところで，相速度ベクトル場 $X_t$ は，(1.28) から明らかなように，質点の質量 $m$ と質点に働く力の場 $\mathbf{F}$ から定まる．こうして，系の状態の運動の生成に関して次の構造が明らかになる：

質点の質量，力の場 → 相速度ベクトル場 → 相速度 → 相運動

一般に，「状態」なる概念が定義される任意の物理系において（質点からなる系とは限らない），ある時刻での状態——初期状態——が与えられたとき，後の任意の時刻の状態が一意的に決定されるとき，この系の時間発展は**因果的**であるいう．この場合，その法則性を**因果律**と呼ぶ．

時刻 $t_0 \in \mathbb{I}$ と状態 $\psi_0 = (\mathbf{x}_0, \mathbf{v}_0) \in D \times V_{\mathrm{E}}^d$ を指定したとき，(1.29) の解 $\psi(t)$ で $\psi(t_0) = \psi_0$ を満たすものを求める問題を微分方程式 (1.29) の**初期値問題**という．この場合，$t_0$ を**初期時刻**，$\psi_0$ を**初期値**という．

## 第1章　ニュートン力学

微分方程式 (1.29) の初期値問題の解の存在と一意性は, $X_t$ の性質に依る[30].こうして, 次の事実が示されたことになる：ニュートンの運動方程式 (1.20) にしたがう質点系の時間発展は, $X_t$ がしかるべき条件を満たすならば, 因果的である.

## 1.5　接バンドルとしての状態空間

状態空間 $D \times V_E^d$ は, 純数学的には, $D$ と $V_E^d$ の直積集合であるが, 実は, それは, ある自然な幾何学的・物理的な構造を有していることが次のようにしてわかる. まず, 各状態 $(\mathbf{x}, \mathbf{v}) \in D \times V_E^d$ から, この状態における位置 $\mathbf{x}$ を「取り出す」ことを考える. これは, 容易に推測されるように, $(\mathbf{x}, \mathbf{v})$ に $\mathbf{x}$ を対応させる写像, すなわち, $D \times V_E^d$ から $D$ への射影によって実現される[31]. この写像を $\pi: D \times V_E^d \to D$ としよう：

$$\pi(\mathbf{x}, \mathbf{v}) := \mathbf{x} \quad ((\mathbf{x}, \mathbf{v}) \in D \times V_E^d). \tag{1.30}$$

明らかに, 写像 $\pi$ は全射である：$\pi(D \times V_E^d) = D$. さらに, 各 $\mathbf{x} \in D$ に対して

$$T_\mathbf{x}(D) := \pi^{-1}(\{\mathbf{x}\}) \tag{1.31}$$

——1 点集合 $\{\mathbf{x}\}$ に対する $\pi$ の原像（逆像）[32]——とすれば

$$T_\mathbf{x}(D) = \{(\mathbf{x}, \mathbf{v}) \mid \mathbf{v} \in V_E^d\} \tag{1.32}$$

となっていることも容易にわかる. したがって

$$D \times V_E^d = \bigcup_{\mathbf{x} \in D} T_\mathbf{x}(D) \tag{1.33}$$

---

[30] この側面に関する考察は割愛する. 常微分方程式論の本に載っている, 解の存在と一意性に関する定理を応用することにより, あるクラスの $\mathbf{F}$ に対しては, (1.29) の初期値問題の解の存在と一意性——ただし, 時間区間は制限され得る——を証明することは容易である. しかし, 一般には, (1.29) の初期値問題の解の存在と一意性は保証されない.

[31] 一般に, $n$ を 2 以上の自然数として, $n$ 個の集合 $X_1, \ldots, X_n$ の直積 $X := X_1 \times X_2 \times \cdots \times X_n = \{x = (x_1, \ldots, x_n) \mid x_i \in X_i, i = 1, \ldots, n\}$ から $X_i$ への写像 $\pi_i: X \to X_i$；$\pi_i(x) := x_i, x = (x_1, \ldots, x_n) \in X$ を $X$ から $X_i$ への射影という.

[32] 一般に, 集合 $X$ から集合 $Y$ への写像 $f: X \to Y$ と $Y$ の部分集合 $F$ に対して, $f^{-1}(F) := \{x \in X \mid f(x) \in F\} \subset X$ を $F$ に対する $f$ の原像または逆像という. したがって, 特に, 任意の $y \in Y$ に対して, $f^{-1}(\{y\}) = \{x \in X \mid f(x) = y\}$.

が成り立つ．

集合 $T_{\mathbf{x}}(D)$ は次のように定義される和とスカラー倍の演算によって実ベクトル空間になる：

$$(\text{和}) \quad (\mathbf{x},\mathbf{v}) + (\mathbf{x},\mathbf{u}) := (\mathbf{x},\mathbf{v}+\mathbf{u}),$$

$$(\text{スカラー倍}) \quad \alpha(\mathbf{x},\mathbf{v}) := (\mathbf{x},\alpha\mathbf{v}), \quad \alpha \in \mathbb{R}, \ (\mathbf{x},\mathbf{v}),(\mathbf{x},\mathbf{u}) \in T_{\mathbf{x}}(D).$$

写像 $\iota : V_{\mathrm{E}}^d \to T_{\mathbf{x}}(D)$ を $\iota(\mathbf{v}) := (\mathbf{x},\mathbf{v})$ $(\mathbf{v} \in V_{\mathrm{E}}^d)$ によって定義すれば，容易にわかるように，$\iota$ はベクトル空間同型写像である．したがって，$V_{\mathrm{E}}^d$ と $T_{\mathbf{x}}(D)$ はベクトル空間として同型である．さらに

$$\langle (\mathbf{x},\mathbf{v}),(\mathbf{x},\mathbf{u}) \rangle_{T_{\mathbf{x}}(D)} := \langle \mathbf{v},\mathbf{u} \rangle \quad (\mathbf{v},\mathbf{u} \in V_{\mathrm{E}}^d) \tag{1.34}$$

とすれば，$\langle \cdot,\cdot \rangle_{T_{\mathbf{x}}(D)}$ は $T_{\mathbf{x}}(D)$ の内積であり，写像 $\iota$ のもとで，$T_{\mathbf{x}}(D)$ と $V_{\mathrm{E}}^d$ は計量同型になる．

ところで，すでに知っているように，状態空間 $D \times V_{\mathrm{E}}^d$ の1構成要素としてのベクトル空間 $V_{\mathrm{E}}^d$ は，物理的には，質点が位置 $\mathbf{x}$ にあるとき，$\mathbf{x}$ における質点の速度が属するベクトル空間——幾何学的には，$\mathbf{x}$ を通る曲線の点 $\mathbf{x}$ での接ベクトルが属するベクトル空間——，すなわち，$\mathbf{x}$ を始点とする束縛ベクトルの空間と同一視される．これは，$D$ の各点 $\mathbf{x}$ にベクトル空間 $V_{\mathrm{E}}^d$ が付随しているという描像を与えるが，まさに，この描像を上述のように自然な仕方で根拠づける数学的対象がベクトル空間 $T_{\mathbf{x}}(D)$ なのである．そこで，各 $\mathbf{x} \in D$ に対して，ベクトル空間 $T_{\mathbf{x}}(D)$ を点 $\mathbf{x}$ における**接空間** (tangent space) といい，すべての接空間を「束ねて」できる集合

$$TD := \bigcup_{\mathbf{x} \in D} T_{\mathbf{x}}(D) \tag{1.35}$$

を $D$ 上の**接バンドル** (tangent bundle) または**接束**と呼ぶ（図1.5）．この場合，$D$ を**底空間** (base space) または**基底空間**，$T_{\mathbf{x}}(D)$ を点 $\mathbf{x}$ におけるファイバーといい，すべてのファイバーと同型な（$\mathbf{x}$ に依らない）計量ベクトル空間 $V_{\mathrm{E}}^d$ を接束 $TD$ の**典型的ファイバー**と呼ぶ．(1.33) によって

$$D \times V_{\mathrm{E}}^d = TD \tag{1.36}$$

である．こうして，状態空間 $D \times V_{\mathrm{E}}^d$ は，$V_{\mathrm{E}}^d$ を典型的ファイバーとする $D$

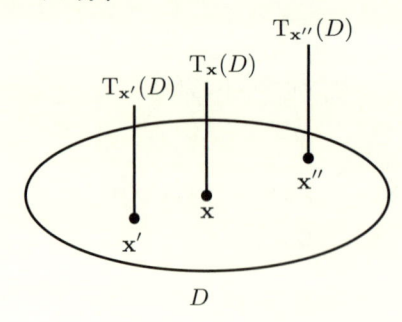

図 1.5. 接バンドル T$D$ の描像.

上の接バンドルであるという観点へ到達する.

**注意 1.13** ここで示された観点への移行は，数理物理学的・自然哲学的に非常に重要な意味をもつ．なぜなら，それは，実は，概念的に大いなる飛躍を孕んでいるからである．実際，(1.36) の右辺 $(= \bigcup_{\mathbf{x} \in D} T_{\mathbf{x}}(D))$ は，$D$ を一般の位相空間 (topological space)[33] X で置き換え，$T_x(D)$ を実ベクトル空間 $V_x$ ($x \in X$) で置き換えて得られる集合 $\bigcup_{x \in \mathsf{X}} V_x$ の概念を自ずと示唆する．この型の集合は，厳密には，現代幾何学の中心的概念の一つである**ベクトル束**または**ベクトルバンドル**と呼ばれる普遍的概念として把握される．さらに，この「階層」にとどまらず，各 $V_x$ が位相空間である場合へと上昇するならば，ベクトル束を特別な場合として含む，より高次の普遍的理念(イデア)である**ファイバーバンドル（ファイバー束）**へと至る．こうして，非常に高次の数学的理念が，ニュートン力学系の状態空間として具現していることが認識される[34].

---

[33] 集合 X とその部分集合からなる一つの集合族 𝒯 の組 (X, 𝒯) が次の三つの性質を満たすとき，(X, 𝒯) を**位相空間**という：(i) X, ∅ ∈ 𝒯; (ii) 任意の自然数 $N$ と任意の $O_1, \ldots, O_N \in 𝒯$ に対して，$\bigcap_{n=1}^{N} O_n \in 𝒯$ (i.e. 𝒯 の任意の有限個の集合の共通部分は 𝒯 に属する); (iii) 任意の $O_\lambda \in 𝒯$（$\lambda$ は任意の添え字）に対して，$\bigcup_\lambda O_\lambda \in 𝒯$ (i.e. 𝒯 の任意個（非可算無限でもよい）の集合の和集合は 𝒯 に属する). 𝒯 を X の一つの**位相** (topology) あるいは**トポロジー**といい，𝒯 の元を**開集合** (open set) という. 位相 𝒯 を表に出さないで，「位相空間 X」という言い方もする.

[34] 本書では，必要ではないが，ベクトルバンドルやファイバーバンドルのやや詳しい内容については，たとえば，拙著『現代物理数学ハンドブック』（朝倉書店，2005）の 12.15 節を参照されたい.

## 1.6 2点系

次に，空間 $V_{\mathrm{E}}^d$ における2点系を考察しよう．2個の質点 $m_1, m_2$ があって，これらの間には次の性質をもつ力だけが働いているとする：(i) 力の大きさは二つの質点の間の距離だけに依る；(ii) 力が作用する方向は二つの質点を結ぶ線分の方向である．したがって，質点 $m_j$ ($j=1,2$) が位置 $\mathbf{x}_j \in V_{\mathrm{E}}^d$ にあるとき，$m_j$ に働く力を $\mathbf{F}_j(\mathbf{x}_1, \mathbf{x}_2)$ （着力点は $\mathbf{x}_j$）とすれば，それは，作用・反作用の法則により

$$\mathbf{F}_1(\mathbf{x}_1, \mathbf{x}_2) = \Phi(\|\mathbf{x}_1 - \mathbf{x}_2\|) \frac{\mathbf{x}_1 - \mathbf{x}_2}{\|\mathbf{x}_1 - \mathbf{x}_2\|}, \tag{1.37}$$

$$\mathbf{F}_2(\mathbf{x}_1, \mathbf{x}_2) = -\Phi(\|\mathbf{x}_1 - \mathbf{x}_2\|) \frac{\mathbf{x}_1 - \mathbf{x}_2}{\|\mathbf{x}_1 - \mathbf{x}_2\|} \tag{1.38}$$

という形に書ける．ただし，$\Phi : (0, \infty) \to \mathbb{R}$ はある関数である．ただちにわかるように，$\|F_j(\mathbf{x}_1, \mathbf{x}_2)\| = |\Phi(\|\mathbf{x}_1 - \mathbf{x}_2\|)|$ であるから，$|\Phi(\|\mathbf{x}_1 - \mathbf{x}_2\|)|$ は質点に作用する力の大きさを表す．

**例 1.14** $d=3$ の場合において，質点 $m_1, m_2$ の間に万有引力だけが働く場合には

$$\Phi(r) = -\frac{Gm_1m_2}{r^2} \quad (r > 0)$$

である．

(1.37), (1.38) の右辺の形に注目し

$$\mathbf{F}(\mathbf{x}) := \Phi(\|\mathbf{x}\|) \frac{\mathbf{x}}{\|\mathbf{x}\|} \quad (\mathbf{x} \in V_{\mathrm{E}}^d \setminus \{\mathbf{0}\}) \tag{1.39}$$

を導入すれば

$$\mathbf{F}_1(\mathbf{x}_1, \mathbf{x}_2) = -\mathbf{F}_2(\mathbf{x}_1, \mathbf{x}_2) = \mathbf{F}(\mathbf{x}_1 - \mathbf{x}_2) \tag{1.40}$$

と書ける．したがって，いまの場合，ニュートン方程式は，2個の連立微分方程式

$$m_1 \ddot{\mathbf{x}}_1(t) = \mathbf{F}(\mathbf{x}_1(t) - \mathbf{x}_2(t)), \quad m_2 \ddot{\mathbf{x}}_2(t) = -\mathbf{F}(\mathbf{x}_1(t) - \mathbf{x}_2(t)) \quad (t \in \mathbb{I}) \tag{1.41}$$

で与えられる．

連立方程式 (1.41) を解くために，より簡単な方程式を導くことを考える．そのために，考察下の系にとって物理的に自然な点の一つである**重心**——**質量中心**ともいう——

$$\mathbf{z}(t) := \frac{m_1 \mathbf{x}_1(t) + m_2 \mathbf{x}_2(t)}{m_1 + m_2} \tag{1.42}$$

に注目する．このとき，(1.41) を用いる直接計算により

$$\ddot{\mathbf{z}}(t) = \mathbf{0} \tag{1.43}$$

が導かれる．したがって，重心は等速度運動を行い（例 1.10 を参照），

$$\mathbf{z}(t) = \mathbf{z}(t_0) + (t - t_0)\dot{\mathbf{z}}(t_0) \quad (t \in \mathbb{I}) \tag{1.44}$$

となる（$t_0 \in \mathbb{I}$ は初期時刻）．すなわち，重心は等速直線運動を行う．(1.42) から

$$\mathbf{z}(t_0) = \frac{m_1 \mathbf{x}_1(t_0) + m_2 \mathbf{x}_2(t_0)}{m_1 + m_2}, \quad \dot{\mathbf{z}}(t_0) = \frac{m_1 \dot{\mathbf{x}}_1(t_0) + m_2 \dot{\mathbf{x}}_2(t_0)}{m_1 + m_2}. \tag{1.45}$$

こうして，各質点の初期状態 $(\mathbf{x}_1(t_0), \dot{\mathbf{x}}_1(t_0))$, $(\mathbf{x}_2(t_0), \dot{\mathbf{x}}_2(t_0))$ を指定すれば，重心の運動は一意的に決定される．

そこで，重心から見た質点の運動——**重心に対する質点の相対運動**——がどうなるかを調べよう．そのために，重心に関する**相対的位置ベクトル**

$$\mathbf{r}_j(t) := \mathbf{x}_j(t) - \mathbf{z}(t)$$

を導入する．右辺を計算することにより

$$\mathbf{r}_1(t) = \frac{m_2}{m_1 + m_2}(\mathbf{x}_1(t) - \mathbf{x}_2(t)), \tag{1.46}$$

$$\mathbf{r}_2(t) = \frac{m_1}{m_1 + m_2}(\mathbf{x}_2(t) - \mathbf{x}_1(t)) \tag{1.47}$$

がわかる．したがって，特に

$$m_1 \mathbf{r}_1(t) = -m_2 \mathbf{r}_2(t). \tag{1.48}$$

(1.43) により，$\ddot{\mathbf{r}}_j(t) = \ddot{\mathbf{x}}_j(t)$ であるから

$$m_1 \ddot{\mathbf{r}}_1(t) = \Phi\left(\frac{m_1 + m_2}{m_2}\|\mathbf{r}_1(t)\|\right) \frac{\mathbf{r}_1(t)}{\|\mathbf{r}_1(t)\|}, \tag{1.49}$$

$$m_2\ddot{\mathbf{r}}_2(t) = \Phi\Big(\frac{m_1+m_2}{m_1}\|\mathbf{r}_2(t)\|\Big)\frac{\mathbf{r}_2(t)}{\|\mathbf{r}_2(t)\|} \tag{1.50}$$

が導かれる．これらは，(1.20) の形をしている．(1.48) が成り立っているので，これらの運動方程式のうちいずれかを解けば十分である．

ところで，重心に対する質点の相対運動の他に，**質点 $m_2$ に対する質点 $m_1$ の相対運動**も考えられる．これはベクトル

$$\mathbf{r}(t) := \mathbf{x}_1(t) - \mathbf{x}_2(t) \tag{1.51}$$

によって記述される．これを**質点 $m_2$ に関する質点 $m_1$ の相対的位置ベクトル**という．(1.46) によって

$$\mathbf{r}(t) = \frac{m_1+m_2}{m_2}\mathbf{r}_1(t). \tag{1.52}$$

これと (1.49) を用いると，$\mathbf{r}(t)$ の満たす微分方程式

$$\mu\ddot{\mathbf{r}}(t) = \mathbf{F}(\mathbf{r}(t)) \tag{1.53}$$

が導かれる．ただし

$$\mu := \frac{m_1 m_2}{m_1+m_2} \tag{1.54}$$

は質点 $m_1, m_2$ からなる系の**換算質量**と呼ばれる．微分方程式 (1.53) は，質量が $\mu$ の 1 個の質点に対するニュートン方程式である．しかも，この場合の力の場は $\mathbf{F}$ で与えられる．こうして，考察下の 2 体系の運動を解析する問題は，1 個の質点の運動の問題に帰着される．

**例 1.15**（調和振動子）$k > 0$ を定数として，(1.39) における $\mathbf{F}$ が次式の $\mathbf{F}_{\text{lin}}$ で与えられる場合を考える：

$$\mathbf{F}_{\text{lin}}(\mathbf{x}) = -k\mathbf{x} \quad (\mathbf{x} \in V_{\text{E}}^d).$$

この型の力を**線形復元力**と呼ぶ．したがって，この場合，(1.53) は

$$\mu\ddot{\mathbf{r}}(t) = -k\mathbf{r}(t) \tag{1.55}$$

となる．この運動方程式にしたがう質点 $\mu$ を **$d$ 次元調和振動子**という．定数

$$\omega := \sqrt{\frac{k}{\mu}}$$

を導入し
$$\mathbf{r}_0 := \mathbf{r}(0), \quad \mathbf{v}_0 = \dot{\mathbf{r}}(0)$$
とおけば，微分方程式 (1.55) の解は
$$\mathbf{r}(t) = \cos(\omega t)\,\mathbf{r}_0 + \frac{\sin(\omega t)}{\omega}\,\mathbf{v}_0 \tag{1.56}$$
という形に限られることが証明される[35]．したがって，初期状態 $(\mathbf{r}_0, \mathbf{v}_0)$ を与えれば，解は一意的に定まるので，質点 $\mu$ の運動は因果的である．

(1.56) によって任意の時刻 $t$ における速度ベクトル $\mathbf{v}(t) = \dot{\mathbf{r}}(t)$ は
$$\mathbf{v}(t) = -\omega \sin(\omega t)\,\mathbf{r}_0 + \cos(\omega t)\,\mathbf{v}_0 \tag{1.57}$$
という式で与えられる．したがって，特に，$\mathbf{r}_0, \mathbf{v}_0$ のうち少なくとも一方が零ベクトルでなければ，$\mathbf{r}(t)$ は $t$ に依らない定ベクトルではない．

他方，$\mathbf{r}_0 = \mathbf{0}, \mathbf{v}_0 = \mathbf{0}$（初期位置と初期速度がともに $\mathbf{0}$）の場合，$\mathbf{r}(t) = \mathbf{0}$ であるので，質点は原点に静止したままである．

解の明示的表示 (1.56) から導かれる性質を見ておこう．前段の事実により，$\mathbf{r}_0 \neq \mathbf{0}$ または $\mathbf{v}_0 \neq \mathbf{0}$ の場合だけを考える．まず，3 角関数の周期性によって，次の事実がただちにわかる：

(i) 任意の $t \in \mathbb{R}$ に対して，$\mathbf{r}(t + 2\pi/\omega) = \mathbf{r}(t)$．

これは，$\mathbf{r}(t)$ が周期
$$T_\omega := \frac{2\pi}{\omega}$$
の周期的曲線であることを意味する．さらに以下の性質が見出される：

(ii) $\mathbf{r}_0 = \mathbf{0}, \mathbf{v}_0 \neq \mathbf{0}$ の場合
$$\mathbf{r}(t) = \frac{\sin \omega t}{\omega}\mathbf{v}_0$$
となる．これは，ベクトル $\mathbf{v}_0$ が定める直線上の単振動（中心は原点，周期は $T_\omega$，振幅は $\|\mathbf{v}_0\|/\omega$）を表す．

---

[35] 詳細については，拙著『物理現象の数学的諸原理——現代数理物理学入門』（共立出版，2003）の p. 172–173 を参照されたい．当該の箇所では，1 次元調和振動子の場合だけが扱われているが，その方法は，$d$ 次元調和振動子の場合へと何ら困難なしに拡張される．

(iii) $\mathbf{r}_0 \neq \mathbf{0}$, $\mathbf{v}_0 = \mathbf{0}$ の場合

$$\mathbf{r}(t) = \cos(\omega t)\,\mathbf{r}_0$$

となる．これは，ベクトル $\mathbf{r}_0$ が定める直線上の単振動（中心は原点，周期は $T_\omega$，振幅は $\|\mathbf{r}_0\|$）を表す．

(iv) $\mathbf{r}_0 \neq \mathbf{0}$, $\mathbf{v}_0 \neq \mathbf{0}$ で $\mathbf{r}_0$ と $\mathbf{v}_0$ が線形従属の場合，実定数 $\alpha \neq 0$ があって，$\mathbf{v}_0 = \alpha \mathbf{r}_0$ と書けるので

$$\begin{aligned}\mathbf{r}(t) &= \left\{\cos(\omega t) + \frac{\alpha \sin(\omega t)}{\omega}\right\}\mathbf{r}_0 \\ &= \sqrt{1 + \frac{\alpha^2}{\omega^2}}\cos(\omega t - \varphi)\,\mathbf{r}_0\end{aligned}$$

となる．ただし，$\varphi := \tan^{-1}\frac{\alpha}{\omega} \in (-\pi/2, \pi/2)$ である．したがって，$\mathbf{r}(t)$ は，$\mathbf{r}_0$ が定める直線上の単振動（中心は原点，周期は $T_\omega$，振幅は $(1+\alpha^2/\omega^2)^{1/2}\|\mathbf{r}_0\|$）を表す．

ところで，数直線 $\mathbb{R}$ 上の単振動 $A\sin(\omega t)$ または $A\cos(\omega t)$ （$A > 0$ は定数）には $\mathbb{R}^2$ 上の単位円周上の点 $P(t) := (A\cos(\omega t), A\sin(\omega t))$ を対応させることができる．この場合，$P(t)$ が 1 秒間に回転する角度は $\omega$ である．この描像に依拠して，$\omega$ は**角振動数**と呼ばれる．(ii)–(iv) における単振動の振動数を $\nu$ とすれば，$\nu = 1/T_\omega$ であるから，$\omega = 2\pi\nu$ が成り立つ．

(v) $\mathbf{r}_0$ と $\mathbf{v}_0$ が線形独立の場合（したがって，この場合 $d \geq 2$），$\mathbf{r}_0$ と $\mathbf{v}_0$ によって生成される 2 次元部分空間を $W$ とすれば，質点の運動は $W$ における周期 $T_\omega$ の周期的運動になる．

(1.56) から

$$\begin{aligned}\|\mathbf{r}(t)\|^2 &= \|\mathbf{r}_0\|^2 + \left(\frac{\|\mathbf{v}_0\|^2}{\omega^2} - \|\mathbf{r}_0\|^2\right)\sin^2(\omega t) \\ &\quad + \frac{\sin(2\omega t)}{\omega}\langle \mathbf{r}_0, \mathbf{v}_0\rangle.\end{aligned} \quad (1.58)$$

特殊な場合として，$\mathbf{r}(t)$ が原点を中心とする円運動（$\|\mathbf{r}(t)\|$ が $t$ に依らず一定である運動）を行うとしよう．このとき，$\|\mathbf{r}(t)\| = \|\mathbf{r}_0\|$, $\forall t \in \mathbb{R}$ である

から
$$\left(\frac{\|\mathbf{v}_0\|^2}{\omega^2} - \|\mathbf{r}_0\|^2\right)\sin^2(\omega t) + \frac{\sin(2\omega t)}{\omega}\langle \mathbf{r}_0, \mathbf{v}_0\rangle = 0 \quad (\forall t \in \mathbb{R})$$
だが，これは
$$\|\mathbf{v}_0\| = \omega\|\mathbf{r}_0\|, \quad \langle \mathbf{r}_0, \mathbf{v}_0\rangle = 0 \tag{1.59}$$
を意味する．第 2 式は，初期位置と初期速度が直交することを意味する．

逆に，(1.59) が成立すれば，(1.58) から，$\|\mathbf{r}(t)\| = \|\mathbf{r}_0\|$ ($\forall t \in \mathbb{R}$) である．また，$\mathbf{r}(t)$ が $[0, 2\pi/\omega)$ で単射であることも容易に確かめられる．

以上から，$\mathbf{r}(t)$ が原点を中心とする円運動を行うための必要十分条件は (1.59) であることが示された．いまの場合，(1.57) によって
$$\langle \mathbf{r}(t), \mathbf{v}(t)\rangle = 0$$
が成り立つ．すなわち，任意の時刻で位置ベクトルと速度ベクトルは直交する．さらに
$$\|\dot{\mathbf{r}}(t)\| = \|\mathbf{v}_0\| \quad (t \in \mathbb{R})$$
が成り立つ．したがって，この円運動は等速円運動である．こうして，線形復元力の場は，特殊な場合として，等速円運動を現出させることがわかる．

(1.59) が成立しているとき，$R := \|\mathbf{r}_0\|$, $\mathbf{f}_1 := \mathbf{r}_0/R$, $\mathbf{f}_2 := \mathbf{v}_0/\|\mathbf{v}_0\| = \mathbf{v}_0/\omega R$ とおけば，$\{\mathbf{f}_1, \mathbf{f}_2\}$ は $W$ の正規直交基底であり
$$\mathbf{r}(t) = R\cos(\omega t)\mathbf{f}_1 + R\sin(\omega t)\mathbf{f}_2$$
と表される．したがって，正規直交基底 $\{\mathbf{f}_1, \mathbf{f}_2\}$ に関する $\mathbf{r}(t)$ の成分表示（座標表示）は $\tilde{\mathbf{r}}(t) := (R\cos(\omega t), R\sin(\omega t)) \in \mathbb{R}^2$ である．これは，よく知られているように，$\mathbb{R}^2$ の原点を中心とする半径 $R$ の等速円運動を表す．

## 1.7　$N$ 点系

$N$ を 2 以上の任意の自然数とし，$N$ 個の質点 $m_1, \ldots, m_N$ からなる系を考える．一般に，この系の配位空間は，$V_E^d$ の $N$ 個の直積空間

## 1.7. $N$ 点系

$$(V_{\mathrm{E}}^d)^N = \{(\mathbf{x}_1, \ldots, \mathbf{x}_N) \,|\, \mathbf{x}_j \in V_{\mathrm{E}}^d,\ j = 1, \ldots, N\}$$

の開集合で与えられる[36]．これを $\Omega$ とする．$V_{\mathrm{E}}^d$ の $N$ 個の直和内積空間を $\mathcal{E}_N$ とする：

$$\mathcal{E}_N := \bigoplus^N V_{\mathrm{E}}^d = \{(\mathbf{v}_1, \ldots, \mathbf{v}_N) \,|\, \mathbf{v}_j \in V_{\mathrm{E}}^d,\ j = 1, \ldots, N\}. \tag{1.60}$$

質点 $m_j$ に作用するすべての力の合力は，ベクトル値関数 $\mathbf{F}_j : \Omega \times \mathcal{E}_N \times \mathbb{I} \to V_{\mathrm{E}}^d$ で与えられるとする．したがって，運動方程式は，$N$ 個の連立微分方程式

$$\boxed{m_j \ddot{\mathbf{x}}_j(t) = \mathbf{F}_j(\mathbf{x}_1(t), \ldots, \mathbf{x}_N(t), \mathbf{v}_1(t), \ldots, \mathbf{v}_N(t), t)} \tag{1.61}$$

$(j = 1, \ldots, N)$ で与えられる．ただし，$\mathbf{v}_j(t) := \dot{\mathbf{x}}_j(t)$ $(j = 1, \ldots, N)$．

**例 1.16** $N = 2$ で，$\mathbf{F}_1(\mathbf{x}_1, \mathbf{x}_2) = -\mathbf{F}_2(\mathbf{x}_1, \mathbf{x}_2) = C(\mathbf{x}_1 - \mathbf{x}_2)/\|\mathbf{x}_1 - \mathbf{x}_2\|^3$ ($C \neq 0$ は定数) の場合は，$\Omega = \{(\mathbf{x}_1, \mathbf{x}_2) \,|\, \mathbf{x}_1, \mathbf{x}_2 \in V_{\mathrm{E}}^d,\ \mathbf{x}_1 \neq \mathbf{x}_2\}$ である．

一般に，$N$ 点系の各質点に働く力は二つの種類に分けることができる．その一つは，同じ系に属する他の質点から及ぼされる力で，**内力**と呼ばれる．もう一つは，系以外の対象から及ぼされる力で，**外力**と呼ばれる．

各質点に対して内力だけが働く場合を考えよう．このとき，$j$ 番目の質点に作用する力 $\mathbf{F}_j$ は $k \neq j$ 番目の質点から $j$ 番目の質点に及ぼされる力——$\mathbf{F}_{kj}$ としよう——の合力として与えられる：

$$\mathbf{F}_j = \sum_{k \neq j}^N \mathbf{F}_{kj}. \tag{1.62}$$

作用・反作用の法則は

$$\mathbf{F}_{kj} = -\mathbf{F}_{jk} \tag{1.63}$$

と表される．

内力に関しては次の重要な事実が成立する：

---

[36] $(V_{\mathrm{E}}^d)^N$ の位相は直積位相で考える：部分集合 $\mathcal{O} \subset (V_{\mathrm{E}}^d)^N$ が「各 $(\mathbf{x}_1, \ldots, \mathbf{x}_N) \in \mathcal{O}$ に対して，定数 $\delta > 0$ があって，$\mathbf{y}_j \in V_{\mathrm{E}}^d$, $\|\mathbf{x}_j - \mathbf{y}_j\| < \delta$ $(j = 1, \ldots, N)$ ならば $(\mathbf{y}_1, \ldots, \mathbf{y}_N) \in \mathcal{O}$」を満たすとき，$\mathcal{O}$ を $(V_{\mathrm{E}}^d)^N$ の開集合という．

## 第1章 ニュートン力学

**定理 1.17**

$$\sum_{j=1}^{N} \mathbf{F}_j = 0. \tag{1.64}$$

**証明** $\mathbf{F} := \sum_{j=1}^{N} \mathbf{F}_j$ とおくと

$$\mathbf{F} = \sum_{j=1}^{N} \sum_{k \neq j}^{N} \mathbf{F}_{kj} = \sum_{\substack{j,k=1,\ldots,N, \\ k \neq j}}^{N} \mathbf{F}_{kj}$$

$$= -\sum_{\substack{k,j=1,\ldots,N, \\ j \neq k}} \mathbf{F}_{jk} = -\sum_{k=1}^{N} \mathbf{F}_k$$

$$= -\mathbf{F}.$$

ゆえに，$2\mathbf{F} = 0$ であるから，$\mathbf{F} = 0$． ∎

さて，$\mathbf{F}_j \ (j = 1, \ldots, n)$ はすべて内力であるとしよう．このとき，定理 1.17 によって，(1.64) が成り立つ．考察下の $N$ 点系の**重心**――**質量中心**ともいう――を $\mathbf{z}^{(N)}(t)$ とすれば，それは

$$\mathbf{z}^{(N)}(t) := \frac{\sum_{j=1}^{N} m_j \mathbf{x}_j(t)}{\sum_{j=1}^{N} m_j}$$

によって与えられる．右辺の分母のスカラー量 $\sum_{j=1}^{N} m_j$ は系の全質量である．(1.64) を用いると

$$\ddot{\mathbf{z}}^{(N)}(t) = 0$$

が導かれる．したがって，重心は等速直線運動を行う．

2 点系の場合と同様に

$$\mathbf{r}_j(t) := \mathbf{x}_j(t) - \mathbf{z}^{(N)}(t)$$

を導入することにより，重心に関する各質点の相対運動を記述できる．簡単な計算により

$$\mathbf{r}_j(t) = \frac{\sum_{k \neq j}^{N} m_k \big(\mathbf{x}_j(t) - \mathbf{x}_k(t)\big)}{\sum_{j=1}^{N} m_j} \tag{1.65}$$

が示される．

## 1.7. $N$ 点系

1.4 節において，1 個の質点からなる系の運動方程式は 1 階常微分方程式として表されることを見た．では，$N$ 点系の運動方程式 (1.61) についてはどうであろうか．次にこの問題を考察しよう．$\Omega$ の点を $x = (\mathbf{x}_1, \ldots, \mathbf{x}_N)$ と表し，これを **$N$ 点系の位置ベクトル**と呼ぶ．同様に，$\mathcal{E}_N$ の点を $v = (v_1, \ldots, v_N)$ と記し，これを **$N$ 点系の速度ベクトル**という．したがって，時刻 $t \in \mathbb{I}$ での $N$ 点系の位置ベクトル $x(t)$ と速度ベクトル $v(t)$ は

$$x(t) = (\mathbf{x}_1(t), \ldots, \mathbf{x}_N(t)), \quad v(t) = (\mathbf{v}_1(t), \ldots, \mathbf{v}_N(t)) \tag{1.66}$$

で与えられる．明らかに

$$\dot{x}(t) = v(t). \tag{1.67}$$

写像 $\psi^{(N)} : \mathbb{I} \to \Omega \times \mathcal{E}_N$ を

$$\psi^{(N)}(t) := (x(t), v(t)) \tag{1.68}$$

によって定義する．このとき，$\dot{\psi}^{(N)}(t) = (\dot{x}(t), \ddot{x}(t))$ であるから，(1.61) を用いると

$$\dot{\psi}^{(N)}(t) = (v(t), F(x(t), v(t), t))$$

となる．ただし，写像 $F : \Omega \times \mathcal{E}_N \times \mathbb{I} \to \mathcal{E}_N$ は

$$F(x, v, t) := \left( \frac{\mathbf{F}_1(x, v, t)}{m_1}, \ldots, \frac{\mathbf{F}_N(x, v, t)}{m_N} \right) \quad ((x, v, t) \in \Omega \times \mathcal{E}_N \times \mathbb{I}) \tag{1.69}$$

によって定義される．そこで，ベクトル場 $X_t^{(N)} : \Omega \times \mathcal{E}_N \to \mathcal{E}_N \oplus \mathcal{E}_N$ を

$$X_t^{(N)}(\psi) := (v, F(\psi, t)) \quad (\psi = (x, v) \in \Omega \times \mathcal{E}_N) \tag{1.70}$$

によって導入すれば

$$\boxed{\dot{\psi}^{(N)}(t) = X_t^{(N)}(\psi^{(N)}(t))} \tag{1.71}$$

が得られる．こうして，$N$ 点系の運動方程式 (1.61) も 1 階の常微分方程式として書き換えられることがわかる．この観点からは，1 点系の場合と同様に，$N$ 点系の状態は位置ベクトルと速度ベクトルの組 $\psi^{(N)}(t) = (x(t), v(t)) \in \Omega \times \mathcal{E}_N$ によって記述されることになる．そこで，集合 $\Omega \times \mathcal{E}_N$ を $N$ 点系の**状態空**

間または相空間と呼ぶ．

1個の質点系の状態空間に関する 1.5 節の考察は $N$ 点系に対しても自然な仕方で拡張される．実際

$$\mathrm{T}_x(\Omega) := \{(x,v) \in \Omega \times \mathcal{E}_N \mid v \in \mathcal{E}_N\} \quad (x \in \Omega), \tag{1.72}$$

$$\mathrm{T}\Omega := \bigcup_{x \in \Omega} \mathrm{T}_x(\Omega) \tag{1.73}$$

とすれば

$$\Omega \times \mathcal{E}_N = \mathrm{T}\Omega \tag{1.74}$$

が成り立つ．$N=1$ の場合と同様に，各 $x \in \Omega$ に対して，$\mathrm{T}_x(\Omega)$ は自然な和とスカラー倍の演算で実ベクトル空間になり，内積 $\langle \cdot, \cdot \rangle_{\mathrm{T}_x(\Omega)}$ を

$$\langle (x,v), (x,u) \rangle_{\mathrm{T}_x(\Omega)} := \langle v, u \rangle_{\mathcal{E}_N} \quad (u, v \in \mathcal{E}_N) \tag{1.75}$$

によって導入すれば，対応：$\mathrm{T}_x(\Omega) \ni (x,v) \mapsto v \in \mathcal{E}_N$ によって，$\mathrm{T}_x(\Omega)$ は $\mathcal{E}_N$ と計量ベクトル空間同型である．$\mathrm{T}\Omega$ は，$\mathcal{E}_N$ を典型的ファイバーとする，$\Omega$ 上の**接バンドル**または**接空間**と呼ばれる．こうして，$N$ 点系の状態空間 $\Omega \times \mathcal{E}_N$ は，$\mathcal{E}_N$ を典型的ファイバーとする，$\Omega$ 上の接バンドルとして表される．

## 1.8 運動方程式からの一般的帰結

力を表す写像 $\mathbf{F}: D \times V_{\mathrm{E}}^d \times \mathbb{I} \to V_{\mathrm{E}}^d$ は連続であるとし，ニュートン方程式

$$\frac{\mathrm{d}\mathbf{p}(t)}{\mathrm{d}t} = \mathbf{F}(\mathbf{x}(t), \dot{\mathbf{x}}(t), t), \quad \mathbf{p}(t) = m\dot{\mathbf{x}}(t) \tag{1.76}$$

を考える（(1.22) を参照）．以下，方程式 (1.76) から導かれるいくつかの一般的事柄を論じる．

### 1.8.1 運動量の定理

(1.76) の両辺を $t_1$ から $t_2$ $(t_1, t_2 \in \mathbb{I}, t_2 > t_1)$ まで積分することにより

$$\mathbf{p}(t_2) - \mathbf{p}(t_1) = \int_{t_1}^{t_2} \mathbf{F}(\mathbf{x}(t), \dot{\mathbf{x}}(t), t) \, \mathrm{d}t \tag{1.77}$$

が得られる．ところで，質点に作用する力 $\mathbf{F}(\mathbf{x}(t),\dot{\mathbf{x}}(t),t)$ から定まる，右辺のベクトル量は時間区間 $[t_1,t_2]$ において質点に作用する**力積**と呼ばれる．したがって，(1.77) は，次のことを語る：**任意の時間区間における運動量の変化は，その時間区間において質点に作用する力積に等しい**．これを**運動量の定理**という．

特に，$\mathbf{F}=\mathbf{0}$ の場合，すなわち，質点に力が働かないとき，$\mathbf{p}(t_1)=\mathbf{p}(t_2)$ $(t_1,t_2\in\mathbb{I})$ となるので，運動量は時間に依らず一定である．これを**運動量保存則**という．

### 1.8.2　エネルギーの定理

公式
$$\frac{\mathrm{d}}{\mathrm{d}t}\|\mathbf{p}(t)\|^2 = 2\langle\dot{\mathbf{p}}(t),\mathbf{p}(t)\rangle$$
と (1.76) によって
$$\frac{1}{2}\frac{\mathrm{d}}{\mathrm{d}t}\|\mathbf{p}(t)\|^2 = \langle\mathbf{F}(\mathbf{x}(t),\dot{\mathbf{x}}(t),t),\mathbf{p}(t)\rangle$$
が成立する．したがって，任意の $t_1,t_2\in\mathbb{I}$ $(t_2>t_1)$ に対して
$$\frac{1}{2}\|\mathbf{p}(t_2)\|^2 - \frac{1}{2}\|\mathbf{p}(t_1)\|^2 = \int_{t_1}^{t_2}\langle\mathbf{F}(\mathbf{x}(t),\dot{\mathbf{x}}(t),t),\mathbf{p}(t)\rangle\,\mathrm{d}t \tag{1.78}$$
が得られる．

$\mathbf{p}(t)=m\dot{\mathbf{x}}(t)$ であるから，(1.78) は
$$\frac{1}{2m}\|\mathbf{p}(t_2)\|^2 - \frac{1}{2m}\|\mathbf{p}(t_1)\|^2 = \int_{t_1}^{t_2}\langle\mathbf{F}(\mathbf{x}(t),\dot{\mathbf{x}}(t),t),\dot{\mathbf{x}}(t)\rangle\,\mathrm{d}t \tag{1.79}$$
を導く．

ところで，一般に，一定の力 $\mathbf{f}$ が質点に作用し，その間に質点の位置がベクトル $\Delta\mathbf{x}$ だけ変位するならば，スカラー量 $\langle\mathbf{f},\Delta\mathbf{x}\rangle$ を，力 $\mathbf{f}$ がその間に質点に対してなした**仕事**と呼ぶ．これは，力の働きを定量的に測る尺度の一つである．

$\Delta t>0$ を十分小とするとき，時刻 $t\in\mathbb{I}$ から時刻 $t+\Delta t\in\mathbb{I}$ における質点の変位は

$$\mathbf{x}(t+\Delta t) - \mathbf{x}(t) \approx \dot{\mathbf{x}}(t)\Delta t$$

であるから，この間に力 $\mathbf{F}(\mathbf{x}(t),\dot{\mathbf{x}}(t),t)$ が質点になした仕事は，近似的に $\langle \mathbf{F}(\mathbf{x}(t),\dot{\mathbf{x}}(t),t),\dot{\mathbf{x}}(t)\rangle \Delta t$ となる．そこで，(1.79) の右辺の量[37]を，質点に働く力が時間区間 $[t_1,t_2]$ において質点になした仕事と定義する．

次に，(1.78) の左辺に現れる量 $\|\mathbf{p}(t)\|^2/2m$ の意味を探るために，単純化された状況を考えよう．いま，力を受けずに一定の速度 $\mathbf{v}$ で運動をしている質点 $m$ が時刻 $t_1$ から，他の物体 O による力 $\mathbf{K}:[t_1,t_2]\to V_E^d$ を受け，次第に減速し，$t=t_2$ で静止したとする．したがって，$\dot{\mathbf{x}}(t_1)=\mathbf{v},\dot{\mathbf{x}}(t_2)=\mathbf{0}$. この場合に (1.78) を応用すれば

$$-\frac{1}{2}m\|\mathbf{v}\|^2 = \int_{t_1}^{t_2}\langle \mathbf{K}(t),\dot{\mathbf{x}}(t)\rangle\,\mathrm{d}t$$

が成り立つ．作用・反作用の法則により，質点は物体 O に対して，$-\mathbf{K}$ の力の反作用を及ぼす．そこで，いまの式を

$$\frac{1}{2}m\|\mathbf{v}\|^2 = \int_{t_1}^{t_2}\langle (-\mathbf{K}(t)),\dot{\mathbf{x}}(t)\rangle\,\mathrm{d}t$$

と書き直せば，$m\|\mathbf{v}\|^2/2$ は，質点が静止するまでに，物体になした仕事であることがわかる．

一般に，ある物体 O が他の物体に対して仕事をすることができる状態にあるとき，物体 O は「エネルギーをもっている」という[38]．したがって，$m\|\mathbf{v}\|^2/2 = \|\mathbf{p}\|^2/2m$ ($\mathbf{p}:=m\mathbf{v}$) は，質点 $m$ が速度 $\mathbf{v}$ あるいは運動量 $\mathbf{p}$ をもつときのエネルギーの一種であると考えられる．しかも，これは運動を特徴づける速度または運動量から決まる．そこで，一般に，質点 $m$ が力を受けているか否かに関わらず，速度 $\mathbf{v}$ の状態にある質点が有する量

$$T(\mathbf{v}) := \frac{m\|\mathbf{v}\|^2}{2} \tag{1.80}$$

---

[37] $\hat{\mathbf{F}}(t):=\mathbf{F}(\mathbf{x}(t),\dot{\mathbf{x}}(t),t)$ とし，積分の定義までもどって考えれば

$$\int_{t_1}^{t_2}\langle \hat{\mathbf{F}}(t),\dot{\mathbf{x}}(t)\rangle\,\mathrm{d}t \approx \sum_{i=1}^{n}\langle \hat{\mathbf{F}}(s_i),\dot{\mathbf{x}}(s_i)\rangle \Delta s_i \quad (n\to\infty)$$

が成り立つことに注意．ただし，$t_1=s_0<s_1<\cdots<s_n=t_2$, $\Delta s_i=s_i-s_{i-1}$ かつ $\max_{i=1,\ldots,n}\Delta s_i \to 0$ $(n\to\infty)$.

[38] これは，数学的な定義ではなく，「エネルギー」に対する物理的描像である．

を質点の**運動エネルギー**と呼ぶ．

さて，以上の考察を準備として，(1.79) にもどると，次のことが結論される：時間区間 $[t_1, t_2]$ における，質点の運動エネルギーの増加は，この時間区間において，力が質点になした仕事に等しい．これを**エネルギーの定理**と呼ぶ．

### 1.8.3 力学的エネルギー保存則

引き続き，質点の質量 $m$ が時間に依らず一定の場合を考える．(1.79) の右辺の被積分関数の形に注目し，ベクトル解析のある定理（付録 E の定理 E.8 を参照）を想起するならば，次の思考過程へと導かれる．すなわち，もし，$\mathbf{F}(\mathbf{x}, \mathbf{v}, t)$ が $\mathbf{v}, t$ に依らず，$D$ 上の連続微分可能なスカラー場 $V : D \to \mathbb{R}$ があって

$$\mathbf{F} = -\operatorname{grad} V \tag{1.81}$$

——$\operatorname{grad} V$ は $V$ の勾配（付録 E の E.4.2 項を参照）——と表されるならば

$$\langle \mathbf{F}(\mathbf{x}(t)), \dot{\mathbf{x}}(t) \rangle = -\frac{\mathrm{d}}{\mathrm{d}t} V(\mathbf{x}(t))$$

が成り立つ．したがって

$$\int_{t_1}^{t_2} \langle \mathbf{F}(\mathbf{x}(t)), \dot{\mathbf{x}}(t) \rangle \, \mathrm{d}t = -V(\mathbf{x}(t_2)) + V(\mathbf{x}(t_1)).$$

これと (1.79) により

$$\frac{\|\mathbf{p}(t_1)\|^2}{2m} + V(\mathbf{x}(t_1)) = \frac{\|\mathbf{p}(t_2)\|^2}{2m} + V(\mathbf{x}(t_2)). \tag{1.82}$$

$t_1, t_2 \in \mathbb{I}$ は任意であるから，これは

$$E(t) := \frac{\|\mathbf{p}(t)\|^2}{2m} + V(\mathbf{x}(t)) \tag{1.83}$$

$$= \frac{m\|\mathbf{v}(t)\|^2}{2} + V(\mathbf{x}(t)) \quad (\mathbf{v}(t) := \dot{\mathbf{x}}(t)) \tag{1.84}$$

$$= T(\mathbf{v}(t)) + V(\mathbf{x}(t)) \quad (t \in \mathbb{I}) \tag{1.85}$$

によって定義される関数 $E : \mathbb{I} \to \mathbb{R}$ が定数関数であることを意味する．

時刻 $t_1$ で質点が静止しているとすると ($\mathbf{p}(t_1) = \mathbf{0}$),  (1.82) から

$$-[V(\mathbf{x}(t_2)) - V(\mathbf{x}(t_1))] = \frac{\|\mathbf{p}(t_2)\|^2}{2m} = T(\mathbf{v}(t_2))$$

となる．これは，時間区間 $[t_1, t_2]$ において量 $V(\mathbf{x}(t))$ の減った分が運動エネルギーの増加になっていることを意味する．したがって，$V(\mathbf{x})$ は質点を運動にもたらす潜在的なエネルギーを表すと解釈される．この意味で，$V(\mathbf{x})$ を点 $\mathbf{x}$ における**ポテンシャルエネルギー**または**位置エネルギー**という．関数 $V$ そのものは**ポテンシャル**と呼ばれる．(1.85) は，運動エネルギー $T(\mathbf{v}(t))$ とポテンシャルエネルギー $V(\mathbf{x}(t))$ の和 $E(t)$——これを**力学的エネルギー**または**全エネルギー**と呼ぶ——が時間 $t$ に依らず一定であることを語る．これを**力学的エネルギー保存則**または単に**エネルギー保存則**という．

力学的エネルギー保存則は，任意の $t, t_0 \in \mathbb{I}$ に対して，$E(t) = E(t_0)$（初期時刻での全エネルギー）を意味するから，$E = E(t_0)$ とおけば，(1.85) より

$$T(\mathbf{v}(t)) + V(\mathbf{x}(t)) = E \ (\text{一定}) \quad (\forall t \in \mathbb{I}) \tag{1.86}$$

が得られる．これは次のことを意味する：質点の運動の経過において，質点の速さが増大（減少）すれば，その位置エネルギーは減少（増大）し，その逆も成り立つ[39]．さらに，(1.86) は，質点の速さ $v(t) = \|\mathbf{v}(t)\| = \|\dot{\mathbf{x}}(t)\|$ に対して

$$v(t) = \sqrt{2(E - V(\mathbf{x}(t))/m} \quad (t \in \mathbb{I}) \tag{1.87}$$

という表示を導く．この式は，初期値を指定したとき，その後の任意の時刻における速さを求めることに使用され得る．こうして，力学的エネルギー保存則は重要な結果をもたらすことがわかる．

上述の場合のように，一般に，力の場 $\mathbf{F}$ が連続微分可能なポテンシャル $V : D \to \mathbb{R}$ を用いて $\mathbf{F} = -\operatorname{grad} V$ と表されるとき，力 $\mathbf{F}$ を $V$ から定まる**保存力**と呼ぶ．この場合，$V$ を $\mathbf{F}$ のポテンシャルエネルギーあるいは単にポテンシャルという．

**注意 1.18** 保存力 $\mathbf{F}$ のポテンシャルエネルギー $V$ は一意的には決まらず，定数

---
[39] はじめの括弧内の内容には後続の括弧内の内容を対応させて読む．

和（定数付加）の任意性がある．実際，任意の実数 $c$ に対して，$-\operatorname{grad}(V+c) = -\operatorname{grad} V = \mathbf{F}$ であるから，$V+c$ も $\mathbf{F}$ のポテンシャルエネルギーである．逆に，別に関数 $U$ が $\mathbf{F} = -\operatorname{grad} U$ を満たすとすれば $\operatorname{grad} V = \operatorname{grad} U$ である．したがって，$\operatorname{grad}(U-V) = 0$. ゆえに，定数 $c \in \mathbb{R}$ があって，$U - V = c$ が成り立つ．すなわち，$U = V + c$.

**注意 1.19** 力学的エネルギー保存則は，もっと直接的に，$E(t)$ を $t$ に関して微分することによっても確かめられる．実際，$\mathbf{F} = -\operatorname{grad} V$ とすれば

$$E'(t) = \frac{\mathrm{d}E(t)}{\mathrm{d}t} = \frac{1}{m}\langle \dot{\mathbf{p}}(t), \mathbf{p}(t)\rangle - \langle \mathbf{F}(\mathbf{x}(t)), \dot{\mathbf{x}}(t)\rangle.$$

そこで，$\mathbf{p}(t) = m\dot{\mathbf{x}}(t)$ と運動方程式 $\dot{\mathbf{p}}(t) = \mathbf{F}(\mathbf{x}(t))$ を使えば，右辺は 0 であることがわかる．したがって，$E(t)$ は $t$ に依らない定数である．ただし，これは，$E(t)$ の形 (1.85) がわかっているとしての話である．上述の議論は，ニュートン方程式から，いかに自然な仕方で $E(t)$ が発見され得るかを示そうとしたものである．

**注意 1.20** 上の議論では，ポテンシャルが時刻に依存しない場合だけを考えたが，一般的には，時刻にも依存し得るポテンシャル $V : D \times \mathbb{I} \to \mathbb{R}$; $(\mathbf{x}, t) \mapsto V(\mathbf{x}, t)$ が考えられる（以下の例 1.24 を参照）．このポテンシャル $V$ から導かれる力は，$V$ が時間に依存しない場合と同じ形，すなわち，$\mathbf{F}(\mathbf{x}, t) = -(\operatorname{grad} V)(\mathbf{x}, t)$（変数 $\mathbf{x}$ に関する勾配）で与えられる．ただし，この場合，$V$ が $t$ に真に依存するならば，力学的エネルギーは保存しない[40].

**例 1.21** 定力場 $\mathbf{F}_0$（例 1.11）は保存力である．実際，

$$V_\mathrm{c}(\mathbf{x}) = -\langle \mathbf{F}_0, \mathbf{x}\rangle \quad (\mathbf{x} \in V_\mathrm{E}^d)$$

とすれば，容易にわかるように，$\mathbf{F}_0 = -\operatorname{grad} V_\mathrm{c}$ が成り立つ．したがって，$V_\mathrm{c}$ は $\mathbf{F}_0$ のポテンシャルエネルギーであり，この場合のエネルギー保存則は

$$\frac{mv(t)^2}{2} - \langle \mathbf{F}_0, \mathbf{x}(t)\rangle = E \text{ （一定）}$$

---

[40] $V$ が $t$ に真に依存する場合，$U(\mathbf{x}, t) := \partial V(\mathbf{x}, t)/\partial t$ とおくと，$(\mathbf{x}_0, t_0) \in D \times \mathbb{I}$ で $U(\mathbf{x}_0, t_0) \ne 0$ となるものが存在する．連続性により，$(\mathbf{x}_0, t_0)$ の近傍 $D_0 \times \mathbb{I}_0 \subset D \times \mathbb{I}$ が存在して $U(\mathbf{x}, t) \ne 0$ $(\forall (\mathbf{x}, t) \in D_0 \times \mathbb{I}_0)$ が成り立つ．したがって，条件 $\mathbf{x}(t_0) = \mathbf{x}_0$ を満たす運動 $\mathbf{x}(t)$ に対しては，$|t - t_0|$ が十分小さいならば，$U(\mathbf{x}(t), t) \ne 0$ となる．これは，$E'(t) \ne 0$ を導く．

という形をとる．(1.87) より

$$v(t) = \sqrt{2(E + \langle \mathbf{F}_0, \mathbf{x}(t) \rangle)/m}$$

が成り立つ．

いまの事実を天体表面における落下運動（例 1.12）に応用してみよう．この場合，$\mathbf{F}_0 = (0, 0, -mg)$ であるから，位置エネルギーは $V_{\mathrm{c}}(\mathbf{x}) = mgz$ （$\mathbf{x} = (x, y, z) \in \mathbb{R}^3$）であり，したがって，$E = (mv_0^2/2) + mgh$ であるから

$$v(t) = \sqrt{2}\sqrt{\frac{v_0^2}{2} + gh - gz(t)}$$

となる．これは，確かに，例 1.12 の計算と一致する．

**例 1.22** $V_{\mathrm{E}}^d$ の原点 $\mathbf{0}$ に固定された質点 $M$ が位置 $\mathbf{x} \in V_{\mathrm{E}}^d \setminus \{\mathbf{0}\}$ にある質点 $m$ に及ぼす力が $G$ を定数として

$$\mathbf{F}_{\mathrm{u}}(\mathbf{x}) := -G\frac{mM}{\|\mathbf{x}\|^2}\frac{\mathbf{x}}{\|\mathbf{x}\|}$$

で与えられる場合を考える（$d = 3$ の場合は万有引力）．そこで，写像 $V_{\mathrm{u}} : V_{\mathrm{E}}^d \setminus \{\mathbf{0}\} \to \mathbb{R}$ を

$$V_{\mathrm{u}}(\mathbf{x}) = -G\frac{mM}{\|\mathbf{x}\|} \quad (\mathbf{x} \in V_{\mathrm{E}}^d \setminus \{\mathbf{0}\})$$

によって定義すれば

$$\mathbf{F}_{\mathrm{u}} = -\operatorname{grad} V_{\mathrm{u}}$$

が成り立つ．したがって，$\mathbf{F}_{\mathrm{u}}$ は保存力であり，$V_{\mathrm{u}}$ はそのポテンシャルエネルギーである．

保存力 $\mathbf{F}_{\mathrm{u}}$ の作用のもとでの質点 $m$ の運動を $\mathbf{x}(\cdot) : \mathbb{R} \to V_{\mathrm{E}}^d \setminus \{\mathbf{0}\}$ とすれば，この場合のエネルギー保存則は，

$$E(t) = \frac{mv(t)^2}{2} - G\frac{mM}{r(t)} = \text{一定}$$

という形をとる．ただし，$v(t) = \|\dot{\mathbf{x}}(t)\|$（質点の速さ），$r(t) = \|\mathbf{x}(t)\|$（動径の長さ）．

**例 1.23** 例 1.15 の線形復元力 $\mathbf{F}_{\text{lin}}$ は保存力である．実際

$$V_{\text{os}}(\mathbf{x}) := k\|\mathbf{x}\|^2/2 \quad (\mathbf{x} \in V_{\text{E}}^d)$$

とすれば

$$\operatorname{grad} \|\mathbf{x}\|^2 = 2\mathbf{x}$$

であるから

$$\mathbf{F}_{\text{lin}} = -\operatorname{grad} V_{\text{os}}$$

が成り立つ．したがって，$\mathbf{F}_{\text{lin}}$ は保存力であり，そのポテンシャルエネルギーは $V_{\text{os}}$ である．いまの場合のエネルギー保存則は

$$E(t) = \frac{mv(t)^2}{2} + \frac{k}{2}r(t)^2 = 一定$$

と表される．

**例 1.24** $\omega > 0$ を定数とし，$\mathbf{c} \in V_{\text{E}}^d \setminus \{\mathbf{0}\}$ を定ベクトルとするとき

$$V(\mathbf{x}, t) = V_{\text{os}}(\mathbf{x}) - \langle \mathbf{c}, \mathbf{x}\rangle \sin(\omega t) \quad (\mathbf{x} \in V_{\text{E}}^d, t \in \mathbb{R})$$

によって定義される関数 $V : V_{\text{E}}^d \times \mathbb{R} \to \mathbb{R}$ は時刻 $t$ に依るポテンシャルである．この場合のニュートンの運動方程式は

$$m\ddot{\mathbf{x}}(t) + k\mathbf{x}(t) = \mathbf{c}\sin(\omega t)$$

であり，**強制非減衰振動**の微分方程式と呼ばれる（右辺が強制的な力を表す）．

## 1.9 多体系における保存則

次に $N$ を 2 以上の自然数とし，1.7 節の $N$ 点系を考える．

### 1.9.1 全運動量保存則

考察下の $N$ 点系の**全運動量** $\mathbf{P}(t)$ は

$$\mathbf{P}(t) := \sum_{j=1}^{N} \mathbf{p}_j(t) \quad (\mathbf{p}_j(t) := m_j \dot{\mathbf{x}}_j(t)) \tag{1.88}$$

によって定義される.

**定理 1.25** (1.61) において $\sum_{j=1}^{N} \mathbf{F}_j = 0$ ならば，$\mathbf{P}(t)$ は $t$ に依らず一定である.

**証明** $d\mathbf{P}/dt = \mathbf{0}$ を示せばよい．これは，次の計算による：
$$\frac{d\mathbf{P}}{dt} = \sum_{j=1}^{N} \frac{d\mathbf{p}_j}{dt} = \sum_{j=1}^{N} \mathbf{F}_j = \mathbf{0}.$$
∎

定理 1.25 にいう性質を**全運動量保存則**という．特に，各質点に内力だけが働くならば，定理 1.17 により，全運動量は保存される．

**例 1.26** 2 点系，すなわち，$N=2$ の場合の全運動量保存則は，時刻 $t, t'$ のおける運動量をそれぞれ，$\mathbf{p}_j, \mathbf{p}'_j$ $(j=1,2)$ とすれば
$$\mathbf{p}_1 + \mathbf{p}_2 = \mathbf{p}'_1 + \mathbf{p}'_2$$
という形をとる．これは，2 体の衝突問題を考察する際に有用である[41]．

### 1.9.2 エネルギー保存則

力 $\mathbf{F}_j$ $(j=1,\ldots,N)$ は，連続微分可能な関数 $V: \Omega \to \mathbb{R}$; $\Omega \ni (\mathbf{x}_1,\ldots,\mathbf{x}_N) \mapsto V(\mathbf{x}_1,\ldots,\mathbf{x}_N) \in \mathbb{R}$ を用いて
$$\mathbf{F}_j = -\operatorname{grad}_j V \tag{1.89}$$
と表されるとしよう．ただし，$\operatorname{grad}_j V$ は $\mathbf{x}_j$ に関する，$V$ の勾配である（$\mathbf{x}_j$ 以外の変数 $\mathbf{x}_k$ ($k \neq j$) を固定して得られる写像 $V_j: \mathbf{x}_j \mapsto V(\mathbf{x}_1,\ldots,\mathbf{x}_j,\ldots,\mathbf{x}_N)$ の勾配：$\operatorname{grad}_j V := \operatorname{grad} V_j$）．したがって，運動方程式は連立常微分方程式
$$m_j \ddot{\mathbf{x}}_j(t) = -\operatorname{grad}_j V \quad (j=1,\ldots,N) \tag{1.90}$$
となる．

---
[41] 本書では，残念ながら，衝突問題については触れることができない．

いまの場合
$$\frac{\mathrm{d}}{\mathrm{d}t}V(\mathbf{x}_1(t),\ldots,\mathbf{x}_N(t)) = \sum_{j=1}^{N}\langle \dot{\mathbf{x}}_j(t), (\mathrm{grad}_j V)(\mathbf{x}_1(t),\ldots,\mathbf{x}_N(t))\rangle.$$
したがって
$$\sum_{j=1}^{N} m_j \langle \dot{\mathbf{x}}_j(t), \ddot{\mathbf{x}}_j(t)\rangle = -\frac{\mathrm{d}}{\mathrm{d}t}V(\mathbf{x}_1(t),\ldots,\mathbf{x}_N(t)).$$
質点 $m_j$ の運動量
$$\mathbf{p}_j(t) = m_j \dot{\mathbf{x}}_j(t)$$
を用いると
$$\frac{1}{2m_j}\frac{\mathrm{d}\|\mathbf{p}_j(t)\|^2}{\mathrm{d}t} = m_j \langle \dot{\mathbf{x}}_j(t), \ddot{\mathbf{x}}_j(t)\rangle.$$
したがって
$$\frac{\mathrm{d}}{\mathrm{d}t}\left(\sum_{j=1}^{N}\frac{\|\mathbf{p}_j(t)\|^2}{2m_j} + V(\mathbf{x}_1(t),\ldots,\mathbf{x}_N(t))\right) = 0.$$
ゆえに
$$E_N(t) := \sum_{j=1}^{N}\frac{\|\mathbf{p}_j(t)\|^2}{2m_j} + V(\mathbf{x}_1(t),\ldots,\mathbf{x}_N(t)) \tag{1.91}$$
は時刻 $t$ に依らず一定である．これを **$N$ 点系における力学的エネルギー保存則**という．(1.89) を満たす力の組 $(\mathbf{F}_1,\ldots,\mathbf{F}_N)$ を $N$ 点系における保存力と呼び，$V$ をその**ポテンシャル**または**位置エネルギー**という．

## 1.10 角運動量

運動量と密接なつながりをもつ重要な物理量の一つを導入する．いま，1個の質点 $m$ からなる系を考え，時刻 $t$ での質点の位置と運動量をそれぞれ，$\mathbf{x}(t), \mathbf{p}(t)$ とする．空間次元 $d$ は 2 以上とし，$V_{\mathrm{E}}^d$ の 2 階反対称テンソル積空間を $\bigwedge^2(V_{\mathrm{E}}^d)$ で表す（付録 F を参照）．点 $\mathbf{x}_0 \in D$ を与えたとき
$$\mathbf{L}(t;\mathbf{x}_0) := (\mathbf{x}(t)-\mathbf{x}_0)\wedge \mathbf{p}(t) \in \bigwedge^2(V_{\mathrm{E}}^d) \quad (t\in\mathbb{I}) \tag{1.92}$$

によって定義される 2 階の反対称テンソル $\mathbf{L}(t;\mathbf{x}_0)$ を点 $\mathbf{x}_0$ のまわりの**角運動量**あるいは点 $\mathbf{x}_0$ に関する**角運動量**という．特に，原点 $\mathbf{0}$ のまわりの角運動量を $\mathbf{L}(t)$ と記す：

$$\mathbf{L}(t) := \mathbf{x}(t) \wedge \mathbf{p}(t) \quad (t \in \mathbb{I}). \tag{1.93}$$

**注意 1.27** 多くの物理学の教科書では，$d=3$, $V_\mathrm{E}^d = \mathbb{R}^3$ の場合だけを考え，直交座標表示 $\mathbf{x}(t) = (x^1(t), x^2(t), x^3(t))$, $\mathbf{p}(t) = (p^1(t), p^2(t), p^3(t))$ を用いて，原点 $\mathbf{0}$ のまわりの角運動量をベクトル積

$$\mathbf{x}(t) \times \mathbf{p}(t) = \bigl(x^2(t)p^3(t) - x^3(t)p^2(t),\ x^3(t)p^1(t) - x^1(t)p^3(t),\\ x^1(t)p^2(t) - x^2(t)p^1(t)\bigr)$$

によって定義するのが通常である（$\mathbf{x}_0$ のまわりの角運動量についても同様）．これは，以下に示すように，$d=3$ の場合の $\mathbf{L}(t)$ の（ある基底に関する）成分表示と同じ形である．だが，この定義（ベクトル積の定義）が意味をもつためには，$\mathbb{R}^3$ に向きを一つ固定する必要があるし，定義自体が直交座標系の取り方に依存しないことを示さなければならない．この意味で，ベクトル積による角運動量の定義は普遍性に欠けるのである．他方，定義 (1.92) が座標系の取り方に依らないのは一目瞭然である．こうした理由により，本書では，質点の角運動量を 2 階反対称テンソルとして捉える．

角運動量の成分表示（座標表示）は，一般論においては，特に必要ではないが，参考のために，ここで求めておこう．$\mathbf{e}_1, \dots, \mathbf{e}_d$ を $V_\mathrm{E}^d$ の任意の基底とし（正規直交基底である必要はない）

$$\mathbf{x}(t) = \sum_{i=1}^{d} x^i(t)\mathbf{e}_i, \quad \mathbf{p}(t) = \sum_{i=1}^{d} p^i(t)\mathbf{e}_i$$

と展開する．したがって，$(x^1(t), \dots, x^d(t))$, $(p^1(t), \dots, p^d(t)) \in \mathbb{R}^d$ はそれぞれ，ベクトル $\mathbf{x}(t), \mathbf{p}(t)$ の基底 $(\mathbf{e}_1, \dots, \mathbf{e}_d)$ に関する成分表示（座標表示）となる．このとき，外積の線形性と反対称性により

$$\mathbf{L}(t) = \sum_{i<j} \{x^i(t)p^j(t) - x^j(t)p^i(t)\}\mathbf{e}_i \wedge \mathbf{e}_j$$

となることが容易に確かめられる．したがって，$\bigwedge^2(V_\mathrm{E}^d)$ の基底 $(\mathbf{e}_i \wedge \mathbf{e}_j)_{i<j}$

に関する $\mathbf{L}(t)$ の成分表示は $(x^i(t)p^j(t) - x^j(t)p^i(t))_{i<j}$ である．特に，$d = 3$ の場合

$$\hat{\mathbf{e}}_1 := \mathbf{e}_2 \wedge \mathbf{e}_3, \quad \hat{\mathbf{e}}_2 := \mathbf{e}_3 \wedge \mathbf{e}_1, \quad \hat{\mathbf{e}}_3 := \mathbf{e}_1 \wedge \mathbf{e}_2$$

とすれば，基底 $(\hat{\mathbf{e}}_1, \hat{\mathbf{e}}_2, \hat{\mathbf{e}}_3)$ に関する $\mathbf{L}(t)$ の成分表示は

$$(x^2(t)p^3(t) - x^3(t)p^2(t), x^3(t)p^1(t) - x^1(t)p^3(t), x^1(t)p^2(t) - x^2(t)p^1(t))$$

となり，ベクトル積による定義の成分表示と一致する．しかし，$\mathbf{L}(t)$ と $\mathbf{x}(t) \times \mathbf{p}(t)$ はあくまでも本質的に異なる対象である．

外積の微分法（付録 F の命題 F.7 を参照）と $\dot{\mathbf{x}}(t) \wedge \mathbf{p}(t) = m\dot{\mathbf{x}}(t) \wedge \dot{\mathbf{x}}(t) = 0$ を用いることにより

$$\frac{d\mathbf{L}(t; \mathbf{x}_0)}{dt} = (\mathbf{x}(t) - \mathbf{x}_0) \wedge \frac{d\mathbf{p}(t)}{dt} \tag{1.94}$$

が得られる．

さて，質点は運動方程式 (1.20) にしたがうとしよう．このとき，(1.94) により

$$\frac{d\mathbf{L}(t; \mathbf{x}_0)}{dt} = (\mathbf{x}(t) - \mathbf{x}_0) \wedge \mathbf{F}(\mathbf{x}(t), \dot{\mathbf{x}}(t), t) \quad (t \in \mathbb{I}) \tag{1.95}$$

が成立する．

一般に，点 $\mathbf{x}$ に位置する質点に力 $\mathbf{F}$ が作用するとき，$(\mathbf{x} - \mathbf{x}_0) \wedge \mathbf{F}$ を点 $\mathbf{x}_0$ のまわりの，点 $\mathbf{x}$ における**力のモーメント**という[42]．したがって，(1.95) は角運動量の時間的変化率が力のモーメントに等しいことを語る．

微分方程式 (1.95) の右辺の形と外積の性質から，次の定理がただちに導かれる：

**定理 1.28** 写像：$\mathbf{F} : D \times V_{\mathrm{E}}^d \times \mathbb{I} \to V_{\mathrm{E}}^d$ は

$$\mathbf{F}(\mathbf{x}, \mathbf{v}, t) = \Phi(\mathbf{x}, \mathbf{v}, t)(\mathbf{x} - \mathbf{x}_0) \quad ((\mathbf{x}, \mathbf{v}, t) \in D \times V_{\mathrm{E}}^d \times \mathbb{I}) \tag{1.96}$$

という形で与えられるとしよう．ただし，$\Phi$ は $D \times V_{\mathrm{E}}^d \times \mathbb{I}$ 上の実数値関数である．このとき，$\mathbf{L}(t)$ は $t$ に依らず一定である．

---

[42] 角運動量の場合と同様，多くの物理学の教科書では，力のモーメントは，$d = 3$，$V_{\mathrm{E}}^3 = \mathbb{R}^3$ として，ベクトル積 $(\mathbf{x} - \mathbf{x}_0) \times \mathbf{F}$ で定義される．

**証明** (1.95) と $(\mathbf{x} - \mathbf{x}_0) \wedge (\mathbf{x} - \mathbf{x}_0) = 0$ によって，$d\mathbf{L}(t;\mathbf{x}_0)/dt = 0$. したがって，$\mathbf{L}(t;\mathbf{x}_0)$ は $t$ に依らず一定である． ∎

定理 1.28 を**角運動量保存則**と呼ぶ．

**例 1.29** 点 $\mathbf{x}_0$ に固定した質点 $M$ から発する万有引力

$$-G\frac{mM}{\|\mathbf{x} - \mathbf{x}_0\|^2}\frac{\mathbf{x} - \mathbf{x}_0}{\|\mathbf{x} - \mathbf{x}_0\|}$$

だけの作用のもとで運動する質点 $m$ からなる系において，$\mathbf{x}_0$ のまわりの角運動量は保存する．

**例 1.30** 一般に，スカラー関数 $\Phi : D \to \mathbb{R}$ を用いて $\mathbf{F}_\Phi(\mathbf{x}) := \Phi(\mathbf{x})\mathbf{x}$ $(\mathbf{x} \in D)$ と表される力の場を（原点を中心とする）**中心力場**と呼ぶ[43]．この力の場の中で運動を行う質点 $m$ の，原点のまわりの角運動量は保存する．

次に，角運動量の保存が質点の運動に対してどのような意味をもつかを調べよう．まず，簡単な場合について考察する：

**命題 1.31** $\mathbf{x}(t) \neq \mathbf{x}_0$ $(t \in \mathbb{I})$ とする．このとき，$\mathbf{L}(t;\mathbf{x}_0) = 0$ $(t \in \mathbb{I})$ ならば質点は直線運動を行う．

**証明** 仮定により，$(\mathbf{x}(t) - \mathbf{x}_0) \wedge \dot{\mathbf{x}}(t) = 0$, $\mathbf{x}(t) - \mathbf{x}_0 \neq \mathbf{0}$. したがって，付録 F の命題 F.2 によって，定数 $c(t)$ があって，$\dot{\mathbf{x}}(t) = c(t)(\mathbf{x}(t) - \mathbf{x}_0)$. これから，$c(t) = \langle \dot{\mathbf{x}}(t), \mathbf{x}(t) - \mathbf{x}_0 \rangle / \|\mathbf{x}(t) - \mathbf{x}_0\|^2$ となるので，$c(t)$ は $t$ について連続である．そこで，$t_0 \in \mathbb{I}$ を任意にとり $\mathbf{y}(t) = e^{-\int_{t_0}^{t} c(s)\,ds}(\mathbf{x}(t) - \mathbf{x}_0)$ $(t \in \mathbb{I})$ とおくと $\dot{\mathbf{y}}(t) = \mathbf{0}$ が成立する．したがって，$\mathbf{y}(t) = \mathbf{c}$（定ベクトル）．ゆえに $\mathbf{x}(t) - \mathbf{x}_0 = e^{\int_{t_0}^{t} c(s)\,ds}\mathbf{c}$. そこで，$\alpha(t) := e^{\int_{t_0}^{t} c(s)\,ds}$ とすれば，すなわち，$\mathbf{x}(t) = \mathbf{x}_0 + \alpha(t)\mathbf{c}$. $\mathbf{c} \neq \mathbf{0}$ であるから，これは直線運動を意味する． ∎

**定理 1.32** $d \geq 3$ とし，点 $\mathbf{x}_0$ のまわりの角運動量 $\mathbf{L}(t;\mathbf{x}_0)$ は保存するとし，$\mathbf{L} := \mathbf{L}(t;\mathbf{x}_0) \neq 0$ $(t \in \mathbb{I})$ とする．このとき，$V_\mathrm{E}^d$ の部分空間 $U \neq \{\mathbf{0}\}$ で

$$\langle \mathbf{x}(t) - \mathbf{x}_0, \mathbf{y} \rangle = 0 \quad (\forall \mathbf{y} \in U, \; \forall t \in \mathbb{I}) \tag{1.97}$$

を満たすものが存在する．

---
[43] 文献によっては，$\Phi(\mathbf{x})$ が $\|\mathbf{x}\|$ だけに依る場合を（原点を中心とする）中心力場という場合もある．

## 1.10. 角運動量

**証明** 角運動量の定義と反対称テンソルの性質により, $(\mathbf{x}(t) - \mathbf{x}_0) \wedge \mathbf{L} = 0$. したがって, 任意の $T \in \bigwedge^3(V_E^d)$ に対して $\langle T, (\mathbf{x}(t) - \mathbf{x}_0) \wedge \mathbf{L} \rangle_{\bigwedge^3(V_E^d)} = 0$. ところで, 付録 F の定理 F.4 によって, 線形写像 $F_{\mathbf{L}} : \bigwedge^3(V_E^d) \to V_E^d$ で

$$\langle S, u \wedge \mathbf{L} \rangle_{\bigwedge^3(V_E^d)} = \langle F_{\mathbf{L}}(S), u \rangle_{V_E^d} \quad (S \in \bigwedge^3(V_E^d),\ u \in V_E^d)$$

を満たすものがただ一つ存在する. したがって, $\langle F_{\mathbf{L}}(T), \mathbf{x}(t) - \mathbf{x}_0 \rangle_{V_E^d} = 0$. そこで, $U = \mathrm{Ran}(F_{\mathbf{L}})$ ($F_{\mathbf{L}}$ の値域) とおけば, $U$ は部分空間であり, $U \neq \{\mathbf{0}\}$ である[44]. ゆえに題意が成立する. ∎

定理 1.32 は次のことを語る: 角運動量が保存してそれが零でない場合には, どの時刻 $t \in \mathbb{I}$ においても, ベクトル $\mathbf{x}(t) - \mathbf{x}_0$ はある一つの部分空間に直交している. 次元が 3 の場合には, 次の興味ある結果が得られる:

**定理 1.33** $d = 3$ の場合を考え, 点 $\mathbf{x}_0$ のまわりの角運動量は保存するとし, それは零でないとする. このとき, ある 2 次元部分空間 $W \subset V_E^3$ があって, すべての $t \in \mathbb{I}$ に対して, $\mathbf{x}(t) - \mathbf{x}_0 \in W$ が成立する.

**証明** $\dim \bigwedge^3(V_E^3) = 1$ であるから, 次元定理 (付録 C の定理 C.4) の応用により, 定理 1.32 の証明において登場した線形写像 $F_{\mathbf{L}}$ の値域 $\mathrm{Ran}(F_{\mathbf{L}})$ の次元は 1 である. そこで, $W := \{\mathrm{Ran}(F_{\mathbf{L}})\}^\perp$ ($\mathrm{Ran}(F_{\mathbf{L}})$ の直交補空間) とすれば, $\dim W = 2$ が成り立つ. (1.97) は $\mathbf{x}(t) - \mathbf{x}_0 \in W$ を意味する. したがって, この $W$ が求める部分空間である. ∎

一般に, 実内積空間の 2 次元部分空間は, 幾何学的には, 原点を通る平面を表すので, 定理 1.33 は, 物理的には, 次のように言い直すことができる: 空間次元 $d$ が 3 の場合, ある点のまわりの角運動量 (零でない) が保存される運動は, ある一つの平面内で行われる.

---

[44] 仮に $U = \{\mathbf{0}\}$ とすれば, $F_{\mathbf{L}}(S) = 0$ ($\forall S \in \bigwedge^3(V_E^d)$). したがって, $\langle S, u \wedge \mathbf{L} \rangle_{\bigwedge^3(V_E^d)} = 0$ ($\forall S \in \bigwedge^3(V_E^d),\ \forall u \in V_E^d$). これは, $u \wedge \mathbf{L} = 0$ ($\forall u \in V_E^d$) を意味する. したがって, 付録 F の命題 F.3 によって $\mathbf{L} = \mathbf{0}$. だが, これは矛盾である.

## 1.11 面積速度

　角運動量と関連する幾何学的な量を導入する．時刻 $t$ における質点の動径——原点と質点の位置を結ぶ線分——が時刻 $t$ と $t + \Delta t$ ($\Delta t > 0$) の間に「掃く」面積は近似的に

$$\frac{1}{2}\|\mathbf{x}(t) \wedge (\mathbf{x}(t + \Delta t) - \mathbf{x}(t))\|$$

で与えられる[45]．したがって，質点が，この時間区間において，単位時間当たりに掃く面積は

$$\frac{1}{2}\left\|\mathbf{x}(t) \wedge \left(\frac{\mathbf{x}(t + \Delta t) - \mathbf{x}(t)}{\Delta t}\right)\right\|$$

である．これは，時間区間 $[t, t + \Delta t]$ において質点の動径が掃く面積の平均的な変化率を表す．他方，それは $\Delta t \to 0$ のとき，$\|\mathbf{x}(t) \wedge \dot{\mathbf{x}}(t)\|/2$ に収束する．したがって，$\|\mathbf{x}(t) \wedge \dot{\mathbf{x}}(t)\|/2$ は質点の動径が掃く面積の，時刻 $t$ における瞬間的な変化率を表す（図 1.6）．

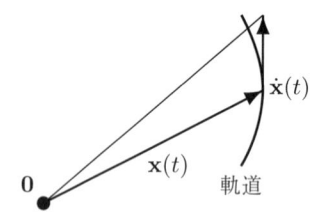

図 **1.6**. $\|\mathbf{x}(t) \wedge \dot{\mathbf{x}}(t)\|/2 = [\|\mathbf{x}(t)\|$ と $\|\dot{\mathbf{x}}(t)\|$ をその 2 辺とする 3 角形の面積]．

　そこで

$$S(t) := \frac{1}{2}\mathbf{x}(t) \wedge \dot{\mathbf{x}}(t) \tag{1.98}$$

を質点の（原点に関する）**面積速度**と呼び，その大きさ $\|S(t)\|$ を**面積速**という．

　容易にわかるように

$$\mathbf{L}(t) = 2mS(t) \tag{1.99}$$

---
[45] 一般にベクトル空間 $V$ の任意の線形独立なベクトルの組 $(u, v)$ に対して，$\|u \wedge v\|$ は $u$ と $v$ から形成される平行四辺形の面積を表す．

が成り立つ．したがって，原点のまわりの**角運動量が保存すること**（角運動量保存則）と面積速度が時間的に一定であること（面積速度一定の法則）は同値である．

**例 1.34** 質点は $V_E^d$ のある 2 次元部分空間 $W$ を運動するものとし，$W$ の正規直交基底の一つを $(\mathbf{e}_1, \mathbf{e}_2)$ としよう．このとき

$$\mathbf{x}(t) = x^1(t)\mathbf{e}_1 + x^2(t)\mathbf{e}_2 \quad (x^1(t), x^2(t) \in \mathbb{R}) \tag{1.100}$$

と展開できる．ベクトル $\mathbf{x}(t)$ の成分表示 $(x^1(t), x^2(t))$ は $\mathbb{R}^2$ の元だから，これを極座標で表すことができる．すなわち

$$x^1(t) = r(t)\cos\theta(t), \quad x^2(t) = r(t)\sin\theta(t).$$

ただし，$r(t) := \sqrt{(x^1(t))^2 + (x^2(t))^2} = \|\mathbf{x}(t)\|$，$\theta(t) \in \mathbb{R}$（図 1.7）．したがって

$$\begin{aligned}S(t) &= \frac{1}{2}\{x^1(t)\dot{x}^2(t) - x^2(t)\dot{x}^1(t)\}\mathbf{e}_1 \wedge \mathbf{e}_2 \\ &= \frac{1}{2}r(t)^2\dot{\theta}(t)\mathbf{e}_1 \wedge \mathbf{e}_2.\end{aligned} \tag{1.101}$$

ゆえに面積速は

$$\|S(t)\| = \frac{1}{2}r(t)^2\dot{\theta}(t) \tag{1.102}$$

となる．

偏角関数 $\theta(t)$ の導関数 $\dot{\theta}(t)$ は，偏角の瞬間変化率を表すので，**角速度**と呼

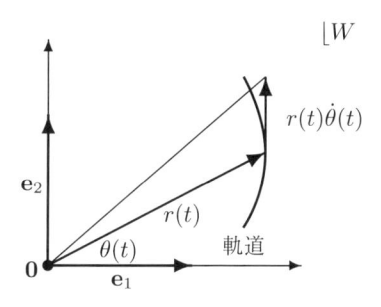

図 **1.7.** 2 次元部分空間 $W$ における極座標表示．

ばれる.

さて,面積速度は一定で零でないと仮定しよう.このとき,(1.101) によって,ある定数 $c \neq 0$ が存在して $r(t)^2 \dot{\theta}(t) = c, t \in \mathbb{I}$ が成り立つ.したがって,$r(t) > 0, \dot{\theta}(t) \neq 0, \forall t \in \mathbb{I}$ かつ

$$\dot{\theta}(t) = \frac{c}{r(t)^2} \quad (t \in \mathbb{I}) \tag{1.103}$$

が成り立つ.ゆえに

$$\theta(t) = c \int_{t_0}^{t} \frac{1}{r(s)^2} \, \mathrm{d}s + \theta(t_0) \quad (t, t_0 \in \mathbb{I}) \tag{1.104}$$

が成り立つ.ところで,定数 $c$ は,初期値から決めることができる.すなわち,時刻 $t_0 \in \mathbb{I}$ での動径の長さ $r(t_0)$ と角速度 $\dot{\theta}(t_0)$ が与えられたとすれば,$c = r(t_0)^2 \dot{\theta}(t_0)$ である.したがって,次の結果が得られる:

(i) $\dot{\theta}(t_0) > 0$ ならば,$\theta(t)$ は $t$ について狭義単調増加である.

(ii) $\dot{\theta}(t_0) < 0$ ならば,$\theta(t)$ は $t$ について狭義単調減少である.

(iii) 定数 $\rho > 0$ があって,$r(t) = \rho, t \in \mathbb{I}$ ならば,$\dot{\theta}(t) = c/\rho^2, t \in \mathbb{I}$,すなわち,角速度は一定であり

$$\theta(t) = \frac{c}{\rho^2}(t - t_0) + \theta(t_0) \quad (t \in \mathbb{I})$$

が成り立つ.特に,$\mathbb{I} = \mathbb{R}$ ならば,$\{\theta(t) | t \in \mathbb{R}\} = \mathbb{R}$ である.いまの場合,$v(t) = \rho \dot{\theta}(t) = c/\rho$ ($t$ に依らず一定) であるので,質点は等速円運動を行う.

## 1.12 多体系における角運動量保存則

1.7 節の $N$ 点系を考えよう.すなわち,$\mathbf{x}_j(t)$ ($j = 1, \ldots, N$) を運動方程式 (1.61) の解とする.$N$ 点系においては,点 $\mathbf{x}_0$ のまわりの**全角運動量**を各質点の角運動量の和

$$\mathbf{J}(t; \mathbf{x}_0) := \sum_{j=1}^{N} (\mathbf{x}_j(t) - \mathbf{x}_0) \wedge \mathbf{p}_j(t) \tag{1.105}$$

によって定義するのが自然である.

## 1.12. 多体系における角運動量保存則

記法上の簡潔さのために，以下，しばしば，$\Omega, \mathcal{E}_N$ の一般元をそれぞれ

$$\mathbf{x}^{(N)} = (\mathbf{x}_1, \ldots, \mathbf{x}_N) \in \Omega, \quad \mathbf{v}^{(N)} = (\mathbf{v}_1, \ldots, \mathbf{v}_N) \in \mathcal{E}_N$$

と表す．

次の定理は，全角運動量が保存するための十分条件を与える：

**定理 1.35** $j$ 番目の質点に働く力 $\mathbf{F}_j : \Omega \times \mathcal{E}_N \times \mathbb{I} \to V_E^d$ が

$$\sum_{j=1}^{N} (\mathbf{x}_j - \mathbf{x}_0) \wedge \mathbf{F}_j(\mathbf{x}^{(N)}, \mathbf{v}^{(N)}, t) = 0, \quad (\mathbf{x}^{(N)}, \mathbf{v}^{(N)}, t) \in \Omega \times \mathcal{E}_N \times \mathbb{I} \tag{1.106}$$

を満たすとする．このとき，全角運動量 $\mathbf{J}(t, \mathbf{x}_0)$ は $t$ に依らず一定，すなわち，保存する．

**証明** 外積の微分法（付録 F の F.9 節）と $\dot{\mathbf{x}}_j(t) \wedge \mathbf{p}_j(t) = 0$ および運動方程式により

$$\frac{d\mathbf{J}(t; \mathbf{x}_0)}{dt} = \sum_{j=1}^{N} (\mathbf{x}_j(t) - \mathbf{x}_0) \wedge \mathbf{F}_j(\mathbf{x}^{(N)}(t), \dot{\mathbf{x}}^{(N)}(t), t).$$

仮定 (1.106) により，右辺は 0 である．したがって，$\mathbf{J}(t; \mathbf{x}_0)$ は時刻 $t$ に依らず一定である． ∎

定理 1.35 の応用として次の系が得られる：

**系 1.36** $N$ 点系には内力だけが働くとし，$k$ 番目 ($k = 1, \ldots, N$) の質点 $m_k$ が位置 $\mathbf{x}_k$ で速度 $\mathbf{v}_k$ をもつとき，それが位置 $\mathbf{x}_j$ ($j \neq k$) で速度 $\mathbf{v}_j$ をもつ $j$ 番目の質点 $m_j$ に及ぼす力を $\mathbf{F}_{kj}(\mathbf{x}^{(N)}, \mathbf{v}^{(N)})$ とする．さらに，すべての $(\mathbf{x}^{(N)}, \mathbf{v}^{(N)}) \in \Omega \times \mathcal{E}_N$ と $j, k = 1, \ldots, N$ ($j \neq k$) に対して

$$(\mathbf{x}_j - \mathbf{x}_k) \wedge \mathbf{F}_{jk}(\mathbf{x}^{(N)}, \mathbf{v}^{(N)}) = 0 \tag{1.107}$$

が満たされるとする．このとき，$N$ 点系の全角運動量 $\mathbf{J}(t; \mathbf{x}_0)$ は保存する．

**証明** 目下の仮定のもとで，(1.106) が満たされることを示せばよい．実際，(1.106) の左辺を $M$ とすれば

$$M = \sum_{j=1}^{N}\sum_{k\neq j}(\mathbf{x}_j - \mathbf{x}_0) \wedge \mathbf{F}_{kj}(\mathbf{x}^{(N)}, \mathbf{v}^{(N)})$$

$$= -\sum_{j=1}^{N}\sum_{k\neq j}(\mathbf{x}_j - \mathbf{x}_0) \wedge \mathbf{F}_{jk}(\mathbf{x}^{(N)}, \mathbf{v}^{(N)})$$

(∵ 作用・反作用の法則：$\mathbf{F}_{kj} = -\mathbf{F}_{jk}$)

$$= -\sum_{j=1}^{N}\sum_{k\neq j}[(\mathbf{x}_j - \mathbf{x}_k) + (\mathbf{x}_k - \mathbf{x}_0)] \wedge \mathbf{F}_{jk}(\mathbf{x}^{(N)}, \mathbf{v}^{(N)})$$

$$= -\sum_{j=1}^{N}\sum_{k\neq j}(\mathbf{x}_k - \mathbf{x}_0) \wedge \mathbf{F}_{jk}(\mathbf{x}^{(N)}, \mathbf{v}^{(N)})$$

$$= -\sum_{k=1}^{N}(\mathbf{x}_k - \mathbf{x}_0) \wedge \mathbf{F}_k(\mathbf{x}^{(N)}, \mathbf{v}^{(N)})$$

$$= -M.$$

したがって，$2M = 0$，すなわち，$M = 0$. ∎

**例 1.37** 関数 $\Phi_{kj} : (V_{\mathrm{E}}^d)^N \to \mathbb{R}$ $(k, j = 1, \ldots, N, k \neq j)$ は $\Phi_{kj} = \Phi_{jk}$ $(k, j = 1, \ldots, N)$ を満たすとする．これらの関数を用いて

$$\mathbf{F}_{kj}(\mathbf{x}_1, \ldots, \mathbf{x}_n) = \Phi_{kj}(\mathbf{x}_1, \ldots, \mathbf{x}_n)(\mathbf{x}_k - \mathbf{x}_j) \quad (k, j = 1, \ldots, N, k \neq j)$$

と表される場合を考える．このとき，$\sum_{j=1}^{N}\mathbf{F}_j = \mathbf{0}$ および (1.107) が成り立つ．したがって，いまの場合，全運動量と全角運動量は保存される．

## 1.13 万有引力による運動——惑星の運動への応用

すでに知っているように，物理量に関する諸々の保存則（運動量保存則，エネルギー保存則，角運動量保存則など）は運動の構造を規定する要素として重要な役割を演じる．本節では，数学的に非自明であり，物理的に重要な例の一つを用いて，この側面に関するやや詳しい考察を行う．

空間 $V_{\mathrm{E}}^d$ の次元 $d$ を 3 にとり，二つの質点 $m_1, m_2$ が，互いの間に働く万有引力だけの作用のもとで運動する 2 点系を考える．すでに知っているよう

## 1.13. 万有引力による運動——惑星の運動への応用

に，これらの質点の重心は等速直線運動をする（1.6 節を参照）．質点 $m_2$ に関する質点 $m_1$ の（時刻 $t$ における）相対的位置ベクトルを $\mathbf{r}(t)$ とすれば，(1.53) によって

$$\mu\ddot{\mathbf{r}}(t) = -G\frac{m_1 m_2}{\|\mathbf{r}(t)\|^3}\mathbf{r}(t) \tag{1.108}$$

が成り立つ．ただし，$\mu$ は $m_1$, $m_2$ の換算質量である（(1.54) を参照）．そこで

$$\kappa := G(m_1 + m_2)$$

とおけば

$$\ddot{\mathbf{r}}(t) = -\kappa\frac{\mathbf{r}(t)}{r(t)^3}. \tag{1.109}$$

ただし

$$r(t) := \|\mathbf{r}(t)\| \tag{1.110}$$

とおいた．したがって，エネルギー保存則により

$$\frac{v(t)^2}{2} - \frac{\kappa}{r(t)} = E\,(\text{一定}) \tag{1.111}$$

が成り立つ．ただし，$v(t) := \|\dot{\mathbf{r}}(t)\|$ である．

(1.109) の右辺の形と例 1.29 から，原点のまわりの角運動量 $\mathbf{r}(t) \wedge (m\dot{\mathbf{r}}(t))$ は保存することがわかる．そこで

$$S_0 := \frac{1}{2}\mathbf{r}(t) \wedge \dot{\mathbf{r}}(t) \tag{1.112}$$

とおけば，これは $t$ に依らない 2 階の反対称テンソルである．ところで，反対称テンソルの階数を一つ下げる自然な写像として，反対称的内部積がある（付録 F の F.3 節を参照）．そこで，$S_0$ に対して，ベクトル $\ddot{\mathbf{r}}(t)$ に対する反対称的内部積 $i_{\ddot{\mathbf{r}}(t)}$ を作用させると

$$i_{\ddot{\mathbf{r}}(t)}S_0 = \frac{1}{2}\Big(\langle\ddot{\mathbf{r}}(t),\mathbf{r}(t)\rangle\dot{\mathbf{r}}(t) - \langle\ddot{\mathbf{r}}(t),\dot{\mathbf{r}}(t)\rangle\mathbf{r}(t)\Big)$$

を得る．(1.109) を用いて，右辺を計算すれば

$$i_{\ddot{\mathbf{r}}(t)}S_0 = \frac{\mathrm{d}}{\mathrm{d}t}\left(-\frac{\kappa}{2}\right)\frac{\mathbf{r}(t)}{r(t)}$$

という簡単な式になる．一方，任意の $u, v \in V_{\mathrm{E}}^3$ に対して，直接計算により

$$i_{\ddot{\mathbf{r}}(t)}(u \wedge v) = \frac{\mathrm{d}}{\mathrm{d}t} i_{\dot{\mathbf{r}}(t)}(u \wedge v)$$

がわかる．したがって

$$\frac{\mathrm{d}}{\mathrm{d}t} i_{\dot{\mathbf{r}}(t)} S_0 = \frac{\mathrm{d}}{\mathrm{d}t}\left(-\frac{\kappa}{2}\right)\frac{\mathbf{r}(t)}{r(t)}.$$

ゆえに

$$i_{\dot{\mathbf{r}}(t)} S_0 = -\frac{\kappa}{2}\frac{\mathbf{r}(t)}{r(t)} + \mathbf{c}.$$

ただし，$\mathbf{c} \in V_{\mathrm{E}}^3$ は定ベクトルである．この式と $\mathbf{r}(t)$ との内積をとれば ($i_{\dot{\mathbf{r}}(t)} S_0 = (\langle \dot{\mathbf{r}}(t), \mathbf{r}(t)\rangle \dot{\mathbf{r}}(t) - \|\dot{\mathbf{r}}(t)\|^2 \mathbf{r}(t))/2$ に注意)

$$-2\|S_0\|^2 = -\frac{\kappa}{2} r(t) + \langle \mathbf{c}, \mathbf{r}(t)\rangle.$$

を得る．これを $r(t)$ について解けば

$$r(t) - \langle \mathbf{e}, \mathbf{r}(t)\rangle = R_0 \tag{1.113}$$

を得る．ただし，$\mathbf{e} := 2\mathbf{c}/\kappa$ であり

$$R_0 := \frac{4\|S_0\|^2}{\kappa}. \tag{1.114}$$

(1.113) の意味するところを，いくつかの場合に分けて考察しよう．

## (I) $R_0 = 0$ の場合

この場合は，$S_0 = 0$ であるので，角運動量は 0 である．したがって，命題 1.31 によって，$\mathbf{r}(t)$ は直線運動を行う（この直線は原点を通る無限直線の一部）．

## (II) $R_0 \neq 0$ の場合

この場合は，$\mathbf{e} = \mathbf{0}$ と $\mathbf{e} \neq \mathbf{0}$ の場合に分けて考える．

## (1) $\mathbf{e} = \mathbf{0}$ の場合

このとき，$r(t) = R_0$．他方，定理 1.33 によって，すべての $t \in \mathbb{R}$ に対して，$\mathbf{r}(t)$ は原点を通るある平面（2 次元部分空間）$W$ に属する．したがって，

## 1.13. 万有引力による運動——惑星の運動への応用　**53**

いまの場合，$\mathbf{r}(t)$ は，$W$ の中の原点を中心とする，半径 $R_0$ の等速円運動を行う（例 1.34 を参照）．

**(2) $\mathbf{e} \neq \mathbf{0}$ の場合**

この場合
$$\varepsilon := \|\mathbf{e}\| > 0$$
である．ベクトル $\mathbf{e}$ と $\mathbf{r}(t)$ のなす角度を $\theta(t)$ としよう：
$$\cos\theta(t) := \frac{\langle \mathbf{e}, \mathbf{r}(t) \rangle}{\varepsilon r(t)}.$$
このとき，(1.113) は
$$r(t) = \frac{R_0}{1 - \varepsilon \cos\theta(t)} \tag{1.115}$$
を意味する．

ところで，よく知られているように，2 次元ユークリッド平面 $\mathbb{R}^2 = \{(x,y) | x, y \in \mathbb{R}\}$ の原点に焦点を有する円錐曲線の方程式は，極座標 $(r, \theta)$ ——$x = r\cos\theta, y = r\sin\theta \ (r > 0, \theta \in \mathbb{R})$——では
$$r = \frac{\ell}{1 - \varepsilon \cos\theta} \tag{1.116}$$
で与えられる（$\ell > 0, \varepsilon > 0$ は定数）[46]．この円錐曲線を $\mathcal{E}$ とすれば，$\mathcal{E}$ は次のように分類される：

(i) $0 < \varepsilon < 1$ ならば $\mathcal{E}$ は楕円である．

(ii) $\varepsilon = 1$ ならば $\mathcal{E}$ は放物線である．

(iii) $\varepsilon > 1$ ならば $\mathcal{E}$ は双曲線である．

前段の一般的事実と (1.115) を比較すれば，考察下の場合の条件（$R_0 > 0$，$\mathbf{e} \neq \mathbf{0}$）のもとでの質点 $m_1$ の運動は，質点 $m_2$ を焦点とする円錐曲線（楕円，双曲線の場合は，$m_2$ はその焦点の一つ）であることが予想される．この予想

---

[46] 円錐曲線の本を参照．拙著『物理現象の数学的諸原理——現代数理物理学入門』（共立出版，2003）の付録 C に詳しい叙述がある．

を証明するには，上記 (i)–(iii) に示された $\varepsilon$ の範囲に応じて，写像 $\theta : \mathbb{R} \to \mathbb{R};$ $t \mapsto \theta(t)$ の値域がどうなるかを調べる必要がある．いま

$$\dot{\theta}(0) > 0$$

として一般性を失わない[47]．したがって

$$c := r(0)^2 \dot{\theta}(0) > 0. \tag{1.117}$$

(a) $0 < \varepsilon < 1$ の場合．このとき

$$1 - \varepsilon \cos \theta(t) \geq 1 - \varepsilon > 0$$

であるから

$$\frac{1}{r(t)} \geq \frac{1-\varepsilon}{R_0}.$$

したがって，(1.104) を $t_0 = 0$ として応用すれば

$$\theta(t) \geq \frac{c(1-\varepsilon)^2}{R_0^2} t + \theta_0 \quad (t \geq 0).$$

ただし，$\theta_0 := \theta(0)$．他方，$\theta(t)$ は $t$ について狭義単調増加であることはすでに知っている．したがって，$\{\theta(t)\,|\,t \geq 0\} = [\theta_0, \infty)$．同様にして

$$\theta(t) \leq \frac{c(1-\varepsilon)^2}{R_0^2} t + \theta_0 \quad (t \leq 0)$$

がわかる．したがって，$\{\theta(t)\,|\,t \leq 0\} = (-\infty, \theta_0]$．ゆえに，$\{\theta(t)\,|\,t \in \mathbb{R}\} = \mathbb{R}$．よって，$0 < \varepsilon < 1$ の場合は，質点 $m_1$ は質点 $m_2$ を焦点の一つとする楕円軌道を描く．

この楕円軌道の長半径を $a > 0$，短半径を $b > 0$ としよう．面積速 $\|S_0\|$ は一定であったから，楕円軌道の周期を $T$ とすれば $T\|S_0\|$ は当の楕円の面積 $\pi ab$ に等しい：$T\|S_0\| = \pi ab$．一方，(1.114) より

$$\|S_0\| = \frac{\sqrt{\kappa R_0}}{2}.$$

---

[47] $\dot{\theta}(0) < 0$ の場合は，$\theta(t)$ のかわりに，$\hat{\theta}(t) := -\theta(t)$ を考えればよい（$\cos \hat{\theta}(t) = \cos \theta(t)$ に注意）．

したがって
$$T = \frac{2\pi ab}{\sqrt{\kappa R_0}}.$$

ところで，楕円の構造から
$$b = \sqrt{1-\varepsilon^2}\, a, \quad R_0 = (1-\varepsilon^2)a.$$

ゆえに
$$T = \frac{2\pi}{\sqrt{\kappa}} a^{3/2}. \tag{1.118}$$

$m_1 \ll m_2$ とすれば，$\sqrt{\kappa} \approx \sqrt{Gm_2}$ であるから
$$\frac{a^3}{T^2} \approx \frac{Gm_2}{4\pi^2} \tag{1.119}$$

となる．

以上の結果は，太陽系の惑星の運動に応用され得る．$m_2$ を太陽とし，$m_1$ を太陽系の任意の惑星としよう．このとき，まず，$m_1$ の軌道に関する結果は，「惑星は太陽を一つの焦点とする楕円軌道を描いて運行する」という**ケプラー (Kepler) の第 1 法則**（経験則）に理論的根拠を与える．また，面積速が一定であるという理論的結果は，**ケプラーの第 2 法則**，すなわち，「惑星と太陽を結ぶ動径は単位時間に同じ面積を掃く」という観測事実を説明する．太陽の質量は惑星の質量に比してかなり大きい．したがって，$m_1 \ll m_2$ としてよい．すると，(1.119) が成り立つ．ゆえに，近似的な意味で，「惑星の楕円軌道の長半径の 3 乗と周期の 2 乗の比は惑星に依らず一定である」．ところで，引用符で挟まれた部分の内容は，歴史的には，**ケプラーの第 3 法則**——これは，ケプラーの他の二つの法則と同様，精密な観測を通して得られた経験法則——として知られているものである．だが，いまの導出から明らかなように，ニュートン力学を真なる理論とした場合には，ケプラーの第 3 法則は，一つの近似法則である．

(b) $\varepsilon = 1$ の場合．この場合
$$r(t) = \frac{R_0}{1 - \cos\theta(t)}$$

であるから，$\theta(t) \neq 2\pi n, n \in \mathbb{Z}$．そこで $\theta(0) = \pi$ とする．すると，$r(t)$ の連続性と $\theta(t)$ の狭義単調増加性により，$\pi \leq \theta(t) < 2\pi, t \geq 0$ であり，この区間で $\cos \theta(t)$ は狭義単調増加である．したがって，$r(t)$ は，同じ区間で狭義単調増加である．仮に $r(t)$ が有界であるとすると，$r(t) \leq K$ となる定数 $K > 0$ がある．したがって，(1.104) によって

$$\theta(t) \geq \frac{c}{K^2} t + \pi \quad (t \geq 0).$$

だが，これは $\theta(t) \nearrow \infty \ (t \to \infty)$ を意味するから，矛盾である．したがって，$r(t) \nearrow \infty \ (t \to \infty)$．これは，$\lim_{t \to \infty} \theta(t) = 2\pi$ を意味する．同様にして，$\lim_{t \to -\infty} \theta(t) = 0$ が示される．よって，$\varepsilon = 1$ の場合は，質点 $m_1$ は質点 $m_2$ を焦点とする放物線軌道を描く．

(c) $\varepsilon > 1$ の場合．この場合は，$|\cos \theta(t)| < 1/\varepsilon$ でなければならない．$\theta(0) = \pi$ とし，$\theta_\varepsilon := \cos^{-1} \varepsilon^{-1} \in (\pi, 2\pi)$ とする．このとき，(b) の場合と同様にして，$r(t) \nearrow \infty \ (t \to \infty)$，したがって，$\lim_{t \to \infty} \theta(t) = \theta_\varepsilon, \lim_{t \to -\infty} \theta(t) = 2\pi - \theta_\varepsilon$ が示される．ゆえに，$\varepsilon > 1$ の場合は，質点 $m_1$ は質点 $m_2$ を一つの焦点とする双曲線軌道を描く．

## 1.14 物理量と保存量の一般概念

これまでは，質点系が有する物理量（位置，速度，運動量，角運動量，運動エネルギー，位置エネルギーなど）については，各時刻での値だけを考察した．この場合，ただちに気付くように，考察の対象とされた物理量は位置と速度（または運動量）から派生する量である．さらに，注意して見るならば，物理量の各時刻 $t$ での値は，時刻 $t$ での位置と速度の値をある写像の変数に代入したものであることがわかる．たとえば，1 個の質点 $m$ からなる系における時刻 $t$ における運動エネルギー $m\|\dot{\mathbf{x}}(t)\|^2/2$（$\mathbf{x}(t) \in V_\mathrm{E}^d$ は質点の時刻 $t$ での位置）は (1.80) によって定義される写像 $T : V_\mathrm{E}^d \to \mathbb{R}$ の $\mathbf{v} = \dot{\mathbf{x}}(t)$ での値に他ならない．ところで，$t$ は任意の時刻である．したがって，いまの事実は，写像 $T$ を通じて，すべての時刻での運動エネルギーの値が「生み出される」ことを意味する．この意味において，写像 $T$ は質点 $m$ の運動エ

ネルギーの「根源」であると考えられる．他の例も同様に考察することにより，時刻 $t$ における物理量の値とそのもとになる写像を区別してかかることの重要性が示唆される．これは，ニュートン力学における一般概念としての物理量は，各時刻での値としてではなく，位置と速度（または運動量）の関数（一般にはベクトル値関数またはテンソル値関数）として捉えるのが自然であるという観点へと私たちを導く．こうして，次の定義に到達する：各自然数 $N$ に対して，$N$ 点系の状態空間 $\Omega \times \mathcal{E}_N$（1.7 節を参照）から実ベクトル空間 $W$ への写像を $N$ 点系の**物理量**と呼ぶ．要点は，物理量の値と物理量そのものを峻別することである[48]．

上述の物理量の概念を用いると，保存則についてもより明晰な認識が可能になる．

$f : \Omega \times \mathcal{E}_N \to W; \Omega \times \mathcal{E}_N \ni (\mathbf{x}^{(N)}, \mathbf{v}^{(N)}) \mapsto f(\mathbf{x}^{(N)}, \mathbf{v}^{(N)}) \in W$ を物理量とし，$\mathbf{x}^{(N)}(t) := (\mathbf{x}_1(t), \ldots, \mathbf{x}_N(t))$ を運動方程式 (1.61) の任意の解とする．もし，$f(\mathbf{x}^{(N)}(t), \dot{\mathbf{x}}^{(N)}(t))$ が $t \in \mathbb{I}$ に依らず一定であるとき，$f$ は**運動方程式 (1.61) の保存量**または**第 1 積分**であるという．

ただちにわかるように，$f$ が $\Omega \times \mathcal{E}_N$ 上で連続微分可能ならば，$f$ が運動方程式 (1.61) の保存量であることと $\dfrac{\mathrm{d}}{\mathrm{d}t} f(\mathbf{x}^{(N)}(t), \dot{\mathbf{x}}^{(N)}(t)) = 0$ $(\forall t \in \mathbb{I})$ は同値である．

**例 1.38** 連続微分可能なポテンシャル $V : \Omega \to \mathbb{R}$ に同伴する写像：$E_N^V : \Omega \times \mathcal{E}_N \to \mathbb{R}$

$$E_N^V(\mathbf{x}^{(N)}, \mathbf{v}^{(N)}) := \sum_{j=1}^N \frac{m_j}{2} \|\mathbf{v}_j\|^2 + V(\mathbf{x}^{(N)}) \quad ((\mathbf{x}^{(N)}, \mathbf{v}^{(N)}) \in \Omega \times \mathcal{E}_N) \tag{1.120}$$

を**全エネルギー関数**または単に**全エネルギー**という．これは運動方程式 (1.90) の保存量である．なぜなら，$E_N^V(\mathbf{x}^{(N)}(t), \dot{\mathbf{x}}^{(N)}(t)) = E_N(t)$（(1.91) を参照）であり，すでに知っているように，$E_N(t)$ は $t$ に依らない定数だからである．

---

[48] このことは，通常の物理学の教科書ではそれほど明確には意識されていないように見える．だが，それは，ニュートン力学の理論構造に関して，緻密でより深い認識を可能にするばかりでなく，物理量の値と物理量自体との区別が顕在化する量子力学への移行に際しても役立つはずである．

*58* 第 1 章 ニュートン力学

**例 1.39** $\mathbf{x}_0 \in V_E^d$ を固定し，写像 $\mathbf{J}_{\mathbf{x}_0} : \Omega \times \mathcal{E}_N \to \bigwedge^2(V_E^d)$ を

$$J_{\mathbf{x}_0}(\mathbf{x}^{(N)}, \mathbf{v}^{(N)}) := \sum_{j=1}^{N} (\mathbf{x}_j - \mathbf{x}_0) \wedge m_j \mathbf{v}_j \quad ((\mathbf{x}^{(N)}, \mathbf{v}^{(N)}) \in \Omega \times \mathcal{E}_N)$$

によって定義し，これを点 $\mathbf{x}_0 \in V_E^d$ のまわりの**全角運動量**と呼ぶ．定理 1.35 の仮定のもとで，$J_{\mathbf{x}_0}$ は運動方程式 (1.61) の保存量である．

一般の物理量 $f: \Omega \times \mathcal{E}_N \to W$ が運動方程式 (1.61) の保存量となる条件を考察しよう．$\dim W = n$ とし，$\{w_k\}_{k=1}^n$ を $W$ の任意の基底とする．このとき，各 $(\mathbf{x}^{(N)}, \mathbf{v}^{(N)}) \in \Omega \times \mathcal{E}_N$ に対して

$$f(\mathbf{x}^{(N)}, \mathbf{v}^{(N)}) = \sum_{k=1}^{n} f^k(\mathbf{x}^{(N)}, \mathbf{v}^{(N)}) w_k$$

と展開できる[49]．

$\Omega \times \mathcal{E}_N$ 上の連続微分可能な実数値関数 $g: (\mathbf{x}^{(N)}, \mathbf{v}^{(N)}) \mapsto g(\mathbf{x}^{(N)}, \mathbf{v}^{(N)})$ は，各 $j = 1, \ldots, N$ に対して，$\mathbf{x}_j$ 以外の変数を固定することにより，$\mathbf{x}_j$ の関数と見ることができる．この関数の勾配を $\mathrm{grad}_{\mathbf{x}_j} g$ と記し，これを**変数 $\mathbf{x}_j$ に関する $g$ の勾配**という．同様に，変数 $\mathbf{v}_j$ に関する勾配 $\mathrm{grad}_{\mathbf{v}_j} g$ が定義される．

結論から述べるならば，次の事実が見出される：

**定理 1.40** $f$ は連続微分可能であるとし，各 $k = 1, \ldots, n$ に対して

$$\sum_{j=1}^{N} \Big\{ \big\langle \mathbf{v}_j, \mathrm{grad}_{\mathbf{x}_j} f^k(\mathbf{x}^{(N)}, \mathbf{v}^{(N)}) \big\rangle \\ + \frac{1}{m_j} \big\langle \mathbf{F}_j(\mathbf{x}^{(N)}, \mathbf{v}^{(N)}, t), \mathrm{grad}_{\mathbf{v}_j} f^k(\mathbf{x}^{(N)}, \mathbf{v}^{(N)}) \big\rangle \Big\} = 0 \quad (1.121)$$

が成り立つとする．このとき，$f$ は運動方程式 (1.61) の保存量である．

**証明** 合成関数の微分法により

---

[49] $(f^1(\mathbf{x}^{(N)}, \mathbf{v}^{(N)}), \ldots, f^n(\mathbf{x}^{(N)}, \mathbf{v}^{(N)})) \in \mathbb{R}^n$ は $W$ のベクトル $f(\mathbf{x}^{(N)}, \mathbf{v}^{(N)})$ の，基底 $\{w_k\}_{k=1}^n$ に関する成分表示．

$$\frac{\mathrm{d}}{\mathrm{d}t}f\bigl(\mathbf{x}^{(N)}(t),\dot{\mathbf{x}}^{(N)}(t)\bigr) = \sum_{k=1}^{n}\frac{\mathrm{d}}{\mathrm{d}t}f^{k}\bigl(\mathbf{x}^{(N)}(t),\dot{\mathbf{x}}^{(N)}(t)\bigr)w_{k}$$
$$= \sum_{k=1}^{n}\sum_{j=1}^{N}\Bigl\{\bigl\langle \dot{\mathbf{x}}_{j}^{(N)}(t),\mathrm{grad}_{\mathbf{x}_{j}}f^{k}\bigl(\mathbf{x}^{(N)}(t),\dot{\mathbf{x}}^{(N)}(t)\bigr)\bigr\rangle$$
$$+ \bigl\langle \ddot{\mathbf{x}}_{j}^{(N)}(t),\mathrm{grad}_{\mathbf{v}_{j}}f^{k}\bigl(\mathbf{x}^{(N)}(t),\dot{\mathbf{x}}^{(N)}(t)\bigr)\bigr\rangle\Bigr\}w_{k}.$$

右辺の中の $\ddot{\mathbf{x}}_{j}^{(N)}(t)$ に対して運動方程式 (1.61) を用いると

$$\frac{\mathrm{d}}{\mathrm{d}t}f\bigl(\mathbf{x}^{(N)}(t),\dot{\mathbf{x}}^{(N)}(t)\bigr)$$
$$= \sum_{k=1}^{n}\sum_{j=1}^{N}\Bigl\{\bigl\langle \dot{\mathbf{x}}_{j}^{(N)}(t),\mathrm{grad}_{\mathbf{x}_{j}}f^{k}\bigl(\mathbf{x}^{(N)}(t),\dot{\mathbf{x}}^{(N)}(t)\bigr)\bigr\rangle$$
$$+ \Bigl\langle \frac{\mathbf{F}_{j}(\mathbf{x}^{(N)}(t),\dot{\mathbf{x}}^{(N)},t)}{m_{j}},\mathrm{grad}_{\mathbf{v}_{j}}f^{k}\bigl(\mathbf{x}^{(N)}(t),\dot{\mathbf{x}}^{(N)}(t)\bigr)\Bigr\rangle\Bigr\}w_{k}$$

となる．仮定 (1.121) により，右辺の $\sum_{j=1}^{N}\{\cdot\}$ の部分は 0 である．したがって，$\frac{\mathrm{d}}{\mathrm{d}t}f\bigl(\mathbf{x}^{(N)}(t),\dot{\mathbf{x}}^{(N)}(t)\bigr) = 0$．ゆえに，$f$ は運動方程式 (1.61) の保存量である． ∎

**例 1.41** 全エネルギー関数 $f = E_N^V$ は，$\mathbf{F}_j = -\mathrm{grad}_j V\ (j = 1,\ldots,N)$ のとき，(1.121) を満たす（したがって，すでに見たように，$E_N^V$ は $\mathbf{F}_j = -\mathrm{grad}_j V$ の場合の運動方程式 (1.61) の保存量である）．

**例 1.42** $\sum_{j=1}^{N}(\mathbf{x}_j - \mathbf{x}_0) \wedge \mathbf{F}_j(\mathbf{x}^{(N)},\mathbf{v}^{(N)},t) = 0\ (\forall (\mathbf{x}^{(N)},\mathbf{v}^{(N)}) \in \Omega \times \mathcal{E}_N,\ t \in \mathbb{R})$ のとき，$f = J_{\mathbf{x}_0}$ は，(1.61) を満たす[50]．したがって，全角運動量 $J_{\mathbf{x}_0}$ はこの場合の運動方程式 (1.61) の保存量である．

## 1.15　ニュートン力学における対称性

　左右対称性のような身近で具象的な対称性に現れている普遍的な理念(イデア)を探求していくと，変換群（付録 B の B.2 節を参照）と呼ばれる写像集合の概念

---
[50] いまの場合 $W = \bigwedge^2(V_{\mathrm{E}}^d)$ である．基底 $\{w_k\}$ として，正規直交基底をとって考えると簡単である．

へ至るとともに，変換群の作用に対する不変性が対称性の本質を形成することが認識される[51]．本節では，そのような普遍的な対称性の観点から，ニュートン力学における諸々の個別的対称性とその物理的な意味を考察する．まず，対称性の一般概念の定義から始める．

### 1.15.1 対称性

$X$ を任意の空でない集合とし，$A$ を $X$ の空でない部分集合とする．$X$ 上の写像 $f : X \to X$ に対して，その定義域を $A$ に制限して得られる写像 $f\restriction A : A \to X$ の値域を $f(A)$ とする：

$$f(A) := \{f(x) | x \in A\}.$$

$X$ 上の全単射，すなわち，$X$ 上の変換[52] $f : X \to X$ があって，$f(A) = A$ が成立するとき，$A$ は **$f$-不変**または **$f$-対称**であるという．この場合，$f$ を **$A$ の対称性**と呼ぶ．$A$ の対称性の全体

$$\mathfrak{S}(A) := \{f : X \to X | f \text{ は全単射かつ } f(A) = A\} \qquad (1.122)$$

は $X$ 上の変換群である．この変換群を **$A$ の対称群**と呼ぶ．

$A = X$ の場合の対称群 $\mathfrak{S}(X)$ は，$X$ 上のすべての変換の集まりであるので，$X$ 上の**全変換群**と呼ばれる．

対称群 $\mathfrak{S}(A)$ の任意の部分変換群 $G$ は $A$ の対称性の一つの範疇を定義すると考えられる．この対称性を $A$ の **$G$-対称性**と呼ぶ．

各変換 $f \in \mathfrak{S}(X)$ に対して

$$G_f := \{f^n | n \in \mathbb{Z}\} \quad (\mathbb{Z} \text{ は整数全体}) \qquad (1.123)$$

は $X$ 上の部分変換群（i.e. $\mathfrak{S}(X)$ の部分群）である．この変換群を $f$ によって**生成される変換群**と呼ぶ．

---

[51] 発見法的な議論については，たとえば，拙著『物理の中の対称性——現代数理物理学の観点から』（日本評論社，2008）の序章を参照．
[52] 写像の性質に関する基本概念については，付録 A を参照．なお，変換群論の文脈では，「変換」という語によって，全単射写像を表す．

例 1.43　各 $\mathbf{a} \in V_\mathrm{E}^d$ に対して，写像 $T_\mathbf{a} : V_\mathrm{E}^d \to V_\mathrm{E}^d$ を

$$T_\mathbf{a}(\mathbf{x}) := \mathbf{x} + \mathbf{a} \quad (\mathbf{x} \in V_\mathrm{E}^d)$$

によって定義し，$T_\mathbf{a}$ をベクトル $\mathbf{a}$ による**並進**と呼ぶ．容易にわかるように，$T_\mathbf{a}$ は $V_\mathrm{E}^d$ 上の全単射（変換）であり

$$T_\mathbf{a}^{-1} = T_{-\mathbf{a}}, \quad T_{\mathbf{a}+\mathbf{b}} = T_\mathbf{a} T_\mathbf{b} = T_\mathbf{b} T_\mathbf{a} \quad (\mathbf{a}, \mathbf{b} \in V_\mathrm{E}^d)$$

が成り立つ．したがって

$$\mathcal{T}_{V_\mathrm{E}^d} := \{ T_\mathbf{a} \,|\, \mathbf{a} \in V_\mathrm{E}^d \} \tag{1.124}$$

は $V_\mathrm{E}^d$ 上の変換群である．これを **$V_\mathrm{E}^d$ 上の並進群**と呼ぶ．

$V_\mathrm{E}^d$ の部分集合 $A_\mathbf{a} := \{ n\mathbf{a} \,|\, n \in \mathbb{Z} \}$ は $T_\mathbf{a}$-不変である．すなわち，$T_\mathbf{a}$ は $A_\mathbf{a}$ の対称性である．また，$A_\mathbf{a}$ は $G_{T_\mathbf{a}}$-対称である（$G_{T_\mathbf{a}}$ は，上の定義にしたがって，$T_\mathbf{a}$ によって生成される変換群を表す）．

## 1.15.2　ニュートン方程式の対称性

以下では，話をわかりやすくするため，1 個の質点 $m$ が配位空間 $D \subset V_\mathrm{E}^d$ の中を，力 $\mathbf{F} : D \times V_\mathrm{E}^d \to V_\mathrm{E}^d$ の作用のもとに，ニュートン方程式

$$m \ddot{\mathbf{x}}(t) = \mathbf{F}(\mathbf{x}(t), \dot{\mathbf{x}}(t)) \quad (t \in \mathbb{I}) \tag{1.125}$$

にしたがって運動する系を考える．この系の対称性は，方程式 (1.125) の解すべてからなる集合，すなわち，(1.125) の**解空間**の対称性として捉えるのが自然である．そこで，区間 $\mathbb{I}$ から $D$ への 2 回連続微分可能な写像の全体を $C^2(\mathbb{I}; D)$ と表す．このとき，(1.125) の解空間は次のように定義される：

$$\mathsf{S}_\mathbf{F}(\mathbb{I}, D) := \big\{ \mathbf{x}(\cdot) \in C^2(\mathbb{I}; D) \,\big|\, \mathbf{x}(t) \text{ は } (1.125) \text{ を満たす} \big\} \tag{1.126}$$

これを部分集合とするより大きな集合はいくつも考えられるが，最も大きな集合は，$\mathbb{I}$ から $V_\mathrm{E}^d$ への写像の全体

$$\mathrm{Map}(\mathbb{I}, V_\mathrm{E}^d) := \big\{ \mathbf{x}(\cdot) : \mathbb{I} \to V_\mathrm{E}^d \big\} \tag{1.127}$$

である．これから考察するのは，前項の記号で言えば，$X = \mathrm{Map}(\mathbb{I}, V_\mathrm{E}^d)$，$A = \mathsf{S}_\mathbf{F}(\mathbb{I}, D)$ の場合の対称性である．

62   第1章 ニュートン力学

Map$(\mathbb{I}, V_E^d)$ 上の変換群 $G$ に対して，$S_F(\mathbb{I}, D)$ が $G$-対称であるとき，ニュートン方程式 (1.125) は $G$-対称性をもつという．

### 1.15.3 時間並進対称性

ニュートン力学の文脈において，実数体 $\mathbb{R}$ を時間軸と解釈するとき，$\mathbb{R}$ 上の並進群

$$\mathcal{T}_{\mathbb{R}} = \{T_a \,|\, a \in \mathbb{R}\} \tag{1.128}$$

（例 1.43 で $V_E^d = \mathbb{R}$ の場合の並進群）を**時間並進群**と呼び，その各要素 $T_a$ を**時間 $a$ の並進**という．

実数 $a \in \mathbb{R}$ と $\mathbb{I}$ に対して，集合 $\mathbb{I} + a$ を

$$\mathbb{I} + a := \{t + a \,|\, t \in \mathbb{I}\} \tag{1.129}$$

によって定義し，これを $\mathbb{I}$ の $a$ による**並進**と呼ぶ．

一般に，$\mathbb{I}$ から $V_E^d$ への写像 $\mathbf{x}(\cdot)$ に対して，写像 $\mathbf{x}_a(\cdot) : \mathbb{I} + a \to D$ を

$$\mathbf{x}_a(t) := \mathbf{x}(t - a) \quad (t \in \mathbb{I} + a) \tag{1.130}$$

によって定義する．描像的に言えば，曲線 $\mathbf{x}_a(\cdot)$ のグラフ

$$\Gamma(\mathbf{x}_a(\cdot)) = \{(t, \mathbf{x}_a(t)) \,|\, t \in \mathbb{I} + a\} \subset \mathbb{R} \times V_E^d$$

は，曲線 $\mathbf{x}(\cdot)$ のグラフ

$$\Gamma(\mathbf{x}(\cdot)) = \{(t, \mathbf{x}(t)) \,|\, t \in \mathbb{I}\}$$

をベクトル $(a, \mathbf{0}) \in \mathbb{R} \oplus V_E^d$ によって平行移動したものである（図 1.8）[53]．すなわち

$$T_{(a,\mathbf{0})}\bigl(\Gamma(\mathbf{x}(\cdot))\bigr) = \Gamma(\mathbf{x}_a(\cdot)).$$

ただし，ここでの $T_v$ $(v \in \mathbb{R} \oplus V_E^d)$ は例 1.43 において，$V_E^d$ が $\mathbb{R} \oplus V_E^d$ の場合のベクトル $v$ による並進を表す．そこで，$\mathbf{x}_a(\cdot)$ を**時間 $a$ による $\mathbf{x}(\cdot)$ の並進**と呼ぶ．

---
[53] 写像のグラフの定義については，付録 A を参照．

## 1.15. ニュートン力学における対称性

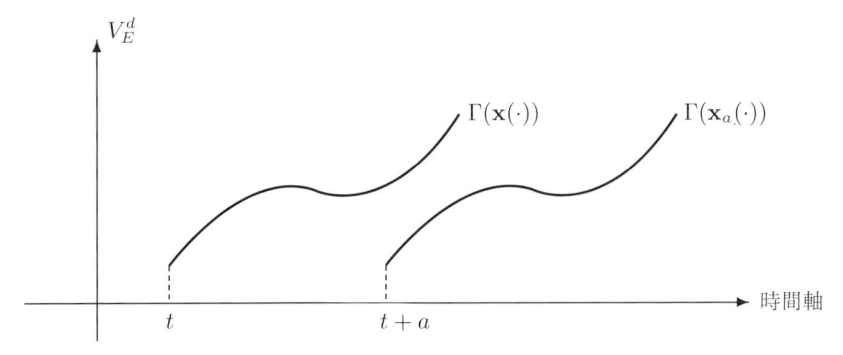

図 1.8. $\mathbf{x}(\cdot)$ と $\mathbf{x}_a(\cdot)$ のグラフ ($a > 0$ の場合).

**命題 1.44** $\mathbf{x}(\cdot) \in \mathsf{S}_\mathbf{F}(\mathbb{I}, D)$ ならば $\mathbf{x}_a(\cdot) \in \mathsf{S}_\mathbf{F}(\mathbb{I}+a, D)$.

**証明** 合成関数の微分法により, $\dot{\mathbf{x}}_a(t) = \dot{\mathbf{x}}(t-a)$. したがって, また, $\ddot{\mathbf{x}}_a(t) = \ddot{\mathbf{x}}(t-a)$. 仮定により, $(\ddot{\mathbf{x}})(t-a) = m^{-1}\mathbf{F}(\mathbf{x}(t-a)) = m^{-1}F(\mathbf{x}_a(t))$. したがって $m\ddot{\mathbf{x}}_a(t) = \mathbf{F}(\mathbf{x}_a(t))$. ゆえに題意がしたがう. ∎

この命題は,物理的には,次のことを語る:力場 $\mathbf{F}$ の作用のもとで,時間区間 $\mathbb{I}$ において,曲線 $\mathbf{x}(\cdot)$ によって表される運動が可能ならば,同じ力場 $\mathbf{F}$ の作用のもとで,時間区間 $\mathbb{I}+a$ においても空間的に同一の運動(同一の軌道をもつ運動)が可能である.これは,一つの力場のもとで実現する運動が時間区間の取り方に独立であること——したがって,特に,時間軸の原点(時刻 0)の取り方に依らない——ことを語るものである.この性質をニュートン方程式にしたがう**運動の時間並進対称性**と呼ぶ.

ニュートン方程式にしたがう運動の時間並進対称性は,解空間の対称性としては,次に述べる定理の形をとる.時間 $a$ の並進 $T_a$ に対して,写像 $\hat{T}_a : \mathrm{Map}(\mathbb{I}, V_E^d) \to \mathrm{Map}(\mathbb{I}+a, V_E^d)$ を

$$\hat{T}_a \mathbf{x}(\cdot) = \mathbf{x}_a(\cdot) \tag{1.131}$$

によって定義する.

**定理 1.45** 任意の $a \in \mathbb{R}$ に対して

$$\hat{T}_a(\mathsf{S}_\mathbf{F}(\mathbb{I}, D)) = \mathsf{S}_\mathbf{F}(\mathbb{I}+a, D). \tag{1.132}$$

*64* 第1章 ニュートン力学

特に，$\mathbb{I} = \mathbb{R}$ の場合について

$$\hat{T}_a(\mathsf{S}_\mathbf{F}(\mathbb{R}, D)) = \mathsf{S}_\mathbf{F}(\mathbb{R}, D) \tag{1.133}$$

が成り立つ．

**証明** $\mathbf{x}(\cdot) \in \hat{T}_a(\mathsf{S}_\mathbf{F}(\mathbb{I}, D))$ とすれば，$\mathbf{x}(\cdot) = \hat{T}_a\mathbf{y}(\cdot) = \mathbf{y}_a(\cdot)$ となる $\mathbf{y}(\cdot) \in \mathsf{S}_\mathbf{F}(\mathbb{I}, D)$ がある．命題 1.44 によって，$\mathbf{x}(\cdot) \in \mathsf{S}_\mathbf{F}(\mathbb{I}+a, D)$ である．したがって，$\hat{T}_a(\mathsf{S}_\mathbf{F}(\mathbb{I}, D)) \subset \mathsf{S}_\mathbf{F}(\mathbb{I}+a, D)$．逆に，$\mathbf{x}(\cdot) \in \mathsf{S}_\mathbf{F}(\mathbb{I}+a, D)$ ならば，命題 1.44 によって，$\mathbf{x}_{-a}(\cdot) \in \mathsf{S}_\mathbf{F}(\mathbb{I}, D)$ であり，$\hat{T}_a\mathbf{x}_{-a}(\cdot) = \mathbf{x}(\cdot)$．したがって，$\mathsf{S}_\mathbf{F}(\mathbb{I}+a, D) \subset \hat{T}_a(\mathsf{S}_\mathbf{F}(\mathbb{I}, D))$．よって，(1.132) が成り立つ．
(1.133) は，$\mathbb{I} = \mathbb{R}$ ならば $\mathbb{I} + a = \mathbb{R}$ という事実と (1.132) による． ∎

集合の等式 (1.133) は，各 $a \in \mathbb{R}$ に対して，$\mathsf{S}_\mathbf{F}(\mathbb{R}, D)$ が $\mathrm{Map}(\mathbb{R}, V_\mathrm{E}^d)$ の部分集合として，$\hat{T}_a$-対称性をもつことを意味する．これを運動の**大局的時間並進対称性**という．

### 1.15.4 時間反転対称性

$\mathbb{I} = \mathbb{R}$ または $\mathbb{I} = [\alpha, \beta]$ ($\alpha, \beta \in \mathbb{R}$, $\alpha < \beta$) の場合を考える．実数 $p$ を次のように定義する：

$$p = \begin{cases} \dfrac{\alpha + \beta}{2} & (\mathbb{I} = [\alpha, \beta] \text{ の場合}) \\ \mathbb{R} \text{ の任意の点} & (\mathbb{I} = \mathbb{R} \text{ の場合}) \end{cases}.$$

写像 $r_p : \mathbb{I} \to \mathbb{I}$ を

$$r_p(t) := 2p - t \quad (t \in \mathbb{I}) \tag{1.134}$$

によって定義する．この写像を**時刻 $p$ に関する時間反転**という．
容易にわかるように，$r_p$ は全単射であり

$$r_p^2 = I, \quad r_p^{-1} = r_p \tag{1.135}$$

を満たす．ただし，$I$ は $\mathbb{R}$ 上の恒等写像である．したがって，

$$\mathsf{T} := \{I, r_p\}$$

は $\mathbb{I}$ 上の変換群である．これを**時間反転群**という．

写像 $\hat{r}_p : \mathrm{Map}(\mathbb{I}, V_{\mathrm{E}}^d) \to \mathrm{Map}(\mathbb{I}, V_{\mathrm{E}}^d)$ を

$$(\hat{r}_p \mathbf{x})(t) := \mathbf{x}(r_p^{-1} t) = \mathbf{x}(2p - t) \quad (t \in \mathbb{I},\ \mathbf{x}(\cdot) \in \mathrm{Map}(\mathbb{I}, V_{\mathrm{E}}^d)) \quad (1.136)$$

と定義すれば

$$\mathsf{T}_{\mathrm{r}} := \{I, \hat{r}_p\} \quad (1.137)$$

は $\mathrm{Map}(\mathbb{I}, V_{\mathrm{E}}^d)$ 上の変換群である．

$\mathbb{I} = [\alpha, \beta]$ の場合，任意の $\mathbf{x}(\cdot) \in \mathrm{Map}(\mathbb{I}, V_{\mathrm{E}}^d)$ に対して

$$(\hat{r}_p \mathbf{x})(\alpha) = \mathbf{x}(\beta), \quad (\hat{r}_p \mathbf{x})(\alpha + t) = \mathbf{x}(\beta - t) \quad (t \in [0, \beta - \alpha])$$

であるので，曲線 $\hat{r}_p \mathbf{x}$ は，物理的には，曲線 $\mathbf{x}(\cdot)$ による運動を逆向きに辿る運動を表す（図 1.9）．そこで，曲線 $\hat{r}_p \mathbf{x}(\cdot)$ を**時刻 $p$ に関する $\mathbf{x}(\cdot)$ の時間反転**と呼ぶ．

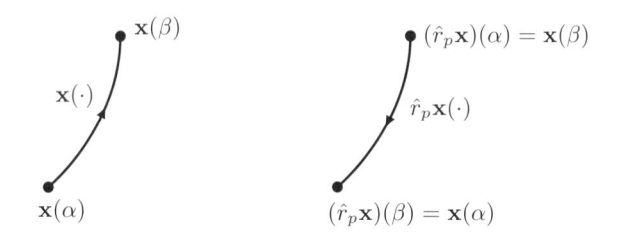

**図 1.9.** 時間反転．

**定理 1.46** 任意の $\mathbf{x}(\cdot) \in \mathsf{S}_{\mathbf{F}}(\mathbb{I}, D)$ に対して，$\hat{r}_p \mathbf{x}(\cdot) \in \mathsf{S}_{\mathbf{F}}(\mathbb{I}, D)$．

**証明** $\mathbf{y} := \hat{r}_p \mathbf{x}$ とおくと，合成関数の微分法により

$$\dot{\mathbf{y}}(t) = -\dot{\mathbf{x}}(2p - t). \quad (1.138)$$

したがって，また，$\ddot{\mathbf{y}}(t) = (-1)^2 \ddot{\mathbf{x}}(2p-t) = \ddot{\mathbf{x}}(2p-t)$. 一方，$\mathbf{x}(\cdot) \in \mathsf{S}_{\mathbf{F}}(\mathbb{I}, D)$ ならば，$m\ddot{\mathbf{x}}(2p-t) = \mathbf{F}(\mathbf{x}(2p-t)) = \mathbf{F}(\mathbf{y}(t))$．したがって $m\ddot{\mathbf{y}}(t) = \mathbf{F}(\mathbf{y}(t))$．ゆえに $\mathbf{y}(\cdot) \in \mathsf{S}_{\mathbf{F}}(\mathbb{I}, D)$. ∎

この定理は，物理的には，次のことを意味する：時間区間 $\mathbb{I}$ においてある

運動が実現するならば,それを逆向きに辿る運動も可能である.これを運動の時間反転対称性または時間的可逆性という.

**注意 1.47** (i) $\mathrm{Map}(\mathbb{I}, V_\mathrm{E}^d)$ は写像の和とスカラー倍に関して実ベクトル空間である.したがって,この上の一般線形群 $\mathrm{GL}(\mathrm{Map}(\mathbb{I}, V_\mathrm{E}^d))$(付録 B の例 B.1 を参照)が存在する.容易にわかるように,$\hat{r}_p \in \mathrm{GL}(\mathrm{Map}(\mathbb{I}, V_\mathrm{E}^d))$ である.そこで,$\rho : \mathsf{T} \to \mathrm{GL}(\mathrm{Map}(\mathbb{I}, V_\mathrm{E}^d))$ を $\rho(I) := I, \rho(r_p) := \hat{r}_p$ によって定義すれば,$\rho$ は時間反転群 $\mathsf{T}$ のベクトル空間 $\mathrm{Map}(\mathbb{I}, V_\mathrm{E}^d)$ 上での表現[54]である.

(ii) 通常の多くの運動において,そのままでは——つまり,成りゆきにまかせているだけでは——当該の運動を逆向きに辿る運動は(例外的な場合を除いては)自動的には生じないので,これは,ニュートン方程式の時間的可逆性に反するのではないか,という疑問が生じるかもしれない.だが,運動が位置の初期条件だけでなく速度の初期条件にも依存していることを考慮すれば,むしろ,そのようであって当然であることがわかる.実際,逆向きの運動 $\hat{r}_p \mathbf{x}(\cdot)$ に対する初期条件の設定,すなわち,ある位置で速度を逆向きにすること——$\mathrm{d}\hat{r}_p \mathbf{x}/\mathrm{d}t = -\dot{\mathbf{x}}(2p-t)$(式 (1.138))のマイナス符号に注意——が自動的に起こることはまれだからである(もちろん,人工的には設定可能な場合があり,その場合には,まさに $\mathbf{x}(\cdot)$ の軌道を逆向きに辿る運動が生じるはずである).この事情は多体系——複数の質点からなる系——の場合にも当てはまる.こうして,ニュートン力学が適用され得る現象の範疇において,なぜ,現象的水準では,多くの場合,一つの方向の運動のみが支配的であるか(現象の「無常性」)が解明されるとともに,このあり方が運動の時間的可逆性と矛盾するものではないことも理解される.

### 1.15.5 空間操作に関する対称性

一般に,写像 $T : D \to V_\mathrm{E}^d$ に対して,$\mathrm{Map}(\mathbb{I}, D)$ から $\mathrm{Map}(\mathbb{I}, V_\mathrm{E}^d)$ への写像 $\hat{T} : \mathrm{Map}(\mathbb{I}, D) \to \mathrm{Map}(\mathbb{I}, V_\mathrm{E}^d)$ が

$$(\hat{T}\mathbf{x}(\cdot))(t) := T(\mathbf{x}(t)) \quad (\mathbf{x}(\cdot) \in \mathrm{Map}(\mathbb{I}, D),\ t \in \mathbb{I}) \tag{1.139}$$

---

[54] 群の表現については,付録 B の B.1 節を参照.

によって定義される. 写像 $\hat{T}$ を $T$ の**共役写像**と呼ぶ. 運動 $\mathbf{x}(\cdot)$ に対して, 写像 $\hat{T}\mathbf{x}(\cdot)$ を $\mathbf{x}(\cdot)$ の **$T$-変換**と呼ぶ.

写像 $T : V_{\mathrm{E}}^d \to V_{\mathrm{E}}^d$ は単射であるとし, $T_D := T \upharpoonright D$ とおく. 写像 $\mathbf{f} : D \to V_{\mathrm{E}}^d$ に対して

$$\mathbf{f}_T := T \circ \mathbf{f} \circ T_D^{-1} : T(D) \to V_{\mathrm{E}}^d \tag{1.140}$$

を $\mathbf{f}$ の **$T$-変換**と呼ぶ. ただし, $\circ$ は合成写像を表す記号である (付録 A を参照). したがって, $\mathbf{f}_T(\mathbf{x}) = T(\mathbf{f}(T^{-1}(\mathbf{x})))$ $(\mathbf{x} \in T(D))$.

**例 1.48** $d = 2, V_{\mathrm{E}}^2 = \mathbb{R}^2$ とし, $T$ が原点のまわりの角度 $\theta \in \mathbb{R}$ の回転変換 $R(\theta)$ であるとしよう. 行列表示をすれば

$$R(\theta) = \begin{pmatrix} \cos\theta & -\sin\theta \\ \sin\theta & \cos\theta \end{pmatrix}$$

である[55]. 任意の $\mathbf{f} = (f_1, f_2) : \mathbb{R}^2 \to \mathbb{R}^2$ に対して

$$\mathbf{f}_{R(\theta)}(\mathbf{x}) = R(\theta)\mathbf{f}(R(-\theta)\mathbf{x}) \quad (\forall \mathbf{x} \in \mathbb{R}^2).$$

ちなみに, 2 次元回転変換の全体

$$\mathrm{SO}(2) := \{R(\theta) \,|\, \theta \in \mathbb{R}\} \subset \mathrm{GL}(\mathbb{R}^2)$$

は, 行列の積を群演算として, 群をなし, **2 次元回転群**または **2 次元特殊直交群**と呼ばれる.

**命題 1.49** $\mathrm{GL}(V_{\mathrm{E}}^d)$ を $V_{\mathrm{E}}^d$ 上の一般線形群とし (付録 B の例 B.1 を参照). $T \in \mathrm{GL}(V_{\mathrm{E}}^d), \mathbf{F} : D \to V_{\mathrm{E}}^d$ とする. このとき, 任意の $\mathbf{x}(\cdot) \in \mathsf{S}_{\mathbf{F}}(\mathbb{I}, D)$ に対して, $\hat{T}\mathbf{x}(\cdot) \in \mathsf{S}_{\mathbf{F}_T}(\mathbb{I}, T(D))$.

**証明** $\mathbf{y}(\cdot) := \hat{T}\mathbf{x}(\cdot)$ とすれば, いまの場合, $T$ は線形であるから $m\ddot{\mathbf{y}}(t) = T(m\ddot{\mathbf{x}}(t)) = T(\mathbf{F}(\mathbf{x}(t))) = T(\mathbf{F}(T^{-1}\mathbf{y}(t))) = \mathbf{F}_T(\mathbf{y}(t))$. したがって, $\mathbf{y}(\cdot) \in \mathsf{S}_{\mathbf{F}_T}(\mathbb{I}, T(D))$. ∎

命題 1.49 は物理的には次のことを意味する:$T$ が $\mathrm{GL}(V_{\mathrm{E}}^d)$ の元であると

---

[55] $\sin\theta$ の符号の付き方に注意 (いまの場合, $R(\theta)$ は座標変換ではなく, $\mathbb{R}^2$ 上の写像である).

き，力場 $\mathbf{F}$ のもとで運動 $\mathbf{x}(\cdot)$ が可能ならば，$T$-変換された力場 $\mathbf{F}_T$ のもとでは，$T$-変換された運動 $\hat{T}\mathbf{x}(\cdot)$ が可能である．これを運動の **$T$-並行性**と呼ぶ．

$T: V_{\mathrm{E}}^d \to D$ に対して，写像 $\mathbf{f}: D \to V_{\mathrm{E}}^d$ が

$$\mathbf{f}(T(\mathbf{x})) = T(\mathbf{f}(\mathbf{x})) \quad (\mathbf{x} \in D) \tag{1.141}$$

を満たすとき，すなわち，写像の可換性

$$\mathbf{f} \circ T \restriction D = T \circ \mathbf{f} \tag{1.142}$$

が成り立つとき，$\mathbf{f}$ は **$T$-対称**であるという．

いま言及した対称性に関して，次の事実は基本的である：

**補題 1.50** $\mathbf{f}: D \to V_{\mathrm{E}}^d$ が $T$-対称で $T(D) = D$ かつ $T$ が単射ならば，$\mathbf{f}$ は $T^{-1}$-対称である．

**証明** 任意の $\mathbf{y} \in D$ に対して，$\mathbf{x} = T^{-1}(\mathbf{y})$ とおけば，(1.141) により，$\mathbf{f}(\mathbf{y}) = T(\mathbf{f}(T^{-1}(\mathbf{y})))$．これは，$T^{-1}(\mathbf{f}(\mathbf{y})) = \mathbf{f}(T^{-1}(\mathbf{y}))$ を意味する．∎

写像 $T: D \to V_{\mathrm{E}}^d$ が $T(D) = D$ を満たす単射写像ならば，$T$ は $D$ 上の一つの空間的操作を表すと解釈される．次の定理は，その種の空間的操作に同伴する，ニュートン方程式の解空間の対称性に関する普遍的構造の一つを明らかにするものである：

**定理 1.51** $T: D \to V_{\mathrm{E}}^d$ は単射で $T(D) = D$ を満たすとする．もし，力場 $\mathbf{F}: D \to V_{\mathrm{E}}^d$ が $T$-対称ならば，解空間 $\mathsf{S}_{\mathbf{F}}(\mathbb{I}, D)$ は $\hat{T}$-対称である：

$$\hat{T}(\mathsf{S}_{\mathbf{F}}(\mathbb{I}, D)) = \mathsf{S}_{\mathbf{F}}(\mathbb{I}, D). \tag{1.143}$$

**証明** 定理の仮定のもとでは，$\mathbf{F}$ の $T$-対称性は $\mathbf{F}_T = \mathbf{F}$ と同値である．したがって $\mathsf{S}_{\mathbf{F}_T}(\mathbb{I}, T(D)) = \mathsf{S}_{\mathbf{F}}(\mathbb{I}, D)$．ゆえに，命題 1.49 によって，$\hat{T}\mathsf{S}_{\mathbf{F}}(\mathbb{I}, D) \subset \mathsf{S}_{\mathbf{F}}(\mathbb{I}, D)$．

逆の包含関係を示すには，補題 1.50 によって，$\mathbf{F}$ は $T^{-1}$-対称でもあることに注意すればよい．したがって，前段の議論での $T$ を $T^{-1}$ で置き換えた結果，すなわち，$\widehat{T^{-1}}(\mathsf{S}_{\mathbf{F}}(\mathbb{I}, D)) \subset \mathsf{S}_{\mathbf{F}}(\mathbb{I}, D)$ が成立する．これと $\widehat{T^{-1}} = \hat{T}^{-1}$ によって，$\mathsf{S}_{\mathbf{F}}(\mathbb{I}, D) \subset \hat{T}(\mathsf{S}_{\mathbf{F}}(\mathbb{I}, D))$ が導かれる．∎

定理 1.51 は，配位空間と力場の $T$-対称性が解空間の $\hat{T}$-対称性を導くことを語る．これは，実に調和的で美しい構造の一つである．この定理は，物理的には，「空間操作 $T$ に関して対称な配位空間において，$T$-対称な力場の作用のもとで運動 $\mathbf{x}(\cdot)$ が可能ならば，同じ力場の作用のもとで，その運動を $T$-変換した運動 $\hat{T}\mathbf{x}(\cdot)$ もまた可能である」ことを表す．これを**空間的操作 $T$ に関する運動の対称性**あるいは単に**運動の $T$-対称性**という．

次に，具体的で基本的な空間操作の例を見よう．

### 1.15.6 空間反転対称性

写像 $I_{\mathrm{sp}} : V_{\mathrm{E}}^d \to V_{\mathrm{E}}^d$ を

$$I_{\mathrm{sp}}(\mathbf{x}) := -\mathbf{x} \quad (\mathbf{x} \in V_{\mathrm{E}}^d) \tag{1.144}$$

によって定義し，これを $V_{\mathrm{E}}^d$ 上の**空間反転** (space inversion) という．$I_{\mathrm{sp}}$ は線形であり

$$I_{\mathrm{sp}}^2 = I \tag{1.145}$$

が成り立つ（$I$ は $V_{\mathrm{E}}^d$ 上の恒等作用素）．したがって

$$\mathrm{G}_{\mathrm{sp}} := \{I, I_{\mathrm{sp}}\} \tag{1.146}$$

は $V_{\mathrm{E}}^d$ 上の変換群であり，$\mathrm{G}_{\mathrm{sp}} \subset \mathrm{GL}(V_{\mathrm{E}}^d)$ である．この変換群を $V_{\mathrm{E}}^d$ 上の**空間反転群**と呼ぶ．

$V_{\mathrm{E}}^d$ の部分集合 $D$ が $I_{\mathrm{sp}}$-対称であるとき (i.e. $I_{\mathrm{sp}}(D) = D$)，$D$ は**空間反転対称**であるという．

写像 $\mathbf{f} : V_{\mathrm{E}}^d \to V_{\mathrm{E}}^d$ が $I_{\mathrm{sp}}$-対称であるとき，すなわち，$\mathbf{f}(-\mathbf{x}) = -\mathbf{f}(\mathbf{x})$ ($\forall \mathbf{x} \in V_{\mathrm{E}}^d$) が成り立つとき，$\mathbf{f}$ は**空間反転対称**であるという．

**例 1.52**

(i) 部分集合 $V_{\mathrm{E}}^d \setminus \{\mathbf{0}\}$ は空間反転対称である．

(ii) 次の型のベクトル場は空間反転対称である：

$$\mathbf{f}(\mathbf{x}) := \Phi(\|\mathbf{x}\|)\mathbf{x} \quad (\mathbf{x} \in V_{\mathrm{E}}^d).$$

ただし，$\Phi : [0, \infty) \to \mathbb{R}$．

$V_\mathrm{E}^d$ 上の空間反転 $I_\mathrm{sp}$ から，写像空間 $\mathrm{Map}(\mathbb{I}, V_\mathrm{E}^d)$ 上の写像 $\hat{I}_\mathrm{sp}$ が

$$\hat{I}_\mathrm{sp}\mathbf{x}(\cdot) := -\mathbf{x}(\cdot) \quad (\mathbf{x}(\cdot) \in \mathrm{Map}(\mathbb{I}, V_\mathrm{E}^d)) \tag{1.147}$$

によって定義される．

**定理 1.53** 配位空間 $D$ と力場 $\mathbf{F}$ が空間反転対称ならば

$$\hat{I}_\mathrm{sp}(\mathsf{S}_\mathbf{F}(\mathbb{I}, D)) = \mathsf{S}_\mathbf{F}(\mathbb{I}, D). \tag{1.148}$$

すなわち，$\mathsf{S}_\mathbf{F}(\mathbb{I}, D)$ は $\hat{I}_\mathrm{sp}$-対称である．

**証明** $T = I_\mathrm{sp}, D, \mathbf{F}$ は定理 1.51 の仮定を満たす． ∎

定理 1.53 は，物理的には，次のことを語る：空間反転対称な配位空間と力場のもとで，運動 $\mathbf{x}(\cdot)$ が可能ならば，同じ力場のもとで，それを空間反転した運動 $-\mathbf{x}(\cdot)$ も可能である．これを運動の空間反転対称性という．

### 1.15.7 広義回転対称性

ベクトル空間 $V_\mathrm{E}^d$ 上の線形作用素 $T$ がすべての $\mathbf{x} \in V_\mathrm{E}^d$ に対して，そのノルムを保存するとき，すなわち，$\|T\mathbf{x}\| = \|\mathbf{x}\|$ を満たすとき，$T$ を $V_\mathrm{E}^d$ 上の**広義回転**と呼ぶ．容易にわかるように，広義回転 $T$ は単射である．ゆえに，$T \subset \mathrm{GL}(V_\mathrm{E}^d)$．$T$ を $V_\mathrm{E}^d$ 上の広義回転としよう．このとき，偏極恒等式（付録 D の (D.2), (D.3)）によって

$$\langle T\mathbf{x}, T\mathbf{y} \rangle = \langle \mathbf{x}, \mathbf{y} \rangle \quad (\mathbf{x}, \mathbf{y} \in V_\mathrm{E}^d) \tag{1.149}$$

が導かれる．すなわち，$T$ は内積を保存する．これは，$T$ が任意の二つのベクトル間の角度も保存する写像であることを示す．特に，$\mathbf{x}$ と $\mathbf{y}$ が直交するならば，$T\mathbf{x}$ と $T\mathbf{y}$ も直交する．この観点から，$T$ は $V_\mathrm{E}^d$ 上の**直交変換**とも呼ばれる．(1.149) は

$$T^*T = I \tag{1.150}$$

と同値である．ただし，$T^*$ は $T$ の共役作用素である．したがって，この式を満たす，$V_{\mathrm{E}}^d$ 上の線形作用素 $T$ として広義回転を定義してもよい．

$V_{\mathrm{E}}^d$ 上の広義回転の全体を $\mathrm{O}(V_{\mathrm{E}}^d)$ とすれば，これは $\mathrm{GL}(V_{\mathrm{E}}^d)$ の部分群をなす．この部分群を $V_{\mathrm{E}}^d$ 上の**広義回転群**または**直交変換群**と呼ぶ．

$T \in \mathrm{O}(V_{\mathrm{E}}^d)$ ならば，(1.150) が成立するので，$T$ の行列式 $\det T$（付録 C の C.6 節を参照）は $(\det T)^2 = 1$ を満たす．したがって，$\det T = \pm 1$．そこで

$$\mathrm{SO}(V_{\mathrm{E}}^d) := \{T \in \mathrm{O}(V_{\mathrm{E}}^d) \mid \det T = 1\}$$

とすれば，これは，$\mathrm{O}(V_{\mathrm{E}}^d)$ の部分群になることがわかる．$\mathrm{SO}(V_{\mathrm{E}}^d)$ を $V_{\mathrm{E}}^d$ 上の**回転群**という．

$\mathsf{G}_d = \mathrm{O}(V_{\mathrm{E}}^d)$ または $\mathsf{G}_d = \mathrm{SO}(V_{\mathrm{E}}^d)$ とする．配位空間 $D$ がすべての $T \in \mathsf{G}_d$ に対して $T$-対称であるとき，$D$ は**広義回転対称**（$\mathsf{G}_d = \mathrm{O}(V_{\mathrm{E}}^d)$ の場合），**回転対称**（$\mathsf{G}_d = \mathrm{SO}(V_{\mathrm{E}}^d)$ の場合）であるという．同様に，ベクトル場 $\mathbf{f} : D \to V_{\mathrm{E}}^d$ がすべての $T \in \mathsf{G}_d$ に対して，$T$-対称であるとき，$\mathbf{f}$ は**広義回転対称**（$\mathsf{G}_d = \mathrm{O}(V_{\mathrm{E}}^d)$ の場合），**回転対称**（$\mathsf{G}_d = \mathrm{SO}(V_{\mathrm{E}}^d)$ の場合）であるという．

**定理 1.54**

(i) 配位空間 $D$ と力場 $\mathbf{F}$ が広義回転対称ならば $\hat{T}(\mathsf{S}_{\mathbf{F}}(\mathbb{I}, D)) = \mathsf{S}_{\mathbf{F}}(\mathbb{I}, D)$ ($\forall T \in \mathrm{O}(V_{\mathrm{E}}^d)$).

(ii) 配位空間 $D$ と力場 $\mathbf{F}$ が回転対称ならば $\hat{T}(\mathsf{S}_{\mathbf{F}}(\mathbb{I}, D)) = \mathsf{S}_{\mathbf{F}}(\mathbb{I}, D)$ ($\forall T \in \mathrm{SO}(V_{\mathrm{E}}^d)$).

**証明** 定理 1.51 の単純な応用． ∎

## 1.16 ニュートン力学的時間と空間の源

すでに述べたように，ニュートン力学では，物体の運動が行われる時空は，数学的には，（アフィン空間としての）$\mathbb{R} \times V_{\mathrm{E}}^d$ であると仮定される．本節では，実は，この時空概念も含めて，日常的な巨視的水準における時間と空間の概念がより高次の統一体の「分節」として現れてくる自然な数学的構造が存在することを示そう．

## 1.16.1 抽象アファイン空間からの時間間隔と空間の分節

2以上の自然数 $n$ を任意に固定する．$\mathcal{A}$ を $\mathbb{R}$ 上の $n$ 次元アファイン空間とし，その基準ベクトル空間を $X$ とする．$\mathcal{A}$ の点を**世界点**または**事象**と呼ぶ．

時間は実数で表される．したがって，時間が取り出される数学的構造の一つとして，まず，アファイン空間 $\mathcal{A}$ の各点に実数を対応させる写像に注目するのは自然である．だが，一般に，アファイン空間の点の「位置」は，相対的にしか定まらないので，仮に，アファイン空間 $\mathcal{A}$ の各点に「時」が付随しているとしても，二つの点の「時」の差，すなわち，2点の時間間隔しか取り出せないことが推測される．一方，$\mathcal{A}$ の2点の差は，$X$ のベクトルである．ゆえに，$X$ の各ベクトルに実数を対応させる写像を考える方がより自然である．この場合，すでに述べたことにより，その写像の値は，二つの事象間の時間間隔を表すと解釈するのである．ところで，そのような写像のうち，非自明で最も単純なものの一つは，$X$ 上の線形汎関数であろう．そこで，この対象について考察する．

$X$ 上の線形汎関数の全体を $X^*$ とし，$T \in X^* \setminus \{0\}$ とする．$T$ の値域と核をそれぞれ，$\mathrm{Ran}(T), \ker T$ と記す（付録 C の C.3 節を参照）．次の事実が成立する：

**命題 1.55**

(i) $\mathrm{Ran}(T) = \mathbb{R}$．

(ii) $\dim \ker T = n - 1$．

**証明** (i) $T \neq 0$ であるから，あるベクトル $x_0 \in X$ が存在して，$T(x_0) \neq 0$．したがって，$\alpha \in \mathbb{R}$ が $\mathbb{R}$ 全体を動くとき，$T(\alpha x_0) = \alpha T(x_0)$ は $\mathbb{R}$ 全体を動く．ゆえに，$\mathrm{Ran}(T) = \mathbb{R}$．

(ii) 次元定理（付録 C の定理 C.4）により，$\dim X = \dim \ker T + \dim \mathrm{Ran}(T)$．(i) から $\dim \mathrm{Ran}(T) = 1$．したがって，$\dim \ker T = \dim X - 1 = n - 1$．∎

任意の二つの事象 $\mathrm{P}, \mathrm{Q} \in \mathcal{A}$ に対して，$\mathrm{P} - \mathrm{Q} \in X$ である．これと命題 1.55 (i) に基づいて，事象 $\mathrm{P}, \mathrm{Q}$ の**時間間隔** $\delta_{\mathrm{time}}(\mathrm{P}, \mathrm{Q}) \in \mathbb{R}$（非負とは限ら

ない）を
$$\delta_{\text{time}}(P, Q) = T(P - Q) \tag{1.151}$$
によって定義する．

他方，命題 1.55 (ii) は
$$V_T := \ker T \tag{1.152}$$
に内積を入れたものを巨視的現象空間を表すベクトル空間と解釈することを可能にする．この場合，$V_T$ の次元 $d := n - 1$ が巨視的現象空間の次元を表す（図 1.10）．こうして，$X$ 上の零でない線形汎関数から，時間間隔と巨視的現象空間の概念が生じる（図 1.10）．

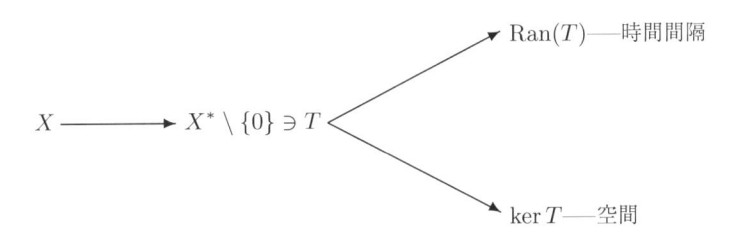

$$X \longrightarrow X^* \setminus \{0\} \ni T \begin{array}{c} \nearrow \text{Ran}(T) \text{——時間間隔} \\ \\ \searrow \ker T \text{——空間} \end{array}$$

図 **1.10**. 時間間隔と空間の分節．

次に，これらの概念がまさにニュートン力学的な時間と空間の概念へ向かって自然な仕方で展開することを示そう．

### 1.16.2　ガリレイ時空

二つの事象 $P, Q \in \mathcal{A}$ について，$P - Q \in V_T$ ならば，$T(P - Q) = 0$，すなわち，P と Q の時間間隔は 0 である．そこで，このような二つの事象 P と Q は同時に起こるという．事象 $P$ と同時に起こる事象——**同時事象**と呼ぶ——の全体を $\mathcal{A}_P$ とする：
$$\mathcal{A}_P := \{Q \in \mathcal{A} \mid T(P - Q) = 0\}. \tag{1.153}$$
これを**事象 P に同伴する同時事象空間**と呼ぶ．

次の事実が成り立つ：

**補題 1.56**

(i)
$$\mathcal{A}_{\mathrm{P}} = \{\mathrm{P} + x \mid x \in V_T\}. \tag{1.154}$$

(ii) $\mathcal{A}_{\mathrm{P}} = \mathcal{A}_{\mathrm{Q}}$ ($\mathrm{Q} \in \mathcal{A}$) であるための必要十分条件は，$\mathrm{P} - \mathrm{Q} \in V_T$ となることである．

**証明** (i) $T(\mathrm{P} - (\mathrm{P}+x)) = T(-x) = -T(x) = 0$．したがって，$\mathrm{P}+x \in \mathcal{A}_{\mathrm{P}}$．ゆえに $\{\mathrm{P}+x \mid x \in V_T\} \subset \mathcal{A}_{\mathrm{P}} \cdots (*)$．逆に，任意の $\mathrm{Q} \in \mathcal{A}_{\mathrm{P}}$ に対して，$x = \mathrm{Q} - \mathrm{P}$ とおけば，$x \in V_T$ であり，$\mathrm{Q} = \mathrm{P} + x$．したがって，$(*)$ の逆の包含関係も成り立つ．

(ii)（必要性）$\mathcal{A}_{\mathrm{P}} = \mathcal{A}_{\mathrm{Q}}$ ならば，ある $x_0 \in V_T$ があって，$\mathrm{P} = \mathrm{Q} + x_0$ と表される．したがって，$\mathrm{P} - \mathrm{Q} = x_0 \in V_T$．

（十分性）$x_0 := \mathrm{P} - \mathrm{Q} \in V_T$ とおけば，$\mathrm{P} = \mathrm{Q} + x_0$．したがって，任意の $x \in V_T$ に対して，$\mathrm{P} + x = \mathrm{Q} + (x_0 + x)$．ゆえに $\mathcal{A}_{\mathrm{P}} \subset \mathcal{A}_{\mathrm{Q}}$．$\mathrm{P}$ と $\mathrm{Q}$ の役割を換えれば，$\mathcal{A}_{\mathrm{Q}} \subset \mathcal{A}_{\mathrm{P}}$．よって，$\mathcal{A}_{\mathrm{P}} = \mathcal{A}_{\mathrm{Q}}$． ∎

補題 1.56 (i) は，$\mathcal{A}_{\mathrm{P}}$ が $V_T$ を基準ベクトル空間とする $d$ 次元の部分アフィン空間であることを示すと同時に，事象 P に同伴する同時事象空間は，点 P を $V_T = \ker T$ 全体で平行移動したものであることを明らかにする．また，補題 1.56 (ii) は，$\mathcal{A}_{\mathrm{P}}$ の事象 P に関する完全な特徴づけを与える．

以上から，集合の等式

$$\mathcal{A} = \bigcup_{\mathrm{P} \in \mathcal{A}} \mathcal{A}_{\mathrm{P}} \tag{1.155}$$

もわかる．これは，物理的には，アフィン空間 $\mathcal{A}$ から同時事象空間が「分節」し，すべての同時事象空間の和集合として $\mathcal{A}$ が「復元」されることを意味する．

**注意 1.57** $\mathcal{A}$ における関係 $\mathrm{P} \sim \mathrm{Q}$ を $\mathrm{P} - \mathrm{Q} \in \ker T = V_T$ によって定義すれば，これは同値関係である．集合 $\mathcal{A}_{\mathrm{P}}$ は，この同値関係に関する P の同値類である．(1.155) の右辺では，実質的には，相異なる同値類すべてに関する和集合でよい．

## 1.16. ニュートン力学的時間と空間の源

$V_T$ の内積を一つ定め，これを $\langle \cdot, \cdot \rangle_T$ とする：
任意の $Q, R \in \mathcal{A}_P$ に対して

$$\rho(Q, R) := \sqrt{\langle Q - R, Q - R \rangle_T}$$

によって定義される非負の実数を**同時事象 Q, R の間の空間的距離**と呼ぶ．

**補題 1.58** $\rho(\cdot, \cdot)$ は $\mathcal{A}_P$ における平行移動に関して不変である．すなわち，任意の $x \in V_T$ と $Q, R \in \mathcal{A}_P$ に対して，$\rho(Q + x, R + x) = \rho(Q, R)$.

**証明** $(Q + x) - (R + x) = Q - R$ による． ∎

この補題は，同時事象空間内において，任意の二つの事象間の空間的距離は，事象の「位置」に依存しないことを示す．

こうして，$n$ 次元アファイン空間 $\mathcal{A}$ から時間間隔の構造と空間的構造が「分節」することがわかる．

以上のような仕方で定義される三つ組 $(\mathcal{A}, \delta_{\text{time}}, \rho)$ をアファイン空間 $\mathcal{A}$ の**ガリレイ (Galilei) 構造**という．この構造を備えたアファイン空間 $\mathcal{A}$ を $n$ **次元ガリレイ時空**と呼び，$(\mathcal{A}, T, \rho)$ で表す．

**例 1.59** ニュートン時空 $\mathcal{A}_N := \mathbb{R} \times V_E^d$ は直和ベクトル空間 $X_N := \mathbb{R} \oplus V_E^d$ を基準ベクトル空間とする $n = d + 1$ 次元アファイン空間である．写像 $T_N : X_N \to \mathbb{R}$ を

$$T_N(t, \mathbf{x}) := t \quad ((t, \mathbf{x}) \in X_N)$$

によって定義すれば，$T_N \in X_N^* \setminus \{0\}$ であり

$$V_{T_N} = \ker T_N = \{(0, \mathbf{x}) \,|\, \mathbf{x} \in V_E^d\} \cong V_E^d.$$

いまの場合，$\delta_{\text{time}}((t, \mathbf{x}), (s, \mathbf{y})) = t - s$ となり，確かに，$\delta_{\text{time}}$ はニュートン力学的な意味での時間間隔を与える写像である．

$V_{T_N}$ の内積を

$$\langle (0, \mathbf{x}), (0, \mathbf{y}) \rangle_{T_N} = \langle \mathbf{x}, \mathbf{y} \rangle_{V_E^d}$$

によって定義する．

同時事象の空間は $\{(t, \mathbf{x}) \,|\, \mathbf{x} \in V_E^d\}$ という形の集合で与えられる．した

がって，任意の同時事象 $(t,\mathbf{x}), (t,\mathbf{y})$ の間の空間的距離を $\rho_\mathrm{N}((t,\mathbf{x}),(t,\mathbf{y}))$ とすれば

$$\rho_\mathrm{N}((t,\mathbf{x}),(t,\mathbf{y})) = \|\mathbf{x} - \mathbf{y}\|_{V_\mathrm{E}^d}$$

が成り立つ．以上によって，$(\mathcal{A}_\mathrm{N}, T_\mathrm{N}, \rho_\mathrm{N})$ はガリレイ時空である．

次元 $n$ を固定しても，$n$ 次元ガリレイ時空は無数に存在する．というのは，アファイン空間 $\mathcal{A}$ におけるガリレイ構造を定める線形汎関数 $T \in V^* \setminus \{0\}$ や空間的距離 $\rho$ の取り方は無数にあるからである．だが，結論から言えば，実は，次元を同じくするガリレイ時空は，「本質的に」ただ一つである．この事実を正確に言明するために，ある概念を導入する：

**定義 1.60** $(\mathcal{A}, T, \rho), (\mathcal{A}', T', \rho')$ を $n$ 次元ガリレイ時空とする．アファイン変換 $G : \mathcal{A} \to \mathcal{A}'$ が次の性質を満たすとき，$G$ を $(\mathcal{A}, T, \rho)$ から $(\mathcal{A}', T', \rho')$ への**ガリレイ変換**という[56]：

(G.1) （時間間隔の保存） $T'(G(\mathrm{P}) - G(\mathrm{Q})) = T(\mathrm{P} - \mathrm{Q})$ $(\forall \mathrm{P}, \mathrm{Q} \in \mathcal{A})$．

(G.2) （同時事象間の距離の保存） 任意の同時事象の組 $(\mathrm{P}, \mathrm{Q}) \in \mathcal{A} \times \mathcal{A}$ に対して $\rho'(G(\mathrm{P}), G(\mathrm{Q})) = \rho(\mathrm{P}, \mathrm{Q})$．

ガリレイ変換とは，要するに，ガリレイ構造を保存するアファイン変換のことである．定義から容易にわかるように，ガリレイ変換の逆写像もガリレイ変換である．したがって，次の定義が可能である：

**定義 1.61** $(\mathcal{A}, T, \rho), (\mathcal{A}', T', \rho')$ を $n$ 次元ガリレイ時空とする．$(\mathcal{A}, T, \rho)$ から $(\mathcal{A}', T', \rho')$ へのガリレイ変換 $G$ が存在するとき，$(\mathcal{A}, T, \rho)$ と $(\mathcal{A}', T', \rho')$ は**同型**であるといい，$(\mathcal{A}, T, \rho) \stackrel{G}{\cong} (\mathcal{A}', T', \rho')$ と記す．

同型である二つのガリレイ時空は，そのガリレイ構造自体は同じものとみなせるので，ガリレイ時空として「本質的に」同じものとみなせる．これが

---

[56] 物理学では，通常，「ガリレイ変換」という呼称で，ある型の座標変換を表す場合が多い．だが，ここでのガリレイ変換は，定義から明らかなように，座標変換ではなく，ある性質を満たす写像である．

いま定義した同型の意味である．

次の事実は，ニュートン時空がある意味で標準的なガリレイ時空であることを示す：

**定理 1.62** 任意の $n$ 次元ガリレイ時空 $(\mathcal{A}, T, \rho)$ はガリレイ時空としてのニュートン時空 $\mathcal{A}_\mathrm{N}$（例 1.59）と同型である．

定理 1.62 の証明はあとで行うことにして，この定理の系として，先に言及したガリレイ時空の本質的唯一性が導かれることを示そう：

**系 1.63** 任意の二つの $n$ 次元ガリレイ時空は同型である．

**証明** $(\mathcal{A}, T, \rho), (\mathcal{A}', T', \rho')$ を $n$ 次元ガリレイ時空とする．定理 1.62 によって，ガリレイ変換 $G : \mathcal{A} \to \mathcal{A}_\mathrm{N}$ と $G' : \mathcal{A}' \to \mathcal{A}_\mathrm{N}$ が存在する．そこで，$H := G'^{-1} \circ G$ とすれば，$H$ は $\mathcal{A}$ から $\mathcal{A}'$ へのガリレイ変換である．したがって，$(\mathcal{A}, T, \rho)$ と $(\mathcal{A}', T', \rho')$ は同型である． ∎

**注意 1.64** $(\mathcal{A}, T, \rho)$ を $n$ 次元ガリレイ時空とする．この時空上のガリレイ変換の全体を $\mathcal{G}(\mathcal{A})$ とすれば，これは群になる．この群を**ガリレイ群**と呼ぶ[57]．

## 1.16.3　基準ベクトル空間の直和分解と定理 1.62 の証明

アファイン空間 $\mathcal{A}$ の中に任意の 1 点 O を固定し，これを始点とする位置ベクトルの全体を $X$ と同一視し，$\mathcal{A}$ の点を $X$ の点として表す．点 $\mathrm{P} \in \mathcal{A}$ を表すベクトルが $p \in X$ であることを $\mathrm{P}(p)$ と記す．

$T \in X^* \setminus \{0\}$ とし，任意の $\mathrm{P} \in \mathcal{A}$ に対して

$$t_\mathrm{P} := T(\mathrm{P} - \mathrm{O}) \tag{1.156}$$

とおく．これは，基準点 O に相対的な枠での事象 P の時刻を表す（$t_\mathrm{O} = 0$ に注意．つまり，時刻の原点を事象 O の時刻にとったことになるのである）．
$\ker T = V_T$ に属さない任意の零でないベクトル $e_0$ で $T(e_0) = 1$ を満たすも

---

[57] この群については，本書では論じない．ニュートン時空上のガリレイ群 $\mathcal{G}(\mathcal{A}_\mathrm{N})$ の詳しい構造とニュートン方程式のガリレイ群に関する対称性については，拙著『物理の中の対称性——現代数理物理学の観点から』（日本評論社，2008）の 2.9 節を参照されたい．

のを一つ固定する[58]. $V_T$ の任意の基底 $\{e_1, \ldots, e_d\}$ に対して, $\{e_0, e_1, \ldots, e_d\}$ は $X$ の基底になる. ゆえに

$$\mathsf{T}_{e_0} := \{te_0 | t \in \mathbb{R}\} \tag{1.157}$$

とすれば

$$X = V_T \dotplus \mathsf{T}_{e_0} \tag{1.158}$$

という代数的直和分解が成立する. したがって, 任意の $x \in X$ は

$$x = x_{\mathrm{sp}} + te_0 \quad (x_{\mathrm{sp}} \in V_T,\ t \in \mathbb{R}) \tag{1.159}$$

と一意的に表される. この場合, $T(x) = t$ となるので, $x$ の $e_0$ 方向への成分 $t$ は, 事象 $x$ の時刻を表す. そこで, $x_{\mathrm{sp}}, t$ をそれぞれ, $\mathsf{T}_{e_0}$ に関する点 $x$ の**空間成分**, **時間成分**といい, $(t, x_{\mathrm{sp}})$ を $\mathsf{T}_{e_0}$ に関する点 $x$ の**座標表示**と呼ぶ. ただし, ここでの空間成分は, 数の組ではなく, $V_T$ のベクトルであることに注意しよう (この段階では, $V_T$ には座標を導入していない). この文脈において, 1 次元部分空間 $\mathsf{T}_{e_0}$ を O を通る**時間軸**という. 表示 (1.159) は, 時間軸 $\mathsf{T}_{e_0}$ を一つ固定した場合のそれであり, 別の時間軸をとった場合には異なる表示になる (この側面については, 次の 1.16.4 項で論じる).

以上で定理 1.62 の証明の準備ができた.

### 定理 1.62 の証明

$V_T$ と $V_\mathrm{E}^d$ はともに $d$ 次元実内積空間であるから, 直交変換 $\iota : V_T \to V_\mathrm{E}^d$ が存在する. これを用いて, 写像 $G : \mathcal{A} \to \mathcal{A}_\mathrm{N}$ を

$$G(\mathrm{P}) := (t_\mathrm{P}, \iota(p_{\mathrm{sp}})) \in \mathcal{A}_\mathrm{N}, \quad p = p_{\mathrm{sp}} + t_\mathrm{P} e_0 \in X \quad (\mathrm{P} = \mathrm{P}(p))$$

によって定義する. $G$ が全単射であることは容易にわかる. 写像 $U : X \to \mathbb{R} \oplus V_\mathrm{E}^d$ を

$$U(x) := (t, \iota(x_{\mathrm{sp}})), \quad x = x_{\mathrm{sp}} + te_0 \in X$$

によって定義する. ただちに確かめられるように, $U$ は線形であり, 単射, したがって, 全射である. ゆえに, $U$ は $X$ から $\mathbb{R} \oplus V_\mathrm{E}^d$ へのベクトル空間

---

[58] そのようなベクトル $e_0$ は必ず存在する. 実際, 任意の $u_0 \in V_T^c$ に対して, $T(u_0) \neq 0$ であるから $e_0 := T(u_0)^{-1} u_0$ とすれば, $e_0 \in V_T^c$ かつ $T(e_0) = 1$.

同型である．任意の $a = a_{\mathrm{sp}} + a_0 e_0 \in X$ ($a_{\mathrm{sp}} \in V_T, a_0 \in \mathbb{R}$) に対して，$\mathrm{P} + a = p_{\mathrm{sp}} + a_{\mathrm{sp}} + (t_{\mathrm{P}} + a_0)e_0$ であるから，$G(\mathrm{P}+a) = (t_{\mathrm{P}} + a_0, \iota(p_{\mathrm{sp}} + a_{\mathrm{sp}})) = G(\mathrm{P}) + U(a)$．以上から，$G$ はアファイン変換である．

P と同時に起こる任意の事象 $\mathrm{Q} = \mathrm{Q}(q)$ に対して

$$\rho_{\mathrm{N}}(G(\mathrm{P}), G(\mathrm{Q})) = \|\iota(p_{\mathrm{sp}}) - \iota(q_{\mathrm{sp}})\|_{V_{\mathrm{E}}^d} = \|p_{\mathrm{sp}} - q_{\mathrm{sp}}\|_T = \rho(\mathrm{P}, \mathrm{Q}).$$

また

$$T_{\mathrm{N}}(G(\mathrm{P}) - G(\mathrm{Q})) = t_{\mathrm{P}} - t_{\mathrm{Q}} = T(\mathrm{P} - \mathrm{Q}).$$

よって，$G$ はガリレイ変換である．ゆえに題意がしたがう． ■

### 1.16.4 ガリレイ座標変換

ガリレイ時空 $(\mathcal{A}, T, \rho)$ の基準ベクトル空間 $X$ の分解 (1.158) と点 $x \in X$ の表示 (1.159) は，時間軸の選び方に依存している．そこで，別の時間軸 $\mathsf{T}_{e_0'}$ ($e_0' \in V_T^c$ かつ $T(e_0') = 1$) をとった場合に，$x$ の空間成分と時間成分の関係を見ておく必要がある．点 $x \in X$ が

$$x = x_{\mathrm{sp}}' + t'e_0' \quad (x_{\mathrm{sp}}' \in V_T, \ t' \in \mathbb{R})$$

と表示されたとしよう．この場合，$T(x) = t'$ であり，表示 (1.159) では $T(x) = t$ から，$t' = t$ となる．したがって，$x = x_{\mathrm{sp}}' + te_0'$．これと (1.159) により，$x_{\mathrm{sp}}' + te_0' = x_{\mathrm{sp}} + te_0$．したがって，$v = e_0' - e_0$ とおけば，$x_{\mathrm{sp}}' = x_{\mathrm{sp}} - tv \cdots (*)$ が得られる．この場合，$T(v) = T(e_0') - T(e_0) = 0$ であるので，$v \in V_T$ である．逆に，任意の $v \in V_T$ に対して，$(*)$ によって $x_{\mathrm{sp}}'$ を定義し，$e_0' := e_0 + v$ とすれば，$x = x_{\mathrm{sp}}' + te_0'$ が成り立つ．よって，時間軸の取り換えにおいては，$x$ の空間成分 $x_{\mathrm{sp}}$ と時間成分 $t$ は

$$t' = t, \tag{1.160}$$

$$x_{\mathrm{sp}}' = x_{\mathrm{sp}} - tv \tag{1.161}$$

という形で変換する．この場合，$(t, x_{\mathrm{p}})$ と $(t', x_{\mathrm{sp}}')$ はガリレイ時空 $\mathcal{A}$ 上の同一点を表す（座標表示が異なるだけ）．座標変換 (1.160), (1.161) を**ガリレイ**

**座標変換**と呼ぶ[59].

**例 1.65** ガリレイ時空としてのニュートン時空 $\mathcal{A}_N$（例 1.59）を考える．線形汎関数 $T_N : \mathbb{R} \oplus V_E^d \to \mathbb{R}$ から定まる時間軸の一般形は，各 $\mathbf{v} \in V_E^d$ ごとに指定されるベクトル $e_\mathbf{v} := (1, \mathbf{v})$ が生成する 1 次元部分空間 $\mathsf{T}_{e_\mathbf{v}} := \{t(1, \mathbf{v}) | t \in \mathbb{R}\}$ である（∵ $(1, \mathbf{v}) \notin \ker T_N = \{(0, \mathbf{x}) | \mathbf{x} \in V_E^d\}$, 逆に，$(s, \mathbf{u}) \notin \ker T_N$ ならば，$s \neq 0$. そこで，$\mathbf{v} = \mathbf{u}/s$ とおけば，$(s, \mathbf{u}) = s(1, \mathbf{v})$). 時間軸 $\mathsf{T}_{e_\mathbf{v}}$ に関する点 $x = (t, \mathbf{x}) \in \mathcal{A}_N$ の空間成分を $x'_{sp} = (0, \mathbf{x}') \in \ker T_N$, 時間成分を $t' \in \mathbb{R}$ とすれば

$$x = (0, \mathbf{x}) + t(1, 0) = x'_{sp} + t'(1, \mathbf{v}). \tag{1.162}$$

$T_N(x) = t$ より，$t' = t$ である．したがって，$x'_{sp} = (0, \mathbf{x} - t\mathbf{v})$ となる．ゆえに，$\mathbf{x}' = \mathbf{x} - t\mathbf{v}$. よって，ニュートン時空におけるガリレイ座標変換は，空間的位置ベクトル $\mathbf{x}, \mathbf{x}'$ を用いると

$$t' = t, \tag{1.163}$$
$$\mathbf{x}' = \mathbf{x} - t\mathbf{v} \tag{1.164}$$

という形をとる．この場合，$(t, (0, \mathbf{x}))$ と $(t', (0, \mathbf{x}'))$ はニュートン時空における同一点の座標表示を与える（(1.162) を参照）．

## 1.17 ニュートン方程式のガリレイ不変性

ニュートン方程式をニュートン時空 $\mathcal{A}_N$ における方程式と見た場合，それが意味をもつためには，それが時間軸の選び方に依らないこと，すなわち，ガリレイ座標変換のもとで不変であることを示さなければならない．

$N$ を 2 以上の任意の自然数とし，$N$ 個の質点 $m_1, \ldots, m_N$ からなる系を考える．各 $j = 1, \ldots, N$ に対して，質点 $m_j$ に働く力 $\mathbf{F}_j : (V_E^d)^N \to V_E^d$ は質点の位置ベクトルの差 $\mathbf{x}_{kk'} := \mathbf{x}_k - \mathbf{x}_{k'}$ ($k < k' = 1, \ldots, N$) だけに依存するとする．すなわち，ベクトル値関数 $\mathbf{f}_j : (V_E^d)^{N(N-1)/2} \to V_E^d$ があって

---
[59] 通常の物理学の文献では，$X = \mathbb{R} \oplus \mathbb{R}^3$, $V_T = \mathbb{R}^3$ の場合を考えて，(1.160), (1.161) をガリレイ変換と呼ぶ．しかし，言うまでもなく，座標変換は，写像としての変換とは異なる概念である．座標変換と写像の峻別は，透徹した認識のためには不可欠である．

## 1.17. ニュートン方程式のガリレイ不変性

$$\mathbf{F}_j(\mathbf{x}_1,\ldots,\mathbf{x}_N) = \mathbf{f}_j(\mathbf{x}_{12},\ldots,\mathbf{x}_{1N},\mathbf{x}_{23},\ldots,\mathbf{x}_{2N},$$
$$\ldots,\mathbf{x}_{(N-2)(N-1)},\mathbf{x}_{(N-2)N},\mathbf{x}_{(N-1)N})$$
$$= \mathbf{f}_j((\mathbf{x}_{kk'})_{k<k'}) \qquad (1.165)$$

が成り立つとする．質点 $m_1,\ldots,m_N$ はニュートン方程式

$$m_j\ddot{\mathbf{x}}_j(t) = \mathbf{F}_j(\mathbf{x}_1(t),\ldots,\mathbf{x}_N(t)) \quad (t\in\mathbb{R},\ j=1,\ldots,N) \qquad (1.166)$$

にしたがうとする．

ガリレイ座標変換

$$t' = t, \quad \mathbf{y}_j(t') := \mathbf{x}_j(t) - t\mathbf{v}$$

を考える．ただし，$\mathbf{v}\in V_\mathrm{E}^d$ は任意に固定されたベクトルである．このとき，$dt/dt'=1$ であるから

$$m_j\ddot{\mathbf{y}}_j(t') = m_j\ddot{\mathbf{x}}_j(t) = \mathbf{F}_j(\mathbf{x}_1(t),\ldots,\mathbf{x}_N(t)).$$

一方，$\mathbf{x}_k(t)-\mathbf{x}_{k'}(t) = \mathbf{y}_k(t')-\mathbf{y}_{k'}(t')$ であり，(1.165) が仮定されているので

$$\mathbf{F}_j(\mathbf{x}_1(t),\ldots,\mathbf{x}_N(t)) = \mathbf{F}_j(\mathbf{y}_1(t'),\ldots,\mathbf{y}_N(t'))$$

が成立する．したがって

$$m_j\ddot{\mathbf{y}}_j(t') = \mathbf{F}_j(\mathbf{y}_1(t'),\ldots,\mathbf{y}_N(t'))$$

となる．ゆえに，仮定 (1.165) のもとでは，ニュートン方程式の形は，時間軸の選び方に依らない．この性質を**ニュートン方程式のガリレイ不変性**と呼ぶ．

仮定 (1.165) は，たとえば，$N$ 個の質点にそれぞれに働く力が，他の質点からの万有引力の合力だけからなる場合には満たされる．もっと一般的には，任意の 2 個の質点の間に働く力がそれらの位置の差だけに依る場合も，仮定 (1.165) は成立する[60]．

**注意 1.66** 上述の意味でのガリレイ不変性は，ニュートン方程式の対称性で

---

[60] たとえば，いくつかの質点が電荷を担っている場合，万有引力に加えて，電気的クーロン力（例 1.5）が作用するが，これらの合力も仮定 (1.165) を満たす．

はない．なぜなら，ガリレイ不変性は，単に，時間軸という座標軸の取り方に依らないという意味での不変性だからである[61]．この点については，物理の文献では，しばしば混乱が見られる場合があるので，注意されたい．

**注意 1.67** 1個の質点 $m$ に関するニュートン方程式 (1.20) は，$\mathbf{F}(\mathbf{x}, \mathbf{v}, t)$ が $\mathbf{x}, \mathbf{v}$ に依存しないならば，ガリレイ不変である．だが，そうでない場合には，ガリレイ不変にはならない．したがって，1個の質点からなる系については，例外的な場合を除いて，ガリレイ時空構造とニュートン方程式は整合的でないように見えるかもしれない．だが，この疑問は，次のように考えることにより，氷解する．1個の質点が空間変数や速度変数に依存する力を受ける場合，当然のことながら，この質点に力を及ぼす他の質点の存在が前提とされなければならない．そのような場合，1.6節と1.7節で論じたように，1個の質点からなる閉じた系は，2個以上の質点からなる多体系におけるある種の還元として得られると見るのが自然である．他方，関与するすべての質点を考慮するならば，上に示したように，ニュートン方程式のガリレイ不変性は回復するのである．

---

[61] 本書で論じる対称性は，その定義から明らかなように，座標表示の取り換え（座標変換）に関する不変性のことではない．

# 第2章 変分原理と ラグランジュ形式

本章では，ニュートンの運動方程式の背後に存在するある普遍的な原理を明らかにし，この原理に基づく一般的な力学の定式化を行う．

## 2.1 数学的準備

### 2.1.1 曲線の空間

1.7 節で論じた $N$ 点系の質点の位置ベクトルの組 $(\mathbf{x}_1(t), \ldots, \mathbf{x}_N(t))$ $(t \in \mathbb{I})$ は，時間区間 $\mathbb{I}$ から配位空間 $\Omega \subset (V_{\mathrm{E}}^d)^N$ への写像 : $t \mapsto (\mathbf{x}_1(t), \ldots, \mathbf{x}_N(t))$ $(t \in \mathbb{I})$ の $t$ における値として捉えると見やすくなるであろう．そこで，この型の写像について，まず，基本的な事柄を論じる．

$N \geq 1$ を任意の自然数とし，$\Omega$ を $(V_{\mathrm{E}}^d)^N$ の開集合とする．閉区間 $[a,b]$ から $\Omega$ への連続写像

$$\gamma : [a,b] \to \Omega; \ [a,b] \ni t \mapsto \gamma(t) = (\gamma_1(t), \ldots, \gamma_N(t)) \in \Omega$$

の全体を $C([a,b]; \Omega)$ と記す．$C([a,b]; \Omega)$ の各元は，$\Omega$ **内の曲線**と呼ばれる．

各 $\gamma \in C([a,b]; \Omega)$ に対して，$\gamma(t)$ のノルム

$$\|\gamma(t)\| = \sqrt{\sum_{j=1}^{N} \|\gamma_j(t)\|^2} \tag{2.1}$$

は，$t \in [a,b]$ の連続関数であるので（∵ 各 $\gamma_j(\cdot)$ は連続，したがって，$\|\gamma(\cdot)\|$ も連続）

$$\|\gamma\|_\infty := \sup_{t \in [a,b]} \|\gamma(t)\| \tag{2.2}$$

は有限値であり, $\max_{t \in [a,b]} \|\gamma(t)\|$ に等しい.

$n$ を自然数とする. 各 $j = 1, \ldots, N$ に対して, $\gamma_j$ が $[a,b]$ 上で $n$ 回連続微分可能であるとき, $\gamma$ は $[a,b]$ 上で $n$ 回連続微分可能であるという[1]. そのような曲線 $\gamma$ の全体を $C^n([a,b]; \Omega)$ で表す. 便宜上

$$C^0([a,b]; \Omega) = C([a,b]; \Omega) \tag{2.3}$$

とする. また, $\gamma \in C([a,b]; \Omega)$ が, 任意の自然数 $n$ に対して, $\gamma \in C^n([a,b]; \Omega)$ であるとき, $\gamma$ は $[a,b]$ 上で無限回微分可能であるといい, このような関数の全体を $C^\infty([a,b]; \Omega)$ で表す.

$n \geq 1$ のとき, $\gamma \in C^n([a,b]; \Omega)$ に対して, その $n$ 階の導関数 $\gamma^{(n)}$ を

$$\gamma^{(n)}(t) := (\gamma_1^{(n)}(t), \ldots, \gamma_N^{(n)}(t)) \in \mathcal{E}_N \quad (t \in [a,b]) \tag{2.4}$$

によって定義する ($\gamma_j^{(n)}(\cdot): [a,b] \to V_E^d$ は $\gamma_j$ の $n$ 階導関数). $\gamma^{(n)}$ の値域は $\Omega$ ではなく, $\mathcal{E}_N$ であることに注意しよう. すなわち, $\gamma^{(n)} \in C([a,b]; \mathcal{E}_N)$ ($\Omega$ が $\mathcal{E}_N$ のときの $C([a,b]; \Omega)$) である.

次の記法も用いる:

$$\frac{d^n \gamma(t)}{dt^n} = \gamma^{(n)}(t), \quad \dot{\gamma} = \gamma^{(1)}, \quad \ddot{\gamma} = \gamma^{(2)}.$$

$\Omega$ は開集合であるので, 任意の $\gamma \in C([a,b]; \Omega)$ に対して, これを「少し」だけずらしたもの $\gamma + \gamma_1$ ($\gamma_1 \in C([a,b]; \mathcal{E}_N)$, $\|\gamma_1\|_\infty$ は「十分小」) の値域は $\Omega$ 内にあること, したがって, $\gamma + \gamma_1 \in C([a,b]; \Omega)$ であることが推測される. 実際, この推測は正しい (だが, 証明は自明ではない):

**補題 2.1** $\gamma \in C([a,b]; \Omega)$, $\eta \in C([a,b]; \mathcal{E}_N)$ としよう. このとき, $\eta$ に依らない定数 $\delta > 0$ が存在して $\varepsilon \in \mathbb{R}$, $|\varepsilon| \|\eta\|_\infty < \delta$ ならば, $\gamma + \varepsilon \eta \in C([a,b]; \Omega)$ が成り立つ.

**証明** $\gamma$ は閉区間 $[a,b]$ 上で連続であるので, 実は一様連続である. すなわち, 任意の $\varepsilon_1 > 0$ に対して, $\delta_1 > 0$ があって, $|t - s| < \delta_1$ ($t, s \in [a,b]$) ならば

---

[1] ベクトル値関数の微分可能性の定義については, 付録 E を参照.

$\|\gamma(t) - \gamma(s)\| < \varepsilon_1$ が成り立つ. そこで, 自然数 $N$ を $N > (b-a)/\delta_1$ を満たすようにとり, $[a,b]$ を $N$ 等分し, $t_0 = a$, $t_j = a + j(b-a)/N$ $(j = 1, \ldots, N)$ とおく $(t_N = b)$. このとき, $\|\gamma(t) - \gamma(t_j)\| < \varepsilon_1$ $(t \in [t_{j-1}, t_j])$ が成り立つ $(\because t \in [t_{j-1}, t_j]$ ならば $|t - t_j| \leq (b-a)/N < \delta_1)$.

さて, $\Omega$ は開集合であるから, 各 $t \in [a,b]$ に対して, $\gamma(t)$ の十分小さな近傍は $\Omega$ に属する. すなわち, ある $R_t > 0$ があって, $\xi \in \mathcal{E}_N, \|\gamma(t) - \xi\| < R_t$ ならば $\xi \in \Omega$ が成り立つ[2]. 特に, $\|\gamma(t_j) - \xi\| < R_{t_j}$ ならば, $\xi \in \Omega$ である. そこで, $R := \min_{j=0,1,\ldots,N} R_{t_j}$ とし, $\varepsilon_1 < R$ を満たす $\varepsilon_1$ を固定し, $\delta := R - \varepsilon_1$ とおく. このとき, $|\varepsilon|\|\eta\|_\infty < \delta$ ならば, 任意の $t \in [t_{j-1}, t_j]$ に対して

$$\|\gamma(t_j) - (\gamma(t) + \varepsilon\eta(t))\| \leq \|\gamma(t_j) - \gamma(t)\| + |\varepsilon|\|\eta(t)\|$$
$$\leq \varepsilon_1 + |\varepsilon|\|\eta\|_\infty$$
$$< R \leq R_{t_j}.$$

したがって, $\gamma(t) + \varepsilon\eta(t) \in \Omega$ が結論される. $[a,b] = \bigcup_{j=1}^N [t_j - 1, t_j]$ であるから, いまの結果は, すべての $t \in [a,b]$ に対して成立する. ∎

## 2.1.2 変分法の基本補題

集合 $C^n([a,b]; \Omega)$ の部分集合を導入する:

$$C_0^\infty([a,b]; \Omega) := \{\gamma \in C^\infty([a,b]; \Omega) \mid \text{ある } \delta \in (0, (b-a)/2) \text{ があって}$$
$$t \in [a, a+\delta] \cup [b-\delta, b] \text{ ならば } \gamma(t) = 0\}. \quad (2.5)$$

これは, $[a,b]$ 上の ($\Omega$ 値の) 無限回連続微分可能な関数で, $a, b$ の近傍で $0$ になるものの全体である.

$d = 1, V_E^1 = \mathbb{R}, N = 1, \Omega = \mathbb{R}$ の場合を考え

$$C_\mathbb{R}[a,b] := C([a,b]; \mathbb{R}), \quad C_{\mathbb{R},0}^\infty(a,b) := C_0^\infty([a,b]; \mathbb{R})$$

---

[2] これから, $|\varepsilon|\|\eta\|_\infty < R_t$ ならば, $\gamma(t) + \varepsilon\eta(t) \in \Omega$ が結論されるが, この場合, $\varepsilon\|\eta\|_\infty$ の大きさの度合いが $t$ に依ってしまう. この困難を克服することが本補題の証明の要点である.

とおく. すなわち, $C_{\mathbb{R}}[a,b]$ は $[a,b]$ 上の実数値連続関数の全体であり, $C_{\mathbb{R},0}^{\infty}(a,b)$ は, $[a,b]$ 上の無限回微分可能な実数値関数で $a, b$ の近傍で 0 になるものの全体である.

上の定義における閉区間 $[a,b]$ を $\mathbb{R}$ で置き換えることにより, 類似の関数空間が得られる. たとえば, $\mathbb{R}$ 上の無限回微分可能な複素数値関数で台が有界なものの全体が存在する. この関数空間を $C_0^{\infty}(\mathbb{R})$ で表す:

$$C_0^{\infty}(\mathbb{R}) := \bigl\{ f \in C^{\infty}(\mathbb{R}) \bigm| \text{ある定数 } R_f > 0 \text{ があって}$$
$$|t| \geq R_f \text{ ならば } f(t) = 0 \bigr\}.$$

**補題 2.2** 関数 $u \in C_{\mathbb{R}}[a,b]$ がすべての $\varphi \in C_{\mathbb{R},0}^{\infty}(a,b)$ に対して

$$\int_a^b u(t)\varphi(t)\,\mathrm{d}t = 0$$

を満たすならば, $u = 0$ である.

**証明** $\rho \in C_0^{\infty}(\mathbb{R})$ で次の性質を満たすものが存在する:(i) $\rho(t) \geq 0, \forall t \in \mathbb{R}$, (ii) $\int_{\mathbb{R}} \rho(t)\,\mathrm{d}t = 1$, (iii) $|t| \geq 1$ ならば $\rho(t) = 0$ である[3]. $s \in (a,b)$ を任意に固定する. 各 $n \in \mathbb{N}$ に対して, $\varphi_n : [a,b] \to \mathbb{R}$ を $\varphi_n(t) := n\rho(n(t-s))$ $(t \in [a,b])$ によって定義する. $n > \max\{(b-s)^{-1}, (s-a)^{-1}\}$ とすれば, $\varphi_n \in C_{\mathbb{R},0}^{\infty}(a,b)$ であることがわかる. したがって, 仮定により, $\int_a^b u(t)\varphi_n(t)\,\mathrm{d}t = 0$. これは, 変数変換により

$$\int_{n(s-a)}^{n(b-s)} u(s + t/n)\rho(t)\,\mathrm{d}t = 0$$

と同値である. $n > \max\{(b-s)^{-1}, (s-a)^{-1}\}$ ならば, $n(b-s) > 1$, $-n(s-a) < -1$ であり, $\operatorname{supp}\rho = [-1,1]$ であるから, いまの式は, $\int_{-1}^{1} u(s+t/n)\rho(t)\,\mathrm{d}t = 0$ を導く. 一方, $u(s) = \int_{-1}^{1} u(s)\rho(t)\,\mathrm{d}t$ に注意すれば

$$\left| \int_{-1}^{1} u(s+t/n)\rho(t)\,\mathrm{d}t - u(s) \right| = \left| \int_{-1}^{1} (u(s+t/n) - u(s))\rho(t)\,\mathrm{d}t \right|$$

---

[3] たとえば, $g(t) := e^{-1/(1-t^2)}$, $|t| < 1$; $g(t) := 0$, $|t| \geq 1$ とすれば, $g \in C^{\infty}(\mathbb{R})$ である (証明のヒント: $g$ の台の有界性は明らか. $g$ の $\mathbb{R} \setminus \{\pm 1\}$ での無限回微分可能性は容易にわかる. $t = \pm 1$ での微分可能性については, 各 $n \in \mathbb{N}$ (自然数全体) に関する帰納法により, $g_+^{(n)}(\pm 1) = g_-^{(n)}(\pm 1)$ を示せばよい). そこで, $\rho(t) := g(t)/\int_{\mathbb{R}} g(s)\,\mathrm{d}s$ とすればよい.

$$\leq \int_{-1}^{1} |u(s+t/n) - u(s)| \rho(t) \, dt.$$

$u$ は $[a,b]$ 上で一様連続であるから,任意の $\varepsilon > 0$ に対して,ある $\delta' > 0$ があって,$|t'| < \delta'$ ならば $|u(s+t')-u(s)| < \varepsilon$ である.したがって,$n > 1/\delta'$ ならば ($|t/n| \leq 1/n < \delta'$ $(t \in [-1,1])$ となるので) $\left|\int_{-1}^{1} u(s+t/n)\rho(t) \, dt - u(s)\right| < \varepsilon$. これは,$\lim_{n\to\infty} \int_{-1}^{1} u(s+t/n)\rho(t) \, dt = u(s)$ を意味するので[4],上の式と合わせて,$u(s) = 0$ が導かれる.$s \in (a,b)$ は任意であり,$u$ は $[a,b]$ 上で連続であるから,$u = 0$ が結論される. ∎

補題2.2は**変分法の基本補題**または**デュボア–レイモン (du Bois–Reymond) の補題**と呼ばれる.

**補題 2.3** $\gamma \in C([a,b]; \Omega)$ がすべての $\eta \in C_0^\infty([a,b]; \mathcal{E}_N)$ に対して

$$\int_a^b \langle \gamma(t), \eta(t) \rangle \, dt = 0$$

を満たすならば,$\gamma = 0$ である.

**証明** $j = 1, \ldots, N$ を任意に固定し,$\eta_j$ を $C_0^\infty([a,b]; V_E^d)$ の任意の元として $\eta(t) = (0, \ldots, 0, \eta_j(t), 0, \ldots, 0)$ の場合を考える.このとき,仮定により,$\int_a^b \langle \gamma_j(t), \eta_j(t) \rangle \, dt = 0$. そこで,$V_E^d$ の正規直交基底 $\{\mathbf{f}_1, \ldots, \mathbf{f}_d\}$ を一つとり,$\gamma_j(t) = \sum_{i=1}^d \gamma_{ij}(t) \mathbf{f}_i$ と展開し ($\gamma_{ij}(t) = \langle \mathbf{f}_i, \gamma_j(t) \rangle$),$\eta_j(t) = u(t)\mathbf{f}_i$ ($u \in C_{\mathbb{R},0}^\infty(a,b)$) とすれば,$\int_a^b \gamma_{ij}(t) u(t) \, dt = 0$ が得られる.$u \in C_{\mathbb{R},0}^\infty(a,b)$ は任意であるから,補題2.2により,$\gamma_{ij} = 0$ が導かれる.したがって,$\gamma_j = 0$. ゆえに $\gamma = 0$. ∎

### 2.1.3 汎関数

$\mathbb{K} = \mathbb{R}$ または $\mathbb{K} = \mathbb{C}$(複素数全体)とする.通常の微分積分学や古典解析学に登場する関数は,$\mathbb{K}^n$ またはその部分集合を定義域とする.すなわち,それは,有限次元ベクトル空間内に定義域をもつ $\mathbb{K}$ 値写像である.この種の

---
[4] この証明には,ルベーグ優収束定理を使ってもよい.この方が簡単である.

写像は，一般的な写像論の観点から言えば，$\mathbb{K}$ 値写像の特殊なクラスにすぎない．だが，この特殊性は，定義域の範疇を拡げることにより，克服される．このようにして到達される，写像の一般概念の一つが汎関数である．すなわち，一般に，その終域が $\mathbb{K}$ である写像は，定義域が何であれ，総称的に**汎関数** (functional) と呼ばれるのである[5]．だが，以下では，ある特定のクラスの汎関数だけを取り扱う．

$C([a,b];\Omega)$ の部分集合 $\mathcal{F}$ から $\mathbb{K}$ への写像 $\Phi : \mathcal{F} \to \mathbb{K}; \mathcal{F} \ni \gamma \mapsto \Phi(\gamma) \in \mathbb{K}$ を $C([a,b];\Omega)$ 上の**汎関数** (functional) という．この場合，$\mathcal{F}$ をその定義域といい，$\mathcal{F} = \mathrm{D}(\Phi)$ と表す．$\Phi$ の定義域の元を $\Phi$ の**変関数**という．$\mathbb{K} = \mathbb{R}$ ($\mathbb{C}$) のとき，$\Phi$ を**実（複素）汎関数**という．

**注意 2.4** $C([a,b];\Omega)$ の各元 $\gamma$ は集合 $[a,b]$ によって添え字付けられた（$\mathcal{E}_N$ の）ベクトルの集合 $\{\gamma(t)\}_{t \in [a,b]}$ と同一視され得る．この場合，各 $\gamma(t) \in \mathcal{E}_N$ は，$\gamma \in C([a,b];\Omega)$ が変化するとき，$\mathcal{E}_N$ の中を動く．したがって，$C([a,b];\Omega)$ 上の汎関数 $\Phi$ は連続無限個のベクトル変数 $\{\gamma(t)\}_{t \in [a,b]}$ の関数と見ることができる．この意味において，$\Phi$ は無限変数の関数であり，無限次元空間上の関数として捉えられる．

**例 2.5** 各 $\gamma \in C^1([a,b];\Omega)$ に対して

$$\Phi(\gamma) := \int_a^b \|\dot{\gamma}(t)\|\, \mathrm{d}t$$

とすれば，$\Phi$ は $C^1([a,b];\Omega)$ を定義域とする実汎関数である．$\Phi(\gamma)$ は，幾何学的には，曲線 $\gamma$ の長さを表す．

**例 2.6** （例 2.5 の具体例）$d = 2$ で $V_\mathrm{E}^2 = \mathbb{R}^2 = \{(x,y) \,|\, x, y \in \mathbb{R}\}$ の場合を考え，写像 $\gamma : [a,b] \to \mathbb{R}^2$ を

$$\gamma(t) := (x(t), y(t)) \quad (t \in [a,b])$$

によって定義する．ただし，$x(\cdot), y(\cdot)$ は $[a,b]$ 上の実数値の連続微分可能関数である．したがって，$\gamma \in C^1([a,b];\mathbb{R}^2) \subset C([a,b];\mathbb{R}^2)$．各 $\gamma \in C^1([a,b];\mathbb{R}^2)$

---

[5] この定義によれば，通常の関数は汎関数の特殊な場合である．

に対して，$\Phi(\gamma) \in \mathbb{R}$ を

$$\Phi(\gamma) := \int_a^b \|\dot{\gamma}(t)\| \,\mathrm{d}t = \int_a^b \sqrt{\dot{x}(t)^2 + \dot{y}(t)^2} \,\mathrm{d}t$$

によって定義する．よく知られているように，$\Phi(\gamma)$ は，幾何学的には，ユークリッド平面 $\mathbb{R}^2$ 内の曲線 $\gamma$ の長さを表す．

通常の関数に対する最大，最小，極大，極小などの概念は汎関数の文脈へと拡大される．$\Phi : C^n([a,b];\Omega) \to \mathbb{R}$ を汎関数とする（$n$ は 0 または自然数）．

汎関数 $\Phi$ の下限 $m_\Phi := \inf_{\gamma \in C^n([a,b];\Omega)} \Phi(\gamma)$ が有限のとき，$\Phi$ は**下に有界**であるという．この場合，もし，$m_\Phi = \Phi(\gamma_0)$ を満たす $\gamma_0 \in C^n([a,b];\Omega)$ が存在するならば，$\Phi$ は $\boldsymbol{\gamma_0}$ で**最小値** $\boldsymbol{m_\Phi}$ **をもつ**といい，$\gamma_0$ を $\Phi$ の**最小曲線**と呼ぶ．一般に，$\Phi$ の最小値が存在するならば，それを $\min_{\gamma \in C^n([a,b];\Omega)} \Phi(\gamma)$ と表す．

汎関数 $\Phi$ の上限 $M_\Phi := \sup_{\gamma \in C^n([a,b];\Omega)} \Phi(\gamma)$ が有限のとき，$\Phi$ は**上に有界**であるという．これは，$-\Phi$ が下に有界であることと同値である（$m_{-\Phi} = -M_\Phi$）．この場合，もし，$M_\Phi = \Phi(\gamma_0)$ を満たす $\gamma_0 \in C^n([a,b];\Omega)$ が存在するならば，$\Phi$ は $\boldsymbol{\gamma_0}$ で**最大値** $\boldsymbol{M_\Phi}$ **をもつ**といい，$\gamma_0$ を**最大曲線**と呼ぶ．最小値の場合と呼応して，一般に，$\Phi$ の最大値が存在するならば，それを $\max_{\gamma \in C^n([a,b];\Omega)} \Phi(\gamma)$ と表す．

ある $\gamma_0 \in C^n([a,b];\Omega)$ と $\delta > 0$ があって，$\gamma \in C^n([a,b];\Omega)$，$\|\gamma - \gamma_0\|_\infty < \delta$ ならば $\Phi(\gamma) \geq \Phi(\gamma_0)$（$\Phi(\gamma_0) \leq \Phi(\gamma)$）が成り立つとき，$\Phi$ は点 $\gamma_0$ で**極小**（**極大**）であるという[6]．この場合，$\Phi(\gamma_0)$ を $\Phi$ の**極小値**（**極大値**）といい，$\gamma_0$ を**極小曲線**（**極大曲線**）と呼ぶ．特に，$0 < \|\gamma - \gamma_0\|_\infty < \delta$ ならば，$\Phi(\gamma) > \Phi(\gamma_0)$（$\Phi(\gamma) < \Phi(\gamma_0)$）のとき，$\Phi$ は点 $\gamma_0$ で**狭義極小**（**狭義極大**）であるという．汎関数 $\Phi$ が $\gamma_0$ で極小または極大であるとき，$\Phi$ は $\gamma_0$ で**極値をとる**といい，その値 $\Phi(\gamma_0)$ を**極値**という．

明らかに，$\Phi$ の最大値は極大値であり，最小値は極小値である．だが，これらの逆は一般には成立しない．また，通常の関数の場合と同様に，汎関数の極値は存在しない場合もあるし，存在しても，極値を与える点はただ一つとは限らない．

---

[6] はじめの括弧内の内容と後続の括弧内の内容を対応させて読む．

## 2.2 汎関数の変分

次に汎関数の微分の概念を定義しよう．そのために，$n$ 次元ユークリッドベクトル空間 $\mathbb{R}^n$ 上の関数に対する方向微分の概念（付録 E を参照）を汎関数の文脈に拡張することを考える．

$n$ を 0 または自然数とし，$\Phi: C^n([a,b]; \Omega) \to \mathbb{R}$ とする．$\Omega$ 内の任意の曲線 $\gamma \in C^n([a,b]; \Omega)$ に対して，端点 $\gamma(a), \gamma(b)$ は固定し，$\gamma(t), t \in (a,b)$ を連続的に変形することを考える[7]．その結果得られる曲線を $\phi \in C^n([a,b]; \Omega)$ とすれば，$\phi(a) = \gamma(a), \phi(b) = \gamma(b)$ である（図 2.1 を参照）．したがって，$\eta := \phi - \gamma$ とすれば，$\eta \in C^n([a,b]; \mathcal{E}_N)$, $\eta(a) = 0, \eta(b) = 0$ であり，$\phi = \gamma + \eta$ が成り立つ．逆に，この形に表される $\phi$ は $\gamma$ に関する変形の条件を満たす．そこで，$\gamma$ の変形を表すための関数の空間

$$C^n_{\mathrm{P},0}([a,b]; \mathcal{E}_N) = \{\eta \in C^n([a,b]; \mathcal{E}_N),\ \eta(a) = 0,\ \eta(b) = 0\} \quad (2.6)$$

を導入する[8]．これは，無限次元実ベクトル空間である[9]．

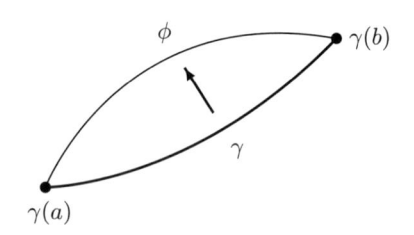

図 2.1. 曲線 $\gamma$ の変形．

任意の $\eta \in C^n_{\mathrm{P},0}([a,b]; \mathcal{E}_N)$ に対して，補題 2.1 によって，$|\varepsilon|\|\eta\|_\infty$ ($\varepsilon \in \mathbb{R}$) が十分小ならば，$\gamma + \varepsilon\eta \in C^n([a,b]; \Omega)$ となるので $\Phi(\gamma + \varepsilon\eta)$ が意味をもつ．したがって，ベクトル $\varepsilon\eta$ 方向への $\Phi$ の増分 $\Phi(\gamma + \varepsilon\eta) - \Phi(\gamma)$ と $\eta$ 方向への倍率 $\varepsilon$ の比

$$\Delta_{\varepsilon,\eta}\Phi(\gamma) := \frac{\Phi(\gamma + \varepsilon\eta) - \Phi(\gamma)}{\varepsilon} \quad (\varepsilon \neq 0) \quad (2.7)$$

---
[7] 曲線 $\gamma$ の端点を固定しない変形ももちろん考えられる．だが，本書では，それについては省略する．
[8] 「P」は周期的 (periodic) の意．
[9] $\because \eta, \chi \in C^n_{\mathrm{P},0}([a,b]; \mathcal{E}_N)$, $\alpha, \beta \in \mathbb{R}$ ならば，$\alpha\eta + \beta\chi \in C^n_{\mathrm{P},0}([a,b]; \mathcal{E}_N)$.

が定義される．そこで，通常の関数の方向微分の場合に倣って，$\varepsilon \to 0$ の極限を考えるのである．

ある $\Psi_\gamma \in C([a,b]; \mathcal{E}_N)$ が存在して，すべての $\eta \in C_{\mathrm{P},0}^n([a,b]; \mathcal{E}_N)$ に対して

$$\lim_{\varepsilon \to 0} \Delta_{\varepsilon,\eta} \Phi(\gamma) = \int_a^b \langle \Psi_\gamma(t), \eta(t) \rangle \, \mathrm{d}t \tag{2.8}$$

が成り立つとき，汎関数 $\Phi$ は $C^n([a,b]; \Omega)$ の点 $\gamma$ において**微分可能**であるという．この場合，$\Psi_\gamma$ はただ一つである．実際，別に $\Theta_\gamma \in C([a,b]; \mathcal{E}_N)$ があって，すべての $\eta \in C_{\mathrm{P},0}^n([a,b]; \mathcal{E}_N)$ に対して，上式の左辺が $\int_a^b \langle \Theta_\gamma(t), \eta(t) \rangle \, \mathrm{d}t$ に等しいとすれば，$\int_a^b \langle \Psi_\gamma(t) - \Theta_\gamma(t), \eta(t) \rangle \, \mathrm{d}t = 0$ である．$C_0^\infty([a,b]; \mathcal{E}_N) \subset C_{\mathrm{P},0}^n([a,b]; \mathcal{E}_N)$ であるから，この式はすべての $\eta \in C_0^\infty([a,b]; \mathcal{E}_N)$ に対して成立する．したがって，補題 2.3 によって，$\Psi_\gamma - \Theta_\gamma = 0$，すなわち，$\Theta_\gamma = \Psi_\gamma$ が結論される．

$\Phi$ がすべての $\gamma \in C^n([a,b]; \Omega)$ において微分可能であるとき，$\Phi$ は $C^n([a,b]; \Omega)$ 上で微分可能であるという．

(2.8) の右辺における $\Psi_\gamma$（これは $\mathcal{E}_N$ 内の曲線）を $\Phi$ の**変分導関数** (variational derivative) または**汎関数微分** (functional derivative) といい，記号的に，$\Phi'(\gamma)$ と表す．変分導関数 $\Phi'(\gamma)$ の $t$ における値を $\Phi'(\gamma)(t)$ と表す．すなわち，$\Phi'(\gamma)(t) = \Psi_\gamma(t)$ ($t \in [a,b]$)．

(2.8) の右辺を点 $\gamma$ における $\eta$ 方向への $\Phi$ の**第 1 変分** (first variation) または**方向微分**という．

無限次元解析学の観点からは，(2.8) の右辺は，次に示すように，ある自然な意味をもつ．写像 $\mathrm{D}\Phi(\gamma) : C_{\mathrm{P},0}^n([a,b]; \mathcal{E}_N) \to \mathbb{R}$ を

$$\mathrm{D}\Phi(\gamma)(\eta) := \int_a^b \langle \Phi'(\gamma)(t), \eta(t) \rangle \, \mathrm{d}t \quad (\eta \in C_{\mathrm{P},0}^n([a,b]; \mathcal{E}_N)) \tag{2.9}$$

によって定義する（左辺は写像 $\mathrm{D}\Phi(\gamma)$ の変関数 $\eta$ における値）．このとき，(2.8) によって

$$\lim_{\varepsilon \to 0} \Delta_{\varepsilon,\eta} \Phi(\gamma) = \mathrm{D}\Phi(\gamma)(\eta) \quad (\forall \eta \in C_{\mathrm{P},0}^n([a,b]; \mathcal{E}_N)) \tag{2.10}$$

が成り立つ．容易にわかるように，$\mathrm{D}\Phi(\gamma)$ は線形である．すなわち，任意の $\alpha, \beta \in \mathbb{R}$, $\eta, \chi \in C_{\mathrm{P},0}^n([a,b]; \mathcal{E}_N)$ に対して

$$\mathrm{D}\Phi(\gamma)(\alpha\eta + \beta\chi) = \alpha\mathrm{D}\Phi(\gamma)(\eta) + \beta\mathrm{D}\Phi(\gamma)(\chi).$$

ゆえに,$\mathrm{D}\Phi(\gamma)$ は無限次元ベクトル空間 $C_{\mathrm{P},0}^n([a,b];\mathcal{E}_N)$ 上の線形汎関数である.この事実と (2.10) および有限次元ベクトル空間上の関数の微分形式とのアナロジーにより,対応:$\gamma \mapsto \mathrm{D}\Phi(\gamma)$ は,**無限次元空間 $C^n([a,b];\Omega)$ 上の微分形式**を定義するものと見るのが自然であることがわかる.

汎関数の第 1 変分は,次のような仕方で通常の関数の微分法と関連している:$\gamma, \eta$ を固定して,$\varepsilon$ の関数 $f(\varepsilon) := \Phi(\gamma + \varepsilon\eta)$ を考えると,$\Phi$ の第 1 変分は,$f$ の原点での微分係数に他ならない.すなわち

$$\left.\frac{\mathrm{d}\Phi(\gamma + \varepsilon\eta)}{\mathrm{d}\varepsilon}\right|_{\varepsilon=0} = \mathrm{D}\Phi(\gamma)(\eta). \tag{2.11}$$

**注意 2.7** 量子場の理論[10]の文脈では

$$\Phi'(\gamma)(t) = \frac{\delta\Phi(\gamma)}{\delta\gamma(t)}$$

という表記を用い,これを**汎関数的導関数** (functional derivative) または**汎関数微分**という場合が多い[11].

初等微分学で学ぶように,通常の微分可能な関数について,その微分係数が 0 となる点(臨界点)は,関数の振る舞いを調べる上で重要な役割を演じる.汎関数の文脈においても,類似の構造を調べることは自然である.そこで,次の定義を設ける:汎関数 $\Phi : C^n([a,b];\Omega) \to \mathbb{R}$ から定まる,$\gamma$ についての方程式 $\Phi'(\gamma) = 0$ を汎関数 $\Phi$ に関する**変分方程式**と呼び,この方程式を満たす曲線 $\gamma$ を $\Phi$ の**停留関数** (stationary function) または**停留曲線** (stationary curve) と呼ぶ.

次の命題は,汎関数の極値と停留関数の関係の一つを与える[12].

**命題 2.8** $\Phi : C^n([a,b];\Omega) \to \mathbb{R}$ は $\gamma_0 \in C^n([a,b];\Omega)$ で微分可能であるとする.このとき,$\Phi$ が $\gamma_0$ で極値をとるならば,$\gamma_0$ は $\Phi$ の停留関数である.

---
[10] 後に,第 7 章の 7.15 節で簡単に触れる.
[11] 拙著『フォック空間と量子場 上下』(日本評論社,2000) の序章,0-2-9 項を参照.
[12] 通常の 1 変数関数の微分学における基本的事実の一つ——「区間 $\mathbb{I} \subset \mathbb{R}$ 上の微分可能な関数 $f$ が点 $x_0 \in \mathbb{I}$ で極値をもつならば,$f'(x_0) = 0$」——の汎関数版である.

**証明** $\eta \in C^n_{\mathrm{P},0}([a,b];\mathcal{E}_N)$ を任意に固定し,$\mathbb{R}$ の原点の近傍で定義される,$x$ の関数 $f(x) := \Phi(\gamma_0 + x\eta)$ を考える.仮定により,$\Phi$ は $\gamma_0$ で極値 $\Phi(\gamma_0)$ をもつ.まず,$\Phi(\gamma_0)$ が極小値の場合を考えようこのとき,$|x| < \delta$ ($\delta > 0$ は十分小)ならば,$f(x) \geq f(0)$.したがって,任意の $0 < x < \delta$ に対して,$(f(x) - f(0))/x \geq 0$,$f(-x) - f(0)/(-x) \leq 0$.そこで,$x \downarrow 0$ とすれば,$f'(0) \geq 0$,$f'(0) \leq 0$ となるので,$f'(0) = 0$ である.一方,$f'(0) = \mathrm{D}\Phi(\gamma_0)(\eta)$ であるから,補題 2.3 によって,$\Phi'(\gamma_0) = 0$ となる.$\Phi(\gamma_0)$ が極大値の場合も同様である. ∎

**注意 2.9** 命題 2.8 の逆は,通常の関数の場合と同様,一般には成立しない.

**注意 2.10** 命題 2.8 の意味において,停留曲線を**極値曲線**と呼ぶ文献もある.だが,この場合には,すぐ前の注意によって,ある曲線が汎関数 $\Phi$ の極値曲線だからといって,それが $\Phi$ の極値を与えるとは限らないことに注意する必要がある.

## 2.3 変分原理

前節では,$C([a,b];\Omega)$ の部分集合を定義域とする一般な汎関数を考えた.本節では,もう少し特化された型の汎関数で例 2.5 の型の汎関数を含むような一般的なクラスを考え,その変分導関数を求める.

写像 $L: \Omega \times \mathcal{E}_N \times [a,b] \to \mathbb{R}$ を考え,その変数依存性を $L(\gamma, v, t)$ ($\gamma \in \Omega$, $v \in \mathcal{E}_N$, $t \in [a,b]$) と記す.この型の関数 $L$ を $\Omega$ に付随する**ラグランジュ (Lagrange) 関数**または**ラグランジアン**という[13].$\Omega$ と $L$ の組 $(\Omega, L)$ を $\Omega$ 上の**ラグランジュ系**と呼ぶ.

ラグランジュ関数 $L$ は,1.5 節と 1.7 節で提示した,より高次の幾何学的観点から言えば,$\mathcal{E}_N$ を典型的ファイバーとする,$\Omega$ 上の接バンドル $\mathrm{T}\Omega$ と時間区間 $[a,b]$ の直積空間 $\mathrm{T}\Omega \times [a,b]$ 上の関数である.特に,$L$ が $t$ に依存しない場合には,$L$ は接バンドル $\mathrm{T}\Omega$ 上の関数である.

---

[13] この用語は,通常の物理学の教科書において扱われる解析力学では,ある特殊な型の $L$ に対して使われるものであるが(以下の 2.6 節を参照),本書では,それをより一般的な場合へ拡大して使用する.

$L$ は $(\gamma, v)$ に関して 2 回連続微分可能, $t$ については連続微分可能とし, どの導関数も連続であるとする. このとき, $v, t$ をとめて得られる微分可能な実数値関数 $L(\cdot, v, t) : \Omega \to \mathbb{R}$ は微分可能である. そこで, その勾配を $\mathrm{grad}_\gamma L$ と表す[14]. これを $L$ の $\gamma$ に関する**偏勾配**と呼ぶ. 同様に, $\gamma, t$ をとめて得られる微分可能な実数値関数 $L(\gamma, \cdot, t) : \mathcal{E}_N \to \mathbb{R}$ の勾配を $\mathrm{grad}_v L$ と記す.

$L$ の偏勾配は, もちろん, $V_E^d$ の座標系の取り方に依らずに定まる. だが, 後の便宜も兼ねて, ここで, $\mathrm{grad}_\gamma L, \mathrm{grad}_v L$ の座標表示を見ておこう. $\{\mathbf{e}_i\}_{i=1}^d$ を $V_E^d$ の任意の基底 (正規直交基底とは限らない) とし

$$\mathbf{E}_{ji} := \underbrace{(\mathbf{0}, \ldots, \mathbf{0}, \overset{j \text{ 番目}}{\mathbf{e}_i}, \mathbf{0}, \ldots, \mathbf{0})}_{N \text{ 個}} \in \mathcal{E}_N \tag{2.12}$$

とすれば, $\{\mathbf{E}_{ji} | i = 1, \ldots, d, j = 1, \ldots, N\}$ は $\mathcal{E}_N$ の基底である. したがって, 任意の $X \in \mathcal{E}_N$ は

$$X = \sum_{j=1}^N \sum_{i=1}^d X_j^i \mathbf{E}_{ji}$$

と展開できる ($X_j^i \in \mathbb{R}$). 展開係数の組 $((X_1^i)_{i=1}^d, \ldots, (X_N^i)_{i=1}^d) \in (\mathbb{R}^d)^N$ が基底 $\{\mathbf{E}_{ji}\}_{i=1,\ldots,d; j=1,\ldots,N}$ に関する $X$ の座標表示 (成分表示) である. そこで

$$\gamma = \sum_{j=1}^N \sum_{i=1}^d \gamma_j^i \mathbf{E}_{ji}, \quad v = \sum_{j=1}^N \sum_{i=1}^d v_j^i \mathbf{E}_{ji}$$

と展開し ($\gamma_j^i, v_j^i \in \mathbb{R}$), $\gamma$ の座標表示 $((\gamma_1^i)_{i=1}^d, \ldots, (\gamma_N^i)_{i=1}^d)$ を $\tilde{\gamma}$ と表す:

$$\tilde{\gamma} := ((\gamma_1^i)_{i=1}^d, \ldots, (\gamma_N^i)_{i=1}^d) \in (\mathbb{R}^d)^N. \tag{2.13}$$

$v$ についても同様である. すると, $L(\gamma, v, t)$ は $\tilde{\gamma}, \tilde{v}, t$ の関数と見ることができる. この関数を $\tilde{L}(\tilde{\gamma}, \tilde{v}, t)$ と記す:

$$\tilde{L}(\tilde{\gamma}, \tilde{v}, t) := L\left(\sum_{j=1}^N \sum_{i=1}^d \gamma_j^i \mathbf{E}_{ji}, \sum_{j=1}^N \sum_{i=1}^d v_j^i \mathbf{E}_{ji}, t\right). \tag{2.14}$$

このとき, 勾配に関する一般論 (付録 E を参照) により

---
[14] スカラー場の勾配については付録 E を参照.

## 2.3. 変分原理

$$(\mathrm{grad}_\gamma L)(\gamma, v, t) = \sum_{j=1}^{N} \sum_{i=1}^{d} \frac{\partial}{\partial \gamma_j^i} \tilde{L}(\tilde{\gamma}, \tilde{v}, t) \mathbf{E}_{ji}, \tag{2.15}$$

$$(\mathrm{grad}_v L)(\gamma, v, t) = \sum_{j=1}^{N} \sum_{i=1}^{d} \frac{\partial}{\partial v_j^i} \tilde{L}(\tilde{\gamma}, \tilde{v}, t) \mathbf{E}_{ji}. \tag{2.16}$$

さて，関数 $L$ から定まる，$C^1([a,b]; \Omega)$ 上の汎関数

$$\Phi_L(\gamma) := \int_a^b L(\gamma(t), \dot{\gamma}(t), t)\, \mathrm{d}t \quad (\gamma \in C^1([a,b]; \Omega)) \tag{2.17}$$

を考える．この汎関数をラグランジュ関数 $L$ に対する**作用汎関数** (action functional) あるいは**作用積分** (action integral) または単に**作用**と呼ぶ．

汎関数 $\Phi_L$ の変分導関数を求めよう．そのために，まず，ある補題を証明する：

**補題 2.11** 任意の $\gamma \in C^1([a,b]; \mathcal{E}_N)$ と $\eta \in C^1_{\mathrm{P},0}([a,b]; \mathcal{E}_N)$ に対して

$$\int_a^b \langle \gamma(t), \dot{\eta}(t) \rangle\, \mathrm{d}t = - \int_a^b \langle \dot{\gamma}(t), \eta(t) \rangle\, \mathrm{d}t. \tag{2.18}$$

**証明** 内積に関する微分法（付録 E の定理 E.1）により

$$\frac{\mathrm{d}}{\mathrm{d}t} \langle \gamma(t), \eta(t) \rangle = \langle \dot{\gamma}(t), \eta(t) \rangle + \langle \gamma(t), \dot{\eta}(t) \rangle.$$

両辺を $t$ について $a$ から $b$ まで積分し，$\eta(a) = 0$, $\eta(b) = 0$（したがって，$\langle \gamma(a), \eta(a) \rangle = 0$, $\langle \gamma(b), \eta(b) \rangle = 0$）に注意すれば，(2.18) が得られる． ∎

**定理 2.12** 汎関数 $\Phi_L$ は $C^2([a,b]; \Omega)$ 上で微分可能であり

$$\Phi_L'(\gamma)(t) = (\mathrm{grad}_\gamma L)(\gamma(t), \dot{\gamma}(t), t) - \frac{\mathrm{d}}{\mathrm{d}t} (\mathrm{grad}_v L)(\gamma(t), \dot{\gamma}(t), t)$$
$$(\gamma \in C^2([a,b]; \Omega),\ t \in [a,b]) \tag{2.19}$$

が成り立つ．

**証明** 任意の $\gamma \in C^2([a,b]; \Omega)$ と $\eta \in C^2_{\mathrm{P},0}([a,b]; \mathcal{E}_N)$ および $|\varepsilon|\|\eta\|_\infty$ が十分小さい $\varepsilon \in \mathbb{R}$ に対して（$|\varepsilon| < 1$ とする）

$$\Phi_L(\gamma + \varepsilon \eta) = \int_a^b f_\varepsilon(t)\, \mathrm{d}t. \tag{2.20}$$

## 第 2 章 変分原理とラグランジュ形式

ただし

$$f_\varepsilon(t) := L(w_\varepsilon(t)), \quad w_\varepsilon(t) := (\gamma(t) + \varepsilon\eta(t), \dot\gamma(t) + \varepsilon\dot\eta(t), t).$$

そこで，(2.20) の右辺の積分が $\varepsilon$ について微分でき，しかも微分と積分が交換できることを示す．まず

$$\frac{d}{d\varepsilon}f_\varepsilon(t) = \langle (\mathrm{grad}_\gamma L)(w_\varepsilon(t)), \eta(t)\rangle + \langle (\mathrm{grad}_v L)(w_\varepsilon(t)), \dot\eta(t)\rangle. \quad (2.21)$$

ここで

$$\|\gamma(t) + \varepsilon\eta(t)\| \leq \|\gamma\|_\infty + \|\eta\|_\infty, \quad \|\dot\gamma(t) + \varepsilon\dot\eta(t)\| \leq \|\dot\gamma\|_\infty + \|\dot\eta\|_\infty$$

であるから，$\{w_\varepsilon(t) | t \in [a,b]\}$ は $\Omega \times \mathcal{E}_N \times [a,b]$ の中の $\varepsilon$ に依らない有界集合に含まれる．したがって，$\mathrm{grad}_\gamma L$ の連続性により

$$M_1 := \sup_{t\in[a,b]} \|(\mathrm{grad}_\gamma L)(w_\varepsilon(t))\| < \infty$$

である．同様に，$M_2 := \sup_{t\in[a,b]} \|(\mathrm{grad}_v L)(w_\varepsilon(t))\| < \infty$. ゆえに，シュヴァルツの不等式を用いて

$$\left|\frac{d}{d\varepsilon}f_\varepsilon(t)\right| \leq \|(\mathrm{grad}_\gamma L)(w_\varepsilon(t))\|\|\eta(t)\| + \|(\mathrm{grad}_v L)(w_\varepsilon(t))\|\|\dot\eta(t)\|$$

$$\leq M_1\|\eta\|_\infty + M_2\|\dot\eta\|_\infty.$$

右辺は $\varepsilon$ に依らない，$[a,b]$ 上の可積分関数（定数関数）である．よって，$\Phi_L(\gamma + \varepsilon\eta)$ は $\varepsilon$ に関して微分可能であり

$$D\Phi_L(\gamma)(\eta) = \int_a^b \frac{d}{d\varepsilon}f_\varepsilon(t)\bigg|_{\varepsilon=0} dt$$

となる．他方，(2.21) より

$$\frac{d}{d\varepsilon}f_\varepsilon(t)\bigg|_{\varepsilon=0} = \langle (\mathrm{grad}_\gamma L)(w_0(t)), \eta(t)\rangle + \langle (\mathrm{grad}_v L)(w_0(t)), \dot\eta(t)\rangle.$$

右辺第 2 項の $[a,b]$ 上の積分に補題 2.11 を適用すると

$$D\Phi_L(\gamma)(\eta) = \int_a^b \left\langle (\mathrm{grad}_\gamma L)(w_0(t)) - \frac{d}{dt}(\mathrm{grad}_v L)(w_0(t)), \eta(t)\right\rangle dt$$

が得られる．したがって，$\Phi_L$ は微分可能であり，補題 2.3 により，(2.19) が

成り立つ．　■

(2.19) から，次の重要な事実がただちに導かれる:

**系 2.13** $\gamma \in C^2([a,b];\Omega)$ が汎関数 $\Phi_L$ の停留関数であるための必要十分条件は，すべての $t \in [a,b]$ に対して

$$\frac{d}{dt}(\mathrm{grad}_v L)(\gamma(t), \dot{\gamma}(t), t) - (\mathrm{grad}_\gamma L)(\gamma(t), \dot{\gamma}(t), t) = 0 \tag{2.22}$$

が成り立つことである．

(2.22) は $\gamma$ に関する常微分方程式と見ることができる．この方程式を関数 $L$ から定まる**オイラー (Euler)–ラグランジュ方程式**または単に**ラグランジュ方程式**という．

一般に，運動 $\gamma : [a,b] \to \Omega$ が汎関数 $\Phi_L$ の停留曲線として実現するとき，この運動はラグランジュ関数 $L$ に関する**変分原理**にしたがうという．

系 2.13 は，「運動 $\gamma$ がラグランジュ関数 $L$ に関する変分原理にしたがうこと」と「それがオイラー–ラグランジュ方程式 (2.22) の解であること」が同値であることを語る．

**注意 2.14** オイラー–ラグランジュ方程式 (2.22) の解が存在するかどうか（存在性の問題），また存在した場合に一意であるかどうか（一意性の問題）は，全然自明ではない．この問題の研究は，微分方程式論の大きな分野の一つを形成する．だが，本書では，この側面に関する論述は割愛する．

## 2.4　ラグランジュ関数に同伴する保存量

関数 $L(\gamma, v, t)$ が $t$ に依らない場合を考える．この場合の変数依存性を $L(\gamma, v)$ と記す．

関数 $p : \Omega \times \mathcal{E}_N \to \mathcal{E}_N$ を

$$p(\gamma, v) := (\mathrm{grad}_v L)(\gamma, v) \quad ((\gamma, v) \in \Omega \times \mathcal{E}_N) \tag{2.23}$$

によって定義し，これを $L$ から定まる**一般化運動量**と呼ぶ．そして，$L$ から

定まる実数値関数 $E_L : \Omega \times \mathcal{E}_N \to \mathbb{R}$

$$E_L(\gamma, v) := \langle v, p(\gamma, v) \rangle - L(\gamma, v) \tag{2.24}$$

を考える．これを $L$ に同伴するエネルギーという[15]．

**定理 2.15** $\gamma$ はオイラー–ラグランジュ方程式 (2.22) を満たすとしよう．このとき，$E_L(\gamma(t), \dot{\gamma}(t))$ は $t$ に依らない定数である．

**証明** $f(t) := E_L(\gamma(t), \dot{\gamma}(t))$ とすれば

$$f(t) = \langle \dot{\gamma}(t), p(\gamma(t), \dot{\gamma}(t)) \rangle - L(\gamma(t), \dot{\gamma}(t))$$

であるから，$p(t) := p(\gamma(t), \dot{\gamma}(t))$ とすれば

$$\dot{f}(t) = \langle \ddot{\gamma}(t), p(t) \rangle + \langle \dot{\gamma}(t), \dot{p}(t) \rangle \\ - \langle \dot{\gamma}(t), (\mathrm{grad}_\gamma L)(\gamma(t), \dot{\gamma}(t)) \rangle - \langle \ddot{\gamma}(t), (\mathrm{grad}_v L)(\gamma(t), \dot{\gamma}(t)) \rangle.$$

(2.23) により，$p(t) = (\mathrm{grad}_v L)(\gamma(t), \dot{\gamma}(t))$ である．これと (2.22) により，$\dot{p}(t) = (\mathrm{grad}_\gamma L)(\gamma(t), \dot{\gamma}(t))$ が成り立つ．したがって，上式の右辺は 0 となる．ゆえに，$f(t)$ は定数である．■

一般に，$\Omega \times \mathcal{E}_N$ からベクトル空間 $W$ への写像 $Q$ について，(2.22) を満たす任意の $\gamma$ に対して，$Q(\gamma(t), \dot{\gamma}(t))$ が $t$ に依らず一定であるとき，$Q$ を**方程式 (2.22) に関する保存量**と呼ぶ．

定理 2.15 は，$L$ に同伴するエネルギー $E_L$ が (2.22) に関する保存量であることを語る．これを**一般化された意味でのエネルギー保存則**という．

## 2.5 オイラー–ラグランジュ方程式の座標表示

注意するまでもないかもしれないが，オイラー–ラグランジュ方程式 (2.22) は，$V_E^d$ の座標系（基底）の取り方に依らない．しかし，具体的な問題を解く場合には，通常，座標表示を用いることが多い．そこで，先述の基底 $\{\mathbf{e}_i\}_{i=1}^d$

---

[15] このように呼ぶ理由は，2.6 節で示すように，保存力の作用のもとで運動する質点系の力学的エネルギーがこの形になっているからである．だが，当面，この呼称は単なる符牒と考えていただければよい．

## 2.5. オイラー–ラグランジュ方程式の座標表示 **99**

（正規直交基底とは限らない）に関して，(2.22) の座標表示を求めてみよう．そのために，次の記法を導入する：

$$\frac{\partial L(\gamma(t), \dot{\gamma}(t), t)}{\partial \gamma_j^i(t)} := \left.\frac{\partial \tilde{L}(\tilde{\gamma}, \tilde{v}, t)}{\partial \gamma_j^i}\right|_{\gamma=\gamma(t), v=\dot{\gamma}(t)}, \tag{2.25}$$

$$\frac{\partial L(\gamma(t), \dot{\gamma}(t), t)}{\partial \dot{\gamma}_j^i(t)} := \left.\frac{\partial \tilde{L}(\tilde{\gamma}, \tilde{v}, t)}{\partial v_j^i}\right|_{\gamma=\gamma(t), v=\dot{\gamma}(t)}. \tag{2.26}$$

これらの記法を用いると，(2.15), (2.16) により，(2.22) の左辺の（基底 $(\mathbf{E}_{ji})_{j,i}$ に関する）$(j, i)$ 成分は

$$\frac{\mathrm{d}}{\mathrm{d}t}\frac{\partial L(\gamma(t), \dot{\gamma}(t), t)}{\partial \dot{\gamma}_j^i(t)} - \frac{\partial L(\gamma(t), \dot{\gamma}(t), t)}{\partial \gamma_j^i(t)}$$

と表される．したがって，(2.22) の座標表示は

$$\boxed{\frac{\mathrm{d}}{\mathrm{d}t}\frac{\partial L(\gamma(t), \dot{\gamma}(t), t)}{\partial \dot{\gamma}_j^i(t)} - \frac{\partial L(\gamma(t), \dot{\gamma}(t), t)}{\partial \gamma_j^i(t)} = 0} \tag{2.27}$$

$(j = 1, \ldots, N, i = 1, \ldots, d)$ となる．これは，直交座標系に限らず，任意の線形座標系で成立する表示であることに注意しよう．

実は，(2.27) は，線形座標系に限らず，任意の座標系で成立する．これを次に示そう．$Nd$ 個の実数の組 $q = (q_j^i)_{j=1,\ldots,N, i=1,\ldots,d}$ と線形座標系 $\tilde{\gamma}$ との関係が全単射かつ 2 回連続微分可能な関数 $\psi_j^i$ を用いて

$$\gamma_j^i = \psi_j^i(q)$$

と表されているとき，$q$ を**一般化座標**と呼ぶ．そこで，$q(t) = (q_j^i(t))_{j=1,\ldots,N, i=1,\ldots,d}$ を

$$\gamma_j^i(t) = \psi_j^i(q(t)) \quad (t \in [a, b])$$

によって定義する．このとき

$$\dot{\gamma}_k^\ell(t) = \sum_{j=1}^{N}\sum_{i=1}^{d} (\partial_{ji}\psi_k^\ell)(q(t))\dot{q}_j^i(t). \tag{2.28}$$

ただし，$\partial_{ji} := \partial/\partial q_j^i$．記号を簡潔にするために

100    第 2 章　変分原理とラグランジュ形式

$$L(t) := L(\gamma(t), \dot{\gamma}(t), t) \tag{2.29}$$

とおく．合成関数の微分法により

$$\frac{\partial L(t)}{\partial \dot{q}_j^i(t)} = \sum_{k=1}^{N} \sum_{\ell=1}^{d} \frac{\partial \dot{\gamma}_k^\ell(t)}{\partial \dot{q}_j^i(t)} \frac{\partial L(t)}{\partial \dot{\gamma}_k^\ell(t)}.$$

(2.28) より

$$\frac{\partial \dot{\gamma}_k^\ell(t)}{\partial \dot{q}_j^i(t)} = (\partial_{ji} \psi_k^\ell)(q(t)).$$

したがって

$$\frac{\partial L(t)}{\partial \dot{q}_j^i(t)} = \sum_{k=1}^{N} \sum_{\ell=1}^{d} (\partial_{ji} \psi_k^\ell)(q(t)) \frac{\partial L(t)}{\partial \dot{\gamma}_k^\ell(t)}.$$

ゆえに

$$\frac{\mathrm{d}}{\mathrm{d}t} \frac{\partial L(t)}{\partial \dot{q}_j^i(t)} = \sum_{g,k=1}^{N} \sum_{h,\ell=1}^{d} \dot{q}_g^h(t) (\partial_{gh} \partial_{ji} \psi_k^\ell)(q(t)) \frac{\partial L(t)}{\partial \dot{\gamma}_k^\ell(t)}$$
$$+ \sum_{k=1}^{N} \sum_{\ell=1}^{d} (\partial_{ji} \psi_k^\ell)(q(t)) \frac{\mathrm{d}}{\mathrm{d}t} \frac{\partial L(t)}{\partial \dot{\gamma}_k^\ell(t)}.$$

そこで，右辺第 2 項の最後の因子に対して，(2.27) を使えば

$$\frac{\mathrm{d}}{\mathrm{d}t} \frac{\partial L(t)}{\partial \dot{q}_j^i(t)} = \sum_{g,k=1}^{N} \sum_{h,\ell=1}^{d} \dot{q}_g^h(t) (\partial_{gh} \partial_{ji} \psi_k^\ell)(q(t)) \frac{\partial L(t)}{\partial \dot{\gamma}_k^\ell(t)}$$
$$+ \sum_{k=1}^{N} \sum_{\ell=1}^{d} (\partial_{ji} \psi_k^\ell)(q(t)) \frac{\partial L(t)}{\partial \gamma_k^\ell(t)}$$

を得る．一方

$$\frac{\partial L(t)}{\partial q_j^i(t)} = \sum_{k=1}^{N} \sum_{\ell=1}^{d} \frac{\partial \gamma_k^\ell(t)}{\partial q_j^i(t)} \frac{\partial L(t)}{\partial \gamma_k^\ell(t)} + \sum_{k=1}^{N} \sum_{\ell=1}^{d} \frac{\partial \dot{\gamma}_k^\ell(t)}{\partial q_j^i(t)} \frac{\partial L(t)}{\partial \dot{\gamma}_k^\ell(t)}$$
$$= \sum_{k=1}^{N} \sum_{\ell=1}^{d} (\partial_{ji} \psi_k^\ell)(q(t)) \frac{\partial L(t)}{\partial \gamma_k^\ell(t)} + \sum_{k=1}^{N} \sum_{\ell=1}^{d} \frac{\partial \dot{\gamma}_k^\ell(t)}{\partial q_j^i(t)} \frac{\partial L(t)}{\partial \dot{\gamma}_k^\ell(t)}.$$

さらに，(2.28) によって

$$\frac{\partial \dot{\gamma}_k^\ell(t)}{\partial q_j^i(t)} = \sum_{g=1}^{N} \sum_{h=1}^{d} (\partial_{ji} \partial_{gh} \psi_k^\ell)(q(t)) \dot{q}_g^h(t).$$

よって

$$\frac{\mathrm{d}}{\mathrm{d}t}\frac{\partial L(t)}{\partial \dot{q}_j^i(t)} - \frac{\partial L(t)}{\partial q_j^i(t)} = 0 \quad (j=1,\ldots,N,\ i=1,\ldots,d) \tag{2.30}$$

が成立する.

## 2.6 オイラー–ラグランジュ方程式としてのニュートンの運動方程式

本節では，本章の冒頭で示唆しておいた事柄を叙述する．具体的には，保存力の作用のもとで運動する質点系に対するニュートンの運動方程式は，あるラグランジュ関数についての変分原理から導かれることを示すことである．

まず，わかりやすいように，$N=1$ の場合，すなわち，配位空間 $D \subset V_\mathrm{E}^d$ の中を運動する 1 個の質点 $m$ からなる系を考え，この質点には，連続微分可能なポテンシャル $V: D \to \mathbb{R}$ から定まる保存力 $-\operatorname{grad} V$ だけが働くとする．したがって，この場合のニュートンの運動方程式は

$$m\ddot{\mathbf{x}}(t) = -(\operatorname{grad} V)(\mathbf{x}(t)) \quad (t \in [a,b]) \tag{2.31}$$

である．写像 $L_V : D \times V_\mathrm{E}^d \to \mathbb{R}$ を

$$L_V(\mathbf{x}, \mathbf{v}) := \frac{m}{2}\|\mathbf{v}\|^2 - V(\mathbf{x}) \quad (\mathbf{x} \in D, \mathbf{v} \in V_\mathrm{E}^d) \tag{2.32}$$

によって定義し，$C^2([a,b]; D)$ 上の汎関数

$$S_V(\mathbf{x}(\cdot)) := \int_a^b L_V\bigl(\mathbf{x}(t), \dot{\mathbf{x}}(t)\bigr)\,\mathrm{d}t \quad (\mathbf{x}(\cdot) \in C^2([a,b]; D)) \tag{2.33}$$

を考える．

関数 $L_V$ を**ポテンシャル $V$ から定まるラグランジュ関数**という．これは，物理的には，運動エネルギーとポテンシャルエネルギーの差を表す．

汎関数 $S_V$ の停留曲線の方程式，すなわち，$L_V$ から定まるオイラー–ラグランジュ方程式は，(2.22) を $N=1$, $\Omega = D$, $\gamma(t) = \mathbf{x}(t)$ の場合に応用することにより

$$\frac{\mathrm{d}}{\mathrm{d}t}(\operatorname{grad}_\mathbf{v} L_V)(\mathbf{x}(t), \dot{\mathbf{x}}(t)) - (\operatorname{grad}_\mathbf{x} L_V)(\mathbf{x}(t), \dot{\mathbf{x}}(t)) = 0 \tag{2.34}$$

となる.一方,容易にわかるように

$$(\mathrm{grad}_{\mathbf{v}} L_V)(\mathbf{x}, \mathbf{v}) = m\mathbf{v}, \quad (\mathrm{grad}_{\mathbf{x}} L_V)(\mathbf{x}, \mathbf{v}) = -(\mathrm{grad}\, V)(\mathbf{x}).$$

したがって

$$\frac{\mathrm{d}}{\mathrm{d}t} m\dot{\mathbf{x}}(t) + (\mathrm{grad}\, V)(\mathbf{x}(t)) = 0.$$

これは,ニュートンの運動方程式 (2.31) に他ならない.したがって,ニュートンの運動方程式 (2.31) は,$L_V$ から定まるオイラー–ラグランジュ方程式 (2.34) である.

いまの場合の一般化運動量

$$\mathbf{p}(\mathbf{x}, \mathbf{v}) = (\mathrm{grad}_{\mathbf{v}} L_V)(\mathbf{x}, \mathbf{v}) \tag{2.35}$$

は

$$\mathbf{p}(\mathbf{x}, \mathbf{v}) = m\mathbf{v} \tag{2.36}$$

となり,ニュートン力学における運動量と一致する.したがって,$L_V$ に同伴するエネルギー $E_{L_V}$ は

$$\begin{aligned} E_{L_V}(\mathbf{x}, \mathbf{v}) &= \langle \mathbf{v}, \mathbf{p}(\mathbf{x}, \mathbf{v}) \rangle - L_V(\mathbf{x}, \mathbf{v}) \\ &= \frac{m}{2} \|\mathbf{v}\|^2 + V(\mathbf{x}) \end{aligned} \tag{2.37}$$

となる.これは,ニュートン力学の文脈では,ポテンシャル $V$ の作用のもとで運動を行う質点 $m$ の力学的エネルギーに他ならない.こうして,確かに,2.3 節と 2.4 節で提示した一般論は,保存力の作用のもとで運動する 1 個の質点だけからなる系に関するニュートン力学の理論を特殊な場合として含むことがわかる.だが,これは,いま言及した系だけにとどまらず,保存力の作用のもとにある任意の多体系についても当てはまる.これを次に示そう.

$N$ を 2 以上の任意の自然数とし,配位空間 $\Omega$ の中に $N$ 個の質点 $m_1, \ldots, m_N$ が連続微分可能なポテンシャル $V : \Omega \to \mathbb{R}$ だけの作用のもとで運動する場合を考える.したがって,この場合のニュートンの運動方程式は

$$m_j \ddot{\gamma}_j(t) = -(\mathrm{grad}_j V)(\gamma(t)) \quad (t \in [a, b],\ j = 1, \ldots, N) \tag{2.38}$$

で与えられる ($\gamma(t) = (\gamma_1(t), \ldots, \gamma_N(t)) \in \Omega$).そこで,$N = 1$ の場合に

## 2.6. オイラー–ラグランジュ方程式としてのニュートンの運動方程式　**103**

倣って，関数 $L_V^{(N)} : \Omega \times \mathcal{E}_N \to \mathbb{R}$ を

$$L_V^{(N)}(\gamma, v) := \sum_{j=1}^{N} \frac{m_j}{2} \|v_j\|^2 - V(\gamma) \quad (\gamma \in \Omega,\ v \in \mathcal{E}_N) \tag{2.39}$$

によって定義し，$C^2([a,b]; \Omega)$ 上の汎関数

$$S_V^{(N)}(\gamma) := \int_a^b L_V^{(N)}(\gamma(t), \dot{\gamma}(t))\, \mathrm{d}t \quad (\gamma \in C^2([a,b]; \Omega)) \tag{2.40}$$

を考える．したがって，$\gamma$ が $S_V^{(N)}$ の停留曲線であることと，それが $L_V^{(N)}$ から定まるオイラー–ラグランジュ方程式

$$\frac{\mathrm{d}}{\mathrm{d}t}(\mathrm{grad}_v L_V^{(N)})(\gamma(t), \dot{\gamma}(t)) - (\mathrm{grad}_\gamma L_V^{(N)})(\gamma(t), \dot{\gamma}(t)) = 0 \tag{2.41}$$

を満たすことは同値である．一方

$$(\mathrm{grad}_v L_V^{(N)})(\gamma, v) = (m_1 v_1, \ldots, m_N v_N), \tag{2.42}$$

$$(\mathrm{grad}_\gamma L_V^{(N)})(\gamma, v) = -(\mathrm{grad}_1 V(\gamma), \ldots, \mathrm{grad}_N V(\gamma)). \tag{2.43}$$

ゆえに，(2.41) はニュートンの運動方程式 (2.38) と同値である．こうして，ポテンシャル $V$ の作用のもとで運動する $N$ 点系のニュートンの運動方程式の解は，汎関数 $S_V^{(N)}$ の停留曲線として特徴づけられる．

関数 $L_V^{(N)}$ を **$V$ から定まる $N$ 点系のラグランジュ関数**といい，$S_V^{(N)}$ を $V$ に同伴する**作用汎関数**あるいは**作用積分**または単に**作用**と呼ぶ．

ラグランジュ関数 $L_V^{(N)}$ から定まる一般化運動量 $p(\gamma, v)$ は，(2.42) から

$$p(\gamma, v) = (m_1 v_1, \ldots, m_N v_N) \tag{2.44}$$

となる．したがって，いまの場合の一般化運動量は，$N$ 点系の各質点の運動量の組である．これを用いると，$L_V^{(N)}$ に同伴するエネルギー $E_{L_V^{(N)}}$ は

$$\begin{aligned} E_{L_V^{(N)}}(\gamma, v) &= \langle v, p(\gamma, v) \rangle - L_V^{(N)}(\gamma, v) \\ &= \sum_{j=1}^{N} \frac{m_j}{2} \|v_j\|^2 + V(\gamma) \end{aligned} \tag{2.45}$$

と計算される．これは，考察下の系の力学的エネルギーに他ならない．

以上から，保存力の作用のもとでの質点系の運動は，その作用汎関数の停留曲線として実現されること，すなわち，ラグランジュ関数 $L_V^{(N)}$ に関する変分原理にしたがうことが示された．この性質は，通常，ハミルトン (Hamilton) の最小作用の原理として言及される．だが，この名称については注意を要する．というのは，一般論の水準では，考察下の停留曲線が $S_V^{(N)}$ の最小値または極小値を与えるとは限らないからである．この点については，名称に引きずられないように注意されたい．より適切な呼称をつけるとすれば，**停留作用の原理**となるであろうか．

ラグランジュ関数が $L_V^{(N)}$ の場合のラグランジュ方程式の座標表示 (2.30) は，ニュートン力学における具体的な質点系の運動を解析するときに極めて有用であり得る．というのは，具体的な質点系では，その系を扱う上で自然な座標系が存在する場合があるからである（次の例 2.16 を参照）．

**例 2.16**（平面上の回転対称な中心力場における運動）$V : (0, \infty) \to \mathbb{R}$ は連続微分可能であるとし

$$L(\mathbf{x}, \mathbf{v}) := \frac{m}{2}\|\mathbf{v}\|^2 - V(\|\mathbf{x}\|) \quad (\mathbf{x} = (x^1, x^2) \in \mathbb{R}^2 \setminus \{\mathbf{0}\},\ \mathbf{v} \in \mathbb{R}^2)$$

によって定義される，$(\mathbb{R}^2 \setminus \{\mathbf{0}\}) \times \mathbb{R}^2$ 上の関数 $L$ を考える．$(\mathrm{grad}_\mathbf{v} L)(\mathbf{x}, \mathbf{v}) = m\mathbf{v}$, $(\mathrm{grad}_\mathbf{x} L)(\mathbf{x}, \mathbf{v}) = -V'(\|\mathbf{x}\|)\mathbf{x}/\|\mathbf{x}\|$ であるから，$L$ をラグランジュ関数とするラグランジュ方程式は

$$m\ddot{\mathbf{x}}(t) = -V'(\|\mathbf{x}(t)\|)\frac{\mathbf{x}(t)}{\|\mathbf{x}(t)\|} \tag{2.46}$$

となる（右辺は中心力（例 1.30 を参照）であることに注意）．いまの場合，ポテンシャルは原点からの距離だけに依るので，運動を極座標で考察するのは自然である．そこで，座標表示として極座標 $(r, \theta)$ $(r > 0,\ \theta \in [0, 2\pi))$ をとってみよう：

$$x^1(t) = r(t)\cos\theta(t), \quad x^2(t) = r(t)\sin\theta(t).$$

したがって

$$\dot{x}^1(t) = \dot{r}(t)\cos\theta(t) - r(t)\dot{\theta}(t)\sin\theta(t), \tag{2.47}$$

$$\dot{x}^2(t) = \dot{r}(t)\sin\theta(t) + r(t)\dot{\theta}(t)\cos\theta(t) \tag{2.48}$$

## 2.6. オイラー–ラグランジュ方程式としてのニュートンの運動方程式

であるから

$$\|\dot{\mathbf{x}}(t)\|^2 = (\dot{x}^1(t))^2 + (\dot{x}^2(t))^2 = \dot{r}(t)^2 + r(t)^2\dot{\theta}(t)^2.$$

となる．ゆえに

$$L(\mathbf{x}(t), \dot{\mathbf{x}}(t)) = \frac{m}{2}(\dot{r}(t)^2 + r(t)^2\dot{\theta}(t)^2) - V(r(t)).$$

$L(t) := L(\mathbf{x}(t), \dot{\mathbf{x}}(t))$ とすれば

$$\frac{\partial L(t)}{\partial \dot{r}(t)} = m\dot{r}(t), \quad \frac{\partial L(t)}{\partial \dot{\theta}(t)} = m\dot{\theta}(t)r(t)^2,$$

$$\frac{\partial L(t)}{\partial r(t)} = m\dot{\theta}(t)^2 r(t) - V'(r(t)), \quad \frac{\partial L(t)}{\partial \theta(t)} = 0.$$

したがって，極座標系でのラグランジュ方程式は

$$m\ddot{r}(t) = mr(t)\dot{\theta}(t)^2 - V'(r(t)), \tag{2.49}$$

$$\frac{\mathrm{d}}{\mathrm{d}t}m\dot{\theta}(t)r(t)^2 = 0. \tag{2.50}$$

第 2 式から

$$\frac{1}{2}\dot{\theta}(t)r(t)^2 = c \text{ （定数）}$$

が出る．これは面積速が一定であることを意味する（(1.102) を参照）．

方程式 (2.49), (2.50) は，もちろん，ニュートンの運動方程式からも導かれる．実際，(2.47), (2.48) それぞれの両辺をもう 1 回 $t$ で微分し，(2.46) を用いると

$$m[\ddot{r}(t)\cos\theta(t) - 2\dot{r}(t)\dot{\theta}(t)\sin\theta(t) - r(t)\ddot{\theta}(t)\sin\theta(t) - r(t)\dot{\theta}(t)^2\cos\theta(t)]$$
$$= -V'(r(t))\cos\theta(t), \tag{2.51}$$

$$m[\ddot{r}(t)\sin\theta(t) + 2\dot{r}(t)\dot{\theta}(t)\cos\theta(t) + r(t)\ddot{\theta}(t)\cos\theta(t) - r(t)\dot{\theta}(t)^2\sin\theta(t)]$$
$$= -V'(r(t))\sin\theta(t) \tag{2.52}$$

が得られる．$(2.51)\times\cos\theta(t)+(2.52)\times\sin\theta(t)$ から (2.49) が，また，$(2.52)\times\cos\theta(t) - (2.51)\times\sin\theta(t)$ から (2.50) が導かれる．しかし，変分原理の観点からは，角運動量保存則を表す方程式 (2.50) が，角変数 $\theta(t)$ に関するラグランジュ方程式として直接出てくることは注目に値する．

## 2.7 停留曲線が極小曲線となる十分条件

すでに注意したように（注意 2.9），一般に，汎関数の停留関数は汎関数の極値を与える関数とは限らない．だが，通常の関数の場合との類推によれば，特徴的な形をしている汎関数については，その限りではないことが推測されよう．そこで，汎関数 $S_V^{(N)}$ について，この問題を考察してみる．結果を述べる前に，補題を二つ準備する．

$V_{\mathrm{E}}^d$ の正規直交基底の全体を $\mathrm{ONB}(V_{\mathrm{E}}^d)$ とする．$V : \Omega \to \mathbb{R}$ は 2 回連続微分可能であるとし，その 2 階偏導関数

$$V_{k\ell,ji}(\gamma) := \frac{\partial^2 V(\gamma)}{\partial \gamma_k^\ell \partial \gamma_j^i}, \quad \gamma = \sum_{j=1}^{N} \sum_{i=1}^{d} \gamma_j^i \mathbf{E}_{ji} \in \Omega \tag{2.53}$$

を考える．ただし，この定義では，$\{\mathbf{e}_i\}_{i=1}^d \in \mathrm{ONB}(V_{\mathrm{E}}^d)$ とする．その理由は次の補題による：

**補題 2.17** 任意の $\gamma \in \Omega$ に対して

$$d_V(\gamma) := \sqrt{\sum_{k,j=1}^{N} \sum_{\ell,i=1}^{d} V_{k\ell,ji}(\gamma)^2} \tag{2.54}$$

は正規直交基底 $\{\mathbf{e}_i\}_{i=1}^d \in \mathrm{ONB}(V_{\mathrm{E}}^d)$ の取り方に依らない．

**証明** $\{\mathbf{f}_i\}_{i=1}^d \in \mathrm{ONB}(V_{\mathrm{E}}^d)$ を別の正規直交基底とし，$\mathbf{F}_{ji} = (0, \ldots, \overset{j\,\text{番目}}{\mathbf{f}_i}, \ldots, 0) \in \mathcal{E}_N$ とおく．このとき，$\gamma = \sum_{j=1}^{N} \sum_{i=1}^{d} x_j^i \mathbf{F}_{ji}$ と展開できる．底の変換 $\{\mathbf{E}_{ji}\} \mapsto \{\mathbf{F}_{ji}\}$ の行列を $\{P_{ji}^{k\ell}\}$ とすれば

$$\mathbf{F}_{ji} = \sum_{k=1}^{N} \sum_{\ell=1}^{d} P_{ji}^{k\ell} \mathbf{E}_{k\ell}$$

である．$\{\mathbf{E}_{ji}\}$ と $\{\mathbf{F}_{ji}\}$ は正規直交基底であるから

$$\sum_{k=1}^{N} \sum_{\ell=1}^{d} P_{ji}^{k\ell} P_{j'i'}^{k\ell} = \delta_{jj'} \delta_{ii'} \quad (j, j' = 1, \ldots, N,\ i, i' = 1, \ldots, d) \tag{2.55}$$

が成立する．$\gamma = \sum_{k=1}^{N} \sum_{\ell=1}^{d} \gamma_k^\ell \mathbf{E}_{k\ell}$ とも展開できるので，座標成分につい

ては
$$\gamma^i_j = \sum_{k'=1}^{N}\sum_{\ell'=1}^{d} P^{ji}_{k'\ell'} x^{\ell'}_{k'}$$
が成り立つ．左から $P^{ji}_{k\ell}$ をかけて $j, i$ について和をとり，(2.55) を用いると
$$x^\ell_k = \sum_{j=1}^{N}\sum_{i=1}^{d} P^{ji}_{k\ell} \gamma^i_j$$
を得る．したがって
$$\frac{\partial}{\partial \gamma^i_j} = \sum_{k=1}^{N}\sum_{\ell=1}^{d} P^{ji}_{k\ell} \frac{\partial}{\partial x^\ell_k}$$
であるから，$g = 1,\ldots,N$, $h = 1,\ldots,d$ に対して
$$\frac{\partial^2 V}{\partial \gamma^i_j \partial \gamma^h_g} = \sum_{k,m=1}^{N}\sum_{\ell,n=1}^{d} P^{ji}_{k\ell} P^{gh}_{mn} \frac{\partial^2 V}{\partial x^\ell_k \partial x^n_m}.$$
ゆえに
$$\sum_{j,g=1}^{N}\sum_{i,h=1}^{d} \left(\frac{\partial^2 V}{\partial \gamma^i_j \partial \gamma^h_g}\right)^2$$
$$= \sum_{\substack{j,g,k,m,\\k',m'=1}}^{N} \sum_{\substack{i,h,n,\ell,\\ \ell',n'=1}}^{d} P^{ji}_{k\ell} P^{gh}_{mn} P^{ji}_{k'\ell'} P^{gh}_{m'n'} \left(\frac{\partial^2 V}{\partial \gamma^\ell_k \partial \gamma^n_m}\right) \times \left(\frac{\partial^2 V}{\partial \gamma^{\ell'}_{k'} \partial \gamma^{n'}_{m'}}\right).$$
そこで，(2.55) を使えば，右辺は
$$\sum_{k,m=1}^{N}\sum_{\ell,n=1}^{d} \left(\frac{\partial^2 V}{\partial x^\ell_k \partial x^n_m}\right)^2$$
に等しいことがわかる．よって，題意が成立する． ∎

**補題 2.18** $\eta \in C^1([a,b]; \mathcal{E}_N)$ かつ $\eta(a) = 0$ とする．このとき
$$\int_a^b \|\eta(t)\|^2 \, dt \le \frac{(b-a)^2}{2} \int_a^b \|\dot\eta(t)\|^2 \, dt. \tag{2.56}$$

**注意 2.19** 不等式 (2.56) は，連続微分可能なスカラー値関数に関するポアンカレ (Poincaré) の**不等式**のベクトル値関数版である．

**証明** $\eta(a) = 0$ であるから,任意の $t \in [a,b]$ に対して,$\eta(t) = \int_a^t \dot{\eta}(s)\,ds$ が成り立つ.したがって,$\|\eta(t)\| \leq \int_a^t \|\dot{\eta}(s)\|\,ds$.積分に関するシュヴァルツの不等式により

$$\int_a^t \|\dot{\eta}(s)\|\,ds \leq \left(\int_a^t 1^2\,ds\right)^{1/2} \left(\int_a^t \|\dot{\eta}(s)\|^2\,ds\right)^{1/2}$$
$$\leq \sqrt{t-a}\left(\int_a^b \|\dot{\eta}(s)\|^2\,ds\right)^{1/2}.$$

したがって

$$\int_a^b \|\eta(t)\|^2\,dt \leq \left(\int_a^b (t-a)\,dt\right) \int_a^b \|\dot{\eta}(t)\|^2\,dt.$$

$\int_a^b (t-a)\,dt = (b-a)^2/2$ であるから,(2.56) が導かれる. ∎

$\Omega$ に属する相異なる任意の 2 点 $A, B$ に対して,$A$ を始点,$B$ を終点とする曲線($n$ 回連続微分可能)の集合

$$C^n_{A,B}([a,b];\Omega) := \left\{\gamma \in C^n([a,b];\Omega) \,\middle|\, \gamma(a) = A, \gamma(b) = B\right\} \quad (2.57)$$

を導入する.任意の $\gamma \in C^n_{A,B}([a,b];\Omega)$ に対して,$\eta \in C^n_{P,0}([a,b];\Omega)$ による変形 $\gamma + \eta$ は,$\gamma$ の端点を変えない変形である.

各 $\gamma_0 \in C^n_{A,B}([a,b];\Omega)$ と $\delta > 0$ に対して,$C^n_{A,B}([a,b];\Omega)$ の部分集合

$$U^n_\delta(\gamma_0) := \left\{\gamma \in C^n_{A,B}([a,b];\Omega) \,\middle|\, \|\gamma_0 - \gamma\|_\infty < \delta\right\} \quad (2.58)$$

を $\gamma_0$ の $\delta$ 近傍と呼ぶ.

次の定理は,$S^{(N)}_V$ の停留曲線が極小曲線であるための十分条件に関するものである:

**定理 2.20** $m_0 := \min\{m_1, \ldots, m_N\}$ とし,$\gamma_0 \in C^2_{A,B}([a,b];\Omega)$ を $S^{(N)}_V$ の停留曲線とし

$$\min(\gamma_0) := \min_{t \in [a,b]} \|\gamma_0(t)\|, \quad \max(\gamma_0) := \|\gamma_0\|_\infty \quad (2.59)$$

とおく.ある $\delta > 0$ に対して

$$\sup_{\min(\gamma_0) - \delta < \|\gamma\| < \max(\gamma_0) + \delta} d_V(\gamma) \leq \frac{2m_0}{(b-a)^2} \quad (2.60)$$

## 2.7. 停留曲線が極小曲線となる十分条件 **109**

が成り立つとする ($d_V(\gamma)$ は (2.54) で与えられる). このとき

$$\min_{\gamma \in U_\delta^2(\gamma_0)} S_V^{(N)}(\gamma) = S_V^{(N)}(\gamma_0). \tag{2.61}$$

**証明** 任意の $\gamma \in U_\delta^2(\gamma_0)$ に対して, $\eta := \gamma - \gamma_0$ とおけば, $\eta \in C_{P,0}^2([a,b];\Omega)$ かつ $\|\eta(t)\| < \delta, \forall t \in [a,b]$ であり, $\gamma = \gamma_0 + \eta$ と書ける. したがって

$$\|\dot{\gamma}(t)\|^2 = \|\dot{\gamma}_0(t)\|^2 + 2\langle \dot{\gamma}_0(t), \dot{\eta}(t)\rangle + \|\dot{\eta}(t)\|^2.$$

内積に関する微分公式により

$$\langle \dot{\gamma}_0(t), \dot{\eta}(t)\rangle = \frac{\mathrm{d}}{\mathrm{d}t}\langle \dot{\gamma}(t), \eta(t)\rangle - \langle \ddot{\gamma}(t), \eta(t)\rangle$$

であるから, 部分積分により ($\langle \dot{\gamma}(a), \eta(a)\rangle = 0$, $\langle \dot{\gamma}(b), \eta(b)\rangle = 0$ に注意)

$$\int_a^b \langle \dot{\gamma}_0(t), \dot{\eta}(t)\rangle \,\mathrm{d}t = -\int_a^b \langle \ddot{\gamma}_0(t), \eta(t)\rangle \,\mathrm{d}t.$$

したがって, $\gamma_0(t) = (\gamma_{01}(t), \gamma_{02}(t), \ldots, \gamma_{0N}(t)) \in \Omega$ とすれば

$$\begin{aligned}
S_V^{(N)}(\gamma) &= \sum_{j=1}^N \frac{m_j}{2} \int_a^b \|\dot{\gamma}_{0j}(t)\|^2 \,\mathrm{d}t - \sum_{j=1}^N m_j \int_a^b \langle \ddot{\gamma}_{0j}(t), \eta_j(t)\rangle \,\mathrm{d}t \\
&\quad + \sum_{j=1}^N \frac{m_j}{2} \int_a^b \|\dot{\eta}_j(t)\|^2 \,\mathrm{d}t - \int_a^b V(\gamma(t)) \,\mathrm{d}t \\
&= S_V^{(N)}(\gamma_0) - \int_a^b \{V(\gamma(t)) - V(\gamma_0(t))\} \,\mathrm{d}t \\
&\quad - \sum_{j=1}^N m_j \int_a^b \langle \ddot{\gamma}_{0j}(t), \eta_j(t)\rangle \,\mathrm{d}t + \sum_{j=1}^N \frac{m_j}{2} \int_a^b \|\dot{\eta}_j(t)\|^2 \,\mathrm{d}t.
\end{aligned}$$

前節の結果により, $\gamma_0$ は (2.38) を満たすので

$$-\sum_{j=1}^N m_j \int_a^b \langle \ddot{\gamma}_{0j}(t), \eta_j(t)\rangle \,\mathrm{d}t = \int_a^b \langle (\mathrm{grad}\, V)(\gamma_0(t)), \eta(t)\rangle \,\mathrm{d}t$$

したがって

$$S_V^{(N)}(\gamma) = S_V^{(N)}(\gamma_0) + \sum_{j=1}^N \frac{m_j}{2} \int_a^b \|\dot{\eta}_j(t)\|^2 \,\mathrm{d}t - I_V.$$

ただし

$$I_V := \int_a^b \{V(\gamma_0(t)+\eta(t))) - V(\gamma_0(t))\}\,\mathrm{d}t - \int_a^b \langle (\operatorname{grad} V)(\gamma_0(t)), \eta(t)\rangle\,\mathrm{d}t.$$

ところで

$$\frac{\mathrm{d}}{\mathrm{d}\varepsilon} V(\gamma_0(t)+\varepsilon\eta(t))) = \langle (\operatorname{grad} V)(\gamma_0(t)+\varepsilon\eta(t)), \eta(t)\rangle$$

であるから

$$V(\gamma_0(t)+\eta(t))) - V(\gamma_0(t)) = \int_0^1 \mathrm{d}\varepsilon\,\langle (\operatorname{grad} V)(\gamma_0(t)+\varepsilon\eta(t)), \eta(t)\rangle. \tag{2.62}$$

したがって

$$\begin{aligned}I_V &= \int_a^b \mathrm{d}t \int_0^1 \mathrm{d}\varepsilon\,\langle (\operatorname{grad} V)(\gamma_0(t)+\varepsilon\eta(t)) - (\operatorname{grad} V)(\gamma_0(t)), \eta(t)\rangle \\ &= \sum_{j=1}^N \sum_{i=1}^d \int_a^b \mathrm{d}t \int_0^1 \mathrm{d}\varepsilon\,\{(\partial_{ji}V)(\gamma_0(t)+\varepsilon\eta(t)) - (\partial_{ji}V)(\gamma_0(t))\}\eta_j^i(t).\end{aligned}$$

ただし, $\partial_{ji} := \partial/\partial\gamma_j^i$, $\eta(t) = \sum_{j=1}^N \sum_{i=1}^d \eta_j^i(t)\mathbf{E}_{ji}$. (2.62) の場合と同様にして

$$\begin{aligned}&(\partial_{ji}V)(\gamma_0(t)+\varepsilon\eta(t)) - (\partial_{ji}V)(\gamma_0(t)) \\ &= \sum_{k=1}^N \sum_{\ell=1}^d \int_0^\varepsilon (\partial_{k\ell}\partial_{ji}V)(\gamma_0(t)+\alpha\eta(t))\eta_k^\ell(t)\,\mathrm{d}\alpha.\end{aligned}$$

ゆえに

$$I_V = \sum_{j,k=1}^N \sum_{i,\ell=1}^d \int_a^b \mathrm{d}t \int_0^1 \mathrm{d}\varepsilon \int_0^\varepsilon \mathrm{d}\alpha\,(\partial_{k\ell}\partial_{ji}V)(\gamma_0(t)+\alpha\eta(t))\eta_k^\ell(t)\eta_j^i(t).$$

和に関するシュヴァルツの不等式により

$$\begin{aligned}&\sum_{j,k=1}^N \sum_{i,\ell=1}^d \left|(\partial_{k\ell}\partial_{ji}V)(\gamma_0(t)+\alpha\eta(t))\eta_k^\ell(t)\eta_j^i(t)\right| \\ &\leq \left(\sum_{j,k=1}^N \sum_{i,\ell=1}^d \left|(\partial_{k\ell}\partial_{ji}V)(\gamma_0(t)+\alpha\eta(t))\right|^2\right)^{1/2}\end{aligned}$$

## 2.7. 停留曲線が極小曲線となる十分条件

$$\times \bigg( \sum_{j,k=1}^{N} \sum_{i,\ell=1}^{d} |\eta_k^\ell(t)|^2 |\eta_j^i(t)|^2 \bigg)^{1/2}$$
$$= d_V(\gamma_0(t) + \alpha\eta(t)) \cdot \|\eta(t)\|^2.$$

次の不等式に注意する：

$$\|\gamma_0(t) + \alpha\eta(t)\| \leq \|\gamma_0\|_\infty + \|\eta(t)\| < \max(\gamma_0) + \delta,$$
$$\|\gamma_0(t) + \alpha\eta(t)\| \geq \|\gamma_0(t)\| - \|\eta(t)\| > \min(\gamma_0) - \delta.$$

したがって

$$d_V(\gamma_0(t) + \alpha\eta(t)) \leq C_V := \sup_{\min(\gamma_0)-\delta < \|\gamma\| < \max(\gamma_0)+\delta} d_V(\gamma).$$

ゆえに

$$|I_V| \leq \int_a^b dt \int_0^1 d\varepsilon \int_0^\varepsilon d\alpha \, d_V(\gamma_0(t) + \alpha\eta(t)) \cdot \|\eta(t)\|^2$$
$$\leq C_V \bigg( \int_0^1 \varepsilon \, d\varepsilon \bigg) \int_a^b \|\eta(t)\|^2 \, dt$$
$$= \frac{C_V}{2} \int_a^b \|\eta(t)\|^2 \, dt.$$

以上から

$$S_V^{(N)}(\gamma) \geq S_V^{(N)}(\gamma_0) + \sum_{j=1}^N \frac{m_j}{2} \int_a^b \|\dot{\eta}_j(t)\|^2 \, dt - |I_V|$$
$$\geq S_V^{(N)}(\gamma_0) + \frac{m_0}{2} \int_a^b \|\dot{\eta}(t)\|^2 \, dt - \frac{C_V}{2} \int_a^b \|\eta(t)\|^2 \, dt$$
$$\geq S_V^{(N)}(\gamma_0) + \bigg( \frac{m_0}{(b-a)^2} - \frac{C_V}{2} \bigg) \int_a^b \|\eta(t)\|^2 \, dt \quad (\because (2.56))$$
$$\geq S_V^{(N)}(\gamma_0) \quad (\because (2.60))$$

ゆえに (2.61) が成立する. ∎

上の定理の証明の系として，$S_V^{(N)}$ の最小曲線の存在に関して次の結果が得られる：

**系 2.21** $\Omega = \mathcal{E}_N$ の場合を考え，$\gamma_0 \in C^2_{A,B}([a,b]; \mathcal{E}_N)$ を $S_V^{(N)}$ の停留曲線であるとする．さらに

$$\sup_{\gamma \in \mathcal{E}_N} d_V(\gamma) \leq \frac{2m_0}{(b-a)^2} \tag{2.63}$$

が成り立つとする．このとき，$\gamma_0$ は $C^2_{A,B}([a,b]; \mathcal{E}_N)$ 上の汎関数 $S_V^{(N)}$ の最小曲線である．

**証明** 定理 2.20 の証明から，いまの場合

$$\min_{\gamma \in C^2_{A,B}([a,b]; \mathcal{E}_N)} S_V^{(N)}(\gamma) = S_V^{(N)}(\gamma_0)$$

となることがわかる．したがって，題意が成立する． ∎

**例 2.22** 自由運動 ($V = 0$) や定力場の作用のもとでの運動（例 1.21）は，作用汎関数の最小曲線である（∵ これらの場合，$d_V(\gamma) \equiv 0$ であり，したがって，(2.63) は自明的に成立する）．

**例 2.23** $d$ 次元の調和振動子のポテンシャル $V_{\mathrm{os}}(\mathbf{x}) = k\|\mathbf{x}\|^2/2$（例 1.23）については，$\partial_i \partial_j V_{\mathrm{os}}(\mathbf{x}) = k\delta_{ij}$ であるから

$$d_{V_{\mathrm{os}}}(\mathbf{x}) = \sqrt{d}k$$

したがって，系 2.21 によって，$\sqrt{d}k \leq 2m/(b-a)^2$ ならば，始点を $\mathbf{A} \in V_{\mathrm{E}}^d$，終点を $\mathbf{B} \in V_{\mathrm{E}}^d$ とする，質点の運動は，$C^2_{\mathbf{A},\mathbf{B}}([a,b]; V_{\mathrm{E}}^d)$ 上の汎関数

$$S_{V_{\mathrm{os}}}(\mathbf{x}(\cdot)) = \frac{m}{2} \int_a^b \|\dot{\mathbf{x}}(t)\|^2 \, \mathrm{d}t - \frac{k}{2} \int_a^b \|\mathbf{x}(t)\|^2 \, \mathrm{d}t$$

の最小曲線である．

**例 2.24** 定数 $\lambda \in \mathbb{R} \setminus \{0\}$ をパラメーターとして含む，$V_{\mathrm{E}}^d \setminus \{\mathbf{0}\}$ 上の関数

$$V_{\mathrm{C}}(\mathbf{x}) := -\frac{\lambda}{\|\mathbf{x}\|} \quad (\mathbf{x} \in V_{\mathrm{E}}^d \setminus \{\mathbf{0}\})$$

は**クーロン型ポテンシャル**と呼ばれる[16]．$V_{\mathrm{C}}$ をポテンシャルとする作用汎関

---

[16] たとえば，万有引力 $\mathbf{F}_{\mathrm{u}}(\mathbf{x}) = -GmM\mathbf{x}/\|\mathbf{x}\|^3$（例 1.22）のポテンシャル $-GmM/\|\mathbf{x}\|$ はクーロン型である．

数は
$$S_{V_{\mathrm{C}}}(\mathbf{x}(\cdot)) = \frac{m}{2}\int_a^b \|\dot{\mathbf{x}}(t)\|^2\,\mathrm{d}t + \int_a^b \frac{\lambda}{\|\mathbf{x}(t)\|}\,\mathrm{d}t$$
となる．この汎関数の停留曲線を $\mathbf{x}^0(\cdot)$ としよう：
$$m\ddot{\mathbf{x}}^0(t) = -\frac{\lambda \mathbf{x}^0(t)}{\|\mathbf{x}^0(t)\|^3}.$$
容易に計算されるように，$\{\mathbf{e}_i\}_{i=1}^d$ を $V_{\mathrm{E}}^d$ の正規直交基底とし，$\mathbf{x} = \sum_{i=1}^d x^i \mathbf{e}_i$ $(x^i \in \mathbb{R})$ と展開すれば
$$\frac{\partial^2 V_{\mathrm{C}}(\mathbf{x})}{\partial x^i \partial x^j} = \frac{(\delta_{ij}\|\mathbf{x}\|^2 - 3x^i x^j)\lambda}{\|\mathbf{x}\|^5} \quad (i,j = 1,\ldots,d).$$
したがって，この場合の $d_V(\gamma)$，すなわち，$d_{V_{\mathrm{C}}}(\mathbf{x})$ は
$$d_{V_{\mathrm{C}}}(\mathbf{x}) = \frac{\sqrt{3+d}|\lambda|}{\|\mathbf{x}\|^3}$$
となる．ゆえに，$c_1 := \min(\mathbf{x}^0(\cdot)) > 0$, $c_2 := \max(\mathbf{x}^0(\cdot))$ とすれば，$\delta \in (0, c_1)$ に対して
$$\sup_{c_1-\delta < \|\mathbf{x}\| < c_2+\delta} d_{V_{\mathrm{C}}}(\mathbf{x}) \leq \frac{\sqrt{3+d}|\lambda|}{(c_1-\delta)^3}.$$
したがって，定理 2.20 によって，$\sqrt{3+d}|\lambda|/(c_1-\delta)^3 \leq 2m/(b-a)^2$ ならば，$\mathbf{x}^0(\cdot)$ は，$C_{\mathbf{A},\mathbf{B}}^2([a,b]; V_{\mathrm{E}}^d \setminus \{\mathbf{0}\})$ 上の汎関数 $S_{V_{\mathrm{C}}}$ の極小曲線である．

## 2.8 循環座標と保存則

例 2.16 で見たように，平面上の回転対称な中心力場のもとでの質点の運動における面積速一定の法則（角運動量保存則）は，極座標系でのラグランジュ方程式の一つそのものであり，この場合，ラグランジュ関数が角変数 $\theta$ に依っていないことが本質的であった．この構造の一般化を考察することにより，次の事実が明らかになる：

**定理 2.25** 2.3 節のラグランジュ関数 $L(\gamma, v, t)$ を考える．一般化座標 $q = (q_j^i)_{j=1,\ldots,N, i=1,\ldots,d}$ に関して，ある $j, i$ があって，$\partial L(\gamma, v, t)/\partial q_j^i = 0$ とし

よう．このとき，$q_j^i$ に対する一般化運動量 $p_j^i(t) := \partial L(\gamma(t), \dot{\gamma}(t), t)/\partial \dot{q}_j^i(t)$ は $t$ に依らない定数である．

**証明** 仮定の条件と (2.30) により，$\mathrm{d}p_j^i(t)/\mathrm{d}t = 0$. したがって，$p_j^i(t) = c$ （定数）． ∎

一般に，一般化座標のある成分 $q_j^i$ が $\partial L(\gamma, v, t)/\partial q_j^i = 0$ を満たすとき，$q_j^i$ をラグランジュ関数 $L$ の**循環座標**という．この術語を用いると，上の定理は次のように言い換えられる：循環座標に関する一般化運動量は，時間的に一定であること，すなわち，運動の保存量である．

## 2.9 オイラー–ラグランジュ方程式の拡張

質点に働く力は，保存力だけとは限らない[17]．そこで，より普遍的な観点からは，質点に作用する力の中に非保存力も含まれる場合にラグランジュ方程式がどのように拡張され得るかを考えることは自然である．

この拡張は，1 個の質点からなる系を考察するだけでも容易に推測され得る．いま，1 個の質点 $m$ だけからなる系を考え，$m$ にはポテンシャル $V: D \to \mathbb{R}$ から定まる保存力 $-\operatorname{grad} V$ と非保存力 $\mathbf{F}: D \times V_\mathrm{E}^d \to V_\mathrm{E}^d$ の合力 $-\operatorname{grad} V + \mathbf{F}$ だけが働くとする．したがって，運動方程式は

$$m\ddot{\mathbf{x}}(t) = -(\operatorname{grad} V)(\mathbf{x}(t)) + \mathbf{F}(\mathbf{x}(t), \dot{\mathbf{x}}(t))$$

である．これは，ラグランジュ関数 $L_V$（(2.32) を参照）を使って書けば

$$\frac{\mathrm{d}}{\mathrm{d}t}(\operatorname{grad}_\mathbf{v} L_V)(\mathbf{x}(t), \dot{\mathbf{x}}(t)) - (\operatorname{grad}_\mathbf{x} L_V)(\mathbf{x}(t), \dot{\mathbf{x}}(t)) = \mathbf{F}(\mathbf{x}(t), \dot{\mathbf{x}}(t)) \quad (2.64)$$

という形をとる（2.6 節を参照）．そこで，この式において，$L_V$ を任意のラグランジュ関数 $L: \Omega \times \mathcal{E}_N \times \mathbb{I} \to \mathbb{R}$ によって置き換え，$\mathbf{F}$ を一般の写像 $F: \Omega \times \mathcal{E}_N \times \mathbb{I} \to \mathcal{E}_N$ で置き換えて得られる運動 $\gamma: \mathbb{I} \to \Omega$ に関する方程式

---

[17] 例：(i) 質点の速度 $\mathbf{v}$ に比例する力 $-a\mathbf{v}$ ($a > 0$)（これは，たとえば，ある種の流体の中を運動する物体に作用する）；(ii) 2 次元平面 $\mathbb{R}^2 = \{(x, y) | x, y \in \mathbb{R}\}$ 上の質点に作用する，次の形の力：$\mathbf{F}(x, y) = (xy, xy)$（$(x, y) \in \mathbb{R}^2$）．

$$\frac{\mathrm{d}}{\mathrm{d}t}(\mathrm{grad}_v L)(\gamma(t),\dot\gamma(t),t) - (\mathrm{grad}_\gamma L)(\gamma(t),\dot\gamma(t),t) = F(\gamma(t),\dot\gamma(t),t)$$

(2.65)

を変分原理から導かれるオイラー–ラグランジュ方程式 (2.22) の一般化と考える. (2.65) 型の方程式を**一般ラグランジュ方程式**と呼ぶ. この場合, $F$ を**一般化された力**という. 一般ラグランジュ方程式を基礎方程式に据える力学の形式をラグランジュ形式と呼ぶ.

線形座標系 $(\mathbf{e}_i)_{i=1}^d$ における (2.65) の座標表示は, (2.27) から

$$\frac{\mathrm{d}}{\mathrm{d}t}\frac{\partial L(\gamma(t),\dot\gamma(t),t)}{\partial \dot\gamma_j^i(t)} - \frac{\partial L(\gamma(t),\dot\gamma(t),t)}{\partial \gamma_j^i(t)} = F_j^i(\gamma(t),\dot\gamma(t),t)$$

$$(j=1,\ldots,N,\ i=1,\ldots,d) \quad (2.66)$$

となる. ただし, $F = \sum_{j=1}^N \sum_{i=1}^d F_j^i \mathbf{E}_{ji}$ とする. 2.5 節で導入した一般化座標 $q$ では

$$\frac{\mathrm{d}}{\mathrm{d}t}\frac{\partial L(t)}{\partial \dot q_j^i(t)} - \frac{\partial L(t)}{\partial q_j^i(t)} = G_j^i(q(t),\dot q(t),t)$$

$$(j=1,\ldots,N,\ i=1,\ldots,d) \quad (2.67)$$

となる. ただし

$$G_j^i(q(t),\dot q(t),t) := \sum_{k=1}^N \sum_{\ell=1}^d (\partial_{ji}\psi_k^\ell)(q(t)) F_k^\ell(\gamma(t),\dot\gamma(t),t).$$

## 2.10 対称性と保存則

第 1 章の 1.15 節において, ニュートン力学における対称性を論じた. ニュートン力学の拡張であるラグランジュ形式の力学においても対称性を考察するのは自然である. この場合, 以下に示すように, **ラグランジュ関数の, ある一般的な対称性が物理量の保存則を導く**という調和的で美しい事実が明らかになる.

2.3 節のはじめで考察したラグランジュ関数 $L: \Omega \times \mathcal{E}_N \to \mathbb{R}$ を考えよう.

ただし，$L$ は $t$ には依存しないとする．$L$ に関する対称性の自然な一般概念の一つを導入する：

**定義 2.26** $\phi : \Omega \to \mathcal{E}_N$ を微分可能な写像とし，$\phi(\Omega) \subset \Omega$ を満たすものとする．このとき，写像 $\phi_* : \Omega \times \mathcal{E}_N \to \Omega \times \mathcal{E}_N$ を

$$\phi_*(\gamma, v) := (\phi(\gamma), \mathrm{d}\phi(\gamma)(v)) \quad ((\gamma, v) \in \Omega \times \mathcal{E}_N) \tag{2.68}$$

によって定義できる．ただし，$\mathrm{d}\phi(\gamma)(\cdot) : \mathcal{E}_N \to \mathcal{E}_N$ は点 $\gamma \in \Omega$ における $\phi$ の微分である（付録 E を参照）．もし

$$L(\phi_*(\gamma, v)) = L(\gamma, v) \quad ((\gamma, v) \in \Omega \times \mathcal{E}_N) \tag{2.69}$$

が成り立つならば，ラグランジュ系 $(\Omega, L)$ は $\phi$ を**許容する**という．

$\phi_*$ が全単射である場合，ラグランジュ系 $(\Omega, L)$ が $\phi$ を許容することは，第 1 章の 1.15 節の用語法で言えば，ラグランジュ関数 $L$ が $\phi_*$-対称であるということである．

数直線 $\mathbb{R}$ の原点を含む区間 $\mathbb{J} \subset \mathbb{R}$ の各点 $s$ に対して，全単射 $\phi_s : \Omega \to \Omega$ で次の性質 (i), (ii) を満たすものが与えられているとする：

(i) $\phi_0(\gamma) = \gamma, \forall \gamma \in \Omega$ (i.e. $\phi_0 = I \restriction \Omega$).

(ii) $\gamma \in \Omega$ と $s \in \mathbb{J}$ のベクトル値関数 $\phi_s(\gamma)$ は 2 回連続微分可能である．

$$\psi_s(\gamma) := \frac{\partial \phi_s(\gamma)}{\partial s}$$

とおく．

条件 (i), (ii) は，各 $\gamma \in \Omega$ ごとに定まる写像 $C_\gamma : \mathbb{J} \to \Omega; \mathbb{J} \ni s \mapsto C_\gamma(s) := \phi_s(\gamma)$ が点 $\gamma$ を通る連続微分可能な曲線であることを示すものであり，$\psi_s(\gamma)$ は，この曲線上の点 $\phi_s(\gamma)$ における接ベクトルを表す．特に，$\psi_0(\gamma)$ は点 $\gamma$ での接ベクトルである．

関数 $L(\gamma, v)$ の $v$ に関する微分を $\mathrm{d}_v L(\gamma, v)(\cdot) : \mathcal{E}_N \to \mathcal{E}_N$ で表す．$V_{\mathrm{E}}^d$ の基底 $\{\mathbf{e}_i\}_{i=1}^d$ から定まる $\mathcal{E}_N$ の基底 $\{\mathbf{E}_{ji}\}_{j=1,\ldots,N, i=1,\ldots,d}$ に関するベクトル $v, u \in \mathcal{E}_N$ の展開を

## 2.10. 対称性と保存則

$$v = \sum_{j=1}^{N}\sum_{i=1}^{d} v_j^i \mathbf{E}_{ji}, \quad u = \sum_{j=1}^{N}\sum_{i=1}^{d} u_j^i \mathbf{E}_{ji} \quad (v_j^i, u_j^i \in \mathbb{R}) \tag{2.70}$$

とすれば

$$\mathrm{d}_v L(\gamma,v)(u) = \sum_{j=1}^{N}\sum_{i=1}^{d} \frac{\partial L(\gamma,v)}{\partial v_j^i} u_j^i \tag{2.71}$$

である.

写像 $I_L : \Omega \times \mathcal{E}_N \to \mathbb{R}$ を

$$I_L(\gamma,v) := \mathrm{d}_v L(\gamma,v)(\psi_0(\gamma)) \quad (\gamma,v) \in \Omega \times \mathcal{E}_N \tag{2.72}$$

によって定義する. これは, 上述の曲線 $C_\gamma$ 上の点 $\gamma$ における接ベクトル $\psi_0(\gamma)$ に対する微分 $\mathrm{d}_v L(\gamma,v)$ の値であり, 数学的に自然な量である. もちろん, その定義から明らかなように $V_\mathrm{E}^d$ における座標系の取り方には依らない.

**定理 2.27**（ネーター (Noether) の定理）$\phi_s$ を上述のものとし, ラグランジュ系 $(\Omega, L)$ は, 各 $\phi_s$ $(s \in \mathbb{J})$ を許容するとする. このとき, $I_L$ はオイラー–ラグランジュ方程式 (2.22) の保存量である. すなわち, (2.22) の任意の解 $\gamma(t)$ に対して, $I_L(\gamma(t), \dot\gamma(t))$ は $t$ に依らない定数である.

**証明** 写像 $\eta_s : [a,b] \to \Omega$ を $\eta_s(t) := \phi_s(\gamma(t))$ によって定義する. このとき

$$\dot\eta_s(t) = \sum_{k=1}^{N}\sum_{\ell=1}^{d} \dot\gamma_k^\ell(t) \frac{\partial \phi_s(\gamma(t))_j^i}{\partial \gamma_k^\ell(t)} \mathbf{E}_{ji} = \mathrm{d}\phi_s(\gamma(t))(\dot\gamma(t)).$$

したがって, $L((\phi_s)_*(\gamma(t),\dot\gamma(t))) = L(\eta_s(t), \dot\eta_s(t))$. これと仮定により

$$L(\eta_s(t), \dot\eta_s(t)) = L(\gamma(t), \dot\gamma(t)). \tag{2.73}$$

したがって, $\eta_s(t) = \sum_{j=1}^{N}\sum_{i=1}^{d} y_{sj}^i(t) \mathbf{E}_{ji}$ $(y_{sj}^i(t) \in \mathbb{R})$ もラグランジュ方程式 (2.22) を満たす:

$$\frac{\mathrm{d}}{\mathrm{d}t} \frac{\partial L(\eta_s(t), \dot\eta_s(t))}{\partial \dot y_{sj}^i(t)} = \frac{\partial L(\eta_s(t), \dot\eta_s(t))}{\partial y_{sj}^i(t)}. \tag{2.74}$$

(2.73) の右辺は $s$ に依らないから

$$0 = \frac{\partial L(\eta_s(t), \dot\eta_s(t))}{\partial s}$$

*118* 第 2 章 変分原理とラグランジュ形式

$$= \sum_{j=1}^{N}\sum_{i=1}^{d} \frac{\partial y_{sj}^i(t)}{\partial s}\frac{\partial L(\eta_s(t),\dot\eta_s(t))}{\partial y_{sj}^i(t)} + \sum_{j=1}^{N}\sum_{i=1}^{d} \frac{\partial \dot y_{sj}^i(t)}{\partial s}\frac{\partial L(\eta_s(t),\dot\eta_s(t))}{\partial \dot y_{sj}^i(t)}.$$

これに (2.74) を代入し，整理すれば $\left(\dfrac{\partial \dot\eta_s(t)}{\partial s} = \dfrac{\partial}{\partial t}\dfrac{\partial \eta_s(t)}{\partial s}\ \text{も用いる}\right)$

$$\frac{\partial}{\partial t}\left(\sum_{j=1}^{N}\sum_{i=1}^{d} \frac{\partial y_{sj}^i(t)}{\partial s}\frac{\partial L(\eta_s(t),\dot\eta_s(t))}{\partial \dot y_{sj}^i(t)}\right) = 0$$

が得られる．したがって，$t$ に依らない定数 $C(s)$ があって

$$\sum_{j=1}^{N}\sum_{i=1}^{d} \frac{\partial y_{sj}^i(t)}{\partial s}\frac{\partial L(\eta_s(t),\dot\eta_s(t))}{\partial \dot y_{sj}^i(t)} = C(s).$$

$\phi_0(\gamma) = \gamma$, $\forall \gamma \in \Omega$ であるから，上式の左辺で $s=0$ としたものは $(y_{sj}^i(t)|_{s=0} = \gamma_j^i(t),\ \dot y_{sj}^i(t)|_{s=0} = \dot\gamma_j^i(t)$ にも注意) $I_L(\gamma(t),\dot\gamma(t))$ に等しいことがわかる．したがって，$I_L(\gamma(t),\dot\gamma(t)) = C(0) =$ 定数. ∎

## 2.10.1　応用1：ポテンシャルの空間並進対称性と全運動量保存則

(2.39) によって定義されるラグランジュ関数 $L_V^{(N)}$ を考える．このラグランジュ関数から定まるラグランジュ方程式 (2.41) は，$N$ 点系のニュートン方程式 (2.38) と同等であることを思い出しておこう．

あるベクトル $\eta \in \mathcal{E}_N$, $\eta \neq 0$ があって，任意の $s \in \mathbb{R}$ と $\gamma \in \Omega$ に対して $\gamma + s\eta \in \Omega$ かつ

$$V(\gamma + s\eta) = V(\gamma)$$

が成り立つとしよう．これは，$V$ が $\eta$ 方向への並進対称性をもつということである．$\phi_s : \Omega \to \Omega$ を $\phi_s(\gamma) := \gamma + s\eta$ によって定義する．この場合，$d\phi_s(\gamma)(v) = v$, $\forall v \in \mathcal{E}_N$ であることは容易にわかる．したがって，$(\phi_s)_*(\gamma,v) = (\gamma+s\eta, v)$. ゆえに，$L_V^{(N)}((\phi_s)_*(\gamma,v)) = L_V^{(N)}(\gamma,v)$ ($(\gamma,v) \in \Omega \times \mathcal{E}_N$). また，$(\phi_s)_*$ は全単射であることも容易に示される．したがって，$L_V^{(N)}$ は $(\phi_s)_*$-対称，すなわち，ラグランジュ系 $(\Omega, L_V^{(N)})$ は $\phi_s$ を許容する．ゆえに，$L = L_V^{(N)}$ と考察下の $\phi_s$ に関して，ネーターの定理（定理 2.27）を応用できる．容易にわ

かるように
$$\mathrm{d}_v L_V^{(N)}(\gamma, v)(u) = \sum_{j=1}^{N} \langle p_j, u_j \rangle \quad (\forall u = (u_1, \ldots, u_N) \in \mathcal{E}_N).$$

ただし，$p_j := m_j v_j$．明らかに，$\partial \phi_s(\gamma)/\partial s = \eta$．したがって
$$I_{L_V^{(N)}}(\gamma(t), \dot{\gamma}(t)) = \sum_{j=1}^{N} \langle p_j(t), \eta_j \rangle, \quad p_j(t) := m_j \dot{\gamma}_j(t).$$

ゆえに，ネーターの定理により，$\sum_{j=1}^{N} \langle p_j, \eta_j \rangle$ はニュートン方程式 (2.41) の保存量である．

ベクトル $\eta$ が $\eta_j = a \in V_E^d$ $(j = 1, \ldots, N)$ を満たす場合に対して，前段の結果を応用すれば，全運動量 $P := \sum_{j=1}^{N} p_j$ の $a$ 方向への射影 $\langle P, a/\|a\| \rangle$ は (2.41) の保存量であることが結論される．これを **$a$ 方向への全運動量保存則**といい，この型の全運動量保存則を総称的に**方向的全運動量保存則**と呼ぶ．こうして，**ポテンシャルの特定のベクトルに関する並進対称性は方向的全運動量保存則を導くことがわかる．**

特に，すべての $a \in V_E^d$ に対して，$V$ が $(a, \ldots, a) \in \mathcal{E}_N$ に関して並進対称ならば，全運動量 $P(t) = \sum_{j=1}^{N} p_j(t)$ は保存される（$\because \langle P(t), a \rangle$ は $t$ に依らない定数であるので，$\langle \dot{P}(t), a \rangle = 0, \forall a \in V_E^d$．したがって，$\dot{P}(t) = 0$）．このような状況は，多体系の万有引力に対するポテンシャルの場合のように，$V$ が $\gamma_j - \gamma_k$ $(j, k = 1, \ldots, N)$ の関数になっている場合に起こる．

## 2.10.2 応用2：ポテンシャルの広義回転対称性と軌道角運動量保存則

$\{\mathbf{e}_i\}_{i=1}^{d}$ を $V_E^d$ の任意の正規直交基底とし，この基底に関する，任意の点 $\mathbf{x} \in V_E^d$ の成分表示（座標表示）を $(x^i)_{i=1}^{d}$ とする：$\mathbf{x} = \sum_{i=1}^{d} x^i \mathbf{e}_i$．いまの場合，$x^i = \langle \mathbf{e}_i, \mathbf{x} \rangle$ である．$\mathbf{e}_i$ と $\mathbf{e}_j$ $(i < j)$ で生成される2次元部分空間を $W_{ij}$ としよう：$W_{ij} := \{a\mathbf{e}_i + b\mathbf{e}_j \,|\, a, b \in \mathbb{R}\}$．$W_{ij}$ は，対応：$a\mathbf{e}_i + b\mathbf{e}_j \mapsto (a, b) \in \mathbb{R}^2$ により，内積空間として，$\mathbb{R}^2$ と同型である．この意味で，$W_{ij}$ を $V_E^d$ の「平面」の一つと考えることができる．各 $\theta \in \mathbb{R}$ に対して，写像 $R_{ij}(\theta) : V_E^d \to V_E^d$

を次のように定義する：

$$R_{ij}(\theta)(\mathbf{x}) := \sum_{k=1}^{d} y^k(\theta)\mathbf{e}_k, \tag{2.75}$$

$$y^i(\theta) := x^i \cos\theta - x^j \sin\theta, \quad y^j(\theta) := x^i \sin\theta + x^j \cos\theta, \tag{2.76}$$

$$y^k(\theta) := x^k \quad (k \neq i, j). \tag{2.77}$$

容易にわかるように，$R_{ij}(\theta) \in \mathrm{O}(V_\mathrm{E}^d)$ である．$\mathbf{x} \in W_{ij}$ であれば，$R_{ij}(\theta)(\mathbf{x})$ は $\mathbf{x}$ を平面 $W_{ij}$ の原点のまわりに角度 $\theta$ だけ回転して得られる点である．そこで，写像 $R_{ij}(\theta)$ を**平面 $\boldsymbol{W_{ij}}$ における（原点のまわりの）角度 $\boldsymbol{\theta}$ の回転**と呼ぶ．直接計算により

$$R_{ij}(\theta)R_{ij}(\chi) = R_{ij}(\theta + \chi) \quad (\theta, \chi \in \mathbb{R}) \tag{2.78}$$

が成り立つことがわかる．したがって，$\{R_{ij}(\theta) | \theta \in \mathbb{R}\}$ は $\mathrm{O}(V_\mathrm{E}^d)$ の可換な部分群である．

さて，1 個の質点 $m$ からなる系を考え（$N=1$ の場合），ポテンシャル $V : D \to \mathbb{R}$ から定まるラグランジュ関数を $L_V$ とする（(2.32) を参照）．いま，ポテンシャル $V$ は，平面 $W_{ij}$ における回転対称性をもつとしよう．すなわち，$R_{ij}(D) = D$ かつすべての $\theta \in \mathbb{R}$ に対して

$$V(R_{ij}(\theta)(\mathbf{x})) = V(\mathbf{x}) \quad (\forall \mathbf{x} \in D) \tag{2.79}$$

が成り立つとする．写像 $\phi_\theta : D \to V_\mathrm{E}^d$ を

$$\phi_\theta(\mathbf{x}) := R_{ij}(\theta)(\mathbf{x}) \quad (\mathbf{x} \in D) \tag{2.80}$$

によって定義すれば，これは $\theta$ と $\mathbf{x}$ について連続微分可能であり

$$\mathrm{d}\phi_\theta(\mathbf{x})(\mathbf{v}) = R_{ij}(\theta)(\mathbf{v}) \quad (\mathbf{v} \in V_\mathrm{E}^d), \tag{2.81}$$

$$\begin{aligned}\frac{\partial \phi_\theta(\mathbf{x})}{\partial \theta} =& -(x^i \sin\theta + x^j \cos\theta)\mathbf{e}_i \\ & + (x^i \cos\theta - x^j \sin\theta)\mathbf{e}_j.\end{aligned} \tag{2.82}$$

(2.79) と (2.81) によって，$L_V((\phi_\theta)_*(\mathbf{x}, \mathbf{v})) = L_V(\mathbf{x}, \mathbf{v})$ が成り立つので，ラグランジュ系 $(D, L_V)$ は各 $\phi_\theta$ を許容する．したがって，この系にネーター

の定理（定理 2.27）で $N=1$ の場合が適用できる．いまの場合，(2.82) に注意すれば

$$I_{L_V}(\mathbf{x}, \mathbf{v}) = x^i(mv^j) - x^j(mv^i)$$

となることがわかる．したがって，$\mathbf{x}(t)$ がニュートンの運動方程式の解ならば $x^i(t)(mv^j(t)) - x^j(t)(mv^i(t))$ $(v^i(t) := \dot{x}^i(t))$ は $t$ に依らず一定である．一方，この量は，角運動量 $\mathbf{L}(t)$ の（基底 $\{\mathbf{e}_i \wedge \mathbf{e}_j\}_{i<j}$ に関する）$(i,j)$ 成分に他ならない（第1章の 1.10 節を参照）．こうして，ポテンシャル $V$ の部分群 $\{R_{ij}(\theta) \,|\, \theta \in \mathbb{R}\}$ に関する広義回転対称性は，角運動量 $\mathbf{L}(t)$ の $(i,j)$ 成分の保存則を導くことがわかる．ゆえに，特に，$V$ が広義回転対称であれば，角運動量のすべての成分，したがって，角運動量そのものが保存される．

## 2.11　拘束系

これまでに考察してきた $N$ 点系の配位空間は，$(V_E^d)^N$ の開集合 $\Omega$ であった．ところで，$V_E^d$ の点を座標表示するために必要な独立な変数の個数は $d$ である．したがって，$\Omega$ の点を座標表示するための独立な座標変数の個数は $dN$ であり，これは，$\Omega$ がそこに入っている空間 $(V_E^d)^N$ のベクトル空間としての次元と同じである．しかし，質点系の運動は，この種の型でつきるものではない．たとえば，$N=1$, $d=3$ で $V_E^d = \mathbb{R}^3$ の場合を考えると，1個の質点が $\mathbb{R}^3$ の中の特定の直線や曲線の上に束縛されながら運動するような場合もあり得る．この場合には，質点の位置は1個の変数（パラメーター）によって記述される．また，$\mathbb{R}^3$ の中の平面や曲面に束縛された運動も考えることが可能であり，このときは，質点の位置を表す独立変数の個数は2である．そこで，次の定義を設ける：一般に，質点系の運動における任意の時刻での位置を決定するために必要な独立変数の個数（時刻に依らない）を当の運動の**自由度**という．したがって，直線や曲線に束縛された1個の質点の運動の自由度は1であり，平面や曲面に束縛された1個の質点の運動の自由度は2である．上の $\Omega$ を配位空間とする，$N$ 個の質点の運動の自由度は $dN$ である．

$(V_E^d)^N$ の中に存在する $N$ 個の質点が，全空間における運動の自由度 $dN$ より小さい自由度 $f$ の運動を行うとき $(f < dN)$，この運動を自由度 $f$ の束

**縛運動**または**拘束運動**と呼び，この種の質点系を**拘束系**という．

自由度 $f$ の束縛運動の基本的な例を考察しよう[18]．次の二つの条件が満たされるとき，$M \subset (V_E^d)^N$ を**パラメーター付 $f$ 次元図形**と呼ぶ：

(i) $\mathbb{R}^f$ の開集合 $U$ と $U$ から $(V_E^d)^N$ への単射かつ連続微分可能な写像 $\psi$：$U \to (V_E^d)^N$; $U \ni q = (q^1, \ldots, q^f) \mapsto \psi(q) \in (V_E^d)^N$ があって，$\psi(U) = M$ が成り立つ．また，$\psi^{-1}: M \to U$ も連続微分可能である．$q$ を $M$ の点 $\psi(q)$ の**座標**という．

(ii) 各 $i = 1, \ldots, f$ に対して，$(\partial_i \psi)(q) := \partial \psi(q)/\partial q^i \in \mathcal{E}_N$ とおく．$U$ の各点 $q = (q^1, \ldots, q^f)$ に対して，$f$ 個のベクトル $(\partial_1 \psi)(q), \ldots, (\partial_f \psi)(q)$ は線形独立である．

$U$ と $\psi$ の組 $(U, \psi)$ を $M$ の**座標系**という．$\psi(q) \in M \subset (V_E^d)^N$ であるから

$$\psi(q) = (\psi_1(q), \ldots, \psi_N(q)) \quad (\psi_j(q) \in V_E^d, \ j = 1, \ldots, N)$$

と表される．すなわち，$\psi$ から，写像 $\psi_j : U \to V_E^d$ が一意的に定まる．容易にわかるように

$$(\partial_i \psi)(q) = (\partial \psi_1(q)/\partial q^i, \ldots, \partial \psi_N(q)/\partial q^i) \quad (i = 1, \ldots, f).$$

$M$ の座標系は一つとは限らない．そこで，$M$ の別の座標系 $(W, \phi)$ があったしよう．このとき，$M$ の任意の点 $\mathbf{x} = \psi(q)$ に対して，$\psi(q) = \phi(q')$ となる $q' \in W$（座標系 $(W, \phi)$ での $\mathbf{x}$ の座標）がただ一つ存在する．したがって

$$q' = \phi^{-1}(\psi(q)). \tag{2.83}$$

これが異なる座標系の間の座標変換の式である．

上の (ii) によって，$M$ の各点 $\mathbf{x} = \psi(q)$——したがって，$q = \psi^{-1}(\mathbf{x})$——に対して，$f$ 個のベクトル $\partial_i \psi(q)$ $(i = 1, \ldots, f)$ によって生成される $f$ 次元ベクトル空間

$$F_{\mathbf{x}}(M) := \mathcal{L}(\{(\partial_i \psi)(q)\}_{i=1}^f) = \mathcal{L}(\{(\partial_i \psi)(\psi^{-1}(\mathbf{x}))\}_{i=1}^f) \tag{2.84}$$

---

[18] 以下の議論は，$f = dN$ の場合にもそのまま成り立つ．

が考えられる[19]．これは $M$ の座標系の選び方に依らないことがわかる[20]．ベクトル空間 $F_{\mathbf{x}}(M)$ を $\mathbf{x}$ における**接空間** (tangent space) と呼び，$F_{\mathbf{x}}(M)$ のベクトルを点 $\mathbf{x}$ における**接ベクトル**と呼ぶ．$F_{\mathbf{x}}(M)$ の任意の元 $\mathbf{v}$ は $(\partial_i \psi)(q)$ の線形結合で表される：

$$\mathbf{v} = \sum_{i=1}^{f} v^i (\partial_i \psi)(q) \quad (v^i \in \mathbb{R}, \ i = 1, \ldots, f).$$

係数の組 $(v^1, \ldots, v^f)$ が基底 $\{(\partial_j \psi)(q)\}_{j=1}^{f}$ に関する $\mathbf{v} \in F_{\mathbf{x}}(M)$ の座標表示（成分表示）である．

**例 2.28** $N = 1$, $d = 3$, $V_{\mathrm{E}}^3 = \mathbb{R}^3 = \{\mathbf{x} = (x^1, x^2, x^3) | x^i \in \mathbb{R}, \ i = 1, 2, 3\}$ の場合を考え，$M = \{\mathbf{x} = (x^1, x^2, x^3) | \|\mathbf{x}\| = r, \ x^1 \neq \sqrt{r^2 - (x^3)^2}\}$ （$r > 0$ は定数）とする．これは，幾何学的には，原点を中心とする半径 $r$ の 2 次元球面から「北極」$(0, 0, r)$ と点 $(r, 0, 0)$ と「南極」$(0, 0, -r)$ を通る半円周を除いたものである．極座標 $(\phi, \theta)$ ($\phi \in (0, 2\pi), \ \theta \in (0, \pi)$) をとれば，$M$ の点は

$$x^1 = r \cos\phi \sin\theta, \quad x^2 = r \sin\phi \sin\theta, \quad x^3 = r \cos\theta$$

と表される．これは，上述の記号では，$U = (0, 2\pi) \times (0, \pi)$, $q^1 = \phi$, $q^2 = \theta$,

$$\psi(\phi, \theta) = (r \cos\phi \sin\theta, r \sin\phi \sin\theta, r \cos\theta)$$

とした場合である．$\psi : (0, 2\pi) \times (0, \pi) \to M$ が全単射であることは容易に確かめられる．また，$\psi$ は連続微分可能であり

$$\frac{\partial \psi(\phi, \theta)}{\partial \phi} = (-r \sin\phi \sin\theta, r \cos\phi \sin\theta, 0),$$

---

[19] $\mathbb{K}$ 上のベクトル空間 $V$ の任意の部分集合 $S$ に対して，$\mathcal{L}(S)$ は $S$ のベクトルによって生成される部分空間を表す：$\mathcal{L}(S) = \{\sum_{i=1}^{n} \alpha_i u_i | n \in \mathbb{N}, \alpha_i \in \mathbb{K}, u_i \in S\}$.
[20] $\because (W, \phi)$ を上述のような座標系とし，$\chi := \phi^{-1} \circ \psi$ とすれば，(2.83) により，$q' = \chi(q)$ であるから，任意の $i = 1, \ldots, f$ に対して

$$(\partial_i \psi)(q) = \frac{\partial \phi(q')}{\partial q^i} = \sum_{k=1}^{f} \frac{\partial \chi_k(q)}{\partial q^i} (\partial_k \phi)(q').$$

したがって，$F_{\mathbf{x}}(M) \subset \mathcal{L}(\{(\partial_i \phi)(\phi^{-1}(\mathbf{x}))\}_{i=1}^{f})$．$\psi$ と $\phi$ の役割を入れ換えれば，逆の包含関係も示される．

$$\frac{\partial \psi(\phi,\theta)}{\partial \theta} = (r\cos\phi\cos\theta, r\sin\phi\cos\theta, -r\sin\theta)$$

となる.これらのベクトルは直交している.したがって,線形独立である.

$M$ における運動——$M$ に束縛(拘束)された運動——の数学的概念は次のように定義される:$\mathbb{R}$ の区間 $\mathbb{I}$ から $M$ への連続写像 $\mathbf{x}(\cdot): \mathbb{I} \to M; \mathbb{I} \ni t \mapsto \mathbf{x}(t) \in M$ を $M$ における**運動**または**運動曲線**と呼ぶ.$M$ を**配位空間**という.この場合,座標系 $(U, \psi)$ では

$$\mathbf{x}(t) = \psi(q(t)) \tag{2.85}$$

と書ける.ただし,$q(\cdot): \mathbb{I} \to U$ である.

$q(\cdot)$ が連続微分可能であるとすれば,$\mathbf{x}(\cdot)$ も連続微分可能であり

$$\dot{\mathbf{x}}(t) = \sum_{i=1}^{f} \dot{q}^i(t)(\partial_i \psi)(q(t)). \tag{2.86}$$

$V_{\mathrm{E}}^d$ における運動の場合と同様に,$\dot{\mathbf{x}}(t)$ を時刻 $t$ での**速度ベクトル**という.(2.86) は $\dot{\mathbf{x}}(t) \in F_{\mathbf{x}(t)}(M)$,すなわち,時刻 $t$ での速度ベクトルは,時刻 $t$ での位置 $\mathbf{x}(t)$ における接空間のベクトルであること,および $F_{\mathbf{x}(t)}(M)$ の基底 $\{(\partial_j \psi)(q(t))\}_{i=1}^{f}$ に関する $\dot{\mathbf{x}}(t)$ の座標表示が $(\dot{q}^1(t), \ldots, \dot{q}^f(t))$ であることを示す.以下では,$\psi$ および $q(\cdot)$ が 2 回連続微分可能な場合のみを考える.

さて,$M$ における質点系の運動の方程式——$q^i(t)$ ($i = 1, \ldots, f$) に関する方程式——をニュートン方程式から導いてみよう.時刻 $t$ で位置 $\mathbf{x} := (\mathbf{x}_1, \ldots, \mathbf{x}_N) \in M$ にある質点系に働く力を $\mathbf{F}(t, \mathbf{x}) = (\mathbf{F}_1(t, \mathbf{x}), \ldots, \mathbf{F}_N(t, \mathbf{x})) \in (V_{\mathrm{E}}^d)^N$ とする.表式を簡潔にするために,$m := (m_1, \ldots, m_N)$ と $\mathbf{y} \in (V_{\mathrm{E}}^d)^N$ に対して,記号

$$m\mathbf{y} := (m_1\mathbf{y}_1, \ldots, m_N\mathbf{y}_N) \tag{2.87}$$

を導入する.このとき,ニュートンの方程式は

$$m\ddot{\mathbf{x}}(t) = \mathbf{F}(t, \mathbf{x}(t)) \tag{2.88}$$

という一つの式にまとまる.

系に働く外力 (applied force) を $\mathbf{F}_{\mathrm{a}}(t, \mathbf{x}) \in (V_{\mathrm{E}}^d)^N$ とすれば

$$\mathbf{F}_{\mathrm{c}}(t, \mathbf{x}) := \mathbf{F}(t, \mathbf{x}) - \mathbf{F}_{\mathrm{a}}(t, \mathbf{x}) \tag{2.89}$$

は，質点系を $M$ 内にとどめておくために必要な力を表すと解釈される．この力を**束縛力** (constraining force) と呼ぶ．したがって，質点系に働く力 $\mathbf{F}(t, \mathbf{x})$ は

$$\mathbf{F} = \mathbf{F}_a + \mathbf{F}_c \tag{2.90}$$

と分解される．実際の具体例の多くにおいて，束縛力は仕事をしない．この性質の一般化は，数学的には，点 $\mathbf{x}$ を通る，$M$ 上の任意の連続微分可能曲線 $\mathbf{X} : \mathbb{J} \to M; \mathbb{J} \ni s \mapsto \mathbf{X}(s) \in M$, $\mathbf{X}(0) = \mathbf{x}$ ($\mathbb{J} \subset \mathbb{R}$ は $0 \in \mathbb{R}$ を含む区間) に対して

$$\int_0^\tau \langle \mathbf{F}_c(t, \mathbf{X}(s)), \dot{\mathbf{X}}(s) \rangle \, ds = 0 \quad (\forall \tau \in \mathbb{J})$$

として定式化される[21]．両辺の $\tau = 0$ での微分を考えれば

$$\langle \mathbf{F}_c(t, \mathbf{x}), \dot{\mathbf{X}}(0) \rangle = 0$$

が得られる．ここで，$\dot{\mathbf{X}}(0)$ は接空間 $F_\mathbf{x}(M)$ の元であることに注意しよう．そこで，次の定義を設ける：

$M$ の各点 $\mathbf{x}$ と任意の接ベクトル $\mathbf{v} \in F_\mathbf{x}(M)$ に対して

$$\langle \mathbf{F}_c(t, \mathbf{x}), \mathbf{v} \rangle = 0 \quad (t \in \mathbb{I}) \tag{2.91}$$

を満たす束縛力 $\mathbf{F}_c$ を**滑らかな束縛力**という．

この定義から，明らかなように，滑らかな束縛力は，$M$ の各点でその接空間と直交するベクトルで表される力であり，$M$ 上の運動に関して仕事をしない．

以下，$\mathbf{F}_c$ は滑らかな束縛力であるとする．性質 (2.91) と (2.90) および運動方程式 (2.88) から

$$\langle \mathbf{F}_a(t, \mathbf{x}(t)) - m\ddot{\mathbf{x}}(t), \mathbf{v} \rangle = 0 \quad (\forall \mathbf{v} \in F_{\mathbf{x}(t)}(M)). \tag{2.92}$$

これは，質点系の運動に則して定まる「力」$\mathbf{F}_a(t, \mathbf{x}(t)) - m\ddot{\mathbf{x}}(t)$ が仕事をしないことを意味する．このことを「外力 $\mathbf{F}_a(t, \mathbf{x}(t))$ は「力」$-m\ddot{\mathbf{x}}(t)$ とベクトル的に平衡状態にある」という．ここに現れた「力」$-m\ddot{\mathbf{x}}(t)$——これは運

---
[21] 仕事の概念については，第 1 章の 1.8.2 項を参照．

動 $\mathbf{x}(\cdot)$ に同伴して現れる——を**慣性力**または**慣性抵抗**と呼ぶ[22].

性質 (2.92) は**ダランベールの原理**と呼ばれる[23].

$M$ の座標系 $(U, \psi)$ をとり,$\mathbf{x} \in M$ を $\mathbf{x} = \psi(q)$ と表す.すでに知っているように,$F_{\mathbf{x}}(M)$ は $\{\partial_i \psi(q) | i = 1, \ldots, f\}$ で生成されるから,(2.92) は

$$\langle \mathbf{F}_a(t, \mathbf{x}(t)) - m\ddot{\mathbf{x}}(t), \partial_i \psi(q(t)) \rangle = 0 \quad (i = 1, \ldots, f)$$

と同値である.ただし,$\mathbf{x}(t) = \psi(q(t))$ である.したがって

$$\langle m\ddot{\mathbf{x}}(t), \partial_i \psi(q(t)) \rangle = \langle \mathbf{F}_a(t, \mathbf{x}(t)), \partial_i \psi(q(t)) \rangle.$$

ここで,運動エネルギー

$$T := \sum_{j=1}^{N} \frac{m_j \|\dot{\mathbf{x}}_j(t)\|^2}{2}$$

を用いることにより

$$m_j \ddot{\mathbf{x}}_j(t) = \frac{\mathrm{d}}{\mathrm{d}t} \mathrm{grad}_{\dot{\mathbf{x}}_j(t)} T$$

と書かれることに注意する.したがって

$$\left\langle \frac{\mathrm{d}}{\mathrm{d}t} \mathrm{grad}_{\dot{\mathbf{x}}_j(t)} T, \partial_i \psi_j(q(t)) \right\rangle = \langle \mathbf{F}_a(t, \mathbf{x}(t))_j, \partial_i \psi_j(q(t)) \rangle. \quad (2.93)$$

接ベクトルの関係式 (2.86) によって

$$\frac{\partial \dot{\mathbf{x}}_j(t)}{\partial \dot{q}^i(t)} = \partial_i \psi_j(q(t)).$$

これと合成関数の微分法により

$$\frac{\partial T}{\partial \dot{q}^i(t)} = \sum_{j=1}^{N} \langle \mathrm{grad}_{\dot{\mathbf{x}}_j(t)} T, \partial_i \psi_j(q(t)) \rangle$$

---

[22] この概念自体は,拘束系に限定されない.質点の運動に同伴する慣性力は,この運動が静止して見える座標系において,外力と打ち消し合う力である.慣性力は,すべての物体がその運動状態を持続しようとする性質の「表現」であると解釈される.日常的に出会う慣性力の例としては,重いドアを開けようとするときに受ける「抵抗」や乗り物(電車,バス,自動車など)の発車や停車の際に受ける力がある.曲線運動において現れる遠心力も慣性力の一つである.地球の周囲を回るロケットの内部が無重力状態になるのは慣性力による.
[23] 物理の力学の教科書では,この原理は(数学的にはあいまいな)「仮想変位」なる概念を用いて述べられる.点 $\mathbf{x} \in M$ における「仮想変位」の数学的に厳密な意味は,いまの文脈では,$F_{\mathbf{x}}(M)$ の接ベクトルのことである.

が得られる．したがって

$$\frac{\mathrm{d}}{\mathrm{d}t}\frac{\partial T}{\partial \dot{q}^i(t)} = \sum_{j=1}^{N}\Big\langle \frac{\mathrm{d}}{\mathrm{d}t}\mathrm{grad}_{\dot{\mathbf{x}}_j(t)}\, T, \partial_i\psi_j(q(t))\Big\rangle$$

$$+ \sum_{j=1}^{N}\Big\langle \mathrm{grad}_{\dot{\mathbf{x}}_j(t)}\, T, \frac{\mathrm{d}}{\mathrm{d}t}\partial_i\psi_j(q(t))\Big\rangle$$

$$= \langle \mathbf{F}_\mathrm{a}(t,\mathbf{x}(t)), \partial_i\psi(q(t))\rangle$$

$$+ \sum_{j=1}^{N}\Big\langle \mathrm{grad}_{\dot{\mathbf{x}}_j(t)}\, T, \frac{\mathrm{d}}{\mathrm{d}t}\partial_i\psi_j(q(t))\Big\rangle \quad (\because (2.93)).$$

再び合成関数の微分法により

$$\frac{\mathrm{d}}{\mathrm{d}t}\partial_i\psi_j(q(t)) = \sum_{h=1}^{f}\dot{q}^h(t)\partial_i\partial_h\psi_j(q(t)).$$

したがって

$$\sum_{j=1}^{N}\Big\langle \mathrm{grad}_{\dot{\mathbf{x}}_j(t)}\, T, \frac{\mathrm{d}}{\mathrm{d}t}\partial_i\psi_j(q(t))\Big\rangle = \sum_{j=1}^{N}\sum_{h=1}^{f}\langle \mathrm{grad}_{\dot{\mathbf{x}}_j(t)}\, T, \dot{q}^h(t)\partial_i\partial_h\psi_j(q(t))\rangle.$$

一方，$\partial T/\partial \dot{q}^i(t)$ の場合と同様にして

$$\frac{\partial T}{\partial q^i(t)} = \sum_{j=1}^{N}\sum_{h=1}^{f}\langle \mathrm{grad}_{\dot{\mathbf{x}}_j(t)}\, T, \dot{q}^h(t)\partial_i\partial_h\psi_j(q(t))\rangle$$

が導かれる．以上をまとめれば

$$\boxed{\frac{\mathrm{d}}{\mathrm{d}t}\frac{\partial T}{\partial \dot{q}^i(t)} - \frac{\partial T}{\partial q^i(t)} = \Big\langle \mathbf{F}_\mathrm{a}(t,\mathbf{x}(t)), \frac{\partial \mathbf{x}(t)}{\partial q^i(t)}\Big\rangle} \quad (i=1,\ldots,f) \quad (2.94)$$

が得られる．これが $M$ の座標を使って表した運動方程式である．これも**ラグランジュの運動方程式**と呼ばれる場合がある．

外力 $\mathbf{F}_\mathrm{a}$ がポテンシャル $V : (V_\mathrm{E}^d)^N \times \mathbb{I} \to \mathbb{R}$（時刻 $t$ に依存してもよい）から定まる場合，すなわち

$$\mathbf{F}_\mathrm{a}(t,\mathbf{x}) = -\mathrm{grad}_\mathbf{x}\, V(\mathbf{x},t) \quad (\mathbf{x} \in (V_\mathrm{E}^d)^N) \tag{2.95}$$

が成立するときは

$$\left\langle \mathbf{F}_{\mathrm{a}}(t,\mathbf{x}(t)), \frac{\partial \mathbf{x}(t)}{\partial q^i(t)} \right\rangle = -\frac{\partial V}{\partial q^i(t)}$$

となるのでラグランジュ関数

$$L_V^{(N)}(\mathbf{x}(t),\dot{\mathbf{x}}(t),t) := \sum_{j=1}^N \frac{m_j \|\dot{\mathbf{x}}_j(t)\|^2}{2} - V(\mathbf{x}(t),t) \tag{2.96}$$

を用いると,オイラー–ラグランジュ方程式

$$\boxed{\frac{\mathrm{d}}{\mathrm{d}t}\frac{\partial L_V^{(N)}(\mathbf{x}(t),\dot{\mathbf{x}}(t),t)}{\partial \dot{q}^i(t)} - \frac{\partial L_V^{(N)}(\mathbf{x}(t),\dot{\mathbf{x}}(t),t)}{\partial q^i(t)} = 0 \quad (i=1,\ldots,f)}$$

(2.97)

が成り立つことになる.こうして,拘束系の場合にも,束縛力が滑らかならば,運動方程式は,非拘束系と同じ型のラグランジュ関数から定まるオイラー–ラグランジュ方程式(ただし,一般化座標は拘束系の配位空間 $M$ の座標 $(q^1,\ldots,q^f)$)で与えられることがわかる.非拘束系の場合のラグランジュ方程式の場合と同様に,(2.97) は,$M$ の別の座標系でも成立する.したがって,それは $M$ に付随する普遍的な方程式である.方程式 (2.97) で記述される系を $(dN-f)$ 次元の理想ホロノーム拘束を受けた $N$ 点系という[24].

関数 $L_V^{(N)}(\mathbf{x}(t),\dot{\mathbf{x}}(t),t)$ を $q(t),\dot{q}(t)$ を用いて表すことにより,(2.97) から $q^i(t)$ に対する具体的方程式を導くことができる.まず,(2.86) によって

$$\sum_{j=1}^N \frac{m_j \|\dot{\mathbf{x}}_j(t)\|^2}{2} = \frac{1}{2}\sum_{i,\ell=1}^f g_{i\ell}(q(t))\dot{q}^i(t)\dot{q}^\ell(t). \tag{2.98}$$

ただし

$$g_{i\ell}(q) := \sum_{j=1}^N m_j \langle \partial_i \psi_j(q), \partial_\ell \psi_j(q) \rangle_{V_{\mathrm{E}}^d}.$$

また,$V(\mathbf{x}(t),t) = V(\psi(q(t),t)$.そこで,写像 $T: U \times \mathbb{R}^f \to \mathbb{R}$ と $V_M$:

---

[24] 発見法的には,$(dN-f)$ 個の条件があるために,独立な自由度が $dN-(dN-f)=f$ となったと見るのである.

$U \times \mathbb{I} \to \mathbb{R}$ を

$$T(q,u) := \frac{1}{2}\sum_{i,\ell=1}^{f} g_{i\ell}(q) u^i u^\ell, \tag{2.99}$$

$$V_M(q,t) := V(\psi(q),t) \quad (q \in U,\ u = (u^1,\ldots,u^f) \in \mathbb{R}^f) \tag{2.100}$$

によって定義し，$L_M : U \times \mathbb{R}^f \times \mathbb{I} \to \mathbb{R}$ を

$$L_M(q,u,t) := T(q,u) - V_M(q,t) \tag{2.101}$$

とすれば

$$L_V^{(N)}(\mathbf{x}(t),\dot{\mathbf{x}}(t),t) = L_M(q(t),\dot{q}(t),t) = T(q(t),\dot{q}(t)) - V_M(q(t),t) \tag{2.102}$$

が成り立つ．したがって，(2.97) は

$$\frac{\mathrm{d}}{\mathrm{d}t}\frac{\partial L_M(q(t),\dot{q}(t),t)}{\partial \dot{q}^i(t)} - \frac{\partial L_M(q(t),\dot{q}(t),t)}{\partial q^i(t)} = 0 \quad (i=1,\ldots,f) \tag{2.103}$$

と書き直せる．他方

$$\frac{\partial L_M(q(t),\dot{q}(t),t)}{\partial \dot{q}^i(t)} = \sum_{\ell=1}^{f} g_{i\ell}(q(t))\dot{q}^\ell(t),$$

$$\frac{\partial L_M(q(t),\dot{q}(t),t)}{\partial q^i(t)} = \frac{1}{2}\sum_{\ell,\ell'=1}^{f} \partial_i g_{\ell\ell'}(q(t))\dot{q}^\ell(t)\dot{q}^{\ell'}(t) - \partial_i V_M(q(t),t).$$

ゆえに

$$\sum_{\ell=1}^{f} \frac{\mathrm{d}}{\mathrm{d}t}\bigl(g_{i\ell}(q(t))\dot{q}^\ell(t)\bigr) - \frac{1}{2}\sum_{\ell,\ell'=1}^{f} \partial_i g_{\ell\ell'}(q(t))\dot{q}^\ell(t)\dot{q}^{\ell'}(t)$$
$$+ \partial_i V_M(q(t),t) = 0 \quad (i=1,\ldots,f). \tag{2.104}$$

**例 2.29（単振子）** 地表面の近くにおいて，長さ $\ell$ の（質量が無視できる）剛い棒の一方の端を点 O に固定し，他端につけられた質点 $m$ の運動を考える（図 2.2）．点 O での摩擦と空気の抵抗は無視できるとする．質点の軌道は点 O を中心とする半径 $\ell$ の円周 $C$ の一部分であるから，この系は $C$ の部分集合に拘束された系である．この場合の束縛力は棒の張力であり，外力は，鉛直下向

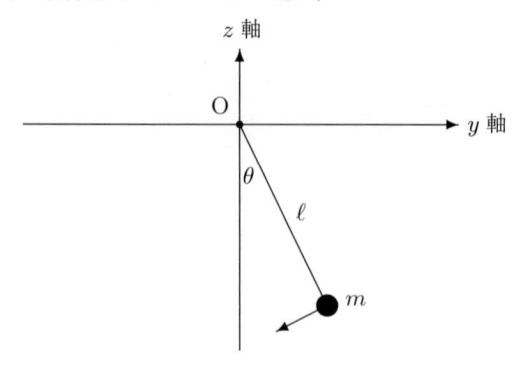

*130*　第 2 章　変分原理とラグランジュ形式

図 **2.2.** 単振子の描像.

きに働く，地球の重力である．点 O を $y$–$z$ 平面 $\mathbb{R}^2 = \{\mathbf{r} = (y,z) \,|\, y, z \in \mathbb{R}\}$ の原点にとり，O を通る鉛直上向きの直線を $z$ 軸にとる．質点は $y$–$z$ 平面を運動するものとする．この系は理想化された単振子を記述する．

$z$ 軸と棒のなす角度を $\theta \in (-\pi, \pi)$ とすれば，質点の位置は，$(\ell \sin\theta, -\ell \cos\theta)$ である．したがって，$M = \{\mathbf{r} = (y,z) \,|\, y^2 + z^2 = \ell^2, (y,z) \neq (0,\ell)\}$，$U = (-\pi, \pi)$ として，写像 $\psi : U \to M$ を $\psi(\theta) = (\ell \sin\theta, -\ell \cos\theta)$ と定義すれば，$\psi$ は全単射であり，無限回微分可能である．いまの場合，$f = 1$，$q = q^1 = \theta$ であり，$g_{11}(q) = m\|\psi'(\theta)\|_{\mathbb{R}^2}^2 = m\ell^2$．また，$V(\mathbf{r}) = -mgz$ であるから（例 1.21 を参照），$V_M(\theta) = \ell mg \cos\theta$ となる．したがって，この場合

$$L_M(\theta(t), \dot\theta(t)) = \frac{1}{2} m \ell^2 \dot\theta(t)^2 - \ell mg \cos\theta(t).$$

ゆえに，ラグランジュ方程式は

$$\frac{\mathrm{d}}{\mathrm{d}t} m\ell^2 \dot\theta(t) + \ell mg \sin\theta(t) = 0$$

となる．したがって

$$\ddot\theta(t) = -\frac{g}{\ell} \sin\theta(t).$$

これが考察下の単振子の運動方程式である．

振れの角度 $\theta(t)$ が十分小さい場合には，$\sin\theta(t) \approx \theta(t)$ と近似できるので，運動方程式は，近似的に

## 2.11. 拘束系

$$\ddot{\theta}(t) = -\omega^2 \theta(t), \quad \omega := \sqrt{\frac{g}{\ell}}$$

となる．これは，1次元調和振動子の方程式に他ならない（例 1.15 で $d=1$ の場合）．したがって，この運動は，周期 $2\pi/\omega = 2\pi\sqrt{\ell/g}$ の周期運動を行う．$0 < \theta(0) = \alpha \ll 1, \dot{\theta}(0) = 0$ となる解は

$$\theta(t) = \alpha \cos(\omega t)$$

で与えられる．

上述の議論から見てとれるように，$M$ に拘束された質点系のラグランジュ関数は，$M$ の点 $\mathbf{x}$ とその接空間 $F_{\mathbf{x}}(M)$ の点 $v \in F_{\mathbf{x}}(M)$ の組 $(\mathbf{x}, \mathbf{v})$ の関数と見るのが自然である．そこで，そのような組の全体

$$\mathrm{T}M := \{(\mathbf{x}, \mathbf{v}) | \mathbf{x} \in M, \mathbf{v} \in F_{\mathbf{x}}(M)\} \tag{2.105}$$

を考え，これを $M$ 上の**接バンドル**と呼ぶ．したがって，$M$ に拘束された質点系のラグランジュ関数は接バンドル $\mathrm{T}M$ 上の関数である．各 $\mathbf{x} \in M$ に対して

$$\mathrm{T}_{\mathbf{x}}(M) := \{(\mathbf{x}, \mathbf{v}) | \mathbf{v} \in F_{\mathbf{x}}(M)\} \tag{2.106}$$

とおけば，明らかに

$$\mathrm{T}M = \bigcup_{\mathbf{x} \in M} \mathrm{T}_{\mathbf{x}}(M) \tag{2.107}$$

である．$\mathrm{T}_{\mathbf{x}}(M)$ を点 $\mathbf{x}$ における**ファイバー**という．これは $F_{\mathbf{x}}(M)$ と同型である．そのため，$\mathrm{T}_{\mathbf{x}}(M)$ を点 $\mathbf{x} \in M$ における接空間という場合もある．$\mathrm{T}M$ を $M$ に拘束された質点系の**状態空間**と呼ぶ．

接バンドル $\mathrm{T}M$ の点 $(\mathbf{x}, \mathbf{v})$ を記述する座標系の一つは $(q, (v^1, \ldots, v^f)) \in U \times \mathbb{R}^f$ であり

$$L_V^{(N)}(\mathbf{x}, \mathbf{v}, t) = L_M(q, (v^1, \ldots, v^f), t) \quad ((\mathbf{x}, \mathbf{v}) \in \mathrm{T}M)$$
$$(\mathbf{x} = \psi(q), \mathbf{v} = \textstyle\sum_{i=1}^{f} v^i (\partial_i \psi)(q)) \tag{2.108}$$

となっている．非拘束系の場合とまったく同様にして，ラグランジュ方程式 (2.103) は作用汎関数

## 132　第 2 章　変分原理とラグランジュ形式

$$S(q) := \int_a^b L_M(q(t), \dot{q}(t), t)\,\mathrm{d}t \quad (\mathbb{I} = [a, b]) \tag{2.109}$$

の停留曲線の方程式として得られることが示される．すなわち，この場合も変分原理が成立する．

　ラグランジュ関数 $L_M$ は，接バンドル $TM \times \mathbb{I}$ 上の特殊な型のクラスに属する実数値関数である．より一般的な観点からは，接バンドル $TM \times \mathbb{I}$ 上の任意の実数値関数 $L$ をとり，これをラグランジュ関数とするオイラー–ラグランジュ方程式

$$\boxed{\frac{\mathrm{d}}{\mathrm{d}t}\frac{\partial L(q(t), \dot{q}(t), t)}{\partial \dot{q}^i(t)} - \frac{\partial L(q(t), \dot{q}(t), t)}{\partial q^i(t)} = 0} \quad (i = 1, \ldots, f) \tag{2.110}$$

を考えることができる．この方程式の解 $q(t)$ とその導関数 $\dot{q}(t)$ の組 $(q(t), \dot{q}(t))$ をラグランジュ関数 $L$ から定まる，$M$ 上の**ラグランジュ系**という．これは，ニュートン力学の一般化の一つの範疇を与える．

　この枠組みは，$M$ を多様体と呼ばれる位相空間で置き換えることにより，さらに一般化される．この一般化された数学的形式は，広い意味での力学的現象を包括的・統一的に記述する理論の普遍的枠組みの一つを与えるものであり，**多様体上のラグランジュ力学**と呼ばれる[25]．

---

[25] この力学形式の短い説明については，拙著『現代物理数学ハンドブック』（朝倉書店，2005）の 13.7 節を，また，詳しい内容については，V. I. アーノルド『古典力学の数学的方法』（安藤韶一・蟹江幸博・丹羽敏雄訳，岩波書店，1980）の 4 章や伊藤秀一『常微分方程式と解析力学』（共立出版，1998）の 4 章などを参照されたい．

# 第3章 力学のハミルトン形式

前章では，ニュートン力学が多様体上のラグランジュ形式による力学理論へと普遍化されることを見た．本章では，ラグランジュ形式から出発して，ラグランジュ形式とは独立な別の力学形式——ハミルトン (Hamilton) 形式と呼ばれる——が存在することを示す．

## 3.1　1点系におけるハミルトニアンとハミルトン方程式

一般論への動機づけを示すために，まず，$V_\mathrm{E}^d$ の開集合 $D$ 内を運動する 1 個の質点 $m$ からなる系を考え，質点 $m$ に作用する力は，連続微分可能なポテンシャル $V : D \times \mathbb{I} \to \mathbb{R}$（$\mathbb{I} \subset \mathbb{R}$ は時間区間）から定まる力 $-\mathrm{grad}\, V(\mathbf{x}, t)$ だけであるとする[1]．このとき，1.3 節で示したように，質点の運動 $\mathbf{x}(\cdot) : \mathbb{I} \to D$ を記述するニュートン方程式は，位置ベクトル $\mathbf{x}(t)$ と運動量 $\mathbf{p}(t) = m\dot{\mathbf{x}}(t)$ に関する 1 階の連立常微分方程式

$$\dot{\mathbf{x}}(t) = \frac{\mathbf{p}(t)}{m}, \tag{3.1}$$

$$\dot{\mathbf{p}}(t) = -(\mathrm{grad}\, V)(\mathbf{x}(t), t) \quad (t \in \mathbb{I}) \tag{3.2}$$

と同等である．この見方では，位置と運動量の組 $(\mathbf{x}(t), \mathbf{p}(t))$ が時刻 $t$ での系の状態を表すと解釈される．そこで，ラグランジュ形式の場合との類推で考察するならば，位置変数と運動量変数の組 $(\mathbf{x}, \mathbf{p})$ を変数とする実数値関数を用いて，方程式 (3.1), (3.2) を書き換えることを試みるのは自然である．

---
[1] $V$ は時間に依ってもよいとする（注意 1.20 を参照）．

そのような関数を見出すために，まず，(3.1) の右辺に注目する．これは，ベクトル値関数：$\mathbf{p} \mapsto \mathbf{p}/m$（これは線形写像）の $\mathbf{p} = \mathbf{p}(t)$ における値に他ならない．一方，容易にわかるように，関数 $T_m : V_\mathrm{E}^d \to \mathbb{R}$ を

$$T_m(\mathbf{p}) := \frac{\|\mathbf{p}\|^2}{2m} \quad (\mathbf{p} \in V_\mathrm{E}^d) \tag{3.3}$$

によって導入すれば

$$\frac{\mathbf{p}}{m} = (\mathrm{grad}\, T_m)(\mathbf{p}) \tag{3.4}$$

が成り立つ．したがって，(3.1) は

$$\dot{\mathbf{x}}(t) = (\mathrm{grad}\, T_m)(\mathbf{p}(t))$$

と表される．そこで，写像 $H_V : D \times V_\mathrm{E}^d \times \mathbb{I} \to \mathbb{R}$ を

$$H_V(\mathbf{x}, \mathbf{p}, t) := T_m(\mathbf{p}) + V(\mathbf{x}, t) \quad ((\mathbf{x}, \mathbf{p}, t) \in D \times V_\mathrm{E}^d \times \mathbb{I}) \tag{3.5}$$

によって定義すれば

$$(\mathrm{grad}_\mathbf{p} H_V)(\mathbf{x}, \mathbf{p}, t) = (\mathrm{grad}\, T_m)(\mathbf{p}),$$
$$(\mathrm{grad}_\mathbf{x} H_V)(\mathbf{x}, \mathbf{p}, t) = (\mathrm{grad}\, V)(\mathbf{x}, t)$$

であるので，(3.1), (3.2) は

$$\dot{\mathbf{x}}(t) = (\mathrm{grad}_\mathbf{p} H_V)(\mathbf{x}(t), \mathbf{p}(t), t), \tag{3.6}$$
$$\dot{\mathbf{p}}(t) = -(\mathrm{grad}_\mathbf{x} H_V)(\mathbf{x}(t), \mathbf{p}(t), t) \tag{3.7}$$

と表される．こうして，ポテンシャル $V$ の作用のもとで運動する質点 $m$ に対するニュートン方程式は関数 $H_V$ から導かれることがわかる．すなわち，図式的に書けば

$$V \to H_V \to \{(3.6), (3.7)\} \to \text{ニュートン方程式}$$

となる．

すでに知っているように，$T_m(\mathbf{p})$ は，質点 $m$ が運動量 $\mathbf{p}$ をもつときの運動エネルギーである．したがって，$H_V(\mathbf{x}, \mathbf{p}, t)$ は，系の力学的エネルギーを位

## 3.1. 1点系におけるハミルトニアンとハミルトン方程式

置変数 **x** と運動量変数 **p** で表したものに他ならない. $H_V$ をポテンシャル $V$ から定まる**ハミルトニアン** (Hamiltonian) と呼び,連立常微分方程式 (3.6), (3.7) を**ハミルトン方程式**という. これは, もちろん, $V_E^d$ の座標系の取り方に依らない方程式である.

$V$ が時刻 $t$ に依存しないならば——この場合は, $H_V(\mathbf{x}, \mathbf{p}, t)$ を $H_V(\mathbf{x}, \mathbf{p})$ と記す——, 力学的エネルギーは保存されるので (1.8.3 項を参照), 当然, $H_V(\mathbf{x}(t), \mathbf{p}(t))$ は時刻 $t$ に依存せず, 一定である. つまり, ハミルトニアン $H_V$ はハミルトン方程式 (3.6), (3.7) の保存量である. しかし, $V$ が真に $t$ に依存する場合には, エネルギー保存則は成立しない (注意 1.20 の中の脚注を参照).

その形からわかるように, ハミルトン方程式 (3.6), (3.7) は **x**, **p** に関して「ほとんど」相称的であるが, (3.7) の右辺にはマイナスの符号がつくことに注意しよう. だが, この意味は, 後に示すように, ハミルトン方程式 (3.6), (3.7) の普遍的根源を探ることによりはじめて, 明らかになる.

**例 3.1** $d$ 次元調和振動子の場合, $V(\mathbf{x}) = k\|\mathbf{x}\|^2/2$ であるので (例 1.23), ハミルトニアンは

$$H = \frac{\|\mathbf{p}\|^2}{2m} + \frac{k}{2}\|\mathbf{x}\|^2$$

となる.

ハミルトン方程式 (3.6), (3.7) の任意の線形座標系における座標表示を求めてみよう. $\{\mathbf{e}_i\}_{i=1}^d$ を $V_E^d$ の任意の基底とし, $\mathbf{x} = \sum_{i=1}^d x^i \mathbf{e}_i$, $\mathbf{p} = \sum_{i=1}^d p^i \mathbf{e}_i$ と展開する ($x^i, p^i \in \mathbb{R}$). このとき, 付録 E の (E.8), (E.10) を用いることにより

$$\dot{x}^i(t) = \sum_{j=1}^d (g^{-1})^{ij} \frac{\partial H_V(\mathbf{x}(t), \mathbf{p}(t), t)}{\partial p^j}, \tag{3.8}$$

$$\dot{p}^i(t) = -\sum_{j=1}^d (g^{-1})^{ij} \frac{\partial H_V(\mathbf{x}(t), \mathbf{p}(t), t)}{\partial x^j} \tag{3.9}$$

が成り立つ. ただし, $g^{-1}$ は, $g_{ij} := \langle \mathbf{e}_i, \mathbf{e}_j \rangle_{V_E^d}$ を $(i,j)$ 成分とする $d$ 次行列 $g = (g_{ij})$ の逆行列であり, $(g^{-1})^{ij}$ は $g^{-1}$ の $(i,j)$ 成分を表す.

**注意 3.2** 通常の物理学の本では, $V_E^d = \mathbb{R}^3$ の場合を考え, (3.8), (3.9) の右辺はそれぞれ, 単に $\partial H_V(\mathbf{x}(t), \mathbf{p}(t), t)/\partial p^i$, $-\partial H_V(\mathbf{x}(t), \mathbf{p}(t), t)/\partial x^i$ となっている場合が多い. これは, 暗黙のうちに, $\{\mathbf{e}_i\}_{i=1}^3$ として $\mathbb{R}^3$ の標準基底——$\mathbb{R}^3$ の自然な内積に関して正規直交基底をなす——をとっているためである (この場合, $g_{ij} = \delta_{ij}$, したがって, $(g^{-1})^{ij} = \delta_{ij}$). (3.6), (3.7) は, 単に座標系の取り方に依らない表式であるばかりでなく, ハミルトン方程式のある水準での普遍的本質を明らかにしている点を見逃してはならない.

## 3.2 ハミルトン方程式の一般化 (I)

ハミルトン方程式 (3.6), (3.7) の理念的源泉を探求するために, この方程式の一般化を考えよう. この一般化の第 1 段階は, (3.6), (3.7) における $H_V$ を任意の連続微分可能な関数 $H: D \times V_E^d \times \mathbb{I} \to \mathbb{R}$ によって置き換えることにより達成される. すなわち, 次の 1 階の連立常微分方程式を考えるのである ($t \in \mathbb{I}$):

$$\dot{\mathbf{x}}(t) = (\mathrm{grad}_{\mathbf{p}} H)(\mathbf{x}(t), \mathbf{p}(t), t), \tag{3.10}$$

$$\dot{\mathbf{p}}(t) = -(\mathrm{grad}_{\mathbf{x}} H)(\mathbf{x}(t), \mathbf{p}(t), t). \tag{3.11}$$

この連立常微分方程式を**ハミルトニアン** $H$ から定まる**ハミルトン方程式**という. この方程式によって記述される系を**ハミルトン系**と呼ぶ.

関数 $H$ が時間 $t$ に依らない場合, ハミルトン方程式 (3.10), (3.11) についても $H$ は保存量であることがわかる:

**定理 3.3** $H$ は時間 $t$ に依らないとする: $H: D \times V_E^d \to \mathbb{R}$. $(\mathbf{x}(t), \mathbf{p}(t))$ を (3.10), (3.11) の任意の解としよう. このとき, $H(\mathbf{x}(t), \mathbf{p}(t))$ は $t \in \mathbb{I}$ に依らず一定である.

**証明** 合成写像の微分法により

$$\frac{\mathrm{d}}{\mathrm{d}t} H(\mathbf{x}(t), \mathbf{p}(t)) = \langle \dot{\mathbf{x}}(t), (\mathrm{grad}_{\mathbf{x}} H)(\mathbf{x}(t), \mathbf{p}(t)) \rangle$$
$$+ \langle \dot{\mathbf{p}}(t), (\mathrm{grad}_{\mathbf{p}} H)(\mathbf{x}(t), \mathbf{p}(t)) \rangle.$$

(3.10), (3.11) を使えば,右辺 = $\langle \dot{\mathbf{x}}(t), -\dot{\mathbf{p}}(t)\rangle + \langle \dot{\mathbf{p}}(t), \dot{\mathbf{x}}(t)\rangle = 0$ となる. ■

定理 3.3 は,一般化された意味での**エネルギー保存則**を表すと同時に,ニュートン力学における力学的エネルギー保存則のある構造的起源を明らかにする(定理 3.3 の証明から明らかなように,エネルギー保存則は,$H$ の具体的な表式には依存しておらず,方程式の構造だけから出ることに注意).ただし,以前の場合と同様,$H$ が時間に真に依存する場合には,定理 3.3 は成立しない.

質点の位置と運動量の時間的変化をハミルトン方程式 (3.10), (3.11) の形で捉える力学形式を**ハミルトン形式**と呼ぶ.したがって,この場合,系の状態は位置 $\mathbf{x} \in D$ と運動量 $\mathbf{p} \in V_{\mathrm{E}}^d$ の組 $(\mathbf{x}, \mathbf{p})$ によって指定される.この意味において,$D \times V_{\mathrm{E}}^d = \{(\mathbf{x}, \mathbf{p}) \,|\, \mathbf{x} \in D, \mathbf{p} \in V_{\mathrm{E}}^d\}$ をハミルトン形式における**状態空間**または**相空間** (phase space) と呼ぶ[2].

**注意 3.4** (3.10), (3.11) の任意の線形座標系 $(x^i)$ における表示は,(3.8), (3.9) で $H_V$ を $H$ で置き換えたものによって与えられる(証明は,(3.8), (3.9) の場合と同様).

## 3.3 ハミルトン相流

ハミルトン方程式 (3.10), (3.11) を状態の時間発展という形に書き直してみよう.簡単のため,$H$ は $t$ に依らないとする.時刻 $t \in \mathbb{I}$ における状態は

$$\phi(t) := (\mathbf{x}(t), \mathbf{p}(t)) \tag{3.12}$$

によって与えられる.これを用いると (3.10) と (3.11) の左辺の組は $\dot{\phi}(t) = \mathrm{d}\phi(t)/\mathrm{d}t$ と表される.(3.10) と (3.11) の右辺の組も一つにまとめるために,次の写像 $f_H : D \times V_{\mathrm{E}}^d \to V_{\mathrm{E}}^d \oplus V_{\mathrm{E}}^d$ を導入する:

$$f_H(\mathbf{x}, \mathbf{p}) := \big((\mathrm{grad}_{\mathbf{p}} H)(\mathbf{x}, \mathbf{p}), -(\mathrm{grad}_{\mathbf{x}} H)(\mathbf{x}, \mathbf{p})\big)$$
$$((\mathbf{x}, \mathbf{p}) \in D \times V_{\mathrm{E}}^d). \tag{3.13}$$

---
[2] 日本語の物理学の文献では,"phase space" に対して「位相空間」という訳語を用いる場合がある.だが,この訳語は,数学でいう位相空間 (topological space) との混乱を招く恐れがあるので,本書では,これを採用しない.

## 138　第3章　力学のハミルトン形式

実際，この写像を用いると，(3.10) と (3.11) の右辺の組は $f_H(\phi(t))$ と表される．したがって，(3.10), (3.11) は一つの方程式

$$\boxed{\frac{\mathrm{d}\phi(t)}{\mathrm{d}t} = f_H(\phi(t))} \tag{3.14}$$

に統合される．写像 $f_H$ は，相空間 $D \times V_\mathrm{E}^d$ の各点にベクトル空間 $V_\mathrm{E}^d \oplus V_\mathrm{E}^d$ の一つのベクトルを付与するので，$D \times V_\mathrm{E}^d$ 上のベクトル場である．このベクトル場をハミルトニアン $H$ から定まる**ハミルトンベクトル場**という．

ハミルトン方程式 (3.10), (3.11) は，任意の初期状態（$t = t_0 \in \mathbb{I}$ における状態）$(\mathbf{x}_0, \mathbf{p}_0) \in D \times V_\mathrm{E}^d$ に対して，解をもつとは限らないし，解が存在する場合でもその一意性が成立するとは限らない．これは $H$ の性質に依存する．ここでは，簡単のため，この側面については深入りせず，次の仮定をして議論を先に進める：

**仮定 (H)**：$\mathbb{I} = \mathbb{R}$ の場合のハミルトン方程式 (3.10), (3.11) は任意の初期状態（$t = 0$ での状態）$(\mathbf{x}, \mathbf{p}) \in D \times V_\mathrm{E}^d$ に対して，一意的な解 $(\mathbf{x}(t), \mathbf{p}(t)) \in D \times V_\mathrm{E}^d$ ($t \in \mathbb{R}$) をもつ．

**注意 3.5** (3.14) によって，仮定 (H) は，$\mathbb{I} = \mathbb{R}$ の (3.14) が，任意の初期状態 $\phi_0 \in D \times V_\mathrm{E}^d$ に対して，一意的な解 $\phi(t) \in D \times V_\mathrm{E}^d$ ($t \in \mathbb{R}$) をもつことと同値である．

仮定 (II) のもとで，各 $t \in \mathbb{R}$ に対して，対応 $g_t^H : \phi = (\mathbf{x}, \mathbf{p}) \mapsto \phi(t) = (\mathbf{x}(t), \mathbf{p}(t))$ ($\phi(0) = \phi$) を考えるのは自然である：

$$g_t^H(\phi) := \phi(t) \quad (\phi \in D \times V_\mathrm{E}^d). \tag{3.15}$$

$g_t^H$ は相空間 $D \times V_\mathrm{E}^d$ 上の写像である．この写像の全体 $\{g_t^H\}_{t \in \mathbb{R}}$ をハミルトニアン $H$ に付随する**ハミルトン相流**と呼ぶ．この場合，各 $\phi \in D \times V_\mathrm{E}^d$ に対して，曲線：$t \mapsto g_t^H(\phi)$ を初期状態が $\phi$ の**流線**という．この流線の軌道を $\Gamma_H(\phi)$ とする：

$$\Gamma_H(\phi) := \{g_t^H(\phi) \,|\, t \in \mathbb{R}\}. \tag{3.16}$$

明らかに, $\phi \in \Gamma_H(\phi)$ である.

任意の $s, t \in \mathbb{R}$ に対して, $g_s^H$ と $g_t^H$ の合成写像を単に $g_s^H g_t^H$ と記す:

$$g_s^H g_t^H := g_s^H \circ g_t^H. \tag{3.17}$$

ハミルトン相流について次の命題が成立する:

**命題 3.6**

(i)（群特性）$g_0^H = I$（恒等写像）かつすべての $s, t \in \mathbb{R}$ に対して

$$g_s^H g_t^H = g_{s+t}^H \quad (s, t \in \mathbb{R}). \tag{3.18}$$

(ii) 各 $t \in \mathbb{R}$ に対して, $g_t^H$ は全単射であり, $(g_t^H)^{-1} = g_{-t}^H$ が成り立つ.

**証明** (i) $\phi_0 \in D \times V_{\mathrm{E}}^d$ を任意にとり, $\phi(s) := (g_s^H g_t^H)(\phi_0)$, $\psi(s) := g_{s+t}^H(\phi_0)$ とおく. このとき, $\dot{\phi}(s) = f_H(\phi(s))$. また, 合成関数の微分法により, $\dot{\psi}(s) = f_H(\psi(s))$. 一方, $\phi(0) = g_t^H(\phi_0)$, $\psi(0) = g_t^H(\phi_0)$. したがって, (3.14) の解の一意性（注意 3.5 を参照）によって, $\phi(t) = \psi(t)$ $(\forall t \in \mathbb{R})$ となる. $\phi_0 \in D \times V_{\mathrm{E}}^d$ は任意であったから, 写像の等式 (3.18) が成り立つ.

(ii) (3.18) で $s = -t$ とすれば, $g_{-t}^H g_t^H = I$. ここで, $t \in \mathbb{R}$ は任意であるから, $t$ のかわりに $-t$ を考えると, $g_t^H g_{-t}^H = I$ が得られる. したがって, $g_t^H$ は全単射であり, $(g_t^H)^{-1} = g_{-t}^H$ が成り立つ. ∎

命題 3.6 (i) は, 写像の族 $\{g_t^H\}_{t \in \mathbb{R}}$ が $D \times V_{\mathrm{E}}^d$ 上の 1 パラメーター変換群であることを語る[3].

命題 3.6 に注目すると, 相空間 $D \times V_{\mathrm{E}}^d$ にある同値関係を導入することができる. 2 点 $\phi_1, \phi_2 \in D \times V_{\mathrm{E}}^d$ に対して, ある $t \in \mathbb{R}$ が存在して, $\phi_2 = g_t^H(\phi_1)$ が成り立つとき, $\phi_1 \sim \phi_2$ とする. この関係 ∼ は同値関係である（∵ 任意の $\phi \in D \times V_{\mathrm{E}}^d$ に対して, $\phi = g_0(\phi)$ であるから, $\phi \sim \phi$（反射律）. $\phi_1 \sim \phi_2$ ならば, ある $t \in \mathbb{R}$ が存在して, $\phi_2 = g_t^H(\phi_1)$ が成り立つので, $\phi_1 = (g_t^H)^{-1}(\phi_2) = g_{-t}^H(\phi_2)$. したがって, $\phi_2 \sim \phi_1$（対称律）. $\phi_2 \sim \phi_3 \in D \times V_{\mathrm{E}}^d$ ならば, ある $s \in \mathbb{R}$ が存在して, $\phi_3 = g_s^H(\phi_2)$ が成り

---

[3] 付録 B の例 B.4 を参照.

立つ．したがって，$\phi_3 = g_s^H(g_t^H(\phi_1)) = g_{s+t}^H(\phi_1)$．ゆえに $\phi_1 \sim \phi_3$（推移律））．関係 $\phi_1 \sim \phi_2$ は，幾何学的には，$\phi_1$ と $\phi_2$ が同じ流線軌道に属するということに他ならない．容易にわかるように，$\Gamma_H(\phi_1) = \Gamma_H(\phi_2)$ であるための必要十分条件は $\phi_1 \sim \phi_2$ である．そこで，$\phi \in D \times V_E^d$ の同値類を $[\phi]$ とすれば

$$[\phi] = \Gamma_H(\phi) \tag{3.19}$$

が成り立つ．よって，$D \times V_E^d$ は互いに交わらない流線軌道の和集合として表される：

$$D \times V_E^d = \bigcup_{[\phi]} \Gamma_H(\phi). \tag{3.20}$$

## 3.4 自励系における体積の時間変化

$V$ を有限次元実内積空間とし，$M$ を $V$ の開集合とする．$u : M \to V$ を連続なベクトル場とし，写像 $x(\cdot) : \mathbb{R} \to M; \mathbb{R} \ni t \mapsto x(t) \in M$ に関する微分方程式

$$\boxed{\frac{\mathrm{d}x(t)}{\mathrm{d}t} = u(x(t))} \tag{3.21}$$

を考える．この型の常微分方程式は**自励系** (autonomous system) と呼ばれる[4]．

(3.14) によって，ハミルトン系は自励系である．

自励系 (3.21) に対して次の事柄を仮定する：

**仮定 (u)**：微分方程式 (3.21) は任意の $x \in M$ に対して，$x(0) = x$ となる一意的な解 $x(t)$ ($t \in \mathbb{R}$) をもつ．

この仮定のもとで，各 $t \in \mathbb{R}$ に対して，写像 $\varphi_t : M \to M$ を

$$\varphi_t(x) := x(t) \quad (x \in M) \tag{3.22}$$

---

[4] 非線形振動論での用語．$u(x) = Ax$ ($x \in V$)，$A$ は $V$ 上の線形写像の場合の振動運動は**線形振動**と呼ばれる．他方，$u$ が $x$ に関して非線形である場合，(3.21) によって記述される運動の型を**非線形振動**という．

によって定義できる．ただし，$x(0) = x$ とする．このとき，命題 3.6 とまったく同様にして，次の事実が証明される：

**命題 3.7**

(i) （群特性）$\varphi_0 = I$ かつすべての $s, t \in \mathbb{R}$ に対して

$$\varphi_s \varphi_t = \varphi_{s+t} \quad (s, t \in \mathbb{R}). \tag{3.23}$$

ただし，$\varphi_s \varphi_t = \varphi_s \circ \varphi_t$（$\varphi_s$ と $\varphi_t$ の合成写像）．

(ii) 各 $t \in \mathbb{R}$ に対して，$\varphi_t$ は全単射であり，$(\varphi_t)^{-1} = \varphi_{-t}$ が成り立つ．

したがって，ハミルトン相流の場合と同様に，写像の族 $\{\varphi_t\}_{t \in \mathbb{R}}$ は $M$ 上の 1 パラメーター変換群である．この変換群を**微分方程式 (3.21)** によって**生成される流れ**または**自励系 (3.21) の流れ**と呼ぶ．

写像 $\varphi_t$ によって $M$ の部分集合の体積がどのように変化するか興味がある[5]．結論から述べるならば，次の定理が成り立つ：

**定理 3.8** 仮定 (u) に加えて，次の条件が満たされるとする：

(i) $u$ は $M$ 上で 2 回連続微分可能である．

(ii) $\varphi_t(x)$ は 2 変数 $(t, x)$ のベクトル値関数として $\mathbb{R} \times M$ 上で連続である．

(iii) 各 $t \in \mathbb{R}$ に対して，$\varphi_t(x)$ は $x$ について微分可能であり，$(\text{grad}\,\varphi_t)(x)$ は $(t, x)$ に関して $\mathbb{R} \times M$ 上で連続である．

$K \subset M$ を有界なボレル集合で $\bar{K}$（$K$ の閉包）$\subset M$ を満たすものとし，そのルベーグ測度を $|K|$ で表す．このとき，$\varphi_t(K)$ の体積 $|\varphi_t(K)|$ は任意の点 $t \in \mathbb{R}$ において微分可能であり

$$\frac{d}{dt}|\varphi_t(K)| = \int_{\varphi_t(K)} \text{div}\,u(x)\,dx. \tag{3.24}$$

ただし，$\text{div}\,u$ はベクトル場 $u$ の発散を表す（付録 E の E.5.2 項を参照）．

---

[5] 有限次元実内積空間における積分および部分集合の体積の定義については，付録 E の E.7 節を参照．

定理 3.8 を証明する前に，この定理が含意する重要な結果の一つを見ておこう：

**系 3.9** 定理 3.8 の仮定に加えて，$M$ 上のベクトル場 $u$ は無発散, すなわち

$$\operatorname{div} u = 0 \tag{3.25}$$

とする．このとき，任意の有界なボレル集合 $K \subset M$ で $\bar{K} \subset M$ を満たすものに対して，$|\varphi_t(K)| = |K|$ が成り立つ．

**証明** (3.25) と (3.24) によって，$\mathrm{d}|\varphi_t(K)|/\mathrm{d}t = 0$. したがって，$|\varphi_t(K)| = |\varphi_0(K)| = |K|$. ∎

系 3.9 は次のことを意味する：自励系 (3.21) を支配するベクトル場 $u$ が無発散であるとき，自励系 (3.21) の流れは体積を保存する．

定理 3.8 を証明するために，補題を一つ用意する：

**補題 3.10** $n$ を任意の自然数とし，$t \in \mathbb{R}, |t| < \delta$ とする（$\delta > 0$ は定数）．$n$ 次の正方行列 $A(t) = (A_{ij}(t))_{i,j=1,\ldots,n}$ が

$$A(t) = E + tA + B(t) \quad (|t| < \delta) \tag{3.26}$$

を満たすとする．ただし，$E$ は $n$ 次の単位行列，$A = (A_{ij})$, $B(t) = (B_{ij}(t))$ は $n$ 次の正方行列で $|B_{ij}(t)| \leq Ct^2$（$C > 0$ は定数で，$|t|$ は十分小）が成り立つとする．このとき，$A(t)$ の行列式 $\det A(t)$ について

$$\det A(t) = 1 + t\operatorname{tr} A + O(t^2) \quad (t \to 0) \tag{3.27}$$

が成り立つ．ただし，$\operatorname{tr} A$ は $A$ のトレースを表す：$\operatorname{tr} A = \sum_{i=1}^n A_{ii}$.

**証明** 行列式の定義により

$$\det A(t) = \sum_{\sigma \in S_n} \operatorname{sgn}(\sigma)(\delta_{1\sigma(1)} + tA_{1\sigma(1)} + B_{1\sigma(1)}(t))$$
$$\times \cdots \times (\delta_{n\sigma(n)} + tA_{n\sigma(n)} + B_{n\sigma(n)}(t)).$$

ただし，$S_n$ は $1,\ldots,n$ の置換の全体（$n$ 次の対称群），$\operatorname{sgn}(\sigma)$ は置換 $\sigma$ の符号である．右辺を展開し，定数項と $t$ の 1 次の項およびこれら以外の部分

に分ければ
$$\det A(t) = 1 + t \operatorname{tr} A + C(t)$$
となる．$B(t)$ に対する仮定により，$C(t) = O(t^2)$ $(t \to 0)$ である． ∎

### 定理 3.8 の証明

$\{e_i\}_{i=1}^n$ を $V$ の正規直交基底とし，この基底に関する，ベクトル $x \in V$ の成分表示を $(x^1, \ldots, x^n) \in \mathbb{R}^n$ とする：$x = \sum_{i=1}^n x^i e_i$．また

$$\varphi_t(x) = \sum_{i=1}^n \varphi_t^i(x) e_i, \quad u(x) = \sum_{i=1}^n u^i(x) e_i \quad (\varphi_t^i(x),\ u^i(x) \in \mathbb{R}) \quad (3.28)$$

と展開する．

$K_t := \varphi_t(K)$, $v(t) := |K_t|$ とおき，$\delta > 0$ とする．このとき，任意の $\varepsilon \in [-\delta, \delta] \setminus \{0\}$ に対して，$\varphi_{t+\varepsilon} = \varphi_\varepsilon \varphi_t$ によって

$$\frac{v(t+\varepsilon) - v(t)}{\varepsilon} = \frac{|\varphi_\varepsilon(K_t)| - |K_t|}{\varepsilon}.$$

したがって，付録 E の定理 E.10 の (E.31) を応用すれば

$$\frac{v(t+\varepsilon) - v(t)}{\varepsilon} = \int_{K_t} \frac{1}{\varepsilon}(|D_\varepsilon(x)| - 1)\, dx \quad (3.29)$$

と表される．ただし，$D_\varepsilon(x) := \det J_{\varphi_\varepsilon}(x)$．テイラーの定理により

$$\varphi_\varepsilon^i(x) = x^i(\varepsilon) = x^i(0) + \varepsilon \dot{x}^i(0) + R^i(\varepsilon, x) \quad (i = 1, \ldots, n).$$

ただし

$$R^i(\varepsilon, x) := \int_0^\varepsilon (\varepsilon - s) \ddot{x}^i(s)\, ds.$$

$x^i(0) = x^i$, $\dot{x}^i(0) = u^i(x)$ であるから

$$\varphi_\varepsilon^i(x) = x^i + \varepsilon u^i(x) + R^i(\varepsilon, x). \quad (3.30)$$

(3.21) によって

$$\ddot{x}^i(\varepsilon) = \langle \dot{x}(\varepsilon), (\operatorname{grad} u^i)(x(\varepsilon)) \rangle = \langle u(x(\varepsilon)), (\operatorname{grad} u^i)(x(\varepsilon)) \rangle.$$

したがって

$$R^i(\varepsilon, x) = \int_0^\varepsilon (\varepsilon - s)\langle u(x(s)), (\operatorname{grad} u^i)(x(s)) \rangle\, ds. \quad (3.31)$$

144     第3章 力学のハミルトン形式

$i, j = 1, \ldots, n$, $\varepsilon \in \mathbb{R}$, $x \in M$ に対して

$$\eta_j^i(\varepsilon, x) := \frac{\varphi_\varepsilon^i(x)}{\partial x^j}$$

とおこう．このとき，仮定の条件 (iii) により

$$C := \max_{i,j=1,\ldots,n} \sup_{|\varepsilon| \leq \delta, x \in \bar{K}_t} |\eta_j^i(\varepsilon, x)| < \infty.$$

$x(s) = \varphi_s(x)$ と $u$ に関する仮定により，(3.31) の右辺の被積分関数は，$x^j$ について偏微分可能であり，合成関数の微分法により

$$\frac{\partial}{\partial x^j} \langle u(x(s)), (\mathrm{grad}\, u^i)(x(s)) \rangle$$

$$= \sum_{k,\ell=1}^n \eta_j^\ell(s, x)(\partial_\ell u^k)(x(s))(\partial_k u^i)(x(s))$$

$$+ \sum_{k,\ell=1}^n \eta_j^\ell(s, x) u^k(x(s))(\partial_\ell \partial_k u^i)(x(s)).$$

定理の仮定の条件 (ii) によって

$$K_{t,\delta} := \{ \varphi_s(x) \,|\, |s| \leq \delta,\, x \in \bar{K}_t \} \subset M$$

は有界閉集合である[6]．ただし，$\delta$ は十分小さいとする．したがって

$$\left| \frac{\partial}{\partial x^j} \langle u(x(s)), (\mathrm{grad}\, u^i)(x(s)) \rangle \right| \leq C_1 \quad (|s| \leq \delta,\ x \in K_t). \tag{3.32}$$

ただし

$$C_1 := C \max_{i=1,\ldots,n} \sup_{x \in K_{t,\delta}} \sum_{k,\ell=1}^n \left( |\partial_\ell u^k(x)| |\partial_k u^i(x)| + |u^k(x)| |\partial_\ell \partial_k u^i(x)| \right).$$

ゆえに，$R^i(\varepsilon, x)$ は $x^j$ について偏微分可能であり

$$\partial_j R^i(\varepsilon, x) = \int_0^\varepsilon (\varepsilon - s) \frac{\partial}{\partial x^j} \langle u(x(s)), (\mathrm{grad}\, u^i)(x(s)) \rangle \, \mathrm{d}s$$

が成り立つ．これと (3.32) によって

$$|\partial_j R^i(t, x)| \leq \frac{C_1 \varepsilon^2}{2} \tag{3.33}$$

---

[6] 有限次元実内積空間 $V_1$ から有限次元実内積空間 $V_2$ への連続写像 $f: V_1 \to V_2$ は，$V_1$ の有界閉集合を $V_2$ の有界閉集合へうつす（証明は，$V_1 = \mathbb{R}^n$, $V_2 = \mathbb{R}^m$ の場合と同様）．

が得られる.

(3.30) により

$$A_{ij}(x) := \partial_j u^i(x), \quad B_{ij}(\varepsilon, x) := \partial_j R^i(\varepsilon, x).$$

$A(x) = (A_{ij}(x))$, $B(\varepsilon, x) = (B_{ij}(\varepsilon, x))$ とおけば

$$D_\varepsilon(x) = \det(E + \varepsilon A(x) + B(\varepsilon, x))$$

と書ける. (3.33) によって, $|B_{ij}(\varepsilon, x)| \leq C_1 \varepsilon^2/2$. したがって, 補題 3.10 を応用できるので

$$|D_\varepsilon(x)| = 1 + \varepsilon \operatorname{tr} A(x) + O(\varepsilon^2) \quad (\varepsilon \to 0).$$

ゆえに

$$\frac{|D_\varepsilon(x)| - 1}{\varepsilon} = \operatorname{tr} A(x) + O(\varepsilon) \quad (\varepsilon \to 0).$$

上の評価から, $\varepsilon$ ($|\varepsilon| < \delta$) に依らない定数 $C_2 > 0$ があって

$$\left| \frac{|D_\varepsilon(x)| - 1}{\varepsilon} \right| \leq C_2$$

が成り立つ. 以上の事実によって, (3.29) の右辺に対して, ルベーグの優収束定理を応用することができ

$$\lim_{\varepsilon \to 0} \frac{v(t + \varepsilon) - v(t)}{\varepsilon} = \int_{K_t} \operatorname{tr} A(x) \, dx = \int_{K_t} \operatorname{div} u(x) \, dx$$

が得られる. ゆえに, $v(t)$ は $t$ について微分可能であり, (3.24) が成り立つ. ∎

## 3.5　リウヴィルの定理と再帰定理

定理 3.8 を 3.2 節のハミルトン系に応用しよう. $\phi(t)$ を (3.14) の解とし, $g_t^H$ は (3.15) によって定義されるものとする.

**定理 3.11**（リウヴィル (Liouville) の定理）仮定 (H) に加えて, 次の条件が満たされるとする:

(i) $H$ は $D \times V_{\mathrm{E}}^d$ 上で 3 回連続微分可能である.

(ii) $g_t^H(\phi)$ $(\phi \in D \times V_{\mathrm{E}}^d)$ は 2 変数 $(t,\phi)$ のベクトル値関数として $\mathbb{R} \times (D \times V_{\mathrm{E}}^d)$ 上で連続である.

(iii) 各 $t \in \mathbb{R}$ に対して, $g_t^H(\phi)$ は $\phi$ について微分可能であり, $(\mathrm{grad}\, g_t^H)(\phi)$ は $(t,\phi)$ に関して $\mathbb{R} \times (D \times V_{\mathrm{E}}^d)$ 上で連続である.

このとき, 任意の有界ボレル集合 $B \subset D \times V_{\mathrm{E}}^d$ で $\bar{B} \subset D \times V_{\mathrm{E}}^d$ を満たすものに対して, $|g_t^H(B)|$ は $t$ に依らず一定である. すなわち, $|g_t^H(B)| = |B|$ $(\forall t \in \mathbb{R})$.

**証明** いまの場合, 定理 3.8 を $M = D \times V_{\mathrm{E}}^d$, $K = B$, $u = f_H$, $\varphi_t = g_t^H$ として応用できる. $\{\mathbf{e}_i\}_{i=1}^d$ を $V_{\mathrm{E}}^d$ の任意の基底とし, $\phi = (\mathbf{x},\mathbf{p})$, $\mathbf{x} = \sum_{i=1}^d x^i \mathbf{e}_i$, $\mathbf{p} = \sum_{i=1}^d p^i \mathbf{e}_i$ とすれば

$$\mathrm{div}\, f_H(\phi) = \sum_{i=1}^d \frac{\partial}{\partial x^i}\frac{\partial H(\phi)}{\partial p^i} + \sum_{i=1}^d \frac{\partial}{\partial p^i}(-1)\frac{\partial H(\phi)}{\partial x^i} = 0.$$

したがって, 系 3.9 によって題意が成立する. ∎

定理 3.11 は, ハミルトニアン $H$ と相流 $g_t^H$ に対する適切な条件のもとで, 相流が相空間の体積を保存することを語る.

次にリウヴィルの定理の重要な応用の一つを示そう. そのために, まず, それ自体独立な興味を有する, ある重要な定理を証明する:

**定理 3.12** (**ポアンカレの再帰定理**) $V$ を有限次元実内積空間とし, $A$ を $V$ の有界な開集合とする. 写像 $g: A \to A$ を連続全単射とし, 任意の開集合 $B \subset A$ に対して, $|g^{-1}(B)| = |B|$ が成り立つとする. 各 $n \in \mathbb{N}$ (自然数全体) に対して, $g$ の $n$ 回合成写像を $g^n$ とする:

$$g^n := \underbrace{g \circ g \circ \cdots \circ g}_{n\,\text{個}}. \tag{3.34}$$

$x$ を $A$ の任意の点としよう. このとき, $x$ の任意の近傍 $U \subset A$ に対して, ある点 $a \in U$ と自然数 $n_0$ が存在して, $g^{n_0}(a) \in U$ が成り立つ.

**証明** 任意の自然数 $n$ に対して, $g^{-n} := (g^{-1})^n$ ($g$ の逆写像 $g^{-1}$ の $n$ 回合成写像) とする. 仮定により, $|g^{-n}(U)| = |g^{-n+1}(U)| = \cdots = |g^{-1}(U)| = |U|$.

ある $n_0 \in \mathbb{N}$ が存在して，$U \cap g^{-n_0}(U) \neq \emptyset \cdots (*)$ を示そう．仮に，すべての自然数 $n \geq 1$ に対して，$U \cap g^{-n}(U) = \emptyset$ とすると，任意の相異なる $n, m \in \mathbb{N}$ ($n \neq m$) に対して，$g^{-n}(U) \cap g^{-m}(U) = \emptyset$ である（$\because n > m$ として一般性を失わない．$y \in g^{-n}(U) \cap g^{-m}(U)$, $b := g^m(y)$ とすれば，$b \in U$ であり，$g^{n-m}(b) = g^n(y) \in U$．したがって，$b \in U \cap g^{-(n-m)}(U)$ であるので，$U \cap g^{-(n-m)}(U) \neq \emptyset$．だが，これは，目下の背理法の仮定に反する）．したがって，任意の $N \in \mathbb{N}$ に対して，$\left|\bigcup_{n=1}^{N} g^{-n}(U)\right| = \sum_{n=1}^{N} |g^{-n}(U)| = N|U|$．$g$ は $A$ を不変にしているので，$\bigcup_{n=1}^{N} g^{-n}(U) \subset A$．したがって，$\left|\bigcup_{n=1}^{N} g^{-n}(U)\right| \leq |A|$．ゆえに，$|A| \geq N|U| \to \infty$ $(N \to \infty)$．だが，これは $|A|$ の有限性に反する．よって，$(*)$ が成立する．そこで，$a \in U \cap g^{-n_0}(U)$ とすれば，$a \in U$ かつ $g^{n_0}(a) \in U$． ∎

定理 3.12 は，次のことを語る：体積を保存する連続な全単射写像 $g: A \to A$ について，$A$ の各点の任意の近傍は，次の性質をもつ点 $a$ を必ず含む．すなわち，$a$ を出発点とする，$g$ の軌道 $\{g^n(a) | n \geq 0\}$ の中の点で出発点 $a$ の「近く」に回帰するものが存在する．

**注意 3.13** 定理 3.12 は，確率空間上の測度を保存する変換の場合へと拡張される[7]．

ポアンカレの再帰定理は，ハミルトン系に対して，次の結果をもたらす：

**定理 3.14**（**再帰定理**） 定理 3.11 の仮定が満たされているものとする．定数 $\varepsilon_1, \varepsilon_2 \in \mathbb{R}$ ($\varepsilon_1 < \varepsilon_2$) に対して

$$\Omega_{\varepsilon_1, \varepsilon_2} := \left\{ \phi \in D \times V_{\mathrm{E}}^d \,\middle|\, \varepsilon_1 < H(\phi) < \varepsilon_2 \right\}$$

は空でない有界開集合とし，$\phi \in \Omega_{\varepsilon_1, \varepsilon_2}$ を任意にとる．このとき，点 $\phi$ の任意の近傍 $U$ に対して，ある $\phi_0 \in U$ と $t_0 \in \mathbb{R}$ が存在して，$g_{t_0}^H(\phi_0) \in U$ が成り立つ．

**証明** エネルギー保存則により，任意の $t \in \mathbb{R}$ と $\phi \in \Omega_{\varepsilon_1, \varepsilon_2}$ に対して，$H(g_t^H(\phi)) = H(\phi)$ であるから，$g_t^H(\Omega_{\varepsilon_1, \varepsilon_2}) \subset \Omega_{\varepsilon_1, \varepsilon_2}$ である．$t$ は任意で

---

[7] たとえば，十時東生『エルゴード理論入門』（共立出版，1971）の定理 2.1 を参照．

あるから，$t$ のかわりに $-t$ とすれば，$g_{-t}^H(\Omega_{\varepsilon_1,\varepsilon_2}) \subset \Omega_{\varepsilon_1,\varepsilon_2}$. 両辺に $g_t^H$ を作用させれば，$\Omega_{\varepsilon_1,\varepsilon_2} \subset g_t^H(\Omega_{\varepsilon_1,\varepsilon_2})$. したがって，$g_t^H(\Omega_{\varepsilon_1,\varepsilon_2}) = \Omega_{\varepsilon_1,\varepsilon_2}$ が得られる．ゆえに，$g_t^H : \Omega_{\varepsilon_1,\varepsilon_2} \to \Omega_{\varepsilon_1,\varepsilon_2}$ は全単射である．$g_t^H$ の連続性は仮定による．よって，定理 3.12 を $V = V_E^d \oplus V_E^d$, $A = \Omega_{\varepsilon_1,\varepsilon_2}$, $g = g_t^H$, $x = \phi$, $a = \phi_0$ の場合に応用できるので，求める結果が得られる（$\because \{g_t^H\}_{t\in\mathbb{R}}$ の群特性により，$(g_t^H)^n = g_{nt}^H$ ($\forall t \in \mathbb{R}, \forall n \in \mathbb{N}$) に注意し，$t_0 = n_0 t$ とすればよい）． ∎

集合 $\Omega_{\varepsilon_1,\varepsilon_2}$ は，物理的には，力学的エネルギーが $\varepsilon_1$ と $\varepsilon_2$ の間にある状態の集合を表す．

## 3.6 ハミルトン方程式の一般化 (II)

これまでは，1 個の質点からなる系におけるハミルトン形式を見てきた．容易に推測されるように，この形式は，多体系へと拡張をもつ．すなわち，$N$ を 2 以上の自然数，$\mathbb{I} \subset \mathbb{R}$ を時間区間，$\Omega$ を $\mathcal{E}_N = \bigoplus^N V_E^d$ の開集合とし，連続微分可能な写像 $H : \Omega \times \mathcal{E}_N \times \mathbb{I} \to \mathbb{R}$; $\Omega \times \mathcal{E}_N \times \mathbb{I} \ni (x, p, t) \mapsto H(x, p, t) \in \mathbb{R}$ が与えられたとする．このとき，連続微分可能な二つの写像 $x(\cdot) : \mathbb{I} \to \Omega$; $p(\cdot) : \mathbb{I} \to \mathcal{E}_N$ の組 $(x(\cdot), p(\cdot))$ に関する微分方程式

$$\dot{x}(t) = (\text{grad}_p H)(x(t), p(t), t), \tag{3.35}$$
$$\dot{p}(t) = -(\text{grad}_x H)(x(t), p(t), t) \tag{3.36}$$

を $N$ 体系のハミルトン方程式といい，$H$ をハミルトニアンと呼ぶ．この方程式についても，$N = 1$ の場合とまったく並行的な考察が可能であり，$N = 1$ の場合の多くの結果がそのまま拡張された形で成立する．だが，その詳細を埋めることは読者に任せる．

例 3.15 $N$ 個の質点 $m_1, \ldots, m_N$ が連続微分可能なポテンシャル $V : \Omega \times \mathbb{I} \to \mathbb{R}$ の作用のもとで運動を行う系のハミルトニアンは

$$H_V^{(N)}(x,p,t) := \sum_{j=1}^{N} \frac{\|p_j\|^2}{2m_j} + V(x,t) \quad ((x,p,t) \in \Omega \times \mathcal{E}_N \times \mathbb{I},$$
$$p = (p_1, \ldots, p_N), \ p_j \in V_{\mathrm{E}}^d, \ j = 1, \ldots, N)$$

で与えられる．この場合のハミルトン方程式は

$$\dot{x}_j(t) = \frac{p_j(t)}{m_j}, \quad \dot{p}_j(t) = -(\mathrm{grad}_j V)(x(t), p(t), t)$$

となる．これは $N$ 点系のニュートン方程式に他ならない．

$V_{\mathrm{E}}^d$ の任意の正規直交基底を $\{\mathbf{e}_i\}_{i=1}^d$ とし，$x(t) = (\mathbf{x}_1(t), \ldots, \mathbf{x}_N(t))$ を

$$\mathbf{x}_j(t) = \sum_{i=1}^{d} x^{(j-1)d+i}(t) \mathbf{e}_i \quad (x^{(j-1)d+i}(t) \in \mathbb{R}, \ j = 1, \ldots, N)$$

と展開すれば，$\{\mathbf{e}_i\}_{i=1}^d$ から定まる，$\mathcal{E}_N$ の正規直交基底に関する $x(t)$ の成分表示は，$(x^1(t), \ldots, x^{dN}(t))$ である．したがって，$p(t)$ の成分表示は

$$p^{(j-1)d+i}(t) := m_j \dot{x}^{(j-1)d+i}(t) \quad (j = 1, \ldots, N, \ i = 1, \ldots, d)$$

として，$(p^1(t), \ldots, p^{dN}(t))$ となる．したがって，ハミルトン方程式 (3.35)，(3.36) は成分表示では次の形をとる：

$$\dot{x}^i(t) = \frac{\partial H(x(t), p(t), t)}{\partial p^i(t)}, \tag{3.37}$$

$$\dot{p}^i(t) = -\frac{\partial H(x(t), p(t), t)}{\partial x^i(t)} \quad (i = 1, \ldots, dN). \tag{3.38}$$

## 3.7 ラグランジュ形式との関連

本節では，一般のラグランジュ形式から一般のハミルトン形式への移行を可能にする自然な構造があることを示そう．

### 3.7.1 ハミルトン関数

$\Omega$ を $\mathcal{E}_N$ の開集合とし，$L: \Omega \times \mathcal{E}_N \to \mathbb{R}; \Omega \times \mathcal{E}_N \ni (x, v) \mapsto L(x, v) \in \mathbb{R}$ をラグランジュ関数としよう（2.3 節では，$\Omega$ の点を $\gamma$ で表したが，ここでは，

それを $x$ で表す)[8]．このとき，$L$ に同伴するエネルギー $E_L$ ((2.24) を参照) は，エネルギー保存則の観点から，$L$ に付随する重要な写像の一つであると推測される．そこで，今度は，$L$ のかわりに，$E_L$ を用いて，ラグランジュ方程式 (2.22) を書き換えることを考える．そのための鍵となるのは，(2.24) の右辺第 1 項の中に現れている一般化運動量 $p(x,v) = (\mathrm{grad}_v L)(x,v)$ を一つの変数とみなす視点へ移行することである．そこで

$$p = (\mathrm{grad}_v L)(x,v) \tag{3.39}$$

とおく．これは，$(x,p) \in \Omega \times \mathcal{E}_N$ が与えられたとした場合，$v$ についての方程式と見ることができる．この方程式が任意の $(x,p) \in \Omega \times \mathcal{E}_N$ に対して解をもち

$$v = u(x,p) \quad (u : \Omega \times \mathcal{E}_N \to \mathcal{E}_N) \tag{3.40}$$

という形に表されると仮定しよう．したがって

$$p = (\mathrm{grad}_v L)(x, u(x,p)) \quad ((x,p) \in \Omega \times \mathcal{E}_N) \tag{3.41}$$

が成り立つ．そこで，関数 $H_L : \Omega \times \mathcal{E}_N \to \mathbb{R}$ を

$$H_L(x,p) := \langle u(x,p), p \rangle - L(x, u(x,p)) \quad ((x,p) \in \Omega \times \mathcal{E}_N) \tag{3.42}$$

によって導入すれば

$$E_L(x,v)\big|_{v=u(x,p)} = H_L(x,p) \tag{3.43}$$

が成り立つことになる．これからわかるように，関数 $H_L$ はエネルギー $E_L$ を位置 $x$ と一般化運動量 $p$ を用いて表したものである．$H_L$ をラグランジュ関数 $L$ に対する**ハミルトン関数**または**ハミルトニアン**と呼ぶ．

対応：$L \mapsto H_L$ を**ルジャンドル (Legendre) 変換**という．たが，ルジャンドル変換が可能なのは，任意の $(x,p) \in \Omega \times \mathcal{E}_N$ に対して，$v$ に関する方程式 (3.39) が解をもつときであることに注意しよう[9]．

---

[8] 簡単のため，$L$ は時刻変数 $t$ に依らないとするが，以下の議論は，$L$ が $t$ に依る場合にも拡張され得る．

[9] この問題は，純粋に数学的な問題として考察され得るが，ここでは，その詳細には立ち入らない．

以下，$u$ は $\Omega \times \mathcal{E}_N$ 上で連続微分可能であるとする．この場合，$\Omega \times \mathcal{E}_N$ 上の連続微分可能な実数値関数の全体を $C^1_\mathbb{R}(\Omega \times \mathcal{E}_N)$ とすれば，ルジャンドル変換は，$C^1_\mathbb{R}(\Omega \times \mathcal{E}_N)$ 上の一つの写像である．

**例 3.16** $L = L_V^{(N)}$ ((2.39) を参照) の場合，$\mathrm{grad}_v L_V^{(N)}(x,v) = (m_1 v_1, \ldots, m_N v_N)$ となる．したがって，$v$ に関する方程式 $p = \mathrm{grad}_v L_V^{(N)}(x,v)$ は，解 $v = (p_1/m_1, \ldots, p_N/m_N)$ をもつ．したがって

$$H_{L_V}(x,p) = \sum_{j=1}^N \frac{\|p_j\|^2}{m_j} - \left( \sum_{j=1}^N \frac{\|p_j\|^2}{2m_j} - V(x) \right)$$
$$= \sum_{j=1}^N \frac{1}{2m_j} \|p_j\|^2 + V(x)$$

となる．これは，例 3.15 のハミルトニアン $H_V^{(N)}$ に他ならない．

### 3.7.2 ラグランジュ方程式とハミルトン方程式の関係

次に，ラグランジュ方程式 (2.22) を $H_L$ を用いて表すことを考えよう．そこで，$x(t)$ を (2.22) の解とし，$p(t) = (\mathrm{grad}_v L)(x(t), \dot{x}(t))$ とおけば，(3.40) により

$$\dot{x}(t) = u(x(t), p(t)) \tag{3.44}$$

である．また，(2.22) は

$$\dot{p}(t) = (\mathrm{grad}_x L)(x(t), u(x(t), p(t)))$$

を導く．

$\{\mathbf{E}_{ji}\}_{ji}$ を $\mathcal{E}_N$ の基底とし ((2.12) を参照)

$$x = \sum_{j=1}^N \sum_{i=1}^d x_j^i \mathbf{E}_{ji}, \quad p = \sum_{j=1}^N \sum_{i=1}^d p_j^i \mathbf{E}_{ji}, \quad u(x,p) = \sum_{j=1}^N \sum_{i=1}^d u_j^i(x,p) \mathbf{E}_{ji}$$

と展開しよう．このとき

$$(\mathrm{grad}_p H_L)(x,p) = \sum_{j=1}^N \sum_{i=1}^d \frac{\partial}{\partial p_j^i} H_L(x,p) \mathbf{E}_{ji}$$

## 第3章 力学のハミルトン形式

$$= \sum_{j=1}^{N}\sum_{i=1}^{d}\bigg\{u_j^i(x,p) + \sum_{k=1}^{N}\sum_{\ell=1}^{d}\bigg(\frac{\partial u_k^\ell(x,p)}{\partial p_j^i}p_k^\ell$$
$$-\frac{\partial u_k^\ell(x,p)}{\partial p_j^i}\frac{\partial L(x,v)}{\partial v_k^\ell}\bigg|_{v=u(x,p)}\bigg)\bigg\}\mathbf{E}_{ji}$$

ここで,$\big(\partial L(x,v)/\partial v_k^\ell\big)_{v=u(x,p)} = p_k^\ell$ に注意すれば,右辺の $\{\cdots\}$ の中は $u_j^i(x,p)$ に等しいことがわかる.したがって

$$(\mathrm{grad}_p H_L)(x,p) = u(x,p) \tag{3.45}$$

となる.この事実と (3.44) によって

$$\dot{x}(t) = (\mathrm{grad}_p H_L)\big(x(t),p(t)\big) \tag{3.46}$$

を得る.また

$$(\mathrm{grad}_x H_L)(x,p) = \sum_{j=1}^{N}\sum_{i=1}^{d}\frac{\partial}{\partial x_j^i}H_L(x,p)\mathbf{E}_{ji}$$
$$= \sum_{j=1}^{N}\sum_{i=1}^{d}\bigg(\sum_{k=1}^{N}\sum_{\ell=1}^{d}p_\ell^k\frac{\partial u_k^\ell(x,p)}{\partial x_j^i}$$
$$-\sum_{k=1}^{N}\sum_{\ell=1}^{d}\frac{\partial u_k^\ell(x,p)}{\partial x_j^i}\frac{\partial L(x,v)}{\partial v_k^\ell}\bigg|_{v=u(x,p)}\bigg)\mathbf{E}_{ji}$$
$$- (\mathrm{grad}_x L)(x,u(x,p)).$$

ここで,$\big(\partial L(x,v)/\partial v_k^\ell\big)_{v=u(x,p)} = p_k^\ell$ であるから

$$(\mathrm{grad}_x H_L)(x,p) = -(\mathrm{grad}_x L)\big(x,u(x,p)\big)$$

となる.したがって

$$\dot{p}(t) = -(\mathrm{grad}_x H_L)\big(x(t),p(t)\big). \tag{3.47}$$

連立常微分方程式 (3.46), (3.47) は $H_L$ をハミルトニアンとするハミルトン方程式に他ならない.こうして,ラグランジュ方程式 (2.22) からハミルトン方程式が導かれる.

では,この逆はどうであろうか.つまり,ハミルトン方程式からラグランジュ方程式を導くことができるであろうか.そこで,ハミルトニアン $H:\Omega\times\mathcal{E}_N \to$

$\mathbb{R}$ が与えられたとしよう．このとき，いま提起された問題を考察するには，まず，そのルジャンドル変換が $H$ となるラグランジュ関数 $L : \Omega \times \mathcal{E}_N \to \mathbb{R}$ を定義しなければならない．これは発見法的には

$$L(x,v) = \langle v, \mathrm{grad}_v L(x,v) \rangle - H(x, \mathrm{grad}_v L(x,v)) \quad ((x,v) \in \Omega \times \mathcal{E}_N) \tag{3.48}$$

を満たす関数 $L$ で，任意の $p \in \mathcal{E}_N$ に対して，$v \in \mathcal{E}_N$ に関する方程式 $p = \mathrm{grad}_v L(x,v)$ が解 $v = u(x,p)$ をもつものであることがわかる．実際，もし，そのような関数 $L$ が存在すれば

$$H(x,p) = \langle u(x,p), p \rangle - L(x, u(x,p)) \tag{3.49}$$

となるので，確かに，$H$ は $L$ のルジャンドル変換になる．だが，(3.48) を満たし，いま述べたような性質をもつ関数 $L$ が存在することは自明ではなく，$H$ の性質に依存するものであり，数学的には関数方程式の問題になる．だが，ここでは，この問題には立ち入らないで，そのような関数 $L$ の存在を仮定して話を進める．

**定理 3.17** $H$ と $L$ を上述のものとし，$(x(t), p(t))$ はハミルトン方程式 (3.35), (3.36) を満たすとする．このとき，$x(t)$ はラグランジュ方程式 (2.22) の解である．

**証明** (3.48) と合成関数の微分法により

$$\frac{\partial L(x,v)}{\partial x_j^i} = \sum_{k=1}^N \sum_{\ell=1}^d v_k^\ell \frac{\partial^2 L(x,v)}{\partial x_j^i \partial v_k^\ell} - \left.\frac{\partial H(x,p)}{\partial x_j^i}\right|_{p=\mathrm{grad}_v L(x,v)}$$
$$- \sum_{k=1}^N \sum_{\ell=1}^d \frac{\partial^2 L(x,v)}{\partial x_j^i \partial v_k^\ell} \left.\frac{\partial H(x,p)}{\partial p_k^\ell}\right|_{p=\mathrm{grad}_v L(x,v)}.$$

これと (3.35), (3.36) によって

$$\frac{\partial L(x(t), \dot{x}(t))}{\partial x_j^i(t)} = \dot{p}_j^i(t)$$

すなわち，

$$\dot{p}(t) = (\mathrm{grad}_x H)(x(t), \dot{x}(t))$$

となる.

同様にして，(3.49) と $p = (\mathrm{grad}_v L)(x, u(x, p))$ により

$$\frac{\partial H(x, p)}{\partial p_j^i} = u_j^i(x, p)$$

が得られるので，(3.35) と合わせれば，$\dot{x}(t) = u\bigl(x(t), p(t)\bigr)$ が成り立つ．したがって，$p(t) = \mathrm{grad}_v L\bigl(x(t), \dot{x}(t)\bigr)$．ゆえに

$$\frac{\mathrm{d}}{\mathrm{d}t}(\mathrm{grad}_v L)\bigl(x(t), \dot{x}(t)\bigr) - (\mathrm{grad}_x L)\bigl(x(t), \dot{x}(t)\bigr) = 0.$$

よって，題意が成立する． ∎

こうして，ハミルトニアン $H$ が上記の性質をもつラグランジュ関数 $L$ の存在を許す性質をもつならば，ハミルトン方程式 (3.35), (3.36) からラグランジュ方程式 (2.22) が導かれることがわかる．

## 3.8　$N$ 体系のハミルトン方程式の単一化と余接バンドル

前節において，$N$ 体系のラグランジュ形式からハミルトン形式への移行がどのようになされるかを見た．この移行は，実は，私たちを新しい数学的空間の概念の発見へと導き得る．これを示し，さらなる普遍的次元へと上昇する準備を行うのが本節の目的である．そのための鍵の一つとなるのが，(3.39) によって定義される一般化運動量 $p = (\mathrm{grad}_v L)(x, v)$ を概念的に再検討するということである．

### 3.8.1　双対空間の元としての一般化運動量

一般化運動量 $p$ は，見ての通り，ラグランジュ関数 $L$ の変数 $v \in \mathcal{E}_N$ に関する勾配 $\mathrm{grad}_v L$ を用いて定義されている．ところで，一般に，有限次元ベクトル空間 $W$ の開集合 $\mathcal{O}$ を定義域とする連続微分可能な関数 $f$ の勾配 $\mathrm{grad} f$ は $W$ に導入する計量 $\langle \cdot, \cdot \rangle_W$ に依存しながら定まる．実際，$\mathrm{grad} f$ は，$f$ の微分形式 $\mathrm{d}f : \mathcal{O} \to W^*$ から，$(\mathrm{d}f)(w)(y) = \langle (\mathrm{grad} f)(w), y \rangle_W$ ($\forall y \in W$, $w \in \mathcal{O}$) を満たすベクトル場 $\mathrm{grad} f : \mathcal{O} \to W$ として定義される

（付録 E を参照）．一方，微分形式は，$W$ の計量ではなく，標準位相（付録 D の D.10 を参照）だけで決まる．このことを考慮するとき，一般化運動量は，$(\mathrm{grad}_v L)(x,v)$ ではなく

$$p_* := (\mathrm{d}_v L)(x,v) \tag{3.50}$$

（$x$ を固定し，$L$ を $v$ の関数と見たときの $L$ の微分形式）であると定義する方がより普遍的である．そして，この場合，$v$ が属するベクトル空間 $\mathcal{E}_N$ は計量ベクトル空間とは考えず，標準位相を入れた位相ベクトル空間と考えるのである．この位相ベクトル空間を以後，$V_N$ と表す．すなわち，$V_N$ はベクトル空間としての $V_\mathrm{E}^d$ の $N$ 個の直和ベクトル空間に標準位相を入れたものである．したがって，(3.50) における $L$ は $\Omega \times V_N$ 上の関数である．ゆえに，$p_* \in V_N^*$ である．

線形汎関数の表現定理（付録 D の定理 D.16）により，任意の $\phi \in V_N^*$ に対して，$u_\phi \in \mathcal{E}_N$ がただ一つ存在し

$$\phi(v) = \langle u_\phi, v \rangle_{\mathcal{E}_N} \quad (v \in \mathcal{E}_N)$$

が成り立つ．このとき，写像 $i_N : V_N^* \to \mathcal{E}_N;\ \phi \mapsto u_\phi$ はベクトル空間同型を与える．

$$V_N^* \stackrel{i_N}{\cong} \mathcal{E}_N.$$

同型 $i_N$ を用いると，新しい一般化運動量 $p_* \in V_N^*$ ともともとの一般化運動量 $p$ の関係は

$$i_N(p_*) = p \tag{3.51}$$

と表される．したがって，$\langle u(x,p), p \rangle = p_*(u(x, i_N(p_*)))$ となる．ゆえに

$$H_L(x,p) = p_*(u(x, i_N(p_*))) - L(x, u(x, i_N(p_*))).$$

こうして，ハミルトニアン $H_L$ は $(x, p_*) \in \Omega \times V_N^*$ の関数として表すことができる．そこで，新しいハミルトニアン $\hat{H}_L : \Omega \times V_N^* \to \mathbb{R}$ を

$$\hat{H}_L(x, p_*) := p_*(u(x, i_N(p_*))) - L(x, u(x, i_N(p_*))) \tag{3.52}$$

によって定義する．(3.51) が成り立つときは，$\hat{H}_L(x, p_*) = H_L(x, p)$ である．

## 3.8.2 新しいハミルトニアンによる運動方程式

$V_N^{**} = (V_N^*)^*$ から $V_N$ への自然な同型写像を $j_N$ としよう[10].

$$V_N^{**} \stackrel{j_N}{\cong} V_N \quad \text{(自然な同型)} \tag{3.53}$$

**補題 3.18**

(i)
$$j_N(\mathrm{d}_{p_*}\hat{H}_L(x, p_*)) = \mathrm{grad}_p H_L(x, i_N(p_*)) \quad ((x, p_*) \in \Omega \times V_N^*). \tag{3.54}$$

(ii)
$$\mathrm{d}_x \hat{H}_L(x, p_*) = \mathrm{d}_x H_L(x, i_N(p_*)) \quad ((x, p_*) \in \Omega \times V_N^*). \tag{3.55}$$

**証明** (i) 任意の $x \in \Omega$, $p_*, \eta_* \in V_N^*$ に対して, $p = i_N(p_*)$, $\eta = i_N(\eta_*)$ とおけば

$$\begin{aligned}
(\mathrm{d}_{p_*}\hat{H}_L(x, p_*))(\eta_*) &= \lim_{\varepsilon \to 0} \frac{\hat{H}_L(x, p_* + \varepsilon\eta_*) - \hat{H}_L(x, p_*)}{\varepsilon} \\
&= \lim_{\varepsilon \to 0} \frac{H_L(x, p + \varepsilon\eta) - H_L(x, p)}{\varepsilon} \\
&= \langle (\mathrm{grad}_p H_L)(x, p), \eta \rangle_{\mathcal{E}_N} \\
&= \eta_*(\mathrm{grad}_p H_L(x, p)).
\end{aligned}$$

これは (3.54) を意味する.

(ii) 任意の $x \in \Omega$, $p_* \in V_N^*$ と $v \in V_N$ に対して

$$\begin{aligned}
(\mathrm{d}_x \hat{H}_L(x, p_*))(v) &= \lim_{\varepsilon \to 0} \frac{\hat{H}_L(x + \varepsilon v, p_*) - \hat{H}_L(x, p_*)}{\varepsilon} \\
&= \lim_{\varepsilon \to 0} \frac{H_L(x + \varepsilon v, i_N(p_*)) - H_L(x, i_N(p_*))}{\varepsilon} \\
&= \mathrm{d}_x H_L(x, i_N(p_*))(v).
\end{aligned}$$

したがって, (3.55) が成り立つ. ∎

---

[10] 任意の $f \in V_N^{**}$ に対して, $p_*(j_N(f)) = f(p_*)$ ($\forall p_* \in V_N^*$).

## 定理 3.19

(i) $(x(t), p(t))$ はハミルトン方程式 (3.46), (3.47) を満たすものとし，$p(t)_* := i_N^{-1}(p(t))$ とする．このとき

$$\dot{x}(t) = j_N(\mathrm{d}_{p_*}\hat{H}_L(x(t), p(t)_*)), \tag{3.56}$$
$$\dot{p}(t)_* = -\mathrm{d}_x \hat{H}_L(x(t), p(t)_*) \tag{3.57}$$

が成り立つ．

(ii) 逆に，$(x(t), p(t)_*) \in \Omega \times V_N^*$ は (3.56), (3.57) を満たすとし，$p(t) := i_N(p(t)_*)$ とおく．このとき，$(x(t), p(t))$ は (3.46), (3.47) を満たす．

**証明** (i) $i_N(p(t)_*) = p(t)$ であることと (3.46) および (3.54) は (3.56) を意味する．容易にわかるように，$i_N^{-1}\dot{p}(t) = \dot{p}(t)_*$ であり，$i_N^{-1}\mathrm{grad}_x H_L(x(t), p(t)) = \mathrm{d}_x H_L(x(t), i_N(p(t)_*))$ である．これらの式と (3.47) および (3.55) を用いると (3.57) が導かれる．

(ii) (i) の逆の推論を辿ればよい． ∎

こうして，ハミルトン方程式 (3.46), (3.47) と連立微分方程式 (3.56), (3.57) の同等性が示される．だが，ここで新しい点は，後者の場合，$(x(t), p(t)_*)$ の属する集合 $V_N \oplus V_N^*$ が計量ベクトル空間である必要はないということである．

### 3.8.3 運動方程式の単一化

先に進む前に若干の注意をしておく．各 $(\phi, f) \in V_N^* \times V_N^{**}$ に対して写像 $(\phi, f)(\cdot) : V_N \oplus V_N^* \to \mathbb{R}$ を

$$(\phi, f)(v, \xi) := \phi(v) + f(\xi) \quad ((v, \xi) \in V_N \oplus V_N^*)$$

によって定義すれば，$(\phi, f)(\cdot)$ は $V_N \oplus V_N^*$ 上の線形汎関数，すなわち，$(V_N \oplus V_N^*)^*$ の元である．誤解の恐れがないと見られる場合には，線形汎関数 $(\phi, f)(\cdot)$ を単に $(\phi, f)$ と記す．また，連続微分可能な写像 $\Phi : \Omega \times V_N^* \to \mathbb{R}$ 対して，点 $(x, p_*) \in \Omega \times V_N^*$ における微分 $\mathrm{d}\Phi(x, p_*)$ は $V_N \oplus V_N^*$ 上の線形汎関数である．

(3.56), (3.57) を見ると，これらが単一の方程式にまとめられることが推測されよう．この点を明らかにするために，まず，次の事実に注意する:

**補題 3.20** 任意の $(x, p_*) \in \Omega \times V_N^*$ に対して

$$\mathrm{d}\hat{H}_L(x, p_*) = (\mathrm{d}_x \hat{H}_L(x, p_*), \mathrm{d}_{p_*} \hat{H}_L(x, p_*)). \tag{3.58}$$

**証明** 微分の定義により，任意の $(v, \xi) \in V_N \oplus V_N^*$ に対して

$$\begin{aligned}
\mathrm{d}\hat{H}_L(x, p_*)(v, \xi) &= \lim_{\varepsilon \to 0} \frac{\hat{H}_L(x + \varepsilon v, p_* + \varepsilon \xi) - \hat{H}_L(x, p_*)}{\varepsilon} \\
&= \lim_{\varepsilon \to 0} \frac{\hat{H}_L(x + \varepsilon v, p_* + \varepsilon \xi) - \hat{H}_L(x, p_* + \varepsilon \xi)}{\varepsilon} \\
&\quad + \lim_{\varepsilon \to 0} \frac{\hat{H}_L(x, p_* + \varepsilon \xi) - \hat{H}_L(x, p_*)}{\varepsilon} \\
&= \mathrm{d}_x \hat{H}_L(x, p_*)(v) + \mathrm{d}_{p_*} \hat{H}_L(x, p_*)(\xi).
\end{aligned}$$

したがって，(3.58) が成立する． ∎

写像 $J : V_N^* \oplus V_N^{**} \to V_N \oplus V_N^*$ を

$$J(p_*, q) := (j_N q, -p_*) \quad ((p_*, q) \in V_N^* \oplus V_N^{**}) \tag{3.59}$$

によって定義する．このとき，$J$ は線形で全単射である．また

$$X(t) := (x(t), p(t)_*) \in V_N \oplus V_N^*$$

とおこう．このとき，(3.58) により，(3.56), (3.57) は次の美しい，単一の方程式へと統合される:

$$\dot{X}(t) = J \, \mathrm{d}\hat{H}_L(X(t)). \tag{3.60}$$

ここで，対応 $: \Omega \times V_N^* \ni X \mapsto J \, \mathrm{d}H_L(X) \in V_N \oplus V_N^*$ は $\Omega \times V_N^*$ 上のベクトル場であることに注意しよう．したがって，微分方程式 (3.60) は自励系の一つであり，その状態空間は $\Omega \times V_N^*$ である．この系を $(\hat{H}_L, J)$ から定まるハミルトン系といい，$\hat{H}_L$ をハミルトニアンと呼ぶ．

写像 $J$ は，もちろん，この力学系を規定する重要な要素の一つである．そこで，写像 $J$ の意味を考察しよう．$J$ の逆写像 $J^{-1}$ は $W_N := V_N \oplus V_N^*$ か

## 3.8. $N$ 体系のハミルトン方程式の単一化と余接バンドル

ら $V_N^* \oplus V_N^{**} \cong W_N^*$ への写像であるから,次の写像 $\theta_J : W_N \times W_N \to \mathbb{R}$ が $J^{-1}$ から自然な仕方で定義される:

$$\theta_J(w, w') := (J^{-1}(w))(w') \quad (w, w' \in W_N). \tag{3.61}$$

ただし,右辺は $J^{-1}(w) \in W_N^*$ の $w' \in W_N$ における値を表す.明らかに, $\theta_J$ は双線形である.一方, (3.59) から

$$J^{-1}(w) = (-p, x) \quad (w = (x, p) \in W_N). \tag{3.62}$$

ここで, $x \in V_N$ を $V_N^{**}$ の元と同一視した[11].したがって

$$\theta_J((x, p), (x', p')) = p'(x) - p(x') \quad ((x, p), (x', p') \in W_N). \tag{3.63}$$

これから, $\theta_J$ は反対称であることがわかる.すなわち

$$\theta_J(w, w') = -\theta_J(w', w) \quad (w, w' \in W_N). \tag{3.64}$$

したがって, $\theta_J$ は $W_N$ 上の 2 階反対称共変テンソルである.さらに, $w \in W_N$ がすべての $w' \in W_N$ に対して, $\theta_J(w, w') = 0$ を満たすならば, $w = 0$ であること,すなわち, $\theta_J$ は非退化[12]であることもわかる ($\because$ $w = (x, p)$, $w' = (x', p')$ とすれば,仮定は, $p'(x) = p(x')$ ($\forall x' \in V_N, p' \in V_N^*$) を意味する.そこで,特に, $x' = 0$ とすれば, $p'(x) = 0$ ($\forall p' \in V_N^*$).したがって, $x = 0$.ゆえに $p(x') = 0$ ($\forall x' \in V_N$).これは, $p = 0$ を意味する.よって, $w = 0$).

各 $w \in W_N$ に対して, $(\theta_J)_w \in W_N^*$ が

$$(\theta_J)_w(w') := \theta_J(w, w') \quad (w' \in W_N) \tag{3.65}$$

によって定義される.これと (3.61) により

$$J^{-1}(w) = (\theta_J)_w \quad (w \in W_N) \tag{3.66}$$

が成り立つ.こうして, $J$ の背後にはある自然な仕方で非退化 2 階反対称共変テンソルが控えていることがわかる.以下の 3.9 節で示すように,この

---

[11] (3.53) による.
[12] 一般に,ベクトル空間 $\mathsf{V}$ 上の 2 階反対称共変テンソル $\omega \in \bigwedge^2(\mathsf{V}^*)$ について「$v \in \mathsf{V}$ かつ $\omega(u, v) = 0$ ($\forall u \in \mathsf{V}$) ならば $v = 0$」が成り立つとき, $\omega$ は**非退化**であるという.

構造は抽象化され，ハミルトン形式の普遍的理論の根源の一つを形成することになる．

### 3.8.4 余接バンドルとしての状態空間

1.5 節で見たように，配位空間が $D \subset V_E^d$ の 1 質点系の状態空間 $D \times V_E^d$ は，$D$ を底空間，$V_E^d$ を典型的ファイバーとする接バンドルとして捉えられる．同様に，ニュートン形式（またはラグランジュ形式）における $N$ 点系の状態空間 $\Omega \times \mathcal{E}_N$ は，$\Omega$ を底空間，$\mathcal{E}_N$ を典型的ファイバーとする接バンドルである．容易に見てとれるように，上述のハミルトン系の状態空間 $\Omega \times V_N^*$ は，形式的には，$N$ 点系の状態空間 $\Omega \times \mathcal{E}_N$ における $\mathcal{E}_N$ が $V_N^*$ に置き換わったものである．そこで，接バンドルとの類推的考察を行い，接バンドルと対をなす概念を導入する．以下，$V_N^*$ の点を $p$ で表す．

各 $x \in \Omega$ に対して

$$\mathrm{T}_x(\Omega)^* := \{(x,p) \,|\, p \in V_N^*\} \tag{3.67}$$

とおくと

$$\Omega \times V_N^* = \bigcup_{x \in \Omega} \mathrm{T}_x(\Omega)^* \tag{3.68}$$

が成り立つ．集合 $\mathrm{T}_x(\Omega)^*$ は次のように定義される和とスカラー倍の演算によって実ベクトル空間になることに注意しよう：

（和） $(x,p) + (x,q) := (x, p+q)$，
（スカラー倍） $\alpha(x,p) := (x, \alpha p)$ $(\alpha \in \mathbb{R},\ (x,p), (x,q) \in \mathrm{T}_x(\Omega)^*)$．

ベクトル空間 $\mathrm{T}_x(\Omega)^*$ は，描像としては，点 $x \in \Omega$ に付随する双対空間 $V_N^*$ を表すものであり，点 $x$ における**余接ベクトル空間** (cotangent vector space) または**余接空間**と呼ばれる．

写像 $\iota^\dagger : V_N^* \to \mathrm{T}_x(\Omega)^*$ を $\iota^\dagger(p) := (x, p)$ $(p \in V_N^*)$ によって定義すれば，容易にわかるように，$\iota^\dagger$ はベクトル空間同型写像である．したがって，$V_N^*$ と $\mathrm{T}_x(\Omega)^*$ はベクトル空間として同型である．

配位空間 $\Omega$ 上のすべての余接空間を「束ねて」できる集合

$$\mathrm{T}^*\Omega := \bigcup_{x\in\Omega} \mathrm{T}_x(\Omega)^* \tag{3.69}$$

を $\Omega$ 上の**余接バンドル** (cotangent bundle) または**余接束**と呼ぶ（図 3.1）．この場合，$\Omega$ を**底空間** (base space) または**基底空間**，$\mathrm{T}_x(\Omega)^*$ を点 $x$ におけるファイバーといい，すべてのファイバーと同型な（$x$ に依らない）ベクトル空間 $V_N^*$ を余接束 $\mathrm{T}^*\Omega$ の**典型的**ファイバーと呼ぶ．(3.68) によって

$$\Omega \times V_N^* = \mathrm{T}^*\Omega \tag{3.70}$$

である．こうして，前項で論じたハミルトン系の状態空間 $\Omega \times V_N^*$ は，$V_N^*$ を典型的ファイバーとする $\Omega$ 上の余接バンドルであることがわかる．

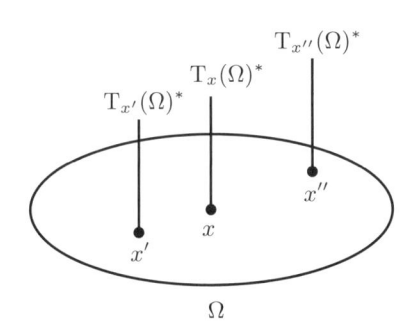

**図 3.1.** 余接バンドル $\mathrm{T}^*\Omega$ の描像．

**注意 3.21** (3.68) の右辺において，$\Omega$ を一般の位相空間 X で置き換え，$\mathrm{T}_x(\Omega)^*$ を実ベクトル空間 $V_x$ ($x \in$ X) の双対空間 $V_x^*$ で置き換えて得られる集合 $\bigcup_{x\in\mathsf{X}} V_x^*$ は，上述の余接バンドルの一般化を与える．この型の集合は，注意 1.13 で言及したベクトル束の一つであり，$X$ を底空間とする**余接バンドル**と呼ばれる．

## 3.9 ハミルトン形式の普遍的定式化

本節では，前節で到達したハミルトン方程式 (3.60) に現れている普遍的な数学的構造を明らかにし，これまでに扱ってきたハミルトン形式の「上位」に位置する統一的な力学的理念の一つへと歩を進める．

### 3.9.1 シンプレクティックベクトル空間

$V \neq \{0\}$ を有限次元実ベクトル空間とし,その双対空間を $V^*$ とする($V$ は計量ベクトル空間である必要はない).

**定義 3.22** $V$ 上の 2 階反対称共変テンソル $\omega$ (i.e. $\omega \in \bigwedge^2(V^*)$) は,条件「$v \in V$ かつ $\omega(u,v) = 0\ (\forall u \in V) \implies v = 0$」を満たすとき,**非退化** (non-degenerate) であるという(この場合,明らかに $\omega \neq 0$).

$V$ 上の非退化な 2 階反対称共変テンソル $\omega$ を $V$ 上の**シンプレクティック形式** (symplectic form) または**シンプレクティック構造** (symplectic structure) と呼び,$V$ と $\omega$ の組 $(V, \omega)$ を**シンプレクティックベクトル空間** (symplectic vector space) という.

$\omega$ の反対称性により,$\omega(u,v) = -\omega(v,u)\ (\forall u, v \in V)$. したがって,特に

$$\omega(u,u) = 0 \quad (\forall u \in V) \tag{3.71}$$

であり,$\omega$ が非退化であることと「$v \in V$ かつ $\omega(v,u) = 0\ (\forall u \in V) \implies v = 0$」は同値である.

シンプレクティック形式 $\omega$ は,描像的に言えば,ベクトル空間の計量における対称性が反対称性 $\omega(u,v) = -\omega(v,u)\ (\forall u,v \in V)$ にとって代わられたようなものである.この意味で,シンプレクティック形式は計量と対をなす自然な対象である.

このことと関連して,一般に,ベクトル $v, u \in V$ が $\omega(u,v) = 0$ を満たすとき,$u$ と $v$ は **$\omega$-直交する**という.$v$ が部分集合 $D \subset V$ のすべての元と $\omega$-直交するとき,**$v$ は $D$ と $\omega$-直交する**という.$D$ と $\omega$-直交するベクトルの全体を $D_\omega^\perp$ と記し,これを $D$ の **$\omega$-直交補空間**という:

$$D_\omega^\perp := \{v \in V \,|\, \omega(u,v) = 0, \forall u \in D\}. \tag{3.72}$$

計量に関する直交補空間の場合と同様に,$D_\omega^\perp$ は $V$ の部分空間であることがわかる.$V$ の二つの部分集合 $D, F$ について,$D$ の任意の元と $F$ の任意の元が $\omega$-直交するとき,**$D$ と $F$ は $\omega$-直交する**という.

**例 3.23** $n$ を任意の自然数とし，$2n$ 次元数ベクトル空間 $\mathbb{R}^{2n} = \{x = (x^1, \ldots, x^{2n}) | x^i \in \mathbb{R}, i = 1, \ldots, 2n\}$ を考える．$i = 1, \ldots, n$ に対して，関数 $q^i, p^i : \mathbb{R}^{2n} \to \mathbb{R}$ を次のように定義する：

$$q^i(x) := x^i, \quad p^i(x) := x^{n+i}. \tag{3.73}$$

つまり，$q^i$ は第 $i$ 座標関数であり，$p^i$ は第 $(n+i)$ 座標関数である．$q^i, p^i$ の微分形式を $\mathrm{d}q^i, \mathrm{d}p^i$ で表す．これらの微分形式を用いて $\mathbb{R}^{2n}$ 上の 2 階反対称共変テンソル $\omega_{\mathbb{R}^{2n}} \in \bigwedge^2((\mathbb{R}^{2n})^*)$ を

$$\omega_{\mathbb{R}^{2n}} := \sqrt{2}\bigl(\mathrm{d}q^1 \wedge \mathrm{d}p^1 + \cdots + \mathrm{d}q^n \wedge \mathrm{d}p^n\bigr) = \sqrt{2}\sum_{i=1}^n \mathrm{d}q^i \wedge \mathrm{d}p^i \tag{3.74}$$

によって定義する[13]．具体的には

$$\omega_{\mathbb{R}^{2n}}(x, y) = \sum_{i=1}^n (x^i y^{n+i} - x^{n+i} y^i). \tag{3.75}$$

$\omega_{\mathbb{R}^{2n}}$ は $\mathbb{R}^{2n}$ のシンプレクティック構造である（∵ 非退化性だけ示せばよい．$y \in \mathbb{R}^{2n}$ が $\omega(x, y) = 0$ ($\forall x \in \mathbb{R}^{2n}$) を満たすとしよう．$x \in \mathbb{R}^{2n}$ は任意であるから，$x^i = 1, x^j = 0, j \neq i$ ($i = 1, \ldots, n$) とすれば，$y^{n+i} = 0$．また，$x^{n+i} = 1, x^j = 0, j \neq n+i$ とおけば，$y^i = 0$．したがって，$y = 0$）．したがって，$(\mathbb{R}^{2n}, \omega_{\mathbb{R}^{2n}})$ はシンプレクティックベクトル空間である．$\omega_{\mathbb{R}^{2n}}$ を $\mathbb{R}^{2n}$ の**標準的シンプレクティック形式**または**標準的シンプレクティック構造**という．

**例 3.24** 例 3.23 は次のように抽象化される[14]．$W \neq \{0\}$ を有限次元実ベクトル空間とし，$W$ とその双対空間 $W^*$ の直和ベクトル空間 $V = W \oplus W^* = \{(w, \phi) | w \in W, \phi \in W^*\}$ を考える．$V$ 上の 2 階反対称共変テンソル $\omega_{\mathrm{ds}}$ を

$$\omega_{\mathrm{ds}}((w_1, \phi_1), (w_2, \phi_2)) := \phi_2(w_1) - \phi_1(w_2) \quad ((w_j, \phi_j) \in V, \ j = 1, 2) \tag{3.76}$$

---

[13] $\sqrt{2}$ の因子がつくのは，本書においては，同一のベクトル空間に属するベクトル $u, v$ の外積 $u \wedge v$ の定義として，$u \wedge v := (u \otimes v - v \otimes u)/\sqrt{2}$ を採用していることによる．他の文献を読まれる場合には注意されたい．

[14] $\mathbb{R}^{2n} = \mathbb{R}^n \oplus \mathbb{R}^n \cong \mathbb{R}^n \oplus (\mathbb{R}^n)^*$ と考え，$\mathbb{R}^n$ を任意の有限次元実ベクトル空間で置き換える．

によって定義する．この $\omega_{\mathrm{ds}}$ は非退化である．実際，すべての $(w_1, \phi_1) \in V^*$ に対して，$\omega_{\mathrm{ds}}((w_1, \phi_1), (w_2, \phi_2)) = 0$ とすれば，$\phi_2(w_1) = \phi_1(w_2)$ $(\forall w_1 \in W, \forall \phi_1 \in W^*)$．特に，$\phi_1 = 0$ とすれば，$\phi_2(w_1) = 0$ $(\forall w_1 \in W)$．したがって，$\phi_2 = 0$．これは，$\phi_1(w_2) = 0$ $(\forall \phi_1 \in W^*)$ を意味するから，$w_2 = 0$ となる．ゆえに，$(w_2, \phi_2) = 0 \in V$．

よって，(3.76) によって定義される 2 階反対称共変テンソル $\omega_{\mathrm{ds}}$ は $W \oplus W^*$ 上のシンプレクティック形式であり，$(W \oplus W^*, \omega_{\mathrm{ds}})$ はシンプレクティックベクトル空間である．

3.8.3 項の記号で，$W = V_N$，$\omega_{\mathrm{ds}} = \theta_J$ の場合を考えると，$(V_N \oplus V_N^*, \theta_J)$ はシンプレクティックベクトル空間であることがわかる．したがって，$N$ 体系の状態空間は，シンプレクティックベクトル空間 $(V_N \oplus V_N^*, \theta_J)$ の部分集合と見ることができる．

次の事実は基本的である：

**定理 3.25** $(V, \omega)$ をシンプレクティックベクトル空間としよう．このとき，$V$ の次元 $\dim V$ は偶数である．さらに，$\dim V = 2n$ $(n \in \mathbb{N})$ とすれば，$V$ の基底 $\{e_i\}_{i=1}^{2n}$ で次の (i), (ii) を満たすものが存在する：

(i)

$$\omega(e_i, e_j) = \begin{cases} 0 & (i, j = 1, \ldots, n) \\ \delta_{i(j-n)} & (i = 1, \ldots, n,\ j = n+1, \ldots, 2n) \\ -\delta_{(i-n)j} & (i = n+1, \ldots, 2n,\ j = 1, \ldots, n) \\ 0 & (i, j = n+1, \ldots, 2n) \end{cases}. \tag{3.77}$$

(ii) $\{e_i\}_{i=1}^{2n}$ の双対基底を $\{\phi^i\}_{i=1}^{2n}$ とすれば

$$\omega = \sqrt{2} \sum_{i=1}^{n} \phi^i \wedge \phi^{n+i}. \tag{3.78}$$

**証明** 仮に $\dim V$ が奇数であると仮定し，矛盾を導こう．そこで，$\dim V = 2n+1$ とする $(n \geq 0)$．$\omega \neq 0$ であるから，$\dim V \geq 3$ $(\because \dim V = 1 \implies \bigwedge^p(V^*) = \{0\}\ (\forall p \geq 2))$．したがって，$\dim V \geq 2)$．したがって，

3.9. ハミルトン形式の普遍的定式化　**165**

$V$ のベクトルの対 $(\epsilon_1, \epsilon'_1)$ で $\omega(\epsilon_1, \epsilon'_1) \neq 0$ となるものが存在する．このとき，(3.71) によって，$\epsilon_1, \epsilon'_1$ は線形独立である．$\hat{\epsilon}_1 := \epsilon_1/\omega(\epsilon_1, \epsilon'_1)$ とすれば，$\omega(\hat{\epsilon}_1, \epsilon'_1) = 1 \cdots (*)$ となる．$\hat{\epsilon}_1$ と $\epsilon'_1$ によって生成される 2 次元部分空間を $W_1$ とする：$W_1 := \mathcal{L}(\{\hat{\epsilon}_1, \epsilon'_1\})$．$W_1$ の $\omega$-直交補空間を $V_1$ としよう：$V_1 := (W_1)^\perp_\omega$ このとき，$W_1 \cap V_1 = \{0\}$ である（$\because v \in W_1 \cap V_1$ とすれば，$v = \alpha\hat{\epsilon}_1 + \beta\epsilon'_1$ と表される $(\alpha, \beta \in \mathbb{R})$．$v \in V_1$ であることから，$\omega(v, \hat{\epsilon}_1) = 0$, $\omega(v, \epsilon'_1) = 0$．これと (3.71) と $(*)$ によって，$\alpha = 0, \beta = 0$ が導かれる．したがって，$v = 0$）．さらに，任意の $v \in V$ は

$$v = v_1 + v_2,$$
$$v_1 := \omega(v, \epsilon'_1)\hat{\epsilon}_1 - \omega(v, \hat{\epsilon}_1)\epsilon'_1, \quad v_2 := v - \omega(v, \epsilon'_1)\hat{\epsilon}_1 + \omega(v, \hat{\epsilon}_1)\epsilon'_1$$

と分解できる．ここで，$v_1 \in W_1$ であり，$v_2 \in V_1$ である（$\because \omega(v_2, \hat{\epsilon}_1) = 0$, $\omega(v_2, \epsilon'_1) = 0$）．ゆえに

$$V = W_1 \dotplus V_1$$

が成り立つ[15]．$\dim V = 3$ であるとすれば，$\dim V_1 = 1$．だが，これは起こり得ない（$\because$ 仮に，$\dim V_1 = 1$ であるとし，$V_1 = \{\alpha v_0 | \alpha \in \mathbb{R}\}$ $(v_0 \in V \setminus \{0\})$ とすれば，任意の $v \in V$ は $v = v_1 + \gamma v_0$ と一意的に表される $(v_1 \in W_1, \gamma \in \mathbb{R})$．$\omega(v_1, v_0) = 0, \omega(v_0, v_0) = 0$ であるから，$\omega(v, v_0) = 0$ となる．したがって，$\omega$ の非退化性により，$v_0 = 0$ となり，矛盾が生じる）．ゆえに，$\dim V \geq 5$ である．したがって，$\dim V_1 \geq 3$．これと $\omega$ の非退化性により，$V_1$ に属する線形独立なベクトルの対 $(\epsilon_2, \epsilon'_2)$ で $\omega(\epsilon_2, \epsilon'_2) \neq 0$ となるものが存在する．前と同様に，$\hat{\epsilon}_2 := \epsilon_2/\omega(\epsilon_2, \epsilon'_2)$ とすれば，$\omega(\hat{\epsilon}_2, \epsilon'_2) = 1$ である．そこで，$W_2 := \mathcal{L}(\{\hat{\epsilon}_2, \epsilon'_2\})$ とし，$V_2 := V_1 \cap (W_2)^\perp_\omega$ とすれば，前段と同様にして

$$V = W_1 \dotplus W_2 \dotplus V_2$$

が成り立つ．

以下，同様の論法により，次の性質をもつ $n$ 個のベクトル対 $(\hat{\epsilon}_i, \epsilon'_i)$ $(i = 1, \ldots, n, \hat{\epsilon}_i, \epsilon'_i \in V)$ と $V$ の部分空間 $V_n$ が構成される：

---

[15] 一般に，任意のベクトル空間 $U$ の二つの部分空間 $U_1, U_2$ について，$U_1 \cap U_2 = \{0\}$ かつ任意の $u \in U$ に対して，$u_1 \in U_1, u_2 \in U_2$ があって，$u = u_1 + u_2$ が成り立つとき，$U = U_1 \dotplus U_2$ と記す．この場合，$U$ は $U_1$ と $U_2$ の**代数的直和**に分解されるという．

(i) $\omega(\hat{\epsilon}_i, \epsilon'_i) = 1$ $(i = 1, \ldots, n)$;

(ii) $W_i := \mathcal{L}(\{\hat{\epsilon}_i, \epsilon'_i\})$ とすれば，$\dim W_i = 2$ であり，$i \neq j$ ならば，$W_i$ と $W_j$ は $\omega$-直交する．

(iii) 任意の $i = 1, \ldots, n$ に対して，$W_i$ と $V_n$ は $\omega$-直交する；

(iv) 次の直和分解が成立する：

$$V = W_1 \dotplus W_2 \dotplus \cdots \dotplus W_n \dotplus V_n.$$

(iv) から，$\dim V = 2n + \dim V_n$. したがって，$\dim V_n = 1$. だが，$\dim V_1 = 1$ が起こり得なかったように，$\dim V_n = 1$ は成立し得ないことがわかる．したがって，矛盾が生じる．ゆえに，$\dim V$ は偶数でなければならない．

$\dim V = 2n$ $(n \geq 1)$ とすれば，上述の議論により，$n$ 個のベクトルの対 $(\hat{\epsilon}_i, \epsilon'_i)$ で (i), (ii) および

$$V = W_1 \dotplus W_2 \dotplus \cdots \dotplus W_n$$

を満たすものの存在が示されたことになる．したがって，$\{\hat{\epsilon}_i, \epsilon'_i \mid i = 1, \ldots, n\}$ は $V$ の基底である．そこで

$$e_i := \hat{\epsilon}_i, \quad e_{n+i} := \epsilon'_i \quad (i = 1, \ldots, n) \tag{3.79}$$

とすれば，$\{e_i\}_{i=1}^{2n}$ は $V$ の基底であり，(3.77) が成り立つことがわかる．

$\{\phi^i\}_{i=1}^{2n}$ を $\{e_i\}_{i=1}^{2n}$ の双対基底としよう．任意の $u, v \in V$ を $u = \sum_{i=1}^{2n} u^i e_i$, $v = \sum_{j=1}^{2n} v^j e_j$ と展開すれば $(u^i, v^j \in \mathbb{R})$

$$\begin{aligned}\omega(u, v) &= \sum_{i,j=1}^{2n} u^i v^j \omega(e_i, e_j) = \sum_{i=1}^{n} (u^i v^{n+i} - u^{n+i} v^i) \\ &= \sum_{i=1}^{n} (\phi^i(u) \phi^{n+i}(v) - \phi^{n+i}(u) \phi^i(v)) \\ &= \sqrt{2} \sum_{i=1}^{n} (\phi^i \wedge \phi^{n+i})(u, v).\end{aligned}$$

したがって，(3.78) が成立する． ∎

$\dim V = 2n$ であるシンプレクティックベクトル空間 $(V, \omega)$ における基底 $\{e_i\}_{i=1}^{2n}$ が (3.77) を満たすならば（これは，上の証明において構成した $\{e_i\}_{i=1}^{2n}$ である必要はない），この基底を $(V, \omega)$ の**正準基底** (canonical basis) または**シンプレクティック基底**という．また，その双対基底を**正準双対基底**または**双対シンプレクティック基底**という．

正準基底 $\{e_i\}_{i=1}^{2n}$ に対して，$\omega(e_i, e_j)$ を $(i, j)$ 成分とする行列を $J_\omega$ とすれば (3.77) により

$$J_\omega = \begin{pmatrix} 0_n & E_n \\ -E_n & 0_n \end{pmatrix} \tag{3.80}$$

となる．ただし，$0_n$ は $n$ 次の零行列，$E_n$ は $n$ 次の単位行列である．これは，どの正準基底に対しても成立する行列表示であることに注意しよう．

**例 3.26** 例 3.23 のシンプレクティックベクトル空間 $(\mathbb{R}^{2n}, \omega_{\mathbb{R}^{2n}})$ において，ベクトル空間としての $\mathbb{R}^{2n}$ の標準基底 $\{\mathbf{e}_i\}_{i=1}^{2n}$ (i.e. $(\mathbf{e}_i)_j = \delta_{ij}$ $(i, j = 1, \ldots, 2n)$) は $(\mathbb{R}^{2n}, \omega_{\mathbb{R}^{2n}})$ の正準基底でもある.

直接計算により

$$J_\omega^2 = -E_{2n} \tag{3.81}$$

であるから，$J_\omega$ は正則であり

$$J_\omega^{-1} = -J_\omega \tag{3.82}$$

が成り立つ．また

$${}^t J_\omega = -J_\omega \tag{3.83}$$

が成立する．ただし，${}^t J_\omega$ は $J_\omega$ の転置行列を表す．

$V$ の正準基底は無数に存在する：

**命題 3.27** $\{e_i\}_{i=1}^{2n}$ を $(V, \omega)$ の正準基底の一つとし，ベクトル $f_i \in V$ $(i = 1, \ldots, 2n)$ を $f_i := \sum_{j=1}^{2n} P_i^j e_j$ によって定義する．ただし，$P_j^i \in \mathbb{R}$ である．このとき，$\{f_i\}_{i=1}^{2n}$ が $(V, \omega)$ の正準基底であるための必要十分条件は

$${}^t P J_\omega P = J_\omega \tag{3.84}$$

が成り立つことである．ただし，$P = (P^i_j)$ は $(i,j)$ 成分が $P^i_j$ の $2n$ 次正方行列であり，${}^t P$ は $P$ の転置行列を表す．

**証明** まず，$\omega$ の双線形性により

$$\omega(f_i, f_j) = \sum_{k,\ell=1}^{2n} ({}^t P)^i_k \omega(e_k, e_\ell) P^\ell_j = ({}^t P J_\omega P)_{ij} \tag{3.85}$$

が成り立つことに注意する．

（必要性）$\{f_i\}_{i=1}^{2n}$ は $(V, \omega)$ の正準基底であるとしよう．したがって，上の注意により，$(\omega(f_i, f_j))_{i,j=1,\ldots,2n} = J_\omega$．これと (3.85) は (3.84) を意味する．

（十分性）(3.84) が成り立つとしよう．このとき，(3.85) によって，$\omega(f_i, f_j) = (J_\omega)_{ij}$（行列 $J_\omega$ の $(i,j)$ 成分）となる．したがって，$\{f_i\}_{i=1}^{2n}$ は正準基底である． ∎

(3.84) を満たす行列 $P$ を $\omega$ に関する**シンプレクティック行列**と呼ぶ．

(3.81) と (3.83) によって，$J_\omega$ は $\omega$ に関するシンプレクティック行列である．

**例 3.28** 任意の正則な $n$ 次正方行列 $A$ に対して $2n$ 次の正方行列

$$\begin{pmatrix} A & 0 \\ 0 & ({}^t A)^{-1} \end{pmatrix} \tag{3.86}$$

は $\omega$ に関するシンプレクティック行列である．

**定理 3.29** $\{f_i\}_{i=1}^{2n}$ を $(V, \omega)$ の任意の正準基底とし，$\{\psi^i\}_{i=1}^{2n}$ をその双対基底とする．このとき

$$\omega = \sqrt{2} \sum_{i=1}^{n} \psi^i \wedge \psi^{n+i}. \tag{3.87}$$

**証明** $\{e_i\}_{i=1}^{2n}$ を定理 3.25 にいう正準基底とし，その双対基底を $\{\phi^i\}_{i=1}^{2n}$ とする．したがって，(3.78) が成立する．$f_j = \sum_{k=1}^{2n} P^k_j e_k$ としよう（$P = (P^k_j)$ は底変換：$\{e_i\}_{i=1}^{2n} \mapsto \{f_i\}_{i=1}^{2n}$ の行列であり，命題 3.27 により，シンプレクティック行列である）．このとき，一般論により，$\phi^i = \sum_{\ell=1}^{2n} P^i_\ell \psi^\ell$．したがって

$$\sum_{i=1}^{n} \phi^i \wedge \phi^{n+i} = \sum_{k,\ell=1}^{2n} \left( \sum_{i=1}^{n} P^i_\ell P^{n+i}_k \right) \psi^\ell \wedge \psi^k$$

$$= \sum_{\ell<k}^{2n} \sum_{i=1}^{n} \left( P_\ell^i P_k^{n+i} - P_k^i P_\ell^{n+i} \right) \psi^\ell \wedge \psi^k.$$

ここで，外積 $\wedge$ の反対称性を用いた．(3.84) により，$\ell < k$ のとき

$$\sum_{i=1}^{n} \left( P_\ell^i P_k^{n+i} - P_k^i P_\ell^{n+i} \right)$$
$$= \begin{cases} \delta_{\ell(k-n)} & (\ell = 1, \ldots, n,\ k = n+1, \ldots, 2n) \\ 0 & (\text{他の場合}) \end{cases}$$

となる．したがって $\sum_{i=1}^{n} \phi^i \wedge \phi^{n+i} = \sum_{\ell=1}^{n} \psi^\ell \wedge \psi^{n+\ell}$．ゆえに (3.87) が成立する． ∎

定理 3.29 は，(3.87) の右辺の形の 2 階反対称共変テンソルが $V^*$ の正準双対基底の取り方に依らず，しかもそれが $\omega$ に等しいことを語る．

### 3.9.2 シンプレクティック同型

二つのシンプレクティックベクトル空間の関係についての考察をしておく．$(V, \omega), (W, \theta)$ を二つのシンプレクティックベクトル空間とする（$V = W$，$\omega = \theta$ の場合も含む）．$V$ から $W$ への全射な線形作用素 $S: V \to W$ が

$$\theta(Su, Sv) = \omega(u, v) \quad (\forall u, v \in V) \tag{3.88}$$

を満たすとき，$S$ を**シンプレクティック変換**または**正準変換**という．

線形作用素 $S$ の性質 (3.88) を**シンプレクティック形式保存性**という．

**注意 3.30** シンプレクティック変換というのは，実内積空間で言えば，内積を保存する変換，すなわち，直交変換に相当する変換である．

なお，物理の文献では，「正準変換」という言葉によって，正準座標についてのある種の座標変換を表す場合が多い．これは，もちろん，シンプレクティックベクトル空間上の写像とは異なる概念であるので，注意されたい．

$(V, \omega)$ から $(W, \theta)$ への任意のシンプレクティック変換 $S$ は全単射である（∵ 単射性だけ示せばよい．$Su = 0$ ならば，(3.88) によって，$\omega(u, v) = 0$

($\forall v \in V$). したがって, $\omega$ の非退化性により, $u = 0$. ゆえに, $S$ は単射).
したがって, 特に, $\dim V = \dim W$ である.

シンプレクティック変換 $S$ の全単射性を用いると, $S$ の逆作用素 $S^{-1}$: $W \to V$ もシンプレクティック変換であることがわかる. したがって, 次の定義が可能になる:

**定義 3.31** $(V, \omega)$ から $(W, \theta)$ へのシンプレクティック変換 $S$ が存在するとき, $(V, \omega)$ と $(W, \theta)$ は**シンプレクティック同型**であるといい, このことを $(V, \omega) \stackrel{S}{\cong} (W, \theta)$ と表す.

シンプレクティック同型に関しては, 次の定理が基本的である:

**定理 3.32 (同型定理)** $(V, \omega), (W, \theta)$ をシンプレクティックベクトル空間とし, $\dim V = \dim W = 2n$ とする. $\{e_i\}_{i=1}^{2n}, \{f_i\}_{i=1}^{2n}$ をそれぞれ, $V, W$ の正準基底とする. このとき, シンプレクティック変換 $S: V \to W$ で

$$Se_i = f_i \quad (i = 1, \ldots, 2n) \tag{3.89}$$

を満たすものがただ一つ存在する. 特に, $(V, \omega)$ と $(W, \theta)$ はシンプレクティック同型である.

**証明** 任意の $u \in V$ を $u = \sum_{i=1}^{2n} u^i e_i$ と展開し ($u^i \in V, i = 1, \ldots, 2n$), 写像 $S: V \to W$ を

$$S(u) := \sum_{i=1}^{2n} u^i f_i \tag{3.90}$$

によって定義する. このとき, $S$ が線形で全射であることは容易にわかる (そこで, $S(u) = Su$ と記す). また, $\theta(Su, Sv) = \sum_{i,j=1}^{2n} u^i v^j \theta(f_i, f_j)$. そこで, 正準基底の性質 $\theta(f_i, f_j) = \omega(e_i, e_j)$ $(i, j = 1, \ldots, 2n)$ に注意すれば, $\theta(Su, Sv) = \sum_{i,j=1}^{2n} u^i v^j \omega(e_i, e_j) = \omega(u, v)$ となる. したがって, $S$ はシンプレクティック変換である. (3.89) は $(e_i)^k$ (ベクトル $e_i$ の第 $k$ 成分) $= \delta_i^k$ による.

(一意性) 別にシンプレクティック変換 $S': V \to W$ で $S'e_i = f_i, i = 1, \ldots, 2n$ を満たすものがあったとすれば, (3.90) により, 任意の $u \in V$ に対して, $Su = \sum_{i=1}^{2n} u^i S'(e_i) = S'(\sum_{i=1}^{2n} u^i e_i) = S'u$ が成り立つ. したがっ

定理 3.32 は，同じ次元のシンプレクティックベクトル空間どうしはシンプレクティック同型であることを語る．ただし，この同型は，一般には，正準基底の取り方に依存し得ることに注意する必要がある[16]．

### 3.9.3　一般ハミルトン方程式

$(V,\omega)$ を $2n$ 次元のシンプレクティックベクトル空間とする．各 $u \in V$ に対して，$\omega_u \in V^*$ を

$$\omega_u(v) := \omega(u,v) \quad (v \in V) \tag{3.91}$$

によって定義できる．そこで，写像 $i_\omega : V \to V^*$ を

$$i_\omega(u) := \omega_u \quad (u \in V) \tag{3.92}$$

によって定義する．

**補題 3.33** $i_\omega$ は全単射，すなわち，ベクトル空間同型である．

**証明** $\dim V = \dim V^*$ であるから，$i_\omega$ の単射性だけを示せば十分である．$u \in \ker i_\omega$ を任意にとる．したがって，$i_\omega(u) = 0$．ゆえに，$\omega_u(v) = 0$ $(\forall v \in V)$．左辺は $\omega(u,v)$ に等しいので，$\omega$ の非退化性により，$u = 0$ が結論される．したがって，$i_\omega$ は単射である． ∎

補題 3.33 によって，$i_\omega$ の逆写像

$$I_\omega := i_\omega^{-1} \tag{3.93}$$

は $V^*$ から $V$ へのベクトル空間同型写像である．

$M$ を $V$ の開集合[17]とし，$H : M \to \mathbb{R}; M \ni u \mapsto H(u) \in \mathbb{R}$ を連続微分可能な関数とする．したがって，その微分形式 $\mathrm{d}H : M \to V^*; M \ni u \mapsto$

---

[16] $V, W$ によっては，定理 3.32 における $S$ が結果的に正準基底の取り方に依存しない場合がある．このような場合は対象の本質に即した意味のあるシンプレクティック同型が得られたことになる．
[17] $V$ の位相は有限次元ベクトル空間の標準位相（付録 D の D.10 節を参照）で考える．

$\mathrm{d}H(u) \in V^*$ が存在する. $I_\omega \mathrm{d}H(u) \in V$ であるから, 対応:$u \mapsto I_\omega \mathrm{d}H(u)$ は $M$ 上のベクトル場を与える. このベクトル場を $\omega$ と $H$ から定まる**ハミルトンベクトル場**と呼ぶ. この文脈では, $H$ を $M$ 上の**ハミルトニアン**または**ハミルトン関数**という. そこで, ハミルトンベクトル場によって支配される自励系 $u(\cdot): \mathbb{R} \to M; \mathbb{I} \ni t \mapsto u(t) \in M$ を考えることができる:

$$\boxed{\dot{u}(t) = I_\omega \mathrm{d}H(u(t)).} \tag{3.94}$$

この方程式を**一般ハミルトン方程式**と呼ぶ.

方程式 (3.94) は, もちろん, $V$ の基底(座標系)の取り方に依らない式である. だが, 具体的な問題では, 適切な座標系を設定して解析を行う方が扱いやすい場合がある. そこで, (3.94) の座標表示を求めておこう. そのために, $(V,\omega)$ の任意の正準基底を $\{e_i\}_{i=1}^{2n}$ とし, その双対基底を $\{\phi^i\}_{i=1}^{2n}$ とする. 任意の $u \in V, \chi \in V^*$ を

$$u = \sum_{i=1}^{2n} u^i e_i, \quad \chi = \sum_{i=1}^{2n} \chi_i \phi^i \tag{3.95}$$

と展開する $((u^1,\ldots,u^{2n}), (\chi_1,\ldots,\chi_{2n}) \in \mathbb{R}^{2n}$ がそれぞれ, いま指定した基底に関する $u, \chi$ の座標表示(成分表示)である). 正準基底による座標は**正準座標**と呼ばれる.

まず, $i_\omega$ の基底 $\{e_i\}_{i=1}^{2n}, \{\phi^i\}_{i=1}^{2n}$ に関する行列表示を求める:

**補題 3.34** 任意の $u \in V$ に対して

$$i_\omega(u) = -\sum_{i,j=1}^{2n} (J_\omega)_{ij} u^j \phi^i. \tag{3.96}$$

ただし, $(J_\omega)_{ij}$ は $J_\omega$ の $(i,j)$ 成分を表す.

**証明** 任意の $v \in V$ に対して

$$i_\omega(u)(v) = \omega(u,v) = \sum_{i,j=1}^{2n} (J_\omega)_{ji} u^j v^i = -\sum_{i,j=1}^{2n} (J_\omega)_{ij} u^j \phi^i(v).$$

ここで, (3.83) を用いた. したがって, (3.96) が成り立つ. ∎

(3.96) は
$$(i_\omega(u))_i = -\sum_{j=1}^{2n} (J_\omega)_{ij} u^j$$

（左辺は $i_\omega(u) \in V^*$ の第 $i$ 成分）を意味するから，$i_\omega$ の行列表示は行列 $-J_\omega$ によって与えられる．したがって，$I_\omega$ の行列表示は $(-J_\omega)^{-1} = J_\omega$ によって与えられる．ゆえに

$$(I_\omega \, dH(u))^i = \begin{cases} \dfrac{\partial H(u)}{\partial u^{n+i}} & (i = 1, \ldots, n) \\ -\dfrac{\partial H(u)}{\partial u^{i-n}} & (i = n+1, \ldots, 2n) \end{cases}. \tag{3.97}$$

(3.97) から，特に

$$\mathrm{div}\, I_\omega \, dH = 0. \tag{3.98}$$

が導かれる．したがって，系 3.9 によって，$H$ に関する適切な条件のもとで，自励系 (3.94) によって生成される流れは $V$ の体積を保存する（**一般化されたリウヴィルの定理**）．

方程式 (3.94) の解 $u(t)$ を

$$u(t) = \sum_{i=1}^{n} x^i(t) e_i + \sum_{i=1}^{n} p^i(t) e_{n+i} \tag{3.99}$$

と展開すれば——したがって，$u(t)$ の基底 $\{e_i\}_{i=1}^{2n}$ に関する成分（座標）表示は $(x^1(t), \ldots, x^n(t), p^1(t), \ldots, p^n(t))$ ——, (3.97) によって

$$\dot{x}^i(t) = \frac{\partial H(u(t))}{\partial p^i(t)}, \quad \dot{p}^i(t) = -\frac{\partial H(u(t))}{\partial x^i(t)} \quad (i = 1, \ldots, n) \tag{3.100}$$

が得られる．これが一般ハミルトン方程式 (3.94) の座標表示である．

**注意 3.35** シンプレクティックベクトル空間の概念は，さらに一般的なシンプレクティック多様体なる概念へと遡行される[18]．そして，この多様体上の曲線に関する自然な方程式の一つとして，(3.94) とまったく同じ形の方程式が立てられる．この数学的枠組みは，物理学への応用においては，拘束系も含む力学系をハミルトン形式で扱うことを可能にする．

---

[18] 拙著『現代物理数学ハンドブック』（朝倉書店，2005）の 13.14 節を参照．

### 3.9.4 物理量の運動方程式——ポアソン括弧

一般ハミルトン方程式 (3.94) にしたがう曲線 $u:\mathbb{R} \to M$ を考えよう. この系における一般の物理量は,状態空間 $M$ 上の実数値関数で表される(公理). いま,これを $F:M \to \mathbb{R}$ としよう. このとき,状態 $u(t)$ の時間発展に伴う物理量 $F$ の時間発展は $F(u(t))$ によって与えられる(公理). $F$ は連続微分可能であるとし,$t$ の関数 $F(u(t))$ のしたがう微分方程式を求めてみよう.

容易にわかるように
$$\frac{dF(u(t))}{dt} = \bigl(dF(u(t))\bigr)\bigl(\dot{u}(t)\bigr)$$
が成り立つ(右辺は,点 $u(t)$ での $F$ の微分形式 $dF(u(t))$ のベクトル $\dot{u}(t)$ における値である). そこで,(3.94) を用いると
$$\frac{dF(u(t))}{dt} = \bigl(dF(u(t))\bigr)\bigl(I_\omega\, dH(u(t))\bigr)$$
となる(右辺は,点 $u(t)$ での $F$ の微分形式 $dF(u(t)) \in V^*$ のベクトル $I_\omega\, dH(u(t)) \in V$ での値を表す). そこで,$G:M \to \mathbb{R}$ を一般の連続微分可能な関数として,関数 $\{F,G\}:M \to \mathbb{R}$ を
$$\{F,G\}(u) := \bigl(dF(u)\bigr)\bigl(I_\omega\, dG(u)\bigr) \quad (u \in M) \tag{3.101}$$
によって定義すれば
$$\boxed{\frac{dF(u(t))}{dt} = \{F,H\}(u(t))} \tag{3.102}$$
が得られる. これが物理量 $F$ に関する運動方程式である.

関数 $\{F,G\}$ は $F$ と $G$ との**ポアソン (Poisson) 括弧**と呼ばれる.

ポアソン括弧の性質を調べるために,任意の $u \in V$ を
$$u = \sum_{i=1}^n x^i e_i + \sum_{i=1}^n p^i e_{n+i} \quad (x^i, p^i \in \mathbb{R}) \tag{3.103}$$
と展開しよう. このとき,前項の計算から

$$\{F, G\}(u) = \sum_{i=1}^{n} \left( \frac{\partial F(u)}{\partial x^i} \frac{\partial G(u)}{\partial p^i} - \frac{\partial F(u)}{\partial p^i} \frac{\partial G(u)}{\partial x^i} \right) \tag{3.104}$$

となることがわかる．左辺は，上の定義から明らかなように，正準基底の取り方に依らない量であるから，右辺の表示も正準基底の取り方に依らない．(3.104) から次の事実がただちに導かれる（$F_1, F_2, F_3 : M \to \mathbb{R}$ は任意の連続微分可能な関数；$a \in \mathbb{R}$ は任意）：

$$\{F_1 + F_2, F_3\} = \{F_1, F_3\} + \{F_2, F_3\}, \tag{3.105}$$

$$\{aF_1, F_2\} = a\{F_1, F_2\}, \tag{3.106}$$

$$\{F_1, F_2\} = -\{F_2, F_1\} \quad \text{(反対称性)}, \tag{3.107}$$

$$\{F_1, \{F_2, F_3\}\} + \{F_2, \{F_3, F_1\}\} + \{F_3, \{F_1, F_2\}\} = 0$$
$$\text{(ヤコビ (Jacobi) 恒等式)}. \tag{3.108}$$

(3.107) で $F_1 = F_2$ の場合を考えると，すべての連続微分可能な関数 $F : M \to \mathbb{R}$ に対して

$$\{F, F\} = 0 \tag{3.109}$$

が成り立つ．

また，(i) $F(u) = x^i e_i$, $G(u) = p^j e_{n+j}$; (ii) $F(u) = x^i e_i$, $G(u) = x^j e_j$; (iii) $F(u) = p^i e_{n+i}$, $G(u) = p^j e_{n+j}$ の場合を考えると特徴的な関係式

$$\{x^i, p^j\} = \delta_{ij}, \quad \{x^i, x^j\} = 0, \quad \{p^i, p^j\} = 0 \tag{3.110}$$

が得られる．ただし，$\delta_{ij}$ はクロネッカーデルタである：$i = j$ ならば $\delta_{ij} = 1$；$i \neq j$ ならば $\delta_{ij} = 0$.

運動方程式 (3.102) から次の結果が導かれる：

**定理 3.36**（エネルギー保存則）$u(t)$ が方程式 (3.94) の解ならば，$H(u(t))$ は $t$ に依らない定数である．

**証明** (3.102) を $F = H$ の場合に応用し，$\{H, H\} = 0$ に注意すれば，$\mathrm{d}H(u(t))/\mathrm{d}t = 0$．したがって，$H(u(t)) = $ 定数である． ∎

この定理は，具象的な質点系のエネルギー保存則をある普遍的な水準にお

いて統一するものである．

一般の物理量 $F$ については，$\{F, H\} = 0$ ならば，$F$ は一般ハミルトン方程式 (3.94) の保存量である（∵ (3.102) により，$dF(u(t))/dt = 0$．したがって，$F(u(t))$ は $t$ に依らない定数）．

**注意 3.37** $M$ 上の無限回微分可能な実数値関数の全体を $C_{\mathbb{R}}^{\infty}(M)$ とすれば，これは，実ベクトル空間である．さらに，(3.105)–(3.108) によって，$C_{\mathbb{R}}^{\infty}(M)$ はポアソン括弧を括弧積とするリー代数[19]になる．

## 3.10 シンプレクティック対称性

最後に，一般ハミルトン方程式 (3.94) が有する基本的な対称性について手短に述べておく．

$V$ から $V$ へのシンプレクティック変換 $S$（3.9.2 項を参照）を **$V$ 上のシンプレクティック変換**または**正準変換**という．すなわち，$S$ は $V$ 上の線形作用素で

$$\omega(Su, Sv) = \omega(u, v) \quad (\forall u, v \in V) \tag{3.111}$$

を満たすものである[20]．

$(V, \omega)$ 上のシンプレクティック変換の全体を $\mathrm{Sp}(V)$ とすれば，$\mathrm{Sp}(V)$ は $V$ 上の変換群をなす．この変換群を $(V, \omega)$ 上の**シンプレクティック変換群**と呼ぶ．

シンプレクティック変換とシンプレクティック行列の間にはある関係がある：

**命題 3.38** $\{e_i\}_{i=1}^{2n}$ を $(V, \omega)$ の正準基底とし，線形写像 $S : V \to V$ のこの基底に関する行列表示を $M_S := (S_j^i)_{i,j=1,\ldots,2n}$ とする：

$$Se_i = \sum_{j=1}^{2n} S_i^j e_j \quad (i = 1, \ldots, 2n). \tag{3.112}$$

このとき，$S$ が $(V, \omega)$ 上のシンプレクティック変換であるための必要十分条

---

[19] 付録 B の B.3 節を参照．
[20] いまの場合，$S$ の単射性——(3.111) から出る——は全射性を導くので，$S$ に関する全射性の条件は必要ない．

件は，$M_S$ が $\omega$ に関するシンプレクティック行列であることである：

$${}^t M_S J_\omega M_S = J_\omega. \tag{3.113}$$

**証明** （必要性）$S$ が $(V, \omega)$ 上のシンプレクティック変換であるとする．したがって，任意の $i, j = 1, \ldots, 2n$ に対して，$\omega(Se_i, Se_j) = \omega(e_i, e_j) = (J_\omega)_{ij}$. 一方，(3.112) によって

$$\omega(Se_i, Se_j) = \sum_{k, \ell = 1}^{2n} S_i^k S_j^\ell (J_\omega)_{k\ell} = ({}^t M_S J_\omega M_S)_{ij}.$$

したがって，(3.113) が成り立つ．

（十分性）前段の議論を逆に辿れば，(3.113) から $\omega(Se_i, Se_j) = \omega(e_i, e_j)$ $(i, j = 1, \ldots, 2n)$ が導かれることがわかる．これは，すべての $u, v \in V$ に対して，$\omega(Su, Sv) = \omega(u, v)$ を意味する（$\because u = \sum_{i=1}^{2n} u^i e_i, v = \sum_{j=1}^{2n} v^j e_j$ と展開せよ）．したがって，$S$ はシンプレクティック変換である． ∎

すでに知っているように，$J_\omega$ は $\omega$ に関するシンプレクティック行列であるから，$M_{S_\omega} = J_\omega$ となる線形写像 $S_\omega : V \to V$ は $(V, \omega)$ 上のシンプレクティック変換である．

$S$ の共役作用素を $S^* : V^* \to V^*$ とする：

$$(S^* \phi)(u) = \phi(Su) \quad (\forall u \in V, \, \forall \phi \in V^*). \tag{3.114}$$

**補題 3.39** 次の (i), (ii) が成立する：

(i) $(S^*)^{-1} i_\omega S^{-1} = i_\omega$.

(ii) $S I_\omega S^* = I_\omega$.

**証明** (i) $u \in V$ を任意にとる．このとき，$(i_\omega(S^{-1}u))(v) = \omega(S^{-1}u, v)$. (3.111) によって，右辺は $\omega(u, Sv) = (i_\omega(u))(Sv) = (S^*(i_\omega(u)))(v)$ に等しい．したがって，$i_\omega(S^{-1}u) = S^*(i_\omega(u))$. ゆえに証明すべき式が得られる．

(ii) (i) の式の両辺の逆をとればよい． ∎

各シンプレクティック変換 $S \in \mathrm{Sp}(V)$ と区間 $\mathbb{I} \subset \mathbb{R}$ から $V$ への写像の全体 $\mathrm{Map}(\mathbb{I}, V)$ の任意の元 $v$ に対して $\hat{S}v \in \mathrm{Map}(\mathbb{I}, V)$ を

$$(\hat{S}v)(t) := S(v(t)) \quad (t \in \mathbb{I}) \tag{3.115}$$

によって定義する．このとき

$$\widehat{\mathrm{Sp}}(V) := \{\hat{S} \,|\, S \in \mathrm{Sp}(V)\} \tag{3.116}$$

は，$\mathrm{Map}(\mathbb{I}, V)$ 上の変換群である．これを $\mathrm{Sp}(V)$ の**随伴シンプレクティック変換群**と呼ぶ．

一般ハミルトン方程式 (3.94) の解空間を $\mathfrak{S}_H$ とする：

$$\mathfrak{S}_H := \{u : \mathbb{I} \to M \,|\, u(t) \text{ は (3.94) の解}\} \subset \mathrm{Map}(\mathbb{I}, V). \tag{3.117}$$

**定理 3.40** $S$ を $(V, \omega)$ 上のシンプレクティック変換とし，$S(M) \subset M$ かつ，

$$H(Su) = H(u) \quad (\forall u \in M) \tag{3.118}$$

が成り立つとする．このとき，$u \in \mathfrak{S}_H$ ならば，$\hat{S}u \in \mathfrak{S}_H$ である．

**証明** $v(t) := Su(t)$ とおこう．このとき

$$\begin{aligned}\dot{v}(t) &= S I_\omega \, \mathrm{d}H(u(t)) \\ &= I_\omega (S^*)^{-1} \, \mathrm{d}H(u(t)) \quad (\because \text{補題 3.39 (ii)}).\end{aligned}$$

一方，任意の $v \in V$ に対して

$$\begin{aligned}((S^*)^{-1} \mathrm{d}H(u(t)))(v) &= (\mathrm{d}H(u(t)))(S^{-1}v) \\ &= \lim_{\varepsilon \to 0} \frac{H(u(t) + \varepsilon S^{-1}v) - H(u(t))}{\varepsilon} \\ &= \lim_{\varepsilon \to 0} \frac{H(Su(t) + \varepsilon v) - H(Su(t))}{\varepsilon} \quad (\because (3.118)) \\ &= (\mathrm{d}H(v(t))(v).\end{aligned}$$

したがって

$$(S^*)^{-1} \mathrm{d}H(u(t)) = \mathrm{d}H(v(t)).$$

ゆえに，$\dot{v}(t) = I_\omega \, \mathrm{d}H(v(t))$．よって，題意が成立する． ∎

性質 (3.118) は，$H$ の **$S$-シンプレクティック対称性**と呼ばれる．定理 3.40 は，ハミルトニアン $H$ が $S$-シンプレクティック対称ならば，解空間 $\mathfrak{S}_H$ が $\hat{S}$-対称（$\hat{S}$-不変）であることを語るものである．

ハミルトニアン $H$ がすべての $S \in \mathrm{Sp}(V)$ に対して $S$-シンプレクティック対称ならば, $H$ は**シンプレクティック対称**であるという. この場合は, 随伴シンプレクティック変換群 $\widehat{\mathrm{Sp}}(V)$ は, 解空間 $\mathfrak{S}_H$ 上の変換群として作用する. 言い換えれば, $\mathfrak{S}_H$ は $\widehat{\mathrm{Sp}}(V)$-対称性をもつのである.

**例 3.41** 例 3.23 のシンプレクティックベクトル空間 $(\mathbb{R}^{2n}, \omega_{\mathbb{R}^{2n}})$ を考える. 記法上の簡略化のため, $\mathbb{R}^{2n}$ の点を $(q,p)$ ($q = (q^1, \ldots, q^n)$, $p = (p^1, \ldots, p^n)$) と表す. $V : \mathbb{R}^n \to \mathbb{R}$ をポテンシャルとし, $\mu_i > 0$ ($i = 1, \ldots, n$) を定数とする. ハミルトニアン $H : \mathbb{R}^{2n} \to \mathbb{R}$ を

$$H(q,p) := \sum_{i=1}^n \frac{(p^i)^2}{2\mu_i} + V(q)$$

によって定義する[21]. 対称性を考えやすくするために

$$\widetilde{H}(q,p) := H(q, \sqrt{\mu_1} p^1, \ldots, \sqrt{\mu_n} p^n) = \frac{1}{2}\|p\|_{\mathbb{R}^n}^2 + V(q)$$

を導入する ($\|p\|_{\mathbb{R}^n}^2 := \sum_{i=1}^n |p^i|^2$). 例 3.26 と例 3.28 によって, 任意の $n$ 次直交行列 $T$ に対して

$$S_T := \begin{pmatrix} T & 0 \\ 0 & T \end{pmatrix}$$

は, $(\mathbb{R}^{2n}, \omega_{\mathbb{R}^{2n}})$ 上のシンプレクティック変換を与える. $V$ が $T$-対称性をもつならば (i.e. $V(Tq) = V(q), \forall q \in \mathbb{R}^n$) ならば

$$\widetilde{H}(S_T(q,p)) = \widetilde{H}(q,p)$$

となるので, $\widetilde{H}$ は $S_T$-シンプレクティック対称性をもつ.

---

[21] $N$ 体系に応用する場合は, $n = dN$, $\mu_{(j-1)d+i} = m_j$ ($j = 1, \ldots, N$, $i = 1, \ldots, d$) とすればよい.

# 第4章　特殊相対性理論

　本章ではアインシュタイン（独，Albert Einstein, 1879–1955）によって発見された特殊相対性理論の数理物理学的側面について論述する．この理論は，質点の空間的運動の速さが真空中の光の速さに比べて十分小さいような範囲では，近似的に，ニュートン力学的構造へと移行する．この意味において，特殊相対性理論は，ニュートン力学のある種の一般化になっている．

## 4.1　ミンコフスキー空間

　第1章で見たように，ニュートン力学的時空は，本源的には，普遍的時空構造の一つとしてのガリレイ時空に由来するものである．この時空においては，時間が特別な位置を占めており，1.16.4項で見たように，時間軸の取り方に対応する座標変換（ガリレイ座標変換）において，時間成分は変化しない．他方，ガリレイ時空は，日常的な知覚に付随する時間・空間概念と解釈される．したがって，「日常的でない」ような現象領域では，ガリレイ時空の概念がそのまま通用するかどうかは自明ではない．実際，本章の主題である**特殊相対性理論**——特殊相対論ともいう——は，ガリレイ時空とは異なる新しい時空構造に理論的基礎を置くものであり，特殊相対性理論の観点からは，ガリレイ時空は，物理現象との照応において局限的な意味でしか有効ではないことが示される．そこで，本章では，まず，この新しい時空構造を記述することから始める．

　出発点は，ガリレイ時空の場合と同様，$\mathbb{R}$上の抽象的$n$次元アファイン空

間 $\mathcal{A}$ である ($n \geq 2$). $\mathcal{A}$ の基準ベクトル空間を $V$ としよう. ガリレイ時空を導出するにあたっては, $V$ は計量ベクトル空間である必要はなかった. だが, 今度は, $V$ は計量ベクトル空間であるとし, 計量の構造から物理的時間と巨視的現象空間の概念を「取り出す」ことを考える. ここで, 計量に関する一般定理が威力を発揮する. すなわち, 付録 D の定理 D.6 によって, $V$ 上の各計量 $g : V \times V \to \mathbb{R}$ に対して, 非負整数 $p \geq 0$ と $V$ の基底 $\{u_1, \ldots, u_n\}$ が存在して

$$g(u_i, u_i) = \begin{cases} 1 & (i = 1, \ldots, p) \\ -1 & (i = p+1, \ldots, n) \end{cases}, \tag{4.1}$$

$$g(u_i, u_j) = 0 \quad (i \neq j,\ i, j = 1, \ldots, n) \tag{4.2}$$

が成り立つ. しかも, このような $p$ は $g$ から一意的に定まる. (4.1) の右辺におけるプラス符号の個数 $p$ とマイナス符号の個数 $n-p$ の組 $(p, n-p)$ は計量 $g$ の符号数と呼ばれる. この構造に着目し, 計量構造から物理的時間と巨視的現象空間の概念が「分節」され得るかどうかを検討してみる. この場合, 前者が 1 次元, 後者が $d := n-1$ 次元であるべきことを要請するならば, 符号数が $(1, d)$ (i.e. $p = 1$ の場合) または $(d, 1)$ となる計量を採用するのが自然である. そこで, 符号数が $(1, d)$ の計量ベクトル空間を考察の対象とし, これを $n$ 次元ミンコフスキーベクトル空間という[1]. この計量ベクトル空間を $V_\mathrm{M}$ と表し, 計量を $\langle \cdot, \cdot \rangle_{V_\mathrm{M}}$ で表す. また, 便宜上, 上の基底 $\{u_1, \ldots, u_n\}$ の構成要素に対して

$$\epsilon_\mu := u_{\mu+1} \quad (\mu = 0, 1, \ldots, d) \tag{4.3}$$

という仕方で添え字の変更を行う. したがって

$$\langle \epsilon_\mu, \epsilon_\nu \rangle_{V_\mathrm{M}} = g_{\mu\nu} \quad (\mu, \nu = 0, 1, \ldots, d) \tag{4.4}$$

が成り立つ. ただし

$$g_{00} := 1, \quad g_{ii} = -1 \quad (i = 1, \ldots, d), \tag{4.5}$$

---

[1] 符号数が $(d, 1)$ の計量ベクトル空間を採用してもよい (この場合, 計量の値の正負が逆転するだけであり, したがって, 理論構造的には本質的な差異は生じない).

$$g_{\mu\nu} = 0 \quad (\mu \neq \nu,\ \mu,\nu = 0,\ldots,d). \tag{4.6}$$

計量 $\langle \cdot, \cdot \rangle_{V_{\mathrm{M}}}$ を**ミンコフスキー計量**または**ローレンツ計量**と呼ぶ．これは明らかに不定計量である．

(4.5) と (4.6) によって定義される数 $g_{\mu\nu}$ を $(\mu,\nu)$ 成分とする行列

$$g := \begin{pmatrix} 1 & 0 & \cdots & 0 \\ 0 & -1 & \cdots & 0 \\ 0 & 0 & \cdots & 0 \\ \vdots & \vdots & \ddots & \vdots \\ 0 & \cdots & \cdots & -1 \end{pmatrix} \tag{4.7}$$

を $V_{\mathrm{M}}$ の**計量行列**と呼ぶ．

$n = d+1$ 次元ミンコフスキーベクトル空間 $V_{\mathrm{M}}$ を基準ベクトル空間とするアファイン空間を **$n$ 次元ミンコフスキー空間**といい，$\mathcal{M}^n$ と記す．

結論を先取りして言えば，4 次元ミンコフスキー空間 $\mathcal{M}^4$ が特殊相対論的力学が展開される時空の概念であり，この文脈では，$\mathcal{M}^4$ は **4 次元ミンコフスキー時空**とも呼ばれる．時空次元が 4 である理由の一つは，第 5 章で古典電磁気学を考察するときに明らかになる．だが，本章では，より普遍的な観点から，一般の $n$ 次元ミンコフスキー空間の枠組みで考察を進める．

**例 4.1** $(d+1)$ 次元数ベクトル空間

$$\mathbb{R}^{d+1} = \left\{ x = (x^0, \ldots, x^d) \,\middle|\, x^\mu \in \mathbb{R},\ \mu = 0, \ldots, d \right\} \tag{4.8}$$

は次のように定義される計量 $g_p(\cdot,\cdot)$ を有する $(p = 1, \ldots, d+1)$：

$$g_p(x,y) := \sum_{i=0}^{p-1} x^i y^i - \sum_{i=p}^{d} x^i y^i \quad (x,y \in \mathbb{R}^{d+1}). \tag{4.9}$$

この計量を有する計量ベクトル空間としての $\mathbb{R}^{d+1}$，すなわち，$(\mathbb{R}^{d+1}, g_p)$ を $\mathbb{R}^{p,d+1-p}$ と記し，$g_p(x,y) = \langle x,y \rangle_{\mathbb{R}^{p,d+1-p}}$ と表す．

$p=1$ の場合の計量ベクトル空間 $\mathbb{R}^{1,d}$（または，$\mathbb{R}^{d,1}$）は $(d+1)$ 次元ミンコフスキーベクトル空間の具象的実現の一つである．これを**標準的 $(d+1)$ 次元ミンコフスキーベクトル空間**という．物理学の教科書や文献で通常使用される 4 次元ミンコフスキーベクトル空間は $\mathbb{R}^{1,3}$ または $\mathbb{R}^{3,1}$ である．

## 4.2 ミンコフスキー基底とローレンツ行列

前節で見たように,ミンコフスキーベクトル空間の計量的構造を特徴づけるのは,(4.4) を満たす基底 $\{\epsilon_\mu\}_{\mu=0}^{d}$ である.一般に,$V_\mathrm{M}$ の基底 $\{e_\mu\}_{\mu=0}^{d}$ ($e_\mu \in V_\mathrm{M}$ ($\mu = 0, \ldots, d$)) が (4.4) と同じ関係式

$$\langle e_\mu, e_\nu \rangle_{V_\mathrm{M}} = g_{\mu\nu} \quad (\mu, \nu = 0, \ldots, d) \tag{4.10}$$

を満たすとき,$\{e_\mu\}_{\mu=0}^{d}$ を $V_\mathrm{M}$ のミンコフスキー基底またはローレンツ基底と呼ぶ.したがって,特に,前節で言及された基底 $\{\epsilon_\mu\}_{\mu=0}^{d}$ はミンコフスキー基底である.

$(d+1)$ 個のベクトル $e_0, \ldots, e_d \in V_\mathrm{M}$ が (4.10) を満たすならば,これらは線形独立である.したがって,$V_\mathrm{M}$ に属する $(d+1)$ 個のベクトル $e_0, \ldots, e_d$ がミンコフスキー基底であることを示すには,(4.10) だけを示せば十分である.

**例 4.2** 実ベクトル空間としての $\mathbb{R}^{d+1}$ の標準基底を $\{\epsilon_\mu\}_{\mu=0}^{d}$ とする:$\epsilon_\mu^\nu$ ($\epsilon_\mu$ の第 $\nu$ 成分) $= \delta_{\mu\nu}$(クロネッカーデルタ)$(\mu, \nu = 0, 1, \ldots, d)$.容易にわかるように,$\{\epsilon_\mu\}_{\mu=0}^{d}$ は,例 4.1 のミンコフスキーベクトル空間 $\mathbb{R}^{1,d}$ のミンコフスキー基底の一つである.これを $\mathbb{R}^{1,d}$ における標準ミンコフスキー基底という.

次の定理は,$V_\mathrm{M}$ のミンコフスキー基底が「十分たくさん」あることを語るとともにミンコフスキー基底間の関係を明らかにする:

**定理 4.3** $\{e_\mu\}_{\mu=0}^{d}$ を $V_\mathrm{M}$ の任意のミンコフスキー基底とする.$L = (L_\nu^\mu)_{\mu,\nu=0,1,\ldots,d}$ を $(d+1)$ 次の実行列とし,ベクトル $f_\mu \in V_\mathrm{M}$ を

$$f_\mu := \sum_{\nu=0}^{d} L_\mu^\nu e_\nu \tag{4.11}$$

によって定義する.このとき,$\{f_\mu\}_{\mu=0}^{d}$ がミンコフスキー基底であるための必要十分条件は

$${}^\mathrm{t}LgL = g \tag{4.12}$$

が成り立つことである.ただし,$g$ は $V_\mathrm{M}$ の計量行列であり ((4.7) を参照),${}^\mathrm{t}L$ は $L$ の転置行列を表す.

## 4.2. ミンコフスキー基底とローレンツ行列   **185**

**証明** 証明を通して, $\langle \cdot, \cdot \rangle_{V_\mathrm{M}}$ を単に $\langle \cdot, \cdot \rangle$ と記す. まず

$$\langle f_\mu, f_\nu \rangle = \sum_{\alpha,\beta=0}^{d} L_\mu^\alpha L_\nu^\beta \langle e_\alpha, e_\beta \rangle = \sum_{\alpha,\beta=0}^{d} L_\mu^\alpha L_\nu^\beta g_{\alpha\beta}$$

であるから

$$\langle f_\mu, f_\nu \rangle = ({}^t L g L)_{\mu\nu} \tag{4.13}$$

が成り立つことに注意する.

（必要性）$\{f_\mu\}_{\mu=0}^d$ がミンコフスキー基底であるとしよう. したがって, $\langle f_\mu, f_\nu \rangle = g_{\mu\nu}$. これと (4.13) は (4.12) を意味する.

（十分性）(4.12) が成り立てば, (4.13) によって, $\langle f_\mu, f_\nu \rangle = g_{\mu\nu}$. したがって, $\{f_\mu\}_\mu$ はミンコフスキー基底である. ∎

(4.12) を満たす行列 $L$ を**ローレンツ行列**と呼ぶ.

定理 4.3 は次のことを意味する：ミンコフスキー基底に関する底変換の行列はローレンツ行列であり, 逆に, 任意のローレンツ行列はミンコフスキー基底の底変換を与える.

関係式 (4.12) は $(\det L)^2 \det g = \det g$ を意味し, $\det g = (-1)^d \neq 0$ であるので

$$(\det L)^2 = 1 \tag{4.14}$$

が成り立つ. したがって, 特に, $L$ は正則である.

**命題 4.4** $L$ がローレンツ行列ならば, 次の (i)–(iii) が成立する：

(i) $L^{-1}$ はローレンツ行列である.

(ii) ${}^t L$ はローレンツ行列である：$L g {}^t L = g$.

(iii) $L_0^0 \geq 1$ または $L_0^0 \leq -1$.

**証明** (i) (4.12) の両辺に左から $({}^t L)^{-1} = {}^t(L^{-1})$ をかけ, 右から $L^{-1}$ をかけると ${}^t(L^{-1}) g L^{-1} = g$ を得る. したがって, $L^{-1}$ はローレンツ行列である.

(ii) (4.12) の両辺の逆行列を考えると, $L^{-1} g^{-1} ({}^t L)^{-1} = g^{-1}$. 一方, 容易にわかるように

$$g^{-1} = g \tag{4.15}$$

である．したがって，$L^{-1}g({}^tL)^{-1} = g$．これは $g = Lg{}^tL$ を意味する．したがって，${}^tL$ はローレンツ行列である．

(iii) (ii) の式の $(0,0)$ 成分をとると

$$(L^0_0)^2 - \sum_{j=1}^d (L^0_j)^2 = 1.$$

したがって，$(L^0_0)^2 = 1 + \sum_{j=1}^d (L^0_j)^2 \geq 1$．ゆえに求める結果を得る． ∎

**例 4.5** $T$ を $d$ 次の直交行列とし，$\alpha = \pm 1$ とする．このとき

$$L_{\alpha,T} := \begin{pmatrix} \alpha & 0 & \cdots & 0 \\ 0 & & & \\ \vdots & & T & \\ 0 & & & \end{pmatrix}$$

はローレンツ行列である．

**例 4.6** 任意の $\chi \in \mathbb{R}$ に対して

$$L(\chi) := \begin{pmatrix} \cosh\chi & -\sinh\chi & 0 & \cdots & 0 \\ -\sinh\chi & \cosh\chi & 0 & \cdots & 0 \\ 0 & 0 & & & \\ \vdots & \vdots & & I_{d-1} & \\ 0 & 0 & & & \end{pmatrix} \quad (4.16)$$

はローレンツ行列である．ただし

$$\cosh\chi := \frac{e^\chi + e^{-\chi}}{2} \quad \text{（双曲線余弦関数）,} \quad (4.17)$$

$$\sinh\chi := \frac{e^\chi - e^{-\chi}}{2} \quad \text{（双曲線正弦関数）} \quad (4.18)$$

であり，$I_{d-1}$ は $(d-1)$ 次の単位行列である．

$(d+1)$ 次のローレンツ行列の全体を $\mathcal{L}(d+1)$ とする．

**定理 4.7** $\mathcal{L}(d+1)$ は群である．

**証明** 明らかに, $(d+1)$ 次の単位行列 $I_{d+1}$ はローレンツ行列である. $L_1$, $L_2 \in \mathcal{L}(d+1)$ とすれば, ${}^t(L_1L_2)g(L_1L_2) = {}^tL_2{}^tL_1gL_1L_2 = {}^tL_2gL_2 = g$. したがって, $L_1L_2 \in \mathcal{L}(d+1)$. これらの事実と命題 4.4 (i) によって, 題意がしたがう. ∎

群 $\mathcal{L}(d+1)$ を**ローレンツ群**と呼ぶ. これは, **$(d+1)$ 次の実一般線形群**

$$\mathrm{GL}(d+1, \mathbb{R}) := \bigl\{ T \bigm| T \text{ は } (d+1) \text{ 次の実正則行列}\bigr\} \tag{4.19}$$

の部分群である.

## 4.3 線形座標系とローレンツ座標系

### 4.3.1 線形座標系

$V_\mathrm{M}$ と $V_\mathrm{M}$ の一つの基底 $E = \{e_\mu\}_{\mu=0}^d$（ミンコフスキー基底とは限らない）の組 $(V_\mathrm{M}, E)$ を $V_\mathrm{M}$ の**線形座標系**または**斜交座標系**という. この座標系では, 任意のベクトル $x \in V_\mathrm{M}$ は

$$x = \sum_{\mu=0}^d x^\mu e_\mu \tag{4.20}$$

と展開される. 展開係数の組

$$x_E := (x^\mu) := (x^0, x^1, \ldots, x^d) \in \mathbb{R}^{d+1}$$

が線形座標系 $(V_\mathrm{M}, E)$ における $x$ の座標表示である. 任意の $y = \sum_{\mu=0}^d y^\mu e_\mu \in V_\mathrm{M}$ に対して

$$\langle x, y \rangle_{V_\mathrm{M}} = \sum_{\mu,\nu=0}^d \langle e_\mu, e_\nu \rangle_{V_\mathrm{M}} x^\mu y^\nu \tag{4.21}$$

が成り立つ. そこで, 行列 $g^E = (g^E_{\mu\nu})$ を

$$g^E_{\mu\nu} := \langle e_\mu, e_\nu \rangle_{V_\mathrm{M}} \tag{4.22}$$

によって定義すれば

$$\langle x, y \rangle_{V_\mathrm{M}} = \sum_{\mu,\nu=0}^d g^E_{\mu\nu} x^\mu y^\nu = \langle x_E, g^E y_E \rangle_{\mathbb{R}^{d+1}} \tag{4.23}$$

と書ける.

各 $\mu = 0, \ldots, d$ に対して

$$x_\mu := \sum_{\nu=0}^{d} g^E_{\mu\nu} x^\nu \tag{4.24}$$

とすれば, (4.22) により

$$x_\mu = \langle e_\mu, x \rangle_{V_\mathrm{M}} \tag{4.25}$$

が成り立つ.

行列 $g^E$ は正則である[2]. したがって, その逆行列 $(g^E)^{-1}$ が存在する. $(g^E)^{-1}$ の $(\mu, \nu)$ 成分を $g_E^{\mu\nu}$ と記す. (4.24) から

$$x^\mu = \sum_{\nu=0}^{d} g_E^{\mu\nu} x_\nu \tag{4.26}$$

がしたがう.

**注意 4.8** ベクトル $x$ の (基底 $E$ に関する) 成分 $x^\mu$ の添え字を, (4.24) または (4.25) にしたがって, 下付き添え字をもつ数 $x_\mu$ にすることの意味は次の通りである. 写像 $\hat{x} : V_\mathrm{M} \to \mathbb{R}$ を $\hat{x}(y) := \langle x, y \rangle_{V_\mathrm{M}}, y \in V_\mathrm{M} \cdots (*)$ によって定義すれば, $\hat{x}$ は, $V_\mathrm{M}$ 上の線形汎関数, すなわち, $V_\mathrm{M}$ の双対空間 $V_\mathrm{M}{}^*$ の元である. $\hat{x}$ は $x$ の**双対ベクトル**と呼ばれる. したがって, $E = \{e_\mu\}_{\mu=0}^{d}$ の双対基底を $\{\phi^\mu\}_{\mu=0}^{d}$ とすれば, $\hat{x} = \sum_{\mu=0}^{d} \hat{x}_\mu \phi^\mu$ と展開できる ($\hat{x}_\mu \in \mathbb{R}$). ゆえに, $\hat{x}(y) = \sum_{\nu=0}^{d} \hat{x}_\nu y^\nu$. 一方, $(*)$ により, これは $\sum_{\mu=0}^{d} g^E_{\mu\nu} x^\mu y^\nu$ に等しい. $y \in V_\mathrm{M}$ は任意であるから ($g^E_{\mu\nu} = g^E_{\nu\mu}$ も使う), $\hat{x}_\mu = \sum_{\nu=0}^{d} g^E_{\mu\nu} x^\nu = x_\mu$ ($\mu = 0, \ldots, d$) である. したがって, $x_\mu$ は, $x$ の双対ベクトル $\hat{x}$ の (双対基底による) 成分表示の第 $\mu$ 成分である.

### 4.3.2 ローレンツ座標系

$V_\mathrm{M}$ の任意のミンコフスキー基底 $E = \{e_\mu\}_{\mu=0}^{d}$ に対して, $(V_\mathrm{M}, E)$ を**ローレンツ座標系**あるいは単に**ローレンツ系**と呼ぶ[3]. しばしば, 単にローレンツ

---
[2] たとえば, 列ベクトルたちが線形独立であることを示せ.
[3] 通常の物理の教科書では, ローレンツ座標系のことを (相対論的)「慣性座標系」または単に「慣性系」と呼ぶ.

座標系 $\{e_\mu\}$ という言い方もする．この場合，$g^E = g$ となる．したがって，任意の $x, y \in V_{\mathrm{M}}$ に対して

$$\langle x, y \rangle_{V_{\mathrm{M}}} = \sum_{\mu,\nu=0}^{d} g_{\mu\nu} x^\mu y^\nu = x^0 y^0 - \sum_{j=1}^{d} x^j y^j = \sum_{\mu=0}^{d} x^\mu y_\mu \qquad (4.27)$$

が成り立つ．

**注意 4.9** 物理学の文献では，通常，$\sum_{\mu=0}^{d} x^\mu y_\mu$ において和の記号を省略して，これを $x^\mu y_\mu$ と記す場合が多い．この書き方は，**アインシュタインの規約**と呼ばれる．

(4.27) から，点 $y$ と $x$ の間の計量 $\langle x-y, x-y \rangle_{V_{\mathrm{M}}}$ は，考察下のローレンツ座標系では

$$\langle x-y, x-y \rangle_{V_{\mathrm{M}}} = (x^0 - y^0)^2 - \sum_{j=1}^{d} (x^j - y^j)^2 \qquad (4.28)$$

によって与えられる．$x, y \in V_{\mathrm{M}}$ は任意であるから，(4.28) は，ミンコフスキー空間の任意の 2 点間の計量をローレンツ座標系 $(V_{\mathrm{M}}, E)$ の座標を用いて表す式である．したがって，別のローレンツ座標系 $(V_{\mathrm{M}}, E')$ $(E' = \{e'_\mu\}_{\mu=0}^{d})$ での $x, y$ の座標表示をそれぞれ，$(x^{\mu'})$, $(y^{\mu'})$ とすれば

$$(x^0 - y^0)^2 - \sum_{j=1}^{d} (x^j - y^j)^2 = (x^{0'} - y^{0'})^2 - \sum_{j=1}^{d} (x^{j'} - y^{j'})^2 \qquad (4.29)$$

が成り立つことになる．

## 4.4 特殊相対性理論における時間と空間の発現

これまでの議論は，ミンコフスキーベクトル空間 $V_{\mathrm{M}}$ に関する純数学的な基本的内容を扱ったものである．本節から，特殊相対性理論の基本的な構造の論述に入る．その根本となるのは，質点の運動がなされる時空構造である．これに関しては，次の公理が設定される：

(R.1) 時空は $(d+1)$ 次元ミンコフスキー空間 $\mathcal{M}^{d+1}$ である．

ただし，この公理にいう「時空」は，そこから，通常の意味での時間と巨視的現象空間の概念が分節として現れてくる空間を表す．そこで，ミンコフスキー空間 $\mathfrak{M}^{d+1}$ がそのような分節構造を有することを示そう．

ミンコフスキー空間 $\mathfrak{M}^{d+1}$ が時空を表すものとするとき，その基準ベクトル空間 $V_\mathrm{M}$ のベクトル $x$ は時空の中の点を表す位置ベクトルである．そこで，ローレンツ座標系 $(V_\mathrm{M}, E)$ における $x$ の成分表示の各成分 $x^\mu$ は長さの次元をもつとするのは自然である．$x$ の（基底 $E$ に関する）成分表示 $(x^\mu)$ が時空点の座標表示であるからには，その中のどれか一つの成分は時刻と関係があるはずである．基底 $E$ を構成するベクトルの計量の符号を考慮すると，$e_0$ からくる成分 $x^0$ がそれであるとするのが自然であろう．そこで，$x^0$ から時間の次元をもつ量をつくることを考える．簡単な次元解析により，そのような量は，$x^0$ を速さの次元 $[LT^{-1}]$（$L$ は長さの次元，$T$ は時間の次元を表す）をもつ量で割ることによって得られることがわかる．そこで，公理論的な観点からは，ローレンツ座標系の取り方に依らない普遍的な速さをもつ対象の存在が要請される．だが，結論的に言えば，この対象が光なのであり，真空中での光の速さ $c$ が求める速さである[4]．「ローレンツ座標系において，光は真空中を速さ $c$ で（$d$ 次元空間的な意味で）直線運動を行い，かつ $c$ はローレンツ座標系の取り方に依らない」という性質は，通常，仮説として措定され，**光速度不変の原理**と呼ばれる．$t = x^0/c$ によって，新しい変数 $t$ を導入すれば，これがまさに考察下のローレンツ座標系での時刻を表すと解釈される．残りの成分

$$\mathbf{x} := (x^1, \ldots, x^d) \tag{4.30}$$

は $\mathbb{R}^d$ の元であるので，考察下のローレンツ座標系における空間（巨視的現象空間を記述する $d$ 次元空間）の座標を表すものと解釈できる．この場合，$e_0$ が生成する 1 次元部分空間 $\{x^0 e_0 | x^0 \in \mathbb{R}\}$ をローレンツ座標系 $(V_\mathrm{M}, E)$ における**時間軸**といい，$e_j$ $(j = 1, \ldots, d)$ が生成する 1 次元部分空間 $\{x^j e_j | x^j \in \mathbb{R}\}$ をローレンツ座標系 $(V_\mathrm{M}, E)$ における**第 $j$ 空間軸**という．また，$t$ を点 $x$ の**時間成分**または**座標時間**といい，$\mathbf{x}$ を点 $x$ の空間成分または**空間座標**と呼ぶ（$x^0$ を $x$ の時間成分という場合もある）．こうして，ローレンツ座標系を設

---

[4] 数値としては，$c \fallingdotseq 30$ 万 km/s．

定することにより，日常的な意味での時間と空間として解釈される対象が現れる：

$$x = cte_0 + \sum_{i=1}^{d} x^i e_i. \tag{4.31}$$

$(t, \mathbf{x})$ をローレンツ座標系 $(V_\mathrm{M}, E)$ における，点 $x$ の**時空座標**という．しかし，ここで注意しなければならないことは，座標時間と空間座標は，ローレンツ座標系を定めるミンコフスキー基底の取り方に依存する相対的なものだということである．実際，別のミンコフスキー基底 $E' = \{e_\mu'\}_{\mu=0}^d$ に関するローレンツ座標系 $(V_\mathrm{M}, E')$ においては，点 $x$ は

$$x = \sum_{\mu=0}^{d} x^{\mu'} e_\mu' \tag{4.32}$$

と展開される $(x^{\mu'} \in \mathbb{R})$．底変換 : $E \mapsto E'$ の行列を $L = (L_\nu^\mu)$ とすれば，すでに見たように，これはローレンツ行列であり

$$x^{\mu'} = \sum_{\nu=0}^{d} (L^{-1})_\nu^\mu x^\nu \tag{4.33}$$

が成り立つ（付録 C を参照）．これを時間成分と空間成分に分けて書けば次のようになる（$t' = x^{0'}/c$ とする）：

$$t' = (L^{-1})_0^0 t + \sum_{j=1}^{d} (L^{-1})_j^0 \frac{x^j}{c}, \tag{4.34}$$

$$x^{i'} = (L^{-1})_0^i ct + \sum_{j=1}^{d} (L^{-1})_j^i x^j \quad (i = 1, \ldots, d). \tag{4.35}$$

これらの式から，新時空座標 $(t', \mathbf{x}')$ において，旧時空座標 $(t, \mathbf{x})$ の時間成分と空間成分が一般には混合する形になることがわかる．この意味で，時間と空間は独立ではない．これは，ニュートン力学的時空との大きな違いであり，特殊相対性理論が有する革命的な内容の一つである．(4.33)——あるいはこれと同値な (4.34), (4.35)——によって記述される座標変換：$(x^\mu) \mapsto (x^{\mu'})$ を**ローレンツ座標変換**という[5]．

---

[5] 物理学の文献では，これをローレンツ変換という場合が多い．だが，本書では，座標変換と写像との概念的混乱を避けるために，あえて「変換」の前に座標という語句を入れる．

いま言及した時間と空間の非独立性について，具体的には，次のような現象の存在が理論的に帰結される：

(i) 旧時空座標系 $(t, \mathbf{x})$ における二つの相異なる同時事象 $(t, \mathbf{x})$, $(t, \mathbf{y})$ $(\mathbf{x} \neq \mathbf{y})$ について
$$\sum_{j=1}^d (L^{-1})^0_j x^j \neq \sum_{j=1}^d (L^{-1})^0_j y^j$$
が成り立つならば，新時空座標系においては，それらの事象は同時事象でない ($\because$ (4.34))．したがって，同時性はローレンツ座標系に関して相対的な概念であることがわかる．

(ii) 旧時空座標系において，異なる時刻に同一の空間点に存在するという事象 $(t_1, \mathbf{x})$, $(t_2, \mathbf{x})$ $(t_1 \neq t_2)$ は，ある $i = 1, \ldots, d$ に対して $(L^{-1})^i_0 \neq 0$ という条件のもとで，新時空座標系 $(t', \mathbf{x}')$ では同一の空間点にある事象でない．実際，$(t_1, \mathbf{x})$, $(t_2, \mathbf{x})$ の新時空座標系での座標を $(t'_1, \mathbf{x}')$, $(t'_2, \mathbf{x}'')$ とすれば，(4.35) により，
$$x^{i'} - x^{i''} = (L^{-1})^i_0 c(t_1 - t_2) \neq 0.$$
したがって，異なる時刻に同一の位置にあることもローレンツ座標系に依拠する相対的な事象である．いまの場合，時間については，(4.34) より
$$t'_1 - t'_2 = (L^{-1})^0_0 (t_1 - t_2)$$
となる．命題 4.4 (iii) によって，$|t'_1 - t'_2| \geq |t_1 - t_2| > 0$．したがって，$(t'_1, \mathbf{x}')$, $(t'_2, \mathbf{x}'')$ は新座標系においても同時事象ではない．

**例 4.10** $L^{-1}$ として，例 4.6 の $L(\chi)$ をとれば，(4.34), (4.35) は次のようになる：
$$t' = t \cosh \chi - \frac{x^1}{c} \sinh \chi, \quad x^{1'} = -ct \sinh \chi + x^1 \cosh \chi,$$
$$x^{i'} = x^i \quad (i = 2, \ldots, d).$$

これは，真に座標時間と空間座標が混じるローレンツ座標変換の簡単な例の一つを与える．

$V_\mathrm{M}$ の中の任意の相異なる点 $x, x'$ をとり,光が点 $x$ から $x'$ まで**時空的直線運動** (点 $x$ と点 $x'$ を結ぶ線分上を $x$ から $x'$ へ移動する運動) を行うとしよう.この場合,ローレンツ座標系 $(V_\mathrm{M}, E)$ での $x, x'$ の座標をそれぞれ,$(ct, \mathbf{x})$,$(ct', \mathbf{x}')$ とすれば ($t' > t$),時間 $t' - t$ の間に光が進んだ距離は $c(t' - t)$ であり,これが空間的な距離 $\|\mathbf{x}' - \mathbf{x}\|_{\mathbb{R}^d}$ に等しくなければならないから

$$c(t' - t) = \|\mathbf{x}' - \mathbf{x}\|_{\mathbb{R}^d}$$

が成り立つ.これは,$\langle x' - x, x' - x\rangle_{V_\mathrm{M}} = 0$ を意味する.この事柄にちなんで,一般に,ベクトル $y \in V_\mathrm{M}$ が $y \neq 0$ かつ $\langle y, y\rangle_{V_\mathrm{M}} = 0$ を満たすとき,$y$ を**光的ベクトル** (light-like vector) と呼ぶ[6].こうして,次の事実が示されたことになる:**光が点 $x \in V_\mathrm{M}$ から点 $x' \in V_\mathrm{M}$ まで時空的直線運動を行うとき,ベクトル $x' - x$ は光的ベクトルである**.無論,これは,座標系の取り方に依らない普遍的性質である.

## 4.5 ベクトルの分類

再び,ミンコフスキーベクトル空間 $V_\mathrm{M}$ の一般論にもどる[7].ミンコフスキーベクトル空間 $V_\mathrm{M}$ の計量は不定計量であるので,計量の正負に応じて,$V_\mathrm{M}$ のベクトルを分類するのは自然である:

(i) $\langle x, x\rangle_{V_\mathrm{M}} > 0$ を満たすベクトル $x \in V_\mathrm{M}$ を**時間的ベクトル** (time-like vector) という.時間的ベクトルの全体

$$V_\mathrm{M}{}^\mathrm{T} := \left\{x \in V_\mathrm{M} \,\middle|\, \langle x, x\rangle_{V_\mathrm{M}} > 0 \right\} \tag{4.36}$$

を**時間的領域**という.

(ii) $\langle x, x\rangle_{V_\mathrm{M}} < 0$ を満たすベクトル $x \in V_\mathrm{M}$ を**空間的ベクトル** (space-like vector) という.空間的ベクトルの全体

---

[6] ナル (ヌル) ベクトル (null vector) または光円錐ベクトル (light-cone vector) という場合もある.
[7] したがって,本節の $V_\mathrm{M}$ は純数学的対象としてのミンコフスキーベクトル空間であり,それに物理的解釈を施す必要はない.以下,同じ記号 $V_\mathrm{M}$ を使用しても,それを純数学的に扱っているのか,あるいは物理的解釈を施して使用しているのかについては,誤解の危険がなさそうである場合には,いちいち断らない.

$$V_\mathrm{M}{}^\mathrm{S} := \{x \in V_\mathrm{M} \mid \langle x,x \rangle_{V_\mathrm{M}} < 0\} \tag{4.37}$$

を**空間的領域**という．

(iii) $V_\mathrm{M}$ の零ベクトルと光的ベクトルの全体

$$V_\mathrm{M}{}^0 := \{x \in V_\mathrm{M} \mid \langle x,x \rangle_{V_\mathrm{M}} = 0\} \tag{4.38}$$

を**光錐** (light cone) または**光円錐**という．

**注意 4.11**

(i) $V_\mathrm{M}{}^\mathrm{T} \cup \{0\}$ は部分空間ではない．たとえば，$E = \{e_\mu\}_{\mu=0}^d$ を $V_\mathrm{M}$ の任意のミンコフスキー基底とするとき，$x = e_0, y = -e_0 + x^1 e_1$ ($|x^1| < 1$) はいずれも時間的ベクトルであるが，$x + y = x^1 e_1$ は空間的ベクトルである．

(ii) $V_\mathrm{M}{}^\mathrm{S} \cup \{0\}$ は部分空間ではない．たとえば，$x = e_1, y = x^0 e_0 - e_1$ ($|x^0| < 1$) はいずれも空間的ベクトルであるが，$x + y = x^0 e_0$ は時間的ベクトルである．

(iii) $V_\mathrm{M}{}^0$ は部分空間ではない．たとえば，$x = e_0 + e_1, y = e_0 - e_1$ はいずれも光的ベクトルであるが，$x + y = 2e_0$ は時間的ベクトルである．

二つの時間的ベクトル $x, y \in V_\mathrm{M}{}^\mathrm{T}$ の関係を表す概念を導入する．(i) $\langle x,y \rangle_{V_\mathrm{M}} > 0$ ならば，$x, y$ は**順時的**であるという．(ii) $\langle x,y \rangle_{V_\mathrm{M}} < 0$ ならば，$x, y$ は**逆時的**であるという．

**命題 4.12** $x, y \in V_\mathrm{M}{}^\mathrm{T}$ が順時的ならば，$\alpha\beta > 0$ を満たす任意の実数 $\alpha, \beta$ に対して，$\alpha x + \beta y \in V_\mathrm{M}{}^\mathrm{T}$ である．

**証明** $z = \alpha x + \beta y$ とすれば

$$\langle z,z \rangle_{V_\mathrm{M}} = \alpha^2 \langle x,x \rangle + 2\alpha\beta \langle x,y \rangle_{V_\mathrm{M}} + \beta^2 \langle y,y \rangle_{V_\mathrm{M}}. \tag{4.39}$$

仮定により，$\langle x,x \rangle_{V_\mathrm{M}} > 0, \alpha\beta > 0, \langle x,y \rangle_{V_\mathrm{M}} > 0, \langle y,y \rangle_{V_\mathrm{M}} > 0$ であるから，$\langle z,z \rangle_{V_\mathrm{M}} > 0$. ∎

前命題の空間的ベクトル版は次の命題によって与えられる：

**命題 4.13** $x, y \in V_\mathrm{M}{}^\mathrm{S}$ が空間的ベクトルで $\langle x, y \rangle_{V_\mathrm{M}} < 0$ ならば, $\alpha\beta > 0$ を満たす任意の実数 $\alpha, \beta$ に対して, $\alpha x + \beta y \in V_\mathrm{M}{}^\mathrm{S}$ である.

**証明** 仮定により, (4.39) の右辺の各項は負である. ∎

上に定義した諸々の領域がローレンツ座標系ではどのように表されるかを見ておこう. そこで, $E = \{e_\mu\}_{\mu=0}^{d}$ を任意のミンコフスキー基底とし, ベクトル $x \in V_\mathrm{M}$ のローレンツ座標系 $(V_\mathrm{M}, E)$ における座標表示を $(x^0, x^1, \ldots, x^d)$ とする. したがって, (4.27) が成り立つ. ゆえに, 次の (i)–(iii) が得られる (図 4.1 を参照):

(i) $x$ が時間的ベクトルであることと $(x^0)^2 > \sum_{i=1}^{d}(x^i)^2$ は同値である.

(ii) $x$ が空間的ベクトルであることと $(x^0)^2 < \sum_{i=1}^{d}(x^i)^2$ は同値である.

(iii) $x$ が光的ベクトルであることと $(x^0)^2 = \sum_{i=1}^{d}(x^i)^2$ かつ $x \neq 0$ は同値である.

ローレンツ座標系 $(V_\mathrm{M}, E)$ では, 時間的領域を互いに素な二つの領域に分けることができる. すなわち

$$V_{\mathrm{M},+}^{\mathrm{T}}(E) := \{x \in V_\mathrm{M}{}^\mathrm{T} \,|\, x^0 > 0\}, \quad V_{\mathrm{M},-}^{\mathrm{T}}(E) := \{x \in V_\mathrm{M}{}^\mathrm{T} \,|\, x^0 < 0\}. \tag{4.40}$$

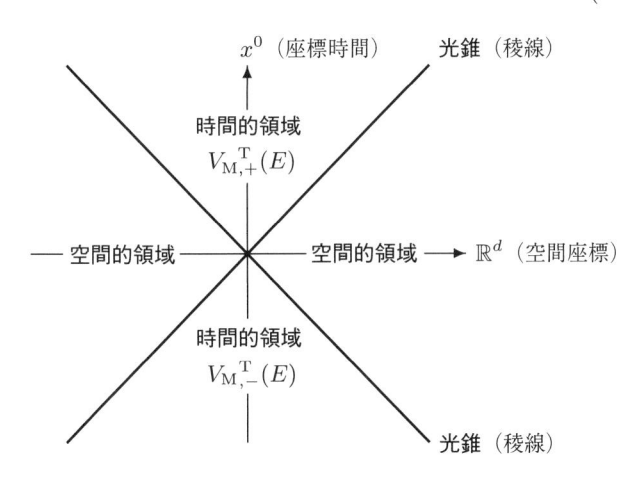

図 4.1. ローレンツ座標系.

明らかに
$$V_\mathrm{M}^\mathrm{T} = V_{\mathrm{M},+}^\mathrm{T}(E) \cup V_{\mathrm{M},-}^\mathrm{T}(E).$$

**命題 4.14** $x, y \in V_{\mathrm{M},+}^\mathrm{T}(E)$ または $x, y \in V_{\mathrm{M},-}^\mathrm{T}(E)$ ならば，$x, y$ は順時的である．

**証明** $\langle x,y \rangle_{V_\mathrm{M}} = x^0 y^0 - \langle \mathbf{x}, \mathbf{y} \rangle_{\mathbb{R}^d}$ ($\mathbf{x} = (x^1,\ldots,x^d), \mathbf{y} = (y^1,\ldots,y^d)$). ただし，$\langle \cdot, \cdot \rangle_{\mathbb{R}^d}$ は $\mathbb{R}^d$ のユークリッド内積を表す．内積に関するシュヴァルツの不等式により，$|\langle \mathbf{x}, \mathbf{y} \rangle_{\mathbb{R}^d}| \leq \|\mathbf{x}\|_{\mathbb{R}^d} \|\mathbf{y}\|_{\mathbb{R}^d}$. $x, y$ は時間的であるから，$|x^0| > \|\mathbf{x}\|_{\mathbb{R}^d}, |y^0| > \|\mathbf{y}\|_{\mathbb{R}^d}$. 一方，仮定により，$x^0 y^0 > 0$. したがって，$x^0 y^0 = |x^0||y^0|$. ゆえに，$\langle x,y \rangle_{V_\mathrm{M}} \geq x^0 y^0 - \|\mathbf{x}\|_{\mathbb{R}^d} \|\mathbf{y}\|_{\mathbb{R}^d} > x^0 y^0 - |x^0||y^0| = 0$. よって，$x, y$ は順時的である． ∎

命題 4.14 と命題 4.12 によって，次の結果が得られる：

**系 4.15**

(i) 任意の $x, y \in V_{\mathrm{M},+}^\mathrm{T}(E)$ と任意の $\alpha > 0, \beta > 0$ に対して，$\alpha x + \beta y \in V_{\mathrm{M},+}^\mathrm{T}(E)$.

(ii) 任意の $x, y \in V_{\mathrm{M},-}^\mathrm{T}(E)$ と任意の $\alpha > 0, \beta > 0$ に対して，$\alpha x + \beta y \in V_{\mathrm{M},-}^\mathrm{T}(E)$.

**証明** $\alpha, \beta$ の符号についての制限は，$(\alpha x + \beta y)^0 = \alpha x^0 + \beta y^0$ による． ∎

系 4.15 は $V_{\mathrm{M},\pm}^\mathrm{T}(E)$ が $V_\mathrm{M}$ における錐体であることを示す[8]．光錐 $V_\mathrm{M}^0$ は，各錐体 $V_{\mathrm{M},-}^\mathrm{T}(E), V_{\mathrm{M},-}^\mathrm{T}(E)$ の境界の和集合である．

任意の $x \in V_\mathrm{M}$ に対して，$\|x\|_{V_\mathrm{M}}$ を
$$\|x\|_{V_\mathrm{M}} := \sqrt{|\langle x, x \rangle_{V_\mathrm{M}}|} \tag{4.41}$$
によって定義し，これを $x$ の **擬ノルム** と呼ぶ．この名称は，以下の定理 4.18 で証明するように，$\|\cdot\|_{V_\mathrm{M}}$ が通常の意味でのノルムの性質をもたないことによる．

$\|x\|_{V_\mathrm{M}} = 1$ を満たすベクトル $x$ を **単位ベクトル** と呼ぶ．

---

[8] 一般に，ベクトル空間 $V$ の部分集合 $C$ が次の性質をもつとき，$C$ を **錐体** という：(i) $C$ は凸集合，すなわち，任意の $u, v \in V$ と任意の $\lambda \in (0,1)$ に対して，$\lambda u + (1-\lambda) v \in V$; (ii) 任意の $u \in V$ に対して，$-u \notin V$; (iii) 任意の $u \in V$ と任意の $\mu > 0$ に対して，$\mu u \in C$.

## 4.6 時間的ベクトルの基本的性質

ミンコフスキー空間の計量は不定計量であるので，そこにおける幾何学はユークリッド幾何学と異なることが予想される．この側面に関する基本的事実を見ておこう．まず，次の命題は，時間的ベクトルと直交する，零でないベクトルは必ず空間的ベクトルであることを語る[9]．

**命題 4.16** $x \in V_\mathrm{M}{}^\mathrm{T}$ とする．このとき，$\langle x, y\rangle_{V_\mathrm{M}} = 0, y \neq 0$ ならば $y \in V_\mathrm{M}{}^\mathrm{S}$．

**証明** $\{e_\mu\}_{\mu=0}^d$ を $V_\mathrm{M}$ のミンコフスキー基底とし，$x = \sum_{\mu=0}^d x^\mu e_\mu$, $y = \sum_{\mu=0}^d y^\mu e_\mu$ と展開する $(x^\mu, y^\mu \in \mathbb{R})$．$y^0 = 0$ ならば，$\langle y, y\rangle_{V_\mathrm{M}} = -\sum_{i=1}^d (y^i)^2 < 0$ であるから，$y \in V_\mathrm{M}{}^\mathrm{S}$．したがって，題意は成立する．

次に $y^0 \neq 0$ の場合を考える．$\langle x, y\rangle_{V_\mathrm{M}} = 0$ より，$x^0 y^0 - \sum_{i=1}^d x^i y^i = 0$．$\mathbf{x} = (x^1, \ldots, x^d), \mathbf{y} = (y^1, \ldots, y^d)$ とおけば，$\mathbf{x}, \mathbf{y} \in \mathbb{R}^d$ であり，$x^0 y^0 = \langle \mathbf{x}, \mathbf{y}\rangle_{\mathbb{R}^d} \cdots (*)$．$x$ は時間的ベクトルであるから，$\langle x, x\rangle_{V_\mathrm{M}} > 0$．したがって，$(x^0)^2 - \|\mathbf{x}\|_{\mathbb{R}^d}^2 > 0$．ゆえに

$$|\langle \mathbf{x}, \mathbf{y}\rangle_{\mathbb{R}^d}|^2 = (x^0)^2 (y^0)^2 > \|\mathbf{x}\|_{\mathbb{R}^d}^2 (y^0)^2.$$

一方，内積に関するシュヴァルツの不等式により，$|\langle \mathbf{x}, \mathbf{y}\rangle_{\mathbb{R}^d}|^2 \leq \|\mathbf{x}\|_{\mathbb{R}^d}^2 \|\mathbf{y}\|_{\mathbb{R}^d}^2$．したがって，$(y^0)^2 \|\mathbf{x}\|_{\mathbb{R}^d}^2 < \|\mathbf{x}\|_{\mathbb{R}^d}^2 \|\mathbf{y}\|_{\mathbb{R}^d}^2$．これは，$(y^0)^2 < \|\mathbf{y}\|_{\mathbb{R}^d}^2$ を意味するから，$y \in V_\mathrm{M}{}^\mathrm{S}$ である． ■

次に取り上げる二つの定理は，ミンコフスキー空間の幾何学がユークリッド幾何学と決定的に異なることを示す：

**定理 4.17**（逆シュヴァルツ不等式）任意の $x, y \in V_\mathrm{M}{}^\mathrm{T}$ に対して

$$|\langle x, y\rangle_{V_\mathrm{M}}| \geq \|x\|_{V_\mathrm{M}} \|y\|_{V_\mathrm{M}}. \tag{4.42}$$

さらに次が成り立つ：

(i) (4.42) で等号が成立するならば，$\|y\|_{V_\mathrm{M}}^2 x - \langle y, x\rangle_{V_\mathrm{M}} y \in V_\mathrm{M}{}^0$ または $\|x\|_{V_\mathrm{M}}^2 y - \langle x, y\rangle_{V_\mathrm{M}} x \in V_\mathrm{M}{}^0$ である．

---
[9] もちろん，ここでの直交性は，ミンコフスキー計量 $\langle \cdot, \cdot \rangle_{V_\mathrm{M}}$（不定計量）に関するものである．

(ii) $x$ と $y$ が線形従属ならば，(4.42) で等号が成立する．

**証明** $\hat{y} = y/\|y\|_{V_M}$ とおけば，$\hat{y}$ は時間的ベクトルであり，$\|\hat{y}\|_{V_M} = 1$ である．$x_0 := \langle \hat{y}, x \rangle_{V_M} \hat{y}$, $x_1 := x - \langle \hat{y}, x \rangle_{V_M} \hat{y}$ とおけば，$x = x_0 + x_1$ が成り立つ．$\langle x_0, x_0 \rangle_{V_M} = \langle y, x \rangle_{V_M}^2 / \|y\|_{V_M}^2 > 0$（命題 4.16 を応用）であるから，$x_0$ は時間的ベクトルである．直接計算により，$\langle x_0, x_1 \rangle_{V_M} = 0$ がわかる．したがって，命題 4.16 により，$x_1 \in V_M{}^S \cup \{0\}$ である．ゆえに，$\langle x_1, x_1 \rangle_{V_M} \leq 0$ であるので

$$\langle x, x \rangle_{V_M} = \langle x_0, x_0 \rangle_{V_M} + \langle x_1, x_1 \rangle_{V_M}$$
$$\leq \langle x_0, x_0 \rangle_{V_M} = \frac{\langle x, y \rangle_{V_M}^2}{\|y\|_{V_M}^2}.$$

したがって，(4.42) が成立する．等号が成立するのは，いまの導出により，$\langle x_1, x_1 \rangle_{V_M} = 0$ となる場合である．すなわち，$x_1 \in V_M{}^0$ の場合である．したがって，$\|y\|_{V_M}^2 x_1 = \|y\|_{V_M}^2 x - \langle y, x \rangle_{V_M} y \in V_M{}^0$ である．不等式 (4.42) は $x, y$ について対称的であるから，上の (i) の言明が成立する．

$x$ と $y$ が線形従属ならば，$y = \alpha x$ となる $\alpha \in \mathbb{R} \setminus \{0\}$ がある（いまの場合，$y \neq 0$, $x \neq 0$ に注意）．このとき，(4.42) の左辺と右辺をそれぞれ，計算することにより，等号の成立が確かめられる． ∎

**定理 4.18**（逆 3 角不等式）$x, y \in V_M{}^T$ かつ $\langle x, y \rangle_{V_M} > 0$ ならば，$x + y \in V_M{}^T$ かつ

$$\|x\|_{V_M} + \|y\|_{V_M} \leq \|x + y\|_{V_M}. \tag{4.43}$$

さらに次が成り立つ：

(i) (4.43) で等号が成立するならば，$\|y\|_{V_M}^2 x - \langle y, x \rangle_{V_M} y \in V_M{}^0$ または $\|x\|_{V_M}^2 y - \langle x, y \rangle_{V_M} x \in V_M{}^0$ である．

(ii) $x$ と $y$ が線形従属ならば，(4.43) で等号が成立する．

**証明** $\langle x, x \rangle_{V_M} > 0$, $\langle y, y \rangle_{V_M} > 0$, $\langle x, y \rangle_{V_M} > 0$ より，$\langle x + y, x + y \rangle_{V_M} = \langle x, x \rangle_{V_M} + 2 \langle x, y \rangle_{V_M} + \langle y, y \rangle_{V_M} > 0 \cdots (*)$．したがって，$x + y \in V_M{}^T$（これは命題 4.12 からも出る）．定理 4.17 により，$\langle x, y \rangle_{V_M} \geq \|x\|_{V_M} \|y\|_{V_M}$．こ

れと $(*)$ により，$\|x+y\|_{V_\mathrm{M}}^2 \geq (\|x\|_{V_\mathrm{M}} + \|y\|_{V_\mathrm{M}})^2$．等号成立は，いまの導出から明らかなように，$\langle x,y\rangle_{V_\mathrm{M}} = \|x\|_{V_\mathrm{M}}\|y\|_{V_\mathrm{M}}$ となる場合である．したがって，定理 4.17 が応用できる． ∎

定理 4.17 によって，任意の順時的な時間的ベクトル $x,y \in V_\mathrm{M}^\mathrm{T}$ に対して

$$\frac{\langle x,y\rangle_{V_\mathrm{M}}}{\|x\|_{V_\mathrm{M}}\|y\|_{V_\mathrm{M}}} \geq 1$$

が成り立つ．したがって

$$\cosh \chi_{x,y} = \frac{\langle x,y\rangle_{V_\mathrm{M}}}{\|x\|_{V_\mathrm{M}}\|y\|_{V_\mathrm{M}}} \tag{4.44}$$

を満たす非負の実数 $\chi_{x,y} \geq 0$ がただ一つ存在する．ただし，$\cosh\chi$ ($\chi \in \mathbb{R}$) は双曲線余弦関数である（(4.17) を参照）．この実数 $\chi_{x,y}$ を $x$ と $y$ の**双曲角**と呼ぶ．(4.44) から

$$\langle x,y\rangle_{V_\mathrm{M}} = \|x\|_{V_\mathrm{M}}\|y\|_{V_\mathrm{M}} \cosh \chi_{x,y} \tag{4.45}$$

となる．これは計量をノルムと双曲角を使って表す式である．

## 4.7 分解定理

命題 4.16 によって，任意の時間的ベクトル $x$ に対して $x$ の直交補空間

$$\{x\}^\perp := \left\{ y \in V_\mathrm{M} \,\middle|\, \langle x,y\rangle_{V_\mathrm{M}} = 0 \right\} \tag{4.46}$$

は $V_\mathrm{M}^\mathrm{S} \cup \{0\}$ に含まれる部分空間である．

**定理 4.19**（分解定理）$e_\mathrm{T} \in V_\mathrm{M}$ を任意の時間的な単位ベクトルとする：$\langle e_\mathrm{T}, e_\mathrm{T}\rangle_{V_\mathrm{M}} = 1$．このとき，任意の $x \in V_\mathrm{M}$ に対して，ベクトル $x_\mathrm{S} \in \{e_\mathrm{T}\}^\perp$ がただ一つ存在し

$$x = \langle e_T, x\rangle_{V_\mathrm{M}} e_T + x_\mathrm{S} \tag{4.47}$$

と表される．

**証明** 任意のベクトル $x \in V_\mathrm{M}$ に対して $x_\mathrm{S} := x - \langle e_T, x\rangle_{V_\mathrm{M}} e_T \cdots (*)$ とおけば，容易にわかるように，$x_\mathrm{S}$ と $e_T$ は直交する．したがって，$x_\mathrm{S} \in \{e_\mathrm{T}\}^\perp$．

($*$) を $x$ について解けば (4.47) が得られる．$x_S$ の一意性は明らかであろう． ∎

$e_T \in V_M$ を任意の時間的な単位ベクトルとし，$\mathcal{L}(\{e_T\})$ によって $e_T$ が生成する 1 次元部分空間を表す．このとき，定理 4.19 によって，ミンコフスキーベクトル空間 $V_M$ は

$$V_M = \mathcal{L}(\{e_T\}) \oplus \{e_T\}^\perp \tag{4.48}$$

と直交分解され

$$\{e_T\}^\perp \subset V_M{}^S \cup \{0\} \tag{4.49}$$

が成り立つ．したがって，$\dim V_M = 1 + \dim\{e_T\}^\perp$ であるから

$$\dim\{e_T\}^\perp = d \tag{4.50}$$

が導かれる．

(4.49) によって，任意の $u, v \in \{e_T\}^\perp$ に対して

$$\langle u, v \rangle_- := -\langle u, v \rangle_{V_M} \tag{4.51}$$

とすれば，$\langle \cdot, \cdot \rangle_-$ は $\{e_T\}^\perp$ の内積である．これと (4.50) により，$(\{e_T\}^\perp, \langle \cdot, \cdot \rangle_-)$ は $d$ 次元実内積空間である．そこで，$(\{e_T\}^\perp, \langle \cdot, \cdot \rangle_-)$ の正規直交基底の一つを $\{v_1, \ldots, v_d\}$ としよう．このとき，明らかに

$$\langle v_i, v_j \rangle_{V_M} = -\delta_{ij}, \quad \langle e_T, v_i \rangle_{V_M} = 0 \quad (i, j = 1, \ldots, d).$$

よって，次の定理が得られたことになる：

**定理 4.20** 任意の時間的な単位ベクトル $e_T \in V_M$ に対して，空間的ベクトル $v_1, \ldots, v_d \in V_M{}^S$ で $\{e_T, v_1, \ldots, v_d\}$ が $V_M$ のミンコフスキー基底となるものが存在する．

## 4.8 ローレンツ写像群

### 4.8.1 ローレンツ写像

ミンコフスキーベクトル空間 $V_M$ 上の幾何学を考察する上で重要な写像の

クラスを導入する．$V_\mathrm{M}$ 上の線形写像 $\Lambda: V_\mathrm{M} \to V_\mathrm{M}$ がすべての $x, y \in V_\mathrm{M}$ に対して

$$\langle \Lambda x, \Lambda y \rangle_{V_\mathrm{M}} = \langle x, y \rangle_{V_\mathrm{M}} \qquad (計量保存性) \tag{4.52}$$

を満たすとき，$\Lambda$ を**ローレンツ写像**または**ローレンツ変換**と呼ぶ．

ここで，念のために注意しておけば，ローレンツ写像は，4.4 節で定義したローレンツ座標変換とは異なるものである．座標変換というのは，同一のベクトル（点）の，二つの基底による成分表示の間の対応を記述するものであり，$V_\mathrm{M}$ のベクトルに作用するものではない．

性質 (4.52) のことを**ミンコフスキー計量のローレンツ不変性**ともいう．

ローレンツ写像の全体を $\mathcal{L}_\mathrm{M}$ と記す：

$$\mathcal{L}_\mathrm{M} := \bigl\{ \Lambda : V_\mathrm{M} \to V_\mathrm{M} \bigm| \Lambda \text{ はローレンツ写像} \bigr\}. \tag{4.53}$$

ミンコフスキー計量のローレンツ不変性から次の命題がただちにしたがう．

## 命題 4.21

(i) $x \in V_\mathrm{M}{}^\mathrm{T}$ ならば，任意の $\Lambda \in \mathcal{L}_\mathrm{M}$ に対して，$\Lambda x \in V_\mathrm{M}{}^\mathrm{T}$．すなわち，ローレンツ写像は時間的ベクトルを時間的ベクトルにうつす．

(ii) $x \in V_\mathrm{M}{}^\mathrm{S}$ ならば，任意の $\Lambda \in \mathcal{L}_\mathrm{M}$ に対して，$\Lambda x \in V_\mathrm{M}{}^\mathrm{S}$．すなわち，ローレンツ写像は空間的ベクトルを空間的ベクトルにうつす．

(iii) $x \in V_\mathrm{M}{}^0$ ならば，任意の $\Lambda \in \mathcal{L}_\mathrm{M}$ に対して，$\Lambda x \in V_\mathrm{M}{}^0$．すなわち，ローレンツ写像は光的ベクトルを光的ベクトルにうつす．

## 補題 4.22

(i) 任意の $\Lambda \in \mathcal{L}_\mathrm{M}$ は全単射であり，その逆写像 $\Lambda^{-1}$ もローレンツ写像である：$\Lambda^{-1} \in \mathcal{L}_\mathrm{M}$．

(ii) 任意の $\Lambda_1, \Lambda_2 \in \mathcal{L}_\mathrm{M}$ に対して，それらの積 $\Lambda_1 \Lambda_2$（合成写像）もローレンツ写像である：$\Lambda_1 \Lambda_2 \in \mathcal{L}_\mathrm{M}$．

**証明** (i) $x \in \ker \Lambda$ とすれば，$\Lambda x = 0$．(4.52) より，任意の $y \in V_\mathrm{M}$ に対

して，$\langle x, y\rangle_{V_{\mathrm{M}}} = 0$. これは $x = 0$ を意味する（∵ 計量の非退化性）．したがって，$\ker \Lambda = \{0\}$. ゆえに，$\Lambda$ は単射である．有限次元ベクトル空間上の線形な単射は全射でもあるから，$\Lambda$ は全単射である．任意の $x, y \in V_{\mathrm{M}}$ に対して，$x' = \Lambda^{-1}x$, $y' = \Lambda^{-1}y$ とおくと $\langle \Lambda^{-1}x, \Lambda^{-1}y\rangle_{V_{\mathrm{M}}} = \langle x', y'\rangle_{V_{\mathrm{M}}} = \langle \Lambda x', \Lambda y'\rangle_{V_{\mathrm{M}}} = \langle x, y\rangle_{V_{\mathrm{M}}}$. したがって，$\Lambda^{-1} \in \mathcal{L}_{\mathrm{M}}$.

(ii) 直接計算による．実際，(4.52) を繰り返し使えば，任意の $x, y \in V_{\mathrm{M}}$ に対して，$\langle \Lambda_1\Lambda_2 x, \Lambda_1\Lambda_2 y\rangle_{V_{\mathrm{M}}} = \langle \Lambda_2 x, \Lambda_2 y\rangle_{V_{\mathrm{M}}} = \langle x, y\rangle_{V_{\mathrm{M}}}$. ∎

補題 4.22 は，$\mathcal{L}_{\mathrm{M}}$ が $V_{\mathrm{M}}$ 上の変換群であることを示す[10]．この変換群を**ローレンツ写像群**または**ローレンツ変換群**と呼ぶ．

### 4.8.2 ローレンツ対称性

**定義 4.23**

(i) $V_{\mathrm{M}}$ の部分集合 $D$ がある $\Lambda \in \mathcal{L}_{\mathrm{M}}$ に対して $\Lambda(D) = D$ を満たすとき——このことを $D$ は **$\Lambda$-不変**であるという——，$D$ は **$\Lambda$-対称性**をもつという．

(ii) $D$ がすべての $\Lambda \in \mathcal{L}_{\mathrm{M}}$ に対して $\Lambda$-対称性をもつとき，$D$ は**ローレンツ対称性**をもつ，あるいは**ローレンツ対称（不変）**であるという．

**例 4.24** 命題 4.21 は，集合 $V_{\mathrm{M}}^{\sharp}$（$\sharp = \mathrm{T}, \mathrm{S}, 0$）がローレンツ対称性をもつことを語る．

定数 $k \in \mathbb{R}$ に対して定まる部分集合

$$H_k := \left\{ x \in V_{\mathrm{M}} \,\middle|\, \langle x, x\rangle_{V_{\mathrm{M}}} = k \right\} \tag{4.54}$$

を考える．$k = 0$ ならば

$$H_0 = V_{\mathrm{M}}^{\,0} \tag{4.55}$$

である．$k \neq 0$ に対する $H_k$ を**双曲的超曲面** (hyperbolic hypersurface) と呼ぶ．特に，$k > 0$ のとき，$H_k$ を**時間的双曲的超曲面**，$k < 0$ のとき，$H_k$ を

---
[10] 変換群については，付録 B を参照．

空間的双曲的超曲面という.

容易に確かめられるように

$$V_{\mathrm{M}}^{\mathrm{T}} = \bigcup_{k>0} H_k, \quad V_{\mathrm{M}}^{\mathrm{S}} = \bigcup_{k<0} H_k \tag{4.56}$$

が成り立つ.すなわち,時間的双曲的超曲面の全体は時間的領域を覆い,空間的双曲的超曲面の全体は空間的領域を覆う.

**注意 4.25** 「双曲的」という語がついているのは,ローレンツ座標系 $(V_{\mathrm{M}}, E)$ ($E = \{e_\mu\}_{\mu=0}^d$ はミンコフスキー基底)で見た場合

$$x \in H_k \iff (x^0)^2 - \sum_{j=1}^d (x^j)^2 = k$$

が成り立つことによる.ただし,$x = \sum_{\mu=0}^d x^\mu e_\mu$ と展開する.したがって,$k > 0$ ならば,$H_k$ の点の座標表示 $(x^0, x^1, \ldots, x^d)$ の全体は,$(d+1)$ 次元ユークリッドベクトル空間 $\mathbb{R}^{d+1}$ における双曲面を表す($d = 1$ の場合は,双曲線;次の例を参照).

**例 4.26** 簡単のため,$e_0$, $e_1$ で生成される,$V_{\mathrm{M}}$ の 2 次元部分空間 $W := \mathcal{L}(\{e_0, e_1\})$ を考える.これは 2 次元ミンコフスキーベクトル空間であり,$\{e_0, e_1\}$ はそのミンコフスキー基底の一つである.そこで,ローレンツ座標系 $(W, \{e_0, e_1\})$ を設定し,$W$ の任意のベクトル $x$ を

$$x = x^0 e_0 + x^1 e_1$$

と展開する.展開係数の組 $(x^0, x^1) \in \mathbb{R}^2$ は,ローレンツ座標系 $(W, \{e_0, e_1\})$ における,$x$ の座標表示を与える.いま,$x$ は時間的であるとしよう.したがって,$(x^0)^2 - (x^1)^2 = \langle x, x \rangle > 0 \cdots (*)$ である.ゆえに,この場合,任意の $k > 0$ に対して,$H_k$ は $\mathbb{R}^2$ における双曲線

$$(x^0)^2 - (x^1)^2 = k$$

を与える.

$x^0 > 0$ の場合を考える.$e_0$ は時間的ベクトルであり,$\langle e_0, x \rangle = x^0 > 0 \cdots (**)$ であるから,$e_0$ と $x$ は順時的である.したがって,4.6 節の論述に

より, $e_0$ と $x$ の間の双曲角が定義される. これを $\chi \geq 0$ と記す. $\|e_0\| = 1$ に注意すれば, (4.45) と ($**$) によって, $x^0 = r\cosh\chi$ を得る. ただし, $r := \|x\|_{V_M}$ とする. これと ($*$) によって

$$(x^1)^2 = r^2 \sinh^2 \chi$$

が導かれる. したがって, 変数 $\chi$ の範囲を $\mathbb{R}$ 全体に拡張することにより時間的ベクトル $x$ の座標 $(x^0, x^1)$ は

$$x^0 = r\cosh\chi, \quad x^1 = r\sinh\chi \quad (r \geq 0, \ \chi \in \mathbb{R})$$

という形にパラメーター表示される.

図 4.2 のように, $x^0$-$x^1$ 座標平面において, 双曲線 $H_1 : (x^0)^2 - (x^1)^2 = 1$ を考えると, $H_1$ 上の点 P は, $(\cosh\chi, \sinh\chi)$ と表される. いま, $\chi > 0$ としよう. このとき, $H_1$ と $x^0$ 軸および線分 OP で囲まれた部分 OAP の面積を $S$ とすれば $S = \chi/2$ であることがわかる[11]. ゆえに, $H_1$ 上の点を表すベクトル $x$ ($x^1 > 0$ の場合) と $e_0$ のなす双曲角は, 図形 OAP の面積の 2 倍であるという幾何学的解釈が得られる.

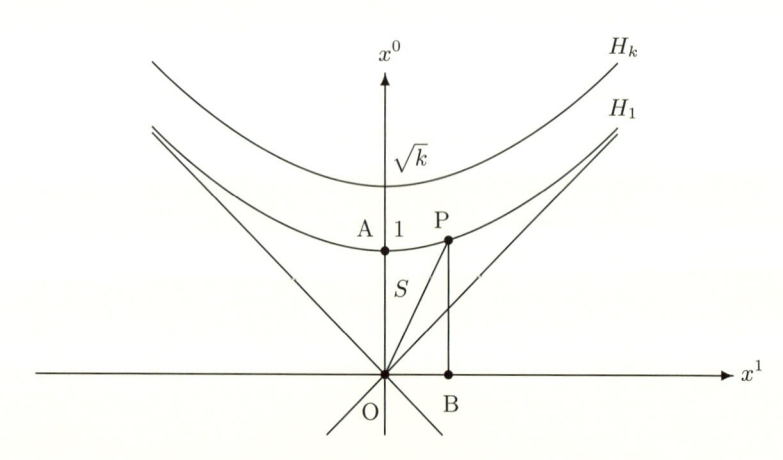

図 **4.2.** 双曲線と双曲角.

---

[11] $x^1 > 0$ として, $S = \int_0^{x^1} \sqrt{1+t^2}\,dt - \dfrac{x^0 x^1}{2}$ ($x^0 x^1/2$ は 3 角形 OPB の面積). 第 1 項の積分は, $t = \sinh s$ と変数変換することにより容易に計算され, $\dfrac{\chi}{2} + \dfrac{x^0 x^1}{2}$ に等しいことが示される. したがって, $S = \dfrac{\chi}{2}$.

4.8. ローレンツ写像群　　**205**

ミンコフスキーベクトル空間 $V_\mathrm{M}$ における双曲的超曲面は，ユークリッドベクトル空間（有限次元実内積空間）で言えば，球面に相当する対象である．

**命題 4.27** $k \in \mathbb{R}$ を任意に固定する．このとき，$H_k$ はローレンツ対称である．

**証明** $\Lambda(H_k) \subset H_k$ はミンコフスキー計量のローレンツ不変性から明らか．また，任意の $x \in H_k$ に対して，$x' = \Lambda^{-1}x$ とすれば，$x' \in H_k$ であって，$\Lambda x' = x$ であるから，$\Lambda : H_k \to H_k$ は全射である． ∎

### 4.8.3 ローレンツ群との関係

ローレンツ写像群 $\mathcal{L}_\mathrm{M}$ と 4.2 節で導入したローレンツ群 $\mathcal{L}(d+1)$ との関係を調べておこう．

**補題 4.28** $\{e_\mu\}_{\mu=0}^d$ を $V_\mathrm{M}$ の任意のミンコフスキー基底とし，任意のローレンツ行列 $L \in \mathcal{L}(d+1)$ に対して，$\Lambda_L : V_\mathrm{M} \to V_\mathrm{M}$ を

$$\Lambda_L x := \sum_{\mu,\nu=0}^d L^\mu_\nu x^\nu e_\mu \quad (x \in V_\mathrm{M}) \tag{4.57}$$

によって定義する（$x = \sum_{\nu=0}^d x^\nu e_\nu$）．このとき，$\Lambda_L$ はローレンツ写像である．さらに，任意の $L_1, L_2 \in \mathcal{L}(d+1)$ に対して，

$$\Lambda_{L_1 L_2} = \Lambda_{L_1} \Lambda_{L_2}. \tag{4.58}$$

**注意 4.29** 写像 $\Lambda_L$ はミンコフスキー基底 $\{e_\mu\}_{\mu=0}^d$ の選び方に依存している．

**証明** 任意の $x, y \in V_\mathrm{M}$ に対して

$$\begin{aligned}
\langle \Lambda_L x, \Lambda_L y \rangle_{V_\mathrm{M}} &= \sum_{\mu,\nu=0}^d \sum_{\alpha,\beta=0}^d L^\mu_\alpha x^\alpha \langle e_\mu, e_\nu \rangle_{V_\mathrm{M}} L^\nu_\beta y^\beta \\
&= \sum_{\mu,\nu=0}^d \sum_{\alpha,\beta=0}^d L^\mu_\alpha x^\alpha L^\nu_\beta y^\beta g_{\mu\nu} \\
&= \sum_{\alpha,\beta=0}^d ({}^t L g L)_{\alpha\beta} x^\alpha y^\beta
\end{aligned}$$

一方，${}^tLgL = g$ である．したがって，$\langle \Lambda_L x, \Lambda_L y\rangle_{V_\mathrm{M}} = \langle x, y\rangle_{V_\mathrm{M}}$．ゆえに，$\Lambda_L$ はローレンツ写像である．(4.58) は定義 (4.57) に即して直接計算することにより導かれる． ∎

補題 4.28 によって，写像 $\rho : \mathcal{L}(d+1) \to \mathcal{L}_\mathrm{M}$ を

$$\rho(L) := \Lambda_L \quad (L \in \mathcal{L}(d+1)) \tag{4.59}$$

によって定義できる．

**命題 4.30** $\rho$ は群の同型写像である．したがって，$\mathcal{L}(d+1)$ と $\mathcal{L}_\mathrm{M}$ は群として同型である[12]．

**証明** 写像 $\rho$ が群の準同型写像であることは，(4.58) からただちにわかる．したがって，あとは $L$ の全単射性を示せばよい．そのために，ローレンツ写像 $\Lambda \in \mathcal{L}_\mathrm{M}$ を任意にとり，ベクトル $\Lambda e_\mu$ を $\Lambda e_\mu = \sum_{\nu=0}^d \Lambda_\mu^\nu e_\nu$ と展開する（$\Lambda_\mu^\nu$ は展開係数）．そこで，展開係数から定まる行列 $L = (\Lambda_\nu^\mu)$ を考える（これは線形写像 $\Lambda$ の，基底 $\{e_\mu\}_\mu$ による行列表示に他ならない）．(4.52) によって，$\langle \Lambda e_\mu, \Lambda e_\nu\rangle_{V_\mathrm{M}} = g_{\mu\nu}$．左辺を具体的に計算すれば $({}^tLgL)_{\mu\nu}$ となることがわかる．したがって，${}^tLgL = g$．ゆえに，$L$ はローレンツ行列である．さらに，$\rho(L) = \Lambda$ も容易にわかる．したがって，$\rho$ は全射である．$\rho$ の単射性を示すのは容易である． ∎

**注意 4.31** $\rho$ の逆写像 $\rho^{-1} : \mathcal{L}_{V_\mathrm{M}} \to \mathcal{L}(d+1)$ は，各ローレンツ写像 $\Lambda \in \mathcal{L}_{V_\mathrm{M}}$ に対して，基底 $\{e_\mu\}_{\mu=0}^d$ に関する $\Lambda$ の行列表示を対応させる写像である．

### 4.8.4 ローレンツ写像群と時間的ベクトル

次の定理は，ミンコフスキーベクトル空間の幾何学的構造に関する重要な事実の一つである．

**定理 4.32** $x, y \in V_\mathrm{M}$ を時間的ベクトルで $\|x\|_{V_\mathrm{M}} = \|y\|_{V_\mathrm{M}}$ を満たすものとする．このとき，$y = \Lambda x$ を満たすローレンツ写像 $\Lambda$ が存在する．

---
[12] 群の同型写像および同型の概念については付録 B を参照．

**証明** $v_0 = x/\|x\|_{V_M}, u_0 = y/\|y\|_{V_M}$ とおけば, $v_0, u_0$ は時間的な単位ベクトルである. 定理 4.20 によって, 空間的ベクトル $v_1, \ldots, v_d$ で $(v_0, v_1, \ldots, v_d)$ が $V_M$ のミンコフスキー基底となるものが存在する. $\{e_\mu\}_{\mu=0}^d$ を任意のミンコフスキー基底とし, 行列 $L = (L_\mu^\nu)$ を $L_\mu^\nu = \sum_{\alpha=0}^d g^{\nu\alpha}\langle e_\alpha, v_\mu\rangle_{V_M}$ によって定義する ($g^{\mu\nu} := g_{\mu\nu}$). このとき, $L$ はローレンツ行列である. 実際, 正規直交基底 $\{e_\mu\}_\mu$ によるベクトル $v_\mu$ の展開が $v_\mu = \sum_{\alpha=0}^d L_\mu^\alpha e_\alpha$, $v_\nu = \sum_{\beta=0}^d L_\nu^\beta e_\beta$ と書けることに注意し, これを $g_{\mu\nu} = \langle v_\mu, v_\nu\rangle_{V_M}$ に代入すれば, $g_{\mu\nu} = ({}^tLgL)_{\mu\nu}$ が導かれる. したがって, ${}^tLgL = g$. さらに, $\rho(L)e_0 = \sum_{\mu,\nu=0}^d L_\nu^\mu e_0^\nu e_\mu$ と $e_0^\nu = \delta_0^\nu$ および $v_0 = \sum_{\mu=0}^d L_0^\mu e_\mu$ を用いることにより, $\rho(L)e_0 = v_0$ がわかる. したがって, $e_0 = \rho(L)^{-1}v_0$. 同様にして ($v_0$ のかわりに $u_0$ を考えることにより), $\rho(K)e_0 = u_0$ となる $K \in \mathcal{L}(d+1)$ が存在することが示される. ゆえに, $u_0 = \rho(K)\rho(L)^{-1}v_0$. そこで, $\Lambda = \rho(K)\rho(L)^{-1}$ とおけば, 命題 4.30 によって, $\Lambda$ はローレンツ写像であり, $u_0 = \Lambda v_0$ が成り立つ. $\|x\|_{V_M} = \|y\|_{V_M}$ であったから, これは, $y = \Lambda x$ を意味する. ∎

### 4.8.5 ポアンカレ変換群

任意の $\Lambda \in \mathcal{L}_M$ と $a \in V_M$ に対して, 写像 $(\Lambda, a): V_M \to V_M$ を

$$(\Lambda, a)x := \Lambda x + a \quad (x \in V_M)$$

によって定義する. これを**ポアンカレ変換**という. この写像は $V_M$ の各点をローレンツ写像 $\Lambda$ でうつし, 次にそれをベクトル $a$ だけ平行移動するという操作を記述する.

**定理 4.33** ポアンカレ変換の全体

$$\mathcal{P}_M := \{(\Lambda, a) \,|\, \Lambda \in \mathcal{L}_M, a \in V_M\} \tag{4.60}$$

は $V_M$ 上の変換群である.

**証明** (単射性) $(\Lambda, a)x = (\Lambda, a)y$ $(x, y \in V_M)$ とすれば, $\Lambda x = \Lambda y$. したがって, $x = y$. ゆえに, $(\Lambda, a)$ は単射である.

(全射性) 任意の $y \in V_\mathrm{M}$ に対して, $x = \Lambda^{-1}(y-a)$ とすれば, $(\Lambda, a)x = y$ となるので, $(\Lambda, a)$ は全射である.

これらの二つの事実から

$$(\Lambda, a)^{-1} = (\Lambda^{-1}, -\Lambda^{-1}a) \in \mathcal{P}_M \tag{4.61}$$

がわかる. また, 任意の $\Lambda_1, \Lambda_2 \in \mathcal{L}_{V_\mathrm{M}}, a_1, a_2 \in V_\mathrm{M}$ と任意の $x \in V_\mathrm{M}$ に対して

$$(\Lambda_1, a_1)(\Lambda_2, a_2)x = (\Lambda_1, a_1)(\Lambda_2 x + a_2) = \Lambda_1 \Lambda_2 x + (\Lambda_1 a_2 + a_1).$$

したがって

$$(\Lambda_1, a_1)(\Lambda_2, a_2) = (\Lambda_1 \Lambda_2, a_1 + \Lambda_1 a_2) \tag{4.62}$$

となるので, $(\Lambda_1, a_1)(\Lambda_2, a_2) \in \mathcal{P}_M$ である. 以上から, 題意が成立する. ∎

変換群 $\mathcal{P}_\mathrm{M}$ を $V_\mathrm{M}$ 上の**ポアンカレ変換群**と呼ぶ.

### 4.8.6 ポアンカレ不変量

ミンコフスキーベクトル空間 $V_\mathrm{M}$ 上のスカラー場 $\phi: V_\mathrm{M} \to \mathbb{C}$ がすべての $(\Lambda, a) \in \mathcal{P}_\mathrm{M}$ に対して

$$\phi((\Lambda, a)x) = \phi(x) \quad (\forall x \in V_\mathrm{M})$$

を満たすとき, すなわち, $\phi(\Lambda x + a) = \phi(x)$ $(\forall x \in V_\mathrm{M})$ が成立するとき, $\phi$ は**ポアンカレ対称**または**ポアンカレ不変**であるという. 特に, すべての $\Lambda \in \mathcal{L}_\mathrm{M}$ に対して, $\phi(\Lambda x) = \phi(x)$ $(\forall x \in V_\mathrm{M})$ が成り立つとき, $\phi$ は**ローレンツ対称**または**ローレンツ不変**であるという.

**例 4.34** $f: \mathbb{R} \to \mathbb{C}$ を任意の関数とする. このとき

$$\phi(x) := f\bigl(\langle x, x\rangle_{V_\mathrm{M}}\bigr)$$

によって定義される関数 $\phi: V_\mathrm{M} \to \mathbb{C}$ はローレンツ不変である (∵ ミンコフスキー計量のローレンツ不変性).

ポアンカレ対称性の概念は，$V_\mathrm{M}$ の $n$ 個の直積空間 $V_\mathrm{M}{}^n$ から実ベクトル空間 $W$ への写像へと拡張される：写像 $\phi: V_\mathrm{M}{}^n \to W$ がすべての $(\Lambda, a) \in \mathcal{P}_\mathrm{M}$ に対して

$$\phi((\Lambda, a)x_1, \ldots, (\Lambda, a)x_n) = \phi(x_1, \ldots, x_n) \quad (\forall (x_1, \ldots, x_n) \in V_\mathrm{M}{}^n)$$

を満たすならば，$\phi$ は**ポアンカレ対称**または**ポアンカレ不変**であるという．また，すべての $\Lambda \in \mathcal{L}_\mathrm{M}$ に対して

$$\phi(\Lambda x_1, \ldots, \Lambda x_n) = \phi(x_1, \ldots, x_n) \quad (\forall (x_1, \ldots, x_n) \in V_\mathrm{M}{}^n)$$

が成り立つならば，$\phi$ は**ローレンツ対称**または**ローレンツ不変**であるという．

**例 4.35** 関数 $\phi: V_\mathrm{M} \to \mathbb{C}$ がローレンツ不変ならば

$$G(x, y) := \phi(x - y) \quad (x, y \in V_\mathrm{M})$$

によって定義される関数 $G: V_\mathrm{M} \times V_\mathrm{M} \to \mathbb{C}$ はポアンカレ不変である．

## 4.9 ミンコフスキー時空における質点の運動

特殊相対性理論では，質点の運動に関して次の公理をおく：

(R.2) 質点の運動は，ミンコフスキー時空 $\mathcal{M}^{d+1}$ の曲線によって表される．この曲線を**世界線**または**運動曲線**と呼ぶ．

$\mathcal{M}^{d+1}$ の曲線は，$\mathcal{M}^{d+1}$ の中に 1 点 O を定め，これを $V_\mathrm{M}$ の原点と対応させることにより，より明示的には，$V_\mathrm{M}$ の曲線によって表される．質点の運動曲線を

$$\gamma: [\alpha, \beta] \to V_\mathrm{M} \,;\, [\alpha, \beta] \ni s \mapsto \gamma(s) \in V_\mathrm{M} \tag{4.63}$$

とすれば，各 $\gamma(s) \in V_\mathrm{M}$ は，質点の（点 O から測った）時空上の位置を表す．$\gamma$ は単射かつ連続微分可能であるとし，その逆写像 $\gamma^{-1}$ も連続微分可能であるとする．以下で考察する，$V_\mathrm{M}$ の曲線は，つねにこの性質をもつとし，必要とあらば，付加的な微分可能性も仮定する．

曲線 $\gamma$ の定義域 $[\alpha, \beta]$ の点を表す変数 $s$ は，さしあたり，単なるパラメーターであり，「時刻」を表すというわけではないことに注意しよう．すでに述

べたように，通常の時間および空間はローレンツ座標系をとって初めて発現するからである．

運動曲線 $\gamma$ を単に**運動**とも呼ぶ．曲線 $\gamma$ 上の任意の点 $\gamma(s)$ における曲線 $\gamma$ の接ベクトルは

$$\dot{\gamma}(s) := \frac{d\gamma(s)}{ds} \tag{4.64}$$

で与えられる．このベクトルの性質により，運動を分類する：

(i) すべての $s \in [\alpha, \beta]$ に対して，$\dot{\gamma}(s)$ が時間的ベクトルであるとき，運動 $\gamma$ は**時間的**であるという．

(ii) すべての $s \in [\alpha, \beta]$ に対して，$\dot{\gamma}(s)$ が空間的ベクトルであるとき，運動 $\gamma$ は**空間的**であるという．

(iii) すべての $s \in [\alpha, \beta]$ に対して，$\dot{\gamma}(s)$ が光的ベクトルであるとき，運動 $\gamma$ は**光的**であるという．

**注意 4.36** 運動 $\gamma$ が時間的であっても，位置 $\gamma(s)$ が時間的ベクトルになるとは限らない．たとえば，$\{e_\mu\}_{\mu=0}^{d} \subset V_M$ をミンコフスキー基底とし，$\gamma(s) = se_0 + e_1$ $(s \in [-1, 1])$ とすれば，$\gamma(s)$ は空間的ベクトル（$|s| < 1$ の場合）または光的ベクトル（$s = \pm 1$ の場合）であるが，$\dot{\gamma}(s) = e_0$ は時間的ベクトルである．他の場合についても同様．

以下，上にあげた三種類の運動のそれぞれについて考察を行う．

## 4.10　時間的運動と固有時

まず，時間的な運動 $\gamma : [\alpha, \beta] \mapsto V_M$ を考える．したがって

$$\langle \dot{\gamma}(s), \dot{\gamma}(s) \rangle_{V_M} > 0 \quad (\forall s \in [\alpha, \beta])$$

である．ニュートン力学の場合と同様，ミンコフスキー空間における質点の運動の生成を時間変数に関する微分方程式の形で定式化するのは自然である．だが，ここでは，通常のアプローチ——具象的なミンコフスキーベクトル空間 $\mathbb{R}^{1,3}$（例 4.1）における標準的なローレンツ座標系（例 4.2）を設定して論を

## 4.10. 時間的運動と固有時

進める方法——とは異なる道を採る．すなわち，$V_\mathrm{M}$ のいかなる座標系にも依拠しない形，すなわち，座標から自由な仕方で運動方程式を定式化するのである．この定式化は，必要とあらば，運動方程式を任意の座標系で書き下すことを可能にする[13]．運動方程式は系の時間発展のあり方を原理的な仕方で統制するものであるから，これを座標から自由な形に表すためには，何はさておき，系の時間発展を記述するのに必要な（座標時間とは異なる，座標から自由な）時間の概念を見出さねばならない．本節では，まず，この側面について考察する．

曲線 $\gamma$ 上の点 P を表示するベクトルが $\gamma(s)$ であるとき，$\mathrm{P} = \mathrm{P}(\gamma(s))$ と記す．$\gamma$ 上の任意の二点 $\mathrm{P} = \mathrm{P}(\gamma(s_1))$, $\mathrm{Q} = \mathrm{Q}(\gamma(s_2))$ ($\alpha \leq s_1 < s_2 \leq \beta$) に対して，点 P と点 Q の間の長さ

$$L_\gamma(\mathrm{P}, \mathrm{Q}) := \int_{s_1}^{s_2} \sqrt{\langle \dot\gamma(s), \dot\gamma(s) \rangle_{V_\mathrm{M}}} \, ds = \int_{s_1}^{s_2} \|\dot\gamma(s)\|_{V_\mathrm{M}} \, ds \qquad (4.65)$$

は，明らかに，$V_\mathrm{M}$ の座標系の取り方に依存しない絶対的な量であり，$L_\gamma(\mathrm{P}, \mathrm{Q})$ は，曲線の向きを保つパラメーター変換のもとで不変である[14]．長さ $L_\gamma(\mathrm{P}, \mathrm{Q})$ から時間の次元をもつ量を定義するには，これを光速 $c$ で割ればよい．こうして，時間の次元をもつ次の絶対的な量へと導かれる：

$$\tau_\gamma(\mathrm{P}, \mathrm{Q}) := \frac{L_\gamma(\mathrm{P}, \mathrm{Q})}{c} = \frac{1}{c} \int_{s_1}^{s_2} \|\dot\gamma(s)\|_{V_\mathrm{M}} \, ds. \qquad (4.66)$$

量 $\tau_\gamma(\mathrm{P}, \mathrm{Q})$ の物理的意味を探るために，曲線 $\gamma$ によって表される運動を行う質点が時計であるとしよう．この時計は運動をしながら時を刻んでいく．時計が時を刻むのも物理的現象であり，刻まれた時間は物理量である．それは，運動している時計に即して決まる量である．$\tau_\gamma(\mathrm{P}, \mathrm{Q})$ が時間の次元をもつことを考慮すると，$\tau_\gamma(\mathrm{P}, \mathrm{Q})$ はまさにこの物理量であると解釈される．そ

---

[13] $V_\mathrm{M}$ の座標系とは，大まかに言えば，$V_\mathrm{M}$ の各点に $(d+1)$ 個の実数の組を（整合的な仕方で）1 対 1 に対応させる写像のことである．ユークリッドベクトル空間の場合と同様，ミンコフスキーベクトル空間でもローレンツ座標系以外にいろいろな座標系を考えることができる．特殊相対性理論の教科書の中には，「特殊相対性理論では，慣性座標系（本書の用語では，ローレンツ座標系）しか考えない」といった主張が見られる場合があるが，これはまったくの誤解である．このような誤解をなくすためにも，座標から自由な定式化が必要である．

[14] $c, d \in \mathbb{R}$, $c < d$ とし，$f : [c,d] \to [s_1, s_2]$ を全単射で連続微分可能かつ $f'(\sigma) > 0$ ($\forall \sigma \in [c,d]$) を満たす写像とする．このとき，$\gamma_f(\sigma) := \gamma(f(\sigma))$ とすれば，$\int_c^d \|\dot\gamma_f(\sigma)\|_{V_\mathrm{M}} \, d\sigma = \int_{s_1}^{s_2} \|\dot\gamma(s)\|_{V_\mathrm{M}} \, ds$.

こで，$\tau_\gamma(\mathrm{P},\mathrm{Q})$ を運動 $\gamma$ における，点 P と点 Q の間の**固有時**と呼ぶ．便宜上，$s_1 > s_2$ のときは

$$\tau_\gamma(\mathrm{P},\mathrm{Q}) := -\tau_\gamma(\mathrm{Q},\mathrm{P}) \tag{4.67}$$

と定義し，負の固有時も考える．

**例 4.37** 直線運動については，4.4 節で，光の運動に言及した際に簡単に触れたが，ここで，少し詳しく論じておく．次の式で定義される運動 $\ell : [\alpha,\beta] \to V_\mathrm{M}$ $(\alpha < \beta)$ を考える：

$$\ell(s) = u(s)a + b. \tag{4.68}$$

ただし，$u : [\alpha,\beta] \to \mathbb{R}$ は連続微分可能で $\dot{u}(s) > 0$ $(\forall s \in (\alpha,\beta))$ を満たし，$a, b \in V_\mathrm{M}$ は定ベクトルである．この型の運動 $\ell$ を**時空的 ($(d+1)$ 次元的) 直線運動**（または単に直線運動）と呼び，$\ell(\alpha)$ を**始点**，$\ell(\beta)$ を**終点**という．条件 $\dot{u}(s) > 0$ $(s \in (\alpha,\beta))$ により，関数 $u$ は狭義単調増加であるので，$\alpha' = u(\alpha)$，$\beta' = u(\beta)$ とすれば，逆写像 $u^{-1} : [\alpha',\beta'] \to [\alpha,\beta]$ が存在する．そこで

$$\hat{\ell}(\sigma) := \ell(u^{-1}(\sigma)) = \sigma a + b \quad (\sigma \in [\alpha',\beta'])$$

とすれば，$\hat{\ell}$ も直線運動であり，$\ell$ の像と $\hat{\ell}$ の像は等しい．したがって，直線運動は，はじめから，$\hat{\ell}$ の形をしているとしても一般性を失わない．そこで，改めて

$$\ell(s) = sa + b \quad (s \in [\alpha,\beta]) \tag{4.69}$$

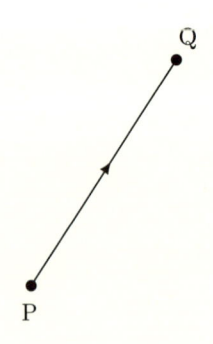

図 **4.3.** 直線運動．

## 4.10. 時間的運動と固有時

としよう. いま, P, Q を $V_M$ の二点とし, それぞれを表す位置ベクトルを $p, q \in V_M$ とし, $\ell$ の始点と終点はそれぞれ, P, Q であるとしよう. したがって, $\alpha a + b = p$, $\beta a + b = q$. これを $a, b$ について解けば

$$\ell(s) := \frac{1}{\alpha - \beta}\{s(p-q) + \alpha q - \beta p\} \quad (s \in [\alpha, \beta]) \tag{4.70}$$

が得られる. したがって

$$\dot{\ell}(s) = \frac{p - q}{\alpha - \beta}. \tag{4.71}$$

さて, $p - q$ は時間的ベクトルであるとしよう. このとき, (4.71) により, $\ell$ は時間的運動であり, $\|\dot{\ell}(s)\| = \|p-q\|_{V_M}/(\beta - \alpha)$ となる. したがって

$$\tau_\ell(P, Q) = \frac{\|p - q\|_{V_M}}{c} = \frac{\|\overrightarrow{PQ}\|_{V_M}}{c} \tag{4.72}$$

となる. ただし, $\overrightarrow{PQ} := q - p$. 量 $\|\overrightarrow{PQ}\|_{V_M}$ は線分 PQ の (ミンコフスキー的) 長さであるから, 確かに, 上述の固有時の定義は整合的である.

いま, $\gamma$ 上の点 $P_0 = P_0(\gamma(s_0))$ を任意に固定する ($s_0 \in [\alpha, \beta]$). このとき, 各 $s \in [\alpha, \beta]$ に対して

$$T(s) := \frac{1}{c} \int_{s_0}^{s} \sqrt{\langle \dot{\gamma}(r), \dot{\gamma}(r) \rangle_{V_M}}\, dr \tag{4.73}$$

は, $s > s_0$ の場合, 点 $P_0$ と点 $P = P(\gamma(s))$ の間の固有時を表し, $s < s_0$ の場合, 点 P と $P_0$ の間の固有時の $-1$ 倍である. 後者の場合, $T(s) < 0$ であるが, 言葉の使い方を拡大して, $s < s_0$ の場合についても, $T(s)$ を点 $P_0$ と点 P の間の固有時と呼ぶ.

関数 $T : [\alpha, \beta] \to \mathbb{R}; s \mapsto T(s)$ は狭義単調増加で連続微分可能であり

$$\dot{T}(s) = \frac{\sqrt{\langle \dot{\gamma}(s), \dot{\gamma}(s) \rangle}}{c}. \tag{4.74}$$

したがって, その逆写像 $T^{-1}$ は存在し, それは $T$ の値域

$$\mathsf{T}_\gamma := T([\alpha, \beta]) \tag{4.75}$$

から $[\alpha, \beta]$ への狭義単調増加かつ連続微分可能な関数である. 次の関係式は逆関数の定義と微分法からただちにしたがう:

$$T^{-1}(T(s)) = s \quad (s \in [\alpha, \beta]), \tag{4.76}$$

## 第 4 章 特殊相対性理論

$$T(T^{-1}(\tau)) = \tau \quad (\tau \in \mathsf{T}_\gamma), \tag{4.77}$$

$$\frac{\mathrm{d}}{\mathrm{d}\tau}T^{-1}(\tau) = \frac{1}{\dot{T}(T^{-1}(\tau))} \quad (\tau \in \mathsf{T}_\gamma). \tag{4.78}$$

写像 $X : \mathsf{T}_\gamma \to V_{\mathrm{M}}$ を

$$X(\tau) := \gamma(T^{-1}(\tau)) \quad (\tau \in \mathsf{T}_\gamma) \tag{4.79}$$

によって定義する．このベクトルの幾何学的意味は次の通りである：$X(\tau)$ によって表される点を $\mathrm{P}_\tau$ とすれば，点 $\mathrm{P}_0$ と $\mathrm{P}_\tau$ の間の固有時は $\tau$ である．要するに，曲線 $\gamma$ のパラメーター表示を $s \in [\alpha,\beta]$ から固有時 $\tau \in \mathsf{T}_\gamma$ に変えたものである．だが，この変更は次の命題に述べる意味で重要な意味をもつ：

**命題 4.38**

(i) すべての $s \in [\alpha,\beta]$ に対して

$$\dot{X}(T(s)) = \frac{1}{\dot{T}(s)}\dot{\gamma}(s). \tag{4.80}$$

(左辺は，$\dot{X}(\tau)$ の $\tau = T(s)$ における値を表す．)

(ii) すべての $\tau \in \mathsf{T}_\gamma$ に対して

$$\langle \dot{X}(\tau), \dot{X}(\tau) \rangle_{V_{\mathrm{M}}} = c^2 \quad (\tau \in \mathsf{T}_\gamma). \tag{4.81}$$

**証明** (i) $X(T(s)) = \gamma(s)$ であるから，両辺を $s$ で微分し，合成関数の微分法を用いればよい．

(ii) (i) と (4.74) を使えばよい． ∎

上の命題の (i) は曲線 $X : \mathsf{T}_\gamma \to V_{\mathrm{M}}$ の点 $X(\tau)$ での接ベクトルは曲線 $\gamma$ 上の点 $\gamma(s)$ ($s = T^{-1}(\tau)$) での接ベクトル $\dot{\gamma}(s)$ に比例することを語る．他方，(ii) は，$X$ の点 $X(\tau)$ での接ベクトル $\dot{X}(\tau)$ のノルムが $\tau$ に依らず一定であることを示す．これは，曲線 $X$ の点 $X(0)$ と点 $X(\tau)$ の間の固有時 $c^{-1}\int_0^\tau \sqrt{\langle \dot{X}(\tau'), \dot{X}(\tau') \rangle_{V_{\mathrm{M}}}}\, \mathrm{d}\tau'$ が $\tau$ に等しいことを意味する．つまり，$X$ は，自らを表すパラメーターが自らの固有時に一致するような曲線なのである．そこで $X$ を曲線 $\gamma$ の**固有時表示**と呼ぶ．

曲線 $X$ の導関数 $\dot{X}$ を**速度**, 2 階の導関数 $\ddot{X} = \mathrm{d}^2 X/\mathrm{d}\tau^2$ を**加速度**と呼ぶ. 固有時 $\tau$ における速度の値 $\dot{X}(\tau)$ を点 $X(\tau)$ での **$(d+1)$ 次元速度ベクトル**, 加速度の値 $\ddot{X}(\tau)$ を **$(d+1)$ 次元加速度ベクトル**という.

(4.81) の両辺を $\tau$ で微分すれば

$$\langle \dot{X}(\tau), \ddot{X}(\tau) \rangle_{V_\mathrm{M}} = 0 \tag{4.82}$$

が得られる. これは, $(d+1)$ 次元速度ベクトルと $(d+1)$ 次元加速度ベクトルが直交することを意味する. ところで, いま考えている運動, すなわち, 時間的運動では, $\dot{X}(\tau)$ は時間的ベクトルである ((4.80), (4.81) を参照). したがって, 命題 4.16 によって, 次の事実が明らかにされたことになる.

**命題 4.39** 任意の時間的運動 $\gamma$ において, 各 $\tau \in \mathsf{T}_\gamma$ に対して, $(d+1)$ 次元加速度ベクトル $\ddot{X}(\tau)$ は空間的ベクトルであるか零ベクトルである.

## 4.11　ローレンツ座標系での表示

$\gamma$ を $V_\mathrm{M}$ における運動とする（必ずしも時間的であるとは限らない）. $E = \{e_\mu\}_{\mu=0}^d$ を $V_\mathrm{M}$ の任意のミンコフスキー基底とし, ローレンツ座標系 $(V_\mathrm{M}, E)$ を考える. 4.4 節の解釈にしたがうならば, この座標系においては, 運動曲線 $\gamma$ の変数として, 座標時間 $t \in \mathbb{R}$ をとり

$$\gamma(t) = cte_0 + \sum_{j=1}^d x^j(t) e_j \quad (t \in [\alpha, \beta]) \tag{4.83}$$

と展開するのが自然である. ただし, $x^j(t) \in \mathbb{R}$ $(j = 1, \ldots, d,)$ は空間成分の時間変化を表すものである. この場合

$$\mathbf{x}(t) := (x^1(t), \ldots, x^d(t)) \in \mathbb{R}^d \tag{4.84}$$

とすれば, $(t, \mathbf{x}(t))$ は, このローレンツ座標系において, 時刻 $t$ で空間座標が $\mathbf{x}(t)$ である事象を表す. $(d+1)$ 次元ミンコフスキー空間 $V_\mathrm{M}$ の点 $\gamma(t)$ は, 考察下のローレンツ座標系では, このような事象として出現する.

(4.83) の両辺を $t$ で微分すれば

## 216　第4章　特殊相対性理論

$$\dot{\gamma}(t) = ce_0 + \sum_{j=1}^{d} v^j(t) e_j \tag{4.85}$$

が得られる．ただし

$$v^j(t) := \dot{x}^j(t) \quad (j = 1, \ldots, d). \tag{4.86}$$

ここに登場した $v^1(t), \ldots, v^d(t)$ の組

$$\mathbf{v}(t) := (v^1(t), v^2(t), \ldots, v^d(t)) \in \mathbb{R}^d \tag{4.87}$$

をローレンツ座標系 $(V_\mathrm{M}, E)$ における**空間的速度ベクトル**と呼ぶ．また，その大きさ

$$v(t) := \|\mathbf{v}(t)\| = \sqrt{\sum_{j=1}^{d} (v^j(t))^2} \tag{4.88}$$

を**空間的速さ**という．

(4.85) から

$$\langle \dot{\gamma}(t), \dot{\gamma}(t) \rangle_{V_\mathrm{M}} = c^2 - v(t)^2. \tag{4.89}$$

したがって，運動 $\gamma$ が時間的運動であるための必要十分条件は

$$v(t) < c \tag{4.90}$$

が成り立つことである．これは，つまり，空間的速さが光速よりも小さいということである．

(4.89) により，点 $\gamma(t_0)$ と点 $\gamma(t)$ の間の固有時を $\tau$ とすれば

$$\tau = \int_{t_0}^{t} \sqrt{1 - \frac{v(s)^2}{c^2}} \, ds \tag{4.91}$$

となる．したがって

$$\frac{d\tau}{dt} = \sqrt{1 - \frac{v(t)^2}{c^2}}. \tag{4.92}$$

時間的運動 $\gamma$ の固有時表示を $X$ とすれば，$X(\tau) = \gamma(t)$ である．この式の両辺を $t$ で微分し，合成関数の微分法と (4.85), (4.92) を用いることにより

$$\dot{X}(\tau) = \frac{c}{\sqrt{1 - \frac{v(t)^2}{c^2}}} e_0 + \sum_{j=1}^{d} \frac{v^j(t)}{\sqrt{1 - \frac{v(t)^2}{c^2}}} e_j \tag{4.93}$$

を得る．

## 4.11. ローレンツ座標系での表示   **217**

**例 4.40** ローレンツ座標系 $(V_\mathrm{M}, E)$——簡単のため, $E$ 系という——で $x^1$ 軸の方向に一定の空間的速度で運動する質点を考え, その第 1 成分を $v \in \mathbb{R}$ とする ($|v| < c$). したがって, その運動曲線は

$$\gamma_v(t) := cte_0 + vte_1 \quad (t \in \mathbb{R})$$

と表される. ただし, $\gamma_v(0) = 0$ とした. この場合, $\dot{\gamma}_v(t) = ce_0 + ve_1$ であるから, $\gamma_v$ は時間的運動であり, 空間的速さ $|v|$ は時間に依らない. したがって, (4.91) で $t_0 = 0$ とすれば

$$\tau = \sqrt{1 - \frac{v^2}{c^2}} t.$$

そこで, この固有時が座標時間となる別のローレンツ座標系 $(V_\mathrm{M}, E')$ ($E' = \{e'_\mu\}_\mu$)——$E'$ 系という——で質点が空間座標の原点に静止し続けるようなものを求めてみよう. $E'$ 系の座標を $(ct', \mathbf{x}')$ とし, ローレンツ座標変換 $(ct, \mathbf{x}) \mapsto (ct', \mathbf{x}')$ を表すローレンツ行列を $L = (L^\mu_\nu)$ とする. いまの問題は, 本質的に, $e_0, e_1$ で生成される 2 次元ミンコフスキーベクトル空間の問題であるので, $L$ に対して, 次の形を仮定する:

$$L = \begin{pmatrix} a_0 & a_1 & 0 & \cdots & 0 \\ b_0 & b_1 & 0 & \cdots & 0 \\ 0 & 0 & 1 & \cdots & 0 \\ \vdots & \vdots & \vdots & \ddots & \vdots \\ 0 & \cdots & \cdots & \cdots & 1 \end{pmatrix}.$$

ただし, $a_0 > 0, a_1 \in \mathbb{R}, b_0 \in \mathbb{R}, b_1 > 0$ とする.

ローレンツ行列の条件により

$$a_0^2 - a_1^2 = 1, \quad b_0^2 - b_1^2 = -1, \quad a_0 b_0 = a_1 b_1 \tag{4.94}$$

である. 座標の対応は

$$ct' = a_0 ct + a_1 x^1,$$
$$x^{1'} = b_0 ct + b_1 x^1,$$
$$x^{j'} = x^j \quad (j = 2, \ldots, d)$$

で与えられる．条件により，$x^1 = vt$ ならば，$x^{1\prime} = 0$ かつ $t' = \sqrt{1-v^2/c^2}\,t$ であるから

$$c\sqrt{1-v^2/c^2}\,t = a_0 ct + a_1 vt, \quad 0 = b_0 ct + b_1 vt.$$

したがって

$$a_1 v + a_0 c = c\sqrt{1-v^2/c^2}, \quad b_1 v + b_0 c = 0.$$

これと (4.94) を連立させて，$a_0, a_1, b_0, b_1$ について解くと

$$a_0 = b_1 = \frac{1}{\sqrt{1-\frac{v^2}{c^2}}}, \quad b_0 = a_1 = -\frac{\frac{v}{c}}{\sqrt{1-\frac{v^2}{c^2}}}$$

が得られる．ゆえに，求める座標変換式は次のようになる：

$$t' = \frac{t - \frac{v}{c^2} x^1}{\sqrt{1-\frac{v^2}{c^2}}}, \tag{4.95}$$

$$x^{1\prime} = \frac{x^1 - vt}{\sqrt{1-\frac{v^2}{c^2}}}, \tag{4.96}$$

$$x^{j\prime} = x^j \quad (j = 2, \ldots, d). \tag{4.97}$$

変数 $\chi \in \mathbb{R}$ を

$$\tanh \chi = \frac{v}{c}$$

によって導入すれば

$$\cosh \chi = \frac{1}{\sqrt{1-\frac{v^2}{c^2}}}, \quad \sinh \chi = \frac{\frac{v}{c}}{\sqrt{1-\frac{v^2}{c^2}}}$$

が成り立つ[15]．したがって，上の座標変換式は

$$ct' = ct \cosh \chi - x^1 \sinh \chi, \tag{4.98}$$

$$x^{1\prime} = -ct \sinh \chi + x^1 \cosh \chi, \tag{4.99}$$

$$x^{j\prime} = x^j \quad (j = 2, \ldots, d) \tag{4.100}$$

---

[15] $\tanh^2 \chi = 1 - 1/\cosh^2 \chi$, $\cosh \chi \geq 1$ による．

## 4.11. ローレンツ座標系での表示

と書き直せる．これは，例 4.10 で取り上げたローレンツ座標変換に他ならない．言い換えれば，目下の例は，例 4.10 のローレンツ座標変換に対する物理的解釈の一つを提供する．

座標変換式 (4.95)–(4.97) の含意の一つを述べておこう．簡単のため，$v > 0$ とする．$E'$ 系の $x^{1'}$ 軸上に長さ $\ell_0$ の剛体棒が静止の状態で置かれているとし，その両端の $x^{1'}$ 座標を $d'_1, d'_2$ $(d'_1 < d'_2)$ とする．したがって，$\ell_0 = d'_2 - d'_1$．他方，$E$ 系で棒を観測すると，この棒の各位置は $x^1$ 軸の正の向きに速さ $v$ の運動を行う．そこで，$E$ 系における時刻 $t$ での棒の端点の座標を $d_1, d_2$ $(d_1 < d_2)$ とすれば，$\ell := d_2 - d_1$ は，$E$ 系における時刻 $t$ での棒の長さである．(4.96) により

$$d'_1 = \frac{d_1 - vt}{\sqrt{1 - \frac{v^2}{c^2}}}, \quad d'_2 = \frac{d_2 - vt}{\sqrt{1 - \frac{v^2}{c^2}}}.$$

したがって

$$d'_2 - d'_1 = \frac{d_2 - d_1}{\sqrt{1 - \frac{v^2}{c^2}}}.$$

ゆえに

$$\ell = \sqrt{1 - \frac{v^2}{c^2}}\, \ell_0 < \ell_0.$$

この式は，$\lim_{v \to 0} \ell = \ell_0$ を意味するので，$E$ 系で静止している棒の長さも $\ell_0$ であると解釈される[16]．こうして，$x^1$ 軸の正の向きに速さ $v$ で運動する棒の長さは静止状態における棒の長さに比べて $\sqrt{1 - v^2/c^2}$ 倍だけ短くなることが導かれる．この現象は**ローレンツ短縮**と呼ばれる．

---

[16] より厳密には，$E$ 系において棒が静止している状態から加速運動に入り，最終的に $d$ 次元的等速直線運動を行う過程を解析しなければならない．この場合，棒は剛体であるので，剛体の時空的（加速）運動を座標から自由な仕方で定義する必要がある．本書では，紙数の都合上，この側面についての論述は省略する．詳しくは，たとえば，次の文献を参照されたい：(1) 鈴木康孝，相対論入門教程の諸問題，千葉大学教養部研究報告 B-3 (1970), 35–89; (2) 同，相対論入門・三つの問題，日本物理学会誌 Vol. 27, No. 5 (1972), 358–362; (3) 同『理工系物理学』（開成出版，1979）の第 4 章；(4) 河合俊治『特殊相対性理論の数学的基礎』（裳華房，2005）の 5.3 節．

## 4.12 時計の遅れ

本節では,運動 $\gamma$ は時間的であるとする.このとき,(4.89) によって,座標時間 $t$ を固有時にうつす関数 $T$ は

$$\frac{dT(t)}{dt} = \sqrt{1 - \frac{v(t)^2}{c^2}} \tag{4.101}$$

を満たす.したがって,$\gamma$ 上の相異なる二点 $P = P(\gamma(t_0))$, $Q = Q(\gamma(t_1))$ ($t_0, t_1 \in [\alpha, \beta]$, $t_0 \neq t_1$) の間の固有時 $\tau_\gamma(P, Q)$ は

$$\tau_\gamma(P, Q) = \int_{t_0}^{t_1} \sqrt{1 - \frac{v(t)^2}{c^2}}\, dt \tag{4.102}$$

と表示される.これから,**空間的速さが光速 $c$ に近ければ近いほど,固有時は小さくなる**ことがわかる.

運動 $\gamma$ のローレンツ座標系 $(V_M, E)$ における空間成分 $\mathbf{x}(t) \in \mathbb{R}^d$ が $t$ に依らず一定で $\mathbf{x}(t) = \mathbf{x}_0$, $\forall t \in [\alpha, \beta]$ であるとき,質点は,ローレンツ座標系 $(V_M, E)$ において,**空間点 $\mathbf{x}_0$ に静止している**という.言うまでもなく,これはローレンツ座標系に依存した概念であり,質点があるローレンツ座標系で静止していても別のローレンツ座標系では静止しているとは限らないことに注意しよう.いま,空間点 $\mathbf{x}_0 = (x_0^1, \ldots, x_0^d) \in \mathbb{R}^d$ に静止している運動を $\gamma_0$ としよう:

$$\gamma_0(t) = cte_0 + \sum_{j=1}^{d} x_0^j e_j \quad (t \in [\alpha, \beta]). \tag{4.103}$$

この場合,$\mathbf{v}(t) = 0$ ($\forall t \in [\alpha, \beta]$) となるので,(4.102) より

$$\tau_{\gamma_0}(P, Q) = t_1 - t_0 \tag{4.104}$$

となる.したがって,$t_1 > t_0$ のとき,**ローレンツ座標系 $(V_M, E)$ で静止している質点の固有時は,この座標系での時間経過 $t_1 - t_0$ に等しい**.

他方,静止していない時間的運動 $\gamma$ の固有時 $\tau_\gamma(P, Q)$ については,(4.101) と自明な不等式 $\sqrt{1-s} < 1$ ($\forall s \in (0, 1]$) によって

$$\tau_\gamma(P, Q) = \int_{t_0}^{t_1} \sqrt{1 - \frac{v(t)^2}{c^2}}\, dt < t_1 - t_0 \quad (t_0 < t_1) \tag{4.105}$$

が成り立つ．したがって

$$\tau_\gamma(\mathrm{P},\mathrm{Q}) < \tau_{\gamma_0}(\mathrm{P},\mathrm{Q}). \tag{4.106}$$

ゆえに，ローレンツ座標系 $(V_\mathrm{M}, E)$ において静止している質点の固有時は，同じローレンツ座標系で真に運動をしている質点の固有時よりも大きい．これは，前段で述べたことにより，物理的には，ローレンツ座標系の座標時間の経過よりもこの座標系で真に運動をしている質点の固有時の進み方の方が遅いことを示す．この意味において，この現象は**時計の遅れ**と呼ばれる．

**例 4.41** 物質現象を支える微視的根源的存在は**素粒子**と呼ばれる．素粒子は，粒子とは言っても，古典力学的な意味での粒子ではなく，粒子性の他に波動性も有し，相互作用を行うことにより，生成または消滅することが可能である．原子を構成する電子，陽子，中性子（後者二つは原子核をつくる）は素粒子の基本的な例であるが，他にもたくさんの素粒子の存在が実験的に確認されている．光（電磁波）も粒子性を示し，素粒子としての光は光子と呼ばれる．高エネルギーの素粒子が粒子的に振る舞う現象に対して，特殊相対論が適用され得る場合がある．

一例として，$\pi^+$ 中間子（正の電荷をもつ中間子）と呼ばれる素粒子を取り上げてみよう．この素粒子は，単位時間当たり一定の確率で，プラス電荷をもつ $\mu$ 中間子 $\mu^+$ と $\mu$-ニュートリノ $\nu_\mu$ と呼ばれる素粒子からなる状態に遷移（崩壊）する．$\pi^+$ 中間子が静止しているとき，崩壊するまでの平均時間（寿命）は $t_\pi \approx 2.6033 \times 10^{-8}$ 秒である．他方，$\pi^+$ が非常に大きな速さで運動をしているとき，崩壊するまでの時間を測るとそれは $t_\pi$ よりも大きいことが観測される．これは，運動をしている $\pi^+$ 中間子の寿命がのびていること，すなわち，$\pi^+$ 中間子の固有時の進み方が静止系（ローレンツ座標系）での時間の進み方よりも遅いことを示すものであり，時計の遅れの生起を支持する現象の一つであると考えられている．

(4.106) は，$t_0 < t_1$ の場合であったが，$t_0 > t_1$ の場合も含めると

$$|\tau_\gamma(\mathrm{P},\mathrm{Q})| < |\tau_{\gamma_0}(\mathrm{P},\mathrm{Q})| \quad (\mathrm{P} \neq \mathrm{Q}) \tag{4.107}$$

が成り立つ．すでに指摘したように，固有時は座標系の取り方に依らない量

であるから，不等式 (4.107) は，ローレンツ座標系だけでなく，すべての座標系で成立する．

固有時の違いとは，要するに，ミンコフスキー計量で測った，運動曲線の長さの違いである．したがって，時計の遅れは，ミンコフスキー空間における純幾何学的な効果であって，力学の原理（運動曲線の生成の仕方を決定する原理）の詳細には依らない．

## 4.13 運動方程式

特殊相対性理論においても，質点は非負の実数で表される固有の質量をもつことが仮定される．いま，質量 $m > 0$ の質点が時間的運動 $\gamma$ を行うとし，$\gamma$ の固有時表示を $X(\tau)$ とする．このとき，質点 $m$ の **$(d+1)$ 次元運動量ベクトル** $p(\tau) \in V_\mathrm{M}$ が

$$p(\tau) = m\dot{X}(\tau) \tag{4.108}$$

によって定義される．(4.81) によって

$$\|p(\tau)\|_{V_\mathrm{M}}^2 = m^2 c^2 \tag{4.109}$$

が成り立つ．すなわち，$(d+1)$ 次元運動量ベクトルのノルム $\|p(\tau)\|_{V_\mathrm{M}}$ は一定で，質量と光速の積 $mc$ に等しい．以下，しばしば，$(d+1)$ 次元運動量ベクトルのことを単に $(d+1)$ 次元運動量と呼ぶ場合がある．

**注意 4.42** より一般的には，質量 $m$ は固有時 $\tau$ に依存してもよい．この場合も，$(d+1)$ 次元運動量ベクトルの定義は (4.108) で与えられ，(4.109) が成立する．

固有時が $\tau$ のとき，点 $x \in V_\mathrm{M}$ で $(d+1)$ 次元速度 $v$ をもつ質点に作用する力は，点 $x$ における $(d+1)$ 次元接ベクトルで与えられる（公理）．いま，このベクトルを $K(x,v,\tau)$ と記し，**$(d+1)$ 次元的力ベクトル**と呼ぶ．もちろん，$K$ は考える質点の運動ごとに異なり得る．質点が運動を行う $V_\mathrm{M}$ の領域を $D$ とすれば，対応 $K: (x,v,\tau) \mapsto K(x,v,\tau)$ は $D \times V_\mathrm{M} \times \mathsf{T}_\gamma$（$\mathsf{T}_\gamma$ は固有時の区間）から $V_\mathrm{M}$ への写像を与える．この型の写像を **$(d+1)$ 次元的力場**と呼ぶ．質点の運動は次の公理によって統制される：

(R.3) $(d+1)$ 次元的力場 $K$ のもとでの質点の運動は微分方程式

$$\frac{\mathrm{d}p(\tau)}{\mathrm{d}\tau} = K(X(\tau), \dot{X}(\tau), \tau), \tag{4.110}$$

$$\langle p(\tau), p(\tau)\rangle_{V_\mathrm{M}} = m^2 c^2 \tag{4.111}$$

の解である.

(4.109) と同値な式 (4.111) は,$X$ が運動曲線の固有時表示であることによる拘束条件である(命題 4.38 (ii) を参照).この連立方程式が,座標系の取り方に依らないことは明白である.ゆえに,$V_\mathrm{M}$ における質点の運動の原理的方程式の一つたり得る資格を有する.(4.110), (4.111) を**特殊相対論的運動方程式**と呼ぶ.

(4.110) は,(4.108) により

$$m\frac{\mathrm{d}^2 X(\tau)}{\mathrm{d}\tau^2} = K(X(\tau), \dot{X}(\tau), \tau) \tag{4.112}$$

という形にも表される.

(4.111) の両辺を $\tau$ で微分し,(4.110) と (4.108) を用いると

$$\langle \dot{X}(\tau), K(X(\tau), \dot{X}(\tau), \tau)\rangle_{V_\mathrm{M}} = 0 \tag{4.113}$$

が導かれる.これは,運動方程式 (4.110), (4.111) が解をもつための $((d+1)$ 次元的力 $K$ に関する)必要条件を与える.

**例 4.43** 例 4.37 の時間的な直線運動 $\ell$ を考え

$$\ell(s) = su + x_0$$

と表す.ただし,$u \in V_\mathrm{M}$ は時間的ベクトルで $x_0 \in V_\mathrm{M}$ は定ベクトルである.$\dot\ell(s) = u$ であるから,点 $x_0 = \ell(0)$ と点 $\ell(t)$ の間の固有時は $\tau = \|u\|_{V_\mathrm{M}} t/c$ である.したがって,$\ell$ の固有時表示を $X_\ell(\tau)$ とすれば

$$X_\ell(\tau) = \tau v + x_0 \tag{4.114}$$

が成り立つ．ただし，$v := cu/\|u\|_{V_M}$．したがって

$$\dot{X}_\ell(\tau) = v, \quad \ddot{X}_\ell(\tau) = 0.$$

ゆえに，$X_\ell(\tau)$ は力が存在しないとき（$K=0$ の場合）の運動方程式 (4.112) を満たし，その $(d+1)$ 次元速度 $v$ は一定である．

一般に，その固有時表示が (4.114) の右辺の形（$v$ は時間的ベクトル）で与えられる運動を**時間的等速直線運動**と呼ぶ．前段の結果より，質量が時間的に変化しない質点が時間的等速直線運動を行うとき，質点には力が働いていないことが結論される．

逆に，質量が時間的に一定で，質点に力が働かない場合を考えてみよう．このとき，運動方程式は，(4.110) により，$\dot{p}(\tau) = 0$．したがって，$p(\tau) = p_0 \cdots (*)$．ただし，$p_0 \in V_M{}^T$ は時間的な定ベクトルで $\|p_0\|_{V_M} = mc$ を満たすものである．$(*)$ を積分することにより，$X(\tau) = (p_0/m)\tau + X_0$．ただし，$X_0 := X(0)$．ゆえに，力が働かない場合の運動は，$(d+1)$ 次元速度が $p_0/m$ の時間的等速直線運動であり，その運動量は保存される．この型の運動を $V_M$ における**自由運動**と呼ぶ．

**例 4.44** $(V_M, E)$ をローレンツ座標系とし，$\omega > 0$ を定数とする．質点 $m$ が

$$X(\tau) = X^0(\tau)e_0 + X^1(\tau)e_1 \quad (\tau \in \mathbb{R}), \tag{4.115}$$

$$X^0(\tau) := \frac{c}{\omega}\sinh(\omega\tau), \quad X^1(\tau) := \frac{c}{\omega}\cosh(\omega\tau) > 0 \tag{4.116}$$

によって記述される運動を行う場合を考える．容易にわかるように

$$\langle X(\tau), X(\tau) \rangle_{V_M} = X^0(\tau)^2 - X^1(\tau)^2 = -\frac{c^2}{\omega^2} < 0.$$

したがって，$X(\tau)$ は空間的ベクトルであり，運動 $X(\tau)$ は $x^1$–$x^0$ 平面で双曲線を描く（図 4.4）．

双曲線関数に対する微分公式

$$\frac{d}{d\chi}\cosh\chi = \sinh\chi, \quad \frac{d}{d\chi}\sinh\chi = \cosh\chi \quad (\chi \in \mathbb{R}) \tag{4.117}$$

により

$$\dot{X}(\tau) = c\{\cosh(\omega\tau)\,e_0 + \sinh(\omega\tau)\,e_1\} \quad (\tau \in \mathbb{R}).$$

## 4.13. 運動方程式

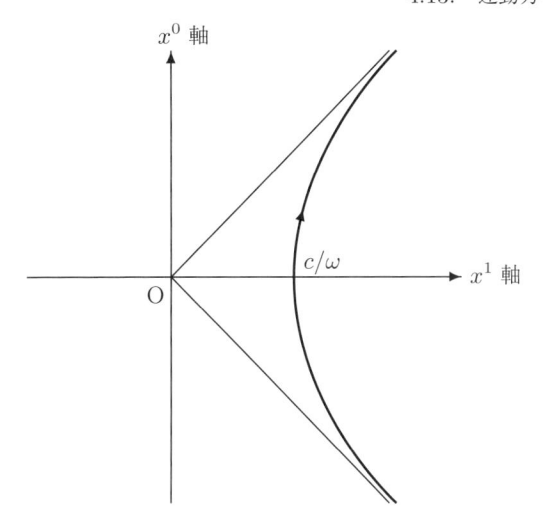

[図: $x^0$ 軸と $x^1$ 軸、原点 O から点 $c/\omega$ を頂点とする双曲線]

図 **4.4.** 質点 $m$ の双曲線運動.

したがって
$$\langle \dot{X}(\tau), \dot{X}(\tau) \rangle_{V_\mathrm{M}} = c^2 > 0$$
であるので,$X(\tau)$ は時間的運動であり,(4.111) を満たす.さらに
$$m\ddot{X}(\tau) = kX(\tau) \tag{4.118}$$
が導かれる.ただし,$k := m\omega^2 > 0$ である.ゆえに,(4.115) で記述される運動を生み出す力は $K(x) = kx\ (x \in V_\mathrm{M})$ である.この型の力を **$(d+1)$ 次元的線形斥力**という[17].

運動方程式の (4.110), (4.111) のローレンツ座標系での表示を見ておこう.$(V_\mathrm{M}, E)$ $(E = \{e_\mu\}_{\mu=0}^d)$ を任意のローレンツ座標系とし,その座標時間を $t$ とする.$t$ と固有時 $\tau$ の関係は (4.92) で与えられる.(4.93) と (4.108) により,$p(\tau)$ は
$$p(\tau) = p_m(t) := \sum_{\mu=0}^d p^\mu(t) e_\mu \tag{4.119}$$

---

[17] $d$ 次元の線形復元力の場合と符号が逆であることに注意.

と展開される．ただし

$$p^0(t) := \frac{mc}{\sqrt{1 - \frac{v(t)^2}{c^2}}}, \tag{4.120}$$

$$p^j(t) := \frac{mv^j(t)}{\sqrt{1 - \frac{v(t)^2}{c^2}}} \quad (j = 1, \ldots, d). \tag{4.121}$$

$j = 1, \ldots, d$ に対する第 $j$ 成分 $p^j(t)$ からつくられる $d$ 次元数ベクトル

$$\mathbf{p}(t) := (p^1(t), \ldots, p^d(t)) \in \mathbb{R}^d \tag{4.122}$$

を $d$ 次元的運動量と呼ぶ．また，$p^0(t)$ を第 0 成分という．これらの量は，もちろん，ローレンツ座標系の取り方に依存する量である．

表示 (4.120) と (4.121) を用いると次の重要な事実が導かれる：

**定理 4.45** 時間的運動を行う任意の二つの質点 $m_1$, $m_2$ に対して

$$\langle p_{m_1}(t), p_{m_2}(t) \rangle_{V_\mathrm{M}} > 0 \quad (\forall t \in \mathbb{I}) \tag{4.123}$$

が成り立つ（$\mathbb{I}$ は，二つの質点の運動が行われる座標時間区間）．すなわち，$p_{m_1}(t)$, $p_{m_2}(t)$ は順時的である．

**証明** 質点 $m_i$ $(i = 1, 2)$ の空間的速度と空間的速さをそれぞれ，$\mathbf{v}_i(t)$, $v_i(t)$ とすれば，(4.120) と (4.121) により

$$\langle p_{m_1}(t), p_{m_2}(t) \rangle_{V_\mathrm{M}} = \frac{m_1 m_2}{\sqrt{1 - \frac{v_1(t)^2}{c^2}} \sqrt{1 - \frac{v_2(t)^2}{c^2}}} (c^2 - \langle \mathbf{v}_1(t), \mathbf{v}_2(t) \rangle_{\mathbb{R}^d}).$$

通常の内積に関するシュヴァルツの不等式により，

$$|\langle \mathbf{v}_1(t), \mathbf{v}_2(t) \rangle_{\mathbb{R}^d}| \leq \|\mathbf{v}_1(t)\|_{\mathbb{R}^d} \|\mathbf{v}_2(t)\|_{\mathbb{R}^d} < c^2.$$

したがって，$c^2 - \langle \mathbf{v}_1(t), \mathbf{v}_2(t) \rangle_{\mathbb{R}^d} > 0$．ゆえに (4.123) が成立する． ∎

(4.121) から

$$\|\mathbf{p}(t)\|_{\mathbb{R}^d} = \frac{mv(t)}{\sqrt{1 - \frac{v(t)^2}{c^2}}}. \tag{4.124}$$

したがって

$$p^0(t) = \frac{c}{v(t)} \|\mathbf{p}(t)\|_{\mathbb{R}^d}. \tag{4.125}$$

これは，$(d+1)$ 次元運動量のローレンツ座標系での第 0 成分，空間的速さおよび $d$ 次元的運動量の大きさの関係を与える式である．この式は，質量パラメーター $m$ に陽に依らないことに注意しよう．この意味で，(4.125) は，ローレンツ座標系において，すべての質点が共有する不変式である．

$(d+1)$ 次元的力 $K(X(\tau), \dot{X}(\tau), \tau)$ の基底 $E$ に関する成分表示を $(K^\mu(t))_{\mu=0}^d$ とする：

$$K(X(\tau), \dot{X}(\tau), \tau) = \sum_{\mu=0}^d K^\mu(t) e_\mu. \tag{4.126}$$

(4.92) により

$$\frac{\mathrm{d}t}{\mathrm{d}\tau} = \frac{1}{\sqrt{1 - \frac{v(t)^2}{c^2}}} \tag{4.127}$$

であるから

$$\frac{\mathrm{d}p^\mu(t)}{\mathrm{d}\tau} = \frac{1}{\sqrt{1 - \frac{v(t)^2}{c^2}}} \frac{\mathrm{d}p^\mu(t)}{\mathrm{d}t}.$$

したがって，運動方程式 (4.110) は，ローレンツ座標系 $(V_\mathrm{M}, E)$ では

$$\frac{\mathrm{d}p^\mu(t)}{\mathrm{d}t} = \sqrt{1 - \frac{v(t)^2}{c^2}} K^\mu(t) \quad (\mu = 0, 1, \ldots, d) \tag{4.128}$$

という形をとる．そこで

$$\mathbf{F}(t) := \sqrt{1 - \frac{v(t)^2}{c^2}} (K^1(t), \ldots, K^d(t)), \quad F^0(t) := \sqrt{1 - \frac{v(t)^2}{c^2}} K^0(t)$$

とすれば

$$\frac{\mathrm{d}\mathbf{p}(t)}{\mathrm{d}t} = \mathbf{F}(t), \quad \frac{\mathrm{d}p^0(t)}{\mathrm{d}t} = F^0(t)$$

となる．$p^0(t)^2 - \sum_{j=1}^d p^j(t)^2 = m^2 c^2$ の両辺を $t$ で微分することにより

$$p^0(t) F^0(t) - \langle \mathbf{F}(t), \mathbf{p}(t) \rangle_{\mathbb{R}^d} = 0$$

を得る．これと $\mathbf{p}(t)/p^0(t) = \mathbf{v}(t)/c$ から

$$F^0(t) = \frac{1}{c} \langle \mathbf{F}(t), \mathbf{v}(t) \rangle_{\mathbb{R}^d}$$

となる．こうして，特殊相対論的運動方程式を $(d+1)$ 次元運動量の（ローレンツ座標系 $(V_\mathrm{M}, E)$ における）各成分に関する方程式として表すと

$$\frac{d\mathbf{p}(t)}{dt} = \mathbf{F}(t), \tag{4.129}$$

$$\frac{dp^0(t)}{dt} = \frac{1}{c} \langle \mathbf{F}(t), \mathbf{v}(t) \rangle_{\mathbb{R}^d} \tag{4.130}$$

となる．ニュートン力学との類推において，$\mathbf{F}(t)$ をローレンツ座標系 $(V_\mathrm{M}, E)$ における $d$ 次元的力と呼ぶ．同様に

$$\mathbf{a}(t) := \frac{d\mathbf{v}(t)}{dt} \tag{4.131}$$

をローレンツ座標系 $(V_\mathrm{M}, E)$ における $d$ 次元的加速度と呼ぶ．

実は，(4.129) と (4.130) は独立ではなく，後者は前者から導かれる．実際，$\dot{p}^0(t) = m(1 - v(t)^2/c^2)^{-3/2} \langle \mathbf{v}(t), \dot{\mathbf{v}}(t) \rangle / c$．一方，(4.129) と $\mathbf{v}(t)$ の内積をとり，$\langle \dot{\mathbf{p}}(t), \mathbf{v}(t) \rangle$ を具体的に計算すれば $\langle \mathbf{F}(t), \mathbf{v}(t) \rangle = m \langle \mathbf{v}(t), \dot{\mathbf{v}}(t) \rangle (1 - v(t)^2/c^2)^{-3/2}$ を得る．したがって，(4.130) が成立する．

方程式 (4.129), (4.130) が通常の物理学の教科書に出てくる特殊相対論的運動方程式の形である．しかし，これは普遍的な方程式 (4.110), (4.111) をローレンツ座標系という特殊な座標系で表したものであることをここでもまた強調しておきたい．

**例 4.46** 例 4.44 の運動をローレンツ座標系 $(V_\mathrm{M}, E)$ における表示で見てみよう．

$$X(\tau) = \gamma(t) = cte_0 + \sum_{j=1}^{d} x^j(t)e_j$$

とすれば

$$t = \frac{\sinh(\omega \tau)}{\omega}, \tag{4.132}$$

$$x^1(t) = \frac{c}{\omega} \cosh(\omega \tau), \quad x^j(t) = 0 \quad (j = 2, \ldots, d). \tag{4.133}$$

(4.133) から

$$v^1(t) = \sqrt{1 - \frac{v(t)^2}{c^2}} c \sinh(\omega \tau), \quad v^j(t) = 0 \quad (j = 2, \ldots, d).$$

これと (4.132) により

$$\frac{v^1(t)}{\sqrt{1 - \frac{v^1(t)^2}{c^2}}} = c\omega t.$$

したがって

$$\frac{\mathrm{d}}{\mathrm{d}t}\frac{v^1(t)}{\sqrt{1-\frac{v^1(t)^2}{c^2}}} = c\omega.$$

ゆえに，例 4.44 の運動はローレンツ座標系 $(V_\mathrm{M}, E)$ で見ると，$e_1$ 軸（$x^1$ 軸）の正の向きへの $d$ 次元的等加速度運動であることがわかる．$(d+1)$ 次元的には，この運動が線形斥力 $kx \in V_\mathrm{M}$ によって引き起こされていることはたいへん興味深い．

## 4.14　エネルギーの現れと非相対論的極限

すでに見たように，時間的運動を行う質点の（ローレンツ座標系での）空間的速さを $v$ とすれば，これと光速 $c$ の比 $v/c$ は 1 よりも小さい．$v/c$ は無次元量であるので，理論的には，$c$ をパラメーターと見て，諸々の物理量（位置，運動量など）に関して，$v/c \ll 1$ となる場合を考えることは意味をもつ．一般的に，質点の空間的速さ $v$ が光速 $c$ に比べて「十分小さい」領域を当該の運動における**非相対論的領域**と呼び，極限操作 $v/c \to 0$ を総称的に**非相対論的極限**という．この意味で極限をとることを単に $\lim_{c \to \infty}$ と記す．

ここでは，まず，$(d+1)$ 次元運動量ベクトル $p(\tau)$ の非相対論的極限を考えてみよう．$|x| < 1$ を満たす任意の実数 $x \in \mathbb{R}$ に対して

$$\frac{1}{\sqrt{1-x}} = \sum_{n=0}^{\infty} \frac{1 \cdot 3 \cdot 5 \cdots (2n-3) \cdot (2n-1)}{2^n n!} x^n \tag{4.134}$$

$$= 1 + \frac{1}{2}x + \frac{3}{8}x^2 + \cdots \tag{4.135}$$

という冪級数展開が成り立つ．これと (4.120), (4.121) を用いると

$$cp^0(t) = mc^2 + \frac{mv(t)^2}{2} + mc^2 \frac{3v(t)^4}{8c^4} + \cdots, \tag{4.136}$$

$$p^j(t) = mv^j(t) + \frac{v(t)^2}{2c^2} mv^j(t) + \cdots \tag{4.137}$$

という $v(t)/c < 1$ の冪級数展開が得られる．すぐに気づくように，$cp^0(t)$ の展開式 (4.136) の第 2 項は，ニュートン力学での運動エネルギーである．したがって，$(d+1)$ 次元運動量ベクトル $p(\tau)$ のローレンツ座標系での第 0 成

分の $c$ 倍, すなわち, $cp^0(t)$ は, 特殊相対論的な意味でのエネルギーを表すと解釈される. この場合, (4.136) の右辺の第 1 項と第 3 項以降は, ニュートン力学的運動エネルギーへの相対論的補正項と解釈される. そこで

$$E(t) := cp^0(t) = \frac{mc^2}{\sqrt{1 - \frac{v(t)^2}{c^2}}} \qquad (4.138)$$

とおき, これを質点 $m$ のローレンツ座標系 $(V_\mathrm{M}, E)$ でのエネルギー成分と呼ぶ. そして, (4.136) に基づいて, $E(t) - mc^2$ をこのローレンツ座標系 $(V_\mathrm{M}, E)$ における運動エネルギーということにする. (4.136) により

$$\lim_{c \to \infty} \frac{1}{mc^2} \left( E(t) - mc^2 - \frac{mv(t)^2}{2} \right) = 0 \qquad (4.139)$$

が成り立つ.

(4.138) と (4.125) により, 質量 $m$ に陽に依らない関係式

$$\|\mathbf{p}(t)\|_{\mathbb{R}^d} = \frac{E(t)v(t)}{c^2} \qquad (4.140)$$

が得られる.

他方, $p(\tau)$ の空間成分 $p^j(t)$ の展開式 (4.137) の第 1 項はニュートン力学における, 質量 $m$ の質点の運動量である. したがって, (4.137) の右辺の第 2 項以降は, ニュートン力学的運動量の相対論的補正項と解釈される. (4.137) により, $v^j(t) \neq 0$ ならば

$$\lim_{c \to \infty} \frac{p^j(t)}{mv^j(t)} = 1 \qquad (4.141)$$

が成り立つ.

以上の事実を踏まえて, 一般に, 座標系の取り方に関係なく, $(d+1)$ 次元運動量ベクトル $p(\tau)$ を**エネルギー運動量ベクトル**とも呼ぶ.

ローレンツ座標系における $(d+1)$ 次元運動量ベクトルの上述の解釈によれば, ニュートン力学的な意味でのエネルギーや運動量は, 実は, $(d+1)$ 次元運動量ベクトルという時空的に単一の対象の分節の現れ (ローレンツ座標系で見たときの成分) であることがわかる. 言い換えれば, ニュートン力学的な意味でのエネルギーや運動量は, 時間, 空間の概念と同様, ローレンツ座標系に依拠して定義される相対的・分節的な量であって絶対的な意味はも

たない.

(4.109) は，座標成分を用いて書けば

$$p^0(t)^2 - \sum_{j=1}^{d} p^j(t)^2 = m^2 c^2 \tag{4.142}$$

となるから

$$p^0(t) \geq mc \tag{4.143}$$

が成り立つ（いまの場合，$p^0(t) > 0$ であることに注意）．したがって，エネルギー成分について

$$E(t) \geq mc^2 \tag{4.144}$$

という不等式が得られる．考察下のローレンツ座標系は任意であり，運動は任意の時間的運動でよかったから，**不等式 (4.144) は，すべての時間的運動について，任意のローレンツ座標系で成立**することに注意しよう．

不等式 (4.144) で等号が成立するための必要十分条件は，明らかに $v(t) = 0$ である．すなわち，質点が考察下のローレンツ座標系で静止している場合である．この場合のエネルギー成分を $E_0$ とすれば

$$E_0 = mc^2 \tag{4.145}$$

となる．この理由から，$mc^2$ は質点 $m$ の**静止エネルギー**と呼ばれる．

不等式 (4.144) は，質点 $m$ のエネルギーには絶対的な下限（この場合の「絶対的」という意味は「ローレンツ座標系の取り方に依らない」という意味）が存在し，それは静止エネルギー $mc^2$ に等しいことを示す．この帰結は，ニュートン力学との対比において，特殊相対性理論がもたらす真に革命的な発見の一つである．

(4.138) により

$$m(t) := \frac{m}{\sqrt{1 - \frac{v(t)^2}{c^2}}}$$

とおけば

$$E(t) = m(t)c^2 \tag{4.146}$$

と表される．この理由から，物理の文献では，$m(t)$ を**動質量**と呼び，これと

の対比において，質点の固有質量 $m$ を**静止質量**という場合がある．しかし，動質量は $(d+1)$ 次元運動量の第 0 成分に比例した量であるので，ローレンツ座標系の取り方を変えれば，その値は変わり得る．

**例 4.47** ローレンツ座標系 $(V_\mathrm{M}, E)$ の第 1 軸 $e_1$ の方向に一定の零でない $d$ 次元的力 $(F, 0, \ldots, 0) \in \mathbb{R}^d$ を受けて時間的運動を行う質点 $m$ を考え，座標時間 $t$ における質点の位置を $\mathbf{x}(t) = (x^1(t), \ldots, x^d(t)) \in \mathbb{R}^d$ とする．質点は $t = 0$ で位置 $(x_0, 0, \ldots, 0) \in \mathbb{R}^d$ にあり，$d$ 次元的速度は 0 であるとする．運動方程式は，(4.129), (4.130) により

$$\dot{p}^1(t) = F, \quad \dot{p}^j(t) = 0 \quad (j = 2, \ldots, d),$$
$$\dot{p}^0(t) = \frac{Fv^1(t)}{c}.$$

したがって，$p^1(t) = Ft$．ゆえに

$$\frac{mv^1(t)}{\sqrt{1 - \frac{v(t)^2}{c^2}}} = Ft \quad (t \geq 0). \cdots (*)$$

これから，$t > 0$ のとき，$F > 0$ ならば，$v^1(t) > 0$ であり，$F < 0$ ならば $v^1(t) < 0$ である．$(*)$ を $v^1(t)$ について解き，$\alpha := F/m$ とおけば

$$v^1(t) = \frac{\alpha t}{\sqrt{1 + (\alpha t/c)^2}}$$

が得られる．$\dot{x}^1(t) = v^1(t)$ であるから

$$x^1(t) = x_0 + \int_0^t \frac{\alpha t'}{\sqrt{1 + (\alpha t'/c)^2}} \, \mathrm{d}t' = x_0 + \frac{c^2}{\alpha}\left(\sqrt{1 + \left(\frac{\alpha t}{c}\right)^2} - 1\right).$$

同様にして

$$p^0(t) = \frac{Fc}{\alpha}\sqrt{1 + \left(\frac{\alpha t}{c}\right)^2}$$

がわかる．また，$x^j(t) = 0 \ (j = 2, \ldots, d)$ である．

いまの結果をニュートン力学の場合と比較してみよう．ニュートン力学にしたがう場合の運動の位置座標を $(x_\mathrm{N}^1(t), \ldots, x_\mathrm{N}^d(t))$ とすれば，運動方程式は，$m\ddot{x}_\mathrm{N}^1(t) = F = m\alpha$ であるから

$$x_\mathrm{N}^1(t) = x_0 + \frac{\alpha}{2}t^2$$

となる．したがって，相対論的補正は，$t>0$ のとき

$$\Delta x^1(t) := x^1(t) - x^1_{\rm N}(t) = \frac{c^2}{\alpha}\left(\sqrt{1+\left(\frac{\alpha t}{c}\right)^2} - 1 - \frac{1}{2}\left(\frac{\alpha t}{c}\right)^2\right) < 0$$

となる．

**例 4.48** $\lambda \in \mathbb{R}\ (|\lambda|<1)$ の関数 $\sqrt{1+\lambda}$ はマクローリン展開

$$\sqrt{1+\lambda} = 1 + \frac{1}{2}\lambda + \sum_{n=2}^{\infty}\frac{(-1)^{n-1}1\cdot 3\cdot 5\cdots(2n-3)}{n!2^n}\lambda^n$$
$$= 1 + \frac{1}{2}\lambda - \frac{1}{8}\lambda^2 + \cdots \quad (|\lambda|<1)$$

をもつ．これを用いると，例 4.47 における $x^1(t)$ について

$$\lim_{c\to\infty} x^1(t) = x_0 + \frac{1}{2}\alpha t^2 = x^1_{\rm N}(t)$$

となることがわかる．したがって，質点の位置は，非相対論的極限において，ニュートン方程式の解に収束する．エネルギー成分

$$E(t) = cp^0(t) = mc^2\sqrt{1+\left(\frac{\alpha t}{c}\right)^2}$$

については

$$\lim_{c\to\infty}(E(t) - mc^2) = \frac{1}{2}m(\alpha t)^2 = \frac{1}{2}m\dot{x}_{\rm N}(t)^2$$

となる．これは，エネルギー成分そのものではなく，エネルギー成分から静止エネルギーを引いたものが，非相対論的極限において，ニュートン方程式の解の運動エネルギーに収束することを示す．

## 4.15 静止座標系

質点の任意の時間的運動 $X(\tau)$ に対して，各固有時 $\tau$ ごとに質点の $d$ 次元的運動量が 0 となるローレンツ座標系が存在することを示そう．

**定理 4.49** $X(\cdot): \mathsf{T}_\gamma \to V_{\rm M}$ を質点 $m$ の時間的運動とし，その $(d+1)$ 次元運動量ベクトルを $p(\tau)$ とする．このとき，各 $\tau \in \mathsf{T}_\gamma$ に対して，ミンコフス

キー基底 $\{f_\mu(\tau)\}_{\mu=0}^d$ で

$$p(\tau) = mcf_0(\tau) \tag{4.147}$$

を満たすものが存在する.

**証明** $\tau$ を任意に固定して考える. $\{e_\mu\}_{\mu=0}^d$ を $V_M$ の任意のミンコフスキー基底とし, $q := mce_0$ とおく. このとき, $q$ は時間的ベクトルであり, $\|q\|_{V_M} = mc = \|p(\tau)\|_{V_M}$ が成り立つ. したがって, 定理 4.32 により, ローレンツ写像 $\Lambda$ が存在して, $\Lambda q = p(\tau)$ が成り立つ. 一方, $\Lambda q = mcf_0$, $f_0 := \Lambda e_0$ である. $f_0$ は時間的単位ベクトルである. したがって, 定理 4.20 によって, 空間的ベクトル $f_1, \ldots, f_d$ が存在して, $\{f_\mu\}_{\mu=0}^d$ はミンコフスキー基底となる. ゆえに題意が成立する. ∎

式 (4.147) は, ローレンツ座標系 $(V_M, \{f_\mu(\tau)\}_{\mu=0}^d)$ における $p(\tau)$ の成分表示が $(mc, \mathbf{0})$ であることを意味する. つまり, 質点の $d$ 次元的運動量が $\mathbf{0}$ である. 特に, $p(\tau)$ が $\tau$ に依らず一定ならば, ローレンツ座標系 $(V_M, \{f_\mu(\tau)\}_{\mu=0}^d)$ も $\tau$ に依らないので, このローレンツ座標系では時間の経過に関わりなく, 質点の $d$ 次元的運動量は $\mathbf{0}$. したがって, 質点は静止している.

## 4.16 多体系における全 $(d+1)$ 次元運動量保存則

ニュートン力学では, 一般の多体系において, $d$ 次元的な全運動量の保存則と全エネルギーの保存則は別々に考えられた. だが, 特殊相対性理論では, このような取り扱いは意味をもたない. なぜなら, あるローレンツ座標系で $d$ 次元的運動量が保存していたとしても, 別のローレンツ座標系での $d$ 次元的運動量は保存するとは限らないからである[18]. したがって, 特殊相対性理論におけるエネルギー保存則または $d$ 次元的運動量の保存則については, これらを別々に扱うのではなく, エネルギー成分と $d$ 次元的運動量成分を分節として生み出す大本の $(d+1)$ 次元運動量を考察の対象とする必要がある. いま, 時間的運動を行う $N$ 個の質点 $m_1, \ldots, m_N$ からなる系を考え, ローレンツ座標系 $(V_M, E)$ でこれらの運動を観測するとする. 質点 $m_i$ の $(d+1)$ 次

---

[18] この事情は運動量だけに限るものではない.

元運動量を $p_i(t) = \sum_{\mu=0}^{d} p_i^\mu(t) e_\mu$ としよう（$t$ は座標時間）．このとき，系の全 $(d+1)$ 次元運動量 $P(t)$ が

$$P(t) := \sum_{i=1}^{N} p_i(t) \tag{4.148}$$

によって定義される．質点には内力だけが働き，外力は働かないとしよう．このとき，特殊相対性理論では，$P(t)$ は $t$ に依らず一定であると仮定される．$P(t) = P \in V_\mathrm{M}$（$t$ に依らない定ベクトル）とすれば，$P$ は，もちろん，ローレンツ座標系の取り方に依らない．そこで，いま仮定として述べた内容を**全 $(d+1)$ 次元運動量保存則**という．これは，成分表示では，$P(t)$ の各成分が保存されることと同値である．そこで，この保存則を**エネルギー・運動量保存則**とも呼ぶ．

次に，質点 $m_1, \ldots, m_N$ に内力だけが働いている状態から，それらの質点が互いに近づき，しかるべき時間が経過した後，系全体は，質点 $m'_1, \ldots, m'_{N'}$ からなる系に変化し，再び，内力だけが働いている状態になったとする（$N'$ と $N$ は等しくても等しくなくてもよいし，質点 $m'_j$（$j=1,\ldots,N'$）は，質点 $m_i$（$i=1,\ldots,N$）と同一である必要はない）．このような現象は**散乱**または**衝突**と呼ばれる．変化が生じる以前を衝突前といい，変化が生じた後を衝突後という．この過程がすべての内力のもとに生じたとすれば，衝突前の全 $(d+1)$ 次元運動量と衝突後のそれは等しいはずである．この拡張された法則性も**全 $(d+1)$ 次元運動量保存則**と呼ばれる．これは，たとえば，素粒子の衝突実験において確認される．

**例 4.50** $d=3$ の場合を考える．4 次元ミンコフスキーベクトル空間のあるローレンツ座標系において，3 次元空間的に静止している中性のパイ中間子 $\pi^0$ は，自然に崩壊して，2 個の光子 $\gamma$ になる（観測事実）：$\pi^0 \to \gamma + \gamma$．この場合，$\pi^0$ のエネルギー成分は $m_0 c^2$（$m_0$ は $\pi^0$ の質量）で 3 次元的運動量は $\mathbf{0}$ である．他方，各光子のエネルギー運動量ベクトルの成分表示を $(E_1/c, \mathbf{p}_1)$，$(E_2/c, \mathbf{p}_2)$ とすれば，崩壊後の系のエネルギー成分と 3 次元的運動量はそれぞれ，$E_1 + E_2$，$\mathbf{p}_1 + \mathbf{p}_2$ である．したがって，4 次元運動量保存則により，$m_0 c^2 = E_1 + E_2$，$\mathbf{p}_2 = -\mathbf{p}_1$ が成り立つ．観測によれば，$E_1 + E_2 = 135\,\mathrm{MeV}$ であり，これは $\pi^0$ の静止エネルギーに等しいことが確

認される[19].

## 4.17 $(d+1)$ 次元的力場の一つのクラスと運動方程式

本節では，$(d+1)$ 次元的力場のある一般的クラスを取り上げ，この場合の運動方程式から導かれる基本的結果を考察する．この型の力場は，たとえば，次の第 5 章で論じる古典電磁気学において，荷電粒子，すなわち，電荷をもつ粒子が電磁場から受ける力として具現化する（5.8 節を参照）．

### 4.17.1 $(d+1)$ 次元的力の一つのクラス

$\bigwedge^2(V_M)$ を $V_M$ の 2 階反対称テンソルの空間とし，$V_M$ から $\bigwedge^2(V_M)$ への写像 $L: V_M \to \bigwedge^2(V_M);\ V_M \ni x \mapsto L(x) \in \bigwedge^2(V_M)$ を考える．このような写像 $L$ は $V_M$ 上の**2 階反対称反変テンソル場**と呼ばれる（付録 G を参照）．このテンソル場を用いて，$(d+1)$ 次元的力場 $K_L: V_M \times V_M \to V_M$ を

$$K_L(x,v) := i_v L(x) \quad ((x,v) \in V_M \times V_M) \tag{4.149}$$

によって定義する．ただし，$i_v L(x)$ は $v$ と $L(x)$ の反対称的内部積である（付録 F の F.3 節を参照）．

**補題 4.51** 任意の $(x,v) \in V_M \times V_M$ に対して，$v$ と $K_L(x,v)$ は直交する：

$$\langle v, K_L(x,v) \rangle_{V_M} = 0. \tag{4.150}$$

**証明** $\{f_\mu\}_\mu$ を $V_M$ の任意の基底とすれば，$\{f_\mu \wedge f_\nu\}_{0 \le \mu < \nu \le d}$ は $\bigwedge^2(V_M)$ の基底であるから

$$L(x) = \sum_{\mu < \nu} L^{\mu\nu}(x) f_\mu \wedge f_\nu$$

と展開できる（$L^{\mu\nu}(x) \in \mathbb{R}$ は展開係数）．したがって

$$K_L(x,v) = \sum_{\mu<\nu}\left(L^{\mu\nu}(x)\langle v, f_\mu\rangle_{V_M} f_\nu - L^{\mu\nu}(x)\langle v, f_\nu\rangle_{V_M} f_\mu\right). \tag{4.151}$$

---
[19] MeV（メガ電子ボルト，略して「メブ」と読む）はエネルギーの単位．電気素量 e の粒子が 1 V（1 ボルト）の電位差をもつ 2 点間で加速されるときに得るエネルギーを 1 電子ボルトといい，1 eV と記す．これを用いると 1 MeV= $10^6$ eV である．

4.17. $(d+1)$ 次元的力場の一つのクラスと運動方程式　　**237**

ゆえに

$$\langle v, K_L(x,v)\rangle_{V_M} = \sum_{\mu<\nu} \left(L^{\mu\nu}(x)\langle v, f_\mu\rangle_{V_M}\langle v, f_\nu\rangle_{V_M}\right.$$
$$\left. - L^{\mu\nu}(x)\langle v, f_\nu\rangle_{V_M}\langle v, f_\mu\rangle_{V_M}\right) = 0.$$

したがって，(4.150) が成り立つ． ∎

補題 4.51 から，任意の時間的運動 $X(\tau)$ に対して

$$\langle \dot{X}(\tau), K_L(X(\tau), \dot{X}(\tau))\rangle_{V_M} = 0$$

であるから，力場 $K_L : V_M \times V_M \to V_M$ は $(d+1)$ 次元的力場の候補たり得る．そこで，$K_L$ を **2 階反対称反変テンソル場 $L$ に同伴する $(d+1)$ 次元的力場**と呼ぶ．

力場 $K_L$ の作用のもとでの運動方程式は

$$m\frac{\mathrm{d}^2 X(\tau)}{\mathrm{d}\tau^2} = K_L(X(\tau), \dot{X}(\tau)) \tag{4.152}$$

となる．

### 4.17.2　ベクトル場から定まる $(d+1)$ 次元的力場と運動方程式

ベクトル場 $U : V_M \to V_M$ で

$$L = -\widetilde{\mathrm{d}}U \tag{4.153}$$

を満たすものがあると仮定しよう．ただし，$\widetilde{\mathrm{d}}$ は $V_M$ 上の反対称反変テンソル場に作用する外微分作用素である（付録 G の G.2 節を参照）．

$E = \{e_\mu\}_\mu$ を $V_M$ のミンコフスキー基底とし

$$U(x) = \sum_{\nu=0}^{d} U^\nu(x) e_\nu \quad (x \in V_M)$$

と展開すれば

$$L = -\sum_{\mu,\nu=0}^{d} \partial^\mu U^\nu e_\mu \wedge e_\nu = -\sum_{\mu<\nu}(\partial^\mu U^\nu - \partial^\nu U^\mu)e_\mu \wedge e_\nu. \tag{4.154}$$

ただし，$\partial^\mu := \sum_{\alpha=0}^d g^{\mu\alpha}\partial_\alpha = \sum_{\alpha=0}^d g^{\mu\alpha}\partial/\partial x^\alpha$．ゆえに

$$K_L(X(\tau), \dot{X}(\tau)) = -\sum_{\mu,\nu=0}^d \left(\partial^\mu U^\nu(X(\tau)) - \partial^\nu U^\mu(X(\tau))\right)\langle \dot{X}(\tau), e_\mu\rangle_{V_M} e_\nu.$$

一方，$U(X(\tau)) = \sum_{\nu=0}^d U^\nu(X(\tau))e_\nu$ と

$$\frac{\mathrm{d}}{\mathrm{d}\tau}U^\nu(X(\tau)) = \langle \dot{X}(\tau), \operatorname{grad} U^\nu(X(\tau))\rangle_{V_M}$$
$$= \sum_{\mu=0}^d \partial^\mu U^\nu(X(\tau))\langle \dot{X}(\tau), e_\mu\rangle_{V_M}$$

に注意すれば

$$\sum_{\mu,\nu=0}^d \partial^\mu U^\nu(X(\tau))\langle \dot{X}(\tau), e_\mu\rangle_{V_M} e_\nu = \frac{\mathrm{d}}{\mathrm{d}\tau}U(X(\tau))$$

となることがわかる．また

$$\sum_{\mu,\nu=0}^d \partial^\nu U^\mu(X(\tau))\langle \dot{X}(\tau), e_\mu\rangle_{V_M} e_\nu = \operatorname{grad}\langle U(X(\tau)), \dot{X}(\tau)\rangle.$$

ただし，右辺はスカラー場 $f : x \mapsto \langle U(x), \dot{X}(\tau)\rangle$ の勾配 $\operatorname{grad} f$ の $x = X(\tau)$ における値を表す．したがって

$$K_L(X(\tau), \dot{X}(\tau)) = -\frac{\mathrm{d}}{\mathrm{d}\tau}U(X(\tau)) + \operatorname{grad}\langle U(X(\tau)), \dot{X}(\tau)\rangle. \tag{4.155}$$

これを運動方程式 (4.152) に代入すれば

$$\frac{\mathrm{d}}{\mathrm{d}\tau}\bigl(p(\tau) + U(X(\tau))\bigr) = \operatorname{grad}\langle U(X(\tau)), \dot{X}(\tau)\rangle. \tag{4.156}$$

そこで

$$P(\tau) := m\dot{X}(\tau) + U(X(\tau)) = p(\tau) + U(X(\tau)) \tag{4.157}$$

とおけば，運動方程式は

$$\boxed{\frac{\mathrm{d}P(\tau)}{\mathrm{d}\tau} = \operatorname{grad}\langle U(X(\tau)), \dot{X}(\tau)\rangle} \tag{4.158}$$

## 4.17. $(d+1)$ 次元的力場の一つのクラスと運動方程式

と書けることになる．ベクトル $P(\tau)$ をベクトル場 $U$ に付随する正準エネルギー運動量ベクトルと呼ぶ．

**注意 4.52** $W_\xi(x) = -\langle U(x), \xi \rangle_{V_M} \ (x, \xi \in V_M)$ とおけば，(4.158) は

$$\frac{dP(\tau)}{d\tau} = -\operatorname{grad} W_{\dot{X}(\tau)}(X(\tau))$$

と書かれる．この式は，ちょうどポテンシャルから導かれる力のもとにおけるニュートンの運動方程式と同じ形をしていることに注意しよう．だが，もちろん，意味は異なる．

ベクトル $p(\tau)$ は質点の $(d+1)$ 次元運動量ベクトルであり，$-U$ は力場を与える反対称反変テンソル場 $L$ をその外微分として与える．この意味で $U$ を**ポテンシャルエネルギー運動量**という[20]．

### 4.17.3 方向エネルギー運動量保存則

すでに見たように，特殊相対性理論においては，エネルギーと運動量は，ローレンツ座標系に依存した概念である．したがって，ニュートン力学におけるように，エネルギー保存則や運動量保存則を別個に考えたのでは普遍的でない．言い換えれば，特殊相対性理論においては，エネルギー保存則と運動量保存則は座標系に依らない仕方で統一されなければならないのである．本項では，前項の力場 $K_L$ $(L = -\tilde{d}U)$ に関して，この統一がどのように実現され得るかを見る．そのために，ミンコフスキーベクトル空間 $V_M$ の一定の方向に関するエネルギー運動量保存則の概念を導入する：

**定義 4.53** 定ベクトル $a \in V_M \setminus \{0\}$ に対して，$\langle P(\tau), a \rangle_{V_M}$ が $\tau$ に依らない定数であるとき，$a$ の方向に関して**エネルギー運動量保存則**が成り立つという．この型のエネルギー運動量保存則を**方向エネルギー運動量保存則**という．

---

[20] ローレンツ座標系 $(V_M, E)$ において，$U(x) = \sum_{\mu=0}^{d} U^\mu(x) e_\mu$ と展開するとき，第 0 成分 $U^0(x)$ がニュートン力学的な意味でのポテンシャルエネルギーに相当する場合があり得ることを念頭に置いている．

ところで，第 2 章で見たように，ニュートン力学の場合，保存則と対称性は密接な関係を有する．特殊相対性理論における基本的な対称性の一つであるポアンカレ対称性については，すでに 4.8.6 項で触れた．ここで，重要な対称性の概念をもう一つ導入する：

**定義 4.54** $a \in V_M$ とする．ベクトル場 $X : V_M \to V_M$ がすべての $s \in \mathbb{R}$ に対して，$X(x + sa) = X(x) \ (x \in V_M)$ を満たすとき，$X$ は $a$ 方向の並進対称性をもつ，あるいは単に $a$-並進対称であるという．

方向エネルギー運動量保存則に関して次の事実が成立する：

**定理 4.55** $a \in V_M \setminus \{0\}$ とする．ベクトル場 $U$ が $a$-並進対称ならば，$a$ の方向に関してエネルギー運動量保存則が成り立つ．

**証明** 仮定により，すべての実数 $s$ に対して

$$U(x + sa) = U(x) \quad (\forall x \in V_M). \tag{4.159}$$

任意のベクトル $\xi \in V_M$ に対して，スカラー場 $F_\xi : V_M \to \mathbb{R}$ を $F_\xi(x) := \langle U(x), \xi \rangle_{V_M}$ によって定義する．(4.158) から

$$\frac{\mathrm{d}}{\mathrm{d}\tau}\langle P(\tau), a \rangle = \langle \operatorname{grad} F_{\dot{X}(\tau)}(X(\tau)), a \rangle_{V_M}.$$

一方

$$\begin{aligned}
&\langle \operatorname{grad} F_{\dot{X}(\tau)}(X(\tau)), a \rangle_{V_M} \\
&= \lim_{s \to 0} \frac{F_{\dot{X}(\tau)}(X(\tau) + sa) - F_{\dot{X}(\tau)}(X(\tau))}{s} \\
&= \lim_{s \to 0} \frac{\langle U(X(\tau) + sa) - U(X(\tau)), \dot{X}(\tau) \rangle_{V_M}}{s} \\
&= 0 \quad (\because (4.159)).
\end{aligned}$$

したがって，$\mathrm{d}\langle P(\tau), a \rangle_{V_M}/\mathrm{d}\tau = 0$．ゆえに $\langle P(\tau), a \rangle_{V_M}$ は定数である． ∎

**例 4.56** ローレンツ座標系 $(V_M, E)$ において，

$$p(\tau) = \sum_{\mu=0}^{d} p^\mu(\tau) e_\mu, \ U(x) = \sum_{\mu=0}^{d} U^\mu(x) e_\mu, \ x = x^0 e_0 + \sum_{j=1}^{d} x^j e_j \in V_M$$

と展開する．$U$ の並進対称性について二つの場合を考える．

(i) $U$ が $e_0$-並進対称である場合

定理 4.55 によって，$\langle P(\tau), e_0 \rangle = p^0(\tau) + U^0(X(\tau))$ は $\tau$ に依らず一定，すなわち，保存量である．これは，正準エネルギー運動量ベクトル $P(\tau)$ の第 0 成分に関する保存則を表す．すでに知っているように，$cp^0(\tau)$ は特殊相対性理論での運動エネルギーを表す．そこで，$cU^0$ をニュートン力学におけるポテンシャルエネルギーの拡張概念であると解釈すれば，$cp^0(\tau) + cU^0(X(\tau))$ の保存は，ニュートン力学の場合における力学的エネルギー保存則の拡張版であるとみなされる．非相対論的極限を考えると

$$cp^0(\tau) + cU^0(X(\tau)) \approx mc^2 + \frac{mv(t)^2}{2} + cU^0(X(\tau))$$

となることに注意しよう．

(ii) $U$ が $e_j$-並進対称である場合 $(j = 1, \ldots, d)$

定理 4.55 は，$p^j(\tau) + U^j(X(\tau))$ が保存量であることを意味する．これは，(i) の場合の考察と同様にして，ニュートン力学の場合における運動量の第 $j$ 成分の保存則の拡張版であると解釈される．

こうして，ここで考察された力場における運動においては，ニュートン力学の場合には，別々に考えられたエネルギー保存則と運動量保存則が一つの形式（定理 4.55）に統一される．

### 4.17.4 運動方程式のローレンツ座標系での表示

運動方程式 (4.158) をローレンツ座標系 $(V_\mathrm{M}, E)$ で成分表示してみよう．$(d+1)$ 次元運動量 $p(\tau) = m\dot{X}(\tau)$ を (4.119) のように展開する．したがって

$$P(\tau) = \sum_{\mu=0}^{d} P^\mu(t) e_\mu \tag{4.160}$$

と展開すれば

$$P^\mu(t) = p^\mu(t) + U^\mu(\gamma(t)) \tag{4.161}$$

が成り立つ. 任意の $\xi \in V_\mathrm{M}$ に対して

$$\mathrm{grad}\,\langle U(x), \xi\rangle_{V_\mathrm{M}} = \sum_{\mu=0}^{d} \xi^\mu \,\mathrm{grad}\,U_\mu(x) = \sum_{\mu,\nu=0}^{d} \xi^\mu \partial^\nu U_\mu(x) e_\nu \quad (x \in V_\mathrm{M}).$$

ただし, $U_\mu(x) := \sum_{\nu=0}^{d} g_{\mu\nu} U^\nu(x)$. したがって, (4.158) は次のように変形される:

$$\begin{aligned}\frac{\mathrm{d}P^\nu(t)}{\mathrm{d}\tau} &= \sum_{\mu=0}^{d} \dot{X}(\tau)^\mu \partial^\nu U_\mu(\gamma(t)) \\ &= \frac{c}{\sqrt{1-\frac{v(t)^2}{c^2}}} \partial^\nu U_0(\gamma(t)) + \sum_{j=1}^{d} \frac{v^j(t)}{\sqrt{1-\frac{v(t)^2}{c^2}}} \partial^\nu U_j(\gamma(t)).\end{aligned}$$

左辺を (4.160) と $\mathrm{d}/\mathrm{d}t = \sqrt{1-v(t)^2/c^2}\,\mathrm{d}/\mathrm{d}\tau$ を用いて変形し, 成分どうしを比べることにより, 次の結果が得られる:

$$\frac{\mathrm{d}P^\nu(t)}{\mathrm{d}t} = c\partial^\nu U_0(\gamma(t)) + \sum_{j=1}^{d} v^j(t) \partial^\nu U_j(\gamma(t)).$$

一方, (4.161) によって

$$\begin{aligned}\frac{\mathrm{d}P^\mu(t)}{\mathrm{d}t} &= \frac{\mathrm{d}p^\mu(t)}{\mathrm{d}t} + \sum_{\nu=0}^{d} \dot{\gamma}^\nu(t) \partial_\nu U^\mu(\gamma(t)) \\ &= \frac{\mathrm{d}p^\mu(t)}{\mathrm{d}t} + c\partial_0 U^\mu(\gamma(t)) + \sum_{j=1}^{d} v^j(t) \partial_j U^\mu(\gamma(t)).\end{aligned}$$

ゆえに

$$p_\mu(t) := \sum_{\nu=0}^{d} g_{\mu\nu} p^\nu(t)$$

とすれば

$$\begin{aligned}\frac{\mathrm{d}p_\mu(t)}{\mathrm{d}t} = {}& c\bigl(\partial_\mu U_0(\gamma(t)) - \partial_0 U_\mu(\gamma(t))\bigr) \\ & + \sum_{j=1}^{d} v^j(t)\bigl(\partial_\mu U_j(\gamma(t)) - \partial_j U_\mu(\gamma(t))\bigr)\end{aligned} \quad (4.162)$$

が得られる. 成分別に書けば次のようになる:

$$\frac{\mathrm{d}}{\mathrm{d}t} \frac{mc}{\sqrt{1 - \frac{v(t)^2}{c^2}}} = \sum_{j=1}^{d} v^j(t) \bigl(\partial_0 U_j(\gamma(t)) - \partial_j U_0(\gamma(t))\bigr), \tag{4.163}$$

$$\begin{aligned}\frac{\mathrm{d}}{\mathrm{d}t} \frac{mv^j(t)}{\sqrt{1 - \frac{v(t)^2}{c^2}}} &= c\bigl(\partial_0 U_j(\gamma(t)) - \partial_j U_0(\gamma(t))\bigr) \\ &\quad + \sum_{k=1}^{d} v^k(t)\bigl(\partial_k U_j(\gamma(t)) - \partial_j U_k(\gamma(t))\bigr). \end{aligned} \tag{4.164}$$

ここで，(4.164) の右辺第 2 項の和 $\sum_{k=1}^{d}$ において，$k = j$ の項は消えることに注意しよう．

## 4.18 変分原理

運動方程式 (4.158) が変分原理から導かれることを示そう．ミンコフスキーベクトル空間 $V_\mathrm{M}$ の任意の 2 点 P, Q をとり，それらを始点，終点とする時間的運動で 2 回連続微分可能なものの全体を $C^2_{\mathrm{P,Q}}([\alpha, \beta]; V_\mathrm{M})$ とする（$[\alpha, \beta]$ はパラメーター空間）：

$$C^2_{\mathrm{P,Q}}([\alpha, \beta]; V_\mathrm{M}) := \bigl\{ \gamma \in C^2([\alpha, \beta]; V_\mathrm{M}) \,\big|\, \langle \dot\gamma(s), \dot\gamma(s) \rangle_{V_\mathrm{M}} > 0,\ \forall s \in [\alpha, \beta], \\ \mathrm{P} = \mathrm{P}(\gamma(\alpha)),\ \mathrm{Q} = \mathrm{Q}(\gamma(\beta)) \bigr\}. \tag{4.165}$$

この関数空間上の汎関数 $S_\mathrm{rel}$ を

$$S_\mathrm{rel}(\gamma) := \int_\alpha^\beta \Bigl\{ -mc \sqrt{\langle \dot\gamma(s), \dot\gamma(s) \rangle_{V_\mathrm{M}}} - \langle U(\gamma(s)), \dot\gamma(s) \rangle_{V_\mathrm{M}} \Bigr\} \mathrm{d}s \\ (\gamma \in C^2_{\mathrm{P,Q}}([\alpha, \beta]; V_\mathrm{M})) \tag{4.166}$$

によって定義する．$\eta : [\alpha, \beta] \to V_\mathrm{M}$ は連続微分可能で $\eta(\alpha) = 0 = \eta(\beta)$ を満たす任意の写像とする．このとき，$|\varepsilon|$ が十分小の任意の $\varepsilon \in \mathbb{R}$ に対して

$$\begin{aligned}&S_\mathrm{rel}(\gamma + \varepsilon \eta) \\ &= \int_\alpha^\beta \Bigl\{ -mc \sqrt{\langle \dot\gamma(s), \dot\gamma(s) \rangle_{V_\mathrm{M}} + 2\varepsilon \langle \dot\gamma(s), \dot\eta(s) \rangle_{V_\mathrm{M}} + \varepsilon^2 \langle \dot\eta(s), \dot\eta(s) \rangle_{V_\mathrm{M}}} \\ &\quad - \langle U(\gamma(s) + \varepsilon \eta(s)), \dot\gamma(s) \rangle_{V_\mathrm{M}} - \varepsilon \langle U(\gamma(s) + \varepsilon \eta(s)), \dot\eta(s) \rangle_{V_\mathrm{M}} \Bigr\} \mathrm{d}s.\end{aligned}$$

$E$ を $V_{\mathrm{M}}$ のミンコフスキー基底とし,$U(x) = \sum_{\mu=0}^{d} U^\mu(x) e_\mu$ と展開すると

$$\langle U(\gamma(s) + \varepsilon\eta(s)), \dot{\gamma}(s)\rangle_{V_{\mathrm{M}}} = \sum_{\mu=0}^{d} U^\mu(\gamma(s) + \varepsilon\eta(s))\langle e_\mu, \dot{\gamma}(s)\rangle_{V_{\mathrm{M}}}$$

であるから

$$\frac{\mathrm{d}}{\mathrm{d}\varepsilon}\langle U(\gamma(s) + \varepsilon\eta(s)), \dot{\gamma}(s)\rangle_{V_{\mathrm{M}}}$$
$$= \sum_{\mu=0}^{d}\langle \eta(s), \operatorname{grad} U^\mu(\gamma(s) + \varepsilon\eta(s))\rangle_{V_{\mathrm{M}}}\langle e_\mu, \dot{\gamma}(s)\rangle_{V_{\mathrm{M}}}.$$

したがって

$$\frac{\mathrm{d}}{\mathrm{d}\varepsilon} S_{\mathrm{rel}}(\gamma + \varepsilon\eta)\bigg|_{\varepsilon=0}$$
$$= \int_\alpha^\beta \Bigg\{ -\frac{mc}{\sqrt{\langle\dot{\gamma}(s),\dot{\gamma}(s)\rangle_{V_{\mathrm{M}}}}}\langle\dot{\gamma}(s),\dot{\eta}(s)\rangle_{V_{\mathrm{M}}}$$
$$-\bigg\langle \sum_{\mu=0}^{d} \operatorname{grad} U^\mu(\gamma(s))\langle e_\mu, \dot{\gamma}(s)\rangle_{V_{\mathrm{M}}}, \eta(s)\bigg\rangle_{V_{\mathrm{M}}}$$
$$-\langle U(\gamma(s)), \dot{\eta}(s)\rangle_{V_{\mathrm{M}}} \Bigg\}\, \mathrm{d}s.$$

そこで,$\dot{\eta}(s)$ が入っている部分について,部分積分を行えば次の結果が得られる:

$$\frac{\mathrm{d}}{\mathrm{d}\varepsilon} S_{\mathrm{rel}}(\gamma + \varepsilon\eta)\bigg|_{\varepsilon=0} = \int_\alpha^\beta \langle S'_{\mathrm{rel}}(\gamma)(s), \eta(s)\rangle_{V_{\mathrm{M}}}\, \mathrm{d}s.$$

ただし

$$S'_{\mathrm{rel}}(\gamma)(s) = \frac{\mathrm{d}}{\mathrm{d}s}\frac{mc}{\sqrt{\langle\dot{\gamma}(s),\dot{\gamma}(s)\rangle_{V_{\mathrm{M}}}}}\dot{\gamma}(s)$$
$$-\sum_{\mu=0}^{d} \operatorname{grad} U^\mu(\gamma(s))\langle e_\mu, \dot{\gamma}(s)\rangle_{V_{\mathrm{M}}} + \frac{\mathrm{d}}{\mathrm{d}s} U(\gamma(s)).$$

$S_{\mathrm{rel}}$ の停留曲線を $\gamma$ とすれば,$S'_{\mathrm{rel}}(\gamma) = 0$ であるから

$$\frac{\mathrm{d}}{\mathrm{d}s}\frac{mc}{\sqrt{\langle\dot\gamma(s),\dot\gamma(s)\rangle_{V_\mathrm{M}}}}\dot\gamma(s)+\frac{\mathrm{d}}{\mathrm{d}s}U(\gamma(s))=\sum_{\mu=0}^d\operatorname{grad}U^\mu(\gamma(s))\langle e_\mu,\dot\gamma(s)\rangle_{V_\mathrm{M}} \tag{4.167}$$

が成り立つ．右辺は $\operatorname{grad}\langle U(\gamma(s)),\dot\gamma(s)\rangle_{V_\mathrm{M}}$ に等しい．命題 4.38 とそこにいたる議論により，$\gamma(s)=X(\tau)$ であり

$$\frac{mc}{\sqrt{\langle\dot\gamma(s),\dot\gamma(s)\rangle_{V_\mathrm{M}}}}\dot\gamma(s)=m\dot X(\tau)=p(\tau)$$

である．また

$$\dot\gamma(s)=\frac{1}{c}\sqrt{\langle\dot\gamma(s),\dot\gamma(s)\rangle_{V_\mathrm{M}}}\dot X(\tau)$$

であり

$$\frac{c}{\sqrt{\langle\dot\gamma(s),\dot\gamma(s)\rangle_{V_\mathrm{M}}}}\frac{\mathrm{d}}{\mathrm{d}s}=\frac{\mathrm{d}}{\mathrm{d}\tau}.$$

したがって，(4.167) は

$$\frac{\mathrm{d}}{\mathrm{d}\tau}(p(\tau)+U(X(\tau)))=\operatorname{grad}\langle U(X(\tau)),\dot X(\tau)\rangle_{V_\mathrm{M}} \tag{4.168}$$

と表される．これは運動方程式 (4.158) に他ならない．こうして，運動方程式 (4.158) は変分原理から導かれる．作用汎関数 $S_\mathrm{rel}(\gamma)$ は特定の座標系に依拠しないで定義されていることに注意されたい．

## 4.19　変分原理のローレンツ座標系での表示

前節の変分原理は，座標から自由である．したがって，それは，座標系の視点からは，任意の座標系[21]で成立する変分原理である．そこで，この変分原理をローレンツ座標系 $(V_\mathrm{M},E)$ で表してみよう．この場合，$s$ は座標時間 $t$ にとることができ

$$\gamma(t)=cte_0+\sum_{j=1}^d x^j(t)e_j$$

と展開できる．したがって

---

[21] 脚注 13 の意味での座標系．

246  第 4 章 特殊相対性理論

$$x = \sum_{\mu=0}^{d} x^\mu e_\mu \in V_{\mathrm{M}}, \quad \mathbf{v} = (v^1, \ldots, v^d) \in \mathbb{R}^d$$

とし

$$L_U(x, \mathbf{v}) := -mc^2\sqrt{1 - \|\mathbf{v}\|_{\mathbb{R}^d}^2/c^2} - cU^0(x) + \sum_{j=1}^{d} v^j U^j(x) \quad (4.169)$$

とすれば

$$S_{\mathrm{rel}}(\gamma) = \int_\alpha^\beta L_U(\gamma(t), \dot\gamma(t))\,\mathrm{d}t \quad (4.170)$$

となる. 簡単な計算により

$$\frac{\partial L_U(x, \mathbf{v})}{\partial v^j} = \frac{mv^j}{\sqrt{1 - \frac{\|\mathbf{v}\|_{\mathbb{R}^d}^2}{c^2}}} + U^j(x),$$

$$\frac{\partial L_U(x, \mathbf{v})}{\partial x^j} = -c\partial_j U_0(x) + \sum_{k=1}^{d} v^k \partial_j U^k(x).$$

したがって, ラグランジュ方程式は

$$\frac{\mathrm{d}}{\mathrm{d}t}(p^j(t) + U^j(\gamma(t))) = -c\partial_j U_0(\gamma(t)) + \sum_{k=1}^{d} v^k \partial_j U^k(\gamma(t))$$

となる. 合成関数の微分法により

$$\frac{\mathrm{d}U^j(\gamma(t))}{\mathrm{d}t} = c\partial_0 U^j(\gamma(t)) + \sum_{k=1}^{d} v^k(t)\partial_k U^j(\gamma(t))$$

に注意すれば, 上の式は (4.164) と同値であることがわかる. こうして, ローレンツ座標系では, 運動方程式 (4.164) は, 関数 $L_U$ についてのラグランジュ方程式であることが確認される.

ラグランジュ関数 $L_U$ から定まる一般化運動量は

$$\Pi^j(x, \mathbf{v}) := \frac{\partial L_U(x, \mathbf{v})}{\partial v^j} = \frac{mv^j}{\sqrt{1 - \frac{\|\mathbf{v}\|^2}{c^2}}} + U^j(x) \quad (4.171)$$

である.

各 $t$ に対して

$$\Pi^j(t) := \Pi^j(\gamma(t), \mathbf{v}(t))$$

としよう．このとき，$L_U$ から定まるハミルトニアンを $H_U$ とすれば

$$H_U := \sum_{j=1}^{d} \Pi^j(t) v^j(t) - L_U(\gamma(t), \dot{\gamma}(t))$$
$$= \frac{mc^2}{\sqrt{1 - \frac{v(t)^2}{c^2}}} + cU^0(\gamma(t)) \tag{4.172}$$

と計算される．これを一般化運動量と位置変数だけで表すために，(4.171) により

$$\sum_{j=1}^{d} \bigl(\Pi^j(t) - U^j(\gamma(t))\bigr)^2 = -m^2 c^2 + \frac{m^2 c^2}{1 - \frac{v(t)^2}{c^2}}$$

が成り立つことに注目する．したがって

$$\mathbf{\Pi}(t) := \bigl(\Pi^1(t), \ldots, \Pi^d(t)\bigr), \quad \mathbf{U}(x) := \bigl(U^1(x), \ldots, U^d(x)\bigr)$$

とおけば

$$H_U = \sqrt{\|\mathbf{\Pi}(t) - \mathbf{U}(\gamma(t))\|^2 c^2 + m^2 c^4} + cU^0(\gamma(t)) \tag{4.173}$$

となる．

(4.172) と (4.163) により，$H_U$ が $t$ に依らず一定，すなわち，考察下のローレンツ座標系でエネルギー保存則が成立するための必要十分条件は

$$\langle \dot{\gamma}(t), (\partial_0 U)(\gamma(t))\rangle_{V_\mathrm{M}} = 0 \quad (\forall t \in \mathbb{I}) \tag{4.174}$$

であることがわかる．特に，$U(x)$ が時間成分 $x^0$ に依存しなければ，$H_U$ は $t$ に依らず一定である．

(4.173) はローレンツ座標系での特殊相対論的ハミルトニアンの一般形の一つである．

## 4.20 固有時反転と負のエネルギー

質点 $m$ の運動 $\gamma : [\alpha, \beta] \to V_\mathrm{M}$ は時間的であるとする．これまでは，質点が点 $\gamma(\alpha)$ から出発し，$\gamma$ に沿って，点 $\gamma(\beta)$ に至る運動だけを考察してきた．だが，逆の経路を辿る運動も可能性としてあり得る．この側面を考察してみ

よう. $\gamma$ の固有時表示を $X(\tau)$ とする. 必要ならば, 固有時の原点を取り直すことにより, 固有時が属する区間 $\mathsf{T}_\gamma$ は $[0,T]$ としてよい ($T > 0$). このとき

$$X_\mathrm{r}(\tau) := X(T - \tau) \quad (\tau \in \mathsf{T}_\gamma) \tag{4.175}$$

によって定義される写像 $X_\mathrm{r}: \mathsf{T}_\gamma \to V_\mathrm{M}$ は, $\gamma$ の像を逆向きに辿る運動を記述する. 明らかに

$$\dot{X}_\mathrm{r}(\tau) = -\dot{X}(T - \tau) \tag{4.176}$$

であるから ($\dot{X}(T - \tau)$ は $\dot{X}$ の $T - \tau$ における値である)

$$\langle \dot{X}_\mathrm{r}(\tau), \dot{X}_\mathrm{r}(\tau) \rangle_{V_\mathrm{M}} = \langle \dot{X}(T - \tau), \dot{X}(T - \tau) \rangle_{V_\mathrm{M}} = c^2 > 0.$$

したがって, $X_\mathrm{r}$ も時間的運動である. 写像 $X_\mathrm{r}: [0, T] \to V_\mathrm{M}$ を運動曲線 $\gamma$ (あるいは $X$) の**固有時反転**と呼ぶ.

すでに見たように, 時空上の点そのものについては, 通常の意味での時間性・空間性について語ることは意味がないが, ローレンツ座標系で見た場合には, 時間的運動に対しては, 座標時間の増大と固有時の増大が連動する. そこで, この意味において, 象徴的に, 固有時 $\tau$ が増大する向きを「過去から未来へ向かう向き」という. これに応じて, $\gamma$ の像を逆向きに辿る運動を「$\gamma$ に付随する未来から過去へ向かう運動」と呼ぶ. したがって, 時間的運動 $\gamma$ の固有時反転 $X_\mathrm{r}$ は, $\gamma$ に付随する未来から過去へと向かう運動を $\gamma$ の固有時 $\tau$ をパラメーターとして表したものである.

(4.176) と合成関数の微分法により

$$\ddot{X}_\mathrm{r}(\tau) = \ddot{X}(T - \tau). \tag{4.177}$$

右辺は $\ddot{X}$ の $T - \tau$ における値を表す. $X$ が運動方程式 (4.112) を満たすとすれば

$$m \frac{\mathrm{d}^2 X_\mathrm{r}(\tau)}{\mathrm{d}\tau^2} = K_\mathrm{r}(\tau). \tag{4.178}$$

ただし

$$K_\mathrm{r}(\tau) := K(X_\mathrm{r}(\tau), -\dot{X}(T - \tau), T - \tau). \tag{4.179}$$

そこで次の場合分けが可能である:

(i) 任意の $\tau \in [0, T]$ に対して，$K_{\mathrm{r}}(\tau) = K(X_{\mathrm{r}}(\tau), \dot{X}_{\mathrm{r}}(\tau), \tau)$ が成り立つ場合（たとえば，$K = 0$ という自明な場合）．このときは，同一の質点によって，$\gamma$ の像を逆向きに辿る運動が可能である．

(ii) (i) の条件が成立しない場合．この場合については，後に電磁場との相互作用を考察する際に論じる．

固有時反転 $X_{\mathrm{r}}(\tau)$ の性質を見るためにその $(d+1)$ 次元運動量

$$p_{\mathrm{r}}(\tau) := m\dot{X}_{\mathrm{r}}(\tau) \tag{4.180}$$

を考えると，(4.176) により

$$p_{\mathrm{r}}(\tau) = -p(T - \tau). \tag{4.181}$$

したがって，ローレンツ座標系 $(V_{\mathrm{M}}, E)$ において

$$p(\tau) = \frac{E(\tau)}{c}e_0 + \sum_{j=1}^{d} p^j(\tau) e_j$$

と展開すれば

$$p_{\mathrm{r}}(\tau) = -\frac{E(T-\tau)}{c}e_0 - \sum_{j=1}^{d} p^j(T-\tau) e_j$$

であるから，$p_{\mathrm{r}}(\tau)$ のエネルギー成分は $-E(T-\tau) \leq -mc^2$ であって，これは負のエネルギーである．こうして，ローレンツ座標系におけるエネルギー成分が負であるような時間的運動の可能性が示される．

## 4.21　光的運動と空間的運動

これまでは，質点が時間的な運動を行う場合を考察してきた．4.14 節で見たように，時間的運動は，非相対論的極限においてニュートン力学的運動へと移行する．したがって，確かに，それは，ニュートン力学的運動の自然な拡張と見ることができる．だが，理論的には，他の可能な運動形態，すなわち，光的な運動（以下，単に光的運動という）や空間的な運動（以下，単に空間的運動という）を排除する理由は別に存在しない．そこで，これらの運動に対して若干の考察を加えておく．

### 4.21.1 光的運動——光的粒子

運動曲線 $\gamma : [\alpha, \beta] \to V_{\mathrm{M}}$ が光的であるとは,

$$\langle \dot{\gamma}(s), \dot{\gamma}(s) \rangle_{V_{\mathrm{M}}} = 0 \quad (\forall s \in [\alpha, \beta]) \tag{4.182}$$

となることであった. この性質はパラメーター $s$ の取り方に依らない. いまの場合, $\int_\alpha^s \sqrt{\langle \dot{\gamma}(s'), \dot{\gamma}(s') \rangle_{V_{\mathrm{M}}}} \, ds' = 0$ となるので, 時間的運動における固有時に相当する量は 0 である. したがって, 光的運動の運動方程式については, 時間的運動の場合のような定式化はできない.

ローレンツ座標系 $(V_{\mathrm{M}}, E)$ において, パラメーター $s$ を座標時間 $t$ にとり, $\gamma(t)$ を

$$\gamma(t) = ct e_0 + \sum_{j=1}^d x^j(t) e_j \in V_{\mathrm{M}} \tag{4.183}$$

と展開すれば, 条件 (4.182) と

$$v(t) = c \tag{4.184}$$

は同値である. ただし, $v(t) := \sqrt{\sum_{j=1}^d \dot{x}^j(t)^2}$ は空間的速さである[22]. したがって, 次のことが結論される: 光的運動を行う質点のローレンツ座標系における空間的速さは常に光速 $c$ に等しく, 逆にローレンツ座標系における空間的速さが一定で光速 $c$ に等しいような運動は光的運動である. この意味で光的運動を行う質点を**光的粒子**と呼ぶ.

光的粒子について次を仮定するのは自然である: (i) 光的粒子も $(d+1)$ 次元運動量をもつ; (ii) (4.125) で $v(t) = c$ とした式が成立する[23]. したがって, ローレンツ座標系 $(V_{\mathrm{M}}, E)$ において

$$p(t) = \frac{E(t)}{c} e_0 + \sum_{j=1}^d p^j(t) e_j \tag{4.185}$$

と展開すると

$$E(t) = c \| \mathbf{p}(t) \|_{\mathbb{R}^d} \tag{4.186}$$

---
[22] (4.88) を参照.
[23] (4.125) が陽に $m$ に依らないことにより, この外挿は意味を持ち得る.

が成り立つ．したがって，$p(t)$ は光的ベクトルである：$\langle p(t), p(t)\rangle_{V_\mathrm{M}} = 0$. 時間的運動を行う質点の $(d+1)$ 次元運動量に関する不変式 (4.109) との比較をすれば，光的粒子は質量が 0 の質点とみなすことができる．

**例 4.57** 光子は，ローレンツ座標系での真空中における空間的速さが $c$ である．したがって，ローレンツ座標系において真空中を運動する光子は光的粒子であるので，前段の結果により，光子の質量は 0 でなければならない．

光の波動描像と光子の間には次のような関係がある：光波の波長と振動数をそれぞれ，$\lambda, \nu$，波数ベクトルを $\mathbf{k} \in \mathbb{R}^d$（大きさ $\|\mathbf{k}\|_{\mathbb{R}^d}$ が波数 $2\pi/\lambda$ に等しく，向きが波の伝播の向きであるベクトル）とし，対応する光子のエネルギーと $d$ 次元運動量をそれぞれ，$E, \mathbf{p} = (p^1, \ldots, p^d) \in \mathbb{R}^d$ とすれば

$$E = h\nu, \quad \mathbf{p} = \frac{h}{2\pi}\mathbf{k} \tag{4.187}$$

が成り立つ．ただし，$h = 6.6260693(11) \times 10^{-34}\,\mathrm{N\cdot m\cdot s}$ は**プランク定数**と呼ばれる物理定数である[24]．(4.187) を**プランク–アインシュタイン–ド・ブロイの関係式**という．$h$ に比例する定数

$$\hbar := \frac{h}{2\pi} \tag{4.188}$$

を導入し，$\omega = 2\pi\nu$（角振動数）とすれば，(4.187) は

$$E = \hbar\omega, \quad \mathbf{p} = \hbar\mathbf{k} \tag{4.189}$$

と表される．定数 $\hbar$ を**プランク–ディラック定数**と呼ぶ[25]．

**定理 4.58** $p(t)$ は (4.185) で与えられるものとする．このとき，次の (i), (ii) が成り立つ：

(i) 時間的運動を行う任意の質点 $m$ に対して

$$\langle p_m(t), p(t)\rangle_{V_\mathrm{M}} > 0 \quad (\forall t \in \mathbb{I}). \tag{4.190}$$

(ii) 任意の光的運動 $q(t)$ に対して，$\langle q(t), p(t)\rangle_{V_\mathrm{M}} \geq 0$.

---
[24] $h$ は作用（＝エネルギー×時間）の次元をもつ．
[25] この用語は標準的でない．

**証明** (i) (4.119) と (4.185) により

$$\langle p_m(t), p(t)\rangle_{V_{\mathrm{M}}} = \frac{m}{\sqrt{1-\frac{v(t)^2}{c^2}}}(E(t) - \langle \mathbf{v}(t), \mathbf{p}(t)\rangle_{V_{\mathrm{M}}}).$$

(4.186) とシュヴァルツの不等式 $|\langle \mathbf{v}(t), \mathbf{p}(t)\rangle_{V_{\mathrm{M}}}| \leq \|\mathbf{v}(t)\|_{\mathbb{R}^d} \|\mathbf{p}(t)\|_{\mathbb{R}^d}$ により

$$E(t) - \langle \mathbf{v}(t), \mathbf{p}(t)\rangle_{V_{\mathrm{M}}} \geq (c - \|\mathbf{v}(t)\|_{\mathbb{R}^d})\|\mathbf{p}(t)\|_{\mathbb{R}^d} > 0.$$

したがって，求める不等式が成立する.

(ii) $q(t) = F(t)e_0/c + \sum_{j=1}^{d} q^j(t)e_j$, $F(t) = c\|\mathbf{q}(t)\|_{\mathbb{R}^d}$ として (i) と同様の計算を行えばよい. ∎

### 4.21.2 空間的運動——虚粒子

$\gamma : [\alpha, \beta] \to V_M$ を空間的運動としよう．すなわち，$\gamma$ は

$$\langle \dot\gamma(s), \dot\gamma(s)\rangle_{V_{\mathrm{M}}} < 0 \quad (s \in [\alpha, \beta]) \tag{4.191}$$

を満たす運動である．ローレンツ座標系 $(V_M, E)$ において，$\gamma$ を (4.183) のように展開しよう．このとき

$$\langle \dot\gamma(t), \dot\gamma(t)\rangle_{V_{\mathrm{M}}} = c^2 - v(t)^2. \tag{4.192}$$

したがって，(4.191) と

$$c < v(t)$$

は同値である．ゆえに，空間的運動のローレンツ座標系における速さは超光速（光速を超える速さ）であり，逆に，その空間的速さが超光速である運動は空間的運動である.

条件 (4.191) によって，時間的運動における固有時に相当する量 $l_\gamma$ を

$$l_\gamma := \frac{1}{c}\int_\alpha^\beta \sqrt{-\langle \dot\gamma(s), \dot\gamma(s)\rangle_{V_{\mathrm{M}}}}\, ds \tag{4.193}$$

によって定義できる．$s, s_0 \in [\alpha, \beta]$ に対して

$$L_\gamma(s) := \frac{1}{c}\int_{s_0}^s \sqrt{-\langle \dot\gamma(s'), \dot\gamma(s')\rangle_{V_{\mathrm{M}}}}\, ds' \tag{4.194}$$

## 4.21. 光的運動と空間的運動

とおき
$$\mathsf{L}_\gamma := L_\gamma([\alpha,\beta]) = \{L_\gamma(s) \mid s \in [\alpha,\beta]\}$$

とする. 写像 $X : \mathsf{L}_\gamma \to V_M$ を
$$X(l) := \gamma(L_\gamma^{-1}(l)) \quad (l \in \mathsf{L}_\gamma) \tag{4.195}$$

によって定義できる. これは, 要するに, 曲線 $\gamma$ をパラメーター $l$ を用いて表したものである. ベクトル $X(l)$ の $l$ に関する導関数
$$\dot{X}(l) = \frac{\mathrm{d}X(l)}{\mathrm{d}l} \tag{4.196}$$

を考察下の空間的運動の $(d+1)$ **次元速度ベクトル**という. また
$$\ddot{X}(l) = \frac{\mathrm{d}^2 X(l)}{\mathrm{d}l^2} \tag{4.197}$$

を $(d+1)$ **次元加速度ベクトル**という.

(4.81) の導出と同様にして
$$\langle \dot{X}(l), \dot{X}(l) \rangle_{V_M} = -c^2 \tag{4.198}$$

が証明される. これは, 空間的運動の $(d+1)$ 次元速度ベクトルは空間的ベクトルであることを示す.

時間的運動の場合に倣って $(d+1)$ 次元運動量を
$$p(l) := \mu \dot{X}(l) \tag{4.199}$$

によって定義する. ただし, $\mu > 0$ は定数であるとする. (4.198) により
$$\langle p(l), p(l) \rangle_{V_M} = -\mu^2 c^2 < 0. \tag{4.200}$$

これは, 時間的運動との対比において, 空間的運動を行う質点の「質量」が $i\mu$ (または $-i\mu$) という純虚数であることを示唆する. そこで, 空間的運動を行う質点を**虚粒子**と呼ぶ. このような粒子——それは, すでに述べたように, 超光速粒子——は**タキオン** (tachyon) とも呼ばれる[26]. この種の粒子は, 現在までのところ, 発見されていない[27].

---

[26] 「タキオン」はギリシャ語に由来する命名で「急速な粒子」の意.
[27] タキオンを発見するための試みについては, たとえば, 本間三郎『幻の素粒子——クォーク・モノポール・タキオン』(岩波現代選書 NS, 岩波書店, 1980) を参照.

## 第 4 章 特殊相対性理論

虚粒子との対比において，$(d+1)$ 次元運動量が時間的または光的となる質点的存在を**実粒子**と呼ぶ．

虚粒子の $(d+1)$ 次元運動量 $p$ を

$$p(l) = p^0(t)e_0 + \sum_{j=1}^{d} p^j(t)e_j \qquad (4.201)$$

と展開する．ただし，$t$ と $l$ の関係は

$$l = L_\gamma(t)$$

である．(4.192) により

$$\dot{L}_\gamma(t) = \sqrt{\frac{v(t)^2}{c^2} - 1}$$

であるから

$$\frac{\mathrm{d}}{\mathrm{d}l} L_\gamma^{-1}(l) = \frac{1}{\sqrt{\frac{v(t)^2}{c^2} - 1}}$$

が成り立つ．したがって

$$\dot{X}(l) = \frac{\mathrm{d}}{\mathrm{d}l} \gamma(L_\gamma^{-1}(l)) = \frac{1}{\sqrt{\frac{v(t)^2}{c^2} - 1}} \dot{\gamma}(t).$$

ゆえに

$$p^0(t) = \frac{E(t)}{c}, \quad p^j(t) = \frac{\mu v^j(t)}{\sqrt{\frac{v(t)^2}{c^2} - 1}} \quad (v(t) > c) \qquad (4.202)$$

が得られる．ただし，$E(t) := \mu c^2 / \sqrt{v(t)^2/c^2 - 1}$．これから，エネルギー成分 $E(t)$ は，質点の速さが増加するにしたがい，単調に減少することがわかる．したがって，虚粒子は，常識的（ニュートン力学的）な質点とは異なる振る舞いをする．

# 第5章 古典電磁気学

本章では電気と磁気に関わる巨視的諸現象の一定の領界を統一的に記述する古典電磁気学の数学的構造を公理論的に叙述する．

## 5.1 はじめに

前章までは，質点系の運動に焦点を絞って論述を進めてきた．だが，言うまでもなく，物理現象は，質点系によって記述できるものばかりではない．そもそも質点が非自明な運動，すなわち，等速直線運動とは異なる運動を行うには，力の作用が必要である．ところで，質点に働く力の場は，一般には，質点からの反作用を受けて時間とともに変化し得る．したがって，より厳密かつ包括的な観点からは，質点だけでなく質点に作用する力の場も含めた系全体の運動を考察する必要がある．力場の基本的な例の一つは，第1章で見たように，万有引力の場である．これは質量を有する質点に働く力場である．ところで，質点は，質量だけでなく，電子や陽子のように，電荷も有する場合がある．このような質点は**荷電粒子**と呼ばれる．質量をもつ粒子がそのまわりに万有引力の場を生み出すように，荷電粒子はその周囲に**電場**と呼ばれる力場を生み出し，この電場は他の荷電粒子にも力を及ぼす（この型の力場の例については，すでに第1章の例1.5で簡単に触れた）．荷電粒子が加速運動を行うと，その周囲の電場も時間的に変動し，電場の他に，**磁場**と呼ばれる力場が発生する．磁場は，磁石や電流（電荷の流れ）を有する物体に力の作用を及ぼす場であり，電場も変化させる特性をもつ．このように，電場と

## 256　第5章　古典電磁気学

磁場との間には密接な関係がある．実は，結論的に言えば，電場と磁場は独立ではなく，**電磁場**と呼ばれる単一的な対象のいわば「部分」として認識される．荷電粒子は，自らが生み出す電磁場だけでなく，他の電磁場からも力の作用を受ける．こうして，荷電粒子と電磁場の相互作用により，一般には，非常に複雑な現象が生起し得る．荷電粒子と電磁場によって引き起こされる現象は**電磁現象**と呼ばれる．電磁現象の一定の領域——「巨視的」電磁現象——を扱う物理学が**古典電磁気学**である[1]．本章の目的は，古典電磁気学の理論的な基礎をより根源的・普遍的な観点から，公理論的に叙述することである．本書の性格と紙数の都合上，物理学的な議論は必要最小限度にとどめる．

本論に入る前に，予備的な注意を若干しておきたい．古典電磁気学の理論の本質的枠組みは，歴史的には，イギリスの偉大な物理学者マクスウェル (James Clerk Maxwell, 1831–1879) によって，19世紀の後半に完成された．マクスウェル理論では，電磁現象の基礎方程式は，電場と磁場に関する4組の連立方程式——**マクスウェル方程式**（本章の5.6節で導出）——によって与えられる．荷電粒子は電磁場と相互作用を行うが，荷電粒子をニュートン力学的に扱うと時空の座標変換に関して整合的でない部分が現れる．すなわち，この場合，電磁場が依って立つ時空は，原理的な意味において，ニュートン力学的時空とは異なることが示唆されるのである．実は，アインシュタインの特殊相対性理論は，この不整合をなくすために，ニュートン力学を修正する試みから見出されたのである．その結果，電磁現象の根底にある時空概念は，ニュートン力学的時空ではなく，4次元ミンコフスキー空間であることが明らかになったのである[2]．

古典電磁気学において直接的に観測される基本的な物理量は，電荷，電流，電場，磁場である．だが，これらの量は，実は，絶対的・普遍的なものではなく，時空の座標系（観測系）の取り方に依存することが観測事実として確認される．たとえば，ある観測系では，巨視的現象空間の中に電場だけが存

---

[1] 「古典」という修飾語がついているのは，量子力学的理念に基づいて構築される**量子電磁力学** (quantum electrodynamics; QED と略)——量子電磁気学または量子電気力学とも呼ばれる——との対比による．

[2] この点については，ロシア生まれのドイツの数学者ミンコフスキー (Hermann Minkowski, 1864–1909) に負うところが大きい．現代的な視点から，ミンコフスキー空間の発見へと至る理論的解析については，拙著『物理現象の数学的諸原理』（共立出版，2003）の7.8節に詳しく書いておいた．

在し，磁場は存在しなくても，別の観測系では，巨視的現象空間内に，電場と磁場がともに存在する場合がある．すなわち，電場や磁場は観測系の取り方に依存する対象であり，この意味で相対的な対象なのである．したがって，電磁現象の絶対的・普遍的本質を探究するためには，電荷，電流，電場，磁場といった物理量を，時間と空間の場合と同様に，何らかの絶対的・普遍的対象，すなわち，時空の座標系の取り方に依らない対象の「分節」として捉える観点へと移行する必要がある．このようにして到達される根源的対象の一つが電磁ポテンシャルと呼ばれるものであり，古典的電磁現象——古典電磁気学で扱われる電磁現象——の基礎方程式は電磁ポテンシャルに関する方程式として表される．

## 5.2 電磁ポテンシャルと古典電磁気学の基礎方程式

$V_\mathrm{M}$ を $(d+1)$ 次元ミンコフスキーベクトル空間とする．質点に関する特殊相対論的力学においては，$V_\mathrm{M}$ の元が諸々の基本的な概念を担っていたが，古典電磁気学においては，以下に見るように，$V_\mathrm{M}$ の双対空間 $V_\mathrm{M}{}^*$ および $V_\mathrm{M}{}^*$ の $p$ 重反対称テンソル積 $\bigwedge^p(V_\mathrm{M}{}^*)$ $(p=1,\ldots,d+1)$ が中心的な役割を演ずることになる[3]．

$D$ を $V_\mathrm{M}$ の開集合とし，$D$ から $V_\mathrm{M}{}^*$ への連続微分可能な写像，すなわち，$D$ 上の 1 次微分形式（1-形式）

$$A: D \to V_\mathrm{M}{}^*; \quad D \ni x \mapsto A(x) \in V_\mathrm{M}{}^* \tag{5.1}$$

を考える．結論から述べるならば，この型の対象が古典的電磁現象の根源的理念の一つである[4]．この文脈では，$A$ は**電磁ポテンシャル**または **$(d+1)$ 次元ベクトルポテンシャル**と呼ばれる．

$k$ を自然数とし，$D$ 上の $k$ 回連続微分可能な $p$ 次微分形式（i.e. $D$ から $\bigwedge^p(V_\mathrm{M}{}^*)$ への $k$ 回連続微分可能な写像）の空間を $A_p^k(D)$ とし，$\mathrm{d}_\mathrm{M}: A_p^k(D) \to A_{p+1}^{k-1}(D)$ を外微分作用素，$\delta_\mathrm{M}: A_p^k(D) \to A_{p-1}^{k-1}(D)$ を余微分作

---
[3] テンソル積については，付録 F を参照．
[4] 現象的水準から出発して，この高次の理念的階層へと至る考察については，拙著『物理現象の数学的諸原理』（共立出版，2003）の 7.8 節を参照．ここでは，逆の道，すなわち，「上」から「下」へ向かう過程を追跡する．

用素とする[5].

5.1 節で述べたように，電磁現象の源である電荷や電流は，座標系の取り方に依存し，それ自体では絶対的な意味をもたない．そこで，それらの $(d+1)$ 次元的形式を考える必要がある．これは，以下の性質を有する，$D$ 上の 1 次微分形式 $J : D \to V_\mathrm{M}^*$ で与えられる（公理）．任意のローレンツ座標系 $(V_\mathrm{M}, E)$ $(E = \{e_\mu\}_{\mu=0}^d)$ において

$$J(x) = \sum_{\mu=0}^d J_\mu(x) \phi^\mu \quad (x \in V_\mathrm{M}) \tag{5.2}$$

と展開する $(J_\mu(x) \in \mathbb{R})$．ただし，$\{\phi^\mu\}_{\mu=0}^d$ は $E$ の双対基底である．$J(x)$ の各成分 $J_\mu(x)$ は次のような物理的解釈をもつ：ローレンツ座標系 $(V_\mathrm{M}, E)$ の **$d$ 次元電荷密度**（$d$ 次元空間における単位体積当たりの電気量）を $\rho(x) \geq 0$，**$d$ 次元電流密度**（$(d-1)$ 次元の単位体積を単位時間当たり貫く電流）を

$$\mathbf{j}(x) := (j^1(x), j^2(x), \ldots, j^d(x)) \in \mathbb{R}^d$$

とすれば

$$J_0(x) = \rho(x), \quad J_i(x) = -\frac{j^i(x)}{c} \quad (i = 1, \ldots, d). \tag{5.3}$$

ただし，$c$ は真空中の光速である（第 2 式の右辺のマイナス符号に注意）．$J$ を **$(d+1)$ 次元電流密度**と呼ぶ．

古典電磁気学の基礎方程式は，電磁ポテンシャル $A$ に対する方程式として次のように定式化される（公理）：

$$\boxed{(-1)^{d+1} \delta_\mathrm{M} \mathrm{d}_\mathrm{M} A = \frac{J}{c\varepsilon_0}.} \tag{5.4}$$

ただし，$\varepsilon_0 > 0$ は定数であり，後に真空の誘電率と呼ばれる物理定数と同定されるものである．

**注意 5.1** 古典電磁気学の公理論的な出発点となる方程式 (5.4) に，いきなり

---
[5] 微分形式に関する用語については，付録 G を参照．

## 5.2. 電磁ポテンシャルと古典電磁気学の基礎方程式

一つの定数 $\varepsilon_0$ が登場するのは，唐突に感じられるかもしれない．これは，一つには，以後の理論的展開において，電磁ポテンシャルの記法が電磁気学の標準的な教科書のそれに合致するようにするためである．他方，(5.4) のかわりに，$\varepsilon_0$ が現れない方程式

$$(-1)^{d+1}\delta_M d_M \mathcal{A} = J \quad (\mathcal{A}\text{ は 1 次微分形式})$$

をとることも可能である．この場合，後の理論展開のある段階で，$A := \mathcal{A}/c\varepsilon_0$ によって定義される微分形式 $A$ が電磁ポテンシャルと同定されることになる．しかし，基礎方程式の中に，その理論を特徴づける定数——古典電磁気学の場合は，$c$ と $\varepsilon_0$ ——が入るのは，むしろ，自然であるという見方も可能であろう．実際，電磁現象のより「下位」の水準での基礎方程式であるマクスウェル方程式には，$c, \varepsilon_0$ が入っているし，特殊相対性理論の基礎方程式の一つ (4.111) には真空中の光速 $c$ が含まれている．また，第 7 章で論じる量子力学の基礎方程式には，量子現象の相を特徴づけるプランク定数 $h$ が入っている．

時空次元 $(d+1)$ が偶数ならば

$$\boxed{\delta_M d_M A = \frac{J}{c\varepsilon_0}} \quad (5.5)$$

である．

方程式 (5.4) の物理的な意味は次の通りである：$(d+1)$ 次元電流密度 $J$ が，$A$ に同伴する一つの物理量 $(-1)^{d+1}\delta_M d_M A$ ——これは後に見るように，ローレンツ座標系での表示では，$A$ について，時間変数および空間変数に関する 2 階の偏導関数からなる——を定める形で電磁現象（$A$ の時空的変化）が生み出される[6]．

$\delta_M^2 = 0$（付録 G の定理 G.2 (i)）であるから，(5.5) は

$$\delta_M J = 0 \quad (5.6)$$

を意味する．これを **$(d+1)$ 次元電流保存則**という．

---
[6] これは，類比的に語るならば，ニュートン力学や特殊相対論的力学において，質点に働く力によってその加速度が定められ，運動が生成される構造と似ている．

$D$ 上で $(d+1)$ 次元電流密度 $J$ が 0 の場合の電磁ポテンシャル，すなわち，方程式

$$\delta_\mathrm{M} \mathrm{d}_\mathrm{M} A = 0 \tag{5.7}$$

を満たす電磁ポテンシャル $A$ を $D$ 上の**自由な**電磁ポテンシャルという．

## 5.3　ローレンツ座標系での基礎方程式の表示

(5.4) は抽象的・普遍的でこの上なく美しい．だが，これを用いて電磁現象を具体的に解析するためには，その座標表示を求めておく必要がある．

$(V_\mathrm{M}, E)$ を $V_\mathrm{M}$ におけるローレンツ座標系としよう．すなわち，$E = \{e_\mu\}_{\mu=0}^d$ は $V_\mathrm{M}$ のミンコフスキー基底である．$E$ の双対基底を $\{\phi^\mu\}_{\mu=0}^d$ とし，$V_\mathrm{M}{}^*$ の向きとして，$\phi^0 \wedge \phi^1 \wedge \cdots \wedge \phi^d$ が正となるものを固定する[7]．したがって

$$x = \sum_{\mu=0}^d x^\mu e_\mu \quad (x^\mu \in \mathbb{R})$$

と展開するとき，$\phi^\mu = \mathrm{d}x^\mu$ である．光的でないベクトル $u \in V_\mathrm{M}$ の符号を $\epsilon(u)$ とする（付録 D の (D.10)）：

$$\epsilon(u) := \frac{\langle u, u \rangle_{V_\mathrm{M}}}{|\langle u, u \rangle_{V_\mathrm{M}}|}. \tag{5.8}$$

容易にわかるように

$$\epsilon(\phi^0) = \epsilon(\mathrm{d}x^0) = 1, \quad \epsilon(\phi^j) = \epsilon(\mathrm{d}x^j) = -1 \quad (j = 1, \ldots, d). \tag{5.9}$$

したがって

$$\langle \phi^0 \wedge \cdots \wedge \phi^d, \phi^0 \wedge \cdots \wedge \phi^d \rangle = \prod_{\mu=0}^d \langle \phi^\mu, \phi^\mu \rangle_{V_\mathrm{M}{}^*} = (-1)^d \tag{5.10}$$

となる．

電磁ポテンシャル $A$ の $x \in V_\mathrm{M}$ における像 $A(x)$ は $V_\mathrm{M}{}^*$ の元であるから

---
[7] ベクトル空間の向きについては，付録 F の F.5 節を参照．

## 5.3. ローレンツ座標系での基礎方程式の表示

$$A(x) = \sum_{\mu=0}^{d} A_\mu(x)\phi^\mu \tag{5.11}$$

と展開される．この場合，$(A_\mu(x)) := (A_0(x), \ldots, A_d(x))$ を $A(x)$ の線形座標系 $(V_\mathrm{M}, E)$ における**座標表示**または**成分表示**という．基底と双対基底の関係

$$\phi^\mu(e_\nu) = \delta^\mu_\nu = \delta_{\mu\nu} \quad (\text{クロネッカーデルタ}) \tag{5.12}$$

によって

$$A_\mu(x) = A(x)(e_\mu) \quad (A(x) \in V_\mathrm{M}{}^* \text{ の } e_\mu \text{ における値}) \tag{5.13}$$

となることがわかる．

各 $\mu = 0, \ldots, d$ に対して，下付き添え字変数

$$x_\mu := \sum_{\nu=0}^{d} g_{\mu\nu} x^\nu \quad (x_0 := x^0,\ x_j := -x^j\ (j = 1, \ldots, d)). \tag{5.14}$$

を導入し（第 4 章の 4.3.1 項を参照），変数 $x^\mu, x_\mu$ に関する偏微分作用素をそれぞれ，$\partial_\mu, \partial^\mu$ とする：

$$\partial_\mu := \frac{\partial}{\partial x^\mu}, \quad \partial^\mu := \frac{\partial}{\partial x_\mu}. \tag{5.15}$$

このとき

$$\partial_\mu = \sum_{\nu=0}^{d} g_{\mu\nu} \partial^\nu, \quad \partial^\mu = \sum_{\nu=0}^{d} g^{\mu\nu} \partial_\nu \tag{5.16}$$

の関係がある．ただし，$g^{\mu\nu} = g_{\mu\nu}$ ($\mu, \nu = 0, 1, \ldots, d$)．陽に表せば

$$\partial^0 = \partial_0, \quad \partial^j = -\partial_j \quad (j = 1, \ldots, d) \tag{5.17}$$

となる．

付録 G の例 G.4 により

$$\delta_\mathrm{M} \mathrm{d}_\mathrm{M} \psi = (-1)^{d+1} \Box \psi - \mathrm{d}_\mathrm{M} \delta_\mathrm{M} \psi \quad (\psi \in A^2_p(D)) \tag{5.18}$$

が成り立つ．ただし

$$\Box := \partial_0^2 - \sum_{j=1}^{d} \partial_j^2 = \sum_{\mu=0}^{d} \partial^\mu \partial_\mu \tag{5.19}$$

は $(d+1)$ 次元のダランベールシャンである．$x^0 = ct$（$t$ は座標時間）とすれば

$$\Box = \frac{1}{c^2}\frac{\partial^2}{\partial t^2} - \sum_{j=1}^{d} \partial_j^2 \tag{5.20}$$

と表される．

そこで，次の問題は，$d_M \delta_M A$ の座標表示を求めることである．まず，(5.9) と (5.10) および付録 G の (G.10) を用いると

$$\delta_M A = (-1)^{d+1} \operatorname{Div} A \tag{5.21}$$

となる．ただし，$\operatorname{Div} A : D \to \mathbb{R}$ は

$$\operatorname{Div} A := \sum_{\mu=0}^{d} \partial^\mu A_\mu = \partial_0 A_0 - \sum_{j=1}^{d} \partial_j A_j \tag{5.22}$$

によって定義されるスカラー場である．(5.21) の左辺は，もちろん，座標から自由であるから，$\operatorname{Div} A$ もローレンツ座標系の取り方に依らない．スカラー場 $\operatorname{Div} A$ を $A$ の **$(d+1)$ 次元的発散**という．

(5.21) と外微分作用素の座標表示（付録 G の (G.4) を参照）によって

$$d_M \delta_M A = (-1)^{d+1} \sum_{\mu=0}^{d} \partial_\mu \operatorname{Div} A \, dx^\mu \tag{5.23}$$

という表示が得られる．

以上をまとめると，基礎方程式 (5.4) のローレンツ座標系での成分表示は次のようになる：$\mu = 0, 1, \ldots, d$ に対して

$$\boxed{\Box A_\mu - \partial_\mu \operatorname{Div} A = \frac{J_\mu}{c\varepsilon_0}.} \tag{5.24}$$

特に

$$\operatorname{Div} A = 0 \tag{5.25}$$

ならば

$$\boxed{\Box A_\mu = \frac{J_\mu}{c\varepsilon_0}.} \tag{5.26}$$

## 5.3. ローレンツ座標系での基礎方程式の表示

したがって，電磁ポテンシャルの各成分 $A_\mu$ は，非斉次波動方程式を満たす[8]. 条件 (5.25) は**ローレンツ条件**と呼ばれる．

**例 5.2** 自由な電磁ポテンシャルの方程式は，ローレンツ座標系では

$$\Box A_\mu - \partial_\mu \operatorname{Div} A = 0 \tag{5.27}$$

という形をとる．ここで，方程式 (5.27) の解の範疇を複素数値関数まで拡大しておく．すなわち，$A_\mu : V_\mathrm{M} \to \mathbb{C}$ とする[9]．微分演算の線形性により，次の事実が成立する：

▶ 複素数値関数 $A_\mu^{(n)}$ ($n = 1, \ldots, N$ ($N$ は任意の自然数)) が (5.27) の解ならば，これらの**重ね合わせ** $\sum_{n=1}^N \alpha_n A_\mu^{(n)}$ ($\alpha_n \in \mathbb{C}$ は任意の複素定数) も (5.27) の解である．

任意の $\mathbf{k} \in \mathbb{R}^d$ に対して，$k^0 = \|\mathbf{k}\|$ とし，$k = \sum_{\mu=0}^d k^\mu e_\mu \in V_\mathrm{M}$ とすれば，$k$ は光的ベクトルである．$k$ と（ミンコフスキー計量に関して）直交するベクトル $a(\mathbf{k}) \in V_\mathrm{M}$ を一つ定める：$\langle k, a(\mathbf{k})\rangle_{V_\mathrm{M}} = 0$. このとき，$A_\mu^{(\mathbf{k})}(x) := a_\mu(\mathbf{k}) e^{-i\langle k, x\rangle_{V_\mathrm{M}}}$ ($x \in V_\mathrm{M}$, $i$ は虚数単位) とすれば，$A_\mu^{(\mathbf{k})}$ は (5.27) の解である[10]．したがって，$A_\mu^{(\mathbf{k})}$ とその複素共役 $(A_\mu^{(\mathbf{k})})^*$ の重ね合わせ

$$A_\mu^{(\mathbf{k})}(x) = a_\mu(\mathbf{k})^* e^{i\langle k, x\rangle_{V_\mathrm{M}}} + a_\mu(\mathbf{k}) e^{-i\langle k, x\rangle_{V_\mathrm{M}}}$$

も (5.27) の解である．

$\hat{\mathbf{k}} := \mathbf{k}/k^0$ とすれば，$\|\hat{\mathbf{k}}\| = 1$ であり，$\langle k, x\rangle = k^0(ct - \langle\hat{\mathbf{k}}, \mathbf{x}\rangle)$ と表される．ただし，$x^0 = ct$ とした．

一般に，$\mathbb{R}$ 上の任意の 2 回連続微分可能な関数 $f$ に対して，$\phi(t, \mathbf{x}) := f(\langle\hat{\mathbf{k}}, \mathbf{x}\rangle - ct)$ とすれば，$\phi$ は波動方程式

$$\frac{1}{c^2}\frac{\partial \phi(t, \mathbf{x})}{\partial t^2} - \sum_{j=1}^d \partial_j^2 \phi(t, \mathbf{x}) = 0$$

---

[8] 一般に，関数 $\Phi, J : D \to \mathbb{K}$ に対する偏微分方程式 $\Box\Phi(x) = J(x)$ は**非斉次波動方程式**と呼ばれる．その名が示唆するように，この方程式はある種の波動を記述する．特に，$J = 0$ の場合の方程式 $\Box\Phi = 0$ を**波動方程式**または**ダランベール方程式**という．非斉次波動方程式の解については，付録 H の H.2 を参照．
[9] この方が一般性があり，しかも実性という制限がなくなるので扱いやすい．
[10] いまの場合，$k$ と $a(\mathbf{k})$ の直交性により，$\operatorname{Div} A = 0$ となる．

を満たす.この場合,$\phi$ は $\hat{\mathbf{k}}$ の向きに速さ $c$ で伝播する平面波を表す.

したがって,$A_\mu^{(\mathbf{k})}$ は,$\hat{\mathbf{k}}$ の向きに速さ $c$ で伝播する平面波の重ね合わせである.そこで,$A_\mu^{(\mathbf{k})}$ を (5.27) の**平面波解**という.この波は光速 $c$ で伝播する.「添え字」$\mathbf{k}$ についての「連続的な」重ね合わせを考えることにより,次の型の解が得られる ($\mu = 0, 1, \ldots, d$):

$$A_\mu(x) = \int_{\mathbb{R}^d} \left( a_\mu(\mathbf{k})^* e^{i(\omega t - \langle \mathbf{k}, \mathbf{x} \rangle)} + a_\mu(\mathbf{k}) e^{-i(\omega t - \langle \mathbf{k}, \mathbf{x} \rangle)} \right) d\mathbf{k}. \tag{5.28}$$

ただし,$\omega := c\|\mathbf{k}\|_{\mathbb{R}^d}$ とした.また,$a_\mu(\mathbf{k})$ は積分条件

$$\int_{\mathbb{R}^d} |a_\mu(\mathbf{k})| \, d\mathbf{k} < \infty, \quad \int_{\mathbb{R}^d} |a_\mu(\mathbf{k})| \|\mathbf{k}\|^2 \, d\mathbf{k} < \infty \quad (\mu = 0, 1, \ldots, d)$$

を満たすとする(1 番目の積分条件は,(5.28) の右辺の積分の存在を保証するものであり,2 番目の積分条件は,(5.28) の右辺において,2 階までの偏微分と積分の順序交換を可能にする十分条件である).

(5.21) は,任意の 1 次微分形式 $A$ に対して成立するので

$$\delta_{\mathrm{M}} J = (-1)^{d+1} \operatorname{Div} J$$

である.したがって,$(d+1)$ 次元電流保存則 (5.6) は,ローレンツ座標系では,$\operatorname{Div} J = 0$ を意味する.時間変数 $t \in \mathbb{R}$ ($x^0 = ct$) を用いて,$\operatorname{Div} J = 0$ を具体的に書けば

$$\operatorname{div} \mathbf{j} + \frac{\partial \rho}{\partial t} = 0 \tag{5.29}$$

が得られる.ただし,$\operatorname{div}$ は $d$ 次元的発散である(付録 E の E.5.2 項を参照).

ガウスの発散定理[11]により,しかるべき条件を満たす任意の有界連結開集合 $\Omega \subset \mathbb{E}^d$ に対して

$$-\frac{d}{dt} \int_\Omega \rho(x) \, d\mathbf{x} = \int_{\partial \Omega} \langle \mathbf{j}, d\mathbf{S} \rangle \tag{5.30}$$

が成り立つ.ただし,$\partial \Omega$ は $\Omega$ の境界であり,$\int_{\partial \Omega} \langle \mathbf{j}, d\mathbf{S} \rangle$ は超曲面 $\partial \Omega$ 上の面積分を表す.(5.30) は,$\Omega$ 内の電荷の瞬間減少率(左辺)が超曲面 $\partial \Omega$ から出ていく電流(右辺)に等しいことを語る.したがって,電荷は局所的に

---

[11] 拙著『現代ベクトル解析の原理と応用』(共立出版,2006) の 9 章,9.5.5 項を参照.

保存される．この意味で (5.29) を**局所的電荷保存則**という．

(5.29) と付録 E の定理 E.9 を応用することにより，次の結果が得られる：

**定理 5.3（全電荷保存則）** 次の条件が満たされるとする：

(i) $\int_{\mathbb{R}^d} |\rho(x)|\, d\mathbf{x} < \infty$, $\forall t \in \mathbb{R}$ $(x = cte_0 + \sum_{j=1}^d x^j e_j)$.

(ii) 任意の開区間 $(a,b) \subset \mathbb{R}$ に対して，$\mathbb{R}^d$ 上の非負値可積分関数 $g$ が存在して，$\sup_{t \in (a,b)} |\operatorname{div}\mathbf{j}(x)| \leq g(\mathbf{x})$, a.e.[12] $\mathbf{x} \in \mathbb{R}^d$.

(iii) 定数 $C > 0$ と $p > d - 2$ が存在して，すべての $R > 0$ に対して
$$\left|\langle \mathbf{j}(x), \mathbf{x}\rangle_{\mathbb{R}^d}\right| \leq \frac{C}{R^p}, \quad |\mathbf{x}| = R.$$

このとき，**全電荷**
$$Q := \int_{\mathbb{R}^d} \rho(x)\, d\mathbf{x} \tag{5.31}$$
は $t$ に依らず一定である．

## 5.4　電磁ポテンシャルに対する方程式の解

先に進む前に，電磁ポテンシャルに対する方程式 (5.26) の解の構造について簡単に触れておこう．

**命題 5.4** $A_\mu$ を (5.26) の任意の解とする．

(i) $A_\mu^{\text{free}}$ をローレンツ条件を満たす自由な電磁ポテンシャル，すなわち，波動方程式
$$\boxed{\Box A_\mu^{\text{free}} = 0} \tag{5.32}$$
の解とすれば，$A_\mu + A_\mu^{\text{free}}$ は (5.26) の解である．

---
[12] "a.e." (almost everywhere) は，いまの場合，$\mathbb{R}^d$ 上のルベーグ測度について「ほとんどいたるところ」の意である．

(ii) (5.26) において, $J_\mu$ が $A_0, \ldots, A_d$ に依らないならば, (5.26) の任意の解は $A_\mu + A_\mu^{\text{free}}$ という形で与えられる.

**証明** (i) 直接計算.

(ii) (5.26) の任意の解を $B_\mu$ とすれば, $\Box(B_\mu - A_\mu) = 0$. したがって, $A_\mu^{\text{free}} := B_\mu - A_\mu$ とおけば, これは波動方程式の解であり, $B_\mu = A_\mu + A_\mu^{\text{free}}$ が成り立つ. ∎

命題 5.4 (ii) によって, $J_\mu$ ($\mu = 0, \ldots, d$) が $A_0, \ldots, A_d$ に依らない場合 (すなわち, $J_\mu$ が所与の関数である場合), 非斉次波動方程式 (5.26) の任意の解を求めるには, (5.26) の特殊解と波動方程式の一般解を求めれば十分であることがわかる.

**例 5.5** (5.28) によって定義される $A_\mu$ は $A_\mu^{\text{free}}$ の例である.

**定理 5.6** $d = 3$ の場合を考え, $J_\mu$ ($\mu = 0, 1, 2, 3$) は 2 回連続微分可能で次の条件 (i), (ii) を満たすとする.

(i) すべての $x \in \mathbb{R}^4$ に対して

$$\int_{\mathbb{R}^3} \frac{|J_\mu(x^0 - \|\mathbf{y}\|, \mathbf{x} + \mathbf{y})|}{\|\mathbf{y}\|} \, d\mathbf{y} < \infty, \tag{5.33}$$

$$\lim_{\|\mathbf{y}\| \to \infty} \frac{J_\mu(x^0 - \|\mathbf{y}\|, \mathbf{x} + \mathbf{y})}{\|\mathbf{y}\|} = 0, \tag{5.34}$$

$$\lim_{\|\mathbf{y}\| \to \infty} \frac{1}{\|\mathbf{y}\|} \frac{\partial}{\partial y^j} J_\mu(x^0 - \|\mathbf{y}\|, \mathbf{x} + \mathbf{y}) = 0 \quad (j = 1, 2, 3), \tag{5.35}$$

$$\lim_{\|\mathbf{y}\| \to \infty} \frac{1}{\|\mathbf{y}\|} (\partial_0 J_\mu)(x^0 - \|\mathbf{y}\|, \mathbf{x} + \mathbf{y}) = 0. \tag{5.36}$$

(ii) $\mathbb{R}^3$ の任意の閉直方体[13] $B$ と任意の $x^0 \in \mathbb{R}$, $j = 1, 2, 3$, $\alpha = 1, 2$ に対して

$$\int_{\mathbb{R}^3} \frac{1}{\|\mathbf{y}\|^\alpha} \sup_{\mathbf{x} \in B} \left| \frac{\partial}{\partial x^j} J_\mu(x^0 - \|\mathbf{y}\|, \mathbf{x} + \mathbf{y}) \right| d\mathbf{y} < \infty, \tag{5.37}$$

$$\int_{\mathbb{R}^3} \frac{1}{\|\mathbf{y}\|^\alpha} \sup_{\mathbf{x} \in B} \left| (\partial_0 J_\mu)(x^0 - \|\mathbf{y}\|, \mathbf{x} + \mathbf{y}) \right| d\mathbf{y} < \infty, \tag{5.38}$$

---

[13] $[a_1, b_1] \times [a_2, b_3] \times [a_3, b_3] \subset \mathbb{R}^3$ ($a_i, b_i \in \mathbb{R}$, $a_i < b_i$, $i = 1, 2, 3$) という形の集合.

$$\int_{\mathbb{R}^3} \frac{1}{\|\mathbf{y}\|} \sup_{\mathbf{x} \in B} \left| \frac{\partial}{\partial x^j}(\partial_0 J_\mu)(x^0 - \|\mathbf{y}\|, \mathbf{x} + \mathbf{y}) \right| d\mathbf{y} < \infty, \tag{5.39}$$

$$\int_{\mathbb{R}^3} \frac{1}{\|\mathbf{y}\|} \sup_{\mathbf{x} \in B} \left| (\partial_0^2 J_\mu)(x^0 - \|\mathbf{y}\|, \mathbf{x} + \mathbf{y}) \right| d\mathbf{y} < \infty. \tag{5.40}$$

このとき

$$A_\mu(x) := \frac{1}{4\pi c\varepsilon_0} \int_{\mathbb{R}^3} \frac{J_\mu(x^0 - \|\mathbf{x} - \mathbf{y}\|, \mathbf{y})}{\|\mathbf{x} - \mathbf{y}\|} d\mathbf{y} \tag{5.41}$$

によって定義される関数 $A_\mu$ は (5.26) の解である.

**証明** 付録 H の定理 H.3 の応用. ∎

## 5.5 電磁場テンソル

電磁ポテンシャル $A$ から自然な仕方で定まる2階反対称共変テンソル場 ($A_2^0(D)$ の元)

$$F(A) := d_M A \tag{5.42}$$

を電磁場テンソルまたは単に電磁場と呼ぶ.

$d_M^2 = 0$ であるから

$$d_M F(A) = 0 \tag{5.43}$$

が成り立つ. また, (5.4) は

$$(-1)^{d+1} \delta_M F(A) = \frac{J}{c\varepsilon_0} \tag{5.44}$$

と同値である.

電磁場 $F(A)$ のローレンツ座標系 $(V_M, E)$ での表示を求めてみよう. (5.11) と付録 G の (G.4) により

$$F(A)(x) = \sum_{\mu < \nu} F_{\mu\nu}(x) \, \phi^\mu \wedge \phi^\nu \quad (x \in D) \tag{5.45}$$

となることがわかる. ただし

$$F_{\mu\nu}(x) := \partial_\mu A_\nu(x) - \partial_\nu A_\mu(x). \tag{5.46}$$

したがって, $(F_{\mu\nu})_{\mu<\nu}$ が電磁場テンソル $F(A)$ の基底 $\{\phi^\mu \wedge \phi^\nu | 0 \leq \mu < \nu \leq d\}$ に関する成分表示である. 容易にわかるように

$$F_{\mu\nu}(x) = -F_{\nu\mu}(x) \tag{5.47}$$

が成り立つ. すなわち, 電磁場テンソルの成分は, その添え字に関して反対称である. これを用いると (5.45) は

$$F(A)(x) = \frac{1}{2} \sum_{\mu,\nu=0}^{d} F_{\mu\nu}(x) \, \phi^\mu \wedge \phi^\nu \tag{5.48}$$

と書き直せる.

電磁テンソルの成分 $F_{\mu\nu}$ が波動 (平面波または平面波の重ね合わせ) を表すとき, この波動を**電磁波**と呼ぶ.

**例 5.7** 例 5.2 の (5.28) によって与えられる自由な電磁ポテンシャル $A_\mu$ に対する電磁場の成分は次のようになる:

$$\begin{aligned} F_{\mu\nu}(x) = \int_{\mathbb{R}^d} i \Big\{ & \big(k_\mu a_\nu(\mathbf{k})^* - k_\nu a_\mu(\mathbf{k})^*\big) e^{i(\omega t - \langle \mathbf{k}, \mathbf{x} \rangle)} \\ & - \big(k_\mu a_\nu(\mathbf{k}) - k_\nu a_\mu(\mathbf{k})\big) e^{-i(\omega t - \langle \mathbf{k}, \mathbf{x} \rangle)} \Big\} \, d\mathbf{k}. \end{aligned} \tag{5.49}$$

ただし, $k_0 = \|\mathbf{k}\|_{\mathbb{R}^d}$, $k_j = -k^j$ $(j=1,\ldots,d)$. 関数: $(t,\mathbf{x}) \mapsto e^{\pm i(\omega t - \langle \mathbf{k}, \mathbf{x} \rangle)}$ は平面波である. したがって, この例の $F_{\mu\nu}$ は電磁波を表す. (5.49) の右辺の被積分関数の中の添え字をもつ因子はある数学的意味を有する:

$$\hat{k} := \sum_{\mu=0}^{d} k_\mu \phi^\mu \in V_{\mathrm{M}}{}^*, \quad a(\mathbf{k}) := \sum_{\mu=0}^{d} a_\mu(\mathbf{k}) \phi^\mu \in V_{\mathrm{M}}{}^*$$

とすれば

$$\hat{k} \wedge a(\mathbf{k}) = \sum_{\mu<\nu} \big(k_\mu a_\nu(\mathbf{k}) - k_\nu a_\mu(\mathbf{k})\big) \phi^\mu \wedge \phi^\nu.$$

すなわち, $k_\mu a_\nu(\mathbf{k}) - k_\nu a_\mu(\mathbf{k})$ は 2 階反対称共変テンソル $\hat{k} \wedge a(\mathbf{k})$ の成分なのである.

方程式 (5.43) と付録 G の (G.4) により巡回的関係式

$$\boxed{\partial_\lambda F_{\mu\nu} + \partial_\mu F_{\nu\lambda} + \partial_\nu F_{\lambda\mu} = 0} \quad (\lambda, \mu, \nu = 0, 1, \ldots, d) \tag{5.50}$$

が得られる．また，(5.44) と付録 G の (G.10) により

$$\boxed{\sum_{\mu=0}^{d} \partial^\mu F_{\mu\nu}(x) = \frac{J_\nu(x)}{c\varepsilon_0}} \quad (\nu = 0, 1, \ldots, d) \tag{5.51}$$

がしたがう．連立偏微分方程式 (5.50), (5.51) は，**電磁場テンソルの成分に対する運動方程式**である．

電磁場 $F(A)$ の成分 $F_{\mu\nu}$ は，もちろん，ローレンツ座標系を取り換えれば変化し得る．別のローレンツ座標系 $(V_M, E')$ $(E' = \{e'_\mu\}_{\mu=0}^{d})$ をとり，$E'$ の双対基底を $\{\phi^{\mu'}\}_{\mu=0}^{d}$ とする．電磁場 $F(A)$ はローレンツ座標系 $(V_M, E')$ において

$$F(A) = \sum_{\mu<\nu} F'_{\mu\nu}\, \phi^{\mu'} \wedge \phi^{\nu'} \tag{5.52}$$

と展開されるとしよう ($F'_{\mu\nu} : D \to \mathbb{R}$)．各 $x \in D$ に対して，$F(A)(x)$ は 2 階の反対称共変テンソルであるから，底変換：$E \mapsto E'$ の行列（ローレンツ行列）を $L = (L_\mu^\nu)$ とすれば ($e'_\mu = \sum_{\nu=0}^{d} L_\mu^\nu e_\nu$)，二つのローレンツ座標系での電磁場成分 $F_{\mu\nu}(x)'$, $F_{\mu\nu}(x)$ は次の関係式を満たす[14]：

$$F_{\mu\nu}(x)' = \sum_{\alpha,\beta=0}^{d} L_\mu^\alpha L_\nu^\beta F_{\alpha\beta}(x) \quad (\mu < \nu). \tag{5.53}$$

## 5.6 電場と磁場の発現およびマクスウェル方程式の導出

電磁場テンソルから電場や磁場が「分節」として現れてくることを示そう．2 階反対称テンソルの空間 $\bigwedge^2(V_M^*)$ の次元は $_{d+1}C_2 = (d+1)d/2$ であるから，電磁場テンソル $F(A)$ の（ローレンツ座標系における）独立な

---

[14] $\because \phi^\alpha = \sum_{\mu=0}^{d} L_\mu^\alpha \phi^{\mu'}$ であるから，$\phi^\alpha \wedge \phi^\beta = \sum_{\mu,\nu=0}^{d} L_\mu^\alpha L_\nu^\beta \phi^{\mu'} \wedge \phi^{\nu'}$．したがって

$$F(A) = \frac{1}{2}\sum_{\alpha,\beta=0}^{d} F_{\alpha\beta}\, \phi^\alpha \wedge \phi^\beta = \frac{1}{2}\sum_{\mu,\nu=0}^{d}\left(\sum_{\alpha,\beta=0}^{d} L_\mu^\alpha L_\nu^\beta F_{\alpha\beta}\right) \phi^{\mu'} \wedge \phi^{\nu'}.$$

これと (5.52) を比較すればよい．

成分は $(d+1)d/2$ 個である．そこで，電磁場テンソルの独立な成分として $I_F := \{F_{\mu\nu} | 0 \leq \mu < \nu \leq d\}$ をとる（(5.47) に注意）．時空の時間と空間への分離に呼応させて，集合 $I_F$ を $\{F_{0j}\}_{j=1}^d$ と $\{F_{ij} | 1 \leq i < j \leq d\}$ という二つの部分に分けて考えるのは自然であろう．するとまず前者から

$$E^j(x) := cF_{0j}(x) \quad (j = 1, \ldots, d) \tag{5.54}$$

という量が定義される．そこで，$\mathbb{R}^d$ 値関数 $\mathbf{E} : D \to \mathbb{R}^d$ を

$$\mathbf{E}(x) := (E^1(x), \ldots, E^d(x)) \quad (x \in D) \tag{5.55}$$

によって定義する．もちろん，これは，ミンコフスキー基底 $\{e_\mu\}_{\mu=0}^d$ の取り方に依存して決まるベクトル値関数である．

$\mathbf{E}(x)$ が満たす偏微分方程式を見出すために，その $d$ 次元的発散（付録 E の E.5.2 項を参照）

$$\mathrm{div}\,\mathbf{E}(x) := \sum_{j=1}^d \partial_j E^j(x)$$

を計算してみよう．$F_{0j}$ の定義によって

$$\sum_{j=1}^d \partial_j E^j(x) = c\partial_0 \left( \sum_{j=1}^d \partial_j A_j(x) \right) - c \sum_{j=1}^d \partial_j^2 A_0.$$

(5.24) によって，右辺は $J_0(x)/\varepsilon_0$ に等しいことがわかる（$\partial_j = -\partial^j$ ($j = 1, \ldots, d$) に注意）．したがって，(5.3) の第 1 式に注意すれば

$$\boxed{\mathrm{div}\,\mathbf{E}(x) = \frac{\rho(x)}{\varepsilon_0}} \tag{5.56}$$

が得られる．これは，電場と電荷密度に関する**ガウスの法則**を表すものと読める．すなわち，$\mathbf{E}$ は電場を表すと解釈される．

(5.54) と $F_{0j}$ の形から

$$\mathbf{A} := (A^1, \ldots, A^d) = (-A_1, \ldots, -A_d), \quad \phi := cA_0, \tag{5.57}$$

$$\nabla\phi := (\partial_1\phi, \ldots, \partial_d\phi) \tag{5.58}$$

## 5.6. 電場と磁場の発現およびマクスウェル方程式の導出

とおけば

$$\mathbf{E} = -\nabla\phi - \frac{\partial \mathbf{A}}{\partial t} \tag{5.59}$$

が成り立つ[15]．ただし，$x^0 = ct$（$t$ は座標時間）とした．$\mathbf{A}$ は $d$ 次元的ベクトルポテンシャル，$\phi$ はスカラーポテンシャルと呼ばれる．

$\mathbb{R}^d$ 値ベクトル場 $\mathbf{E}$ に関する上述の解釈を受けて次の作業仮説を立ててみる：残りの独立成分 $\{F_{ij} | 1 \leq i < j \leq d\}$ は磁場の成分を表し，その成分の個数は電場の成分の個数と等しい．ところで，集合 $\{F_{ij} | 1 \leq i < j \leq d\}$ の元の個数は $d(d-1)/2$ である．したがって，$d(d-1)/2 = d$ でなければならない．これは $d=3$ を意味する．ゆえに，時空の次元は 4 でなければならない．こうして，時空の 4 次元性に対する一つの構造的な起源が明らかになる．

以下，本節を通して，$V_\mathrm{M}$ は 4 次元ミンコフスキーベクトル空間であるとする．$d=3$ 個の成分 $F_{12}, F_{13}, F_{23}$ からつくられる関数を定義する：

$$B^1 := -F_{23}, \quad B^2 := -F_{31}, \quad B^3 := -F_{12}. \tag{5.60}$$

そして，これを成分関数とする $\mathbb{R}^3$ 値関数

$$\mathbf{B}(x) := (B^1(x), B^2(x), B^3(x)) \tag{5.61}$$

を導入する．このとき，$F_{ij}$ の形と 3 次元的ベクトルポテンシャル $\mathbf{A}$ の定義から

$$\mathbf{B} = \mathrm{rot}\,\mathbf{A} \tag{5.62}$$

が成り立つことがわかる．ただし，rot は回転を表す（付録 F の F.8.2 項を参照）．

(5.50) によって

$$\boxed{\mathrm{div}\,\mathbf{B}(x) = 0} \tag{5.63}$$

が示される．これは，$\mathbf{B}$ を**磁場**と解釈するならば，「磁荷」が単独では存在しないことを表す．

---
[15] ミンコフスキーベクトル空間のベクトルの成分表示における添え字の上げ下げは，$g^E = g$ の場合の (4.24) にしたがう．

次に電場 $\mathbf{E}$ と磁場 $\mathbf{B}$ の時間変化を調べよう. ローレンツ座標系 $(V_\mathrm{M}, E)$ での時間変数 $t$ は $x^0 = ct$ を満たすから

$$\frac{\partial}{\partial t} = c\partial_0 \tag{5.64}$$

である. ゆえに

$$\frac{\partial E^i(x)}{\partial t} = c^2 \partial_0 F_{0i}(x) = c^2(\partial_0^2 A_i(x) - \partial_i \partial_0 A_0(x)).$$

(5.24) により

$$\partial_0^2 A_i(x) = \frac{J_i(x)}{c\varepsilon_0} + \sum_{j=1}^{3} \partial_j^2 A_i(x) + \partial_i \sum_{\mu=0}^{3} \partial^\mu A_\mu(x).$$

これを上式の右辺に代入すれば——$\partial^k = -\partial_k$ $(k = 1, 2, 3)$ に注意して——

$$\frac{\partial E^i(x)}{\partial t} = \frac{cJ_i(x)}{\varepsilon_0} + c^2 \sum_{j \neq i} \partial_j(\partial_j A_i(x) - \partial_i A_j(x))$$

を得る. これを $i = 1, 2, 3$ ごとに書き下せば

$$\frac{\partial E^1(x)}{\partial t} = \frac{cJ_1(x)}{\varepsilon_0} + c^2(\partial_2 B^3(x) - \partial_3 B^2(x)), \tag{5.65}$$

$$\frac{\partial E^2(x)}{\partial t} = \frac{cJ_2(x)}{\varepsilon_0} + c^2(\partial_3 B^1(x) - \partial_1 B^3(x)), \tag{5.66}$$

$$\frac{\partial E^3(x)}{\partial t} = \frac{cJ_3(x)}{\varepsilon_0} + c^2(\partial_1 B^2(x) - \partial_2 B^1(x)). \tag{5.67}$$

これらをベクトル場に関する方程式として一つにまとめれば

$$\boxed{c^2 \operatorname{rot} \mathbf{B}(x) = \frac{\mathbf{j}(x)}{\varepsilon_0} + \frac{\partial \mathbf{E}(x)}{\partial t}} \tag{5.68}$$

となる. ただし, $\operatorname{rot} \mathbf{B}$ は $\mathbf{B}$ の回転を表し

$$\mathbf{j}(x) := (j^1(x), j^2(x), j^3(x)) \tag{5.69}$$

である ((5.3) の第 2 式を参照). これは, 電場の時間的変化と 3 次元的電流密度 $\mathbf{j}$ および磁場 $\mathbf{B}$ の間の根源的関係を示す.

## 5.6. 電場と磁場の発現およびマクスウェル方程式の導出

磁場 $\mathbf{B}$ の時間微分については，まず

$$\frac{\partial B^1(x)}{\partial t} = -c\partial_0 F_{23}(x). \tag{5.70}$$

そこで，(5.50) を使えば，右辺は $-(\partial_2 E^3(x) - \partial_3 E^2(x))$ に等しいことがわかる．他の成分についても同様である．ゆえに

$$\boxed{\operatorname{rot} \mathbf{E}(x) = -\frac{\partial \mathbf{B}(x)}{\partial t}} \tag{5.71}$$

が成立する．

電場と磁場に関する連立偏微分方程式 (5.56), (5.71), (5.63), (5.68) は，通常，**マクスウェル方程式**と呼ばれる[16]．これは，電場，磁場，電荷密度，電流密度を用いて表した古典電磁気学の基礎方程式である．だが，ここで次の点について注意を喚起しておきたい．上の論述から明らかなように，電場と磁場は電磁場テンソルのローレンツ座標系における成分からなるものであり，また，電荷密度と電流密度も $(d+1)$ 次元電流密度のローレンツ座標系における成分である．したがって，マクスウェル方程式は，ローレンツ座標系に依拠した方程式であり，この意味で，座標から自由でない．電場と磁場は，観測を行うローレンツ座標系によって異なる相対的な対象であり，それらの座標変換式は (5.53) を電場成分と磁場成分を用いて書き下すことにより得られる（詳細は略する）．座標変換式を解析することにより，たとえば，あるローレンツ座標系では磁場と電場の両方が存在しても，別のローレンツ座標系では，電場または磁場のいずれかだけしか存在しないという状況が起こり得ることがわかる[17]．

---

[16] ここでの電荷密度と電流密度はそれぞれ，分極電荷を含むすべての電荷に関する密度，伝導電流以外の電流も含むすべての電流に関する密度である．こうすることにより，電界 $\mathbf{H}$ と電束密度 $\mathbf{D}$ を導入することなしに，真空中だけでなく任意の物質中において電磁場が従う運動方程式を単純で美しい形に書き下すことができるのである．この明晰で本質をついたアプローチの詳細については，ファインマン–レイトン–サンズ『ファインマン物理学 III 電磁気学』（岩波書店，1969）を参照されたい．
[17] 以下の系 5.9 (ii) の事実を利用すると簡単な例をつくることができる．

## 5.7 電場と磁場からつくられるスカラー不変量

電場と磁場はローレンツ座標系に依存する相対的な量であるとはいえ，これらは，絶対的対象 $F(A)$ の分節として出てくるわけであるから，$F(A)$ からつくられる量を電場と磁場を用いて書き表せば，電場と磁場からつくられる量でローレンツ座標系の取り方に依らないものが見出されるはずである．この予想のもとに，まず，次の事実に注目しよう：

**定理 5.8** $D$ の各点 $x$ に対して次の等式が成り立つ：

$$\langle F(A)(x), F(A)(x)\rangle_{\bigwedge^2(V_\mathrm{M}{}^*)} = \|\mathbf{B}(x)\|^2 - \frac{1}{c^2}\|\mathbf{E}(x)\|^2. \tag{5.72}$$

$$\langle *F(A)(x), F(A)(x)\rangle_{\bigwedge^2(V_\mathrm{M}{}^*)} = -\frac{2}{c}\langle \mathbf{E}(x), \mathbf{B}(x)\rangle. \tag{5.73}$$

ここで，$*$ はホッジのスター作用素（付録 F の F.7 節参照）を表す．

**証明** (5.45) により

$$\langle F(A)(x), F(A)(x)\rangle_{\bigwedge^2(V_\mathrm{M}{}^*)} = \sum_{\mu<\nu} F_{\mu\nu}(x)^2 \epsilon(\phi^\mu)\epsilon(\phi^\nu)$$

$$= -\sum_{i=1}^{3} F_{0i}(x)^2$$

$$+ F_{12}(x)^2 + F_{13}(x)^2 + F_{23}(x)^2.$$

これを書き換えれば (5.72) が得られる．

(ii) $\tau := \phi^0 \wedge \phi^1 \wedge \phi^2 \wedge \phi^3$ とおく．ホッジのスター作用素の定義（付録 F の (F.6) を参照）により

$$\langle *F(A)(x), F(A)(x)\rangle_{\bigwedge^2(V_\mathrm{M}{}^*)} \tau = F(A)(x) \wedge F(A)(x).$$

一方

$$F(A)(x) \wedge F(A)(x) = \sum_{\mu<\nu}\sum_{\alpha<\beta} F_{\mu\nu}(x) F_{\alpha\beta}(x)\, \phi^\mu \wedge \phi^\nu \wedge \phi^\alpha \wedge \phi^\beta.$$

右辺において残るのは，$(\mu,\nu,\alpha,\beta)$ $(\mu<\nu,\ \alpha<\beta)$ が $(0,1,2,3)$ の置換になっている場合だけであることに注意して，1 項ごとに計算することにより

$$F(A)(x) \wedge F(A)(x) = 2(F_{01}(x)F_{23}(x) - F_{02}(x)F_{13}(x) + F_{03}(x)F_{12}(x))\tau$$

となることがわかる．したがって

$$\langle *F(A)(x), F(A)(x) \rangle_{\bigwedge^2(V_\mathrm{M}{}^*)}$$
$$= 2(F_{01}(x)F_{23}(x) - F_{02}(x)F_{13}(x) + F_{03}(x)F_{12}(x)).$$

右辺を電場 **E** と磁場 **B** で書き換えれば (5.73) が得られる． ∎

定理 5.8 は次の結果を意味する：

**系 5.9** $x$ を $D$ の任意の点とする．

(i) $\|\mathbf{E}(x)\|^2 - c^2\|\mathbf{B}(x)\|^2$ はローレンツ座標系の取り方に依らない．すなわち，別のローレンツ座標系での電場，磁場をそれぞれ，$\mathbf{E}'$, $\mathbf{B}'$ とすれば $\|\mathbf{E}(x)\|^2 - c^2\|\mathbf{B}(x)\|^2 = \|\mathbf{E}(x)'\|^2 - c^2\|\mathbf{B}(x)'\|^2$ が成り立つ．特に，あるローレンツ座標系で $\|\mathbf{E}(x)\|^2 > c^2\|\mathbf{B}(x)\|^2$ ($\|\mathbf{E}(x)\|^2 = c^2\|\mathbf{B}(x)\|^2$, $\|\mathbf{E}(x)\|^2 < c^2\|\mathbf{B}(x)\|^2$) ならば，他の任意のローレンツ座標系でもそうである[18]．

(ii) $\langle \mathbf{E}(x), \mathbf{B}(x) \rangle$ はローレンツ座標系の取り方に依らない．特に，あるローレンツ座標系で $\mathbf{E}(x)$ と $\mathbf{B}(x)$ が直交していれば他の任意のローレンツ座標系でもそうである．

**証明**　(i) 定理 5.8 の (5.72) と，$\langle F(A)(x), F(A)(x) \rangle_{V_\mathrm{M}}$ がローレンツ座標系の取り方に依存しないことによる．

(ii) 定理 5.8 の (5.73) と，$\langle *F(A)(x), F(A)(x) \rangle_{V_\mathrm{M}}$ がローレンツ座標系の取り方に依存しないことによる． ∎

## 5.8　電磁場と相互作用する荷電粒子の運動方程式

本章の 5.1 節で言及したように，荷電粒子は電磁場から力を受ける．そこで，荷電粒子が電磁場の作用のもとでどのような法則にしたがって運動を行うかを調べよう．いま，質量 $m > 0$，電荷 $q \in \mathbb{R} \setminus \{0\}$ の質点が電磁場と相

---
[18] 括弧の中は別の場合分けである．

## 276  第5章 古典電磁気学

互作用する状況を考える．電磁場 $F(A)$ はミンコフスキーベクトル空間 $V_{\mathrm{M}}$ の開集合 $D$ 上のテンソル場であるから，質点の運動は $D$ を配位空間とする特殊相対論的力学にしたがうとするのは自然である．この系の運動方程式を導くための基本的な考え方は，4.17 節で論じた理論的内容を応用することである[19]．

### 5.8.1 座標から自由な形式

4.17 節の考察において，質点に作用する $(d+1)$ 次元力場の一つを生み出す源はベクトル場 $U$ であった．ところで，本章の公理論的アプローチにおいては，電磁ポテンシャル $A: D \to V_{\mathrm{M}}^*$ が根源的対象である．そこで，$U$ として，$A$ に同伴するベクトル場 $\widetilde{A}$ (付録 G の G.2 節を参照) の実数倍をとるのは自然である：

$$U = \lambda \widetilde{A}(x) = \lambda i_*(A(x)) \quad (x \in D). \tag{5.74}$$

ただし，$\lambda$ は実定数，$i_* : V_{\mathrm{M}}^* \to V_{\mathrm{M}}$ は正準同型写像である（付録 D の D.6 を参照）．ローレンツ座標系 $(V_{\mathrm{M}}, E)$ の表示では

$$\widetilde{A}(x) = \sum_{\mu=0}^{d} A^{\mu}(x) e_{\mu} \quad \left( A^{\mu}(x) := \sum_{\nu=0}^{d} g^{\mu\nu} A_{\nu}(x) \right)$$

となる．

ところで，(5.24) を用いて次元解析を行うと $[A^{\mu}(x)] = [\mathrm{MLT}^{-1}\mathrm{Q}^{-1}]$ がわかる（$\varepsilon_0$ の次元については例 1.5 を参照）．ただし，M, Q はそれぞれ，質量，電荷を表す．したがって，$[\widetilde{A}(x)] = $ [運動量]/[電荷]．他方，$U = \lambda \widetilde{A}(x)$ は運動量の次元をもつべきであるから（(4.157) を参照），$\lambda$ は電荷の次元をもたなければならない．一方，目下の系において電荷の次元をもつ量は荷電粒子の電荷 $q$ だけである．そこで，$\lambda = q$ と選ぶのは自然である．

したがって，4.17 節の結果により，質点の運動の固有時表示を $X(\tau)$ とすれば，**電磁場と相互作用する質点の正準エネルギー運動量ベクトルは**

---

[19] 再び，一般の時空次元，すなわち，$\dim V_{\mathrm{M}} = d+1$ ($d$ は任意の自然数) の枠組みで考察を進める．

$$P_A(\tau) := p(\tau) + q\widetilde{A}(X(\tau)) \tag{5.75}$$

で与えられ，運動方程式は

$$\boxed{\frac{\mathrm{d}P_A(\tau)}{\mathrm{d}\tau} = q\,\mathrm{grad}\langle\widetilde{A}(X(\tau)), \dot{X}(\tau)\rangle_{V_\mathrm{M}}} \tag{5.76}$$

となる．言うまでもなく，これは，座標系から自由な方程式であり，電磁場の作用のもとでの荷電粒子の運動を原理的に統制する方程式の絶対的・普遍的表式を与える．この方程式からわかるように，荷電粒子の運動は，根源的には，4次元電磁ポテンシャル $A$ によって規定されるのである．

## 5.8.2 固有時反転と反粒子

第4章の4.20節において，相対論的運動の固有時反転を考察した．この考察を方程式 (5.76) に適用してみよう．位置の固有時反転 $X_\mathrm{r}(\tau)$ から定まる正準エネルギー運動量ベクトルは

$$P_A^\mathrm{r}(\tau, q) := p_\mathrm{r}(t) + q\widetilde{A}(X_\mathrm{r}(\tau)) \quad (\tau \in [0, T]) \tag{5.77}$$

である．直接計算により

$$\frac{\mathrm{d}P_A^\mathrm{r}(\tau, -q)}{\mathrm{d}\tau} = -q\,\mathrm{grad}\langle\widetilde{A}(X_\mathrm{r}(\tau)), \dot{X}_\mathrm{r}(\tau)\rangle_{V_\mathrm{M}} \tag{5.78}$$

が成り立つことがわかる．これは，質点 $m$ の運動の固有時反転 $X_\mathrm{r}$ が，質点 $m$ と逆符号の電荷 $-q$ をもつ質点——ただし，質量は同じ——，すなわち，質点 $m$ の**反粒子**によって実現され得ることを示す[20]．このように，特殊相対性理論は反粒子の存在を予言し得る（ただし，この場合，反粒子のエネルギーは負であるので，反粒子は「潜在的」存在であると解釈され得る）．

---

[20] 一般に，質量を有する，電荷 $q$ の荷電粒子に対して，同じ質量をもち，$-q$ の電荷をもつ荷電粒子を前者の（電荷に関する）**反粒子**という．たとえば，電子の反粒子は陽電子である．

## 5.8.3 座標表示

(5.76) をローレンツ座標系 $(V_\mathrm{M}, E)$ で成分表示してみよう. $(d+1)$ 次元運動量 $p(\tau) = m\dot{X}(\tau)$ を (4.119) のように展開する. したがって

$$P_A(\tau) = \sum_{\mu=0}^{d} P_A^\mu(t) e_\mu \tag{5.79}$$

と展開すれば

$$P_A^\mu(t) = p^\mu(t) + qA^\mu(\gamma(t)) \tag{5.80}$$

が成り立つ. 任意の $\xi \in V_\mathrm{M}$ に対して

$$\mathrm{grad}\langle \widetilde{A}(x), \xi \rangle_{V_\mathrm{M}} = \sum_{\mu=0}^{d} \xi^\mu \,\mathrm{grad}\, A_\mu(x) = \sum_{\mu,\nu=0}^{d} \xi^\mu \partial^\nu A_\mu(x) e_\nu \quad (x \in D).$$

したがって, (5.76) は次のように変形される:

$$\frac{\mathrm{d}P_A^\nu(t)}{\mathrm{d}\tau} = q \sum_{\mu=0}^{d} \dot{X}(\tau)^\mu \partial^\nu A_\mu(\gamma(t))$$

$$= \frac{qc}{\sqrt{1 - \frac{v(t)^2}{c^2}}} \partial^\nu A_0(\gamma(t)) + q \sum_{j=1}^{d} \frac{v^j(t)}{\sqrt{1 - \frac{v(t)^2}{c^2}}} \partial^\nu A_j(\gamma(t)).$$

左辺を (5.79) と $\mathrm{d}/\mathrm{d}t = \sqrt{1 - v(t)^2/c^2}\,\mathrm{d}/\mathrm{d}\tau$ を用いて変形し, 各成分どうしを比べることにより, 次の結果が得られる:

$$\frac{\mathrm{d}P_A^\mu(t)}{\mathrm{d}t} = qc\partial^\mu A_0(\gamma(t)) + q \sum_{k=1}^{d} v^k(t) \partial^\mu A_k(\gamma(t)).$$

一方, (5.80) によって

$$\frac{\mathrm{d}P_A^\mu(t)}{\mathrm{d}t} = \frac{\mathrm{d}p^\mu(t)}{\mathrm{d}t} + q \sum_{\nu=0}^{d} \dot{\gamma}^\nu(t) \partial_\nu A^\mu(\gamma(t))$$

$$= \frac{\mathrm{d}p^\mu(t)}{\mathrm{d}t} + qc\partial_0 A^\mu(\gamma(t)) + q \sum_{k=1}^{d} v^k(t) \partial_k A^\mu(\gamma(t)).$$

ゆえに

とすれば

$$p_\mu(t) := \sum_{\nu=0}^{d} g_{\mu\nu} p^\mu(t)$$

とすれば

$$\frac{\mathrm{d}p_\mu(t)}{\mathrm{d}t} = -qcF_{0\mu}(\gamma(t)) - q\sum_{k=1}^{d} v^k(t) F_{k\mu}(\gamma(t)) \tag{5.81}$$

が得られる．

$d = 3$ の場合，(5.81) を電場 **E** と磁場 **B** を用いて表せば，最終的に次の運動方程式が導かれる：

$$\frac{\mathrm{d}p^0(t)}{\mathrm{d}t} = \frac{q}{c}\langle \mathbf{v}(t), \mathbf{E}(t)\rangle, \tag{5.82}$$

$$\frac{\mathrm{d}\mathbf{p}(t)}{\mathrm{d}t} = q\mathbf{E}(t) + q\mathbf{v}(t) \times \mathbf{B}(t). \tag{5.83}$$

ただし，$\mathbf{p}(t) := \sum_{j=1}^{3} p^j(t) e_j$．こうして，座標形式による，荷電粒子に対する特殊相対論的運動方程式が導かれる[21]．(5.83) は，電荷 $q$ の荷電粒子が電場 **E** からは $q\mathbf{E}$ の 3 次元的力を受け，磁場 **B** からは，$q\mathbf{v} \times \mathbf{B}$ の 3 次元的力——ローレンツ力——を受けることを示す．こうして，電磁場と荷電粒子に関する力の法則が導かれる．この表式では，ニュートン力学に対する相対論的補正は

$$\frac{\mathrm{d}p^j(t)}{\mathrm{d}t} = \frac{\mathrm{d}}{\mathrm{d}t}\frac{m}{\sqrt{1-\frac{v(t)^2}{c^2}}} v^j(t)$$

に含まれる因子 $1/\sqrt{1-\frac{v(t)^2}{c^2}}$ に集約されている．この因子が 1 の場合が，ニュートン力学での対応する方程式となる．

## 5.9 変分原理

第 4 章の 4.18 節の理論を $U = q\widetilde{A}$ として応用すれば，運動方程式 (5.76) は

$$S_A(\gamma) := \int_\alpha^\beta L_A(\gamma(t), \dot{\gamma}(t))\,\mathrm{d}t \tag{5.84}$$

によって定義される汎関数 $S_A$ の変分方程式であることがわかる．ただし

---
[21] 通常の電磁気学の教科書に載っている形．

$$L_A(x,v) := -mc\sqrt{\langle v,v\rangle_{V_M}} - q\langle \tilde{A}(x),v\rangle_{V_M}. \tag{5.85}$$

$L_A$ のローレンツ座標系 $(V_M, E)$ での表示は

$$L_A(\gamma(t),\dot{\gamma}(t)) = -mc^2\sqrt{1 - \frac{v(t)^2}{c^2}} - q\phi(\gamma(t)) + q\langle \mathbf{A}(\gamma(t)),\mathbf{v}(t)\rangle \tag{5.86}$$

となる.ただし,$\mathbf{A}, \phi$ はそれぞれ,$d$ 次元的ベクトルポテンシャル,スカラーポテンシャルである[22].また,この場合のハミルトニアンを $H_A$ とすれば,(4.173) によって

$$H_A = \sqrt{\|\mathbf{\Pi}(t) - q\mathbf{A}(\gamma(t))\|^2 c^2 + m^2 c^4} + q\phi(\gamma(t)) \tag{5.87}$$

となる.

## 5.10 ゲージ対称性

これまでは,電磁ポテンシャルから出発して,電磁場テンソルを定義し,そこから電場成分と磁場成分が取り出されることを見た.では,逆に,電磁場テンソルから出発した場合,電磁ポテンシャルはどのように定義されるであろうか.本節では,この問題を考察する.

まず,特殊な電磁ポテンシャルを考えよう.$\Lambda: D \to \mathbb{R}$ を 2 回連続微分可能な任意のスカラー場とする.このとき,その微分 $\mathrm{d}\Lambda$ は電磁ポテンシャルである.このとき,外微分作用素の性質により

$$\mathrm{d}(\mathrm{d}\Lambda) = 0.$$

したがって,電磁ポテンシャル $\mathrm{d}\Lambda$ に対する電磁場テンソル $F(\mathrm{d}\Lambda)$ は 0 である.これは,つまり,電磁場テンソルが 0 となる電磁ポテンシャルが存在するということである.したがって,任意の電磁ポテンシャル $A \in A_1^1(D)$ に対して

$$A_\Lambda := A - \mathrm{d}\Lambda$$

とおけば

$$F(A_\Lambda) = F(A) \tag{5.88}$$

---
[22] (5.57) を参照.

が成り立つことになる．これは，同一の電磁場テンソルを与える電磁ポテンシャルが無数に存在することを意味する．言い換えれば，対応：$A \mapsto F(A)$ は1対1ではない．

そこで，次に，この非1対1性の構造を明らかにすることを考える．すなわち，二つの電磁ポテンシャル $A, A'$ が $F(A) = F(A')$ を満たすとき，$A$ と $A'$ はいかなる関係にあるかを調べるのである．$F(A) = F(A')$ は $\mathrm{d}(A - A') = 0$ と同値であるので，問題は

$$\mathrm{d}X = 0 \tag{5.89}$$

を満たす電磁ポテンシャル $X$ の形を決定すればよい．この方程式に関して次の補題が成り立つ：

**補題 5.10**（**ポアンカレの補題**[23]） 開集合 $D$ は原点を中心とする星型集合であるとする (i.e. $x \in D \iff tx \in D$ ($\forall t \in [0,1]$))．$X: D \to V_\mathrm{M}{}^*$ を連続微分可能な電磁ポテンシャルで (5.89) を満たすものとする．このとき，連続微分可能なスカラー場 $\Lambda: D \to \mathbb{R}$ が存在して

$$X = \mathrm{d}\Lambda \tag{5.90}$$

と表される．

以下，$D$ は原点を中心とする星型集合であるとする．補題 5.10 から，ただちに次の定理が得られる：

**定理 5.11** 連続微分可能な二つの電磁ポテンシャル $A, A'$ について，$F(A) = F(A')$ であるための必要十分条件は，ある連続微分可能なスカラー場 $\Lambda: D \to \mathbb{R}$ が存在して

$$A' = A - \mathrm{d}\Lambda \tag{5.91}$$

が成り立つことである．

**証明** 十分性はすでに示したので，必要性だけを示す．$F(A) = F(A')$ ならば，$\mathrm{d}(A - A') = 0$ であるから，上述のポアンカレの補題により，$A - A' = \mathrm{d}\Lambda$

---

[23] 証明については，たとえば，拙著『現代ベクトル解析の原理と応用』（共立出版，2006）の定理 8.14 を参照．

となるスカラー場 $\Lambda : D \to \mathbb{R}$ がある.

上述の議論をよく吟味すると,電磁ポテンシャルの空間 $A_1^1(D)$ 上に,ある特徴的な写像が働いていることに気づく.すなわち,2回連続微分可能な実スカラー場 $\Lambda : D \to \mathbb{R}$ に対して

$$G_\Lambda(A) := A - \mathrm{d}\Lambda \quad (A \in A_1^1(D)) \tag{5.92}$$

によって定義される写像 $G_\Lambda : A_1^1(D) \to A_1^1(D)$ である.この写像を**電磁ポテンシャルのゲージ変換**と呼び,$\Lambda$ を**ゲージ関数**という[24].ゲージ関数の全体,すなわち,$D$ 上の2回連続微分可能な実数値関数の全体を $C_\mathbb{R}^2(D)$ と記す.次の事実は注目に値する:

**定理 5.12** ゲージ変換の全体

$$\mathsf{G}_\mathrm{g} := \left\{ G_\Lambda \,\middle|\, \Lambda \in C_\mathbb{R}^2(D) \right\} \tag{5.93}$$

は $A_1^1(D)$ 上の可換な変換群[25]であり

$$G_{\Lambda_1} G_{\Lambda_2} = G_{\Lambda_1 + \Lambda_2} \quad (\Lambda_1, \Lambda_2 \in C_\mathbb{R}^2(D)) \tag{5.94}$$

が成り立つ.

**証明** 任意の $\Lambda_1, \Lambda_2 \in C_\mathbb{R}^2(D)$ と $A \in A_1^1(D)$ に対して

$$(G_{\Lambda_1} G_{\Lambda_2})(A) = G_{\Lambda_2}(A) - \mathrm{d}\Lambda_1 = A - \mathrm{d}(\Lambda_2 + \Lambda_1) = G_{\Lambda_2 + \Lambda_1}(A).$$

したがって,(5.94) が成り立つ.ゆえに,$G_{\Lambda_1} G_{\Lambda_2} \in \mathsf{G}_\mathrm{g}$ であり,関数の和の交換法則 $\Lambda_1 + \Lambda_2 = \Lambda_2 + \Lambda_1$ により,可換性 $G_{\Lambda_1} G_{\Lambda_2} = G_{\Lambda_2} G_{\Lambda_1}$ も導かれる.$G_0 = I$(恒等写像)であるから,(5.94) により,任意の $\Lambda \in C_\mathbb{R}^2(D)$ に対して,$G_\Lambda G_{-\Lambda} = I$.したがって,$G_\Lambda$ は全単射であり,$G_\Lambda^{-1} = G_{-\Lambda} \in \mathsf{G}_\mathrm{g}$ が成り立つ.よって,題意が成立する. ∎

---

[24] 「ゲージ (gauge)」は「尺度」の意である((5.92) の右辺は,$A$ を $-\mathrm{d}\Lambda$ だけずらすことを意味する.この意味で,$G_\Lambda$ は,$A$ の「尺度」あるいは「基準点」を変える).ゲージ変換は,純電磁場の理論の範囲では,さしあたり,純数学的なものとみなされ得る.だが,より物理的な状況,すなわち,電磁場と荷電物質場との相互作用系を考察することにより,その物理的意味が明らかにされる(第6章の6.7節を参照).
[25] 変換群については,付録Bを参照.

変換群 $G_g$ を**ゲージ変換群**という．

(5.92) をローレンツ座標系 $(V_M, E)$ $(E = \{e_\mu\}_{\mu=0}^d)$ における成分表示で書けば，$A' = G_\Lambda(A)$ とするとき

$$A'_\mu = A_\mu - \partial_\mu \Lambda \tag{5.95}$$

となる．ただし，$x = \sum_{\mu=0}^d x^\mu e_\mu$ とするとき

$$A(x) = \sum_{\mu=0}^d A_\mu(x)\,dx^\mu, \quad A'(x) = \sum_{\mu=0}^d A'_\mu(x)\,dx^\mu$$

である．したがって，ゲージ変換を $d$ 次元的ベクトルポテンシャル $\mathbf{A}$ とスカラーポテンシャル $\phi$ ごとに書き下せば

$$\mathbf{A}' = \mathbf{A} + \nabla\Lambda, \quad \phi' = \phi - \frac{\partial \Lambda}{\partial t} \tag{5.96}$$

となる．

(5.88) によって，任意のゲージ関数 $\Lambda$ に対して

$$F(G_\Lambda(A)) = F(A) \tag{5.97}$$

が成り立つ．したがって，電磁場テンソルは，ゲージ変換のもとで不変である．

一般に，電磁ポテンシャル $A$ から決まるテンソル量 $f(A)$（スカラーは 0 階のテンソル，ベクトルは 1 階のテンソルと見る）が，任意のゲージ関数 $\Lambda$ に対して，$f(G_\Lambda(A)) = f(A)$ を満たすとき，$f$ は**ゲージ不変性**または**ゲージ対称性**をもつという．

電磁場テンソルはゲージ対称性をもつテンソルの一例なのである．

古典電磁気学の基礎方程式 (5.4) または (5.24) は，$J$ がゲージ対称性をもてば，ゲージ変換のもとで不変である[26]．実際，電磁ポテンシャル $A$ が (5.4) の解ならば，任意の $\Lambda \in C^2_{\mathbb{R}}(D)$ に対して，$A_\Lambda = A - d\Lambda$ もそうである（∵ $d^2\Lambda = 0$）．方程式 (5.24) についても同様である．

以上の考察により，$J$ がゲージ対称性をもてば，古典電磁気学における諸々の物理的結果は，ゲージ変換でうつりあう電磁ポテンシャルの取り方に依らないということが結論される．これを**古典電磁気学のゲージ対称性**と呼ぶ．

---

[26] たとえば，$J$ が $A$ に依存しにしないならば，$J$ はゲージ対称性をもつ．

次に，ゲージ関数の任意性の意味について考察しよう．そのために，集合 $A_1^1(D)$ の中にある関係を導入する．すなわち，二つの電磁ポテンシャル $A$, $A' \in A_1^1(D)$ に対して，関係 $A \sim A'$ を「あるスカラー場 $\Lambda$ が存在して $A' = A - d\Lambda$ が成り立つこと」（言い換えれば，$A'$ は $A$ のゲージ変換になっているということ）によって定義する．この関係は同値関係であることがわかる．実際，まず，$A \sim A$（反射律）は自明である（$\Lambda = 0$ にとればよい）．$A \sim A'$ ならば $A = A' - (d(-\Lambda))$ が成り立つので $A' \sim A$ である．すなわち，対称律も成り立つ．さらに，$A \sim A'$, $A' \sim A'' \in A_1^1(D)$ ならば $A'' = A' - dL$ となるスカラー場 $L$ がある．したがって，$A'' = A - d(\Lambda + L)$. ゆえに $A \sim A''$. すなわち，推移律も成立する．

そこで，$A_1^1(D)$ を関係 $\sim$ によって同値類に類別しよう．電磁ポテンシャル $A$ の属する同値類を $[A]$ で表す．定理5.11 は次のように言い換えられる：

**系 5.13** $A, A' \in A_1^1(D)$ について，$F(A) = F(A')$ であるための必要十分条件は $[A] = [A']$ である．

こうして，電磁ポテンシャルの同値類と電磁場テンソルが1対1に対応することがわかる．したがって，電磁現象の物理の違いは，電磁ポテンシャルの階層では，個々の電磁ポテンシャルではなく，電磁ポテンシャルの同値類によって区別される．古典電磁気学によって記述される電磁現象にとっては，個々の電磁ポテンシャルではなく，電磁ポテンシャルの同値類が本質的・根源的な対象なのである．

## 5.11 ゲージ条件

古典電磁気学のゲージ対称性により，基礎方程式 (5.4) または (5.24) を解く際に，電磁ポテンシャル $A$ に対して，これと同値な電磁ポテンシャルを用いることができる．これは，ゲージ変換を行うことにより，より扱いやすい電磁ポテンシャルを選べる可能性を示唆する．実は，5.3節で課したローレンツ条件 (5.25) は，この可能性の一つの実現である．まずは，これをゲージ対称性の観点から検討しよう．

### 5.11.1　ローレンツ条件再訪

電磁ポテンシャル $A$ はローレンツ条件を満たすとは限らないとし，そのゲージ変換 $A_\Lambda$ がローレンツ条件を満たすようにゲージ関数 $\Lambda$ がとれるかどうかを調べる．容易にわかるように，$A_\Lambda$ がローレンツ条件 (5.25) を満たすための必要十分条件は

$$\Box \Lambda = \operatorname{Div} A$$

である．

### 5.11.2　クーロン条件

ローレンツ座標系 $(V_\mathrm{M}, E)$ を一つ固定し

$$\operatorname{div} \mathbf{A} = \sum_{j=1}^{d} \partial_j A^j = 0$$

という条件を考える．これを**クーロン条件**と呼ぶ．したがって，この場合，基礎方程式 (5.24) は，成分ごとに次の形をとる：

$$-\Delta \phi = \frac{\rho}{\varepsilon_0}, \tag{5.98}$$

$$\Box \mathbf{A} + \frac{1}{c^2} \frac{\partial}{\partial t} \nabla \phi = \frac{\mathbf{j}}{c^2 \varepsilon_0}. \tag{5.99}$$

ただし，$\nabla \phi := (\partial_1 \phi, \ldots, \partial_d \phi)$，$\Delta$ は $d$ 次元のラプラシアンである：

$$\Delta := \sum_{j=1}^{d} \partial_j^2. \tag{5.100}$$

(5.98) は，スカラーポテンシャル $\phi$ が**ポアソン方程式**（付録 H を参照）を満たすことを語る．

クーロン条件を満たすとは限らない $A \in A_1^1(D)$ に対して，そのゲージ変換 $A_\Lambda = A - d\Lambda$ がクーロン条件を満たすための必要十分条件は，次の式が成り立つことである：

$$\operatorname{div} \mathbf{A} = \Delta \Lambda.$$

クーロン条件は,ローレンツ条件と異なり,ローレンツ座標系に依存した条件であることに注意しよう.

**例 5.14** $V_\mathrm{M} = \mathbb{R}^{1,3}$(例 4.1 を参照)の場合を考え,次の条件 (i), (ii) が満たされるとする:(i) $\rho$ は空間変数 $\mathbf{x}$ の関数として,有界領域 $\Omega \subset \mathbb{R}^3$ 上で連続微分可能かつ有界で可積分;(ii) $\mathbf{x} \notin \Omega$ ならば $\rho(ct, \mathbf{x}) = 0$ $(x^0 = ct)$. このとき,付録 H の定理 H.1 の応用により

$$\phi(ct, \mathbf{x}) := \int_{\mathbb{R}^3} \frac{\rho(ct, \mathbf{y})}{4\pi\varepsilon_0 \|\mathbf{x} - \mathbf{y}\|} \, d\mathbf{y}$$

によって定義される関数 $\phi : \mathbb{R}^{1,3} \to \mathbb{R}$ は方程式 (5.98) の解である.この場合

$$\mathbf{E}_\rho(t, \mathbf{x}) := -\nabla \phi(ct, \mathbf{x}) = \int_{\mathbb{R}^3} \frac{\mathbf{x} - \mathbf{y}}{4\pi\varepsilon_0 \|\mathbf{x} - \mathbf{y}\|^3} \rho(ct, \mathbf{y}) \, d\mathbf{y}$$

となる.(5.56) によって,$\mathbf{E}_\rho$ は電荷分布 $\rho$ が生み出す電場を表す.

特殊な場合として,$\rho(x^0, \mathbf{x})$ が点 $\mathbf{x}_0 \in \mathbb{R}^3$ に関して回転対称で,$\Omega = \{\mathbf{x} \in \mathbb{R}^3 \mid \|\mathbf{x} - \mathbf{x}_0\| < R\}$($R > 0$ は定数)の場合を考えよう.このとき,第 1 章の例 1.6 と同様にして

$$\mathbf{E}_\rho(t, \mathbf{x}) = \frac{Q(t)}{4\pi\varepsilon_0} \frac{\mathbf{x} - \mathbf{x}_0}{\|\mathbf{x} - \mathbf{x}_0\|^3} \quad (\mathbf{x} \in \Omega^c) \tag{5.101}$$

となることがわかる.ただし,$Q(t) := \int_{\mathbb{R}^3} \rho(ct, \mathbf{y}) \, d\mathbf{y}$ は全電荷である.この型の電場は**クーロン電場**と呼ばれる.これから,特に,$\rho$ のかわりに,$3q\chi_{[0,R)}(\|\mathbf{x} - \mathbf{x}_0\|)/4\pi R^3$($\chi_{[0,R)}$ は区間 $[0, R)$ の定義関数)をとれば,$Q(t) = q$ であるので,$R \to 0$ の極限をとることにより,1 点 $\mathbf{x}_0$ に集中している電荷 $q$ が生み出すクーロン電場は

$$\frac{q}{4\pi\varepsilon_0} \frac{\mathbf{x} - \mathbf{x}_0}{\|\mathbf{x} - \mathbf{x}_0\|^3}$$

であると予想される.同様にして

$$\phi(ct, \mathbf{x}) := \frac{Q(t)}{4\pi\varepsilon_0} \frac{1}{\|\mathbf{x} - \mathbf{y}\|} \quad (\mathbf{x} \in \Omega^c)$$

が成立する.この型のスカラーポテンシャルは**クーロンポテンシャル**と呼ばれる.

## 5.12 荷電粒子と電磁場の相互作用系

これまでは，次の二つの型の運動を考察してきた：(i) 与えられた $(d+1)$ 次元電流密度から定まる電磁場の運動；(ii) 与えられた電磁場の作用のもとでの荷電粒子の運動．しかし，本来的には，荷電粒子と電磁場は双方向的に相互作用を行う．この場合，運動方程式は，荷電粒子の位置と電磁ポテンシャルに関する連立方程式になる．この側面について手短に述べておこう．

4次元ミンコフスキー空間において，$N$ 個の荷電粒子が電磁場と真空中で相互作用を行う系を考え，荷電粒子の電荷をそれぞれ，$q_1, \ldots, q_N$ とする．簡単のため，ローレンツ座標系 $(V_\mathrm{M}, E)$ で考え，4次元電流密度は，当該の $N$ 個の荷電粒子からだけ生成されるとする．したがって，電荷密度 $\rho$ は

$$\rho(x) = \sum_{n=1}^{N} q_n \delta^3(\mathbf{x} - \mathbf{x}_n(t)), \quad x = cte_0 + \sum_{j=1}^{3} x^j e_j, \quad \mathbf{x} = (x^1, x^2, x^3)$$

で与えられる．ただし，$\mathbf{x}_n(t)$ は，$n$ 番目の荷電粒子の時刻 $t$ における空間的位置座標を表し，$\delta^3(\mathbf{x})$ は3次元デルタ超関数である[27]．$n$ 番目の荷電粒子の電荷密度は $q_n \delta(\mathbf{x} - \mathbf{x}_n(t))$ であるから，その3次元電流密度は $\dot{\mathbf{x}}_n(t) q_n \delta(\mathbf{x} - \mathbf{x}_n(t))$ である．したがって，系全体の3次元電流密度は

$$\mathbf{j}(x) = \sum_{n=1}^{N} q_n \dot{\mathbf{x}}_n(t) \delta(\mathbf{x} - \mathbf{x}_n(t))$$

となる．ゆえに，荷電粒子の運動方程式をマクスウェル方程式と連立させることにより，全系の運動方程式として，次の連立微分方程式を立てることができる（$(p_n^0(t), \mathbf{p}_n(t))$ は $n$ 番目の粒子の4次元運動量の成分表示）：

$$\frac{\mathrm{d} p_n^0(t)}{\mathrm{d} t} = \frac{q_n}{c} \langle \dot{\mathbf{x}}_n(t), \mathbf{E}(t, \mathbf{x}_n(t)) \rangle, \tag{5.102}$$

$$\frac{\mathrm{d} \mathbf{p}_n(t)}{\mathrm{d} t} = q_n \mathbf{E}(t, \mathbf{x}_n(t)) + q_n \dot{\mathbf{x}}_n(t) \times \mathbf{B}(t, \mathbf{x}_n(t))$$

$$(n = 1, \ldots, N), \quad (5.103)$$

$$\mathrm{div}\,\mathbf{E}(t, \mathbf{x}) = \frac{1}{\varepsilon_0} \sum_{n=1}^{N} q_n \delta^3(\mathbf{x} - \mathbf{x}_n(t)), \tag{5.104}$$

---

[27] 電荷 $q$ が1点 $\mathbf{a} \in \mathbb{R}^3$ に集中している場合の電荷密度は $q \delta^3(\mathbf{x} - \mathbf{a})$ で表される．

## 第 5 章 古典電磁気学

$$\operatorname{div} \mathbf{B}(t, \mathbf{x}) = 0, \tag{5.105}$$

$$c^2 \operatorname{rot} \mathbf{B}(t, \mathbf{x}) - \frac{\partial \mathbf{E}(t, \mathbf{x})}{\partial t} = \frac{1}{\varepsilon_0} \sum_{n=1}^{N} q_n \dot{\mathbf{x}}_n(t) \delta^3(\mathbf{x} - \mathbf{x}_n(t)), \tag{5.106}$$

$$\operatorname{rot} \mathbf{E}(t, \mathbf{x}) + \frac{\partial \mathbf{B}(t, \mathbf{x})}{\partial t} = 0. \tag{5.107}$$

ただし，$\mathbf{E}(t, \mathbf{x}) := \mathbf{E}(x)$, $\mathbf{B}(t, \mathbf{x}) := \mathbf{B}(x)$ である．

# 第6章 古典場の理論

本章では電磁場をその一つの具現として含む,一般古典場の理論を変分原理に基づいて論述する.

## 6.1 はじめに

前章で論じた電磁場の理論の根源的要素の一つは,電磁ポテンシャルであり,その外微分としての電磁場テンソルであった.電磁ポテンシャルは,数学的には,ミンコフスキーベクトル空間 $V_\mathrm{M}$ 上の共変ベクトル値関数であり,電磁場テンソルは $V_\mathrm{M}$ 上の2階反対称共変テンソル値関数である.ところで,テンソル空間はベクトル空間の範疇の一つである.したがって,電磁ポテンシャルまたは電磁場テンソルは,より一般的な観点からは,時空からベクトル空間への写像の一種と見ることができる.そこで,電磁場の理論の一般化として,時空上のベクトル空間値関数を基本的要素とする理論の構築を考えることは自然である.この場合,時空はミンコフスキー時空に限定しない方がより包括的である[1].一般に,時空からベクトル空間への写像の範疇を総称的に**古典場**と呼ぶ.「古典」という語句がついているのは,宇宙の基本実質である素粒子たちが織りなす量子的諸現象を記述する**量子場**[2]と峻別するためである.だが,古典場の中には,素粒子と無関係ではないものがある.これは,素粒子が現象の水準において,粒子的に現れるだけでなく波動的にも現

---
[1] たとえば,非相対論的現象領域においては,それを支える一次的な時空概念は,ガリレイ時空である.
[2] 第7章の7.15節を参照.

れることと関連する．すなわち，素粒子の波動的側面が支配的となるような現象領域においては，これを古典場として記述することが可能な場合があるのである．第5章で論じた電磁場はそのような古典場の一つである．電磁波は，素粒子としての光子の波動的側面なのである．一般に，波動的性質を記述する古典場は**波動場**と呼ばれる．質量を有する素粒子（電子，陽子，中性子など）の波動的側面だけを記述する古典場を**古典物質場**といい，その波動を**物質波**[3]と呼ぶ．特に，荷電をもつ素粒子の物質波を記述する古典場は，**荷電物質場**と呼ばれる．

本章の目的は，古典場のいくつかの部類に対して統一的な記述を与え，一般的な事実を導くことである．これは，第2章で論じた変分原理を古典場の文脈へ拡張することによりなされる．そこで，まず，この変分原理を定式化するための準備から始める．

## 6.2 古典場の統一的記述形式

一般の古典的（巨視的）時空概念は，多様体と呼ばれる位相空間で時間と空間の概念を「分節」する構造をもつものとして措定される．したがって，時空を固定しないで古典場の理論を構築するとすれば，多様体上のベクトル値関数を考えるのが自然である．しかし，ここでは，そこまで一般化せず，どの $(d+1)$ 次元時空にも共通する構造，すなわち，その任意の点が，時空の次元の個数からなる実数の組 $x = (t, x^1, \ldots, x^d)$ によって表されるという性質を利用する．ここで，$t$ は時間変数，$\mathbf{x} = (x^1, \ldots, x^d)$ は空間座標を表す．このような実数の組 $x$ は**時空座標**と呼ばれる．したがって，時空座標は $(d+1)$ 個の $\mathbb{R}$ の直積集合 $\mathbb{R}^{d+1}$ の元である．ただし，この $\mathbb{R}^{d+1}$ の計量的構造は決めないでおく．この意味での $\mathbb{R}^{d+1}$ を $(d+1)$ 次元座標空間と呼ぶ[4]．

本章では，相対論的な古典場だけでなく，非相対論的な古典場もいっしょに扱いたいので，特に，断らない限り

---

[3] 物質波の概念は，歴史的には，1923年に，フランスの物理学者ド・ブロイ (1892–1987) によって導入された．
[4] 時空が一般の多様体で表される場合，その各点の近傍に応じて時空座標系が定まるので——そのような時空座標系は局所座標系と呼ばれる——，時空座標の集合は，一般には，$\mathbb{R}^{d+1}$ の部分集合である．

$$x^0 := t$$

とする．これは，第 4 章や第 5 章における $x^0$ と $1/c$ 倍（$c$ は真空中の光速）だけ異なることに注意されたい[5]．

古典場の値が属するベクトル空間 $\mathsf{V}$ は有限次元であるとし，それは $\mathbb{K}$ 上の $N$ 次元ベクトル空間であるとする[6]（$N$ は自然数）．したがって，いまの場合，古典場は写像 $\phi: \mathbb{R}^{d+1} \to \mathsf{V}$; $x \mapsto \phi(x) \in \mathsf{V}$ で与えられる．ただし，簡単のため，古典場の定義域は $\mathbb{R}^{d+1}$ 全体であるとしておく[7]．$\mathbb{K} = \mathbb{R}$ のときの古典場を**実場**，$\mathbb{K} = \mathbb{C}$ のときの古典場を**複素場**と呼ぶ[8]．

**注意 6.1** 質点の古典力学において，各時刻 $t \in \mathbb{R}$ に対して，質点の位置ベクトル $\mathbf{x}(t) \in V_{\mathrm{E}}^d$ を対応させる写像 $\mathbf{x}(\cdot): \mathbb{R} \to V_{\mathrm{E}}^d$ は，いわば「$(1+0)$ 次元時空」$\mathbb{R}$（空間次元が $0$）の上の古典場と見ることができる．この意味において，質点系の力学は古典場の理論に組み込まれ得る．ゆえに，時空の次元や場のとる値の集合を限定しない一般古典場の理念により，質点の力学と通常の意味での場の力学に対する高次の統一が達成される．

$\mathsf{V}$ の任意の基底 $\{e_r\}_{r=1}^N$ をとることにより

$$\phi(x) = \sum_{r=1}^N \phi_r(x) e_r$$

と展開される．展開係数 $\phi_r(x)$ は $\mathbb{K}$ 値スカラー場 $\phi_r: x \mapsto \phi_r(x) \in \mathbb{K}$ を定める．そこで，以後，$\phi$ を成分表示 $(\phi_1, \ldots, \phi_N)$ で考えることにし，$\phi = (\phi_r)$ と記す．この型の古典場を **$N$ 成分ベクトル場**（$N$ component vector field）という．$N$ 成分ベクトル場は，$\mathbb{K} = \mathbb{R}$, $\mathbb{K} = \mathbb{C}$ の場合に応じて，それぞれ，**$N$ 成分実ベクトル場**，**$N$ 成分複素ベクトル場**と呼ばれる．もちろん，$\mathsf{V}$ の基底の取り方を変えれば，$\phi$ の成分表示 $(\phi_r)$ は変わる．

特殊な場合として，$N = 1$ のときの $\phi$ を**スカラー場**という．この場合も

---

[5] 相対論的な古典場の場合には，$x^0 = ct$ とする方が，記号上も簡潔で，便利である．このようにする場合には，その都度断る．
[6] より一般的には $\mathsf{V}$ は無限次元でもよい．ただし，この場合，$\mathsf{V}$ の位相に注意を払わなければならない．
[7] 古典場の定義域が $\mathbb{R}^{d+1}$ の一般開集合の場合も，以下の諸論は，まったく並行的になされ得る．
[8] $\mathsf{V}$ がテンソル積空間である場合もあり得る．この型の古典場は**テンソル場**とも呼ばれる．

$\mathbb{K} = \mathbb{R}, \mathbb{C}$ に応じて,それぞれ,**実スカラー場**,**複素スカラー場**という.

各成分 $\phi_r$ が $\mathbb{R}^{d+1}$ 上で $k$ 回連続微分可能であるとき,$\phi$ を $C^k$ 級の $N$ 成分ベクトル場といい,そのようなベクトル場の全体を $C^k(\mathbb{R}^{d+1}; \mathbb{K}^N)$ で表す.$\phi \in C^1(\mathbb{R}^{d+1}; \mathbb{K}^N)$ に対して

$$\partial_\mu := \frac{\partial}{\partial x^\mu} \quad (\mu = 0, 1, \ldots, d),$$
$$\partial_\mu \phi(x) := (\partial_\mu \phi_1(x), \ldots, \partial_\mu \phi_N(x)) \in \mathbb{K}^N \quad (\mu = 0, 1, \ldots, d),$$
$$\partial \phi(x) := (\partial_0 \phi(x), \partial_1 \phi(x), \ldots, \partial_d \phi(x)) \in (\mathbb{K}^N)^{d+1}$$

とおく.このとき,各 $x \in \mathbb{R}^{d+1}$ に対して

$$(\phi(x), \partial \phi(x)) \in \mathbb{K}^N \times (\mathbb{K}^N)^{d+1}$$

である.話をわかりやすくするために,実場の場合と複素場の場合を分けて考える.

## 6.3 変分原理 (I)——実場の場合

自然数 $n$ に対して,$\mathbb{R}^n$ 上の無限回微分可能な複素数値関数で台が有界なものの全体を $C_0^\infty(\mathbb{R}^n)$ で表す.また,$C_0^\infty(\mathbb{R}^n)$ の元で実数値であるものの全体を $C_0^\infty(\mathbb{R}^n; \mathbb{R})$ と記す.

各自然数 $N$ に対して

$$C_0^\infty(\mathbb{R}^{d+1}; \mathbb{R}^N) := \{ f = (f_1, \ldots, f_N) \mid f_r \in C_0^\infty(\mathbb{R}^{d+1}; \mathbb{R}), \, r = 1, \ldots, N \}$$

とおく.この関数空間は,$\mathbb{R}^N$ に値をとる,$\mathbb{R}^{d+1}$ 上の無限回微分可能な関数で台が有界となるものの全体である.

$\mathbb{R}^{d+1}$ 上の複素数値ルベーグ可測関数 $g : \mathbb{R}^{d+1} \to \mathbb{C}$ について,任意の $R > 0$ に対して

$$\int_{\|x\|_{\mathbb{R}^{d+1}} \leq R} |g(x)| \, \mathrm{d}x < \infty \quad (\mathrm{d}x := \mathrm{d}t \, \mathrm{d}x^1 \cdots \mathrm{d}x^d)$$

ならば,$g$ は**局所可積分**であるという.$\mathbb{R}^{d+1}$ 上の局所可積分関数の全体を $L^1_{\mathrm{loc}}(\mathbb{R}^{d+1})$ で表す.

$\mathcal{F}$ を $N$ 成分実ベクトル場 $\phi$ からなる一つの集合とし，次の性質を満たすものとする：任意の $f \in C_0^\infty(\mathbb{R}^{d+1}; \mathbb{R}^N)$ に対して，$|\varepsilon|$ ($\varepsilon \in \mathbb{R}$) を十分小さくとれば，$\phi + \varepsilon f \in \mathcal{F}$ が成り立つ．

$S$ を $\mathcal{F}$ 上の実汎関数 (i.e. $S : \mathcal{F} \to \mathbb{R}$) とする．任意の $\phi \in \mathcal{F}$ と $f \in C_0^\infty(\mathbb{R}^{d+1}; \mathbb{R}^N)$ に対して，$S(\phi + \varepsilon f)$ が $\varepsilon$ の関数として，$\varepsilon = 0$ で微分可能であり，$\mathbb{R}^{d+1}$ 上の実数値局所可積分関数 $S'(\phi)_r : \mathbb{R}^{d+1} \to \mathbb{R}; x \mapsto S'(\phi)_r(x)$ ($r = 1, \ldots, N$) が存在して

$$\left. \frac{\mathrm{d} S(\phi + \varepsilon f)}{\mathrm{d}\varepsilon} \right|_{\varepsilon=0} = \sum_{r=1}^N \int_{\mathbb{R}^{d+1}} S'(\phi)_r(x) f_r(x) \, \mathrm{d}x \tag{6.1}$$

が成り立つならば，$S$ は**微分可能**であるという[9]．この場合，$S'_r$ を $S$ の**偏変分導関数**または**偏汎関数微分**という．別の記法として

$$S'(\phi)_r(x) := \frac{\delta S(\phi)}{\delta \phi_r(x)}, \quad S'(\phi) = \mathrm{D}S(\phi)$$

などがある．

第2章で言及した変分法の基本補題（補題2.2）は高次元への拡張をもつ：

**補題 6.2**（**変分法の基本補題**または**デュボア–レイモンの補題**）$u : \mathbb{R}^n \to \mathbb{C}$ を局所可積分関数とする．このとき，すべての $\varphi \in C_0^\infty(\mathbb{R}^n)$ に対して，$\int_{\mathbb{R}^n} u(x)\varphi(x) \, \mathrm{d}x = 0$ ならば，$u(x) = 0$, a.e. $x \in \mathbb{R}^n$ である．

**証明** ここでは，$u$ が $\mathbb{R}^n$ 上の連続関数である場合だけについて証明する（本章の古典場の理論への応用においては，これで十分である[10]）．$n$ に関する帰納法で証明しよう．$n = 1$ の場合，仮定により，任意の $\varphi \in C_{\mathbb{R},0}^\infty(a,b)$（第2章の2.1.2項を参照）に対して $(a, b \, (a < b))$, $\int_a^b u(x)\varphi(x) \, \mathrm{d}x = 0$．したがって，補題2.2により，$u(x) = 0$ ($\forall x \in [a,b]$)．$a, b \, (a < b)$ は任意であったから，$u = 0$．

次に，補題の言明が $n = k$ で成立したとし，$a < b$ を満たす任意の

---

[9] ここで採用した微分概念は，ガトー型と呼ばれるものである．フレッシェ微分と呼ばれる別の（より強い）微分概念もある．詳しくは，拙著『現代物理数学ハンドブック』（朝倉書店，2005）の第11章，11.3節を参照．
[10] 一般の場合については，たとえば，黒田成俊『関数解析』（共立出版，1980）の定理 6.5 を参照．

実数 $a, b$ をとる. 任意の $\eta \in C_0^\infty(\mathbb{R})$ と $\varphi \in C_0^\infty(\mathbb{R}^k)$ をとり, $\varphi_k(x) := \varphi(x^1, \ldots, x^k) \eta(x^{k+1})$ $(x = (x^1, \ldots, x^{k+1}) \in \mathbb{R}^{k+1})$ とすれば, $\varphi_k \in C_0^\infty(\mathbb{R}^{k+1})$ である. したがって, $\int_{\mathbb{R}^{k+1}} u(x) \varphi_k(x) \, dx = 0$. これとフビニの定理により, $v(x^{k+1}) := \int_{\mathbb{R}^k} u(y, x^{k+1}) \varphi(y) \, dy$ とおけば, $\int_{\mathbb{R}} v(t) \eta(t) \, dt = 0$ である. 関数 $v$ は $\mathbb{R}$ 上で連続である. したがって, $n = 1$ の場合の結果により, $v(t) = 0 \ (\forall t \in \mathbb{R})$. ゆえに, $\int_{\mathbb{R}^k} u(y, x^{k+1}) \varphi(y) \, dy = 0$. 帰納法の仮定により, 各 $x^{k+1} \in \mathbb{R}$ に対して, $u(y, x^{k+1}) = 0 \ (\forall y \in \mathbb{R}^k)$. ゆえに, $u = 0$. よって, $n = k+1$ の場合も補題の言明は成立する. ∎

補題 6.2 により
$$\left. \frac{dS(\phi + \varepsilon f)}{d\varepsilon} \right|_{\varepsilon=0} = 0 \quad (\forall f \in C_0^\infty(\mathbb{R}^{d+1}; \mathbb{R}^N))$$
と
$$S'(\phi)_r = 0 \quad (r = 1, \ldots, N) \tag{6.2}$$
は同値である. 後者を $S$ に関する**変分方程式**と呼び, その解 $\phi$ を $S$ の**停留関数**という.

$\mathbb{R}^N$ の元を $(s_r) = (s_1, \ldots, s_N)$, $(\mathbb{R}^N)^{d+1}$ の元を
$$(\xi_{\mu r}) = ((\xi_{\mu 1}), \ldots, (\xi_{\mu N})) \in \underbrace{\mathbb{R}^{d+1} \times \cdots \times \mathbb{R}^{d+1}}_{N \text{ 個}}$$
と表す. $\mathbb{R}^N \times (\mathbb{R}^N)^{d+1} \times \mathbb{R}^{d+1}$ の点 $((s_r), (\xi_{\mu r}), x)$ に対して
$$|((s_r), (\xi_{\mu r}), x)| := \sqrt{\sum_{r=1}^N s_r^2 + \sum_{\mu=0}^d \sum_{r=1}^N (\xi_{\mu r})^2 + \sum_{\mu=0}^d (x^\mu)^2} \tag{6.3}$$
とおく. $\mathbb{R}^N \times (\mathbb{R}^N)^{d+1} \times \mathbb{R}^{d+1}$ 上の実数値関数
$$L : \mathbb{R}^N \times (\mathbb{R}^N)^{d+1} \times \mathbb{R}^{d+1} \to \mathbb{R}; \ ((s_r), (\xi_{\mu r}), x) \mapsto L((s_r), (\xi_{\mu r}), x) \tag{6.4}$$
に対して
$$\mathcal{L}(x) := L(\phi(x), \partial \phi(x), x) \quad (x \in \mathbb{R}^{d+1}) \tag{6.5}$$
とおき
$$\int_{\mathbb{R}^{d+1}} |\mathcal{L}(x)| \, dx < \infty \tag{6.6}$$

## 6.3. 変分原理 (I)——実場の場

を満たす $\phi \in C^2(\mathbb{R}^{d+1}; \mathbb{R}^N)$ の全体を $\mathcal{F}_L^2$ とする．そして，$\mathcal{F}_L^2$ 上の汎関数 $S_L : \mathcal{F}_L^2 \to \mathbb{R}$ を

$$S_L(\phi) := \int_{\mathbb{R}^{d+1}} \mathcal{L}(x) \, dx \quad (\phi \in \mathcal{F}_L^2) \tag{6.7}$$

によって定義する．

注意 6.1 を考慮するならば，$S_L$ が作用の次元 ＝（エネルギー）×（時間）をもつ場合が重要なクラスの一つを形成し得る．この場合，$S_L$ を**作用汎関数**という．次元解析により，$\mathcal{L}(x)$ はエネルギー密度の次元 ＝（エネルギー）／（空間体積）＝（エネルギー）／（長さ）$^d$ をもつ．そこで，$\mathcal{L}$ を**ラグランジュ密度関数**，または，単に**ラグランジュ関数**，**ラグランジアン**と呼ぶ．汎関数 $S_L(\phi)$ はラグランジュ密度関数 $\mathcal{L}(x)$ の積分で与えられるので**作用積分** (action integral) とも呼ばれる．以下，$S_L$ が作用の次元をもつ場合を考える．

次の記号を導入する：

$$\frac{\partial \mathcal{L}}{\partial \phi_r(x)} := \left(\frac{\partial L}{\partial s_r}\right)(\phi(x), \partial\phi(x), x)$$

（偏導関数 $\partial L/\partial s_r$ の $(\phi(x), \partial\phi(x), x)$ での値），

$$\frac{\partial \mathcal{L}}{\partial(\partial_\mu \phi_r(x))} := \left(\frac{\partial L}{\partial \xi_{\mu r}}\right)(\phi(x), \partial\phi(x), x)$$

（偏導関数 $\partial L/\partial \xi_{\mu r}$ の $(\phi(x), \partial\phi(x), x)$ での値）．

任意の $\varepsilon \in \mathbb{R}$ と $f \in C_0^\infty(\mathbb{R}^{d+1}; \mathbb{R}^N)$ に対して

$$S_L(\phi + \varepsilon f) = \int_{\mathbb{R}^{d+1}} L(\phi(x) + \varepsilon f(x), \partial\phi(x) + \varepsilon \partial f(x), x) \, dx \tag{6.8}$$

である．右辺の積分が存在することは次のようにしてわかる．各 $f_r$ の台は有界であるから，ある $R > 0$ が存在して，$|x| > R$ ならば，$f_r(x) = 0$ $(r = 1, \ldots, N)$ が成り立つ．したがって

$$\int_{\mathbb{R}^{d+1}} \left| L(\phi(x) + \varepsilon f(x), \partial\phi(x) + \varepsilon \partial f(x), x) \right| dx = \mathrm{I}_R + \mathrm{II}_R,$$

$$\mathrm{I}_R := \int_{|x| \leq R} \left| L(\phi(x) + \varepsilon f(x), \partial\phi(x) + \varepsilon \partial f(x), x) \right| dx,$$

$$\mathrm{II}_R := \int_{|x| > R} \left| L(\phi(x), \partial\phi(x), x) \right| dx$$

と表される.$L(\phi(x)+\varepsilon f(x),\partial\phi(x)+\varepsilon\partial f(x),x)$ は $x$ の連続関数であるから,$\mathrm{I}_R<\infty$ である.また,(6.6) から,$\mathrm{II}_R<\infty$ である.

$S_L$ の微分可能性——(6.8) の右辺の積分とその $\varepsilon$ に関する微分の交換可能性——を調べるために

$$\psi_\varepsilon(x):=(\phi(x)+\varepsilon f(x),\partial\phi(x)+\varepsilon\partial f(x),x)$$

とおく.このとき,合成関数の微分法により

$$\frac{\mathrm{d}L(\psi_\varepsilon(x))}{\mathrm{d}\varepsilon}=\sum_{r=1}^N\left\{f_r(x)\left(\frac{\partial L}{\partial s_r}\right)(\psi_\varepsilon(x))+\sum_{\mu=0}^d\partial_\mu f_r(x)\left(\frac{\partial L}{\partial \xi_{\mu r}}\right)(\psi_\varepsilon(x))\right\}.$$

したがって,$|x|>R$ ならば,$\mathrm{d}L(\psi_\varepsilon(x))/\mathrm{d}\varepsilon=0$ である.また,$|x|\leq R$,$|\varepsilon|<1$ ならば

$$|\psi_\varepsilon(x)|\leq \sum_{r=1}^N|(|\phi_r(x)|+|f_r(x)|)+\sum_{\mu=0}^d\sum_{r=1}^N(|\partial_\mu\phi_r(x)|+|\partial_\mu f_r(x)|)+R$$

$$\leq C:=NC_1+N(d+1)C_2+R.$$

ただし

$$C_1:=\sup_{\substack{|x|\leq R,\\ r=1,\ldots,N}}(|\phi_r(x)|+|f_r(x)|),$$

$$C_2:=\sup_{\substack{|x|\leq R,\\ \mu=0,\ldots,d,\,r=1,\ldots,N}}(|\partial_\mu\phi_r(x)|+|\partial_\mu f_r(x)|).$$

したがって,$y:=((s_r),(\xi_{\mu r}),x)\in\mathbb{R}^N\times(\mathbb{R}^N)^{d+1}\times\mathbb{R}^{d+1}$ とし

$$C_3:=\sup_{r=1,\ldots,N}\sup_{|y|\leq C}\left|\frac{\partial L(y)}{\partial s_r}\right|,\quad C_4:=\sum_{\substack{\mu=0,\ldots,d,\\ r=1,\ldots,N}}\sup_{|y|\leq C}\left|\frac{\partial L(y)}{\partial \xi_{\mu r}}\right|$$

とおけば

$$\left|\frac{\mathrm{d}L(\psi_\varepsilon(x))}{\mathrm{d}\varepsilon}\right|$$

$$=\begin{cases}0 & (|x|>R \text{ のとき})\\ \displaystyle\sum_{r=1}^N\left\{C_3|f_r(x)|+C_4\sum_{\mu=0}^d|\partial_\mu f_r(x)|\right\} & (|x|\leq R \text{ のとき})\end{cases}$$

という評価が得られる．右辺は $\varepsilon$ ($|\varepsilon|<1$) に依らない可積分関数である．したがって，微分と積分の交換に関する一般的定理により，$S_L(\phi+\varepsilon f)$ は $\varepsilon$ について微分可能であり

$$\frac{\mathrm{d}S_L(\phi+\varepsilon f)}{\mathrm{d}\varepsilon} = \int_{\mathbb{R}^{d+1}} \frac{\mathrm{d}}{\mathrm{d}\varepsilon} L(\psi_\varepsilon(x))\,\mathrm{d}x$$

が成り立つ．特に，$\varepsilon=0$ とすれば

$$\begin{aligned}\left.\frac{\mathrm{d}S_L(\phi+\varepsilon f)}{\mathrm{d}\varepsilon}\right|_{\varepsilon=0} \\ = \int_{\mathbb{R}^{d+1}} \sum_{r=1}^{N}\left\{f_r(x)\frac{\partial\mathcal{L}}{\partial\phi_r(x)} + \sum_{\mu=0}^{d} \partial_\mu f_r(x)\frac{\partial\mathcal{L}}{\partial(\partial_\mu\phi_r(x))}\right\}\mathrm{d}x\end{aligned}$$

が得られる．部分積分により

$$\int_{\mathbb{R}^{d+1}} \partial_\mu f_r(x)\frac{\partial\mathcal{L}}{\partial(\partial_\mu\phi_r(x))}\,\mathrm{d}x = -\int_{\mathbb{R}^{d+1}} f_r(x)\partial_\mu \frac{\partial\mathcal{L}}{\partial(\partial_\mu\phi_r(x))}\,\mathrm{d}x.$$

以上から，$S_L$ の偏変分導関数は

$$\frac{\delta S_L(\phi)}{\delta \phi_r(x)} = \frac{\partial\mathcal{L}}{\partial\phi_r(x)} - \sum_{\mu=0}^{d}\partial_\mu \frac{\partial\mathcal{L}}{\partial(\partial_\mu\phi_r(x))} \tag{6.9}$$

で与えられることがわかる．したがって，$S_L$ に関する変分方程式は

$$\boxed{\frac{\partial\mathcal{L}}{\partial\phi_r(x)} - \sum_{\mu=0}^{d}\partial_\mu\frac{\partial\mathcal{L}}{\partial(\partial_\mu\phi_r(x))} = 0} \quad (r=1,\dots,N) \tag{6.10}$$

となる．これをラグランジュ密度関数 $\mathcal{L}$ に関する**オイラー–ラグランジュ方程式**または**ラグランジュ方程式**という．

明らかに，$\mathcal{L}$ の実数倍 $\alpha\mathcal{L}$ ($\alpha\neq 0$) も (6.10) と同じ方程式を導く．したがって，(6.10) を満たすラグランジュ密度関数 $\mathcal{L}$ の選び方には，定数倍の任意性がある．

**例 6.3**（相対論的実スカラー場） この例では，$x^0=ct$ とする（$c$ は真空中の光速）．したがって

$$\partial_t = c\partial_0 \tag{6.11}$$

である.

$\mathbb{R}^{d+1}$ 上の実スカラー場 $\phi : \mathbb{R}^{d+1} \to \mathbb{R}$ を考える(上述の記号で $N=1$ の場合).ここで,$\mathbb{R}^{d+1}$ を $(d+1)$ 次元ミンコフスキーベクトル空間 $\mathbb{R}^{1,d}$(例 4.1)と考える.相対論的不変性を考慮した場合,電磁ポテンシャルに対する方程式 (5.26) のスカラー場版として,次の方程式を考えるのは自然である:

$$\Box \phi(x) + F(\phi(x), x) = 0. \tag{6.12}$$

ただし,$\Box$ は $(d+1)$ 次元のダランベールシャン((5.20) を参照)であり,$F : \mathbb{R} \times \mathbb{R}^{1,d} \to \mathbb{R}$ は与えられた連続関数である.明らかに,方程式 (6.12) は相対論的である(i.e. ミンコフスキーベクトル空間 $\mathbb{R}^{1,d}$ の座標系の取り方に依らない).場の方程式 (6.12) を**実クライン–ゴルドン方程式**といい,その解を**実クライン–ゴルドン場**と呼ぶ.$F(\phi(x), x)$ は場 $\phi$ の相互作用を表す項である.特に,$F(s, x)$ が $x$ に依存しない場合,$F(\phi(x), x)$ は $\phi$ の自己相互作用を表す.

関数 $F(s, x)$ ($s \in \mathbb{R}$) が,連続関数 $g : \mathbb{R}^{1,d} \to \mathbb{R}$ を用いて,$s$ の 1 次式 $F(s, x) = g(x)s$ として表される場合,(6.12) は,$\phi$ について線形な方程式

$$\Box \phi(x) + g(x)\phi(x) = 0 \tag{6.13}$$

になる.これを**線形クライン–ゴルドン方程式**という[11].他方,$F(s, x) \neq 0$ が $s$ について 1 次式でないとき,(6.12) を**非線形クライン–ゴルドン方程式**と呼ぶ.

実クライン–ゴルドン方程式 (6.12) は,変分原理から導かれることを示そう.いまの場合のラグランジュ密度関数を「発見」するには,場の方程式 (6.12) の第 1 項 $\Box \phi(x)$ が $\sum_{\mu=0}^{d} \partial_\mu(\partial^\mu \phi(x))$ に等しいことに注目し,任意の $(s, \xi, x) \in \mathbb{R} \times \mathbb{R}^{1,d} \times \mathbb{R}^{1,d}$ に対して,$\partial L(s, \xi, x)/\partial \xi_\mu = \xi^\mu$, $\partial L(s, \xi, x)/\partial s = -F(s, x)$ を満たす関数 $L : \mathbb{R} \times \mathbb{R}^{1,d} \times \mathbb{R}^{1,d} \to \mathbb{R}$ を求めればよい.したがって,$V(s, x)$ を変数 $s$ に関する $F(s, x)$ の原始関数,すなわち,

---

[11] (6.13) の右辺がゼロでなく,与えられた,零でない実数値関数である場合も,線形クライン–ゴルドン方程式という場合がある.この場合は,方程式に含まれる $\phi(x)$ の冪が 1 次という意味である.

$$\frac{\partial V(s,x)}{\partial s} = F(s,x) \quad ((s,x) \in \mathbb{R} \times \mathbb{R}^{1,d})$$

を満たす関数 $V : \mathbb{R} \times \mathbb{R}^{1,d} \to \mathbb{R}$ とすれば，定数倍の任意性を除いて

$$L(s,\xi,x) := \frac{1}{2}\langle \xi, \xi \rangle_{\mathbb{R}^{1,d}} - V(s,x) \tag{6.14}$$

という形が予想される．実際，以下に示すように，この予想は正しい．いま定義した関数 $L$ から定まるラグランジュ密度関数は

$$\mathcal{L}(x) = \frac{1}{2}\langle \partial \phi(x), \partial \phi(x) \rangle_{\mathbb{R}^{1,d}} - V(\phi(x), x)$$

となる[12]．したがって

$$\frac{\partial \mathcal{L}}{\partial \phi(x)} = -F(\phi(x), x), \quad \frac{\partial \mathcal{L}}{\partial (\partial_\mu \phi(x))} = \partial^\mu \phi(x)$$

である．ゆえに，いまの場合，オイラー–ラグランジュ方程式 (6.10) は，確かに，(6.12) を与える．

(6.12) の特殊な場合として，$V(s,x) = V_1(s)/c^2$ ($V_1 : \mathbb{R} \to \mathbb{R}$) かつ $\phi(x)$ が $t$ だけによる場合を考え，$X(t) := \phi(ct, \mathbf{x})$ とおけば，(6.12) は

$$\ddot{X}(t) = -V_1'(X(t))$$

という形をとる（注意 6.1 を参照）．これは，$V_1$ をポテンシャルとする，1 次元のニュートン方程式と見ることができる．したがって，ニュートン力学の観点から見れば，(6.12) は，ポテンシャル力から定まる 1 次元のニュートン方程式を，特殊相対論的不変性を満たすように時空上のスカラー場の運動へと拡張したものと見ることができる．

**例 6.4** $\kappa \geq 0$ を定数として関数 $V$ が $V(s,x) = \kappa^2 s^2/2$ で与えられる場合の方程式 (6.12)：

$$\boxed{\Box \phi(x) + \kappa^2 \phi(x) = 0} \tag{6.15}$$

を自由なクライン–ゴルドン方程式といい，これを満たす実スカラー場 $\phi$ を**自由な実クライン–ゴルドン場**または**自由な相対論的実スカラー場**と呼ぶ．

---

[12] $\langle \partial \phi(x), \partial \phi(x) \rangle_{\mathbb{R}^{1,d}} = \sum_{\mu=0}^d \partial_\mu \phi(x) \cdot \partial^\mu \phi(x) = (\partial_0 \phi(x))^2 - \sum_{j=1}^d (\partial_j \phi(x))^2$.

自由な電磁ポテンシャルの場合（例 5.2）と同様にして

$$\phi_{\text{free}}(x) = \int_{\mathbb{R}^d} \left( A(\mathbf{k})^* e^{i(\omega_\kappa(\mathbf{k})t - \langle \mathbf{k},\mathbf{x}\rangle)} + A(\mathbf{k}) e^{-i(\omega_\kappa(\mathbf{k})t - \langle \mathbf{k},\mathbf{x}\rangle)} \right) d\mathbf{k}$$

によって定義される関数 $\phi$ は (6.15) の解であることがわかる．ただし

$$\omega_\kappa(\mathbf{k}) := \sqrt{c^2 \|\mathbf{k}\|^2 + \kappa^2 c^2} \quad (\mathbf{k} \in \mathbb{R}^d) \tag{6.16}$$

であり，$A : \mathbb{R}^d \to \mathbb{C}$ は積分条件

$$\int_{\mathbb{R}^d} |A(\mathbf{k})| \, d\mathbf{k} < \infty, \quad \int_{\mathbb{R}^d} |A(\mathbf{k})| \|\mathbf{k}\|^2 \, d\mathbf{k} < \infty \tag{6.17}$$

を満たす任意の関数である．

パラメーター $\kappa \neq 0$ の物理的意味を調べよう．$\omega_\kappa$ の定義により

$$\omega_\kappa(\mathbf{k})^2 - c^2 \|\mathbf{k}\|^2 = \kappa^2 c^2 \tag{6.18}$$

が成り立つ．これは，質点の $(d+1)$ 次元運動量の満たす不変式 (4.111) に類似している．

ところで，電磁場以外の古典的波動場に対しても，それが素粒子の波動的側面を記述する場合，プランク–アインシュタイン–ド・ブロイの関係式 (4.187) が成立すると仮定される．すると，ベクトル

$$p(\mathbf{k}) := \left( \frac{\hbar \omega_\kappa(\mathbf{k})}{c}, \hbar \mathbf{k} \right)$$

は $(d+1)$ 次元運動量と解釈することができ，(6.18) は

$$\langle p(\mathbf{k}), p(\mathbf{k}) \rangle_{\mathbb{R}^{1,d}} = \frac{\hbar^2 \kappa^2}{c^2} c^2$$

を意味する．したがって

$$m := \frac{\hbar \kappa}{c} \tag{6.19}$$

は粒子的描像での粒子の質量であると解釈される．この場合，$(d+1)$ 次元運動量 $p(\mathbf{k})$ のエネルギー成分は

$$E_m(\mathbf{k}) := \hbar \omega_\kappa(\mathbf{k}) = \sqrt{\|\hbar \mathbf{k}\|^2 c^2 + m^2 c^4} \tag{6.20}$$

である．これは，質量 $m$，$d$ 次元運動量 $\hbar \mathbf{k}$ の相対論的自由粒子のエネルギー

を表す．ゆえに，いま扱っている古典場 $\phi$ は，これに伴う粒子的描像における質量が $m$ であるような物質波を記述すると解釈される．実際，$d = 3$ の場合の実クライン–ゴルドン場は，たとえば，中性中間子の物質波を記述する．この場合，$m$ は，粒子的描像における中性中間子の質量を表す．

(6.19) を $\kappa$ について解けば

$$\kappa = \frac{mc}{\hbar} \tag{6.21}$$

である．

**注意 6.5** 定数 $\kappa$ に対する上述の解釈は，光の場（電磁場）だけでなく，他の波動場に対してもプランク–アインシュタイン–ド・ブロイの関係式が成立するという仮定のもとになされた．だが，そのようにせず，古典的波動場には粒子的描像が付随するという仮説から出発するだけで，作用の次元をもつ物理定数——それを $\hbar$ とする——の存在の要請とプランク–アインシュタイン–ド・ブロイの関係式が（ある意味で）自然に導かれることが次のようにして示される．

まず，$\kappa$ の次元 $[\kappa]$ については，$[\kappa] = [\partial_\mu] = [L^{-1}]$ である．すなわち，$\kappa$ は長さの逆の次元をもつ．だが，特殊相対論における唯一の普遍的物理定数である光速 $c$ だけを用いて，$\kappa$ から，質量の次元をもつ量をつくることはできない（∵次元解析）．そこで，(6.18) と (4.111) を考慮して，求めたい，質量の次元をもつ量を $m$ とすれば，$\kappa = amc$ と仮定するのは発見法的に（ある意味で）自然であろう．ただし，$a > 0$ は $m, c$ を含まない定数である．このとき，次元解析により，$[a^{-1}]$ は作用の次元をもつ．そこで，$\hbar := a^{-1}$ とすれば，(6.21) が得られる．この $\kappa$ を (6.18) に代入すれば，$p(\mathbf{k})$ は，まさに，質量 $m$，$d$ 次元運動量 $\hbar \mathbf{k}$，エネルギー成分 $\hbar \omega_\kappa$ の相対論的自由粒子の $(d+1)$ 次元運動量であると解釈される．こうして，$\hbar$ の存在とプランク–アインシュタイン–ド・ブロイの関係式が導かれる．無論，この議論は，決定的なものではないが，プランクの定数 $h = 2\pi\hbar$ の物理的な存在理由を示唆して興味深い[13]．

---

[13] この種の議論は，すでに誰か行っているかもしれないが，筆者は寡聞にして知らない．

**例 6.6**（電磁ポテンシャルの方程式） 第 5 章で論じた古典電磁気学における電磁ポテンシャルの方程式は変分原理から導かれることを示そう．記号は第 5 章のものを引き継いで使用する．ただし，簡単のため，この例では，電磁ポテンシャルの定義域 $D$ はミンコフスキーベクトル空間 $V_\mathrm{M}$ 全体とする．$A \in A_1^2(V_\mathrm{M})$ を電磁ポテンシャルとし，$J: V_\mathrm{M} \to V_\mathrm{M}{}^*$ を $(d+1)$ 次元電流密度とする．ローレンツ座標系 $(V_\mathrm{M}, E)$ を任意にとり，点 $x \in V_\mathrm{M}$ を $x = \sum_{\mu=0}^d x^\mu e_\mu$ と展開し

$$A(x) = \sum_{\mu=0}^d A_\mu(x)\,\mathrm{d}x^\mu, \quad J(x) = \sum_{\mu=0}^d J_\mu(x)\,\mathrm{d}x^\mu$$

と表す．ただし，$x^0 = ct$ とする．また

$$F^{\mu\nu}(x) := \sum_{\alpha,\beta=0}^d g^{\mu\alpha} g^{\nu\beta} F_{\alpha\beta}(x)$$

を導入する．このとき，ミンコフスキーベクトル空間 $V_\mathrm{M}$ の座標系の取り方に依らないスカラー量で $A_\mu$，$\partial_\mu A_\nu$ について高々 2 次であるものは

$$\mathcal{L}(x) = c_1 \sum_{\mu,\nu=0}^d F_{\mu\nu}(x) F^{\mu\nu}(x) + c_2 \sum_{\mu=0}^d A_\mu(x) A^\mu(x) + c_3 \sum_{\mu=0}^d J_\mu(x) A^\mu(x)$$

という形で与えられる．ただし，$c_1, c_2, c_3$ は実定数である．これが電磁ポテンシャルの方程式を導くラグランジュ密度関数の候補である．相対論的実スカラー場の場合（例 6.3）と同様の発見法的議論により，関数 $L: \mathbb{R}^{d+1} \times \underbrace{\mathbb{R}^{d+1} \times \cdots \times \mathbb{R}^{d+1}}_{(d+1)\text{個}} \times \mathbb{R}^{d+1} \to \mathbb{R}$（$N = d+1$ の場合）を

$$L(s, (\xi_{\mu r}), x) := -\frac{\varepsilon_0 c^2}{4} \sum_{\mu,\nu,\alpha,\beta=0}^d g^{\mu\alpha} g^{\nu\beta} (\xi_{\mu\nu} - \xi_{\nu\mu})(\xi_{\alpha\beta} - \xi_{\beta\alpha})$$
$$- c \sum_{\mu=0}^d J^\mu(x) s_\mu$$

と定め

$$\phi_A := (A_0, \ldots, A_d)$$

とおくとき

$$\mathcal{L}_{\mathrm{EM}}(x) := L(\phi_A(x), \partial \phi_A(x), x)$$
$$= -\frac{\varepsilon_0 c^2}{4} \langle F(A)(x), F(A)(x) \rangle - c \langle A(x), J(x) \rangle \qquad (6.22)$$

($c_1 = -\varepsilon_0 c^2/4$, $c_2 = 0$, $c_3 = -1$ の場合) が求めるラグランジュ密度関数であることが以下のようにして示される．なお，定数因子 $\varepsilon_0 c^2$ と $c$ が入っているのは，$\mathcal{L}_{\mathrm{EM}}$ がエネルギー密度の次元をもつようにするためである[14]．単純な偏微分計算により

$$\frac{\partial L}{\partial s_\mu} = -c J^\mu(x), \quad \frac{\partial L}{\partial \xi_{\mu\nu}} = -\varepsilon_0 c^2 \sum_{\alpha,\beta=0}^{d} g^{\mu\alpha} g^{\nu\beta} (\xi_{\alpha\beta} - \xi_{\beta\alpha}).$$

したがって

$$\frac{\partial \mathcal{L}_{\mathrm{EM}}}{\partial A_\mu(x)} = -c J^\mu(x), \quad \frac{\partial \mathcal{L}_{\mathrm{EM}}}{\partial(\partial_\mu A_\nu(x))} = -\varepsilon_0 c^2 \sum_{\alpha,\beta=0}^{d} g^{\mu\alpha} g^{\nu\beta} F_{\alpha\beta}(x).$$

ゆえに，いまの場合のラグランジュ方程式は

$$-c J^\nu(x) + \varepsilon_0 c^2 \sum_{\mu=0}^{d} \partial_\mu \left( \sum_{\alpha,\beta=0}^{d} g^{\mu\alpha} g^{\nu\beta} F_{\alpha\beta}(x) \right) = 0$$

となる．この式は，添え字の上げ下げに注意にすることにより

$$\sum_{\alpha=0}^{d} \partial^\alpha F_{\alpha\nu}(x) = \frac{J_\nu(x)}{\varepsilon_0 c}$$

と同値であることがわかる．これは，(5.51) そのものであり，電磁ポテンシャルに対する方程式 (5.24) を導く．

## 6.4 変分原理 (II)——複素場の場合

前節の形式は，複素場の場合へと拡張される．$\mathbb{R}^{d+1}$ 上の $N$ 成分複素ベクトル場 $\phi : \mathbb{R}^{d+1} \to \mathbb{C}^N$ からなる一つの集合 $\mathcal{F}_\mathbb{C}$ に対して，$\mathcal{F}_\mathbb{C}$ から $\mathbb{R}$ への写

---

[14] (5.51) において，$J_\nu$ の次元は，電荷密度の次元 $[QL^{-d}]$（$[Q]$ は電荷の次元）であるから，$[\varepsilon_0 c A_\nu L^{-2}] = [QL^{-d}]$．したがって，$[\varepsilon_0 c^2 F_{\mu\nu} F^{\mu\nu}] = [A_\mu c Q L^{-d}]$．他方，(5.86) または (5.87) により，$[A_\mu c Q]$ はエネルギーの次元 $[E]$ である．ゆえに，$[\varepsilon_0 c^2 F_{\mu\nu} F^{\mu\nu}] = [EL^{-d}]$（エネルギー密度の次元）．同様にして，$[c J^\mu A_\mu]$ はエネルギー密度の次元であることがわかる．

像 $S: \mathcal{F}_\mathbb{C} \to \mathbb{R}$（i.e. $\mathcal{F}_\mathbb{C}$ 上の実数値汎関数）を複素場 $\phi$ の**作用汎関数**という．この型の作用汎関数に対して，実場の作用汎関数の理論を応用するために，まず，複素数と実数の対が 1 対 1 に対応するという事実が複素場と実場の文脈においてどのような形をとるかを見る．複素場の複素共役 $\phi^*: \mathbb{R}^{d+1} \to \mathbb{C}^N$ を

$$\phi^*(x) := (\phi_1(x)^*, \ldots, \phi_N(x)^*) \quad (x \in \mathbb{R}^{d+1})$$

によって定義し

$$\phi^{(1)} = \frac{\phi + \phi^*}{2}, \quad \phi^{(2)} = \frac{\phi - \phi^*}{2i} \tag{6.23}$$

をおく（$i$ は虚数単位）．$\phi^{(1)}, \phi^{(2)}$ はそれぞれ，$\phi$ の**実部**，**虚部**と呼ばれる．これらは，いずれも，$\mathbb{R}^{d+1}$ 上の $N$ 成分実ベクトル場であり

$$\phi = \phi^{(1)} + i\phi^{(2)} \tag{6.24}$$

と書ける．

逆に，任意の二つの $N$ 成分実ベクトル場 $\phi^{(1)}, \phi^{(2)}: \mathbb{R}^{d+1} \to \mathbb{R}^N$ に対して，$\phi$ を (6.24) によって定義すれば，$\phi^* = \phi^{(1)} - i\phi^{(2)}$ であるので，(6.23) が成り立つことがわかる．したがって，$N$ 成分実ベクトル場の対 $(\phi^{(1)}, \phi^{(2)})$ と $N$ 成分複素ベクトル場 $\phi$ は 1 対 1 に対応する．

そこで，$\phi = \phi^{(1)} + i\phi^{(2)}: \mathbb{R}^{d+1} \to \mathbb{C}^N$ に対応する，$N$ 成分実ベクトル場の対を

$$\widetilde{\phi} := (\phi^{(1)}, \phi^{(2)}) = (\phi_1^{(1)}, \ldots, \phi_N^{(1)}, \phi_1^{(2)}, \ldots, \phi_N^{(2)})$$

と表す．これは，$\mathbb{R}^{d+1}$ 上の $2N$ 成分実ベクトル場とみなすことができる．これに対応して，複素場 $\phi$ の作用汎関数 $S$ から，$2N$ 成分実ベクトル場 $\widetilde{\phi}$ の作用汎関数 $\widetilde{S}$ が

$$\widetilde{S}(\widetilde{\phi}) := S(\phi) = S(\phi^{(1)} + i\phi^{(2)}) \quad (\phi \in \mathcal{F}_\mathbb{C}) \tag{6.25}$$

によって定義される．この関係を用いることにより，複素場の汎関数 $S$ の微分可能性の概念を実場の汎関数のそれに帰着することができる：任意の $\phi \in \mathcal{F}_\mathbb{C}$ と $f \in C_0^\infty(\mathbb{R}^{d+1}; \mathbb{C}^N)$ に対して，$|\varepsilon|$ ($\varepsilon \in \mathbb{R}$) が十分小さければ $\phi + \varepsilon f \in \mathcal{F}_\mathbb{C}$ が成り立つとする．$\widetilde{S}$ が微分可能であるとき，$S$ は**微分可能**であるという．この場合

## 6.4. 変分原理 (II)——複素場の場合

$$\left.\frac{\mathrm{d}S(\phi+\varepsilon f)}{\mathrm{d}\varepsilon}\right|_{\varepsilon=0} = \left.\frac{\mathrm{d}\widetilde{S}(\widetilde{\phi}+\varepsilon\widetilde{f})}{\mathrm{d}\varepsilon}\right|_{\varepsilon=0}$$

$$= \sum_{r=1}^{N}\int_{\mathbb{R}^{d+1}}\left(\frac{\delta\widetilde{S}(\widetilde{\phi})}{\delta\phi_{r}^{(1)}(x)}f^{(1)}(x)\,\mathrm{d}x\right.$$

$$\left.+\frac{\delta\widetilde{S}(\widetilde{\phi})}{\delta\phi_{r}^{(2)}(x)}f^{(2)}(x)\,\mathrm{d}x\right) \quad (6.26)$$

が成り立つ．したがって，$\phi$ が $S$ の停留曲線であること，すなわち

$$\left.\frac{\mathrm{d}S(\phi+\varepsilon f)}{\mathrm{d}\varepsilon}\right|_{\varepsilon=0} = 0 \quad (\forall f \in C_{0}^{\infty}(\mathbb{R}^{d+1};\mathbb{C}^{N}))$$

と変分方程式

$$\frac{\delta\widetilde{S}(\widetilde{\phi})}{\delta\phi_{r}^{(1)}(x)} = 0, \quad \frac{\delta\widetilde{S}(\widetilde{\phi})}{\delta\phi_{r}^{(2)}(x)} = 0 \quad (r=1,\ldots,N) \quad (6.27)$$

は同値である．

汎関数 $S(\phi)$ が $\phi$ から定まる関数の積分で表される場合に，方程式 (6.27) がどのような形をとるかを見てみよう．記法を簡略するために

$$D_{\mathbb{C}} := \mathbb{C}^{N}\times\mathbb{C}^{N}\times\underbrace{\mathbb{C}^{N}\times\cdots\times\mathbb{C}^{N}}_{(d+1)\text{ 個}}\times\underbrace{\mathbb{C}^{N}\times\cdots\times\mathbb{C}^{N}}_{(d+1)\text{ 個}}\times\mathbb{R}^{d+1}$$

とし，$D_{\mathbb{C}}$ の元を

$$Z = (w,z,(\zeta_{\mu r}),(\xi_{\mu r}),x) \quad (x\in\mathbb{R}^{d+1})$$

と表す．ただし

$$w = (w_{1},\ldots,w_{N}),\ z = (z_{1},\ldots,z_{N})\in\mathbb{C}^{N},$$
$$(\zeta_{\mu r}) = ((\zeta_{\mu 1}),\ldots,(\zeta_{\mu N})),\ (\xi_{\mu r}) = ((\xi_{\mu 1}),\ldots,(\xi_{\mu N}))\in(\mathbb{C}^{d+1})^{N}.$$

複素数値関数 $L_{\mathbb{C}} : D_{\mathbb{C}} \to \mathbb{C}$ で

$$L_{\mathbb{C}}(w,z,(\zeta_{\mu r}),(\xi_{\mu r}),x)^{*} = L_{\mathbb{C}}(z^{*},w^{*},(\xi_{\mu r}^{*}),(\zeta_{\mu r}^{*}),x)$$
$$(\forall (w,z,(\zeta_{\mu r}),(\xi_{\mu r}),x)\in D_{\mathbb{C}}) \quad (6.28)$$

を満たすものを任意に選び

$$\mathcal{L}_{\mathbb{C}}(x) := L_{\mathbb{C}}(\phi(x)^{*},\phi(x),\partial\phi(x)^{*},\partial\phi(x),x) \quad (x\in\mathbb{R}^{d+1}) \quad (6.29)$$

とおく. (6.28) により, $\mathcal{L}_\mathbb{C}$ は実数値関数である. 積分条件

$$\int_{\mathbb{R}^{d+1}} |\mathcal{L}_\mathbb{C}(x)| \, dx < \infty \tag{6.30}$$

を満たす $\phi \in C^2(\mathbb{R}^{d+1}; \mathbb{C}^N)$ の全体を $\mathcal{F}^2_{L_\mathbb{C}}$ とし, $\mathcal{F}^2_{L_\mathbb{C}}$ 上の汎関数 $S_{L_\mathbb{C}} : \mathcal{F}^2_{L_\mathbb{C}} \to \mathbb{R}$ を

$$S_{L_\mathbb{C}}(\phi) := \int_{\mathbb{R}^{d+1}} \mathcal{L}_\mathbb{C}(x) \, dx \quad (\phi \in \mathcal{F}^2_{L_\mathbb{C}}) \tag{6.31}$$

によって定義する. 実場の作用汎関数の場合に倣って, $\mathcal{L}_\mathbb{C}$ を**ラグランジュ密度関数**または単に**ラグランジュ関数**と呼び, $S_{L_\mathbb{C}}(\phi)$ を**作用積分**という.

6.3 節の汎関数 $S_L$ の場合と同様にして, $S_{L_\mathbb{C}}$ は微分可能であり

$$\frac{\delta \widetilde{S}(\widetilde{\phi})}{\delta \phi_r^{(1)}(x)} = \frac{\partial \mathcal{L}_\mathbb{C}}{\partial \phi_r^{(1)}(x)} - \sum_{\mu=0}^{d} \partial_\mu \frac{\partial \mathcal{L}_\mathbb{C}}{\partial(\partial_\mu \phi_r^{(1)}(x))},$$

$$\frac{\delta \widetilde{S}(\widetilde{\phi})}{\delta \phi_r^{(2)}(x)} = \frac{\partial \mathcal{L}_\mathbb{C}}{\partial \phi_r^{(2)}(x)} - \sum_{\mu=0}^{d} \partial_\mu \frac{\partial \mathcal{L}_\mathbb{C}}{\partial(\partial_\mu \phi_r^{(2)}(x))}$$

であることがわかる ((6.9) を応用せよ). したがって, いまの場合の変分方程式は

$$\frac{\partial \mathcal{L}_\mathbb{C}}{\partial \phi_r^{(1)}(x)} - \sum_{\mu=0}^{d} \partial_\mu \frac{\partial \mathcal{L}_\mathbb{C}}{\partial(\partial_\mu \phi_r^{(1)}(x))} = 0, \tag{6.32}$$

$$\frac{\partial \mathcal{L}_\mathbb{C}}{\partial \phi_r^{(2)}(x)} - \sum_{\mu=0}^{d} \partial_\mu \frac{\partial \mathcal{L}_\mathbb{C}}{\partial(\partial_\mu \phi_r^{(2)}(x))} = 0 \tag{6.33}$$

という形をとる.

(6.32), (6.33) の左辺を $\phi_r$ と $\phi_r^*$ を用いて表すために

$$\phi_r(x)^* = \phi_r^{(1)}(x) - i \phi_r^{(2)}(x),$$
$$\partial_\mu \phi_r(x)^* = \partial_\mu \phi_r^{(1)}(x) - i \partial_\mu \phi_r^{(2)}(x)$$

に注意する. また, 次の記号を導入する:

$$\psi(x) := (\phi(x)^*, \phi(x), \partial \phi(x)^*, \partial \phi(x), x) \tag{6.34}$$

$$\frac{\partial \mathcal{L}_\mathbb{C}}{\partial \phi_r(x)^*} := \left. \frac{\partial L_\mathbb{C}(Z)}{\partial w_r} \right|_{Z=\psi(x)}, \tag{6.35}$$

$$\frac{\partial \mathcal{L}_{\mathbb{C}}}{\partial \phi_r(x)} := \left.\frac{\partial L_{\mathbb{C}}(Z)}{\partial z_r}\right|_{Z=\psi(x)}, \tag{6.36}$$

$$\frac{\partial \mathcal{L}_{\mathbb{C}}}{\partial (\partial_\mu \phi_r(x)^*)} := \left.\frac{\partial L_{\mathbb{C}}(Z)}{\partial \zeta_{\mu r}}\right|_{Z=\psi(x)}, \tag{6.37}$$

$$\frac{\partial \mathcal{L}_{\mathbb{C}}}{\partial (\partial_\mu \phi_r(x))} := \left.\frac{\partial L_{\mathbb{C}}(Z)}{\partial \xi_{\mu r}}\right|_{Z=\psi(x)}. \tag{6.38}$$

このとき，合成関数の微分法により

$$\frac{\partial \mathcal{L}_{\mathbb{C}}}{\partial \phi_r^{(1)}(x)} = \frac{\partial \mathcal{L}_{\mathbb{C}}}{\partial \phi_r(x)^*} + \frac{\partial \mathcal{L}_{\mathbb{C}}}{\partial \phi_r(x)},$$

$$\frac{\partial \mathcal{L}_{\mathbb{C}}}{\partial \phi_r^{(2)}(x)} = -i\frac{\partial \mathcal{L}_{\mathbb{C}}}{\partial \phi_r(x)^*} + i\frac{\partial \mathcal{L}_{\mathbb{C}}}{\partial \phi_r(x)},$$

$$\frac{\partial \mathcal{L}_{\mathbb{C}}}{\partial (\partial_\mu \phi_r^{(1)}(x))} = \frac{\partial \mathcal{L}_{\mathbb{C}}}{\partial (\partial_\mu \phi_r(x)^*)} + \frac{\partial \mathcal{L}_{\mathbb{C}}}{\partial (\partial_\mu \phi_r(x))},$$

$$\frac{\partial \mathcal{L}_{\mathbb{C}}}{\partial (\partial_\mu \phi_r^{(2)}(x))} = -i\frac{\partial \mathcal{L}_{\mathbb{C}}}{\partial (\partial_\mu \phi_r(x)^*)} + i\frac{\partial \mathcal{L}_{\mathbb{C}}}{\partial (\partial_\mu \phi_r(x))}$$

となることがわかる．したがって，(6.32) と (6.33) は

$$\frac{\partial \mathcal{L}_{\mathbb{C}}}{\partial \phi_r(x)^*} + \frac{\partial \mathcal{L}_{\mathbb{C}}}{\partial \phi_r(x)} - \sum_{\mu=0}^{d} \partial_\mu \left( \frac{\partial \mathcal{L}_{\mathbb{C}}}{\partial (\partial_\mu \phi_r(x)^*)} + \frac{\partial \mathcal{L}_{\mathbb{C}}}{\partial (\partial_\mu \phi_r(x))} \right) = 0,$$

$$-\frac{\partial \mathcal{L}_{\mathbb{C}}}{\partial \phi_r(x)^*} + \frac{\partial \mathcal{L}_{\mathbb{C}}}{\partial \phi_r(x)} - \sum_{\mu=0}^{d} \partial_\mu \left( -\frac{\partial \mathcal{L}_{\mathbb{C}}}{\partial (\partial_\mu \phi_r(x)^*)} + \frac{\partial \mathcal{L}_{\mathbb{C}}}{\partial (\partial_\mu \phi_r(x))} \right) = 0$$

と表すことができる．これらの式の両辺の和と差を計算することにより，$r = 1, \ldots, N$ に対して

$$\boxed{\begin{aligned}\frac{\partial \mathcal{L}_{\mathbb{C}}}{\partial \phi_r(x)} - \sum_{\mu=0}^{d} \partial_\mu \frac{\partial \mathcal{L}_{\mathbb{C}}}{\partial (\partial_\mu \phi_r(x))} &= 0, \\ \frac{\partial \mathcal{L}_{\mathbb{C}}}{\partial \phi_r(x)^*} - \sum_{\mu=0}^{d} \partial_\mu \frac{\partial \mathcal{L}_{\mathbb{C}}}{\partial (\partial_\mu \phi_r(x)^*)} &= 0\end{aligned}} \quad \begin{aligned}(6.39)\\ \\ (6.40)\end{aligned}$$

が得られる．以上から，(6.39) と (6.40) が汎関数 $S_{L_{\mathbb{C}}}$ の停留曲線が満たす方程式であることがわかる．これら二つの方程式を $\mathcal{L}_{\mathbb{C}}$ に関する**オイラー–ラグ**

ランジュ方程式またはラグランジュ方程式という.

実は, (6.39) と (6.40) は同値である. 実際, (6.28) により

$$\left(\left.\frac{\partial L_{\mathbb{C}}(Z)}{\partial w_r}\right|_{Z=\psi(x)}\right)^* = \left.\frac{\partial L_{\mathbb{C}}(Z)}{\partial z_r}\right|_{Z=\psi(x)}.$$

したがって, $(\partial \mathcal{L}_{\mathbb{C}}/\partial \phi_r(x)^*)^* = \partial \mathcal{L}_{\mathbb{C}}/\partial \phi_r(x)$. 同様に

$$\left(\frac{\partial \mathcal{L}_{\mathbb{C}}}{\partial (\partial_\mu \phi(x)^*)}\right)^* = \frac{\partial \mathcal{L}_{\mathbb{C}}}{\partial (\partial_\mu \phi(x))}.$$

ゆえに (6.39) の複素共役は (6.40) であり, その逆も成り立つ. したがって, (6.39) と (6.40) のどちらか一つだけを考察すればよい.

**例 6.7**(相対論的複素スカラー場)この例では, $x^0 = ct$ とし, $\mathbb{R}^{d+1}$ を標準的 $(d+1)$ 次元ミンコフスキーベクトル空間 $\mathbb{R}^{1,d}$(例 4.1)に置き換えて考える. 相対論的実スカラー場(例 6.3)のラグランジュ密度関数の複素版として, 複素スカラー場 $\phi : \mathbb{R}^{1,d} \to \mathbb{C}$ に対して, 次のラグランジュ密度関数を考えるのは自然である[15]:

$$\mathcal{L}_{\mathbb{C}}(x) := \sum_{\mu=0}^{d} \partial_\mu \phi(x)^* \cdot \partial^\mu \phi(x) - V(\phi(x)^*, \phi(x), x).$$

ただし, $V : \mathbb{C} \times \mathbb{C} \times \mathbb{R}^{1,d} \to \mathbb{C}$ は連続であり

$$V(w, z, x)^* = V(z^*, w^*, x) \quad (\forall (w, z, x) \in \mathbb{C} \times \mathbb{C} \times \mathbb{R}^{1,d})$$

を満たすとする. この場合

$$L_{\mathbb{C}}(w, z, (\zeta_\mu), (\xi_\mu), x) = \sum_{\mu=0}^{d} \zeta_\mu \xi^\mu - V(w, z, x)$$

である. 容易にわかるように, この $L_{\mathbb{C}}$ は (6.28) を満たす. さらに

$$\frac{\partial \mathcal{L}_{\mathbb{C}}}{\partial \phi(x)^*} = -\partial_w V(\phi(x)^*, \phi(x), x),$$

$$\frac{\partial \mathcal{L}_{\mathbb{C}}}{\partial (\partial_\mu \phi(x)^*)} = \partial^\mu \phi(x).$$

---
[15] 添え字の上げ下げは, (5.14), (5.17) にしたがう.

ただし，$\partial_w V(w,z,x) := \partial V(w,z,x)/\partial w$. したがって，$\mathcal{L}_{\mathbb{C}}$ に関するラグランジュ方程式は

$$\Box \phi(x) + \partial_w V(\phi(x)^*, \phi(x), x) = 0 \tag{6.41}$$

となる．これを**複素クライン–ゴルドン方程式**といい，その解を**複素クライン–ゴルドン場**という．同様にして，(6.41) の $N$ 成分版も導かれる．

関数 $V$ が，$\mu \in \mathbb{C}$ （ただし，$\mu^2 \in \mathbb{R}$ とする），$\lambda > 0$ を定数として

$$V_{\mathrm{H}}(w,z) := \mu^2 wz + \frac{1}{2}\lambda w^2 z^2 \quad (w,z \in \mathbb{C})$$

で与えられる場合，(6.41) は

$$\Box \phi(x) + \mu^2 \phi(x) + \lambda |\phi(x)|^2 \phi(x) = 0 \tag{6.42}$$

という非線形方程式になる．この方程式を満たす複素クライン–ゴルドン場 $\phi$ は，素粒子論において，**ヒッグス場** (Higgs field) として登場する（ただし，いまの文脈では古典場）．この場合，関数 $V_{\mathrm{H}}(\phi(x)^*, \phi(x)) = \mu^2|\phi(x)|^2 + \lambda|\phi(x)|^4/2$ を**ヒッグスポテンシャル**という．素粒子論の文脈では，$\phi$ を量子場として扱い，$\mu^2 < 0$ の場合が，「自発的対称性の破れ」と関連して，重要である．

**例 6.8** $V(w,z,x) = \kappa^2 wz$ の場合の (6.41) は自由なクライン–ゴルドン方程式 (6.15) と同じ形である．この方程式の複素場解を**自由な複素クライン–ゴルドン場**または**自由な相対論的複素スカラー場**という．これは，物理への応用では，たとえば，プラス，マイナスの荷電中間子の対に対応する自由な古典的物質場を記述し，中性中間子の物質波の場合（例 6.3）と同様，$m := \hbar\kappa/c$ は粒子的描像での荷電中間子の質量を表す．自由な実クライン–ゴルドン場（例 6.4）の場合と同様にして，自由な複素クライン–ゴルドン場の一般的なクラスの一つは次の形で与えられることがわかる：

$$\phi_{\mathrm{free}}(x) = \int_{\mathbb{R}^d} \left( A(\mathbf{k})e^{i(\omega_\kappa(\mathbf{k})t - \langle \mathbf{k}, \mathbf{x}\rangle)} + B(\mathbf{k})e^{-i(\omega_\kappa(\mathbf{k})t - \langle \mathbf{k}, \mathbf{x}\rangle)} \right) d\mathbf{x}. \tag{6.43}$$

ただし，$\omega_\kappa$ は (6.16) で定義される関数であり，$A, B : \mathbb{R}^d \to \mathbb{C}$ は，積分条件

$$\int_{\mathbb{R}^d} |F(\mathbf{k})|\, d\mathbf{k} < \infty, \quad \int_{\mathbb{R}^d} |F(\mathbf{k})| \|\mathbf{k}\|^2\, d\mathbf{k} < \infty \quad (F = A, B)$$

を満たす任意の関数である. 自由な複素クライン–ゴルドン場 $\phi_{\text{free}}$ は, (6.20) によって定義される関数 $E_m$ を用いると

$$\phi_{\text{free}}(x) = \int_{\mathbb{R}^d} \left( A(\mathbf{k}) e^{i(E_m(\mathbf{k})t/\hbar - \langle \mathbf{k}, \mathbf{x} \rangle)} + B(\mathbf{k}) e^{-i(E_m(\mathbf{k})t/\hbar - \langle \mathbf{k}, \mathbf{x} \rangle)} \right) d\mathbf{x} \tag{6.44}$$

と表される.

**例 6.9**(非相対論的物質場) 相対論的複素スカラー場の非相対論版を考えよう. そのために, (6.44) に注目し, $E_m(\mathbf{k})$ の非相対論的極限を考察する. (6.20) から

$$E_m(\mathbf{k}) - mc^2 = mc^2 \left( \sqrt{1 + \frac{\|\hbar \mathbf{k}\|^2}{m^2 c^2}} - 1 \right) \approx \frac{\hbar^2 \|\mathbf{k}\|^2}{2m} \quad (c \to \infty).$$

したがって

$$E_m^{\text{NR}}(\mathbf{k}) := \frac{\hbar^2 \|\mathbf{k}\|^2}{2m} \quad (\mathbf{k} \in \mathbb{R}^d) \tag{6.45}$$

を導入し, $a : \mathbb{R}^d \to \mathbb{C}$ を任意の関数として

$$\psi_{\mathbf{k}}(x) := a(\mathbf{k}) e^{-i E_m^{\text{NR}}(\mathbf{k}) t/\hbar + i \langle \mathbf{k}, \mathbf{x} \rangle} \quad (x = (t, \mathbf{x}) \in \mathbb{R}^{d+1}) \tag{6.46}$$

とすれば, 関数 $\psi_{\mathbf{k}}$ は

$$i\hbar \frac{\partial \psi_{\mathbf{k}}(x)}{\partial t} = -\frac{\hbar^2}{2m} \Delta \psi_{\mathbf{k}}(x)$$

を満たすことがわかる. ただし, $\Delta$ は $d$ 次元ラプラシアンである ((5.100) を参照). したがって, また

$$-i\hbar \frac{\partial \psi_{\mathbf{k}}(x)^*}{\partial t} = -\frac{\hbar^2}{2m} \Delta \psi_{\mathbf{k}}(x)^*.$$

そこで, 条件

$$\int_{\mathbb{R}^d} |a(\mathbf{k})| \, d\mathbf{k} < \infty, \quad \int_{\mathbb{R}^d} |a(\mathbf{k})| \|\mathbf{k}\|^2 \, d\mathbf{k} < \infty \tag{6.47}$$

のもとで

$$\psi_{\text{free}}(x) := \int_{\mathbb{R}^d} \psi_{\mathbf{k}}(x) \, d\mathbf{k} \tag{6.48}$$

とおけば, 関数 $\psi_{\text{free}}$ は偏微分方程式

## 6.4. 変分原理 (II)——複素場の場合

$$i\hbar\frac{\partial \psi(x)}{\partial t} = -\frac{\hbar^2}{2m}\Delta\psi(x) \tag{6.49}$$

の解である.

場の方程式 (6.49) を**自由なド・ブロイ方程式**と呼び，その解を**自由なド・ブロイ場**という．したがって，$\psi_{\text{free}}$ は自由なド・ブロイ場の一つである．

**注意 6.10** 第 7 章で示すように，1 個の非相対論的かつ自由な量子的粒子（質量 $m$）の状態関数のしたがう方程式は (6.49) と同じ形をしている．しかし，目下の文脈では，(6.49) を満たす $\psi$ は，量子力学的状態関数ではなく，あくまでも古典場である．もう少し立ち入るならば（詳しくは第 7 章を参照），$\mathbb{R}^d$ 上の量子力学的状態関数は，実は，本来の意味での関数ではなく，ルベーグ測度 0 の集合上の値の違いは考慮しない，$\mathbb{R}^d$ 上の（ルベーグ積分の意味で）2 乗可積分な関数の同値類によって表される．この意味でも量子力学的状態関数と古典場は本質的に異なるのである．このことは，量子的粒子の多体系を考察するならば，いっそう明確になる[16].

場の方程式 (6.49) は

$$i\hbar\frac{\partial \psi(x)}{\partial t} = -\frac{\hbar^2}{2m}\Delta\psi(x) + F(\psi(x)^*, \psi(x), x) \tag{6.50}$$

という形に一般化され得る．ただし，$F : \mathbb{C}\times\mathbb{C}\times\mathbb{R}^{d+1}\to\mathbb{C}$．この型の偏微分方程式を**ド・ブロイ方程式**と呼び，その解を**ド・ブロイ場**という．

**注意 6.11** 純粋に数学的な偏微分方程式論では，(6.50) を（非線形）シュレー

---

[16] プランク定数 $h$ を $2\pi$ で割った定数 $\hbar$ が (6.49) に含まれているからといって，それがただちに量子論と結びつくと考えてはならない．実際，(6.49) において，$m_* := m/\hbar$ とおけば，(6.49) は

$$i\frac{\partial \psi(x)}{\partial t} = -\frac{1}{2m_*}\Delta\psi(x)$$

という，$\hbar$ を含まない式になる．(6.49) における $\hbar$ は，これまでの文脈から明らかなように，自由なド・ブロイ場に付随する粒子的描像における粒子の質量 $m$ を場の方程式の中に入れる際に現れるのである．

ディンガー方程式と呼び，その解をシュレーディンガー場という場合がある．しかし，本書は，単なる数学書ではなく，数理物理学の書であるので，物理的概念の混乱を避けるために，古典場に対しては，「シュレーディンガー〜」という呼び方はしないことにし，シュレーディンガーの名を冠する対象は量子論的なものに限定する．

ド・ブロイ方程式 (6.50) は変分原理から導かれることを示そう．発見法的議論は省略して，次のラグランジュ密度関数を考える：

$$\mathcal{L}_{\mathbb{C}}(x) = \frac{i\hbar}{2}\big(\dot{\psi}(x)\psi(x)^* - \dot{\psi}(x)^*\psi(x)\big)$$
$$- \sum_{j=1}^{d} \frac{\hbar^2}{2m}|\partial_j\psi(x)|^2 - V(\psi(x)^*,\psi(x),x).$$

ただし，$\dot{\psi}(x) := \partial_t \psi(x)$ であり，$V : \mathbb{C} \times \mathbb{C} \times \mathbb{R}^{d+1} \to \mathbb{C}$ は

$$V(w,z,x)^* = V(z^*,w^*,x),$$
$$\partial_w V(w,z,x) = F(w,z,x) \quad (w,z \in \mathbb{C},\ x \in \mathbb{R}^{d+1})$$

を満たすものとする．この場合

$$L_{\mathbb{C}}(w,z,(\zeta_\mu),(\xi_\mu),x) = \frac{i\hbar}{2}(\xi_0 w - \zeta_0 z) - \sum_{j=1}^{d}\frac{\hbar^2}{2m}\zeta_j\xi_j - V(w,z,x).$$

したがって，この $L_{\mathbb{C}}$ も (6.28) を満たす．また

$$\frac{\partial \mathcal{L}_{\mathbb{C}}}{\partial \psi(x)^*} = \frac{i\hbar}{2}\dot{\psi}(x) - F(\psi(x)^*,\psi(x),x),$$
$$\frac{\partial \mathcal{L}_{\mathbb{C}}}{\partial \dot{\psi}(x)^*} = -\frac{i\hbar}{2}\psi(x), \quad \frac{\partial \mathcal{L}_{\mathbb{C}}}{\partial(\partial_j\psi(x)^*)} = -\frac{\hbar^2}{2m}\partial_j\psi(x).$$

ゆえに，いまの場合のラグランジュ方程式は，確かに，(6.50) を与える．

(6.50) の $N$ 成分版も同様に導かれる．

ド・ブロイ場は，物理への応用においては，たとえば，非相対論的電子に対して，その古典力学的な粒子的描像を白紙にもどし，それを古典的波動として捉え直す場合の波動場——**非相対論的電子場**——を記述する．この場合，$m$ は粒子的描像での電子の質量，$F(\psi(x)^*,\psi(x),x)$ は電子場の相互作用を表す．

## 6.4. 変分原理 (II)——複素場の場合

与えられた関数 $V_{\text{ext}}:\mathbb{R}^{d+1}\to\mathbb{R}$ と正則な複素関数 $U:\mathbb{C}\to\mathbb{C}$（ただし，$U(z)^*=U(z^*)$ $(\forall z\in\mathbb{C})$ を満たすとする）を用いて

$$V(w,z,x)=V_{\text{ext}}(x)wz+U(wz)$$

と表される場合を考えると，(6.50) は

$$\boxed{\begin{aligned}i\hbar\frac{\partial\psi(t,\mathbf{x})}{\partial t}=&-\frac{\hbar^2}{2m}\Delta\psi(t,\mathbf{x})+V_{\text{ext}}(t,\mathbf{x})\psi(t,\mathbf{x})\\&+U'(|\psi(t,\mathbf{x})|^2)\psi(t,\mathbf{x})\end{aligned}}\quad(6.51)$$

と書き直せる．ただし，$U'$ は $U$ の導関数を表す．特に，$U(z)=gz^2/2$ ($g>0$ は定数) ならば

$$\boxed{\begin{aligned}i\hbar\frac{\partial\psi(t,\mathbf{x})}{\partial t}=&-\frac{\hbar^2}{2m}\Delta\psi(t,\mathbf{x})+V_{\text{ext}}(t,\mathbf{x})\psi(t,\mathbf{x})\\&+g|\psi(t,\mathbf{x})|^2\psi(t,\mathbf{x})\end{aligned}}\quad(6.52)$$

となる．この方程式は，**グロス–ピタエフスキーの方程式**と呼ばれ，**ボース–アインシュタイン凝縮** (Bose–Einstein Condensation; BEC) の凝縮相の波動関数（古典的波動場）を記述する[17]．この場合，$V_{\text{ext}}$ は外的ポテンシャル，$m$ は，ボース–アインシュタイン凝縮を引き起こす量子的粒子（特定の原子）の質量を表す．

**例 6.12** 例 6.3 と例 6.7 で見たように，相対論的スカラー場の方程式は，2 階の偏微分方程式である．では，1 階の相対論的な偏微分方程式は存在するであろうか．この問いに答えるために，自由なクライン–ゴルドン場の方程式 (6.15) に注目し，偏微分作用素 $\Box+\kappa^2$ ——**クライン–ゴルドン作用素**——を 1 階の偏微分作用素の積で表すこと（「因数分解」）を試みる（$x^0=ct$ とする）．まず，$\kappa=0$ の場合を考え，相対論的な 1 階の偏微分作用素 $L$ で

---

[17] 詳しくは，たとえば，日本物理学会編『ボース–アインシュタイン凝縮から高温超伝導へ』を参照．BEC の量子統計力学的数理解析については，拙著『量子統計力学の数理』（共立出版，2008）の第 9 章を参照されたい．

## 314　第6章　古典場の理論

$\Box = L^2 \cdots (*)$ を満たすものを発見法的な仕方で求める．ミンコフスキーベクトル空間上の不変量との類比により，$L$ として $L = \sum_{\mu=0}^{d} \gamma^\mu \partial_\mu$ という形のものを探すのが自然であろう．ただし，$\gamma^\mu$ は，いずれも，同じ次数 $N$（2次以上）の正方行列とする（$\gamma^\mu$ $(\mu = 0, \ldots, d)$ が数の場合には，そのような $L$ は存在しないことはただちにわかる）．単純な代数計算により

$$L^2 = \sum_{\mu=0}^{d} (\gamma^\mu)^2 \partial_\mu^2 + \sum_{\mu < \nu} \{\gamma^\mu, \gamma^\nu\} \partial_\mu \partial_\nu.$$

ただし，代数的対象[18] $A, B$ に対して

$$\{A, B\} := AB + BA. \tag{6.53}$$

記号 $\{\cdot, \cdot\}$ は**反交換子**と呼ばれる．反交換子に関する方程式 $\{A, B\} = C$（$C$ も代数的対象）を $A, B$ の**反交換関係**という．この用語を用いると，$(*)$ が成立するための必要十分条件は，行列 $\gamma^\mu$ $(\mu = 0, \ldots, d)$ に関する反交換関係

$$\{\gamma^\mu, \gamma^\nu\} = 2g^{\mu\nu} I \quad (\mu, \nu = 0, 1, \ldots, d) \tag{6.54}$$

として表される．ただし，$g^{\mu\nu}$ は $(d+1)$ 次元ミンコフスキーベクトル空間の計量行列 $g$ の逆行列 $g^{-1}(= g)$ の $(\mu, \nu)$ 成分，$I$ は単位行列である．この場合

$$\Box = \left( \sum_{\mu=0}^{d} \gamma^\mu \partial_\mu \right)^2 \tag{6.55}$$

が成り立つ．

(6.54) を満たす行列 $\gamma^\mu$ $(\mu = 0, \ldots, d)$ を $(d+1)$ 次元ミンコフスキーベクトル空間 $\mathbb{R}^{1,d}$ に付随する**ガンマ行列**という．特に

$$(\gamma^0)^2 = I, \quad (\gamma^j)^2 = -I \quad (j = 1, \ldots, d) \tag{6.56}$$

である．

$N$ が次の条件を満たすならば，ガンマ行列は存在する[19]：

---

[18] 代数の一般概念については，付録 B の B.4 節を参照．
[19] $\gamma^\mu$ $(\mu = 0, \ldots, d)$ によって生成される代数（付録 B の B.4 節を参照）は，ミンコフスキー

$$N = \begin{cases} 2^{(d+1)/2} & ((d+1) \text{ が偶数のとき}) \\ 2^{(d+2)/2} & ((d+1) \text{ が奇数のとき}) \end{cases}. \tag{6.57}$$

$\{\gamma^\mu\}_{\mu=0}^d$ は $\mathbb{R}^{1,d}$ に付随するガンマ行列としよう．このとき

$$\Box + \kappa^2 = (iL - \kappa)(-iL - \kappa) \tag{6.58}$$

が成り立つ．これが求める「因数分解」である．したがって，$N$ 成分複素ベクトル場 $\phi = (\phi_1, \ldots, \phi_N)$ が

$$(\Box + \kappa^2)\phi_n(x) = 0 \quad (n = 1, \ldots, N)$$

を満たすならば

$$\psi(x) := \left(-i \sum_{\mu=0}^d \gamma^\mu \partial_\mu - \kappa\right)\phi(x)$$

によって与えられる $N$ 成分複素ベクトル場 $\psi$ は，**自由なディラック方程式**

$$\boxed{\left(i \sum_{\mu=0}^d \gamma^\mu \partial_\mu - \kappa\right)\psi(x) = 0} \tag{6.59}$$

の解である．自由なディラック方程式 (6.59) の解を**自由なディラック場**という．

(6.59) の左辺における作用素 $i\sum_{\mu=0}^d \gamma^\mu \partial_\mu - \kappa$ は，$(d+1)$ 次元時空における**自由なディラック作用素**と呼ばれる．

(6.43) によって与えられる，自由な複素クライン–ゴルドン場の解 $\phi_{\text{free}}$ との類比から，自由なディラック場として

$$\psi_{\text{free}}(x) = \int_{\mathbb{R}^d} \left(C(\mathbf{k})e^{i(\omega_\kappa(\mathbf{k})t - \langle \mathbf{k}, \mathbf{x}\rangle)} + D(\mathbf{k})e^{-i(\omega_\kappa(\mathbf{k})t - \langle \mathbf{k}, \mathbf{x}\rangle)}\right)d\mathbf{x} \tag{6.60}$$

という形のものが存在し得ることがわかる．ただし，$C, D : \mathbb{R}^d \to \mathbb{C}^N$ は積

---

ベクトル空間 $\mathbb{R}^{1,d}$ に付随する**クリフォード代数**と呼ばれ，一般クリフォード代数の特殊形態の一つである．クリフォード代数と行列代数との間には，ある種の一般的同型定理が成立し，ガンマ行列の次数 $N$ に関する制限はこの同型定理からしたがう．クリフォード代数の同型定理の証明については，クリフォード代数に関して，ある程度詳しい記述のある教科書，たとえば，吉田朋好『ディラック作用素の指数定理』（共立出版，1998）の定理 5.17 を参照されたい（ここに引用した本では，$n$ 次元ユークリッドベクトル空間 $\mathbb{R}^n$ に付随するクリフォード代数だけを論じているが，$\mathbb{R}^{1,d}$ に付随するクリフォード代数についてもまったく並行的に考察され得る）．拙著『現代物理数学ハンドブック』（朝倉書店，2005）の第 8 章，8.14 節にクリフォード代数の簡単な叙述と同型定理の言明がある．

分条件

$$\int_{\mathbb{R}^d} \|C(\mathbf{k})\|_{\mathbb{C}^N}(1+|\mathbf{k}|)\,\mathrm{d}\mathbf{k} < \infty, \quad \int_{\mathbb{R}^d} \|D(\mathbf{k})\|_{\mathbb{C}^N}(1+|\mathbf{k}|)\,\mathrm{d}\mathbf{k} < \infty$$

($\|\cdot\|_{\mathbb{C}^N}$ は $N$ 次元内積空間としての $\mathbb{C}^N$ のノルム) と方程式

$$\left(\sum_{\mu=0}^{d}\gamma^\mu k_\mu + \kappa\right)C(\mathbf{k}) = 0, \quad \left(\sum_{\mu=0}^{d}\gamma^\mu k_\mu - \kappa\right)D(\mathbf{k}) = 0 \qquad (6.61)$$

を満たすものとする. ただし, $k_0 := \omega_\kappa(\mathbf{k})/c$ とする.

以下, 物理的に重要な 4 次元時空 $\mathbb{R}^{1,3}$ で考える. この場合, ガンマ行列の次数 $N$ は $N = 2^2 = 4$ であり, ガンマ行列の具体的表示の標準的なものの一つは次で与えられる:

$$\gamma^0 = \begin{pmatrix} 1 & 0 \\ 0 & -1 \end{pmatrix}, \quad \gamma^j = \begin{pmatrix} 0 & \sigma_j \\ -\sigma_j & 0 \end{pmatrix} \quad (j = 1,2,3).$$

ただし, 行列の中の 1, 0 はそれぞれ, 2 行 2 列の単位行列, 零行列であり, $\sigma_j$ は次の式によって定義される 2 行 2 列のエルミート行列である:

$$\sigma_1 := \begin{pmatrix} 0 & 1 \\ 1 & 0 \end{pmatrix}, \quad \sigma_2 = \begin{pmatrix} 0 & -i \\ i & 0 \end{pmatrix}, \quad \sigma_3 = \begin{pmatrix} 1 & 0 \\ 0 & -1 \end{pmatrix}. \qquad (6.62)$$

行列の組 $\sigma_1, \sigma_2, \sigma_3$ はパウリのスピン行列 (Pauli's spin matrix) と呼ばれる. この表示では

$$(\gamma^0)^* = \gamma^0, \quad (\gamma^j)^* = -\gamma^j \quad (j = 1,\ldots,d)$$

である. すなわち, $\gamma^0$ はエルミート行列であり, $\gamma^j$ は反エルミート行列である.

行列 $A$ に対して, $\bar{A}$ によって $A$ の複素共役 ($A$ の各成分をその複素共役で置き換えてできる行列) を表し, $z = (z_j)_{j=1}^4$, $w = (w_j)_{j=1}^4 \in \mathbb{C}^4$ と $4 \times 4$ 行列 $B = (B_{ij})_{i,j=1,2,3,4}$ に対して

$$zBw := \sum_{j,k=1}^{4} z_j B_{jk} w_k$$

とする. $\gamma^0$ はエルミートであるから

## 6.4. 変分原理 (II)——複素場の場合

$$\overline{w\gamma^0 z} = z^*\gamma^0 w^* \quad (w, z \in \mathbb{C}^4)$$

が成り立つことに注意しよう．したがって，特に，$z^*\gamma^0 z \in \mathbb{R}$ である．

自由なディラック方程式 (6.59) は次のように一般化され得る：

$$\left(i\sum_{\mu=0}^{3}\gamma^{\mu}\partial_{\mu} - \kappa\right)\psi(x) = F(\psi(x)^*, \psi(x), x). \tag{6.63}$$

ただし，$F : \mathbb{C}^4 \times \mathbb{C}^4 \times \mathbb{R}^{1,3} \to \mathbb{C}^4$ である．方程式 (6.63) を（非線形）**ディラック方程式**と呼び，その解を**ディラック場**という[20]．

ディラック方程式 (6.63) は，変分原理から導かれることを示そう．ラグランジュ密度関数として次の $\mathcal{L}_\mathbb{C}(x)$ をとる．

$$\mathcal{L}_\mathbb{C}(x) = \frac{i}{2}\sum_{\mu=0}^{3}\bigl(\psi(x)^*\gamma^0\gamma^\mu\partial_\mu\psi(x) - (\partial_\mu\psi(x)^*)(\gamma^\mu)^*\gamma^0\psi(x)\bigr)$$
$$- \kappa\psi(x)^*\gamma^0\psi(x) - V(\psi(x)^*, \psi(x), x) \quad (x \in \mathbb{R}^{1,3}).$$

ただし，$V : \mathbb{C}^4 \times \mathbb{C}^4 \times \mathbb{R}^{1,d} \to \mathbb{C}$ は微分可能であり

$$V(w, z, x)^* = V(z^*, w^*, x), \quad \partial_{w_r}V(w, z, x) = \bigl(\gamma^0 F(w, z, x)\bigr)_r$$
$$(r = 1, 2, 3, 4,\ w, z \in \mathbb{C}^4,\ x \in \mathbb{R}^{1,3})$$

を満たすとする．直接計算により

$$\frac{\partial\mathcal{L}_\mathbb{C}}{\partial\psi_r(x)^*} = \frac{i}{2}\bigl(\gamma^0\gamma^\mu\partial_\mu\psi(x)\bigr)_r - \kappa\bigl(\gamma^0\psi(x)\bigr)_r$$
$$- (\partial_{w_r}V)(\psi(x)^*, \psi(x), x),$$
$$\frac{\partial\mathcal{L}_\mathbb{C}}{\partial(\partial_\mu\psi_r(x)^*)} = -\frac{i}{2}\bigl((\gamma^\mu)^*\gamma^0\psi(x)\bigr)_r.$$

そこで

$$(\gamma^0)^2 = I, \quad (\gamma^\mu)^*\gamma^0 = \gamma^0\gamma^\mu$$

を用いると，いまの場合のラグランジュ方程式は (6.63) を与えることがわ

---
[20] 「非線形」は，$F(\psi(x)^*, \psi(x), x)$ が $\psi(x)$ に関して非線形の場合に冠せられる．

ディラック場は，物理への応用においては，たとえば，電荷をもつ「スピン」1/2 の相対論的な素粒子（電子，陽子など）に対して，それを古典的波動として捉えた場合の波動場を記述する[21]．この場合，$m := \hbar\kappa/c$ は当該の素粒子の粒子的描像での質量を表す．$m$ をパラメーターとして，方程式 (6.63) を書き直すと

$$\left(i\hbar \sum_{\mu=0}^{3} \gamma^\mu \partial_\mu - mc\right)\psi(x) = \widetilde{F}(\psi(x)^*, \psi(x), x) \tag{6.64}$$

となる．ただし，$\widetilde{F} := \hbar F$．

## 6.5 場の共役運動量とハミルトニアン

質点系の場合，ラグランジュ関数から，系の全エネルギーを表すハミルトン関数が定義された．この構造は，古典場の場合にも引き継がれる．本節では，この側面を見ておく．

### 6.5.1 実場の場合

$N$ 成分実ベクトル場 $\phi$ を考え，$\mathcal{L}$ は (6.5) で与えられるとする．質点のラグランジュ系における一般化運動量に相当する量として

$$\pi_r(x) := \frac{\partial \mathcal{L}}{\partial(\partial_t \phi_r(x))} \tag{6.65}$$

が考えられる．これを $\phi_r$ の**共役運動量**と呼ぶ．いま，(6.65) が $\partial_t \phi_r(x)$ について解けると仮定しよう．すなわち，関数 $G_r : \mathbb{R}^N \times \mathbb{R}^N \times (\mathbb{R}^N)^d \to \mathbb{R}$ があって

$$\partial_t \phi_r(x) = G_r(\pi(x), \phi(x), (\partial_j \phi(x))_{j=1}^d) \tag{6.66}$$

---
[21] 「スピン」については，後に，第 7 章の 7.12 節で叙述する．

と表されるとする．ただし

$$\pi(x) := (\pi_r(x)) = (\pi_1(x), \ldots, \pi_N(x)). \tag{6.67}$$

このとき，質点系のハミルトニアンに相当する量として

$$\mathcal{H}(x) := \sum_{r=1}^{N} \pi_r(x)\partial_t \phi_r(x) - \mathcal{L}(x) \quad (x = (t,\mathbf{x}) \in \mathbb{R} \times \mathbb{R}^d) \tag{6.68}$$

が定義される．ただし，右辺は，(6.66) を経由して，$\pi(x), \phi(x), \partial_j \phi(x)$ ($j = 1, \ldots, d$) の関数と見る．すでに見たように，$\mathcal{L}(x)$ はエネルギー密度の次元をもつので，関数 $\mathcal{H}(x)$ もそうである．そこで，$\mathcal{H}$ を**ハミルトン密度関数**といい，その空間積分

$$H(t) := \int_{\mathbb{R}^d} \mathcal{H}(x)\, d\mathbf{x} \quad (t \in \mathbb{R}) \tag{6.69}$$

を**ハミルトニアン**と呼ぶ．ただし，各 $t \in \mathbb{R}$ に対して，$\mathcal{H}(x) = \mathcal{H}(t,\mathbf{x})$ は $\mathbf{x}$ の関数として $\mathbb{R}^d$ 上可積分であるとする．$H(t)$ は，物理的には，場 $\phi$ の全エネルギーを表すと解釈される．

各 $r = 1, \ldots, N$ と $j = 1, \ldots, d$ に対して

$$v_r^j(x) := \partial_t \phi_r(x) \cdot \frac{\partial \mathcal{L}}{\partial(\partial_j \phi_r(x))} \tag{6.70}$$

とおく．

**定理 6.13**（実場のエネルギー保存則）$L((s_r), (\xi_{\mu r}), x)$ が $t$ に依らない場合を考える．$\phi \in C^2(\mathbb{R}^{d+1}; \mathbb{R}^N)$ とし，$L, G_r$ ($r = 1, \ldots, N$) は連続微分可能であるとし，次の条件が満たされるとする：

(i) 任意の開区間 $(a,b) \subset \mathbb{R}$ に対して，$\mathbb{R}^d$ 上の可積分関数 $g$ が存在して

$$\sup_{t \in (a,b)} \left|\partial_j v_r^j(x)\right| \leq g(\mathbf{x}) \quad (\mathbf{x} \in \mathbb{R}^d,\ r = 1, \ldots, N,\ j = 1, \ldots, d). \tag{6.71}$$

(ii) 定数 $C > 0$ と $q > d - 1$ が存在して

$$|v_r^j(x)| \leq \frac{C}{R^q} \quad (\|\mathbf{x}\|_{\mathbb{R}^d} = R,\ r = 1, \ldots, N,\ j = 1, \ldots, d).$$

さらに，$\phi$ はラグランジュ方程式 (6.10) を満たすとする．このとき，$H(t)$ は $t$ に依らず一定である．すなわち，$H(t)$ は保存量である．

**証明** 合成関数の微分法により

$$\partial_t \mathcal{H}(x) = \sum_{r=1}^{N} \Big\{ \partial_t \pi_r(x) \cdot \partial_t \phi_r(x) + \pi_r(x) \partial_t^2 \phi_r(x) \\ - \partial_t \phi_r(x) \cdot \frac{\partial \mathcal{L}}{\partial \phi_r(x)} - \partial_t^2 \phi_r(x) \cdot \frac{\partial \mathcal{L}}{\partial (\partial_t \phi_r)} \\ - \sum_{j=1}^{d} \partial_t \partial_j \phi_r(x) \cdot \frac{\partial \mathcal{L}}{\partial (\partial_j \phi_r)} \Big\}.$$

ラグランジュ方程式 (6.10) を用いて，$\partial \mathcal{L}/\partial \phi_r$ を消去すれば

$$\partial_t \mathcal{H}(x) = -\sum_{r=1}^{N} \mathrm{div}_{\mathbb{R}^d} \mathbf{v}_r(x)$$

ただし，$\mathbf{v}_r(x) := (v_r^1(x), \ldots, v_r^d(x))$ であり，$\mathrm{div}_{\mathbb{R}^d}$ は $\mathbb{R}^d$ に関する発散である．したがって，付録 E の定理 E.9 の応用により，題意が成立する． ∎

**例 6.14** 相対論的実スカラー場（例 6.3）の場合

$$\pi(x) = \frac{1}{c^2} \partial_t \phi(x).$$

したがって，ハミルトン密度関数は

$$\mathcal{H}(x) = \frac{1}{2} \Big( c^2 \pi(x)^2 + \sum_{j=1}^{d} (\partial_j \phi(x))^2 \Big) + V(\phi(x), x)$$

となる．ゆえに，ハミルトニアンは

$$H(t) = \frac{1}{2} \int_{\mathbb{R}^d} \Big( c^2 \pi(x)^2 + \sum_{j=1}^{d} (\partial_j \phi(x))^2 \Big) \mathrm{d}\mathbf{x} \\ + \int_{\mathbb{R}^d} V(\phi(x), x) \, \mathrm{d}\mathbf{x}$$

で与えられる．定理 6.13 によって，しかるべき条件のもとで，$V(s, x)$ が $t$ に依らなければ，$H(t)$ は定数であり，全エネルギーは保存される．

例 **6.15** 例 6.6 の場合, $A_\mu$ の共役運動量は

$$\pi^\mu(x) := \frac{\partial \mathcal{L}}{\partial(\partial_t A_\mu(x))} = -\varepsilon_0 c \sum_{\beta=0}^{d} g^{\mu\beta} F_{0\beta}(x).$$

したがって

$$\pi^0 = 0, \quad \pi^j = \varepsilon_0 c F_{0j} = \varepsilon_0 E^j \quad (j=1,\ldots,d).$$

ただし, $\mathbf{E} = (E^1,\ldots,E^d)$ は電場である. $F_{0j} = \partial_t A_j/c - \partial_j A_0$ であるから

$$\partial_t A_j = E^j + c\partial_j A_0 = \frac{\pi^j}{\varepsilon_0} + c\partial_j A_0$$

が成り立つ. ゆえに

$$\mathcal{H}(x) = \sum_{j=1}^{d} \pi^j(x) \partial_t A_j(x) + \frac{\varepsilon_0 c^2}{4} \sum_{\mu,\nu=0}^{d} F_{\mu\nu} F^{\mu\nu} + c \sum_{\mu=0}^{d} J_\mu(x) A^\mu(x)$$

$$= \sum_{j=1}^{d} \frac{1}{2} \varepsilon_0 E^j(x)^2 + \frac{\varepsilon_0 c^2}{2} \sum_{1\le j<k\le d} F_{jk}(x)^2 + c\varepsilon_0 \sum_{j=1}^{d} E^j(x) \partial_j A_0(x)$$

$$+ c \sum_{\mu=0}^{d} J_\mu(x) A^\mu(x).$$

$E^j(x) \partial_j A_0(x)$ が $\mathbf{x}$ について積分可能で, $\lim_{\|\mathbf{x}\|_{\mathbb{R}^d} \to \infty} E^j(x) A_0(x) = 0$ とすれば, 部分積分により

$$c\varepsilon_0 \int_{\mathbb{R}^d} \sum_{j=1}^{d} E^j(x) \partial_j A_0(x) \,\mathrm{d}\mathbf{x} = -c\varepsilon_0 \int_{\mathbb{R}^d} A_0(x) \operatorname{div} \mathbf{E}(x) \,\mathrm{d}\mathbf{x}$$

$$= -\int_{\mathbb{R}^d} c J_0(x) A_0(x) \,\mathrm{d}\mathbf{x}$$

ここで, (5.56) と (5.3) を用いた. ゆえに

$$\mathcal{H}_{\mathrm{EM}}(x) := \sum_{j=1}^{d} \frac{\varepsilon_0}{2} E^j(x)^2 + \frac{\varepsilon_0 c^2}{2} \sum_{1\le j<k\le d} F_{jk}(x)^2 + c \sum_{j=1}^{d} J_j(x) A^j(x)$$

とおけば, ハミルトニアンは

$$H(t) = \int_{\mathbb{R}^d} \mathcal{H}_{\mathrm{EM}}(x) \,\mathrm{d}\mathbf{x}$$

と表される. 定理 6.13 により, しかるべき条件のもとで, 各 $J_\mu$ が $t$ に依らなければ, $H(t)$ は $t$ に依らない定数である.

特に $d = 3$ の場合を考えると

$$\mathcal{H}_{\mathrm{EM}}(x) = \frac{\varepsilon_0}{2}\bigl(\|\mathbf{E}(x)\|^2 + c^2\|\mathbf{B}(x)\|^2\bigr) + c\sum_{j=1}^{3} J_j(x) A^j(x)$$

である. ただし, $\mathbf{B}$ は磁場である.

## 6.5.2 複素場の場合

$N$ 成分複素ベクトル場 $\phi$ を考え, ラグランジュ密度関数として, (6.29) で与えられる $\mathcal{L}_\mathbb{C}$ をとる. 実場との類比により, $r = 1,\ldots,N$ に対して

$$\pi_r(x) := \frac{\partial \mathcal{L}_\mathbb{C}}{\partial(\partial_t \phi_r(x))} \quad (x \in \mathbb{R}^{d+1}) \tag{6.72}$$

を複素場 $\phi_r$ の**共役運動量**と呼ぶ. (6.72) の複素共役をとることにより

$$\pi_r(x)^* = \frac{\partial \mathcal{L}_\mathbb{C}}{\partial(\partial_t \phi_r(x)^*)} \tag{6.73}$$

が得られる.

(6.72) が $\partial_t \phi_r(x)$ について解けると仮定しよう. すなわち, 各 $\partial_t \phi_r(x)$ が, $\pi_s(x)^*, \pi_s(x), \phi_s(x)^*, \phi_s(x), \partial_j \phi_s(x)^*, \partial_j \phi_s(x)$ ($s = 1,\ldots,N$, $j = 1,\ldots,d$) の関数として表されるとする. このとき, 複素場 $\phi$ のハミルトン密度関数は

$$\mathcal{H}_\mathbb{C}(x) := \sum_{r=1}^{N} \bigl(\pi_r(x) \partial_t \phi_r(x) + \pi_r(x)^* \partial_t \phi_r(x)^*\bigr) - \mathcal{L}_\mathbb{C}(x) \tag{6.74}$$

によって定義される. 実場の場合と同様, $\mathcal{H}_\mathbb{C}$ の空間積分

$$H_\mathbb{C}(t) := \int_{\mathbb{R}^d} \mathcal{H}_\mathbb{C}(x)\,\mathrm{d}\mathbf{x} \quad (t \in \mathbb{R}) \tag{6.75}$$

をハミルトニアンと呼ぶ.

各 $r = 1,\ldots,N$ に対して, ベクトル場 $u_r = (u_r^j)_{j=1}^{d} : \mathbb{R}^{d+1} \to \mathbb{C}^d$ を

$$u_r^j(x) := \partial_t \phi_r(x)^* \cdot \frac{\partial \mathcal{L}}{\partial(\partial_j \phi_r(x)^*)} + \partial_t \phi_r(x) \cdot \frac{\partial \mathcal{L}}{\partial(\partial_j \phi_r(x))} \tag{6.76}$$

によって定義する．このとき，$L_\mathbb{C}$ が $t$ に依らないとすれば，実場のハミルトン密度関数の時間変数 $t$ に関する偏微分の計算（定理 6.13 の証明）と同様にして

$$\partial_t \mathcal{H}_\mathbb{C}(x) = -\sum_{r=1}^{N} \mathrm{div}_{\mathbb{R}^d} u_r(x)$$

が成り立つ．したがって，付録 E の定理 E.9 の応用により，次の定理が得られる：

**定理 6.16**（複素場のエネルギー保存則）関数 $L_\mathbb{C}$ が $t$ に依らない場合を考える．$\phi \in C^2(\mathbb{R}^{d+1}; \mathbb{C}^N)$ とし，次の条件が満たされるとする：

(i) 任意の開区間 $(a,b) \subset \mathbb{R}$ に対して，$\mathbb{R}^d$ 上の可積分関数 $g$ が存在して

$$\sup_{t \in (a,b)} \left|\partial_j u_r^j(x)\right| \leq g(\mathbf{x}) \quad (\mathbf{x} \in \mathbb{R}^d,\ r=1,\ldots,N,\ j=1,\ldots,d). \tag{6.77}$$

(ii) 定数 $C > 0$ と $q > d-1$ が存在して

$$|u_r^j(x)| \leq \frac{C}{R^q} \quad (\|\mathbf{x}\|_{\mathbb{R}^d} = R,\ r=1,\ldots,N,\ j=1,\ldots,d).$$

さらに，$\phi$ はラグランジュ方程式 (6.39) を満たすとする．このとき，$H_\mathbb{C}(t)$ は $t$ に依らず一定である．すなわち，$H_\mathbb{C}(t)$ は保存量である．

**例 6.17** 例 6.7 の相対論的複素スカラー場を考えよう．$\phi(x)$ の共役運動量は

$$\pi(x) = \frac{1}{c^2} \partial_t \phi(x)^*$$

となる．したがって，ハミルトン密度関数は

$$\mathcal{H}_\mathbb{C}(x) = c^2 |\pi(x)|^2 + \sum_{j=1}^{d} |\partial_j \phi(x)|^2 + V(\phi(x)^*, \phi(x), x)$$

と計算される．

**例 6.18** 例 6.9 の非相対論的物質場の場合，$\psi$ の共役運動量は

$$\pi = \frac{i\hbar}{2} \psi^*$$

である．したがって，ハミルトン密度関数は

$$\mathcal{H}_{\mathbb{C}}(x) = \pi(x)\partial_t\psi(x) + \pi(x)^*\partial_t\psi(x)^* - \mathcal{L}_{\mathbb{C}}(x)$$
$$= \frac{\hbar^2}{2m}\sum_{j=1}^{d}|\partial_j\psi(x)|^2 + V(\psi(x)^*, \phi(x), x).$$

**例 6.19** 例 6.12 のディラック場を考える．この例では，$x^0 = ct$ としているので，$\partial_t\psi = c\partial_0\psi$ である．したがって $\psi_r$ の共役運動量は

$$\pi_r = \frac{1}{c}\frac{\partial \mathcal{L}_{\mathbb{C}}}{\partial(\partial_0\psi_r(x))} = \frac{i}{2c}\psi_r^*$$

である．行列 $\alpha^j$ ($j = 1, 2, 3$) と $\beta$ を

$$\alpha^j := \gamma^0\gamma^j, \quad \beta := \gamma^0$$

によって導入する．このとき，いまの場合のハミルトン密度関数は

$$\mathcal{H}_{\mathbb{C}}(x) = \sum_{r=1}^{4}\bigl(\pi_r(x)\partial_t\psi_r(x) + \psi_r(x)^*\partial_t\psi_r(x)^*\bigr) - \mathcal{L}_{\mathbb{C}}(x)$$
$$= \sum_{j=1}^{3}\frac{1}{2}\bigl(\psi(x)^*\alpha^j(-i\partial_j\psi(x)) + (i\partial_j\psi(x)^*)\alpha^j\psi(x)\bigr)$$
$$+ \kappa\psi(x)^*\beta\psi(x) + V(\psi(x)^*, \psi(x), x)$$

と表される．

もし，$\lim_{\|\mathbf{x}\|_{\mathbb{R}^3}\to\infty}\psi(x)^*\alpha^j\psi(x) = 0$ ならば，部分積分により

$$\int_{\mathbb{R}^3}(i\partial_j\psi(x)^*)\alpha^j\psi(x)\,\mathrm{d}\mathbf{x} = \int_{\mathbb{R}^3}\psi(x)^*\alpha^j(-i\partial_j\psi(x))\,\mathrm{d}\mathbf{x}$$

となるので，$\psi$ に対する適切な積分条件のもとで，ディラック場のハミルトニアンは

$$H_{\mathbb{C}}(t) = \int_{\mathbb{R}^3}\mathcal{H}_{\mathrm{D}}(x)\,\mathrm{d}\mathbf{x}$$

という形をとる．ただし

$$\mathcal{H}_{\mathrm{D}}(x) := \psi(x)^*\left(-i\sum_{j=1}^{3}\alpha^j\partial_j + \kappa\beta\right)\psi(x)$$

$$+ V(\psi(x)^*, \psi(x), x). \tag{6.78}$$

右辺第一項における作用素 $-i\sum_{j=1}^{3}\alpha_j\partial_j + \kappa\beta$ は 3 次元空間における**自由なディラック作用素**と呼ばれる.

ガンマ行列 $\gamma^\mu$ の反交換関係 (6.54) を使うと,行列 $\alpha^j, \beta$ は次の反交換関係を満たすことがわかる:

$$\alpha^j\alpha^k + \alpha^k\alpha^j = 2\delta_{jk}, \quad \alpha^j\beta + \beta\alpha^j = 0, \quad \beta^2 = 1 \quad (j, k = 1, 2, 3).$$

## 6.6　対称性と保存則

第 2 章で示したように,質点系のラグランジュ関数の対称性は,その対称性に応じて,ある保存則を導く.この種の構造は古典場のラグランジュ形式においても存在する.これが実際にどのようなものであるかを見ておこう.

### 6.6.1　U(1) 対称性と保存則

絶対値が 1 の複素数の集合

$$\mathrm{U}(1) := \left\{ e^{i\theta} \,\middle|\, \theta \in \mathbb{R} \right\} \tag{6.79}$$

は複素数の積に関して可換群をなす[22]. この群は **1 次元ユニタリ群**と呼ばれる.

$L : \mathbb{C} \times \mathbb{C} \times \mathbb{C}^{d+1} \times \mathbb{C}^{d+1} \times \mathbb{R}^{d+1} \to \mathbb{R}$ を連続微分可能な関数とし,連続微分可能な複素スカラー場 $\phi : \mathbb{R}^{d+1} \to \mathbb{C}$ のラグランジュ密度関数が

$$\mathcal{L}(x) := L(\phi(x)^*, \phi(x), \partial\phi(x)^*, \partial\phi(x), x) \quad (x \in \mathbb{R}^{d+1}) \tag{6.80}$$

で与えられる場合を考える[23].

すべての $\theta \in \mathbb{R}$ に対して

$$L((e^{i\theta}z)^*, e^{i\theta}z, (e^{i\theta}z_\mu)^*, (e^{i\theta}z_\mu), x) = L(z^*, z, (z_\mu)^*, (z_\mu), x)$$
$$(z, z_\mu \in \mathbb{C} \ (\mu = 0, 1, \ldots, d), \ x \in \mathbb{R}^{d+1}) \tag{6.81}$$

---
[22] $e^{i\theta_1}e^{i\theta_2} = e^{i(\theta_1+\theta_2)} = e^{i\theta_2}e^{i\theta_1}$ ($\forall \theta_1, \theta_2 \in \mathbb{R}$).
[23] $\mathcal{L}_\mathbb{C}$ も単に $\mathcal{L}$ と書く.

が成り立つとき，$\mathcal{L}$ は **U(1) 対称性**をもつという[24].

各 $\theta \in \mathbb{R}$ に対して
$$\phi_\theta := e^{i\theta}\phi \tag{6.82}$$
とおく．このとき，(6.81) によって，任意の $\theta \in \mathbb{R}$ と $x \in \mathbb{R}^{d+1}$ に対して
$$\begin{aligned}L(\phi_\theta(x), \phi_\theta(x)^*, (\partial_\mu \phi_\theta(x)), (\partial_\mu \phi_\theta(x)^*), x) \\ = L(\phi(x), \phi(x)^*, (\partial_\mu \phi(x)), (\partial_\mu \phi(x)^*), x)\end{aligned} \tag{6.83}$$
が成り立つ．したがって，左辺を $\theta$ の関数と見て，$g(\theta)$ とおけば，$g(\theta) = g(0)$ であるから $g'(\theta) = 0$．特に，$g'(0) = 0$．一方，合成関数の微分法により
$$\begin{aligned}g'(0) = i\phi(x)\frac{\partial \mathcal{L}}{\partial \phi(x)} - i\phi(x)^*\frac{\partial \mathcal{L}}{\partial \phi(x)^*} \\ + i\sum_{\mu=0}^d \left(\partial_\mu \phi(x)\frac{\partial \mathcal{L}}{\partial(\partial_\mu \phi(x))} - \partial_\mu \phi(x)^*\frac{\partial \mathcal{L}}{\partial(\partial_\mu \phi(x)^*)}\right).\end{aligned}$$
したがって
$$\begin{aligned}i\phi(x)\frac{\partial \mathcal{L}}{\partial \phi(x)} - i\phi(x)^*\frac{\partial \mathcal{L}}{\partial \phi(x)^*} \\ + i\sum_{\mu=0}^d \left(\partial_\mu \phi(x)\frac{\partial \mathcal{L}}{\partial(\partial_\mu \phi(x))} - \partial_\mu \phi(x)^*\frac{\partial \mathcal{L}}{\partial(\partial_\mu \phi(x)^*)}\right) = 0.\end{aligned} \tag{6.84}$$
さて，$\phi$ はラグランジュ方程式
$$\frac{\partial \mathcal{L}}{\partial \phi(x)} - \sum_{\mu=0}^d \partial_\mu \frac{\partial \mathcal{L}(x)}{\partial(\partial_\mu \phi(x))} = 0, \tag{6.85}$$
$$\frac{\partial \mathcal{L}}{\partial \phi(x)^*} - \sum_{\mu=0}^d \partial_\mu \frac{\partial \mathcal{L}(x)}{\partial(\partial_\mu \phi(x)^*)} = 0 \tag{6.86}$$
を満たすとしよう（方程式 (6.39), (6.40) で $N=1$ の場合）．このとき，(6.84) の左辺の第 1 項 + 第 2 項は
$$i\sum_{\mu=0}^d \left(\phi(x)\partial_\mu \frac{\partial \mathcal{L}}{\partial(\partial_\mu \phi(x))} - \phi(x)^*\partial_\mu \frac{\partial \mathcal{L}}{\partial(\partial_\mu \phi(x)^*)}\right)$$

---

[24] (6.81) 自体は，$L$ の U(1) 対称性と呼ばれる．

に等しい．そこで

$$\mathcal{J}^\mu(x) := i\left\{\phi(x)^* \frac{\partial \mathcal{L}}{\partial(\partial_\mu \phi(x)^*)} - \phi(x)\frac{\partial \mathcal{L}}{\partial(\partial_\mu \phi(x))}\right\} \quad (\mu = 0, 1, \ldots, d) \tag{6.87}$$

とおくと，(6.84) は

$$\partial_\mu \mathcal{J}^\mu(x) = 0 \tag{6.88}$$

という形に書き直せることがわかる．これは，第 5 章の (5.29) と本質的に同じ形の式である[25]．したがって，(6.88) は，$\mathcal{J}^0(x)$ によって表される物理量密度の局所的保存則を表す．(5.29) が定理 5.3 を含意したように，(6.88) は次の定理を導く（付録 E の定理 E.9 の応用）：

**定理 6.20** 次の条件が満たされるとする：

(i) $\int_{\mathbb{R}^d} |\mathcal{J}^0(t, \mathbf{x})|\, d\mathbf{x} < \infty \ (\forall t \in \mathbb{R})$.

(ii) 任意の開区間 $(a, b) \subset \mathbb{R}$ に対して，$\mathbb{R}^d$ 上の非負値可積分関数 $g$ が存在して，$\sup_{t \in (a,b)} |\sum_{j=1}^d \partial_j \mathcal{J}^j(t, \mathbf{x})| \leq g(\mathbf{x})$, a.e. $\mathbf{x} \in \mathbb{R}^d$.

(iii) 定数 $C > 0$ と $p > d - 2$ が存在して，すべての $R > 0$ に対して

$$\left|\sum_{j=1}^d x^j \mathcal{J}^j(t, \mathbf{x})\right| \leq \frac{C}{R^p} \quad (|\mathbf{x}| = R).$$

このとき

$$\begin{aligned}Q_1 &:= \int_{\mathbb{R}^d} \mathcal{J}^0(x)\, d\mathbf{x} \\ &= \int_{\mathbb{R}^d} i\left\{\phi(x)^*\frac{\partial \mathcal{L}}{\partial(\partial_0\phi(x)^*)} - \phi(x)\frac{\partial \mathcal{L}}{\partial(\partial_0\phi(x))}\right\} d\mathbf{x}\end{aligned} \tag{6.89}$$

は時刻 $t$ に依らない定数である．

$\mathcal{J}^\mu$ の物理的意味を探るために，$\mathcal{J}^\mu$ の次元がどうなっているかを見ると

$$[\mathcal{J}^\mu] = [\phi^*\mathcal{L}(\partial_\mu \phi)^{-1}] = [\mathcal{L} x^\mu]$$

---
[25] いまの場合，$\rho(x) = \mathcal{J}^0(x)$ ($x^0 = t$ の場合) または $\rho(x) = \mathcal{J}^0(x)/c$ ($x^0 = ct$ の場合) であり，$\mathbf{j} = (\mathcal{J}^1, \ldots, \mathcal{J}^d)$) である．

である．したがって，$\mathcal{J}^\mu$ の次元は，$\phi$ の次元には依らず次のようになる：

$$[\mathcal{J}^0] = \begin{cases} [\mathcal{L}L] & (x^0 = ct \text{ のとき}) \\ [\mathcal{L}T] & (x^0 = t \text{ のとき}) \end{cases},$$

$$[\mathcal{J}^j] = [\mathcal{L}L] \quad (j = 1, \ldots, d).$$

エネルギーの次元を $[E]$ で表すと，$\mathcal{L}$ の次元は $[EL^{-d}]$（エネルギー密度の次元）である．したがって，$[\mathcal{L}L] = [(ET)(LT^{-1})L^{-d}]$, $[\mathcal{L}T] = [(ET)L^{-d}]$. 他方，$[ET] = [\hbar]$, $[(ET)(LT^{-1})] = [\hbar c]$. したがって，$x^0 = ct$ のとき，$\mathcal{J}^0/\hbar c$ は空間密度の次元 $[L^{-d}]$ をもつ．そこで，複素場がある物理量を表す定数 $q$ を有するとしよう[26]．このとき，$q\mathcal{J}^0/\hbar c$ は，この物理量の空間密度を表し，その空間積分 $\int_{\mathbb{R}^d}(q\mathcal{J}^0(x)/\hbar c)\,\mathrm{d}\mathbf{x}$ は，当の物理量の全空間 $\mathbb{R}^d$ での総量を与える．そこで，$J^\mu$ を次のように定義する：

$$J^\mu = \begin{cases} \dfrac{q\mathcal{J}^\mu}{\hbar c} & (x^0 = ct \text{ のとき}) \\ \dfrac{q\mathcal{J}^\mu}{\hbar} & (x^0 = t \text{ のとき}) \end{cases}.$$

この場合，各 $J^\mu$ は，$q$ と同じ次元をもつ量の空間密度を表し，$J^0$ の空間的総量

$$Q := \int_{\mathbb{R}^d} J^0(x)\,\mathrm{d}\mathbf{x} \tag{6.90}$$

は，定理 6.20 の条件のもとで，保存される．

たとえば，$q$ が電荷を表すならば，$Q$ は場の全電荷を表し，定理 6.20 は，場の全電荷が保存されることを語る．

(6.82) によって定義される $\phi_\theta$ を写像論的な観点から捉えるために，$\mathbb{R}^{d+1}$ 上の複素スカラー場の全体を $\mathsf{F}_\mathbb{C}(\mathbb{R}^{d+1})$ としよう．このとき，各 $\theta \in \mathbb{R}$ に対して，$\mathsf{F}_\mathbb{C}(\mathbb{R}^{d+1})$ 上の写像 $U_\theta : \mathsf{F}_\mathbb{C}(\mathbb{R}^{d+1}) \to \mathsf{F}_\mathbb{C}(\mathbb{R}^{d+1})$ が

$$U_\theta \phi := \phi_\theta \tag{6.91}$$

によって定義される．写像 $U_\theta$ を**第一種ゲージ変換**または **U(1) ゲージ変換**と呼ぶ．この文脈において，ラグランジュ密度関数 $\mathcal{L}$ の U(1) 不変性，すなわ

---

[26] たとえば，電荷の次元をもつ量．

ち，(6.83) を $\mathcal{L}$ の**第一種ゲージ不変性**という．定理 6.20 に示された事実は，「ラグランジュ密度関数の第一種ゲージ不変性は，場に付随するある密度量の空間積分の保存則を導く」と言い換えることができる．

第一種ゲージ変換の幾何学的または物理的意味を見るには，任意の複素数 $z \in \mathbb{C}$ に対して，$e^{i\theta}z$ は $z$ を複素平面 $\mathbb{C}$ の原点のまわりに角度 $\theta$ だけ回転して得られる複素数であることに注意すればよい．したがって，各時空点 $x \in \mathbb{R}^{d+1}$ に対して，$\phi_\theta(x)$ は $\phi(x)$ を $\mathbb{C}$ の原点のまわりに角度 $\theta$ だけ回転したものである．これは，次の幾何学的描像をもたらす．すなわち，時空の各点 $x$ に複素平面 $\mathbb{C}_x := \mathbb{C}$ が付随し，どの $\mathbb{C}_x$ でも場の値 $\phi(x) \in \mathbb{C}$ をいっせいに角度 $\theta$ だけ回転する操作を記述するのが第一種ゲージ変換である．

ところで，$\phi(x)$ の偏角 $\arg \phi(x)$ は $\phi(x)$ の位相 (phase) と呼ばれる．$\phi(x) = e^{i \arg \phi(x)} |\phi(x)|$ であるから，$(U_\theta \phi)(x)$ の位相は $\theta + \arg \phi(x)$ となる．したがって，第一種ゲージ変換 $U_\theta$ は，場の位相を $\theta$ だけずらす働きをする．

**例 6.21** 複素クライン–ゴルドン場 (例 6.7) のラグランジュ密度関数は，$z \in \mathbb{C}$ の関数 $V(z^*, z, x)$ が U(1) 対称ならば，U(1) 対称性 (第一種ゲージ不変性) をもつ．この場合

$$\mathcal{J}^\mu(x) = i\big(\phi(x)^* \partial^\mu \phi(x) - \phi(x) \partial^\mu \phi(x)^*\big) \tag{6.92}$$

である．したがって

$$J^0(x) = \frac{iq}{\hbar c}\big(\phi(x)^* \partial_0 \phi(x) - \phi(x) \partial_0 \phi(x)^*\big).$$

ゆえに，$\phi$ が荷電物質場で，$q$ が電荷の次元をもつとすれば，全電荷

$$Q_{\text{scalar}} := \frac{iq}{\hbar c} \int_{\mathbb{R}^d} \big(\phi(x)^* \partial_0 \phi(x) - \phi(x) \partial_0 \phi(x)^*\big) \, \mathrm{d}\mathbf{x}$$

は，定理 6.20 の現文脈での条件のもとで，保存される．

**例 6.22** ド・ブロイ場 (例 6.9) のラグランジュ密度関数 $\mathcal{L}_{\mathbb{C}}$ は，$V$ が U(1) 対称ならば，U(1) 対称性をもつ．いまの場合

$$\mathcal{J}^0(x) = \hbar |\psi(x)|^2,$$
$$\mathcal{J}^j(x) = -\frac{i\hbar^2}{2m}\big(\psi(x)^* \partial_j \psi(x) - (\partial_j \psi(x)^*) \psi(x)\big)$$

である．したがって

$$J^0(x) = q|\psi(x)|^2, \tag{6.93}$$

$$J^j(x) = -\frac{iq\hbar}{2m}(\psi(x)^*\partial_j\psi(x) - (\partial_j\psi(x)^*)\psi(x)). \tag{6.94}$$

したがって，ド・ブロイ場が荷電物質場であるとすれば，その全電荷

$$Q_{\mathrm{dB}} := \int_{\mathbb{R}^d} q|\psi(x)|^2 \, \mathrm{d}\mathbf{x}$$

は（しかるべき条件のもとで）保存される．

上述の議論は，そのラグランジュ密度関数が U(1) 対称性をもつ $N$ 成分複素ベクトル場の場合にも容易に拡張される．この場合は，(6.87) は

$$\mathcal{J}_N^\mu(x) := i\sum_{r=1}^N \left\{ \phi_r(x)^* \frac{\partial \mathcal{L}}{\partial(\partial_\mu \phi_r(x)^*)} - \phi_r(x) \frac{\partial \mathcal{L}}{\partial(\partial_\mu \phi_r(x))} \right\}$$

という形になり

$$\partial_\mu \mathcal{J}_N^\mu(x) = 0$$

が成り立つ．したがって，しかるべき条件のもとで

$$Q_N := \int_{\mathbb{R}^d} \mathcal{J}_N^0(x) \, \mathrm{d}\mathbf{x}$$

は時刻 $t$ に依らない保存量である．

**例 6.23** ディラック場（例 6.12）のラグランジュ密度関数 $\mathcal{L}_{\mathrm{C}}$ は，$V$ が U(1) 対称性をもつならば，U(1) 対称性をもつ．この場合（$N=4$ であるので）

$$\mathcal{J}_4^\mu(x) = \psi(x)^*\gamma^0\gamma^\mu\psi(x)$$

である．したがって

$$Q_4 = \int_{\mathbb{R}^d} \psi(x)^*\psi(x) \, \mathrm{d}\mathbf{x}.$$

また

$$J_{\mathrm{D}}^\mu(x) := \frac{q\mathcal{J}_4^\mu(x)}{\hbar c} = \frac{q}{\hbar c}\psi(x)^*\gamma^0\gamma^\mu\psi(x) \tag{6.95}$$

とし，$q$ が電荷を表すとすれば，$J_{\mathrm{D}}^0$ は電荷密度を表し，全電荷

$$Q_{\mathrm{D}} := \int_{\mathbb{R}^d} J_{\mathrm{D}}^0(x) \, \mathrm{d}\mathbf{x} = \int_{\mathbb{R}^d} \frac{q}{\hbar c}\psi(x)^*\psi(x) \, \mathrm{d}x$$

6.6. 対称性と保存則　*331*

は保存される．

## 6.6.2　ラグランジュ密度関数の並進共変性とエネルギー・運動量保存則

本項では，$L(z^*, z, (z_\mu)^*, (z_\mu), x)$ は $x$ に依らないと仮定し

$$\mathcal{L}(x) := L(\phi(x)^*, \phi(x), \partial\phi(x)^*, \partial\phi(x)) \quad (x \in \mathbb{R}^{d+1}) \tag{6.96}$$

とおく．このとき，任意の $a \in \mathbb{R}^{d+1}$ に対して，$\mathcal{L}_a(x) := \mathcal{L}(x-a)$ とすれば

$$\mathcal{L}_a(x) = L(\phi_a(x)^*, \phi_a(x), \partial\phi_a(x)^*, \partial\phi_a(x))$$

が成り立つ．ただし，$\phi_a(x) := \phi(x-a)$．これは $\mathcal{L}$ の $a$ による並進 $\mathcal{L}_a$ が $\phi$ の $a$ による並進 $\phi_a$ から定まるラグランジュ密度関数によって与えられることを示す．この事実に基づいて，(6.96) の型のラグランジュ密度関数は**並進共変的**であるという．

任意の $y \in \mathbb{R}^{d+1}$ に対して，点 $x$ における $\mathcal{L}$ の $y$ 方向への微分は

$$\mathrm{d}\mathcal{L}(x)(y) = \lim_{\varepsilon \to 0} \frac{\mathcal{L}(x+\varepsilon y) - \mathcal{L}(x)}{\varepsilon} = \sum_{\mu=0}^{d} \partial_\mu \mathcal{L}(x) y^\mu$$

で与えられる．

他方，(6.96) の右辺を用いて $\mathrm{d}\mathcal{L}(x)(y)$ を計算すると，合成関数の微分法により

$$\begin{aligned}\mathrm{d}\mathcal{L}(x)(y) &= \left(\sum_{\mu=0}^{d} \partial_\mu \phi(x) y^\mu\right) \frac{\partial \mathcal{L}}{\partial \phi(x)} + \left(\sum_{\mu=0}^{d} \partial_\mu \phi(x)^* y^\mu\right) \frac{\partial \mathcal{L}}{\partial \phi(x)^*} \\ &\quad + \sum_{\nu=0}^{d}\left(\sum_{\mu=0}^{d} \partial_\mu(\partial_\nu \phi(x)) y^\mu\right) \frac{\partial \mathcal{L}}{\partial(\partial_\nu \phi(x))} \\ &\quad + \sum_{\nu=0}^{d}\left(\sum_{\mu=0}^{d} \partial_\mu(\partial_\nu \phi(x)^*) y^\mu\right) \frac{\partial \mathcal{L}}{\partial(\partial_\nu \phi(x)^*)}.\end{aligned}$$

したがって（$y^\mu \in \mathbb{R}$ は任意であったから）

$$\partial_\mu \mathcal{L}(x) = \partial_\mu \phi(x) \frac{\partial \mathcal{L}}{\partial \phi(x)} + \partial_\mu \phi(x)^* \frac{\partial \mathcal{L}}{\partial \phi(x)^*}$$

$$+ \sum_{\nu=0}^{d} \partial_\mu \partial_\nu \phi(x) \frac{\partial \mathcal{L}}{\partial(\partial_\nu \phi(x))} + \sum_{\nu=0}^{d} \partial_\mu \partial_\nu \phi(x)^* \frac{\partial \mathcal{L}}{\partial(\partial_\nu \phi(x)^*)}. \tag{6.97}$$

さて，$\phi$ はラグランジュ方程式 (6.85), (6.86) を満たすとしよう．これらの式にある $\partial \mathcal{L}/\partial \phi(x)$, $\partial \mathcal{L}/\partial \phi(x)^*$ を (6.97) に代入し整理すれば

$$\partial_\mu \mathcal{L}(x) = \sum_{\nu=0}^{d} \partial_\nu \left( \partial_\mu \phi(x) \frac{\partial \mathcal{L}}{\partial(\partial_\nu \phi(x))} + \partial_\mu \phi(x)^* \frac{\partial \mathcal{L}}{\partial(\partial_\nu \phi(x)^*)} \right) \tag{6.98}$$

となる．そこで，$\partial_\mu = \sum_{\nu=0}^{d} \delta_\mu^\nu \partial_\nu$ に注意し

$$\mathcal{T}_\mu^\nu(x) := -\delta_\mu^\nu \mathcal{L}(x) + \partial_\mu \phi(x) \frac{\partial \mathcal{L}}{\partial(\partial_\nu \phi(x))} + \partial_\mu \phi(x)^* \frac{\partial \mathcal{L}}{\partial(\partial_\nu \phi(x)^*)} \tag{6.99}$$

とおけば

$$\boxed{\sum_{\nu=0}^{d} \partial_\nu \mathcal{T}_\mu^\nu(x) = 0} \tag{6.100}$$

が得られる．ゆえに，付録 E の定理 E.9 の応用により，次の定理が得られる：

**定理 6.24** 次の条件が満たされるとする：

(i) $\int_{\mathbb{R}^d} |\mathcal{T}_\mu^0(t, \mathbf{x})| \, d\mathbf{x} < \infty$ ($\forall t \in \mathbb{R}$, $\mu = 0, \ldots, d$).

(ii) 各 $\mu = 0, \ldots, d$ と任意の開区間 $(a, b) \subset \mathbb{R}$ に対して，$\mathbb{R}^d$ 上の非負値可積分関数 $g_\mu$ が存在して，$\sup_{t \in (a,b)} |\sum_{j=1}^{d} \partial_j \mathcal{T}_\mu^j(t, \mathbf{x})| \leq g_\mu(\mathbf{x})$, a.e. $\mathbf{x} \in \mathbb{R}^d$.

(iii) 定数 $C > 0$ と $p > d - 2$ が存在して，すべての $R > 0$ と $\mu = 0, \ldots, d$ に対して

$$\left| \sum_{j=1}^{d} x^j \mathcal{T}_\mu^j(t, \mathbf{x}) \right| \leq \frac{C}{R^p} \quad (|\mathbf{x}| = R).$$

このとき

$$\mathcal{P}_\mu := \int_{\mathbb{R}^d} \mathcal{T}_\mu^0(x) \, d\mathbf{x} \tag{6.101}$$

は時刻 $t$ に依らない定数である．

容易に見てとれるように，$\mathfrak{T}_0^0(x)$ は，複素場 $\phi$ のハミルトン密度関数である．したがって
$$H := \mathcal{P}_0 \tag{6.102}$$
は，物理的には，場 $\phi$ のハミルトニアンを表す．こうして，別の道から，ハミルトニアンに到達する．

他方
$$P_j := \int_{\mathbb{R}^d} \bigl(\pi(x)\partial_j\phi(x) + \pi(x)^*\partial_j\phi(x)^*\bigr)\,\mathrm{d}\mathbf{x} \tag{6.103}$$
とすれば
$$\mathcal{P}_j = \begin{cases} cP_j & (x^0 = ct \text{ の場合（相対論的な場合)})  \\ P_j & (x^0 = t \text{ の場合}) \end{cases} \tag{6.104}$$
である．容易にわかるように，$P_j$ は運動量の次元をもつ．したがって $(P_1,\ldots,P_d)$ は場の**空間的運動量**を表すと推測される．実際，次の考察により，この推測は，ある程度，補強され得る．相対論的な場合を考えよう．このとき，$\mathfrak{T}_\mu^0(x)$ は，$(d+1)$ 次元双対ベクトル場の（ミンコフスキー基底に関する）第 $\mu$ 成分とみなすのが自然である[27]．したがって，$(\mathcal{P}_0, \mathcal{P}_1, \ldots, \mathcal{P}_d)$ は，ある $(d+1)$ 次元双対ベクトルの成分表示とみなせる．ゆえに，正準同型写像 $i_* : (\mathbb{R}^{1,d})^* \to \mathbb{R}^{1,d}$（付録 D の D.6 節を参照）を援用することにより，$x \in \mathbb{R}^{1,d}$ がミンコフスキー基底 $\{e_\mu\}_{\mu=0}^d$ を用いて $x = \sum_{\mu=0}^d x^\mu e_\mu$ と展開されるとき
$$P := (\mathcal{P}_0/c)e_0 - \sum_{j=1}^d P_j e_j \tag{6.105}$$
は $\mathbb{R}^{1,d}$ のベクトルである．この事実と $\mathcal{P}_0 = H$ がエネルギーを表すことに注意すれば，$P$ は $(d+1)$ 次元運動量であると結論される．

こうして，定理 6.24 は，物理的には，**場のエネルギー・運動量保存則**を表すことがわかる．

---

[27] $(\partial_0\phi(x),\ldots,\partial_d\phi(x))$ は双対ベクトル場（$\phi$ の微分）$\mathrm{d}\phi(x) = \sum_{\mu=0}^d \partial_\mu\phi(x)\,\mathrm{d}x^\mu$ の成分表示であることに注意（$\phi$ が複素場の場合，$\phi_1, \phi_2$ をそれぞれ，$\phi$ の実部，虚部とすれば $\mathrm{d}\phi(x) := \mathrm{d}\phi_1(x) + i\,\mathrm{d}\phi_2(x)$）．

**例 6.25** $\phi$ が相対論的複素スカラー場の場合，その共役運動量 $\pi$ は $\partial_t \phi^*/c^2$ であるから

$$P_j = \frac{1}{c^2} \int_{\mathbb{R}^d} \left( \partial_t \phi(x)^* \partial_j \phi(x) + \partial_t \phi(x) \partial_j \phi(x)^* \right) d\mathbf{x} \quad (j = 1, \ldots, d).$$

相対論的な場合，関数 $\mathcal{T}_\mu^\nu$ から

$$\mathcal{T}_{\mu\nu}(x) := \sum_{\alpha=0}^d g_{\nu\alpha} \mathcal{T}_\mu^\alpha(x)$$

をつくると，これから 2 階のテンソル場

$$\mathcal{T}(x) := \sum_{\mu,\nu=0}^d \mathcal{T}_{\mu\nu}(x) \, dx^\mu \otimes dx^\nu$$

が定義される．このテンソル場は**エネルギー・運動量テンソル**と呼ばれる．

**注意 6.26** 本項で行った議論は，複素スカラー場以外の場に対してもまったく並行的に展開される．

## 6.7 複素場と電磁場の相互作用——ゲージ場の理論

6.6 節，6.6.1 項で考察した第一種ゲージ変換は，時空のどの点においても，場の位相を同じ値 $\theta$ だけずらす変換であった．この意味で U(1) ゲージ変換を**大局的な U(1) ゲージ変換**または**大局的な第一種ゲージ変換**という．この変換の自然な拡張として，場の位相のずらしが時空のすべての点で同じとは限らないような変換が考えられる．各時空点 $x \in \mathbb{R}^{d+1}$ における場の位相のずらしを $\Lambda(x)$ とすれば，これから，$\mathbb{R}^{d+1}$ 上の実数値関数 $\Lambda : x \mapsto \Lambda(x)$ が誘導される．したがって，求める変換は

$$(U_\Lambda \phi)(x) := e^{i\Lambda(x)} \phi(x) \quad (\phi \in \mathsf{F}_{\mathbb{C}}(\mathbb{R}^{d+1})) \tag{6.106}$$

によって定義される写像 $U_\Lambda : \mathsf{F}_{\mathbb{C}}(\mathbb{R}^{d+1}) \to \mathsf{F}_{\mathbb{C}}(\mathbb{R}^{d+1})$ によって与えられる．$U_\Lambda$ を**局所的な U(1) ゲージ変換**または**局所的な第一種ゲージ変換**という．この場合，「局所的 (local)」というのは，$\phi(x)$ の位相のずらし（あるいは $\phi(x)$

## 6.7. 複素場と電磁場の相互作用——ゲージ場の理論

を回転する角度）が時空の各点ごとに異なり得ることの意である．関数 $\Lambda$ が定数関数のときが大局的な U(1) ゲージ変換である．

複素スカラー場のラグランジュ密度関数 $\mathcal{L} = \mathcal{L}_{\mathbb{C}}$（(6.29) を参照）は U(1) 対称性をもつとし

$$\phi_\Lambda := U_\Lambda \phi$$

とおく．また，$\Lambda$ は連続微分可能であるとする．このとき

$$e^{-i\Lambda} \partial_\mu \phi_\Lambda = (\partial_\mu + i\partial_\mu \Lambda)\phi. \tag{6.107}$$

したがって

$$L_{\mathbb{C}}(\phi_\Lambda(x)^*, \phi_\Lambda(x), (\partial_\mu \phi_\Lambda^*)(x), (\partial_\mu \phi_\Lambda)(x), x)$$
$$= L_{\mathbb{C}}(\phi(x)^*, \phi(x), ((\partial_\mu + i\partial_\mu \Lambda(x))\phi(x))^*, (\partial_\mu + i\partial_\mu \Lambda(x))\phi(x), x).$$

ゆえに，$\Lambda$ が定数関数でないならば，$\mathcal{L}$ は局所的な第一種ゲージ変換のもとで不変とは限らない．だが，関係式 (6.107) に注意すると，新しい実ベクトル場

$$B = (B_0, \ldots, B_d) : \mathbb{R}^{d+1} \to \mathbb{R}^{d+1} \tag{6.108}$$

を導入し，出発点にとったラグランジュ密度関数 $\mathcal{L}$ から，新しい関数

$$\mathcal{L}_{\phi,B}(x) := \mathcal{L}(\phi(x)^*, \phi(x), ((\partial_\mu + iB_\mu(x))\phi(x))^*, (\partial_\mu + iB_\mu(x))\phi(x), x) \tag{6.109}$$

をつくるならば，これは

$$\mathcal{L}_{U_\Lambda \phi, B_\Lambda} = \mathcal{L}_{\phi, B} \tag{6.110}$$

を満たすことがわかる．ただし

$$B_\Lambda := B - \partial \Lambda = (B_0 - \partial_0 \Lambda, \ldots, B_d - \partial_d \Lambda).$$

ここで，対応：$B \mapsto B_\Lambda$ は，第 5 章の 5.10 節において登場した，電磁ポテンシャルのゲージ変換と同じ型であることに注意しよう（ただし，いまの場合，ベクトル場は，成分表示で扱われている）．そこで，記法を転用して

$$G_\Lambda(B) := B_\Lambda$$

と記す.写像 $G_\Lambda$ を(局所的)第一種ゲージ変換との対比において,**第二種ゲージ変換**と呼ぶ.

複素スカラー場 $\phi$ と実ベクトル場 $B$ の組 $(\phi, B) : \mathbb{R}^{d+1} \to \mathbb{C} \times \mathbb{R}^{d+1}$ を一つの対象と捉えて,対応:$(\phi, B) \mapsto (U_\Lambda \phi, G_\Lambda(B))$ が定める写像を $G_\Lambda^{\mathrm{loc}}$ とする:

$$G_\Lambda^{\mathrm{loc}}(\phi, B) := (U_\Lambda \phi, G_\Lambda(B)) \quad ((\phi, B) \in \mathsf{F}_\mathbb{C}(\mathbb{R}^{d+1}) \times \mathsf{V}(\mathbb{R}^{d+1})). \quad (6.111)$$

ただし,$\mathsf{V}(\mathbb{R}^{d+1})$ は $\mathbb{R}^{d+1}$ 上の実ベクトル場の全体である.写像 $G_\Lambda^{\mathrm{loc}}$ をゲージ関数が $\Lambda$ の**局所的ゲージ変換**という.こうして,U(1) 対称,すなわち,大局的第一種ゲージ変換に対して不変なラグランジュ密度関数 $\mathcal{L}$ から,新しい実ベクトル場 $B$ を導入することにより,局所的ゲージ変換のもとで不変なラグランジュ密度関数 $\mathcal{L}_{\phi,B}$ が構成される.ここで,$\mathcal{L}_{\phi,B}$ は,形の上では,$\mathcal{L}$ に含まれる偏微分作用素 $\partial_\mu$ を $\partial_\mu + iB_\mu$ で置き換えることによって得られることに注意しよう[28].一般に,$\partial_\mu$ が含まれる量において,$\partial_\mu$ を $\partial_\mu + iB_\mu$ に置き換える操作をベクトル場 $B$ に関する $\partial_\mu$ の**ゲージ的置き換え**と呼ぶ.

局所的ゲージ変換の全体

$$\mathcal{G}_{\mathrm{loc}} := \left\{ G_\Lambda^{\mathrm{loc}} \,\middle|\, \Lambda \in C^1(\mathbb{R}^{d+1}; \mathbb{R}) \right\} \quad (6.112)$$

は,写像の合成を群演算として,群をなす.実際,$G_0^{\mathrm{loc}} = I$(恒等写像)であり,任意の $\Lambda_1, \Lambda_2 \in C^1(\mathbb{R}^{d+1}; \mathbb{R})$ に対して,簡単な直接計算により

$$G_{\Lambda_1}^{\mathrm{loc}} G_{\Lambda_2}^{\mathrm{loc}} = G_{\Lambda_1 + \Lambda_2}^{\mathrm{loc}} \in \mathcal{G}_{\mathrm{loc}}$$

が成り立つ.群 $\mathcal{G}_{\mathrm{loc}}$ を**局所的ゲージ変換群**という.(6.110) は,$\mathcal{L}_{\phi,B}$ が局所的ゲージ変換の作用のもとで不変であることを意味する.これをラグランジュ密度関数 $\mathcal{L}_{\phi,B}$ の**局所的ゲージ対称性**または**局所的ゲージ不変性**と呼ぶ.

新しいラグランジュ密度関数 $\mathcal{L}_{\phi,B}$ によって記述される理論は,U(1) 対称なラグランジュ密度関数 $\mathcal{L}$ によって記述される理論の**ゲージ化**と呼ばれる.この場合,新しく導入された実ベクトル場 $B$ を同伴する**ゲージ場**といい,ゲージ化された理論を,もともとの U(1) 対称な理論に付随(同伴)する**ゲージ場の理論**と呼ぶ.これは,複素場 $\phi$ とベクトル場 $B$ の相互作用を記述する理

---

[28] $(\partial_\mu \phi(x))^*$ は $((\partial_\mu + iB_\mu)\phi(x))^*$ に置き換わる.

## 6.7. 複素場と電磁場の相互作用——ゲージ場の理論

論である．

偏微分作用素
$$D_{B,\mu} := \partial_\mu + iB_\mu \tag{6.113}$$
のゲージ関数 $\Lambda$ による局所的 U(1) ゲージ変換は
$$D_{B,\mu}^\Lambda := e^{i\Lambda}(\partial_\mu + iB_\mu)e^{-i\Lambda} \tag{6.114}$$
によって定義される作用素である[29]．単純な直接計算により
$$D_{B,\mu}^\Lambda = D_{B_\Lambda,\mu} \tag{6.115}$$
がわかる．この意味で，$D_{B,\mu}$ は，局所的 U(1) ゲージ変換に対して共変的である．この法則性が $\mathcal{L}_{\phi,B}$ の局所的ゲージ対称性を与えるのである．作用素 $D_{B,\mu}$ は**共変微分作用素**または単に**共変微分**と呼ばれる．

上に構成したゲージ場の理論における場 $\phi$ が満たすべき方程式，すなわち，ゲージ化されたラグランジュ密度関数 $\mathcal{L}_{\phi,B}$ から導かれる（$\phi$ に関する）ラグランジュ方程式を導いてみよう．記号上の煩雑さを避けるため，$L = L_{\mathbb{C}}$ とし
$$\eta(x) := \bigl(\phi(x)^*, \phi(x), ((\partial_\mu + iB_\mu(x))\phi(x))^*, (\partial_\mu + iB_\mu(x))\phi(x), x\bigr)$$
とおこう．合成関数の微分法による直接計算により
$$\frac{\partial \mathcal{L}_{\phi,B}}{\partial \phi(x)^*} = \frac{\partial L}{\partial w}(\eta(x)) - i\sum_{\mu=0}^{d} B_\mu(x)\frac{\partial L}{\partial \zeta_\mu}(\eta(x)),$$
$$\frac{\partial \mathcal{L}_{\phi,B}}{\partial (\partial_\mu \phi(x)^*)} = \frac{\partial L}{\partial \zeta_\mu}(\eta(x)).$$
したがって，$\phi$ に対するラグランジュ方程式は
$$\sum_{\mu=0}^{d} \partial_\mu \frac{\partial L}{\partial \zeta_\mu}(\eta(x)) - \frac{\partial L}{\partial w}(\eta(x)) + i\sum_{\mu=0}^{d} B_\mu(x)\frac{\partial L}{\partial \zeta_\mu}(\eta(x)) = 0$$
すなわち

---
[29] 関数 $\phi \in \mathsf{F}(\mathbb{R}^{d+1})$ に対する作用は
$$(D_{B,\mu}^\Lambda \phi)(x) = e^{i\Lambda(x)}(\partial_\mu + iB_\mu(x))\{e^{-i\Lambda(x)}\phi(x)\}$$
である．

*338*　第6章　古典場の理論

$$\boxed{\sum_{\mu=0}^{d}(\partial_\mu + iB_\mu(x))\frac{\partial L}{\partial \zeta_\mu}(\eta(x)) - \frac{\partial L}{\partial w}(\eta(x)) = 0} \qquad (6.116)$$

によって与えられる．この方程式は，$\mathcal{L}$ に関するラグランジュ方程式 (6.86) においてゲージ的置き換えを施して得られる方程式に他ならない．したがって，ゲージ的置き換えの法則性は，ラグランジュ方程式の水準でも引き継がれている．この構造は，$U(1)$ 対称な場の理論が具体的に与えられたとき，当該の場の方程式から，同伴するゲージ場の理論の方程式をただちに書き下すことを可能にする（次の例を参照）．

**例 6.27** 複素クライン–ゴルドン場（例 6.7）の理論に付随するゲージ場の理論の方程式は

$$\sum_{\mu=0}^{d}(\partial_\mu + iB_\mu(x))(\partial^\mu + iB^\mu(x))\phi(x) + \partial_w V(\phi(x)^*, \phi(x), x) = 0 \quad (6.117)$$

となる[30]．ただし，$V$ は U(1) 対称であるとする．

方程式 (6.116) においては，ゲージ場 $B$ は外場（与えられた場）として考えられている．しかし，$B$ も $\phi$ と同様，力学的な場として扱うことも可能である．この場合，系全体のラグランジュ密度関数は，$\mathcal{L}_{\phi,B}$ と $B$ に対するラグンジュ密度関数の和として定義される．そこで，$B$ に対するラグランジュ密度関数を

$$\mathcal{L}_B(x) := L_{\mathrm{g}}(B(x), (\partial_\mu B_\nu(x)), x)$$

としよう．ただし，$L_{\mathrm{g}} : \mathbb{R}^{d+1} \times \underbrace{\mathbb{R}^{d+1} \times \cdots \times \mathbb{R}^{d+1}}_{(d+1)\text{ 個}} \times \mathbb{R}^{d+1}$ である[31]．このとき，系全体のラグランジュ密度関数は

$$\mathcal{L}_{\text{total}} := \mathcal{L}_{\phi,B} + \mathcal{L}_B \qquad (6.118)$$

によって定義される．$\mathcal{L}_B$ は $\phi, \partial_\mu \phi$ を含んでいないので，$\mathcal{L}_{\text{total}}$ から導かれ

---
[30] 添え字の上げ下げは，5.3 節の (5.14), (5.15) にしたがう．
[31] 連続性と微分可能性の程度は必要性に応じて仮定するものとする．

る，$\phi$ に関するラグランジュ方程式は (6.116) と同じである．他方，$B$ に関するラグランジュ方程式については，$\mathcal{L}_{\phi,B}$ からの寄与が加わる：

$$\frac{\partial \mathcal{L}_{\text{total}}}{\partial B_\mu(x)} = \frac{\partial \mathcal{L}_{\phi,B}}{\partial B_\mu(x)} + \frac{\partial \mathcal{L}_B}{\partial B_\mu(x)},$$
$$\frac{\partial \mathcal{L}_{\text{total}}}{\partial (\partial_\nu B_\mu(x))} = \frac{\partial \mathcal{L}_{\phi,B}}{\partial (\partial_\nu B_\mu(x))} + \frac{\partial \mathcal{L}_B}{\partial (\partial_\nu B_\mu(x))}.$$

合成関数の微分法により

$$\frac{\partial \mathcal{L}_{\phi,B}}{\partial B_\mu(x)} = -i\phi(x)^* \frac{\partial L}{\partial \zeta_\mu}(\eta(x)) + i\phi(x) \frac{\partial L}{\partial \xi_\mu}(\eta(x))$$
$$= -\mathcal{J}_B^\mu(x).$$

ただし，$\mathcal{J}_B^\mu$ は (6.87) によって定義される $\mathcal{J}^\mu$ に含まれる $\partial_\mu$ に対して，ゲージ的置き換えをしたものである：

$$\mathcal{J}_B^\mu(x) := \mathcal{J}^\mu(x)\big|_{\partial_\mu \to \partial_\mu + iB_\mu}. \tag{6.119}$$

また，$\partial \mathcal{L}_{\phi,B}/\partial(\partial_\nu B_\mu(x)) = 0$ は明らかである．したがって，$B$ に対するラグランジュ方程式は

$$\boxed{\frac{\partial \mathcal{L}_B}{\partial B_\mu(x)} - \sum_{\nu=0}^{d} \partial_\nu \frac{\partial \mathcal{L}_B}{\partial (\partial_\nu B_\mu(x))} = \mathcal{J}_B^\mu(x)} \tag{6.120}$$

となる．こうして，複素スカラー場 $\phi$ とゲージ場 $B$ との相互作用系に対する運動方程式は，連立方程式 (6.116) と (6.120) によって与えられることがわかる．

**例 6.28** 複素クライン–ゴルドン場（例 6.7）の場合，$\mathcal{J}^\mu$ は (6.92) によって与えられるので

$$\mathcal{J}_B^\mu(x) = i\{\phi(x)^*(\partial^\mu + iB^\mu(x))\phi(x) - ((\partial^\mu - iB^\mu(x))\phi(x)^*)\phi(x)\}$$
$$= i\{\phi(x)^* \partial^\mu \phi(x) - (\partial^\mu \phi(x)^*)\phi(x)\} - 2B^\mu(x)\phi(x)^*\phi(x)$$

となる．

ゲージ場 $B$ の物理的解釈を行うために，複素場 $\phi$ は荷電物質場であるとし

よう．このとき，$\phi$ は電磁場と相互作用を行うはずである．したがって，この場合，$B$ は電磁ポテンシャルの成分表示 $A = (A_0, \ldots, A_d)$ の定数倍であるという推測が可能である．次元解析を行うことにより（$[B_\mu] = [L^{-1}]$）

$$B = \frac{q}{\hbar} A$$

という関係が考えられる．ただし，$q \in \mathbb{R} \setminus \{0\}$ は電荷の次元をもつ量を表す（符号の不定性は残る）．そこで，この関係のもとで，$\mathcal{L}_B = \mathcal{L}_{\mathrm{EM}}$（(6.22) によって定義される電磁場のラグランジュ密度関数）とし，$A$ に関するラグランジュ方程式を求めると

$$\varepsilon_0 c^2 (\Box A^\mu - \partial^\mu \operatorname{Div} A) = \frac{q}{\hbar} \mathcal{J}_B^\mu + c J^\mu$$

となる．したがって

$$J_{\phi,A}^\mu(x) := \frac{q}{\hbar c} \mathcal{J}_B^\mu \tag{6.121}$$

は電荷密度の次元をもち

$$\boxed{\Box A^\mu - \partial^\mu \operatorname{Div} A = \frac{J^\mu + J_{\phi,A}^\mu}{\varepsilon_0 c}} \tag{6.122}$$

が成り立つ．これは，電磁ポテンシャルの方程式 (5.24) で，$J^\mu$ が $J^\mu + J_{\phi,A}^\mu$ の場合であるので，整合的である．さらに，共変微分作用素 $D_{A,\mu}$ と電磁場テンソルの成分 $F_{\mu\nu}$ が次の関係を有することも注目に値する：すべての $\phi \in C^1(\mathbb{R}^{d+1})$ と $\mu, \nu = 0, \ldots, d$ に対して

$$(D_{qA/\hbar,\mu} D_{qA/\hbar,\nu} - D_{qA/\hbar,\nu} D_{qA/\hbar,\mu}) \phi = \frac{iq}{\hbar} F_{\mu\nu} \phi. \tag{6.123}$$

**例 6.29** 例 6.28 の複素クライン–ゴルドン場に対して

$$\begin{aligned} J_{\phi,A}^\mu(x) = \frac{q}{\hbar c} \Big\{ &\phi(x)^* \Big( \partial^\mu + i \frac{q}{\hbar} A^\mu(x) \Big) \phi(x) \\ &- \Big( \big( \partial^\mu - i \frac{q}{\hbar} A^\mu(x) \big) \phi(x)^* \Big) \phi(x) \Big\} \end{aligned} \tag{6.124}$$

である．この場合の (6.122) と，(6.117) で $B = qA/\hbar$ として得られる偏微分方程式

## 6.7. 複素場と電磁場の相互作用——ゲージ場の理論

$$\sum_{\mu=0}^{d}\Big(\partial_\mu + \frac{iq}{\hbar}A_\mu(x)\Big)\Big(\partial^\mu + \frac{iq}{\hbar}A^\mu(x)\Big)\phi(x)$$
$$+ \partial_w V\big(\phi(x)^*, \phi(x), x\big) = 0 \quad (6.125)$$

の組（連立方程式）を**クライン–ゴルドン–マクスウェル程式**という．これは，複素スカラー場 $\phi$ によって表される荷電物質場と電磁場の相互作用モデルの一つを記述する方程式である．

このようにして，電磁ポテンシャルをゲージ場の一つとして解釈することが可能になる．しかも，この場合，純電磁場の理論の範囲では，その意味が不明であった，電磁ポテンシャルのゲージ変換の意味も明らかになる．つまり，それは，局所的ゲージ変換の部分をなすものであり，ゲージ関数は局所的ゲージ変換群 $\mathcal{G}_{\mathrm{loc}}$ の元を指定する「パラメーター」として位置づけられる．

U(1) 対称な複素スカラー場のゲージ化は，U(1) 対称な複素ベクトル場に対してもまったく同じ形でなされる．これは，前述の議論において $\phi$ の成分の個数はどこにも効いていないことに注意すれば，明らかに見てとれる．したがって，この場合も，理論に含まれる $\partial_\mu$ に対するゲージ的置き換えを行うことにより，ゲージ化がなされる．複素ベクトル場のゲージ化の重要な例の一つとして，ディラック場のゲージ化の形を述べておこう．

**例 6.30** ディラック場の方程式 (6.63) のゲージ化は

$$\Big(i\sum_{\mu=0}^{d}\gamma^\mu\Big(\partial_\mu + \frac{iq}{\hbar}A_\mu\Big) - \kappa\Big)\psi(x) = F(\psi(x)^*, \psi(x), x) \quad (6.126)$$

で与えられる．ディラック場の 4 次元電流密度 $J_{\mathrm{D}}^{\mu}$（(6.95) を参照）は $\partial_\mu$ を含まないのでゲージ的置き換えで不変である．したがって，電磁場に関する方程式は

$$\Box A^\mu - \partial^\mu \operatorname{Div} A = J_{\mathrm{D}}^{\mu} \quad (6.127)$$

となる．ディラック場と電磁場の相互作用を記述する連立方程式 (6.126)，

(6.127) をディラック–マクスウェル方程式と呼ぶ.

**例 6.31** ド・ブロイ場の方程式 (6.50) において，$\partial_\mu$ のゲージ的置き換えをすると ($\partial/\partial t \to c\partial_0$ に注意)

$$i\hbar\frac{\partial \psi(x)}{\partial t} = -\frac{\hbar^2}{2m}\sum_{j=1}^{d}\Big(\partial_j + \frac{iq}{\hbar}A_j(x)\Big)^2 \psi(x) \\ + qcA_0(x) + F(\psi(x)^*, \psi(x), x) \qquad (6.128)$$

が得られる．電磁場に関する方程式は

$$\Box A^0 - \partial^0 \operatorname{Div} A = q|\psi(x)|^2, \qquad (6.129)$$

$$\Box A_j - \partial_j \operatorname{Div} A = \frac{iq\hbar}{2m}\bigg[\psi(x)^*\Big(\partial_j + \frac{iq}{\hbar}A_j(x)\Big)\psi(x) \\ -\Big\{\Big(\partial_j + \frac{iq}{\hbar}A_j(x)\Big)\psi(x)\Big\}^*\psi(x)\bigg] \qquad (6.130)$$

となる ((6.93), (6.94) を参照)．連立方程式 (6.128)–(6.130) をド・ブロイ–マクスウェル方程式と呼ぶ[32]．これは，電荷をもつド・ブロイ場と電磁場の相互作用を記述する方程式である．

以上の議論をまとめると次のようになる：U(1) 対称なラグランジュ密度関数から導かれる複素ベクトル場の理論に対して，局所的ゲージ対称性を課すことにより，新しい古典場として，実ベクトル場 = ゲージ場が導入される．そして，この場合，ゲージ場と複素ベクトル場の相互作用の形も同時に決定されてしまう．この構造を**ゲージ対称性の原理**と呼ぶ．これは，他の場の理論にはない顕著な性質の一つである．

**注意 6.32** 上述のゲージ場の理論は，大局的な対称性の群が 1 次元ユニタリ群 U(1) の場合に関するものである．だが，大局的な対称性の群として，U(1)

---

[32] 偏微分方程式論では，シュレーディンガー–マクスウェル方程式と呼ばれる場合が多い．

## 6.7. 複素場と電磁場の相互作用——ゲージ場の理論

のかわりに,任意のコンパクトなリー群 $G$ をとり,前述の議論と同様の考え方に基づいて,$G$ の局所化に対して対称性を有するゲージ場の理論を構成することができる.この場合,$G$ をゲージ群と呼ぶ.ゲージ場の理論は,ゲージ群の可換性,非可換性に応じて大きく 2 種類に分かれる.ゲージ群が可換群の場合のゲージ場の理論を**可換ゲージ場の理論**,非可換群の場合のそれを**非可換ゲージ場の理論**という.後者は創始者の名にちなんで**ヤン–ミルズ** (Yang–Mills) **理論**とも呼ばれる[33].

ゲージ場の理論は,実は,幾何学的にある自然な構造を有している[34]. また,あるクラスのゲージ場の理論の量子版は,**素粒子の標準模型**として定立され,物理としては,部分的な成功を収めている[35]. しかし,量子ゲージ場の理論の厳密な数学的構成(数学的存在)の問題は難問の一つとして残されている.

---

[33] たとえば,1 次元ユニタリ群 U(1) は可換群であるので,上述の複素スカラー場に伴うゲージ場の理論は可換ゲージ場の理論の例である.他方,$N$ 次元特殊ユニタリ群 SU($N$) = $\{g|g$ は行列式が 1 の $N$ 次ユニタリ行列$\}$ ($N \geq 2$) は非可換群であるので,この群をゲージ群とするゲージ場の理論は非可換ゲージ場の理論の例を与える.

[34] 拙著『現代物理数学ハンドブック』(朝倉書店,2005) の第 13 章,13.18 節と第 14 章,14.12 節を参照.

[35] たとえば,牧 二郎・林 浩一『素粒子物理』(丸善株式会社,1995) を参照.

# 第7章 量子力学

本章では分子，原子，素粒子などの微視的対象が生成する諸現象——量子現象——を解明する量子力学の数理的本質を公理論的に論述する．

## 7.1 はじめに

巨視的物質を構成する究極的な要素である原子や素粒子のような微視的対象は，常識的な（古典力学的な意味での）粒子とは異なる振る舞い方をする．第1章で見たように，古典力学では，質点系の状態は，位置と運動量で一意的に決まり，位置と運動量は，任意の時刻において，ともに確定した値をもつことができる．ところが，原子や素粒子においては，位置と運動量が同時に定まっている状態を想定することは意味をなさない．ただし，位置あるいは運動量の一方だけならば，ある状態でそれを測定したときに，測定値が一定の範囲に入る確率が定まる．だが，この場合でさえ，位置あるいは運動量の測定値については，一般には，確率的にしか予言できないのである．さらに，原子や素粒子は，それらを測定する仕方——観測装置の種類や設定——に応じて，異なる仕方，姿で現れ得る．たとえば，ある観測装置では，粒子的に現象し，別の観測装置では，波動的に現象し得る[1]．微視的対象のこの特性は，**波動–粒子の二重性**と呼ばれる．微視的対象が観測装置の種類や設定に応

---

[1] 二重スリットを通過させた電子を，スリットからある程度離れた場所に置かれたスクリーン上で検出する場合は，前者の例の一つであり，他方，適切な結晶格子に電子を入射させ，出てくる電子を検出する場合は，後者の例の一つを与える．

じて様々な現象形態を取り得るという性質を**現象的多重性**[2]という.

このような(古典力学的常識には奇妙に映る)性質を有する微視的対象を,古典力学的な意味での粒子概念と区別する意味で,**量子的粒子** (quantum particle) と呼ぶ.したがって,量子的粒子は,当然のことながら,古典力学の埒外にある.

量子的粒子たちが織り成す諸現象,すなわち,量子現象を原理的な仕方で記述する理論として登場したのが量子力学である.これは,古典物理学とは本質的に異なる特徴をもっている.本章では,フォン・ノイマン (J. von Neumann) によってその基礎が築かれた,公理論的量子力学——量子的粒子に対する特定の描像や「座標」に依拠しない理論形式——にしたがって,量子力学の数理のごく基本的な部分を叙述する.

## 7.2 量子力学の公理系

量子的粒子からなる系を量子系という.第6章までの論述からも示唆されるように,一般に,物理系を記述するには,系の状態と物理量の概念が必要である.たとえば,古典力学における状態空間は相空間であり,物理量は相空間上のベクトル値関数[3]で与えられる.量子系の状態を記述するにあたっても,基本となるのは系の状態と物理量の概念である.だが,上述のように,古典力学的概念がもはや全面的には有効ではない量子現象を生み出す量子系とって,状態ならびに物理量の概念は古典力学のそれとは根本的に異なることになる.

### 7.2.1 量子的状態

量子系の状態を**量子的状態**または**量子力学的状態**という.量子的状態の数学的概念の定立は,量子的状態に関するいくつかの観測事実に基づく.その一つは,量子系の可能な状態が複数あるとき,それらの「重ね合わせ」——状

---

[2] この用語は標準的なものはなく,筆者が,量子力学の新しい哲学的解釈のために導入したものである:拙著『物理現象の数学的諸原理』(共立出版,2003)の第10章や拙論文「量子現象によって開示される存在論的構造」(シェリング年報,第14号,95-103, 2006)を参照.
[3] スカラー値関数,テンソル値関数も含める.

態のある種の「和」——も同じ系の可能な状態である，というものである．このような場合，状態に関して**重ね合わせの原理**が成立するという[4]．これは，状態の集合が線形構造を有すること，したがって，その大枠は，数学的には，ベクトル空間で表されるであろうことを推測させる．加えて，「量子的状態は，観測を通して，別の状態に確率的に遷移する」という観測事実がある．したがって，状態の集合は，この遷移確率を記述できる数学的概念を備えている必要がある．結果的に言えば，それが内積なのである[5]．こうして，量子的状態の数学的概念に関して，次の公理が得られる[6]．

**公理 (QM.1)** S を任意の量子系とする．このとき，量子系 S の状態は，ある複素ヒルベルト空間 $\mathcal{H}$ の零でないベクトルによって表される．ただし，二つのベクトル $\Psi, \Phi \in \mathcal{H}$ が同じ状態を表すのは，零でない定数 $\alpha \in \mathbb{C}$ があって，$\Psi = \alpha \Phi$ が成り立つとき，かつこのときに限る（**状態の相等原理**）．$\mathcal{H}$ を量子系 S の**状態のヒルベルト空間**と呼び，状態を表すベクトルを**状態ベクトル**という．

**注意 7.1** (1) 状態のヒルベルト空間 $\mathcal{H}$ は量子系 S に対して一意的には決まらない．実際，$\mathcal{H}$ と同型なヒルベルト空間，すなわち，$\mathcal{H}$ のユニタリ変換（付録 D の D.2 節を参照）はすべて，量子系 S の状態のヒルベルト空間として同等の「権利」を有する．だが，この任意性は量子系の本質の一つを形づくるものなのである．というのは，それは，まさに，量子的粒子の現象的多重性を表す性質の一つと解釈され得るからである．つまり，一つのヒルベルト空間の選択は，量子力学的には，ある一つの物理的描像の枠組みの選択に対応するのである（次の例を参照）．

(2) ヒルベルト空間 $\mathcal{H}$ の任意のベクトルが量子系 S の状態を表すとは限らない（考える量子系に依る）．

一般に，ヒルベルト空間 $\mathcal{H}$ の内積とノルムをそれぞれ，$\langle \cdot, \cdot \rangle_{\mathcal{H}}$, $\| \cdot \|_{\mathcal{H}}$ と表す（$\|\Psi\|_{\mathcal{H}} = \sqrt{\langle \Psi, \Psi \rangle_{\mathcal{H}}}, \Psi \in \mathcal{H}$）．ただし，文脈から見て混乱の恐れが

---
[4] 重ね合わせの原理はつねに成立するとは限らない．
[5] 詳しくは，新井朝雄・江沢 洋『量子力学の数学的構造 II』（朝倉書店，1999）の第 3 章，3.1 節を参照．
[6] ヒルベルト空間については，付録 D の D.8 節を参照．

ないと思われる場合には，単に，$\langle \cdot, \cdot \rangle$, $\|\cdot\|$ と記す（変数に入るベクトルによって，どのヒルベルト空間の内積またはノルムであるかを区別する）．

**例 7.2** 量子的粒子を粒子的描像で捉えたときに，それが現出すると想定される物理的空間を $\mathbb{R}^d = \{\mathbf{x} = (x_1, \ldots, x_d) | x_j \in \mathbb{R}, j = 1, \ldots, d\}$ とする（通常は $d = 3$）．この空間の点は量子的粒子の位置を指定するのに使用される．いま，粒子的描像において，空間的自由度だけを有する 1 個の量子的粒子が存在する量子系を考えよう．この系の状態のヒルベルト空間として，$\mathbb{R}^d$ 上のルベーグ積分の意味で 2 乗可積分な関数の同値類から生成されるヒルベルト空間 $L^2(\mathbb{R}^d)$（付録 I の例 I.1）をとることができる．だが，ここで，次の点に注意を払う必要がある．すなわち，$L^2(\mathbb{R}^d)$ の元によって表される状態ベクトルは，関数の同値類であって，本来の意味での関数ではない．したがって，これを古典的な意味での波動（古典場）を表す関数と解釈することはできない，ということである．この点は，量子力学の正しい理解にとって重要な事柄の一つである．この事実に忠実であろうとすれば，量子系の状態空間としての $L^2(\mathbb{R}^d)$ の元を（通常なされているように）波動関数と呼ぶのは適切ではない，ということになる．それゆえ，本書では，量子系の状態に対して波動関数という言葉は使用しない．

後に示すように（例 7.26），$\psi \in L^2(\mathbb{R}^d)$ によって表される状態（$\|\psi\| = 1$）において，量子的粒子の位置を測定したとき，その測定値が $\mathbb{R}^d$ のボレル集合 $B$ に入る確率は $\int_B |\psi(\mathbf{x})|^2 \, d\mathbf{x}$ で与えられる．これは位置の確率密度関数が $|\psi(\mathbf{x})|^2$ であることを示す．つまり，ヒルベルト空間 $L^2(\mathbb{R}^d)$ は，量子的粒子の位置を測定するという描像と結びついたものなのである．ヒルベルト空間 $L^2(\mathbb{R}^d)$ を**座標表示のヒルベルト空間**と呼ぶ．

他方，量子的粒子の運動量を測定するという描像も存在する．運動量空間は，速度空間 $\mathbb{R}^d$（位置空間 $\mathbb{R}^d$ の各点における接ベクトル空間）の双対空間 $(\mathbb{R}^d)^*$ である[7]．したがって，この描像に結びつく自然なヒルベルト空間は $L^2((\mathbb{R}^d)^*)$ である．ただし，簡単のため，正準的同型による同一視 $(\mathbb{R}^d)^* = \mathbb{R}^d$ を用いる．$L^2((\mathbb{R}^d)^*)$ を**運動量表示のヒルベルト空間**と呼ぶ．この場合，$u \in L^2((\mathbb{R}^d)^*)$（$\|u\| = 1$）によって表される状態における運動量の確率密度は $|u(\mathbf{p})|^2$ で与

---

[7] 第 3 章の 3.8.1 項を参照．

えられる $(\mathbf{p} \in (\mathbb{R}^d)^*)$.

$L^2(\mathbb{R}^d)$ から $L^2(\mathbb{R}^d)$ へのフーリエ変換を $\mathcal{F}_d$ としよう:

$$(\mathcal{F}_d \psi)(\mathbf{k}) := \frac{1}{(2\pi)^{d/2}} \int_{\mathbb{R}^d} e^{-i\mathbf{k}\cdot\mathbf{x}} \psi(\mathbf{x}) \, d\mathbf{x} \quad (\psi \in L^2(\mathbb{R}^d), \, \mathbf{k} \in \mathbb{R}^d). \quad (7.1)$$

ただし, $\mathbf{k} \cdot \mathbf{x} := \langle \mathbf{k}, \mathbf{x} \rangle_{\mathbb{R}^d}$ ($\mathbb{R}^d$ のユークリッド内積) であり, 右辺の積分は $L^2$ 収束 (平均 2 乗収束) の意味でとる[8]. フーリエ変換 $\mathcal{F}_d$ はユニタリ変換である[9]. (7.1) におけるベクトル変数 $\mathbf{k} \in \mathbb{R}^d$ の各成分 $k_j$ の次元は $[L^{-1}]$ である. そこで, 運動量 $\mathbf{p} \in (\mathbb{R}^d)^*$ に対して, $\mathbf{k} = \mathbf{p}/\hbar$ ($\hbar$ はプランク–ディラック定数; (4.188) を参照) とおくと $\mathbf{p} = \hbar \mathbf{k}$ であるので, $\mathbf{k}$ は波数ベクトルを表すと解釈される (プランク–アインシュタイン–ド・ブロイの関係式). ゆえに

$$(\mathcal{F}_d^\hbar \psi)(\mathbf{p}) := \frac{1}{\hbar^{d/2}} \mathcal{F}_d \psi\left(\frac{\mathbf{p}}{\hbar}\right) \quad (\psi \in L^2(\mathbb{R}^d), \text{ a.e. } \mathbf{p} \in (\mathbb{R}^d)^*) \quad (7.2)$$

とすれば, $\mathcal{F}_d^\hbar$ は $L^2(\mathbb{R}^d)$ から $L^2((\mathbb{R}^d)^*)$ へのユニタリ変換である. したがって, 座標表示のヒルベルト空間 $L^2(\mathbb{R}^d)$ と運動量表示のヒルベルト空間 $L^2((\mathbb{R}^d)^*)$ は同型である.

公理 (QM.1) において, もう一つ重要な点は, 状態の相等原理として言及された事柄である. この原理にしたがえば, 量子系の状態は, 状態のヒルベルト空間のベクトルそのものではないことになる[10]. 実は, 状態の相等原理は, 次のようにして, 状態のヒルベルト空間の中にある同値関係を定め, これによって, 状態のヒルベルト空間の元は同値類に類別される. そして, この同値類こそ, 量子力学的状態を表すものなのである.

任意の $\Psi, \Phi \in \mathcal{H}$ について, ある定数 $\alpha \in \mathbb{C} \setminus \{0\}$ が存在して, $\Psi = \alpha \Phi \cdots (*)$ が成り立つとき, $\Psi \sim \Phi$ と記す. この $\sim$ は, $\mathcal{H}$ における一つの関係である. これが同値関係であることは次のようにしてわかる: まず,

---

[8] $\lim_{R\to\infty} \int_{\mathbb{R}^d} \left| (\mathcal{F}_d \psi)(\mathbf{k}) - (2\pi)^{-d/2} \int_{\{|x_j| \leq R \,|\, j=1,\ldots,d\}} e^{-i\mathbf{k}\cdot\mathbf{x}} \psi(\mathbf{x}) \, d\mathbf{x} \right|^2 d\mathbf{k} = 0$ という意味. なお, $\psi \in L^2(\mathbb{R}^d)$ が可積分関数ならば, (7.1) の右辺は, 通常の意味でのルベーグ積分として意味をもつ.

[9] 拙著『ヒルベルト空間と量子力学』(共立出版, 1997) の定理 5.3 を参照.

[10] この点から言っても, 量子系の状態ベクトルは, 古典的な意味での波動を表すものではないことがわかる ($\Psi$ が古典的な波動を表すならば, その絶対値が 1 でない任意の複素数 $\alpha \in \mathbb{C}$ に対して, $\alpha \Psi$ は $\Psi$ と異なる波動 (波の振幅が $|\alpha|(\neq 1)$ 倍だけ異なる波動) を表す.

$\Psi = 1 \cdot \Psi$ であるから, $\Psi \sim \Psi$. したがって, 反射律は成立する. $\Psi \sim \Phi$ ならば, $(*)$ を満たす $\alpha \in \mathbb{C} \setminus \{0\}$ があるので, $\Phi = \alpha^{-1}\Psi$. したがって, $\Phi \sim \Psi$. ゆえに, 対称律も成り立つ. $\Psi \sim \Phi, \Phi \sim \Xi \in \mathcal{H} \setminus \{0\}$ ならば, $(*)$ を満たす $\alpha \in \mathbb{C} \setminus \{0\}$ と $\Phi = \beta\Xi$ を満たす $\beta \in \mathbb{C} \setminus \{0\}$ があるから, $\Psi = (\alpha\beta)\Xi$. $\alpha\beta \neq 0$ であるから, $\Psi \sim \Xi$. したがって, 推移律も成立する.

ベクトル $\Psi \in \mathcal{H} \setminus \{0\}$ と同値なベクトルの全体, すなわち, 上の同値関係 $\sim$ による $\Psi$ の同値類を $[\Psi]$ と記す:

$$[\Psi] := \{\alpha\Psi \,|\, \alpha \in \mathbb{C} \setminus \{0\}\}. \tag{7.3}$$

この型の集合を**射線**と呼ぶ. このとき, $\mathcal{H} \setminus \{0\}$ は, 射線により類別される. 射線の集合 ($= \sim$ による $\mathcal{H} \setminus \{0\}$ の商集合)

$$P(\mathcal{H}) := (\mathcal{H} \setminus \{0\})/\!\sim\, = \{[\Psi] \,|\, \Psi \in \mathcal{H} \setminus \{0\}\} \tag{7.4}$$

を $\mathcal{H}$ の**射影空間**という.

状態の相等原理は次のように言い換えられる:同じ状態を表すベクトルは同じ射線に属し, 同じ射線に属するベクトルは同一の状態を表す. こうして, 量子力学的状態は, 複素ヒルベルト空間の射線によって表される, と簡潔に述べることができる. したがって, 量子力学的状態の空間は, 複素ヒルベルト空間 $\mathcal{H}$ の射影空間 $P(\mathcal{H})$ である. そこで, $P(\mathcal{H})$ を**量子力学的状態空間**あるいは単に**状態空間**と呼ぶ. 以下, 量子力学的状態を単に状態ともいう.

各ベクトル $\Psi \in \mathcal{H} \setminus \{0\}$ に対して定義されるベクトル

$$\hat{\Psi} := \frac{\Psi}{\|\Psi\|} \tag{7.5}$$

は単位ベクトルである:$\|\hat{\Psi}\| = 1$. ベクトル $\hat{\Psi}$ を $\Psi$ の**規格化**と呼ぶ. 明らかに

$$[\hat{\Psi}] = [\Psi]. \tag{7.6}$$

これから, 状態ベクトルとしては, 単位ベクトルを考えれば十分であることがわかる.

## 7.2.2 物理量

量子系における物理量の概念へと至る発見法的議論の一つは次のようなものである.

量子系においては，一つの状態で，一つの物理量を測定する場合（同じ設定による測定を繰り返し行う），その測定値は，一意的に定まるとは限らず，確率的に分布する．この場合，測定値は，もちろん，実数であり，したがって，その平均値も実数である．

公理 (QM.1) によって，量子系の状態は，ヒルベルト空間 $\mathcal{H}$ の元によって表される．とすれば，$\mathcal{H}$ に同伴する $\mathcal{H}$ 上の諸々の写像の中には何らかの量子物理的対応を有するものが存在すると想像され得る．$\mathcal{H}$ 上の写像のうち，ヒルベルト空間の線形性と最もよく調和するのは，もちろん，線形作用素である．そこで，作業仮説的に，量子系の物理量 $\mathcal{T}$ が $\mathcal{H}$ 上の線形作用素 $T$ で記述されるとしてみる．任意の物理量は，原理的な意味で，「十分多くの」状態において測定可能であるとすれば，$T$ の定義域 $D(T)$ は $\mathcal{H}$ で稠密であると仮定できる．線形作用素 $T$ そのものは代数的対象である．だが，$T$ は，たとえば，そのスペクトル $\sigma(T)$（付録 I.3 を参照）を通して，数と結びつく．他方，上に注意したように，物理量 $\mathcal{T}$ の測定値と平均値は実数である．そこで，状態 $[\Psi]$ における，物理量 $\mathcal{T}$ の測定による平均値は $\langle \hat{\Psi}, T\hat{\Psi} \rangle$（$\hat{\Psi}$ は $\Psi$ の規格化）で与えられると仮定する．ベクトル $\Psi$ は $D(T)$ の任意の元でよいとすれば，いまの条件は $T$ が対称作用素であることを意味する[11]．次に，$\mathcal{T}$ の測定値はスペクトル $\sigma(T)$ の点であるとすれば，$\sigma(T)$ は実数体 $\mathbb{R}$ の部分集合であると仮定される[12]．このとき，$\pm i$ は $T$ のレゾルヴェント集合に入るので，$T \pm i$ の値域は稠密である．したがって，本質的自己共役性の一般判定条件[13]により，$T$ は本質的に自己共役である．ゆえに，$T$ の閉包 $\overline{T}$ は自己共役である．こうして，量子系の物理量に関する公理が次のように立てられる[14]：

**公理 (QM.2)** 量子系の物理量は，状態のヒルベルト空間 $\mathcal{H}$ 上で作用する自

---
[11] $T$ が対称 $\Leftrightarrow$ $D(T)$ は稠密かつ任意の $\Psi \in D(T)$ に対して，$\langle \Psi, T\Psi \rangle \in \mathbb{R}$．
[12] $\sigma(T)$ の点がすべて $\mathcal{T}$ の測定値として実現されるかどうかは自明でない．
[13] 拙著『ヒルベルト空間と量子力学』（共立出版，1997）の定理 4.3 を参照．
[14] 実は，これは，次の公理 (QM.3) と不可分であるが，便宜上，分けて述べる．

己共役作用素によって表される[15].

**注意 7.3** (1) $\mathcal{H}$ 上の任意の自己共役作用素が物理量を表すとは限らない．物理量は**観測量**または**オブザーヴァブル** (observable) とも呼ばれる．

(2) 自己共役作用素以外の作用素も量子系の記述にとって重要な役割を演じるものがある．それらも，間接的・陰的に量子系の物理と関わるという意味において，「物理的」と考えることが可能である．だが，慣習にしたがい，量子系の物理量のあり方を上述のように定義する．

(3) 物理量の自己共役性は，次の公理 (QM.3) において述べるように，物理量の測定（観測）に関する確率解釈を可能にする．自己共役でない非有界な対称作用素の場合，確率解釈は一般にはできない．この意味においても，非有界な対称作用素と自己共役作用素の峻別は，単に数学的な次元にとどまらず，物理的にも重要である．

物理量 $\mathcal{T}$ とそれを表す自己共役作用素 $T$ は，概念的には区別すべきものであるが，以後，簡単のため，$T$ によって表される物理量を「物理量 $T$」ということにする．

物理量 $T$ が固有値 $\lambda \in \mathbb{R}$ をもつとき——すなわち，$T\Psi = \lambda\Psi$ を満たす $\Psi \in D(T) \setminus \{0\}$ が存在するとき——，その固有ベクトル $\Psi$ （一つとは限らない）を $T$ の（固有値 $\lambda$ に属する）**固有状態**と呼ぶ．

物理量のうち，系の全エネルギーを表す自己共役作用素 $H$ を**ハミルトニアン**と呼ぶ．ハミルトニアンの固有状態を**エネルギー固有状態**という．$H$ が下に有界のときのスペクトル $\sigma(H)$ の下限

$$E_0(H) := \inf \sigma(H) \tag{7.7}$$

を $H$ の**最低エネルギー**と呼ぶ．スペクトル $\sigma(H)$ は閉集合であるので，(7.7) から，$E_0(H)$ は $H$ のスペクトルに属すること，すなわち，

$$E_0(H) \in \sigma(H) \tag{7.8}$$

が導かれる．ただし，$E_0(H)$ が $H$ の固有値か否かは場合による．

---
[15] この自己共役作用素は有界であるとは限らない．

もし，$E_0(H)$ が $H$ の固有値ならば，その固有ベクトル，すなわち，$H - E_0(H)$ の核 $\ker(H - E_0(H))$ の中の零でない元を $H$ の**基底状態** (ground state) という．この場合，$H$ は基底状態をもつといい，$m_H := \dim\ker(H - E_0(H))$ を $H$ の基底状態の**多重度**と呼ぶ．$m_H = 1$ のとき，$H$ の基底状態は**一意的**であるといい，$m_H \geq 2$ のとき，$H$ の基底状態は**縮退している**という．

物理量の中には，古典力学との対応から定義されるものがある．そのような物理量の基本的な例をあげておこう．

**例 7.4** $d$ 次元空間 $\mathbb{R}^d$ において，粒子的描像から見て 1 個の量子的粒子からなる系を考える．この系の状態のヒルベルト空間として，$L^2(\mathbb{R}^d)$ がとれる（例 7.2）．量子的粒子の第 $j$ 座標 $(j = 1, \ldots, d)$ に関する**位置作用素**は，座標変数 $x_j$ をかける作用素 $\hat{q}_j$ で与えられる[16]：

$$\text{（定義域）}\quad D(\hat{q}_j) := \left\{ \psi \in L^2(\mathbb{R}^d) \,\middle|\, \int_{\mathbb{R}^d} |x_j \psi(\mathbf{x})|^2 \, d\mathbf{x} < \infty \right\}, \tag{7.9}$$

$$\text{（作用）}\quad (\hat{q}_j \psi)(\mathbf{x}) := x_j \psi(\mathbf{x}), \quad \psi \in D(\hat{q}_j). \tag{7.10}$$

作用素 $\hat{q}_j$ は非有界な自己共役作用素であることが示される[17]．$\hat{q}_j$ のスペクトルについては，次の事実が証明される[18]：

$$\sigma(\hat{q}_j) = \mathbb{R}, \quad \sigma_{\mathrm{p}}(\hat{q}_j) = \emptyset. \tag{7.11}$$

ただし，線形作用素 $T$ に対して，$\sigma_{\mathrm{p}}(T)$ は $T$ の固有値全体の集合（点スペクトル）を表す．(7.11) の第 1 式は，上述のスペクトルに関する作業仮説と整合的である．第 2 式は「$\hat{q}_j$ は固有値をもたない」ことを語る[19]．

力を受けない量子的粒子を**自由粒子**と呼ぶ．**自由粒子の運動量**の第 $j$ 成分 $\hat{p}_j$ は

---

[16] $\hat{q}_j$ は関数 $x_j$ による掛け算作用素である：$\hat{q}_j = M_{x_j}$（付録 I の例 I.2 を参照）．本書では，線形作用素 $T$ の定義域を $D(T)$ と表す．
[17] 拙著『ヒルベルト空間と量子力学』（共立出版，1997）の例 2.33 (p. 97) を参照．
[18] 拙著『ヒルベルト空間と量子力学』（共立出版，1997）の例 2.24 (p. 87) と定理 2.25 (p. 93) を参照．
[19] 物理の文献では，「$\hat{q}_j$ は $x_j$ 座標の値を固有値としてもつ」という言い方をする場合があるが，$\hat{q}_j$ を $L^2(\mathbb{R}^d)$ 上の作用素として扱う限り，それは間違った主張である．ただし，$\hat{q}_j$ が作用する空間を超関数の空間まで広げれば正しい（しかし，この場合，$\hat{q}_j$ は，もはや，量子力学のヒルベルト空間形式における物理量ではない）．作用素を取り扱うときには，それが働く空間と定義域をつねに明晰に意識している必要がある．

## 第 7 章 量子力学

$$\hat{p}_j := -i\hbar D_j \tag{7.12}$$

で定義される．ただし，$D_j$ は変数 $x_j$ に関する一般化された偏微分作用素である：

$D_j := \bar{\partial}_j$ （通常の偏微分作用素 $\partial_j = \partial/\partial x_j$, $D(\partial_j) = C_0^\infty(\mathbb{R}^d)$ の閉包）．

ユニタリ変換 $\mathcal{F}_d^\hbar$ を用いると

$$\mathcal{F}_d^\hbar \hat{p}_j (\mathcal{F}_d^\hbar)^{-1} = M_{p_j} \tag{7.13}$$

が証明される[20]．ただし，$M_{p_j}$ は，関数 $p_j$ による掛け算作用素である．これから，$\hat{p}_j$ は非有界な自己共役作用素であり

$$\sigma(\hat{p}_j) = \{p_j \,|\, p_j \in \mathbb{R}^*\} = \mathbb{R}, \quad \sigma_p(\hat{p}_j) = \emptyset \tag{7.14}$$

が導かれる．第 1 式は，プランク–アインシュタイン–ド・ブロイの関係式に鑑みて，調和的である．第 2 式，すなわち，運動量作用素 $\hat{p}_j$ は固有値をもたないことに注意しよう．

作用素 $\hat{q}_j, \hat{p}_j$ は次の関係式（交換関係）を満たす：

$$[\hat{q}_j, \hat{p}_k]\psi = i\hbar \delta_{jk}\psi, \quad \psi \in D(\hat{q}_j\hat{p}_k) \cap D(\hat{p}_k\hat{q}_j), \tag{7.15}$$

$$[\hat{q}_j, \hat{q}_k]\psi = 0, \quad \psi \in D(\hat{q}_j\hat{q}_k) \cap D(\hat{q}_k\hat{q}_j), \tag{7.16}$$

$$[\hat{p}_j, \hat{p}_k]\psi = 0, \quad \psi \in D(\hat{p}_j\hat{p}_k) \cap D(\hat{p}_k\hat{p}_j). \tag{7.17}$$

ただし，作用素 $A, B$ に対して，$[A, B] := AB - BA$（交換子[21]）であり，$\delta_{jk}$ はクロネッカーデルタである．

**証明** まず，(7.15)–(7.17) が任意の $\psi \in C_0^\infty(\mathbb{R}^d)$ に対して成り立つことは直接計算により確かめられる．したがって，特に，任意の $\psi, \phi \in C_0^\infty(\mathbb{R}^d)$ に対して

$$\langle \hat{p}_k \hat{q}_j \phi, \psi \rangle - \langle \hat{p}_k \phi, \hat{q}_j \psi \rangle = i\hbar \langle \phi, \psi \rangle. \tag{7.18}$$

$C_0^\infty(\mathbb{R}^d)$ は $\hat{q}_j$ の芯であるから，任意の $\psi \in D(\hat{q}_j)$ に対して，関数列 $\psi_n \in C_0^\infty(\mathbb{R}^d)$ で $\psi_n \to \psi$, $\hat{q}_j \psi_n \to \hat{q}_j \psi$ $(n \to \infty)$ （$L^2$ 収束）となるものが存在

---
[20] 拙著『ヒルベルト空間と量子力学』（共立出版，1997）の 5.4 節を参照．
[21] 付録 I の I.1 節を参照．

する．(7.18) の $\psi$ として $\psi_n$ をとり，$n \to \infty$ とすれば，(7.18) がすべての $\psi \in D(\hat{q}_j), \phi \in C_0^\infty(\mathbb{R}^d)$ に対して成立する．そこで，$\psi \in D(\hat{q}_j) \cap D(\hat{q}_j \hat{p}_k)$ とすれば

$$\langle \phi, \hat{q}_j \hat{p}_k \psi \rangle - \langle \hat{p}_k \phi, \hat{q}_j \psi \rangle = i\hbar \langle \psi, \phi \rangle.$$

$C_0^\infty(\mathbb{R}^d)$ は $\hat{p}_k$ の芯でもあるから，この式は，$\hat{q}_j \psi \in D(\hat{p}_k^*) = D(\hat{p}_k)$（すなわち，$\psi \in D(\hat{p}_k \hat{q}_j)$）かつ

$$\hat{q}_j \hat{p}_k \psi - \hat{p}_k \hat{q}_j \psi = i\hbar \psi$$

を意味する．したがって，(7.15) が成立する．(7.16), (7.17) についても同様．■

(7.15) により，各 $j = 1, \ldots, d$ に対して

$$[\hat{q}_j, \hat{p}_j]\psi = i\hbar \psi, \quad \psi \in D(\hat{q}_j \hat{p}_j) \cap D(\hat{p}_j \hat{q}_j) \tag{7.19}$$

であるので，$\hat{q}_j$ と $\hat{p}_j$ は可換でない．

交換関係 (7.15)–(7.17) を**正準交換関係**（canonical commutation relations; CCR と略す）という．

古典力学における物理量は，質点の位置 $\mathbf{x} = (x_1, \ldots, x_d) \in \mathbb{R}^d$ と運動量 $\mathbf{p} = (p_1, \ldots, p_d) \in (\mathbb{R}^d)^*$ の関数 $f(\mathbf{x}, \mathbf{p})$（一般にはベクトル値関数）として表される（$f$ は考える物理量ごとに異なる）．量子力学において，$f(\mathbf{x}, \mathbf{p})$ に対応する物理量の候補は，$f(\mathbf{x}, \mathbf{p})$ において，形式的な置き換え：$x_j \to \hat{q}_j, p_j \to \hat{p}_j$ を行うことによって得られる，$L^2(\mathbb{R}^d)$ 上の作用素 "$f(\hat{q}_1, \ldots, \hat{q}_d, \hat{p}_1, \ldots, \hat{p}_d)$"（$f$ がベクトル値の場合は，作用素の組）である．この処方を**対応原理**（correspondence principle）または**正準量子化**（canonical quantization）と呼ぶ．ただし，$\hat{q}_j$ と $\hat{p}_j$ の非可換性のために，作用素 "$f(\hat{q}_1, \ldots, \hat{q}_d, \hat{p}_1, \ldots, \hat{p}_d)$" を数学的に厳密に定義することは非自明な問題である．次にあげる二つの例はこの処方により定義される物理量である．

**例 7.5** 質量 $m > 0$，運動量 $\mathbf{p} \in (\mathbb{R}^d)^*$ の古典力学的自由粒子のハミルトニアンは $\|\mathbf{p}\|^2/2m$ で与えられる．したがって，この古典力学系に対応する量子系のハミルトニアンは，$L^2(\mathbb{R}^d)$ 上の作用素

$$H_0 := \frac{1}{2m} \sum_{j=1}^d \hat{p}_j^2 = -\frac{\hbar^2}{2m} \Delta \tag{7.20}$$

によって与えられる．ただし

$$\Delta := \sum_{j=1}^{d} D_j^2 \tag{7.21}$$

は $d$ 次元の**一般化されたラプラシアン**と呼ばれる自己共役作用素である（したがって，$H_0$ は自己共役）．$H_0$ の型の作用素を量子的粒子の**自由ハミルトニアン**または**自由なシュレーディンガー作用素**と呼ぶ．これは，質量 $m > 0$ の量子的粒子が外力を受けずに自由な運動を行う量子系のハミルトニアンであると解釈される[22]．$H_0$ のスペクトルについては次の事実が証明される[23]：

$$\sigma(H_0) = \left\{ \frac{\|\hbar \mathbf{k}\|^2}{2m} \,\middle|\, \mathbf{k} \in \mathbb{R}^d \right\} = [0, \infty), \quad \sigma_{\mathrm{p}}(H_0) = \emptyset. \tag{7.22}$$

したがって，特に，$H_0$ の最低エネルギーは 0 である：$E_0(H_0) = 0$．だが，$H_0$ は基底状態をもたない．

次の例に移る前に，ある一般概念を導入しておく．ヒルベルト空間 $\mathcal{H}$ 上の有限個の線形作用素 $A_1, \ldots, A_n$ $(n \geq 2)$ の組 $\mathbf{A} := (A_1, \ldots, A_n)$ を $n$ 次元**作用素ベクトル**と呼ぶ．この場合，各 $j = 1, \ldots, n$ に対して，$A_j$ を $\mathbf{A}$ の第 $j$ 成分という．

**例 7.6** 古典力学的粒子の角運動量の成分表示（座標表示）については，第 1 章の 1.10 節の注意 1.27 で述べた．簡単のため，$d = 3$ の場合を考えよう．このとき，そこでの表示から，対応原理から定まる，量子系の角運動量の成分 $L_1, L_2, L_3$（いずれも $L^2(\mathbb{R}^d)$ 上の作用素）は次のように与えられることがわかる：

$$L_1 := \hat{q}_2 \hat{p}_3 - \hat{q}_3 \hat{p}_2, \quad L_2 := \hat{q}_3 \hat{p}_1 - \hat{q}_1 \hat{p}_3, \quad L_3 := \hat{q}_1 \hat{p}_2 - \hat{q}_2 \hat{p}_1. \tag{7.23}$$

ここで，各 $L_j$ の定義域は，線形作用素の和と積の定義から定まるものとする（付録 I の I.1 節を参照）．3 次元作用素ベクトル $\mathbf{L} := (L_1, L_2, L_3)$ を**軌道角運動量作用素ベクトル**または単に（慣習にしたがって）**軌道角運動量作

---

[22] 古典力学の場合，自由質点だけでなく，力を受けて運動する質点も考察された．当然，このような古典力学系に対応する量子系も考えられねばならない．これについては後述する．
[23] 拙著『ヒルベルト空間と量子力学』（共立出版，1997）の定理 5.11 の応用．

用素と呼ぶ.

各 $L_j$ は $C_0^\infty(\mathbb{R}^3)$ 上で本質的に自己共役であることが証明される[24]. したがって, その閉包 $\bar{L}_j$ は自己共役である. ゆえに, それは物理量であり得る.

軌道角運動量作用素の成分 $L_1, L_2, L_3$ は次の特徴的な交換関係を満たす[25]:

$$[L_1, L_2] = i\hbar L_3, \quad [L_2, L_3] = i\hbar L_1, \quad [L_3, L_1] = i\hbar L_2 \quad (C_0^\infty(\mathbb{R}^3) \perp) . \tag{7.24}$$

### 7.2.3 確率解釈

ヒルベルト空間 $\mathcal{H}$ 上の各自己共役作用素 $T$ にはスペクトル測度 $E_T$ と呼ばれる対象が同伴している[26]. $E_T$ は 1 次元ボレル集合体 $\mathfrak{B}^1$ から $\mathcal{H}$ 上の正射影作用素全体 $\mathfrak{P}(\mathcal{H})$ への写像であり, 任意の $\Psi \in \mathcal{H}$ に対して, 対応: $\mathfrak{B}^1 \ni B \mapsto \|E_T(B)\Psi\|^2$ が可測空間 $(\mathbb{R}, \mathfrak{B}^1)$ 上の有界測度となるものである ($\|E_T(\mathbb{R})\Psi\|^2 = \|\Psi\|^2$). したがって, 対応: $\mathfrak{B}^1 \ni B \mapsto \|E_T(B)\hat{\Psi}\|^2$ ($\hat{\Psi}$ は $\Psi$ の規格化) は $(\mathbb{R}, \mathfrak{B}^1)$ 上の確率測度である[27]. この構造により, 前項のはじめに言及した, 物理量の測定値の確率分布についての公理論的定式化が可能になる:

### 公理 (QM.3)

(i) 量子系 S の状態 $[\Psi]$ ($\Psi \in \mathcal{H} \setminus \{0\}$) において, 物理量 $T$ の測定値が $\mathbb{R}$ のボレル集合 $B$ に入る確率は $\|E_T(B)\hat{\Psi}\|^2$ によって与えられる.

(ii) 物理量 $T$ の測定値がボレル集合 $B$ に入ったとき, その「瞬間」(測定「直後」) の系の状態ベクトルは, $E_T(B)$ の値域 $\mathrm{Ran}(E_T(B))$ に属する.

---

[24] 拙著『ヒルベルト空間と量子力学』(共立出版, 1997) の定理 6.8 を参照.
[25] $\{\hat{q}_j, \hat{p}_j\}$ が満たす CCR と交換子に関する次の性質を用いると簡単に計算できる:

$$[A+B, C+D] = [A, C] + [A, D] + [B, C] + [B, D],$$
$$[A, BC] = [A, B]C + B[A, C], \quad [AB, C] = [A, C]B + A[B, C].$$

ただし, $A, B, C, D$ は線形作用素であり, 等号は関与するすべての作用素が定義される部分空間上でのそれとする.

[26] 付録 I の I.6 節を参照.
[27] 一般に, 可測空間 $(X, \mathfrak{B})$ 上の測度 $\mu$ が $\mu(X) = 1$ を満たすとき, $\mu$ を $(X, \mathfrak{B})$ 上の確率測度と呼ぶ.

**注意 7.7** (1) この公理は,物理量 $T$ のスペクトル特性とは独立である ($T$ は連続スペクトルをもってもよい).

(2) 公理 (QM.3) (ii) は,測定「直後」の状態がいかなる状態になるかに関する定式化の一つであり,**射影仮説** (projection postulate) と呼ばれる. だが,測定「直後」の状態ベクトルは $\mathrm{Ran}(E_T(B))$ の元として一意的に定まるとは限らない. ただし,$\mathrm{Ran}(E_T(B))$ が 1 次元ならば,測定「直後」の状態は一意的に定まる (この場合,$\mathrm{Ran}(E_T(B))$ の任意の零でないベクトル $\Psi$ は $\mathrm{Ran}(E_T(B))$ の基底になるので,$\mathrm{Ran}(E_T(B))$ のベクトルを状態ベクトルとする状態は $[\Psi]$ ただ一つである). $\mathrm{Ran}(E_T(B))$ の次元が 2 以上の場合,$T$ の測定「直後」の状態が一意的に定まるためには,$T$ を含む,**可換な物理量の極大な組**を測定する必要がある[28].

公理 (QM.3) から導かれる簡単な帰結を見ておこう.

物理量 $T$ が固有値 $\lambda$ をもつ場合,その固有ベクトルの任意の一つを $\Psi_\lambda$ とすれば (すなわち,$\Psi_\lambda$ は固有空間 $\ker(T-\lambda)$ の任意の零でないベクトル),状態 $[\Psi_\lambda]$ において,$T$ の測定を行ったとき,その測定値が $\lambda$ である確率は 1 である ($\because E_T(\{\lambda\})\Psi_\lambda = \Psi_\lambda$. したがって,$\|E_T(\{\lambda\})\hat{\Psi}_\lambda\|^2 = 1$). この意味で,物理量の固有状態は特別な状態である.

状態 $[\Psi]$ において,物理量 $T$ を測定したときに得られる測定値は確率的に分布するので,それは,$[\Psi]$ と $T$ から定まる確率変数と見ることが可能である. この確率変数を $X(T,\Psi)$ としよう[29]. 公理 (QM.3) (i) は,確率変数 $X(T,\Psi)$ の分布が $\|E_T(\cdot)\hat{\Psi}\|^2$ であることを語る. したがって,状態 $[\Psi]$ における $T$ の測定における平均値 $\langle X(T,\Psi) \rangle$ は

$$\langle X(T,\Psi) \rangle = \int_{\mathbb{R}} \lambda \, \mathrm{d}\|E_T(\lambda)\hat{\Psi}\|^2$$

となる. ただし,$\int_{\mathbb{R}} |\lambda| \, \mathrm{d}\|E_T(\lambda)\hat{\Psi}\|^2 < \infty$ とする. 作用素解析により,$\Psi \in D(T)$ ならば,右辺は $\langle \hat{\Psi}, T\hat{\Psi} \rangle$ に等しい. したがって

---

[28] 発見法的には,その測定が互いに両立し,排他的でない,できるだけ多くの物理量を用意して,それらを測定すれば,最終的には,状態が一意的に定まるであろうと予想するのである. 詳しくは拙著『量子現象の数理』(朝倉書店,2006) の第 1 章を参照されたい.

[29] 確率変数 $X(T,\Psi)$ が定義されている確率空間についてはいまは問わない (ここでは,確率変数の分布だけが重要). なお,$T$ と異なる物理量 $S$ については,$X(T,\Psi)$ と $X(S,\Phi)$ ($\Phi \in \mathcal{H}$) の関係については何とも言えないので,ここでの議論は,いわゆる「隠れた変数」のような理論を意図するものではない.

$$\langle X(T,\Psi)\rangle = \left\langle \hat{\Psi}, T\hat{\Psi}\right\rangle \quad (\Psi \in D(T)). \tag{7.25}$$

これは，物理量に関する公理 (QM.2) へと至る発見法的議論における作業仮説の一つ（平均値に関するもの）を正当化するものである．

$T$ のスペクトル $\sigma(T)$（付録 I の I.3 節を参照）は，$E_T(B) = I$ を満たす最小の閉集合 $B \subset \mathbb{R}$ である：$E_T(\sigma(T)) = I$（付録 I の I.6 節を参照）．したがって，$E_T(\mathbb{R} \setminus \sigma(T)) = 0$ であるので，いかなる状態に対しても，$T$ の測定結果がスペクトルの外にある確率は $0$ である．ゆえに，測定値は，必ず，$T$ のスペクトルに属する．ただし，$\sigma(T)$ の任意の点が測定値になるとは限らない．たとえば，$\lambda \in \sigma(T)$ が $T$ の固有値でない場合には，すでに見たように，$E_T(\{\lambda\}) = 0$ であるので，$T$ の測定結果が $\lambda$ となる確率は，どの状態に対しても，$0$ である．したがって，$\lambda$ という値は測定にかかることはないと解釈される．しかし，各 $\lambda \in \sigma(T)$ と任意の $\varepsilon > 0$ に対して，$E_T((\lambda-\varepsilon,\lambda+\varepsilon)) \neq 0$ であるので[30]，$T$ の測定値が区間 $(\lambda-\varepsilon,\lambda+\varepsilon)$ に入る状態は存在し得る．

状態 $[\Psi]$ に対して

$$\mu_T^\Psi(B) := \|E_T(B)\hat{\Psi}\|^2 \quad (B \in \mathfrak{B}^1)$$

とすれば，$\mu_T^\Psi$ は $(\mathbb{R}, \mathfrak{B}^1)$ 上の確率測度である．したがって，測度 $\mu_T^\Psi$ の台[31]

$$\sigma_{\mathrm{ob}}(T;\Psi) := \operatorname{supp} \mu_T^\Psi \tag{7.26}$$

は，物理的には，状態 $[\Psi]$ において物理量 $T$ を測定したときに得られる測定値の全体の閉包を表すと解釈される．ゆえに，状態ベクトルから成る稠密な部分空間 $\mathcal{D}$ に対して

$$\sigma_{\mathrm{ob}}(T) := \overline{\bigcup_{\Psi \in \mathcal{D}\setminus\{0\}} \sigma_{\mathrm{ob}}(T;\Psi)} \tag{7.27}$$

は，$T$ の測定値すべての集合の閉包であると解釈される．次の調和的で美しい関係が成り立つ：

**定理 7.8** $\sigma_{\mathrm{ob}}(T) = \sigma(T)$.

---

[30] もし，これが $0$ ならば，$(\lambda-\varepsilon,\lambda+\varepsilon) \subset \sigma(T)^c$ であるので，$\lambda \notin \sigma(T)$ となって矛盾．

[31] 一般に，ボレル可測空間 $(\mathbb{R}^d, \mathfrak{B}^d)$ 上の測度 $\mu$ に対して，$\mu(\mathcal{O}) = 0$ となる最大の開集合 $\mathcal{O} \subset \mathbb{R}^d$ の補集合 $\mathcal{O}^c$ を測度 $\mu$ の台といい，$\operatorname{supp} \mu$ と記す．したがって，$\operatorname{supp} \mu$ は閉集合である．

**証明** 任意の開集合 $\mathcal{O} \subset \mathbb{R}$ に対して, $E_T(\mathcal{O}) = 0$ ならば $\mu_T^\Psi(\mathcal{O}) = 0$ であるので, $\operatorname{supp} \mu_T^\Psi \subset \operatorname{supp} E_T$. 他方, $\operatorname{supp} E_T = \sigma(T)$ である (付録 I の (I.3) の応用). したがって, $\sigma_{\mathrm{ob}}(T; \Psi) \subset \sigma(T)$. ゆえに, $\bigcup_{\Psi \in \mathcal{D}} \sigma_{\mathrm{ob}}(T; \Psi) \subset \sigma(T)$. 両辺の閉包をとり, $\sigma(T)$ が閉集合であることを使えば, $\sigma_{\mathrm{ob}}(T) \subset \sigma(T)$ が得られる. 次に, この逆の包含関係を示すために, 任意の $\Psi \in \mathcal{D} \setminus \{0\}$ に対して, $\|E_T(\sigma_{\mathrm{ob}}(T; \Psi))\hat{\Psi}\| = 1$ に注意する. 一方, スペクトル測度の単調性と $\|E_T(B)\| \leq 1, \forall B \in \mathfrak{B}^1$ を用いると, $\|E_T(\sigma_{\mathrm{ob}}(T; \Psi))\hat{\Psi}\|^2 \leq \|E_T(\sigma_{\mathrm{ob}}(T))\hat{\Psi}\|^2 \leq \|\hat{\Psi}\|^2 = 1$. したがって, $\|E_T(\sigma_{\mathrm{ob}}(T))\hat{\Psi}\|^2 = 1$. これは, $\|(E_T(\sigma_{\mathrm{ob}}(T)) - I)\Psi\|^2 = 0$, すなわち, $(E_T(\sigma_{\mathrm{ob}}(T)) - I)\Psi = 0$ を意味する. $\mathcal{D}$ は稠密であるから, $E_T(\sigma_{\mathrm{ob}}(T)) = I$ でなければならない. したがって, $\operatorname{supp} E_T \subset \sigma_{\mathrm{ob}}(T)$. ゆえに, $\sigma(T) \subset \sigma_{\mathrm{ob}}(T)$. ∎

**注意 7.9** (1) 定理 7.8 は, $\sigma_{\mathrm{ob}}(T)$ が稠密な部分空間 $\mathcal{D}$ の取り方に依らないことも意味する.

(2) 定理 7.8 の結果は, 物理量の公理論的定立のために作業仮説的に仮定された, 物理量の測定値と物理量を表す作用素のスペクトルの関係の公理論的に厳密な表現を与えるものである.

**例 7.10** 一般に, 集合 $X$ の部分集合 $S \neq \emptyset$ に対して, $S$ の定義関数を $\chi_S$ で表す: $x \in S$ ならば $\chi_S(x) = 1$; $x \notin S$ ならば $\chi_S(x) = 0$.

例 7.2 における位置作用素 $\hat{q}_j$ のスペクトル測度を $E_{\hat{q}_j}$ について

$$(E_{\hat{q}_j}(S)\psi)(\mathbf{x}) = \chi_S(x_j)\psi(\mathbf{x}) \quad (S \in \mathfrak{B}^1, \ \psi \in L^2(\mathbb{R}^d), \ \text{a.e.} \ \mathbf{x} \in \mathbb{R}^d) \tag{7.28}$$

が成り立つ.

**証明** (概略) 各 $S \in \mathfrak{B}^1$ と $j = 1, \ldots, d$ に対して, 作用素 $E_j(S)$ を次のように定義する: $(E_j(S)\psi)(\mathbf{x}) := \chi_S(x_j)\psi(\mathbf{x}) \ (\psi \in L^2(\mathbb{R}^d), \text{a.e.} \ \mathbf{x} \in \mathbb{R}^d)$. このとき, $E_j(S)$ が正射影作用素であることは容易に示される. フビニの定理により, $\|E_j(S)\psi\|^2 = \int_S \rho_j(x_j) \, dx_j$ と書ける. ただし

$$\rho_j(x_j) := \int_{\mathbb{R}^{d-1}} |\psi(\mathbf{x})|^2 \, dx_1 \cdots dx_{j-1} dx_{j+1} \cdots dx_d$$

($x_j$ についての積分は除く). $\rho_j$ は可積分であるから, 対応: $S \mapsto \|E_j(S)\psi\|^2$

は $(\mathbb{R}, \mathfrak{B}^1)$ 上の測度であり，$\|E_j(\mathbb{R})\psi\|^2 = \|\psi\|^2$ が成り立つ．したがって，$E_j$ は1次元スペクトル測度である（付録Iの命題I.9の応用）．任意の $\psi \in D(\hat{q}_j)$ と $\phi \in L^2(\mathbb{R}^d)$ に対して

$$\langle \phi, E_j(S)\psi \rangle = \int_S u(x_j)\,\mathrm{d}x_j,$$

$$u(x_j) := \int_{\mathbb{R}^{d-1}} \phi(\mathbf{x})^* \psi(\mathbf{x})\,\mathrm{d}x_1 \cdots \mathrm{d}x_{j-1} \mathrm{d}x_{j+1} \cdots \mathrm{d}x_d.$$

$u$ は可積分であり，$x_j \psi \in L^2(\mathbb{R}^d)$ であるので，積分変数の変換公式により

$$\int_{\mathbb{R}} \lambda\,\mathrm{d}\langle \phi, E_j(\lambda)\psi \rangle = \int_{\mathbb{R}} x_j u(x_j)\,\mathrm{d}x_j = \int_{\mathbb{R}^d} \phi(\mathbf{x})^* x_j \psi(\mathbf{x})\,\mathrm{d}\mathbf{x} = \langle \phi, \hat{q}_j \psi \rangle.$$

これと $\hat{q}_j$ のスペクトル測度の一意性により，$E_j = E_{\hat{q}_j}$ が結論される． ∎

いま証明した結果により，状態 $[\psi]$（$\|\psi\|=1$ とする）において，位置 $\hat{q}_j$ を測定した結果がボレル集合 $S$ に入る確率は $\|E_{\hat{q}_j}(S)\psi\|^2 = \int_S \rho_j(x_j)\,\mathrm{d}x_j$ で与えられる．$\int_{\mathbb{R}} \rho_j(x_j)\,\mathrm{d}x_j = \|\psi\|^2 = 1$ であるので，$\rho_j$ は，状態 $[\psi]$ での位置作用素 $\hat{q}_j$ の測定値の確率分布に関する確率密度関数と解釈される．

**例 7.11** 運動量作用素 $\hat{p}_j$ に対して

$$\mathcal{F}_d^\hbar \hat{p}_j (\mathcal{F}_d^\hbar)^{-1} = M_{p_j} \tag{7.29}$$

が成り立つ．ただし，$M_{p_j}$ は，$\mathbf{p} = (p_1, \ldots, p_j) \in (\mathbb{R}^d)^*$ とするとき，第 $j$ 座標関数 $p_j$ による掛け算作用素である．したがって，運動量作用素 $\hat{p}_j$ は，運動量表示のヒルベルト空間 $L^2((\mathbb{R}^d)^*)$ では，座標関数 $p_j$ による掛け算作用素に変容する．ゆえに，位置作用素 $\hat{q}_j$ のスペクトル測度に関する結果を応用することにより（$x_j$ のかわりに $p_j$ を考えればよい），$M_{p_j}$ のスペクトル測度を $\hat{E}_j$ とすれば

$$(\hat{E}_j(J)u)(\mathbf{p}) = \chi_J(p_j) u(\mathbf{p}) \quad (u \in L^2((\mathbb{R}^d)^*), \text{ a.e. } \mathbf{p} \in (\mathbb{R}^d)^*, J \in \mathfrak{B}^1)$$

が成り立つ．したがって，$\hat{p}_j$ のスペクトル測度 $E_{\hat{p}_j}$ は

$$E_{\hat{p}_j}(S) = (\mathcal{F}_d^\hbar)^{-1} \hat{E}_j(S) \mathcal{F}_d^\hbar \tag{7.30}$$

で与えられる[32]．ゆえに，状態 $[\psi]$（$\|\psi\|=1$）において，運動量 $\hat{p}_j$ を測定し

---

[32] 一般に，ヒルベルト空間 $\mathcal{H}$ 上の任意の自己共役作用素 $T$ と任意のユニタリ変換 $U : \mathcal{H} \to \mathcal{K}$

たときに，その結果がボレル集合 $J$ に入る確率は

$$\|E_{\hat{p}_j}(J)\psi\|^2 = \|\hat{E}_j(J)\mathcal{F}_d^\hbar \psi\|^2 = \int_J \eta_j(p_j)\,dp_j$$

となる．ただし

$$\eta(p_j) := \int_{(\mathbb{R}^{d-1})^*} |(\mathcal{F}_d^\hbar \psi)(\mathbf{p})|^2\,dp_1\cdots dp_{j-1}dp_{j+1}\cdots dp_d.$$

これは，運動量 $\hat{p}_j$ の測定値の確率密度関数 $\eta_j$ が，運動量表示の状態関数 $\mathcal{F}_d^\hbar \psi$ から，自然な仕方で，つくられることを示す．

再び，一般論にもどり，$\Psi \in \mathcal{H}$ を任意の単位ベクトルとする．このとき，$\Psi$ によって生成される 1 次元部分空間 $\mathcal{H}_\Psi := \{\alpha\Psi\,|\,\alpha \in \mathbb{C}\}$ への正射影作用素を $P_\Psi$ とすれば

$$P_\Psi \Phi = \langle \Psi, \Phi\rangle \Psi \quad (\Phi \in \mathcal{H}) \tag{7.31}$$

が成り立つ．明らかに，$P_\Psi \Psi = \Psi$ であり，$\Phi \in \mathcal{H}_\Psi^\perp$（$\mathcal{H}_\Psi$ の直交補空間）ならば，$P_\Psi \Phi = 0$ である．したがって，$\dim \mathcal{H} \geq 2$ とすれば

$$\sigma(P_\Psi) = \sigma_\mathrm{p}(P_\Psi) = \{0, 1\} \tag{7.32}$$

である．

**命題 7.12** $\dim \mathcal{H} \geq 2$ とし，$P_\Psi$ は物理量であると仮定しよう．このとき，状態 $[\Phi]$ ($\|\Phi\| = 1$) において，$P_\Psi$ の測定を行うことにより，系が状態 $[\Psi]$ に遷移する確率は $|\langle \Psi, \Phi\rangle|^2$ で与えられる．

**証明** (7.32) により，物理量 $P_\Psi$ を測定したときの可能な測定値は 0 か 1 のいずれかである．後者の場合，公理 (QM.3) (ii) により（注意 7.7 も参照），系の状態は $[\Psi]$ に遷移したと解釈される．一方，状態 $[\Phi]$ で $P_\Psi$ を測定して，その測定値が 1 である確率は $r := \|E_{P_\Psi}(\{1\})\Phi\|^2$ である．$E_{P_\Psi}(\{1\})$ は $\mathcal{H}_\Psi$ への正射影であるから，$E_{P_\Psi}(\{1\})\Phi = \langle \Psi, \Phi\rangle \Psi$．したがって，$r = |\langle \Psi, \Phi\rangle|^2$．

---

($\mathcal{K}$ はヒルベルト空間）に対して

$$E_T(S) = U^{-1}E_{UTU^{-1}}(S)U$$

が成り立つ．

ゆえに，状態 [Ψ] に遷移する確率は $|\langle\Psi,\Phi\rangle|^2$ である． ∎

ところで，物理量 $P_\Psi$ を測定することは，系が状態 [Ψ] にあるか否かを測定することに他ならない（測定値が 1 ならば「ある」であり，測定値が 0 ならば「ない」である）．この意味において，$|\langle\Psi,\Phi\rangle|^2$ を**状態 [Φ] において（測定により）状態 [Ψ] が見出される確率**ともいう．これは，内積のエルミート性により，状態 [Ψ] において（測定により）状態 [Φ] を見出す確率にも等しいことに注意しよう．

### 7.2.4 状態の「時間発展」

量子系の状態を，時刻 $t_0, t_1, t_2, \ldots$ ($t_0 < t_1 < t_2 < \cdots$) で測定する場合，その都度，測定前の状態は，一般には，別の状態に確率的に遷移してしまう．この種の遷移は，系自らが独立に行うものではなく，測定によって引き起こされるものであり，**状態の収縮** (reduction of a state) と呼ばれる．ゆえに，量子系の状態の時間発展については，古典力学のような意味での時間因果的な追跡という概念は意味を失う．だが，任意の時刻での系の状態（初期状態）が用意され，それをそのまま，測定を行わないで放置したらどうなるであろうか．この場合の状態の「時間発展」（ダイナミクス）の法則性を記述するのが次の公理である：

**公理 (QM.4)** 量子系 S のハミルトニアンを $H$ としよう（$H$ は時刻に依存しないとする）．このとき，時刻 0 における系の状態が $[\Psi_0]$ ($\Psi_0 \in \mathcal{H} \setminus \{0\}$) ならば，任意の時刻 $t$ における状態 $[\Psi(t)]$ は，この間に系に対して測定を行わない限り

$$\Psi(t) = e^{-itH/\hbar}\Psi_0 \tag{7.33}$$

で与えられる．ただし，$\hbar$ はプランク–ディラック定数であり，$e^{-itH/\hbar}$ は，$E_H$ を $H$ のスペクトル測度とするとき，作用素解析（付録 I.6 を参照）により，次のように定義されるユニタリ作用素である：

$$D(e^{-itH/\hbar}) = \mathcal{H},$$
$$\langle\Phi, e^{-itH/\hbar}\Psi\rangle = \int_\mathbb{R} e^{-it\lambda/\hbar}\,d\langle\Phi, E_H(\lambda)\Psi\rangle \quad (\Psi, \Phi \in \mathcal{H}).$$

ユニタリ作用素 $e^{-itH/\hbar}$ をハミルトニアン $H$ による**時間発展作用素**という.

**注意 7.13** 一般に,$A$ をヒルベルト空間 $\mathcal{H}$ 上の自己共役作用素とするとき,ユニタリ作用素の族 $\{e^{itA}\}_{t\in\mathbb{R}}$ を $A$ によって生成される**強連続 1 パラメーターユニタリ群**という[33]. したがって,自己共役作用素 $H$ をハミルトニアンとする量子系の「時間発展」は,$-H/\hbar$ によって生成される強連続 1 パラメーターユニタリ群 $\{e^{-itH/\hbar}\}_{t\in\mathbb{R}}$ によって統制される.

公理 (QM.4) は,時刻 0 と任意の時刻 $t$ での状態についてだけ語るものであるが,実は,任意の二つの時刻 $t_0, t$ における状態の関係は,そこから導かれる:

$$\Psi(t) = e^{-i(t-t_0)H/\hbar}\Psi(t_0). \tag{7.34}$$

実際,作用素解析により,$e^{-i(t-t_0)H/\hbar}e^{-it_0H/\hbar} = e^{-i((t-t_0)+t_0)H/\hbar} = e^{-itH/\hbar}$ であるので,(7.34) が成立する.

$\Psi_0 \in D(H)$ ならば,作用素解析により,$\Psi(t) \in D(H)$ かつ $\Psi(t)$ は $t$ について強微分可能[34]であり

$$\boxed{i\hbar\frac{\mathrm{d}\Psi(t)}{\mathrm{d}t} = H\Psi(t)} \tag{7.35}$$

が成り立つ[35]. ただし,左辺の微分は強微分の意味でとる. これは状態ベクトルの「時間発展」の微分形であり,**抽象シュレーディンガー方程式**と呼ばれる.

**注意 7.14** 量子系について測定を行わない場合,当然のことながら,系の状態がいかなるものであるかはわからない. したがって,(QM.4) における対

---

[33] 詳しくは,拙著『ヒルベルト空間と量子力学』(共立出版,1997) の第 4 章,4.3 節を参照.
[34] ヒルベルト空間 $\mathcal{H}$ に値をとる写像 $\Phi(\cdot): \mathbb{R} \to \mathcal{H}; \mathbb{R} \ni t \mapsto \Phi(t) \in \mathcal{H}$ について,すべての $t \in \mathbb{R}$ に対して,ベクトル $\Phi'(t) \in \mathcal{H}$ が存在して

$$\lim_{\varepsilon\to 0}\left\|\frac{\Phi(t+\varepsilon)-\Phi(t)}{\varepsilon} - \Phi'(t)\right\| = 0$$

が成立するとき,$\Phi(\cdot)$ は $\mathbb{R}$ 上で**強微分可能**であるという. この場合,$\Phi'(t)$ を $t$ における $\Phi(\cdot)$ の**強微分**といい,$\Phi'(t) = \mathrm{d}\Phi(t)/\mathrm{d}t$ と表す.
[35] 証明については,拙著『ヒルベルト空間と量子力学』(共立出版,1997) の定理 4.4 を参照.

応：$t \mapsto \Psi(t)$ は通常の意味（すなわち，古典力学的・巨視的描像の意味）での時間発展と解釈することはできない．「時間発展」と引用符付で書いたのはそのためである．加えて，量子系の状態はヒルベルト空間のベクトルそのものではなく，射線という抽象的な対象によって表されることを考慮するとき，量子系の状態を何か感覚的・物質的なものとして表象することは難しい．とすれば，その時間的運動を考えること自体が意味をなさない（通常の意味における「時間的」という言葉は，外的な物質の変化・経過を根拠とすることに注意）．公理 (QM.4) の言明の真の「意味」をどう捉えるかは，むしろ，哲学的な問題になる[36]．筆者は，量子力学の公理系全体とその展開および観測結果との照応は，哲学的に非常に深遠で重要な内容を示唆していると考えるものであり，そこに，非感覚的・非物質的・非空間的・非時間的な次元——一言で大雑把に言えば，存在の形而上的次元——に現象の根拠を見出すピュタゴラス–プラトン的な哲学的伝統や東洋哲学全般——特に，仏教における空観——に通底する世界観・宇宙観との見事な調和と整合性を見てとるものである[37]．

**例 7.15** ハミルトニアン $H$ が固有値 $E \in \mathbb{R}$ をもつとし，その固有ベクトルの一つを $\Psi_E \in D(H)$ とする：

$$\boxed{H\Psi_E = E\Psi_E.} \tag{7.36}$$

このとき，作用素解析により

$$e^{-itH/\hbar}\Psi_E = e^{-itE/\hbar}\Psi_E. \tag{7.37}$$

明らかに，$[e^{-itE/\hbar}\Psi_E] = [\Psi_E]$ であるから，エネルギー固有状態は，「時間発展」のもとで不変である．$H$ の固有値方程式 (7.36) は**定常シュレーディンガー方程式**と呼ばれる場合がある．

---

[36] ただし，言うまでもなく，公理系を単に計算運用上の規則と捉えるプラグマティックないし実証主義的観点からは問題とはならないであろう．

[37] 詳しくは，拙論文「量子現象によって開示される存在論的構造」（シェリング年報，第 14 号，2006，96–103）や "Fundamental symmetry principles in quantum mechanics and its philosophical phases" (*Symmetry: Culture and Science* **17** (2006), 141–157) を参照．いずれも，北海道大学学術成果コレクション (HUSCTP) からダウンロード可能：http://hdl.handle.net/2115/27964, http://hdl.handle.net/2115/38226.

**例 7.16** 自由ハミルトニアン $H_0$ による時間発展作用素 $e^{-itH_0/\hbar}$ を求めてみよう. フーリエ変換により, 作用素の等式

$$\mathcal{F}_d H_0 \mathcal{F}_d^{-1} = M_{\hbar^2 \|\mathbf{k}\|^2/2m} \quad (\text{関数 } \hbar^2 \|\mathbf{k}\|^2/2m \text{ による掛け算作用素})$$

が成り立つので, 作用素解析により, すべての $t \in \mathbb{R}$ に対して

$$\mathcal{F}_d e^{-itH_0/\hbar} \mathcal{F}_d^{-1} = \exp(-it\mathcal{F}_d H_0 \mathcal{F}_d^{-1}/\hbar) = \exp(-itM_{\hbar\|\mathbf{k}\|^2/2m}/\hbar).$$

$\psi \in L^2(\mathbb{R}^d)$ に対して

$$\hat{\psi} := \mathcal{F}_d \psi$$

とおくと, $(\mathcal{F}_d e^{-itH_0/\hbar}\psi)(\mathbf{k}) = e^{-it\hbar\|\mathbf{k}\|^2/2m}\hat{\psi}(\mathbf{k})$, a.e. $\mathbf{k}$. したがって, 逆フーリエ変換により

$$(e^{-itH_0/\hbar}\psi)(\mathbf{x}) = \frac{1}{(2\pi)^{d/2}} \int_{\mathbb{R}^d} e^{-it\hbar\|\mathbf{k}\|^2/2m} e^{i\mathbf{k}\cdot\mathbf{x}} \hat{\psi}(\mathbf{k}) \, d\mathbf{k} \tag{7.38}$$

が得られる (等号は $L^2(\mathbb{R}^d)$ におけるそれであり, 右辺は平均 2 乗収束の意味でとる). 右辺をさらに計算するには, $\psi$ を $L^1(\mathbb{R}^d) \cap L^2(\mathbb{R}^d)$ の任意の元とし[38], ルベーグの優収束定理を使い

$$e^{-itH_0/\hbar}\psi = \lim_{\varepsilon \downarrow 0} R_\varepsilon(t),$$

$$R_\varepsilon(t)(\mathbf{x}) := \frac{1}{(2\pi)^{d/2}} \int_{\mathbb{R}^d} e^{-\varepsilon\|\mathbf{k}\|^2} e^{-it\hbar\|\mathbf{k}\|^2/2m} e^{i\mathbf{k}\cdot\mathbf{x}} \hat{\psi}(\mathbf{k}) \, d\mathbf{k}$$

$$= \int_{\mathbb{R}^d} I_\varepsilon(\mathbf{x} - \mathbf{y}) \psi(\mathbf{y}) \, d\mathbf{y}$$

と変形する. ただし

$$I_\varepsilon(\mathbf{z}) := \frac{1}{(2\pi)^d} \int_{\mathbb{R}^d} e^{i\mathbf{k}\cdot\mathbf{z}} e^{-A_\varepsilon \|\mathbf{k}\|^2} d\mathbf{k} \quad (\mathbf{z} \in \mathbb{R}^d), \quad A_\varepsilon := \varepsilon + \frac{it\hbar}{2m}.$$

ここで

$$J_\varepsilon(s) := \int_{-\infty}^{\infty} e^{-A_\varepsilon(\lambda - \frac{is}{2A_\varepsilon})^2} d\lambda \quad (s \in \mathbb{R})$$

とおけば

$$I_\varepsilon(\mathbf{z}) := \frac{1}{(2\pi)^d} e^{-\|\mathbf{z}\|^2/4A_\varepsilon} \prod_{j=1}^d J_\varepsilon(z_j)$$

---

[38] $L^1(\mathbb{R}^d)$ は, $\mathbb{R}^d$ 上のルベーグ積分可能な関数の全体を表す.

と書けることに注意する．コーシーの積分定理を応用することにより

$$J_\varepsilon(s) = \frac{\sqrt{\pi}}{\sqrt{A_\varepsilon}}$$

である．ただし，$\sqrt{A_\varepsilon}$ は $\mathrm{Re}\sqrt{A_\varepsilon} > 0$ となる枝をとる．以上から

$$I_\varepsilon(\mathbf{z}) = \frac{1}{(2\pi)^d} \pi^{d/2} \sqrt{A_\varepsilon}^{-d} e^{-\|\mathbf{z}\|^2/4A_\varepsilon}$$

となる．そこで，再び，ルベーグの優収束定理を用いると，すべての $\psi \in L^2(\mathbb{R}^d) \cap L^1(\mathbb{R}^d)$ と $t \in \mathbb{R} \setminus \{0\}$ に対して

$$(e^{-itH_0/\hbar}\psi)(\mathbf{x}) = \left(\frac{m}{2\pi\hbar|t|}\right)^{d/2} e^{-d\pi i\varepsilon(t)/4} \int_{\mathbb{R}^d} e^{im\|\mathbf{x}-\mathbf{y}\|^2/2t\hbar} \psi(\mathbf{y})\,\mathrm{d}\mathbf{y}$$

が得られる[39]．ただし，$\varepsilon(t) := t/|t|$ $(t \neq 0)$.

## 7.2.5 物理量の「時間発展」と量子力学的保存量

量子系 S のハミルトニアン $H$ は時刻 $t$ に依らないとする．時刻 0 での状態ベクトルを $\Psi \in \mathcal{H}$ とすれば，公理 (QM.4) によって，時刻 $t$ での状態ベクトルは，その間に観測をしない限り，$\Psi(t) = e^{-itH/\hbar}\Psi$ によって与えられる．いま，物理量 $T$ を任意に一つとり，すべての $t \in \mathbb{R}$ に対して，$\Psi \in D(Te^{-itH/\hbar})$ が成り立つとしよう．このとき，$\Psi(t) \in D(T)$ であるので，この状態での $T$ の期待値 $\langle\Psi(t), T\Psi(t)\rangle$ が存在する．$(e^{-itH/\hbar})^* = e^{itH/\hbar}$ によって

$$\langle\Psi(t), T\Psi(t)\rangle = \langle\Psi, T_H(t)\Psi\rangle \tag{7.39}$$

が成立する．ただし

$$T_H(t) := e^{itH/\hbar} T e^{-itH/\hbar} \quad (t \in \mathbb{R}). \tag{7.40}$$

(7.39) は，時刻 $t$ での状態における $T$ の期待値が時刻 0 での状態における $T_H(t)$ の期待値に等しいことを語る．したがって，期待値に関しては，状態

---
[39] この式の任意の $\psi \in L^2(\mathbb{R}^d)$ への拡張については，拙著『ヒルベルト空間と量子力学』（共立出版，1997）の定理 6.11 の (iii) を参照されたい．

ベクトルの「時間発展」を考えるかわりに作用素 $T_H(t)$ を考察の対象としてもよい.この意味において,$T_H(t)$ は物理量 $T$ の「時間発展」を記述するものと解釈することができる.作用素 $T_H(t)$ を $H$ に関する,$T$ の**ハイゼンベルク作用素**と呼ぶ.この定義は $T$ が自己共役でない場合にもそのまま拡張される.

量子系の「時間発展」を状態ベクトルの時間的変化として捉える見方を**シュレーディンガー描像** (picture) といい,物理量の時間変化として捉える見方を**ハイゼンベルク描像**と呼ぶ.

$T, H$ がとも有界作用素ならば,$T_H(t)$ は有界であり,$t$ に関して強微分可能で

$$\frac{\mathrm{d}T_H(t)}{\mathrm{d}t} = \frac{i}{\hbar}[H, T_H(t)] \tag{7.41}$$

が成り立つ.したがって

$$T_H(t) = T + \int_0^t \frac{i}{\hbar}[H, T_H(s)]\,\mathrm{d}s \tag{7.42}$$

という積分方程式が成り立つ.ただし,右辺は,強リーマン積分の意味でとる.

一般に,$\mathcal{H}$ 上の稠密に定義された線形作用素 $A(t)$ ($t \in \mathbb{R}$) と稠密な部分空間 $\mathcal{D} \subset D(HA(t)) \cap D(A(t)H)$ について,強微分方程式

$$\boxed{\frac{\mathrm{d}A(t)\Psi}{\mathrm{d}t} = \frac{i}{\hbar}[H, A(t)]\Psi \quad (\forall \Psi \in \mathcal{D})} \tag{7.43}$$

を $H$ に関する**ハイゼンベルク方程式**という(未知作用素は $A(t)$).前段の結果は,$H$ と $A(t)$ ($\forall t \in \mathbb{R}$) が有界ならば,$A(t) = A_H(t) = e^{itH/\hbar}A(0)e^{-itH/\hbar}$ は (7.43) の解であることを語る(この場合は,$\mathcal{D} = \mathcal{H}$).

$A(t)$ や $H$ が非有界の場合は,(7.43) を直接扱うのは難しいことが知られる.そこで,(7.43) を弱めた形を用いる:$\mathcal{H}$ 上の稠密に定義された線形作用素[40] $A(t)$ ($t \in \mathbb{R}$) と稠密な部分空間 $\mathcal{D} \subset D(H) \cap D(A(t)) \cap D(A(t)^*)$ に関する微分方程式

---

[40] $\mathcal{H}$ 上の線形作用素 $T$ の定義域 $D(T)$ が $\mathcal{H}$ で稠密であるとき,$T$ は**稠密に定義されている**という.この場合,その共役作用素 $T^*$ が存在する(付録 I の I.4 節を参照).

$$\boxed{\frac{\mathrm{d}}{\mathrm{d}t}\langle\Phi, A(t)\Psi\rangle = \frac{i}{\hbar}\bigl(\langle H\Phi, A(t)\Psi\rangle - \langle A(t)^*\Phi, H\Psi\rangle\bigr)} \quad (\forall \Psi, \Phi \in \mathcal{D})$$

(7.44)

を $H$ に関する**弱ハイゼンベルク方程式**という (未知作用素は $A(t)$). この場合, もし, $\mathcal{D} \subset D(HA(t)) \cap D(A(t)H)$ かつ $A(t)$ が $\mathcal{D}$ 上で強微分可能ならば (7.43) が成り立つ[41].

古典力学系において保存量の概念が存在する (1.14 節, 2.4 節および 3.9 節の 3.9.4 項を参照). 量子系における保存量は次のように定義される:物理量 $T$ が $T_H(t) = T \ (\forall t \in \mathbb{R})$ ($T$ の「時間発展」がつねに一定であること) を満たすとき, $T$ をハミルトニアン $H$ に関する**保存量**と呼ぶ. これは, 数学的には, $T$ と $H$ が強可換 (付録 I の I.7 節を参照) であることと同値である[42].

時刻に依らないハミルトニアン $H$ 自体は自明的に保存量である (作用素解析による).

**例 7.17** 運動量 $\hat{p}_j$ は自由ハミルトニアン $H_0$ (例 7.5) に関する保存量である (証明の方法の一つは, $e^{itH_0/\hbar}\hat{p}_j e^{-itH_0/\hbar}\psi$ ($\psi \in D(\hat{p}_j)$) のフーリエ変換を考察することである).

## 7.3 物理量の非可換性と不確定性関係

例 7.4 で見たように, 量子力学的物理量は, 一般には, 可換ではない. そこで, この非可換性の含意を考察してみよう. すでに知っているように, 量子的状態 $[\Psi]$ における物理量 $T$ の測定値は, 一般には確率的に分布する. この事態を記述するために確率変数 $X(T, \Psi)$ が導入された. 確率変数 $X(T, \Psi)$ の分散は

$$\langle (X(T, \Psi) - \langle X(T, \Psi)\rangle)^2\rangle = \int_{\mathbb{R}} \bigl(\lambda - \langle\hat{\Psi}, T\hat{\Psi}\rangle\bigr)^2 \mathrm{d}\|E_T(\lambda)\hat{\Psi}\|^2$$

---

[41] ハイゼンベルク方程式の数学的に厳密な一般論については, 拙論文:Heisenberg operators, invariant domains and Heisenberg equations of motion, *Rev. Math. Phys.* **19** (2007), 1045–1069 を参照されたい.

[42] $T$ または $H$ が非有界のときは, 通常の可換性 $[T, H] = 0$ だけでは, $T$ が保存量であることは保証されない. この点には注意されたい.

によって与えられる．ここで，(7.25) を用いた．$\Psi \in D(T)$ ならば，作用素解析により，右辺は $\|(T - \langle \hat{\Psi}, T\hat{\Psi}\rangle)\hat{\Psi}\|^2$ に等しい．この量は，$T$ が自己共役でない場合でも定義される．そこで，改めて，任意の線形作用素 $T$ と任意の単位ベクトル $\Psi \in D(T)$ ($\|\Psi\| = 1$) に対して

$$(\Delta T)_\Psi := \|(T - \langle \Psi, T\Psi \rangle)\Psi\| \tag{7.45}$$

を定義し，これを状態 [$\Psi$] における $T$ の**不確定さ**と呼ぶ．$T$ が自己共役ならば，$(\Delta T)_\Psi$ は確率変数 $X(T, \Psi)$ の標準偏差である．したがって，それは統計的な量である．

容易に確かめられるように，$(\Delta T)_\Psi = 0$ であるための必要十分条件は，$\Psi$ が $T$ の固有ベクトルであることである．したがって，$T$ が不確定性をもたない状態は $T$ の固有状態であり，この逆も成り立つ．これは，また，$T$ の固有状態以外の状態では，$T$ は必ず不確定性をもつことを意味する．

$T$ が対称作用素ならば，単純なノルム計算により

$$(\Delta T)_\Psi^2 = \|T\Psi\|^2 - \langle \Psi, T\Psi \rangle^2 \tag{7.46}$$

が成り立つ．

**命題 7.18** $T, S$ を $\mathcal{H}$ 上の対称作用素とし，$\Psi \in D(T) \cap D(S)$ を任意の単位ベクトルとする．このとき，すべての実数 $a, b$ に対して

$$\|(T - a)\Psi\|\|(S - b)\Psi\| \geq |\mathrm{Im}\langle T\Psi, S\Psi \rangle|. \tag{7.47}$$

ただし，複素数 $z \in \mathbb{C}$ に対して，その虚部を $\mathrm{Im}\, z$ と表す．特に

$$(\Delta T)_\Psi (\Delta S)_\Psi \geq |\mathrm{Im}\langle T\Psi, S\Psi \rangle|. \tag{7.48}$$

**証明** シュヴァルツの不等式により

$$\|(T - a)\Psi\|\|(S - b)\Psi\| \geq |\langle (T - a)\Psi, (S - b)\Psi \rangle|$$
$$\geq |\mathrm{Im}\langle (T - a)\Psi, (S - b)\Psi \rangle|.$$

最右辺は (7.47) の右辺に等しいことがわかる．したがって，(7.47) が成り立つ．(7.47) において，$a = \langle \Psi, T\Psi \rangle, b = \langle \Psi, S\Psi \rangle$ とすれば (7.48) が得られる． ■

## 7.3. 物理量の非可換性と不確定性関係

**注意 7.19** $T$ が対称作用素ならば，任意の単位ベクトル $\Psi \in D(T)$ と任意の実数 $a$ に対して

$$\|(T-a)\Psi\| \geq (\Delta T)_\Psi \tag{7.49}$$

が成り立つ[43]．ここで，等号は $a = \langle \Psi, T\Psi \rangle$ のとき，かつこのときに限り成立する．したがって，実は，(7.47) と (7.48) は同値である．

命題 7.18 から，ただちに次の命題がしたがう：

**命題 7.20** $T, S$ を $\mathcal{H}$ 上の対称作用素とし，$\Psi \in D(TS) \cap D(ST)$ を任意の単位ベクトルとする．このとき

$$(\Delta T)_\Psi (\Delta S)_\Psi \geq \frac{1}{2} |\langle \Psi, [T, S]\Psi \rangle|. \tag{7.50}$$

**証明** (7.48) と

$$\operatorname{Im}\langle T\Psi, S\Psi \rangle = \frac{\langle \Psi, [T, S]\Psi \rangle}{2i} \quad (\Psi \in D(TS) \cap D(ST))$$

による． ∎

不等式 (7.50) は**ロバートソンの不確定性関係**[44]と呼ばれる場合がある．これをやや一般化するために，ある概念を導入する．

一般に，ヒルベルト空間 $\mathcal{H}$ で稠密に定義された二つの線形作用素 $T, S$ に対して，稠密な部分空間 $\mathcal{D} \subset D(T) \cap D(S) \cap D(T^*) \cap D(S^*)$ と線形作用素 $C$ で $D(C) = \mathcal{D}$ を満たすものが存在し

$$\langle T^*\Phi, S\Psi \rangle - \langle S^*\Phi, T\Psi \rangle = \langle \Phi, C\Psi \rangle \quad (\Psi, \Phi \in \mathcal{D}) \tag{7.51}$$

が成り立つとき，$C$ を $T$ と $S$ の $\mathcal{D}$ 上での**弱交換子** (weak commutator) と呼び，記号的に

$$[T, S]_{\mathrm{w}} = C$$

と表す（$\mathcal{D}$ の稠密性により，このような $C$ は存在すればただ一つであることに注意）．この場合，$T, S$ は $\mathcal{D}$ 上で弱交換子 $C$ をもつという．

---

[43] ∵ $\|(T-a)\Psi\|^2 = a^2 - 2a\langle \Psi, T\Psi \rangle + \|T\Psi\|^2$．右辺を $a \in \mathbb{R}$ の関数と見て最小値を求め，(7.46) を使えばよい．

[44] H. P. Robertson, The uncertainty principle, *Phys. Rev.* **34** (1929), 163–164.

**注意 7.21** 上の文脈で,もし,$\mathcal{D} \subset D(TS) \cap D(ST)$ ならば,$C = [T,S] \!\upharpoonright\! \mathcal{D}$ ($[T,S]$ の $\mathcal{D}$ への制限[45]) が成り立つ.ゆえに弱交換子は通常の交換子の一般化である.

命題 7.18 から次の結果が得られる:

**命題 7.22** $T, S$ を $\mathcal{H}$ 上の対称作用素とし,$T, S$ は稠密な部分空間 $\mathcal{D}$ 上で弱交換子 $C$ をもつとする.$\Psi \in \mathcal{D}$ を任意の単位ベクトルとしよう.このとき,すべての実数 $a, b$ に対して

$$\|(T-a)\Psi\| \|(S-b)\Psi\| \geq \frac{1}{2} |\langle \Psi, C\Psi \rangle|. \tag{7.52}$$

特に

$$(\Delta T)_\Psi (\Delta S)_\Psi \geq \frac{1}{2} |\langle \Psi, C\Psi \rangle|. \tag{7.53}$$

**系 7.23** $T, S$ を $\mathcal{H}$ 上の対称作用素とし,実数 $\gamma$ と部分空間 $\mathcal{D}$ があって

$$[T,S]_{\mathrm{w}} = i\gamma I \quad (\mathcal{D} \text{ 上}) \tag{7.54}$$

が成り立つとする.このとき,任意の単位ベクトル $\Psi \in \mathcal{D}$ とすべての実数 $a, b$ に対して

$$\|(T-a)\Psi\| \|(S-b)\Psi\| \geq \frac{|\gamma|}{2}. \tag{7.55}$$

特に

$$(\Delta T)_\Psi (\Delta S)_\Psi \geq \frac{|\gamma|}{2}. \tag{7.56}$$

不等式 (7.56) を**ハイゼンベルクの不確定性関係** (Heisenberg's uncertainty relation) という.この関係の一般化である (7.48) を**一般化されたハイゼンベルクの不確定性関係**と呼ぶ.不等式 (7.55) を導く関係式 (7.54) を $T, S$ に関する**弱正準交換関係**という[46].

**例 7.24** (7.15) と命題 7.20 により,任意の単位ベクトル $\psi \in D(\hat{q}_j \hat{p}_j) \cap D(\hat{p}_j \hat{q}_j)$ に対して

$$(\Delta \hat{q}_j)_\psi (\Delta \hat{p}_j)_\psi \geq \frac{\hbar}{2} \tag{7.57}$$

---

[45] 付録 I の I.2 節を参照.
[46] $\mathcal{D} \subset D(TS) \cap D(ST)$ かつ $T, S$ が $\mathcal{D}$ 上で CCR $[T,S] = i\gamma I$ を満たすならば,(7.54) が成立する.したがって,弱正準交換関係は,通常の CCR の一般化である.

が成り立つ[47]．これは，位置作用素と運動量作用素に対する不確定性関係を与える．

(7.56) は，$(\Delta T)_\Psi$ が小さくなれば，$(\Delta S)_\Psi$ は大きくなり，$(\Delta S)_\Psi$ が小さくなれば，$(\Delta T)_\Psi$ は大きくなることを意味する．ところで，確率解釈によれば ($T, S$ は物理量であるとする)，$(\Delta T)_\Psi$ が「十分小さい」ような状態 $[\Psi]$ は，$T$ の測定値が，「ほぼ」確率 1 で，幅の「十分小さい」区間に収まる状態を表す．この場合，「状態 $[\Psi]$ においては，$T$ の値は準確定している」ということにする．すると不確定性関係 (7.56) は，$T$ と $S$ の値がともに準確定，すなわち，準同時確定している状態ベクトルは $\mathfrak{D}$ の中に存在しないことを意味する．この意味において，弱正準交換関係 (7.54) にしたがう非可換な物理量 $T, S$ の値は準同時確定できないのである[48]．

## 7.4　複数の物理量の測定に関する公理

公理 (QM.3) は，一つの物理量の測定に関するものであった．だが，複数の物理量を測定してはじめて系の状態が一意的に同定され得るという場合も考えられる．たとえば，$d$ 次元空間 $\mathbb{R}^d$ の中に存在すると想定される量子的粒子の位置を測定によって決める場合，$d$ 個の位置作用素 $\hat{q}_1, \ldots, \hat{q}_d$ をすべて測定する必要があるであろう．運動量についても同様である．

一般に，ある状態 $[\Psi]$ において，複数の物理量 $T_1, T_2, \ldots$ を測定する場合，まず，$T_1$ を測定し，その測定値が $B_1 \in \mathfrak{B}^1$ に入ったとすれば，公理 (QM.3) (ii) により，そのときの状態ベクトル $\Psi_1$ は $\mathrm{Ran}(E_{T_1}(B))$ の元である．次に，

---

[47] 実は，詳細は省略するが，$[\hat{q}_j, \hat{p}_j]_\mathrm{w} = i\hbar I$ $(D(\hat{q}_j) \cap D(\hat{p}_j)$ 上) が証明されるので，(7.57) は，$D(\hat{q}_j) \cap D(\hat{p}_j)$ に属する任意の単位ベクトル $\psi$ に対して成立する．

[48] 通常の物理学の教科書では，「不確定性関係 (7.57) のために，位置と運動量の値は同時確定できない」という言い方がなされる場合があるが，その厳密な解釈の一つがいま述べた一般的解釈の応用によって与えられる．
本節で定式化した不確定性関係は，統計的なもの（すなわち，同一の状態で一つの物理量を何度も測定して得られる結果の標準偏差に関する関係）であり，測定装置の精度の限界とは直接の関わりもたない．後者は，量子測定の理論（観測の理論）の対象の一つとなる．この理論に基づいて，測定によるノイズと擾乱に関する非常に一般的な不確定性関係（ノイズと擾乱に関する，従来のハイゼンベルクの不確定性原理——形は (7.56) と同じ——を修正するもの）が小澤正直氏 (M. Ozawa, *Phys. Rev.* **A 67**, 042105 (2003)) によって確立されており，**小澤の不等式**と呼ばれている（同氏による明解な解説が，数理科学，No.586, 2012 年 4 月号, p. 26–27 に載っている）．

この状態で $T_2$ を測定を行うわけであるが,もし,$T_2$ の測定により,$\Psi_1$ が $\mathrm{Ran}(E_{T_1}(B))$ の外に存在する状態ベクトルに移ってしまったら,$T_1$ と $T_2$ の測定値の範囲がともに定まるような状態を定めることは不可能である($T_1$ の測定をまたやり直さなければならない).したがって,$T_2$ の測定によって,$\Psi_1$ は $\mathrm{Ran}(E_{T_1}(B))$ の中にとどまることが必要である.これは,状態 $[\Psi_1]$ における $T_2$ の測定値が $B_2 \in \mathfrak{B}^1$ に入ったとすれば,$\mathrm{Ran}(E_{T_2}(B_2)) \subset \mathrm{Ran}(E_{T_1}(B_1))$ でなければならないことを意味する.したがって,すべての $\Psi \in \mathcal{H}$ に対して,$E_{T_1}(B_1) E_{T_2}(B_2) \Psi = E_{T_2}(B_2) \Psi$ が成り立つ[49].ゆえに作用素の等式 $E_{T_1}(B_1) E_{T_2}(B_2) = E_{T_2}(B_2)$ を得る.両辺の共役をとり,正射影作用素の自己共役性を用いると $E_{T_2}(B_2) E_{T_1}(B_1) = E_{T_2}(B_2)$.したがって

$$E_{T_1}(B_1) E_{T_2}(B_2) = E_{T_2}(B_2) E_{T_1}(B_1).$$

$B_1, B_2$ は任意のボレル集合であったから,これは,二つのスペクトル測度 $E_{T_1}, E_{T_2}$ が可換であることを意味する.したがって,$T_1$ と $T_2$ は強可換である[50].こうして,二つの物理量の「同時測定」(それぞれの物理量の値が一定の範囲で定まる状態を準備する測定;上述の測定手続きはその一つ)可能であるためには,それが強可換であることが必要であることがわかる.強可換ならば可換であるので[51],この場合,一般化されたハイゼンベルクの不確定性関係からは自由であることにも注意しよう.実は,この条件は十分でもあることを要請するのが次の公理系である:

**公理 (QM.5)** $N \geq 2$ とし,$N$ 個の物理量 $T_1, \ldots, T_N$ は強可換であるとし,$\mathbf{T} := (T_1, \ldots, T_N)$ とおく.状態 $[\Psi]$ ($\|\Psi\| = 1$) における,$T_1, T_2, \ldots, T_N$ の「同時測定」を $[\Psi]$ における $\mathbf{T}$ の測定と呼び,その結果を $\lambda = (\lambda_1, \ldots, \lambda_N) \in \mathbb{R}^N$ と表す.ただし,$\lambda_j$ ($j = 1, \ldots, N$) は $T_j$ の測定値である.このとき,任意の $N$ 次元ボレル集合 $B \in \mathfrak{B}^N$ に対して,$\lambda \in B$ である確率は $\|E_{\mathbf{T}}(B) \Psi\|^2$ で与えられる.ただし,$E_{\mathbf{T}}$ は $E_{T_1}, \ldots, E_{T_n}$ の結合スペクトル測度[52]である.さらに,その場合,測定「直後」の状態ベクトルは $\mathrm{Ran}(E_{\mathbf{T}}(B))$ のベクトル

---

[49] 一般に,任意の正射影作用素 $P$ に対して,$\Phi \in \mathrm{Ran}(P) \Leftrightarrow P\Phi = \Phi$.
[50] 付録 I の I.7 節を参照.自己共役作用素の強可換性は,非有界な自己共役作用素を扱う場合,極めて重要な概念の一つである.
[51] 付録 I の命題 I.11 を参照.
[52] 定義については,付録 I の I.7 節を参照.

によって表される.

**注意 7.25** 結合スペクトル測度 $E_\mathbf{T}$ は,$T_1,\ldots,T_N$ の順序に依らず一意的に定まるので,「同時測定」において,$T_1,\ldots,T_N$ の順序は問題とならない.ゆえに「同時測定」という言い方と公理 (QM.5) の言明は意味をもつ.

強可換な自己共役作用素の組 $\mathbf{T}=(T_1,\ldots,T_N)$ が与えられたとき,任意のボレル可測関数 $f:\mathbb{R}^N\to\mathbb{C}$ に対して,作用素解析により,線形作用素 $f(T_1,\ldots,T_N)$ が

$$f(T_1,\ldots,T_N):=\int_{\mathbb{R}^N}f(\lambda)\,\mathrm{d}E_\mathbf{T}(\lambda) \tag{7.58}$$

によって定義される.詳しく書けば

$$D(f(T_1,\ldots,T_N)):=\left\{\Psi\in\mathcal{H}\,\bigg|\,\int_{\mathbb{R}^N}|f(\lambda)|^2\,\mathrm{d}\|E_\mathbf{T}(\lambda)\Psi\|^2<\infty\right\}, \tag{7.59}$$

$$\langle\Phi,f(T_1,\ldots,T_N)\Psi\rangle=\int_{\mathbb{R}^N}f(\lambda)\,\mathrm{d}\langle\Phi,E_\mathbf{T}(\lambda)\Psi\rangle$$
$$(\Phi\in\mathcal{H},\ \Psi\in D(f(T_1,\ldots,T_N))). \tag{7.60}$$

作用素解析の一般論(付録 I の定理 I.13 (i))により,$f$ が実数値連続関数ならば,$f(T_1,\ldots,T_N)$ は自己共役である.したがって,それは,量子力学の文脈では,物理量の一つを表す可能性がある.

**例 7.26** 位置作用素(例 7.4)の組 $\hat{\mathbf{q}}:=(\hat{q}_1,\ldots,\hat{q}_d)$ は強可換であり($\because$ 例 7.10),その結合スペクトル測度 $E_{\hat{\mathbf{q}}}$ は

$$E_{\hat{\mathbf{q}}}(B)=M_{\chi_B}\quad(\forall B\in\mathfrak{B}^d) \tag{7.61}$$

で与えられる.ただし,右辺は,集合 $B$ の定義関数 $\chi_B$ による掛け算作用素である[53].したがって,状態 $[\psi]$ ($\psi\in L^2(\mathbb{R}^d)$, $\|\psi\|=1$)において $\hat{\mathbf{q}}$ を測

---

[53] 証明の概略:$F(B):=M_{\chi_B}$ とおくと,$F$ は $d$ 次元スペクトル測度である.一方,任意の $J_1,\ldots,J_d\in\mathfrak{B}^1$ に対して,$E_{\hat{\mathbf{q}}}(J_1\times\cdots\times J_d):=E_{\hat{q}_1}(J_1)\cdots E_{\hat{q}_d}(J_d)=M_{\chi_{J_1\times\cdots\times J_d}}$ であるから,$E_{\hat{\mathbf{q}}}(J_1\times\cdots\times J_d)=F(J_1\times\cdots\times J_d)$.したがって,結合スペクトル測度の一意性により,$E_{\hat{\mathbf{q}}}=F$.

定した結果が $B$ に入る確率は

$$\|E_{\hat{\mathbf{q}}}(B)\psi\|^2 = \int_B |\psi(\mathbf{x})|^2 \, d\mathbf{x} \tag{7.62}$$

である．これは，状態 $[\psi]$ での位置作用素 $\hat{\mathbf{q}}$ の測定に関する確率密度関数が $|\psi(\mathbf{x})|^2$ であることを語る．

次の事実は見事な調和を示す：

▶ 任意のボレル可測関数 $F : \mathbb{R}^d \to \mathbb{C}$ に対して

$$F(\hat{q}_1, \ldots, \hat{q}_d) = M_F \tag{7.63}$$

が成り立つ[54]．

**証明** $A := F(\hat{q}_1, \ldots, \hat{q}_d)$ とおくと，「$\psi \in D(A)$」と

$$I_F := \int_{\mathbb{R}^d} |F(\mathbf{x})|^2 \, d\|E_{\hat{\mathbf{q}}}(\mathbf{x})\psi\|^2 < \infty$$

は同値である．(7.62) により，$I_F = \int_{\mathbb{R}^d} |F(\mathbf{x})|^2 |\psi(\mathbf{x})|^2 \, d\mathbf{x}$．したがって，$\psi \in D(A)$ と $\psi \in D(M_F)$ は同値である．ゆえに $D(A) = D(M_F)$．任意の $\phi \in L^2(\mathbb{R}^d)$ と $\psi \in D(A) = D(M_F)$ に対して $\langle \phi, A\psi \rangle = \int_{\mathbb{R}^d} F(\mathbf{x}) \, d\langle \phi, E_{\hat{\mathbf{q}}}(\mathbf{x})\psi \rangle$．(7.62) と偏極恒等式により

$$\langle \phi, E_{\hat{\mathbf{q}}}(B)\psi \rangle = \int_B \phi(\mathbf{x})^* \psi(\mathbf{x}) \, d\mathbf{x} \quad (B \in \mathfrak{B}^d). \tag{7.64}$$

したがって

$$\langle \phi, A\psi \rangle = \int_{\mathbb{R}^d} F(\mathbf{x}) \phi(\mathbf{x})^* \psi(\mathbf{x}) \, d\mathbf{x} = \langle \phi, M_F \psi \rangle.$$

ゆえに，$A\psi = M_F \psi$．以上により，(7.63) が成立する． ∎

**例 7.27** 運動量作用素（例 7.4）の組 $\hat{\mathbf{p}} := (\hat{p}_1, \ldots, \hat{p}_d)$ は強可換であり（∵ 例 7.11），その結合スペクトル測度 $E_{\hat{\mathbf{p}}}$ は

$$E_{\hat{\mathbf{p}}}(K) = (\mathcal{F}_d^{\hbar})^{-1} M_{\chi_K} \mathcal{F}_d^{\hbar} \quad (\forall K \in \mathfrak{B}^d) \tag{7.65}$$

---

[54] 左辺は，作用素解析によって定義される作用素（(7.58) を参照）であり，右辺は $F$ による掛け算作用素であるので，等号は全然自明ではない（ただし，たとえば，$F$ が多項式ならば，発見法的な意味で，予想はつくであろう）．

で与えられる[55]．したがって，状態 $[\psi]$ ($\psi \in L^2(\mathbb{R}^d)$, $\|\psi\| = 1$) において $\hat{\mathbf{p}}$ を測定した結果が $K$ に入る確率は

$$\|E_{\hat{\mathbf{p}}}(K)\psi\|^2 = \int_K |(\mathcal{F}_d^\hbar \psi)(\mathbf{p})|^2 \, d\mathbf{p} \tag{7.66}$$

となる．

運動量作用素の組に関して，(7.63) に呼応する事実は次である：

▶ 任意のボレル可測関数 $G : (\mathbb{R}^d)^* \to \mathbb{C}$ に対して

$$\mathcal{F}_d^\hbar G(\hat{p}_1, \ldots, \hat{p}_d)(\mathcal{F}_d^\hbar)^{-1} = M_G \tag{7.67}$$

**証明** 作用素解析のユニタリ共変性（付録Ⅰの定理 I.13 (ii)）により

$$\mathcal{F}_d^\hbar G(\hat{p}_1, \ldots, \hat{p}_d)(\mathcal{F}_d^\hbar)^{-1} = G(M_{p_1}, \ldots, M_{p_d}).$$

ただし，$M_{p_j}$ は座標関数 $p_j \in \mathbb{R}^*$ による掛け算作用である（(7.13) を参照）．(7.63) において，$F$, $\hat{q}_j$ をそれぞれ，$G$, $M_{p_j}$ とすれば $G(M_{p_1}, \ldots, M_{p_d}) = M_G$ が得られる． ■

**例 7.28** (7.20) によって定義される自由ハミルトニアン $H_0$ と各 $\hat{p}_j$ は強可換である[56]．

## 7.5 量子系の自由度——有限自由度と無限自由度

第6章までの記述から明らかなように，古典物理学においては，自由度に関して二種類の系が存在する．すなわち，有限個の質点からなる系のように，自由度が有限の系と，古典場の系のように，自由度が無限の系である．この事態は，量子力学においても同様である．量子系の自由度を定義する仕方は一意的ではないが，ここでは，次のように定義しておく：量子系 S のハミルトニアンが有限個の物理量で記述される場合，S を**有限自由度の量子系**と呼び，そうでない場合，S を**無限自由度の量子系**と呼ぶ[57]．この定義は，量子

---

[55] フーリエ変換と作用素解析の応用：$\mathcal{F}_d^\hbar \hat{p}_j (\mathcal{F}_d^\hbar)^{-1} = M_{p_j}$（掛け算作用素）に注意．

[56] 一般に，強可換な自己共役作用素の組 $T_1, \ldots, T_N$ と任意の連続関数 $f : \mathbb{R}^N \to \mathbb{R}$ に対して，作用素解析によって定義される作用素 $f(T_1, \ldots, T_N)$ は自己共役であり，各 $T_j$ と強可換である（付録Ⅰの I.7 節を参照）．

[57] 有限自由度の場合，当然，その自由度の個数が問題になる．この問題については，次節で部分的な記述を行う．

系の状態の「時間発展」(ダイナミクス) を決定するのがハミルトニアンであること (公理 (QM.4)) に依拠したものである．

たとえば，自由なシュレーディンガー作用素 (例7.5) をハミルトニアンとする量子系は有限自由度の系である．無限自由度の量子系の例は，典型的には，古典場の理論の量子版である，**量子場**の理論において現れる．

量子力学の公理系の基本的部分の記述を終えるにあたって，次の点を強調しておきたい：量子力学の公理系 (QM.1)–(QM.5) は，量子系の自由度が有限か無限かには依存しない．この意味においても，公理系 (QM.1)–(QM.5) は統一的で普遍的なのである．

## 7.6 正準交換関係の表現

公理 (QM.1) では，量子系の状態のヒルベルト空間がどのような原理に基づいて (同型を除いて) 定まるかについては何も語っていない．だが，それは，第一次的な公理として述べられるものではなく，いわば第二次的「分節」構造として措定されるべきものである．本節では，この側面について基本的な考察を行う．

一般に，量子系の物理量は複数あり得る．物理量は自己共役作用素であるから，物理量の集合は，交換関係や反交換関係を通して，何らかの代数的構造を持ち得る．これを逆に読むと，状態のヒルベルト空間は，そのような代数構造が実現する「場」として捉えることができよう．実際，結果的に述べるならば，多くの量子系において，たとえば，リー代数的構造が現れるのである[58]．量子力学で基本となるリー代数の一つが次の定義によって与えられる：

**定義 7.29** $f$ を自然数とし，$\mathfrak{h}$ を $(2f+1)$ 次元の複素リー代数とする．$\mathfrak{h}$ の基底 $E = \{X_1, \ldots, X_f, Y_1, \ldots, Y_f, Z\}$ で

$$[X_j, Y_k] = i\delta_{jk}Z, \tag{7.68}$$

$$[X_j, X_k] = 0, \quad [Y_j, Y_k] = 0, \tag{7.69}$$

$$[X_j, Z] = 0, \quad [Y_j, Z] = 0 \quad (j, k = 1, \ldots, f) \tag{7.70}$$

---
[58] リー代数の定義については，付録 B の B.3 節を参照．

## 7.6. 正準交換関係の表現

を満たすものがあるとき，$\mathfrak{h}$ を**ハイゼンベルク型リー代数**という．この場合，$E$ を $\mathfrak{h}$ の標準基底と呼ぶ．

ハイゼンベルク型リー代数の構造をヒルベルト空間の線形作用素を用いて実現することを考える．

**定義 7.30** $\mathfrak{h}$ を $(2f+1)$ 次元のハイゼンベルク型リー代数とし，$\{X_1, \ldots, X_f, Y_1, \ldots, Y_f, Z\}$ を標準基底とする．$\mathcal{H}$ を複素ヒルベルト空間とし，$\mathcal{D}$ を $\mathcal{H}$ の稠密な部分空間とする．写像 $\pi : \mathfrak{h} \to \mathsf{L}(\mathcal{D})$（$\mathcal{D}$ 上の線形作用素全体の集合）が $\mathfrak{h}$ の表現[59]であり，$\pi(Z) = \hbar I_\mathcal{D}$（$I_\mathcal{D}$ は $\mathcal{D}$ 上の恒等作用素）が成り立つとする．したがって

$$\pi(X_j) = Q_j, \quad \pi(Y_j) = P_j \quad (j = 1, \ldots, f)$$

とおけば，$Q_j, P_j \in \mathsf{L}(\mathcal{D})$ であり（i.e. $D(Q_j) = D(P_j) = \mathcal{D}$ かつ $Q_j\Psi, P_j\Psi \in \mathcal{D}, \forall \Psi \in \mathcal{D}$），交換関係

$$[Q_j, P_k] = i\hbar\delta_{jk}I_\mathcal{D}, \tag{7.71}$$

$$[Q_j, Q_k] = 0_\mathcal{D}, \quad [P_j, P_k] = 0_\mathcal{D} \quad (j, k = 1, \ldots, f) \tag{7.72}$$

が成り立つ[60]．交換関係 (7.71), (7.72) を**自由度 $f$ の正準交換関係**（canonical commutation relations; CCR と略）といい，$\pi$ を**自由度 $f$ の正準交換関係の表現**と呼ぶ．この場合，$\mathcal{H}$ を**表現のヒルベルト空間**という．CCR の表現を $\pi(\mathfrak{h}) := (\mathcal{H}, \mathcal{D}, \{Q_j, P_j\}_{j=1}^f)$ と表す．

各 $Q_j, P_j$ $(j = 1, \ldots, f)$ が $\mathcal{H}$ 上の線形作用素として対称作用素である場合，$\pi(\mathfrak{h})$ を CCR の**対称表現**または単に**表現**といい，$Q_j, P_j$ $(j = 1, \ldots, f)$ すべてが自己共役ならば，$\pi(\mathfrak{h})$ を CCR の**自己共役表現**という．

**注意 7.31** (i) 上述の定義においては，$\mathcal{D}$ は $Q_j, P_j$ の不変部分空間になっている（i.e. $Q_j\mathcal{D} \subset \mathcal{D}, P_j\mathcal{D} \subset \mathcal{D}$）．だが，代数関係式 (7.71), (7.72) を（リー代数的関係式としてではなく）純作用素論的に考察する場合は，$\mathcal{D}$ を $Q_j, P_j$ の不変部分空間としない場合がある．すなわち，(7.71), (7.72) は

---

[59] 付録 B の定義 B.9 を参照．
[60] $0_\mathcal{D}$ は $\mathsf{L}(\mathcal{D})$ の零ベクトル（零作用素）．

$\bigcap_{j,k=1}^{f} D(Q_j P_k) \cap D(P_k Q_j) \cap D(Q_j Q_k) \cap D(P_j P_k)$ またはその部分空間で成り立つとするのである．この場合も三つ組 $(\mathcal{H}, \mathcal{D}, \{Q_j, P_j\}_{j=1}^{f})$ を自由度 $f$ の CCR の表現という場合がある．

(ii) CCR は発見法的には，古典力学のハミルトン形式におけるポアソン括弧に関する関係式――運動方程式 (3.102)，ポアソン括弧の性質 (3.105)–(3.108) および座標に関するポアソン括弧 (3.110)――からも推測され得る．たとえば，運動方程式 (3.102) とハイゼンベルク方程式 (7.43) を対比すると，古典論から量子論に移るには，ポアソン括弧 $\{\cdot, \cdot\}$ を $(-i/\hbar)[\cdot, \cdot]$ で置き換えればよいことが推測される．これは，交換子 $[\cdot, \cdot]$ もポアソン括弧の関係式 (3.105)–(3.108) を満たすので整合的であり得る．すると，(3.110) は $(-i/\hbar)[Q_j, P_k] = \delta_{jk}$, $(-i/\hbar)[Q_j, Q_k] = 0$, $(-i/\hbar)[P_j, P_k] = 0$ にとってかわる（$Q_j, P_j$ は $x^j, p^j$ に呼応すると想定される作用素）．これらは，まさに CCR に他ならない．

**CCR の表現のヒルベルト空間は必ず無限次元**である．実際，仮に $\mathcal{H}$ が有限次元で $\dim \mathcal{H} = N$ とすれば（この場合，$\mathcal{D} = \mathcal{H}$ となる），(7.71) で $j = k$ の場合を考え，両辺のトレースをとることができる．トレースの対称性 $\mathrm{tr}(Q_j P_j) = \mathrm{tr}(P_j Q_j)$ により，$\mathrm{tr}[Q_j, P_j] = 0$．一方，$\mathrm{tr}(i\hbar I) = i\hbar N \neq 0$．したがって，矛盾が出る．

さらに，各 $j = 1, \ldots, f$ に対して，**$Q_j$ または $P_j$ の少なくとも一方は非有界作用素**である．これは次の一般的事実の応用から導かれる[61]：

**命題 7.32** $A, B$ をヒルベルト空間 $\mathcal{H}$ 上の線形作用素とする．稠密な部分空間 $\mathcal{D} \subset D(AB) \cap D(BA)$ と零でない定数 $\lambda \in \mathbb{C}$ があって

$$[A, B]\Psi = \lambda \Psi \quad (\Psi \in \mathcal{D}) \tag{7.73}$$

が成り立つとする．このとき，$A, B$ のうち少なくとも一方は非有界作用素である．

**証明** 仮に $A, B$ がともに有界であるとしよう．このとき，拡大定理（付録 I の定理 I.3）により，それらは $\mathcal{H}$ 全体を定義域とする有界線形作用素に一意

---

[61] $A = Q_j, B = P_j, \lambda = i\hbar$ として応用すればよい．

的に拡大できる．したがって，はじめから，$D(A) = \mathcal{H} = D(B)$ として一般性を失わない．このとき，有界作用素の等式 $AB - BA = \lambda$ が成り立つ．これを用いて，帰納法により，任意の $n \in \mathbb{N}$（自然数全体）に対して

$$A^n B - BA^n = n\lambda A^{n-1}$$

が証明される．したがって（有界線形作用素 $T$ の作用素ノルムを $\|T\|$ で表す）

$$n|\lambda| \|A^{n-1}\| \leq 2\|B\|\|A^n\| \leq 2\|B\|\|A\|\|A^{n-1}\|.$$

もし，ある $n$ で $\|A^n\| = 0$ ならば，上の第 1 の不等式から $\|A^{n-1}\| = 0$ である．これを繰り返せば，$\|A\| = 0$ が導かれる．だが，これは，$A = 0$ となるので矛盾である（$\lambda \neq 0$ と (7.73) は，$A \neq 0, B \neq 0$ を意味することに注意）．したがって，すべての $n \in \mathbb{N}$ に対して，$\|A^n\| \neq 0$．そこで，上の第 2 の不等式を用いると $n|\lambda| \leq 2\|B\|\|A\|$ が得られる．$n$ はいくらでも大きくとれるので，これは矛盾である． ∎

次の事実も注意しておこう．

**命題 7.33** $(\mathcal{H}, \mathcal{D}, \{Q_j, P_j\}_{j=1}^f)$ を自由度 $f$ の CCR の表現としよう．このとき，作用素の組 $\{Q_j\}_{j=1}^f$ と $\{P_j\}_{j=1}^f$ はそれぞれ，$\mathsf{L}(\mathcal{D})$ の部分集合として，線形独立である．

**証明** $\sum_{j=1}^f \alpha_j Q_j = 0_\mathcal{D}$ $(\alpha_j \in \mathbb{C})$ とする．したがって，任意の $k = 1, \ldots, f$ に対して，$\sum_{j=1}^f \alpha_j [P_k, Q_j] = 0_\mathcal{D}$．CCR により，左辺 $= -i\hbar \alpha_k I_\mathcal{D}$．したがって，$\alpha_k = 0$．ゆえに，$\{Q_1, \ldots, Q_f\}$ は線形独立である．$\{P_1, \ldots, P_f\}$ についても同様． ∎

**例 7.34** 例 7.4 で見たように，$L^2(\mathbb{R}^d)$ における位置作用素と運動量作用素の組 $\{\hat{q}_j, \hat{p}_j\}_{j=1}^d$ について

$$\pi_\mathrm{S}^{(d)} := (L^2(\mathbb{R}^d), C_0^\infty(\mathbb{R}^d), \{\hat{q}_j, \hat{p}_j\}_{j=1}^d) \tag{7.74}$$

は自由度 $d$ の CCR の自己共役表現である．これを自由度 $d$ の CCR のシュレーディンガー表現と呼ぶ．

**例 7.35** $\mathbb{Z}_+ := \{0\} \cup \mathbb{N}$ (非負整数の全体) とし, $\mathbb{Z}_+^d$ を $\mathbb{Z}_+$ の $d$ 個の直積空間とする: $\mathbb{Z}_+^d := \{\mathbf{n} = (n_1, \ldots, n_d) | n_j \in \mathbb{Z}_+, j = 1, \ldots, d\}$. 写像 $\psi : \mathbb{Z}_+^d \to \mathbb{C}; \mathbf{n} \mapsto \psi(\mathbf{n})$ で絶対値の 2 乗が総和可能, すなわち

$$\sum_{\mathbf{n} \in \mathbb{Z}_+^d} |\psi(\mathbf{n})|^2 < \infty$$

を満たすもの全体を $\ell^2(\mathbb{Z}_+^d)$ と記す. この集合は写像の和と複素数倍に関して, 複素ベクトル空間になる. さらに, $\ell^2(\mathbb{Z}_+^d)$ は

$$\langle \psi, \phi \rangle := \sum_{\mathbf{n} \in \mathbb{Z}_+^d} \psi(\mathbf{n})^* \phi(\mathbf{n})$$

を内積とする複素ヒルベルト空間である[62]. $\ell^2(\mathbb{Z}_+^d)$ の部分空間

$$\ell_0(\mathbb{Z}_+^d) := \left\{ \psi : \mathbb{Z}_+^d \to \mathbb{C} \,\middle|\, \text{ある実数 } R > 0 \text{ があって} \right.$$
$$\left. |\mathbf{n}| > R \text{ ならば } \psi(\mathbf{n}) = 0 \right\}$$

は $\ell^2(\mathbb{Z}_+^d)$ で稠密である. 各 $j = 1, \ldots, d$ に対して, $\ell^2(\mathbb{Z}_+^d)$ 上の線形作用素 $b_j$ を次のように定義する:

$$D(b_j) := \left\{ \psi \in \ell^2(\mathbb{Z}_+^d) \,\middle|\, \sum_{\mathbf{n} \in \mathbb{Z}_+^d} (n_j + 1)|\psi(\mathbf{n} + \mathbf{e}_j)|^2 < \infty \right\},$$

$$(b_j \psi)(\mathbf{n}) := \sqrt{n_j + 1}\, \psi(\mathbf{n} + \mathbf{e}_j) \quad (\mathbf{n} \in \mathbb{Z}_+^d).$$

ただし, $\mathbf{e}_j := (0, \ldots, 0, \overset{j\text{番目}}{1}, 0, \ldots, 0) \in \mathbb{Z}_+^d \ (j = 1, \ldots, d)$. $\ell_0(\mathbb{Z}_+^d) \subset D(b_j)$ であるから, $D(b_j)$ は稠密である. したがって, その共役作用素 $b_j^*$ が存在する. $D(b_j^*) \supset \ell_0(\mathbb{Z}_+^d)$ であり, 次が成り立つことがわかる:

$$D(b_j^*) = \left\{ \psi \in \ell^2(\mathbb{Z}_+^d) \,\middle|\, \sum_{\mathbf{n} \in \mathbb{Z}_+^d} n_j |\psi(\mathbf{n} - \mathbf{e}_j)|^2 < \infty \right\},$$

$$(b_j^* \psi)(n_1, \ldots, n_{j-1}, 0, n_{j+1}, \ldots, n_d) = 0, \tag{7.75}$$

$$(b_j^* \psi)(\mathbf{n}) = \sqrt{n_j}\, \psi(\mathbf{n} - \mathbf{e}_j) \quad (n_j \geq 1). \tag{7.76}$$

---

[62] 証明方法は, 複素数列でその絶対値の 2 乗が総和可能なものの全体 $\ell^2$ がヒルベルト空間になることを示す方法と同様である.

## 7.6. 正準交換関係の表現

直接計算により, $j, k = 1, \ldots, d$ に対して

$$[b_j, b_k^*] = \delta_{jk} I, \quad [b_j, b_k] = 0, \quad [b_j^*, b_k^*] = 0 \quad (\ell_0(\mathbb{Z}_+^d) \text{ 上}) \tag{7.77}$$

が示される. 容易にわかるように, $b_j^* + b_j$, $i(b_j^* - b_j)$ は対称作用素である. そこで, それらの閉包を用いて（対称作用素は可閉作用素）, 閉対称作用素 $q_j^{\mathrm{H}}, p_j^{\mathrm{H}}$ を次のように定義する[63]:

$$q_j^{\mathrm{H}} := \frac{\sqrt{\hbar}}{\sqrt{2m\omega}} \overline{(b_j^* + b_j)}, \quad p_j^{\mathrm{H}} := \frac{i\sqrt{m\omega\hbar}}{\sqrt{2}} \overline{(b_j^* - b_j)}. \tag{7.78}$$

ただし, $m > 0, \omega > 0$ は任意の定数である. 交換関係 (7.77) を使って計算することにより, $j, k = 1, \ldots, d$ に対して

$$[q_j^{\mathrm{H}}, p_k^{\mathrm{H}}] = i\hbar \delta_{jk} I, \quad [q_j^{\mathrm{H}}, q_k^{\mathrm{H}}] = 0, \quad [p_j^{\mathrm{H}}, p_k^{\mathrm{H}}] = 0 \quad (\ell_0(\mathbb{Z}_+^d) \text{ 上}) \tag{7.79}$$

を示すことができる. したがって

$$\pi_{\mathrm{BHJ}}^{(d)} := (\ell^2(\mathbb{Z}_+^d), \ell_0(\mathbb{Z}_+^d), \{q_j^{\mathrm{H}}, p_j^{\mathrm{H}}\}_{j=1}^d) \tag{7.80}$$

は自由度 $d$ の CCR の表現である. この表現を**ボルン (Born)–ハイゼンベルク (Heisenberg)–ヨルダン (Jordan) 表現**と呼ぶ[64].

ボルン–ハイゼンベルク–ヨルダン表現の基本的な構造を調べよう. 各 $\mathbf{m} \in \mathbb{Z}_d^+$ に対して, ベクトル $\varphi_{\mathbf{m}} \in \ell^2(\mathbb{Z}_+^d)$ を

$$\varphi_{\mathbf{m}}(\mathbf{n}) := \delta_{\mathbf{m}\mathbf{n}} \quad (\mathbf{n} \in \mathbb{Z}_+^d) \tag{7.81}$$

によって定義する. ただし, $\delta_{\mathbf{m}\mathbf{n}}$ はクロネッカーのデルタである[65]. $\{\varphi_{\mathbf{m}}\}_{\mathbf{m} \in \mathbb{Z}_+^d}$ は $\ell^2(\mathbb{Z}_+^d)$ の完全正規直交系である[66]. ゆえに, 任意の $\psi \in \ell^2(\mathbb{Z}_+^d)$ は

$$\psi = \sum_{\mathbf{m} \in \mathbb{Z}_d^+} \psi(\mathbf{m}) \varphi_{\mathbf{m}} \tag{7.82}$$

と展開できる（$\langle \varphi_{\mathbf{m}}, \psi \rangle = \psi(\mathbf{m})$ に注意）.

---

[63] 可閉作用素 $T$ に対して, その閉包を $\overline{T}$ で表す.
[64] 自由度 $d$ のフォック (Fock) 表現と呼ばれる場合もある.
[65] $\mathbf{m} = \mathbf{n}$ ならば $\delta_{\mathbf{m}\mathbf{n}} = 1$; $\mathbf{m} \neq \mathbf{n}$ ならば $\delta_{\mathbf{m}\mathbf{n}} = 0$.
[66] $\because \psi \in \ell^2(\mathbb{Z}_+^d)$ が $\langle \psi, \varphi_{\mathbf{m}} \rangle = 0$ ($\forall \mathbf{m} \in \mathbb{Z}_+^d$) ならば $\psi(\mathbf{m})^* = 0$ ($\forall \mathbf{m} \in \mathbb{Z}_+^d$). したがって, $\psi = 0$.

$b_j$ の定義から
$$b_j \varphi_0 = 0 \quad (j = 1, \ldots, d).$$
すなわち, $\varphi_0$ は, 作用素 $b_j$ の固有ベクトルであり, その固有値は 0 である.

$\theta(t)$ をヘヴィサイド関数とする: $\theta(t) = 1, t \geq 0; \theta(t) = 0, t < 0$. $b_j^*$ の作用の形 (7.75), (7.76) によって, 任意の $\psi \in \ell_0(\mathbb{Z}_+^d)$ と $m_j \in \mathbb{Z}_+$ に対して

$$((b_j^*)^{m_j} \psi)(\mathbf{n}) = \theta(n_j - m_j) \sqrt{n_j} ((b_j^*)^{m_j - 1} \psi)(\mathbf{n} - \mathbf{e}_j)$$
$$= \cdots = \theta(n_j - m_j) \sqrt{n_j(n_j - 1) \cdots (n_j - m_j + 1)} \psi(\mathbf{n} - m_j \mathbf{e}_j)$$

と計算される. したがって

$$((b_j^*)^{m_j} \varphi_0)(\mathbf{n}) = \theta(n_j - m_j) \sqrt{n_j(n_j - 1) \cdots (n_j - m_j + 1)} \delta_{\mathbf{0}(\mathbf{n} - m_j \mathbf{e}_j)}$$
$$= \sqrt{m_j!} \varphi_{m_j \mathbf{e}_j}(\mathbf{n}).$$

ゆえに $(b_j^*)^{m_j} \varphi_0 = \sqrt{m_j!} \varphi_{m_j \mathbf{e}_j}$. 同様にして, 任意の $\mathbf{m} = (m_1, \ldots, m_d) \in \mathbb{Z}_+^d$ に対して

$$(b_1^*)^{m_1} \cdots (b_d^*)^{m_d} \varphi_0 = \sqrt{m_1! m_2! \cdots m_d!} \varphi_{\mathbf{m}} \tag{7.83}$$

が証明することができる. また

$$(b_j^* b_j \varphi_{\mathbf{m}})(\mathbf{n}) = \sqrt{n_j} (b_j \varphi_{\mathbf{m}})(\mathbf{n} - \mathbf{e}_j) = \sqrt{n_j} \sqrt{n_j} \varphi_{\mathbf{m}}(\mathbf{n}) = m_j \varphi_{\mathbf{m}}(\mathbf{n}).$$

したがって

$$b_j^* b_j \varphi_{\mathbf{m}} = m_j \varphi_{\mathbf{m}} \quad (\mathbf{m} \in \mathbb{Z}_+^d). \tag{7.84}$$

これは, $\varphi_{\mathbf{m}}$ が $b_j^* b_j$ の固有ベクトルであり, その固有値が $m_j$ であることを意味する.

7.2.2 項で取り上げた物理量の例はすべて, CCR のシュレーディンガー表現を構成する作用素 $\hat{q}_j, \hat{p}_j$ からつくられている. 他方, シュレーディンガー表現と (外見上) 異なる CCR の表現もある. たとえば, 上述のボルン–ハイゼンベルク–ヨルダン表現はその一例である. そこで, 少なくとも原理的には, 自由度 $f$ の CCR の表現 $\pi_f := (\mathcal{H}, \mathcal{D}, \{Q_j, P_j\}_{j=1}^f)$ を任意にとり, $\mathcal{H}$ を状態のヒルベルト空間とする量子系について考察することが可能である. この

場合，物理量の候補は，$Q_j, P_j$ からつくられるとする．ただし，表現 $\pi_f$ がシュレーディンガー表現と異なる場合には，物理的な描像の枠組みがシュレーディンガー表現とは異なるので，$Q_j$ や $P_j$ の物理的解釈は自明ではなくなる可能性がある．しかし，$Q_j, P_j$ は，シュレーディンガー表現の例に倣って，何らかの「外的」な自由度（外部自由度）に関わる作用素であると解釈するのは自然であろう[67]．ともあれ，表現 $\pi_f$ においても量子力学は展開され得る．いまの考察を逆に読むと，量子系の状態のヒルベルト空間は，CCR の表現のヒルベルト空間である，という作業仮説が定立され得る．実際，既存の多くの量子系のモデルを吟味するとそのようになっていることが確認される．そこで，この構造を一つの対称性原理として書き留めておく[68]：

**[量子基本対称性原理]** 外的な自由度が $f$ の量子系の状態のヒルベルト空間は，自由度 $f$ の CCR の表現（自己共役表現とは限らない）のヒルベルト空間であり，系の物理量は，この表現を与える作用素 $Q_j, P_j$ ($j = 1, \ldots, f$) から構成される[69]．

この原理は，有限自由度の量子系の状態のヒルベルト空間がどういう性格のものでなければならないかを語るものであるが，これはあくまでも一つの原理であって，どんな量子系においてもこの原理が実現されていることを意味するものではない．

**例 7.36** 古典力学系において，質量 $m > 0$ の質点がポテンシャル $V : \mathbb{R}^d \to \mathbb{R}$（ボレル可測）の作用のもとに運動する場合のハミルトニアンは

$$H_{\mathrm{cl}} := \frac{\|\mathbf{p}\|^2}{2m} + V(\mathbf{x}) \quad (\mathbf{p} \in (\mathbb{R}^d)^*, \ \mathbf{x} \in \mathbb{R}^d)$$

である[70]．いま，$(\mathcal{H}, \mathcal{D}, \{Q_j, P_j\}_{j=1}^d)$ を自由度 $d$ の CCR の表現で，$\mathbf{Q} := (Q_1, \ldots, Q_d)$ が強可換な自己共役作用素の組となるものとする（$P_j$ は必ずし

---

[67] 内的な自由度（内部自由度）については後述する（7.12 節）．
[68] 量子力学についても，古典力学の場合と同様に，対称性の一般論を構築することができる．この側面の詳しい論述については，拙著『量子現象の数理』（朝倉書店，2006）の第 4 章を参照されたい．
[69] ここでいう「構成される」は，$Q_j, P_j$ から何らかの構造を通して定義される，という意味である．
[70] (3.5) を参照．ここでは，簡単のため，$V_{\mathrm{E}}^d = \mathbb{R}^d$ とする．

も自己共役である必要はない). $E_{\mathbf{Q}}$ を $\mathbf{Q}$ の結合スペクトル測度とする. 任意の $\Psi \in \mathcal{H}$ に対して, $V$ は測度 $\|E_{\mathbf{Q}}(\cdot)\Psi\|^2$ に関して a.e. (ほとんどいたるところ) 有限であると仮定する. このとき, 作用素解析により

$$V(\mathbf{Q}) := \int_{\mathbb{R}^d} V(\mathbf{x})\, dE_{\mathbf{Q}}(\mathbf{x})$$

は $\mathcal{H}$ 上の自己共役作用素である. したがって, 対応原理を拡大して考えると, 古典力学的ハミルトニアン $H_{\text{cl}}$ に対応する**量子力学的ハミルトニアン**の候補は

$$H := \frac{\mathbf{P}^2}{2m} + V(\mathbf{Q})$$

によって定義される[71]. ただし, $\mathbf{P} := (P_1, \ldots, P_d)$ とし

$$\mathbf{P}^2 := \sum_{j=1}^{d} P_j^2$$

である.

もし, $D(H) = D(\mathbf{P}^2) \cap D(V(\mathbf{Q})) = \left\{\bigcap_{j=1}^{d} D(P_j^2)\right\} \cap D(V(\mathbf{Q}))$ が稠密ならば, $H$ が対称作用素であることは容易にわかる. だが, $H$ が (本質的に) 自己共役であるか否かは, 一般には, $P_1, \ldots, P_d$ や $V$ の性質に依存する[72]. この問題は, 量子力学の数学的理論, あるいはもっと一般にヒルベルト空間上の非有界線形作用素の理論において, **自己共役性の問題**と呼ばれる主題領域の一つをなす[73].

**例 7.37** 例 7.36 において, CCR の表現がシュレーディンガー表現 $\pi_{\mathrm{S}}^{(d)}$ である場合を考えてみよう. この場合の $H$ を $H_{\mathrm{S}}$ と書くことにすれば, 容易にわかるように

$$H_{\mathrm{S}} = H_0 + V(\hat{\mathbf{q}})$$

となる. ただし, $H_0$ は, (7.20) によって定義される自由ハミルトニアンである. (7.63) によって

---

[71] 「候補」と書いたのは, $H$ が自動的に自己共役になるか否かは自明ではないからである.
[72] $V = 0$ で $\mathbf{P}$ が強可換ならば, $H$ は自己共役である. だが, $\mathbf{P}$ が強可換でなくかつ各 $P_j$ が非有界な場合には, $V = 0$ の場合でも, $H$ が (本質的に) 自己共役であるとは限らない.
[73] 詳しくは, 拙著『量子現象の数理』(朝倉書店, 2006) の第 2 章や M. Reed and B. Simon, *Methods of Modern Mathematical Physics* Vol.II, Academic Press, 1975 を参照.

$$V(\hat{\mathbf{q}}) = M_V$$

である．したがって

$$H_\mathrm{S} = H_0 + M_V.$$

この型の作用素を**シュレーディンガー作用素**と呼ぶ．いまの導出から明らかなように，シュレーディンガー作用素は，哲学的に言えば，シュレーディンガー表現という，ある意味で特殊な——人間の知覚構造に特有な表象に基づく——CCR の表現を用いて，古典力学的ハミルトニアンに対応する量子力学的ハミルトニアンの候補を表したものなのである[74]．通常，$V$ による掛け算作用素 $M_V$ を単に $V$ と書く．したがって，この場合

$$H_\mathrm{S} = H_0 + V$$

となる．

ボレル可測関数 $\psi : \mathbb{R}^d \to \mathbb{C}$ が任意の $R > 0$ に対して $\int_{|\mathbf{x}| \leq R} |\psi(x)|^2 \, \mathrm{d}x < \infty$ を満たすとき，$\psi$ を**局所的に 2 乗可積分な関数**という．このような関数の全体を $L^2_\mathrm{loc}(\mathbb{R}^d)$ と記す．次の事実は基本的である：

▶ $V \in L^2_\mathrm{loc}(\mathbb{R}^d)$ ならば，$C_0^\infty(\mathbb{R}^d) \subset D(H_\mathrm{S}) = D(H_0) \cap D(V)$．特に，$H_\mathrm{S}$ は対称作用素である．

**証明** $C_0^\infty(\mathbb{R}^d) \subset D(H_0)$ はすでに知っているので，$\psi \in C_0^\infty(\mathbb{R}^d)$ ならば $V\psi \in L^2(\mathbb{R}^d)$ を示せばよい．ある $R > 0$ があって，$\mathrm{supp}\,\psi \subset B_R := \{\mathbf{x} \in \mathbb{R}^d \,|\, |\mathbf{x}| \leq R\}$ が成り立つ．したがって

$$\begin{aligned}\int_{\mathbb{R}^d} |V(\mathbf{x})\psi(\mathbf{x})|^2 \, \mathrm{d}\mathbf{x} &= \int_{B_R} |V(\mathbf{x})|^2 |\psi(\mathbf{x})|^2 \, \mathrm{d}\mathbf{x} \\ &\leq \Big(\sup_{\mathbf{x} \in B_R} |\psi(\mathbf{x})|\Big)^2 \int_{B_R} |V(\mathbf{x})|^2 \, \mathrm{d}\mathbf{x} < \infty.\end{aligned}$$

ゆえに $V\psi \in L^2(\mathbb{R}^d)$．すでに言及したように，$D(H_\mathrm{S})$ が稠密ならば，$H_\mathrm{S}$ は対称作用素である． ∎

---

[74] 人間とは異なる知覚を有する存在者にとっては，シュレーディンガー表現とは異なる CCR の表現が第一次的な表現として採用されるであろうことは想像に難くない．ここで言及した事態は，哲学的に言えば，まさに，現象的水準における「隋類の所見不同」（道元『正法眼蔵』，山水経）——諸類に応じて，「古仏の道」（真理）の現成に関する第一次的知覚の枠組みが同じでないこと——に呼応する形而上的水準における消息の一側面である．

**例 7.38** 原子番号 $Z \in \mathbb{N}$, 質量数 $A \in \mathbb{N}$（核子の個数）の原子は, $Z$ 個の陽子と $A-Z$ 個の中性子からなる原子核と, その周囲に存在する $Z$ 個の電子からなる. 電子の個数が $Z$ と異なる場合もあり得て, この場合はイオンと呼ばれる. そこで, イオンの場合も含めるために, 電子の個数は $N \in \mathbb{N}$ であるとする. 電子の位置と質量をそれぞれ $\mathbf{x}_j$ $(j=1,\ldots,N)$, $m$, 陽子の位置と質量をそれぞれ $\mathbf{R}_a \in \mathbb{R}^3$ $(a=1,\ldots,Z)$, $M$, 電気素量を e とし, 変数 $\mathbf{x}_j$, $\mathbf{R}_a$ に関する, 一般化された 3 次元ラプラシアンをそれぞれ, $\Delta_{\mathbf{x}_j}$, $\Delta_{\mathbf{R}_a}$ と記す. 位置 $\mathbf{x}_j$ にある $j$ 番目の電子と位置 $\mathbf{x}_k$ にある $k$ 番目 $(j \neq k)$ の電子の間には, 電気的クーロン斥力が働き, そのポテンシャルエネルギーは $e^2/4\pi\varepsilon_0|\mathbf{x}_j - \mathbf{x}_k|$ である. 陽子どうしについても同様である. 他方, 位置 $\mathbf{R}_a$ にある陽子と位置 $\mathbf{x}_j$ にある電子の間には電気的クーロン引力が働き, そのポテンシャルエネルギーは $-Ze^2/4\pi\varepsilon_0|\mathbf{x}_j - \mathbf{R}_a|$ である. また, 電子, 陽子, 中性子の間には万有引力が働く. だが, 万有引力の大きさは電気的クーロン力の大きさに比して十分小さいので, 第一次近似においては無視してよい. したがって, 電子と陽子の統計性[75]を考慮しないとすれば, この系の状態のヒルベルト空間として, $L^2(\mathbb{R}^{3N} \times \mathbb{R}^{3Z})$ をとることができる. ただし, $\mathbb{R}^{3N}$, $\mathbb{R}^{3Z}$ はそれぞれ, 電子, 陽子の配位空間を表す. このとき, 系のハミルトニアンは

$$H_{N,Z} := -\sum_{j=1}^{N} \frac{\hbar^2}{2m} \Delta_{\mathbf{x}_j} - \sum_{a=1}^{Z} \frac{\hbar^2}{2M} \Delta_{\mathbf{R}_a}$$
$$+ \frac{1}{2} \sum_{\substack{j,k=1 \\ j \neq k}}^{N} \frac{e^2}{4\pi\varepsilon_0|\mathbf{x}_j - \mathbf{x}_k|} + \frac{1}{2} \sum_{\substack{a,b=1 \\ a \neq b}}^{Z} \frac{e^2}{4\pi\varepsilon_0|\mathbf{R}_a - \mathbf{R}_b|}$$
$$- \sum_{j=1}^{N} \sum_{a=1}^{Z} \frac{e^2}{4\pi\varepsilon_0|\mathbf{x}_j - \mathbf{R}_a|} \qquad (7.85)$$

で与えられる. この型のハミルトニアンを**多体系のシュレーディンガー作用素**と呼ぶ. これは**物質の安定性**の問題——巨視的物質が「つぶれる」ことなく安定に存在することの根拠を問う問題——を考察するための基礎となるものである[76].

---

[75] 後述（7.14 節）を参照.
[76] 原子核の周囲を電子が回転するという巨視的・感覚的描像のもとで, 古典力学は「電子は短

次の事実が証明される：$H_{N,Z}$ は $\{\bigcap_{j=1}^{N} D(\Delta_{\mathbf{x}_j})\} \cap \{\bigcap_{a=1}^{Z} D(\Delta_{\mathbf{R}_a})\}$ 上で自己共役であり，下に有界である[77]．

$N = Z = 1$ の場合の $H_{N,Z}$：

$$H_{1,1} = -\frac{\hbar^2}{2m}\Delta_{\mathbf{x}} - \frac{\hbar^2}{2M}\Delta_{\mathbf{R}} - \frac{e^2}{4\pi\varepsilon_0|\mathbf{x} - \mathbf{R}|}$$

は，電子も陽子もともに運動している 2 体系としての水素原子のハミルトニアンである（$\mathbf{x} := \mathbf{x}_1, \mathbf{R} := \mathbf{R}_1$）．新しいベクトル

$$\mathbf{r} := \mathbf{x} - \mathbf{R} \quad (\text{相対位置ベクトル}), \quad \mathbf{X} := \frac{m\mathbf{x} + M\mathbf{R}}{m + M} \quad (\text{重心})$$

と定数

$$\mu := \frac{mM}{m + M} \quad (\text{換算質量})$$

を導入すると

$$H_{1,1} = H_{\text{hyd}} - \frac{\hbar^2}{2(m+M)}\Delta_{\mathbf{X}} \tag{7.86}$$

と書ける[78]．ただし

$$H_{\text{hyd}} := -\frac{\hbar^2}{2\mu}\Delta_{\mathbf{r}} - \frac{e^2}{4\pi\varepsilon_0|\mathbf{r}|}.$$

(7.86) の右辺は，変数分離になっており，すでに見たように，$\Delta_{\mathbf{X}}$ は「よくわかった」作用素である．したがって，数学的には，$H_{1,1}$ のスペクトル解析は $H_{\text{hyd}}$ のそれに帰着される．他方，$H_{\text{hyd}}$ は，陽子が原点に固定されていて，その周囲に電子が存在する 1 体系としての水素原子のハミルトニアンである（ただし，電子の質量は換算質量 $\mu$ に変わる）．作用素 $H_{\text{hyd}}$ の固有値問題の古典解析学的解法は，物理の量子力学の本ならばたいてい載っているので，ここでは繰り返さない．ただ，$H_{\text{hyd}}$ の連続スペクトルと固有値の完全

---

時間のうちに原子核に落ち込み，原子は「つぶれる」」ことを予言する．すなわち，古典力学は物質の安定性を保証しない．物質の安定性についてさらに詳しいことは，たとえば，江沢洋，物質の安定性，江沢 洋・恒藤敏彦編『量子物理学の展望 下』（岩波書店，1978）の 22 章を参照されたい．詳細な数学的論述に興味のある読者には，次の本を薦めておく：E. H. Lieb and R. Seiringer, *The Stability of Matter in Quantum Mechanics*, Cambridge University Press, 2010.

[77] 証明については，拙著『量子現象の数理』（朝倉書店，2006）の p. 67，例 2.4 を参照．
[78] 合成関数の微分法により得られる式 $\partial/\partial x_j = \partial/\partial r_j + \frac{m}{m+M}\partial/\partial X_j$, $\partial/\partial R_j = -\partial/\partial r_j + \frac{M}{m+M}\partial/\partial X_j$ を用いて，$\Delta_{\mathbf{x}}, \Delta_{\mathbf{R}}$ を計算せよ．

な同定を行うことは簡単ではなく,作用素論的に厳密な解析が必要であることを注意しておく[79].

## 7.7　角運動量代数

例 7.6 において定義した軌道角運動量の成分 $L_1, L_2, L_3$ は特徴的な交換関係 (7.24) にしたがう.これは,自由度 3 の CCR のシュレーディンガー表現 $(L^2(\mathbb{R}^3), C_0^\infty(\mathbb{R}^3), \{\hat{q}_j, \hat{p}_j\}_{j=1}^3)$ から,ある種のリー代数的構造を有する対称作用素の組が構成されることを示す.この構造は,実は,CCR のシュレーディンガー表現に限らず,一般の CCR の表現が内蔵する普遍的な構造の一つであることを以下に示そう.

$(\mathcal{H}, \mathcal{D}, \{Q_j, P_j\}_{j=1}^f)$ を自由度 $f \geq 2$ の CCR の表現とし,これから,作用素

$$M_{jk} := (Q_j P_k - Q_k P_j) \upharpoonright \mathcal{D} \quad (j, k = 1, \ldots, f) \tag{7.87}$$

をつくる $(D(M_{jk}) = \mathcal{D})$.容易にわかるように,$M_{jk}$ は対称作用素であり,$\mathcal{D}$ を不変にし

$$M_{jk} = -M_{kj} \quad (j, k = 1, \ldots, f) \tag{7.88}$$

が成り立つ.次の命題は,作用素の集合 $\{M_{jk} | j, k = 0, \ldots, f\}$ の基本的性質をまとめたものである:

**命題 7.39**

(i) 各 $j, k = 1, \ldots, f$ $(j \neq k)$ に対して,$M_{jk} \neq 0_\mathcal{D}$.

(ii) $\{M_{jk} | 1 \leq j < k \leq f\}$ は $\mathsf{L}(\mathcal{D})$ において線形独立である.

(iii) 任意の $j, k, \ell, m = 1, \ldots, f$ に対して,$\mathcal{D}$ 上で次の交換関係が成立する:

$$[M_{jk}, M_{\ell m}] = i\hbar(\delta_{j\ell} M_{km} - \delta_{jm} M_{k\ell} - \delta_{k\ell} M_{jm} + \delta_{km} M_{j\ell}). \tag{7.89}$$

**証明**　(i) 仮に,$M_{jk} = 0_\mathcal{D}$ $(j \neq k)$ としよう.このとき,$[Q_j, M_{jk}] = 0_\mathcal{D}$.

---
[79] 拙著『量子現象の数理』(朝倉書店,2006) の第 6 章を参照.

CCR を用いると左辺 $= -i\hbar Q_k$. したがって, $Q_k = 0_\mathcal{D}$. だが, これは CCR と矛盾する.

(ii) $\sum_{j<k} \alpha_{jk} M_{jk} = 0_\mathcal{D}$ ($\alpha_{jk} \in \mathbb{C}$) とする. この式と $Q_1$ との交換子をとり, CCR を用いると $\sum_{1<k} \alpha_{1k} Q_k = 0_\mathcal{D}$ が導かれる. したがって, 命題 7.33 により, $\alpha_{1k} = 0, k > 1$. ゆえに $\sum_{2 \leq j<k} \alpha_{jk} M_{jk} = 0_\mathcal{D}$. 今度は, この式と $Q_2$ の交換子をとり, CCR を用いることにより, 前の場合と同様にして, $\alpha_{2k} = 0, k > 2$ が導かれる. 以下, 同様の手続きを繰り返すことにより, $\alpha_{jk} = 0$ $(j < k)$ が示される.

(iii) まず, $\mathcal{D}$ 上で次のように展開する:

$$[M_{jk}, M_{\ell m}] = [Q_j P_k, Q_\ell P_m] - [Q_j P_k, Q_m P_\ell] \\ - [Q_k P_j, Q_\ell P_m] + [Q_k P_j, Q_m P_\ell]. \quad (7.90)$$

交換子に関する代数法則と CCR を用いることにより

$$[Q_j P_k, Q_\ell P_m] = [Q_j P_k, Q_\ell] P_m + Q_\ell [Q_j P_k, P_m] \\ = -i\hbar \delta_{k\ell} Q_j P_m + i\hbar \delta_{jm} Q_\ell P_k$$

と計算される. あとは添え字を順次取り換えたものを書き記し, これらを (7.90) に代入すれば, (7.89) が得られる. ∎

各作用素 $M_{jk}$ は $\mathcal{D}$ 上の線形作用素の全体 $\mathsf{L}(\mathcal{D})$ の元と見ることができる. すると, 交換関係 (7.89) は, $M_{jk}$ ($j < k$, $j, k = 1, \ldots, f$) によって生成される部分空間

$$\mathfrak{M} := \mathcal{L}\big(\{M_{jk} \,|\, j<k,\, j,k = 1,\ldots,f\}\big) \subset \mathsf{L}(\mathcal{D}) \quad (7.91)$$

が, 交換子を括弧積として, 複素リー代数をなすことを示す. この場合, 命題 7.39 (ii) により

$$\dim \mathfrak{M} = d_f := \frac{(f-1)f}{2} \quad (7.92)$$

である.

以上の事実は, ある複素リー代数および代数の概念を指し示す:

**定義 7.40** $f \geq 2$ とし, $d_f$ は (7.92) によって定義されるとする.

(i) $d_f$ 次元の複素リー代数 $\mathfrak{a}_f$ が次の関係式を満たす元 $A_{jk} \in \mathfrak{a}_f$ ($1 \leq j < k \leq f$) によって生成されるとき,$\mathfrak{a}_f$ を自由度 $f$ の**角運動量リー代数**という:

$$[A_{jk}, A_{\ell m}] = i\hbar(\delta_{j\ell}A_{km} - \delta_{jm}A_{k\ell} - \delta_{k\ell}A_{jm} + \delta_{km}A_{j\ell}). \quad (7.93)$$

この場合,$\{A_{jk} | 1 \leq j < k \leq f\}$ を $\mathfrak{a}_f$ の生成子という.

(ii) $f = 3$ の場合は,$d_f = 3$ であり,通常,角運動量リー代数 $\mathfrak{a}_3$ の生成子として次の $A_1, A_2, A_3$ がとられる:

$$A_1 := A_{23}, \quad A_2 := A_{31}, \quad A_3 := A_{12}.$$

したがって

$$[A_1, A_2] = i\hbar A_3, \ [A_2, A_3] = i\hbar A_1, \ [A_3, A_1] = i\hbar A_2. \quad (7.94)$$

(iii) 代数 $\mathfrak{A}$ が交換子を括弧積として,角運動量リー代数であり,$\mathfrak{A}$ は代数として $\{A_{jk} | 1 \leq j < k \leq f\}$ から生成されるとき,$\mathfrak{A}$ を自由度 $f$ の**角運動量代数**という.

(iv) $\mathcal{H}$ を複素ヒルベルト空間,$\mathcal{D}$ を $\mathcal{H}$ の稠密な部分空間とする.写像 $\pi: \mathfrak{a}_f \to \mathsf{L}(\mathcal{D})$ が $\mathfrak{a}_f$ の表現であり,すべての $\pi(A_{jk})$ が $\mathcal{H}$ 上の作用素として本質的に自己共役であるとき,$\pi$ を $\mathfrak{a}_f$ の**自己共役表現**と呼ぶ.この場合,$\{\pi(A_{jk}) | 1 \leq j < k \leq f\}$ から生成される角運動量代数を自由度 $f$ の角運動量代数の**自己共役表現**という.

上に構成した複素リー代数 $\mathfrak{M}$ は自由度 $f$ の角運動量リー代数 $\mathfrak{a}_f$ の一つの実現であり,$\{M_{jk} | 1 \leq j < k \leq f\}$ から生成される代数($\mathsf{L}(\mathcal{D})$ の部分代数)は自由度 $f$ の角運動量代数の一つの実現であることがわかる.表現論的な観点からは,複素リー代数 $\mathfrak{M}$ は,対応:$A_{jk} \mapsto M_{jk}$ ($1 \leq j < k \leq f$) による,$\mathfrak{a}_f$ の無限次元表現と見ることができる(いまの場合の表現空間 $\mathcal{D}$ は無限次元).

自由度 3 の角運動量リー代数 $\mathfrak{a}_3$ に対して

$$E_j := -\frac{i}{\hbar}A_j \quad (j = 1, 2, 3) \quad (7.95)$$

とすれば
$$[E_1, E_2] = E_3, \quad [E_2, E_3] = E_1, \quad [E_3, E_1] = E_2 \tag{7.96}$$
が成立する．これは2次元特殊ユニタリ群 SU(2) のリー代数 $\mathfrak{su}(2)$ の標準基底[80]$\{e_j\}_{j=1}^3$ が満たす関係式と同じである．そこで
$$\mathfrak{a}_{3,\mathbb{R}} := \left\{ \sum_{j=1}^3 c_j E_j \,\middle|\, c_j \in \mathbb{R},\, j = 1, 2, 3 \right\} \tag{7.97}$$
とすれば，これは実リー代数であり，対応 $T : \mathfrak{a}_{3,\mathbb{R}} \to \mathfrak{su}(2)$;
$$T\left( \sum_{j=1}^3 c_j E_j \right) := \sum_{j=1}^3 c_j e_j \quad (c_j \in \mathbb{R},\ j = 1, 2, 3)$$
によって，$\mathfrak{a}_{3,\mathbb{R}}$ は，リー代数として，$\mathfrak{su}(2)$ と同型である．$\mathfrak{a}_3$ は $\mathfrak{a}_{3,\mathbb{R}}$ の複素化であるから，$\mathfrak{a}_3$ は $\mathfrak{su}(2)$ の複素化 $\mathfrak{su}_\mathbb{C}(2)$ と同型である．この意味において，自由度3の角運動量リー代数 $\mathfrak{a}_3$ は，2次元特殊ユニタリ群 SU(2) のリー代数の複素化 $\mathfrak{su}_\mathbb{C}(2)$ と同一視することができる．

**例 7.41** CCR のシュレーディンガー表現からつくられる軌道角運動量の成分 $L_1, L_2, L_3$（例7.6）から生成される代数は，自由度3の角運動量代数の無限次元自己共役表現である．

軌道角運動量の各成分の物理的意味について簡単に触れておこう．$x_j$ 軸 ($j = 1, 2, 3$) のまわりの角度 $\theta$ の回転を $R_j(\theta) : \mathbb{R}^3 \to \mathbb{R}^3$ とする：
$$R_1(\theta)\mathbf{x} = (x_1, x_2 \cos\theta - x_3 \sin\theta, x_2 \sin\theta + x_3 \cos\theta),$$
$$R_2(\theta)\mathbf{x} = (x_3 \sin\theta + x_1 \cos\theta, x_2, x_3 \cos\theta - x_1 \sin\theta),$$
$$R_3(\theta)\mathbf{x} = (x_1 \cos\theta - x_2 \sin\theta, x_1 \sin\theta + x_2 \cos\theta, x_3).$$
このとき，任意の $\theta \in \mathbb{R}$ と $\psi \in L^2(\mathbb{R}^3)$ に対して
$$(e^{-i\theta \bar{L}_j / \hbar} \psi)(\mathbf{x}) = \psi(R_j(-\theta)\mathbf{x}) \quad (\mathbf{x} \in \mathbb{R}^3) \tag{7.98}$$
が成立する[81]．これは，$-\bar{L}_j/\hbar$ によって生成される強連続1パラメーターユ

---
[80] 付録 B の例 B.7 を参照．
[81] 証明については，拙著『ヒルベルト空間と量子力学』（共立出版，1997）の定理 6.8 を参照．

ニタリ群 $\{e^{-i\theta \bar{L}_j/\hbar}\}_{\theta \in \mathbb{R}}$ が空間回転 $R_j(\theta)$ に対応する状態ベクトルの変換を司ることを意味する．軌道角運動量の第 $j$ 成分 $\bar{L}_j$ は，その生成子の定数倍 ($-\hbar$ 倍) なのである．

## 7.8 ハミルトニアンの固有値問題が正確に解ける例：量子調和振動子

次に進む前に，ここで，CCR の表現を適切に選ぶとハミルトニアンのスペクトルが容易に求められる例を述べておこう．それは，古典力学の調和振動子の量子版である．古典力学における $d$ 次元調和振動子のハミルトニアンは

$$H_{\text{os}}^{\text{cl}} := \frac{\|\mathbf{p}\|^2}{2m} + \frac{k}{2}\|\mathbf{x}\|^2 \quad (\mathbf{p}, \mathbf{x} \in \mathbb{R}^d)$$

で与えられる（例 3.1 を参照）．ただし，$k > 0$ は定数である．したがって，CCR の表現 $(\mathcal{H}, \mathcal{D}, \{Q_j, P_j\}_{j=1}^d)$ を用いると，対応する量子系のハミルトニアンは

$$H_{\text{os}} := \frac{\mathbf{P}^2}{2m} + \frac{k\mathbf{Q}^2}{2} \tag{7.99}$$

となる．

作用素 $H_{\text{os}}$ は，シュレーディンガー表現 $\pi_S^{(d)}$ では，特殊な型のシュレーディンガー作用素

$$H_{\text{os}}^{\text{S}} := -\frac{\hbar^2}{2m}\Delta + \frac{k|\mathbf{x}|^2}{2} \tag{7.100}$$

となる．

他方，ボルン–ハイゼンベルク–ヨルダン表現 $\pi_{\text{BHJ}}^{(d)}$（例 7.35）では

$$H_{\text{os}}^{\text{BHJ}} := \sum_{j=1}^{d}\left\{\frac{(p_j^{\text{H}})^2}{2m} + \frac{k(q_j^{\text{H}})^2}{2}\right\} \tag{7.101}$$

となる．ただし

$$\omega := \sqrt{\frac{k}{m}}$$

とする．したがって，$k = m\omega^2$．

ボルン–ハイゼンベルク–ヨルダン表現を用いるとハミルトニアン $H_{\text{os}}$ の固

有値問題はたちどころに解けることを示そう．まず，(7.78) を用いて，$H_{\mathrm{os}}^{\mathrm{BHJ}}$ を計算すると次のようになる：$\ell_0(\mathbb{Z}_+^d)$ 上で

$$H_{\mathrm{os}}^{\mathrm{BHJ}} = \frac{1}{2}\sum_{j=1}^{d} \hbar\omega (b_j^* b_j + b_j b_j^*) = \sum_{j=1}^{d} \hbar\omega b_j^* b_j + \frac{d\hbar\omega}{2}. \tag{7.102}$$

第2の等号は交換関係 (7.77) の第1式による．したがって，(7.84) によって

$$H_{\mathrm{os}}^{\mathrm{BHJ}} \varphi_{\mathbf{m}} = E_{\mathbf{m}} \varphi_{\mathbf{m}} \quad (\forall \mathbf{m} \in \mathbb{Z}_+^d) \tag{7.103}$$

が得られる．ただし

$$E_{\mathbf{m}} := \left( \sum_{j=1}^{d} m_j + \frac{d}{2} \right) \hbar\omega. \tag{7.104}$$

したがって，$\varphi_{\mathbf{m}}$ は $H_{\mathrm{os}}^{\mathrm{BHJ}}$ の固有ベクトルであり，$E_{\mathbf{m}}$ はその固有値である．ベクトルの集合 $\{\varphi_{\mathbf{m}}\}_{\mathbf{m} \in \mathbb{Z}_+^d}$ は，$\ell^2(\mathbb{Z}_+^d)$ の完全正規直交系であるので，一般的定理[82]により，$H_{\mathrm{os}}^{\mathrm{BHJ}}$ は $\ell_0(\mathbb{Z}_+^d) = \mathcal{L}(\{\varphi_{\mathbf{m}} | \mathbf{m} \in \mathbb{Z}_+^d\})$ 上で本質的に自己共役であり

$$\sigma(\overline{H}_{\mathrm{os}}^{\mathrm{BHJ}}) = \sigma_{\mathrm{p}}(\overline{H}_{\mathrm{os}}^{\mathrm{BHJ}}) = \{E_{\mathbf{m}} | \mathbf{m} \in \mathbb{Z}_+^d\}$$

が成り立つ．こうして，ボルン–ヨルダン–ハイゼンベルク表現では，比較的容易に，ハミルトニアンの固有値問題と本質的自己共役性の問題が同時に解かれることがわかる．この結果を見ると，古典力学と異なり，エネルギーの可能な値は離散的（とびとび）であることがわかる．さらに，$H_{\mathrm{os}}^{\mathrm{BHJ}}$ の最低エネルギーを $\varepsilon_0$ とすれば

$$\varepsilon_0 = \frac{d}{2}\hbar\omega$$

であり，正である．これも古典力学と決定的に違う点の一つである（古典力学では最低エネルギーは 0）．

各 $n \in \mathbb{Z}_+$ に対して

$$\mathcal{F}_n := \mathcal{L}(\{\varphi_{\mathbf{m}} | m_1 + \cdots + m_d = n, m_j \in \mathbb{Z}_+, j = 1, \ldots, d\}) \tag{7.105}$$

---

[82] 新井朝雄・江沢 洋『量子力学の数学的構造 I』（朝倉書店，1999）の第 2 章，2.9.6 項の命題を参照．

とおけば
$$\ell^2(\mathbb{Z}_+^d) = \bigoplus_{n=0}^{\infty} \mathfrak{F}_n \tag{7.106}$$

と直和分解できる[83]. $\mathfrak{F}_n$ は $H_{\text{os}}^{\text{BHJ}}$ の固有値
$$\epsilon_n := \left(n + \frac{d}{2}\right)\hbar\omega = n\hbar\omega + \varepsilon_0$$
に属する固有空間である.

各 $b_j$ は, $\mathfrak{F}_n$ を $\mathfrak{F}_{n-1}$ ($n \in \mathbb{Z}_+$; $\mathfrak{F}_{-1} := \{0\}$) にうつし, $b_j^*$ は $\mathfrak{F}_n$ を $\mathfrak{F}_{n+1}$ にうつす.

さて, $\hbar\omega$ は 1 個の「量子」のエネルギーを表すものとし, $n = 0$ の状態 $\varphi_0$ は量子が一つも存在しない状態を表すとしてみよう (ただし, エネルギー $\varepsilon_0$ をもつ). このとき, $\mathfrak{F}_n$ の任意の零でない元は, 量子が $n$ 個ある状態を表すと読める. そこで, $\mathfrak{F}_n$ を **$n$ 量子状態**という. すぐ前に述べた $b_j$, $b_j^*$ の性質により, $b_j$ は量子を一つ減らす働きをし, $b_j^*$ は量子を一つ増やす働きをすると解釈される. この理由から, $b_j$ を**消滅作用素**, $b_j^*$ を**生成作用素**と呼ぶ.

**注意 7.42** 量子調和振動子の場合, 次のようにして, ある程度まで抽象論 (自由度 $d$ の任意の CCR の表現) で進むことができる. まず
$$A_j := \frac{i}{\sqrt{2m\omega\hbar}} P_j + \sqrt{\frac{m\omega}{2\hbar}} Q_j$$
を導入すれば
$$[A_j, A_k^*] = \delta_{jk}, \quad [A_j, A_k] = 0, \quad [A_j^*, A_k^*] = 0 \quad (\mathcal{D} \perp),$$
$$Q_j = \sqrt{\frac{\hbar}{2m\omega}}(A_j^* + A_j), \quad P_j = i\sqrt{\frac{m\hbar\omega}{2}}(A_j^* - A_j) \quad (\mathcal{D} \perp)$$
であり, 上述の計算と同様にして
$$H_{\text{os}} = \sum_{j=1}^{d} \hbar\omega A_j^* A_j + \frac{d\hbar\omega}{2} \quad (\mathcal{D} \perp)$$

---

[83] $\{\varphi_{\mathbf{m}}\}_{\mathbf{m} \in \mathbb{Z}_+^d}$ は $\ell^2(\mathbb{Z}_+^d)$ の完全正規直交系であるから, $\ell^2(\mathbb{Z}_+^d) = \bigoplus_{\mathbf{m} \in \mathbb{Z}_+^d} \mathcal{L}(\{\varphi_{\mathbf{m}}\})$. 各 $n \in \mathbb{Z}_+$ に対して, 右辺を $n = m_1 + \cdots + m_d$ を満たす $\mathbf{m}$ ごとにまとめればよい.

がわかる．さらに，もし，単位ベクトル $\Theta \in \mathcal{D}$ で

$$A_j \Theta = 0 \quad (j = 1, \ldots, d)$$

を満たすものが存在すれば

$$\Psi_{\mathbf{m}} := \frac{1}{\sqrt{m_1! \cdots m_d!}} (A_1^*)^{m_1} \cdots (A_d^*)^{m_d} \Theta \quad (\mathbf{m} \in \mathbb{Z}_+^d)$$

によって定義されるベクトルの集合 $\{\Omega_{\mathbf{m}} | \mathbf{m} \in \mathbb{Z}_+^d\}$ は正規直交系であり

$$H_{\mathrm{os}} \Psi_{\mathbf{m}} = E_{\mathbf{m}} \Psi_{\mathbf{m}} \quad (\mathbf{m} \in \mathbb{Z}_+^d)$$

が成り立つこと（$\Psi_{\mathbf{m}}$ は $H_{\mathrm{os}}$ の固有ベクトルであること）がわかる[84]．したがって，もし，$\{\Psi_{\mathbf{m}} | \mathbf{m} \in \mathbb{Z}_+^d\}$ が完全であるならば，$H_{\mathrm{os}}$ は $\mathcal{D}$ 上で本質的に自己共役であり，$\sigma(\overline{H}_{\mathrm{os}}) = \sigma_{\mathrm{p}}(\overline{H}_{\mathrm{os}}) = \{E_{\mathbf{m}} | \mathbf{m} \in \mathbb{Z}_+^d\}$ が結論される．ところで，上のようなベクトル $\Theta$ が存在するか否かは，まさに CCR の表現によるのである．

## 7.9 CCR の表現に関する同値性の概念

前節の例で見られるように，古典力学系に対応する量子系を考える場合，その可能性は，CCR の表現の数だけ存在し得る．そこで，CCR の表現を分類する問題が基本的な問題の一つとして浮上してくる．この場合，外見上は異なる表現でも物理的に同一の結果を与える表現たちとそうでないものとを分類することが基本となる．そのための数学的概念の一つが次に定義する表現の同値性の概念である：

**定義 7.43** $\pi := (\mathcal{H}, \mathcal{D}, \{Q_j, P_j\}_{j=1}^f)$ と $\pi' := (\mathcal{H}', \mathcal{D}', \{Q'_j, P'_j\}_{j=1}^f)$ を自由度 $f$ の二つの CCR の表現とする．もし，ユニタリ変換 $U : \mathcal{H} \to \mathcal{H}'$ で

$$UQ_j U^{-1} = Q'_j, \quad UP_j U^{-1} = P'_j \quad (j = 1, \ldots, f)$$

を満たすものがあるならば，表現 $\pi$ と表現 $\pi'$ は**ユニタリ同値**あるいは単に

---

[84] 方法は，1 次元量子調和振動子の場合（拙著『ヒルベルト空間と量子力学』（共立出版，1997）の第 7 章，7.2 節）と同様である．

同値であるという[85].

一般に，ヒルベルト空間 $\mathcal{H}$ 上の線形作用素 $T$ とヒルベルト空間 $\mathcal{H}'$ 上の線形作用素 $T'$ に対して，ユニタリ変換 $U : \mathcal{H} \to \mathcal{H}'$ が存在して，$T$ の ($U$ による) ユニタリ変換 $UTU^{-1}$ が $T'$ に等しいとき，すなわち，$UTU^{-1} = T'$ が成り立つとき[86]，$T$ と $T'$ は**ユニタリ同値**であるという．ユニタリ同値な線形作用素は，外見上の形が異なり得るだけで，その「内在的本質」は不変である．たとえば，$T$ と $T'$ のスペクトルは同じである[87]．

外的な自由度が $f$ である二つの量子系が CCR の同値な表現 $\pi$ と $\pi'$ によって記述されるならば (定義 7.43 ; ただし，いずれの系も内的な自由度はもたないとする)，表現 $\pi$ における作用素 $Q_j, P_j$ ($j = 1, \ldots, f$) から構成される任意の物理量 $T$ と表現 $\pi'$ においてこれに対応する物理量 $T'$ はユニタリ同値である[88]．ところで，量子系の物理も，古典力学と同様，最終的にはスカラーによって表される観測値 (測定値) によって特徴づけられる．一方，観測値として現れるスカラーは，物理量のスペクトルや内積などユニタリ不変量 (ユニタリ変換のもとで不変となる量) によって表される．したがって，$\pi$ によって記述される量子系とこれと同値な $\pi'$ によって記述される量子系の物理はまったく同一であると解釈される．

**例 7.44** 自由度 $d$ の CCR のシュレーディンガー表現 $\pi_{\mathrm{S}}^{(d)}$ と自由度 $d$ のボルン–ハイゼンベルク–ヨルダン表現 $\pi_{\mathrm{BHJ}}^{(d)}$ は同値である[89]．ゆえに，どちらの表現による量子力学も物理的にはまったく同じ結果を与える．歴史的には，シュレーディガーによる量子力学 (1926) とボルン–ハイゼンベルク–ヨルダンによる量子力学 (1925) が，その外見の違いにも関わらず，なぜ同一の結果を

---

[85] $U\mathcal{D} = \mathcal{D}'$ は要請しない．この定義の要点は，表現を構成する作用素のユニタリ同値性である．$\mathcal{D}$ や $\mathcal{D}'$ の取り方は一意的ではないので，表現の本質を定めるものとはみなされない．
[86] $D(UTU^{-1}) = D(T')$ かつ $UTU^{-1}\Psi = T'\Psi, \forall \Psi \in D(T')$ ということ．
[87] 新井朝雄・江沢 洋『量子力学の数学的構造 I』(朝倉書店，1999) の 2.2.4 項を参照．作用素の可閉性，閉性，対称性，自己共役性などもユニタリ変換のもとで不変な性質 (ユニタリ不変特性) である．
[88] むしろ，(いままで厳密な定義を与えなかった)「物理量の構成」の仕方はそのような性質をもつものでなければならない．たとえば，任意の $a, b \in \mathbb{R}, n \in \mathbb{N}$ と $i_1, \ldots, i_n, j_1, \ldots, j_n \in \mathbb{Z}_+$ に対して，$U(aP_1^{i_1} \cdots P_n^{i_n} + bQ_1^{j_1} \cdots, Q_n^{j_n}))U^{-1} = a(P_1')^{i_1} \cdots (P_n')^{i_n} + b(Q_1')^{j_1} \cdots (Q_n')^{j_n}$ (作用素の等式) が成立する．
[89] 証明については，新井朝雄・江沢 洋『量子力学の数学的構造 II』(朝倉書店，1999) の 3.8.6 項を参照されたい．

生むのかは，当初，謎であったが，この謎は，最終的には，フォン・ノイマン (1931) によって，CCR の表現の同値性という観点から解かれたのである．すでに注意したように，表現の外見上の違い，すなわち，表現空間の違いは，量子的粒子に対して第一次的に据える描像の違いなのである．シュレーディンガー表現の場合は，量子的粒子に粒子的描像を当てはめ，その位置を測るという観測設定が暗黙のうちになされているのである．他方，ボルン–ハイゼンベルク–ヨルダン表現では，粒子的描像における位置を指定するための空間 $\mathbb{R}^d$ は登場しないので（したがって，$q_j^{\mathrm{H}}$ は位置を表すものでない），描像はもっと抽象的なものである．

## 7.10　CCR の直和表現，可約性，既約性

ヒルベルト空間 $\mathcal{H}$ が有限個または可算無限個のヒルベルト空間 $\mathcal{H}_n$ ($n = 1, \ldots, N$; $N$ は有限または可算無限) の直和

$$\mathcal{H} = \bigoplus_{n=1}^{N} \mathcal{H}_n \tag{7.107}$$

で与えられるとし，各 $\mathcal{H}_n$ は自由度 $f$ の CCR の表現 ($\mathcal{H}_n, \mathcal{D}_n, \{Q_j^{(n)}, P_j^{(n)}\}_{j=1}^{f}$) を担っているとする．このとき，$\mathcal{H}$ 上の直和作用素 $Q_j$, $P_j$ が次のように定義される[90]：

$$Q_j := \bigoplus_{n=1}^{N} Q_j^{(n)}, \quad P_j := \bigoplus_{n=1}^{N} P_j^{(n)} \quad (n = 1, \ldots, N). \tag{7.108}$$

$\mathcal{D}_n$ ($n = 1, \ldots, N$) の代数的直和を $\mathcal{D} := \hat{\bigoplus}_{n=1}^{N} \mathcal{D}_n$ としよう[91]．このとき，

---

[90] 一般に，$A_n$ を $\mathcal{H}_n$ 上の線形作用素とするとき，それらの直和作用素 $A := \bigoplus_{n=1}^{N} A_n$ は次のように定義される：

$$D(A) := \left\{ \Psi = \{\Psi_n\}_{n=1}^{N} \in \mathcal{H} \,\middle|\, \Psi_n \in D(A_n), \sum_{n=1}^{N} \|A_n \Psi_n\|^2 < \infty \right\},$$

$$A\Psi := \{A_n \Psi_n\}_{n=1}^{N} \quad (\Psi \in D(A)).$$

なお，$N < \infty$ の場合は，$D(A)$ の定義において，条件 $\sum_{n=1}^{N} \|A_n \Psi_n\|^2 < \infty$ は不要である．

[91] $N < \infty$ のときは，$\hat{\bigoplus}_{n=1}^{N} \mathcal{D} := \bigoplus_{n=1}^{N} \mathcal{D}_n$ (通常の直和)．$N = \infty$ のときは，$\hat{\bigoplus}_{n=1}^{\infty} \mathcal{D}_n := \{\Psi = \{\Psi_n\}_{n=1}^{\infty} \,|\, \Psi_n \in \mathcal{D}_n \, (n \geq 1),$ ある $n_0 \in \mathbb{N}$ があって，$n \geq n_0$ ならば $\Psi_n = 0\}$．

## 400 第7章 量子力学

次の命題が成り立つ:

**命題 7.45**

(i) $(\mathcal{H}, \mathcal{D}, \{Q_j, P_j\}_{j=1}^f)$ は自由度 $f$ の CCR の表現である.

(ii) 各表現 $(\mathcal{H}_n, \mathcal{D}_n, \{Q_j^{(n)}, P_j^{(n)}\}_{j=1}^f)$ $(n=1,\ldots,N)$ が自己共役ならば, $(\mathcal{H}, \mathcal{D}, \{Q_j, P_j\}_{j=1}^f)$ も自己共役である.

**証明** (i) 任意の $\Psi \in \mathcal{D}$ に対して, $([Q_j, P_k]\Psi)_n = [Q_j^{(n)}, P_k^{(n)}]\Psi_n = i\hbar\delta_{jk}\Psi_n$. したがって, $[Q_j, P_k] = i\hbar\delta_{jk}$ ($\mathcal{D}$ 上). 他の交換関係も同様.

(ii) これは, 直和作用素の一般論からしたがう[92]. ∎

命題 7.45 によって保証される CCR の表現 $(\mathcal{H}, \mathcal{D}, \{Q_j, P_j\}_{j=1}^f)$ を $(\mathcal{H}_n, \mathcal{D}_n, \{Q_j^{(n)}, P_j^{(n)}\}_{j=1}^f)$ $(n=1,\ldots,N)$ の**直和表現**という.

一般に, 自由度 $f$ の CCR の表現が 2 個の以上の CCR の表現の直和として表されるとき, この CCR の表現は**可約** (reducible) であるという. 他方, 可約でない CCR の表現は**既約** (irreducible) であるという.

**例 7.46** すべての $d \in \mathbb{N}$ に対して, シュレーディンガー表現 $\pi_S^{(d)}$ は既約である[93].

## 7.11 CCR のヴァイル表現

すでに見たように, CCR の表現 $(\mathcal{H}, \mathcal{D}, \{Q_j, P_j\}_{j=1}^f)$ においては, 各 $j = 1,\ldots,f$ に対して, $Q_j, P_j$ のうち少なくとも一つは非有界作用素である. そこで, CCR の表現のうちで, $Q_j, P_j$ からつくられる何らかの有界作用素を用いて, CCR と同値な関係式が実現されるクラスがあるか否かを考える. もし, $Q_j, P_j$ が自己共役作用素ならば, そのような有界作用素の候補として, $Q_j, P_j$ によって生成される強連続 1 パラメーターユニタリ群 $\{e^{itQ_j}\}_{t\in\mathbb{R}}$, $\{e^{itP_j}\}_{t\in\mathbb{R}}$

---

[92] 一般に, 各 $A_n$ が自己共役ならば, $A = \bigoplus_{n=1}^N A_n$ も自己共役である ($\because \operatorname{Ran}(A \pm i) = \bigoplus_{n=1}^N \operatorname{Ran}(A_n \pm i) = \bigoplus_{n=1}^N \mathcal{H}_n = \mathcal{H}$ および自己共役性に関する一般的判定法 (拙著『ヒルベルト空間と量子力学』(共立出版, 1997) の定理 4.1) による).

[93] 証明については, 拙著『量子現象の数理』(朝倉書店, 2006) の定理 3.12 を参照.

を採用するのは，概念の自律的展開の一つとして自然であろう．発見法的議論は省略するが，適切な条件のもとで，これらのユニタリ作用素は比較的単純な交換関係（以下の (7.109), (7.110)）を満たすことがわかる．そこで，改めて，次の定義を行う：

**定義 7.47** ヒルベルト空間 $\mathcal{H}$ 上の自己共役作用素の組 $\{Q_j, P_j\}_{j=1}^{f}$ についての作用素等式

$$e^{itQ_j}e^{isP_k} = e^{-ist\hbar\delta_{jk}}e^{isP_k}e^{itQ_j}, \tag{7.109}$$

$$e^{itQ_j}e^{isQ_k} = e^{isQ_k}e^{itQ_j}, \quad e^{itP_j}e^{isP_k} = e^{isP_k}e^{itP_j} \tag{7.110}$$

$$(s, t \in \mathbb{R},\ j, k = 1, \ldots, f)$$

を自由度 $f$ の**ヴァイル関係式**という．

**命題 7.48** ヒルベルト空間 $\mathcal{H}$ 上の自己共役作用素の組 $\{Q_j, P_j\}_{j=1}^{f}$ がヴァイル関係式を満たすならば，$\{Q_j, P_j\}_{j=1}^{f}$ は CCR を満たす．さらに，$\{Q_j\}_{j=1}^{f}$ と $\{P_j\}_{j=1}^{f}$ はそれぞれ，強可換である．

**証明** (7.109) から，任意の $\Psi \in D(Q_jP_k) \cap D(Q_j)$ に対して

$$e^{itQ_j}e^{isP_k}\Psi = e^{-ist\hbar\delta_{jk}}e^{isP_k}e^{itQ_j}\Psi = e^{is(P_k - t\hbar\delta_{jk})}e^{itQ_j}\Psi.$$

$\Psi \in D(P_k)$ であるから，$e^{isP_k}\Psi$ は $s$ について強微分可能であり，$\mathrm{d}e^{isP_k}\Psi/\mathrm{d}s|_{s=0} = iP_k\Psi$. $e^{itQ_j}$ は有界であるから，$e^{itQ_j}e^{isP_k}\Psi$ は $s$ について強微分可能であり，$\mathrm{d}e^{itQ_j}e^{isP_k}\Psi/\mathrm{d}s|_{s=0} = ie^{itQ_j}P_k\Psi$. したがって，上式の右辺も $s$ について強微分可能である．ゆえに，$e^{itQ_j}\Psi \in D(P_k - t\hbar\delta_{jk}) = D(P_k)$ かつ $\mathrm{d}e^{is(P_k - t\hbar\delta_{jk})}e^{itQ_j}\Psi/\mathrm{d}s|_{s=0} = i(P_k - t\hbar\delta_{jk})e^{itQ_j}\Psi$. よって，$e^{itQ_j}P_k\Psi + t\hbar\delta_{jk}e^{itQ_j}\Psi = P_ke^{itQ_j}\Psi$. $P_k\Psi \in D(Q_j)$, $\Psi \in D(Q_j)$ であるから，左辺は $t$ について強微分可能であり，その $t=0$ における強微分は $iQ_jP_k\Psi + \hbar\delta_{jk}\Psi$ となる．したがって，右辺も $t$ について強微分可能であり，$P_k$ は閉作用素であるので，$Q_j\Psi \in D(P_k)$ かつ $\mathrm{d}P_ke^{itQ_j}\Psi/\mathrm{d}t|_{t=0} = iP_kQ_j\Psi$ が成り立つ．ゆえに，$\Psi \in D(Q_jP_k) \cap D(P_kQ_j)$ であり，$[Q_j, P_k]\Psi = i\hbar\delta_{jk}\Psi$ が成り立つ．同様にして，$[Q_j, Q_k]\Psi = 0$, $\Psi \in D(Q_jQ_k) \cap D(Q_kQ_j)$ と $[P_j, P_k]\Psi = 0$, $\Psi \in D(P_jP_k) \cap D(P_kP_j)$ が示される．

$\{Q_j\}_{j=1}^f$ と $\{P_j\}_{j=1}^f$ の強可換性はそれぞれ，(7.110) と一般定理[94]からしたがう. ∎

自己共役作用素の組 $\{Q_j, P_j\}_{j=1}^f$ はヴァイル関係式を満たすとしよう. このとき，各 $\Psi \in \mathcal{H}$ と $g \in C_0^\infty(\mathbb{R}^{2f})$ に対して，強リーマン積分

$$\Psi_g := \int_{\mathbb{R}^{2f}} g(\mathbf{t}) e^{it_1 Q_1} \cdots e^{it_f Q_f} e^{it_{f+1} P_1} \cdots e^{it_{2f} P_f} \Psi \, d\mathbf{t} \in \mathcal{H}$$

($\mathbf{t} = (t_1, \ldots, t_{2f}) \in \mathbb{R}^{2f}$) は存在し

$$\mathcal{D}_0 := \mathcal{L}(\{\Psi_g \mid g \in C_0^\infty(\mathbb{R}^{2f}), \Psi \in \mathcal{H}\})$$

とすれば，$\mathcal{D}_0$ は稠密であり，各 $Q_j, P_j$ の不変部分空間である[95]. したがって，$(\mathcal{H}, \mathcal{D}_0, \{Q_j, P_j\}_{j=1}^f)$ は CCR の自己共役表現である.

以上の事実に基づいて，次の定義を設ける：

**定義 7.49** $\mathcal{H}$ 上の自己共役作用素の組 $\{Q_j, P_j\}_{j=1}^f$ がヴァイル関係式 (7.109), (7.110) を満たすとき，$(\mathcal{H}, \{Q_j, P_j\}_{j=1}^f)$ を自由度 $f$ の **CCR のヴァイル表現**と呼ぶ.

**注意 7.50** CCR のヴァイル表現は CCR の自己共役表現であるが，この逆は一般には成立しない．すなわち，CCR の自己共役表現はヴァイル表現とは限らない[96]. この点については，誤解が見られる場合があるので，注意されたい.

CCR のヴァイル表現に関しては次の定理の意味で表現の一意性が成り立つ：

**定理 7.51**（フォン・ノイマンの一意性定理）$\mathcal{H}$ を可分な複素ヒルベルト空間，$(\mathcal{H}, \{Q_j, P_j\}_{j=1}^f)$ を CCR のヴァイル表現とする．このとき，$N$（自然

---

[94] 拙著『ヒルベルト空間と量子力学』（共立出版，1997）の定理 4.9 または新井朝雄・江沢洋『量子力学の数学的構造 I』（朝倉書店，1999）の定理 3.13 を参照.
[95] 任意の $\Psi_g$ に対して，$\lim_{t \to 0}(e^{itQ_j} - I)\Psi_g/t = -\Psi_{\partial_j g}$ を示せ（このとき，$\Psi_g \in D(Q_j)$ かつ $iQ_j \Psi_g = -\Psi_{\partial_j g} \in \mathcal{D}_0$. $P_j$ についても同様（こちらに関しては，(7.109) を用いて変形する必要がある）．
[96] 反例については，たとえば，B. Fuglede, *Math. Scand.* **20** (1967), 79–88 や拙著『量子現象の数理』（朝倉書店，2006）の 3.6 節を参照されたい.

数または可算無限）とユニタリ変換 $U : \mathcal{H} \to \bigoplus_{n=1}^{N} L^2(\mathbb{R}^f)$（$L^2(\mathbb{R}^f)$ の $N$ 個の直和）があって

$$UQ_jU^{-1} = \bigoplus_{n=1}^{N} \hat{q}_j, \quad UP_jU^{-1} = \bigoplus_{n=1}^{N} \hat{p}_j \quad (j=1,\ldots,f)$$

が成り立つ．すなわち，CCR の表現 $(\mathcal{H}, \{Q_j, P_j\}_{j=1}^{f})$ はシュレーディンガー表現の直和に同値である．特に，$(\mathcal{H}, \{Q_j, P_j\}_{j=1}^{f})$ が既約ならば，$N=1$ である（すなわち，シュレーディンガー表現に同値）．

紙数の都合上，この定理の証明は割愛する[97]．ここでは，CCR の表現の（上の意味での）一意性は，ヴァイル表現に限ることを強調しておきたい．というのも，これは，有限自由度の量子力学の数学的構造を厳密に認識するための重要な点の一つだからである．実際，有限自由度の場合でも，シュレーディンガー表現の直和にユニタリ同値でない，CCR の自己共役表現は存在するのである[98]．

## 7.12 スピン角運動量と内部自由度

量子的粒子は，空間的（外的）な運動に関する角運動量，すなわち，軌道角運動量の他に，**スピン角運動量**と呼ばれる固有の角運動量を持ち得る．これは，量子的粒子の位置には依らない量であるので，「内的」な自由度（内部自由度）に関わるものと考えられる．スピン角運動量の大きさは，$s$ を非負の整数 $(0, 1, 2, 3, \ldots)$ または半整数[99] $(1/2, 3/2, 5/2, \ldots)$ として，$s\hbar$ という形に表される．$s$ の値は，各量子的粒子に固有のものである．スピンの大きさが $s\hbar$ である量子的粒子を**スピン $s$ の量子的粒子**と呼ぶ（$\hbar$ を単位として測る）．たとえば，電子，陽子，中性子はスピン $1/2$ の量子的粒子であり，中性中間子，荷電中間子はいずれもスピン $0$ の量子的粒子である．一般に，スピン $s$ の量子的粒子は，$2s+1$ 個の相異なる固有状態を取り得る．これらの固有状態を**スピン固有状態**という．ただし，質量 $0$ の量子的粒子は例外的で

---

[97] 拙著『量子現象の数理』（朝倉書店，2006）の 3.5 節に詳しい証明がある．
[98] 例については，注意 7.50 にあげた文献を参照．
[99] 半奇数ともいう．

あり得る．たとえば，光子はスピン1の量子的粒子であるが，光子のスピン固有状態は二つである．

スピン角運動量は，公理論的には，有限次元複素ヒルベルト空間 $\mathcal{K}$ 上の3個の自己共役作用素 $S_1, S_2, S_3$ からなる作用素ベクトル $\mathbf{S} := (S_1, S_2, S_3)$ で軌道角運動量と同じ交換関係

$$[S_1, S_2] = i\hbar S_3, \quad [S_2, S_3] = i\hbar S_1, \quad [S_3, S_1] = i\hbar S_2 \tag{7.111}$$

を満たすものとして定義される．これは，表現論的には，7.7節で導入した，自由度3の角運動量（リー）代数の有限次元表現である．この表現の特質の一つは，生成子 $S_1, S_2, S_3$ がすべて自己共役であるということである．表現論的な観点から言えば，スピン角運動量とは，角運動量リー代数の有限次元自己共役表現——(7.111) を満たす代数的対象 $S_j$ を有限次元複素ヒルベルト空間上の自己共役作用素として実現すること——と見ることができる．

$\dim \mathcal{K} = 2$ で，$\{S_1, S_2, S_3\}$ が既約であるとき，$\mathcal{K}$ の元は**階数1のスピノール**または単に**スピノール**と呼ばれる．

スピン角運動量の絶対値の2乗を記述する作用素

$$\mathbf{S}^2 := S_1^2 + S_2^2 + S_3^2 \tag{7.112}$$

を考える．交換関係 (7.111) を用いると，$\mathbf{S}^2$ と $S_j$ $(j = 1, 2, 3)$ は可換であること，すなわち

$$[\mathbf{S}^2, S_j] = 0 \tag{7.113}$$

が成り立つことがわかる．したがって，$\mathbf{S}^2$ は $S_j$ の固有空間を不変にする．

**例 7.52** パウリのスピン行列 $\sigma_1, \sigma_2, \sigma_3$（(6.62) を参照）はエルミート行列であるので，2次元複素ヒルベルト空間 $\mathbb{C}^2$ 上の作用素として自己共役である．さらに，次の関係式が成立する[100]：

$$\sigma_j^2 = I_2 \quad (j = 1, 2, 3), \tag{7.114}$$

$$\sigma_1 \sigma_2 = i\sigma_3, \quad \sigma_2 \sigma_3 = i\sigma_1, \quad \sigma_3 \sigma_1 = i\sigma_2, \tag{7.115}$$

$$\{\sigma_j, \sigma_k\} = 2\delta_{jk} I_2 \quad (j, k = 1, 2, 3). \tag{7.116}$$

---

[100] いずれも直接計算によって証明される．

## 7.12. スピン角運動量と内部自由度

ただし, $I_2$ は 2 次の単位行列であり, $\{X,Y\} := XY + YX$（反交換子）. したがって

$$s_j := \frac{\hbar}{2}\sigma_j \quad (j=1,2,3) \tag{7.117}$$

とおけば

$$[s_1, s_2] = i\hbar s_3, \quad [s_2, s_3] = i\hbar s_1, \quad [s_3, s_1] = i\hbar s_2 \tag{7.118}$$

が成り立つ. ゆえに, $\{s_1, s_2, s_3\}$ は交換関係 (7.111) を満たす. すなわち, $\{s_1, s_2, s_3\}$ は自由度 3 の角運動量リー代数の 2 次元自己共役表現である. この表現は既約表現（付録 B の定義 B.9 を参照）であることもわかる.

(7.114) と $\sigma_j \neq \pm I_2$ から, $\sigma_j$ の固有値は $\pm 1$ で, いずれも多重度 1 であることがわかる[101]. したがって, $s_j$ の固有値は $\pm\hbar/2$ であり, いずれも多重度 1 である. ゆえに, $s_j$ はスピン 1/2 の量子的粒子のスピンの成分作用素を記述すると解釈される. この場合, $s_j$ の二つの固有ベクトルが二つの相異なるスピン固有状態を表す. また

$$s_1^2 + s_2^2 + s_3^2 = \frac{3}{4}\hbar^2$$

である.

軌道角運動量との類比により（例 7.41 を参照）, $x_j$ 軸のまわりの角度 $\theta$ の回転 $R_j(\theta)$ に対応する内部回転——スピン状態のヒルベルト空間 $\mathbb{C}^2$ 上の回転——は

$$\rho(R_j(\theta)) := e^{-i\theta s_j/\hbar} \quad (\theta \in \mathbb{R}) \tag{7.119}$$

によって与えられると解釈される. このとき, 興味深いことが観察される. すなわち, $x_j$ 軸のまわりの角度 $\theta$ と $\theta + 2\pi$ の回転は外的空間 $\mathbb{R}^3$ では同じ回転を表すが, $\rho(R_j(\theta))$ と $\rho(R_j(\theta + 2\pi))$ は等しくなく

$$\rho(R_j(\theta + 2\pi)) = -\rho(R_j(\theta)) \tag{7.120}$$

つまり, 符号が異なることである[102]. これは, 外的空間の回転と本質的に異

---

[101] もちろん, 固有値問題を直接解いてもよい.
[102] $\because U_j(\theta) := \rho(R_j(\theta))$ とおくと, $U_j(\theta + 2\pi) = U_j(\theta) U_j(2\pi)$. $s_j$ の固有値 $\pm\hbar/2$ に属する固有ベクトルを $v_\pm \in \mathbb{C}^2$ とすれば, 任意のベクトル $u \in \mathbb{C}^2$ は $u = \alpha v_+ + \beta v_-$ と表される $(\alpha, \beta \in \mathbb{C})$. これと $e^{-i\theta s_j/\hbar} v_\pm = e^{\mp i\theta/2} v_\pm$ を用いると, $U_j(2\pi)u = \alpha e^{-i\pi} v_+ + \beta e^{i\pi} v_- = -u$. したがって, $U_j(2\pi) = -I_2$. ゆえに, (7.120) が成立する.

なる性質の一つである．この性質は，表現論的には次のように捉えることができる．$x_j$ 軸のまわりの回転の全体

$$\mathrm{SO}_j(3) := \{R_j(\theta) | \theta \in \mathbb{R}\}$$

は 3 次元回転群 SO(3)（付録 B の例 B.2 を参照）の部分群をなす．他方，$e^{-i\theta s_j/\hbar}$ は 2 次元特殊ユニタリ群 SU(2)（付録 B の例 B.2 を参照）の元であり，$\{e^{-i\theta s_j/\hbar} | \theta \in \mathbb{R}\}$ は SU(2) の部分群である．したがって，対応 $\rho : R_j(\theta) \mapsto \rho(R_j(\theta))$ は，$\mathrm{SO}_j(3)$ の各元 $R_j(\theta) = R_j(\theta + 2\pi n)$ ($\theta \in [0, 2\pi)$, $n \in \mathbb{Z}$) に対して，SU(2) の二つの元 $\pm e^{-i\theta s_j/\hbar}$ を割り当てる対応であり，$\theta, \theta', \theta + \theta' \in [0, 2\pi)$ ならば $\rho(R_j(\theta)R_j(\theta')) = \rho(R_j(\theta))\rho(R_j(\theta'))$ が成り立つので，$\rho$ は，「部分的」には，$\mathrm{SO}_j(3)$ の 2 次元表現になっている．このような群表現は**二価表現**または**スピノール表現**と呼ばれる[103]．

電子のスピンは，外部磁場 $\mathbf{B} = (B_1, B_2, B_3)$ と相互作用を行い，そのエネルギーは作用素 $-(2\mu/\hbar)\mathbf{s} \cdot \mathbf{B}$ によって記述される．ただし，$\mu := \hbar e/2mc$ は電子の（通常の）磁気能率の大きさを表す．これによって，1 電子原子[104]（水素またはよい近似でのアルカリ原子）のエネルギー準位の二重項が見事に説明されるのである．

スピン 1/2 の量子的粒子に対する状態のヒルベルト空間として，$\mathbb{R}^3$ 上の $\mathbb{C}^2$ 値ボレル可測関数

$$\psi = (\psi_1, \psi_2) : \mathbb{R}^3 \to \mathbb{C}^2; \mathbb{R}^3 \ni \mathbf{x} \mapsto \psi(\mathbf{x}) = (\psi_1(\mathbf{x}), \psi_2(\mathbf{x})) \in \mathbb{C}^2$$

で

$$\int_{\mathbb{R}^3} \|\psi(\mathbf{x})\|_{\mathbb{C}^2}^2 \, d\mathbf{x} < \infty$$

を満たすものの全体——$L^2(\mathbb{R}^3; \mathbb{C}^2)$——をとることができる．ただし，$\psi, \phi \in L^2(\mathbb{R}^3; \mathbb{C}^2)$ の内積は

$$\langle \psi, \phi \rangle := \int_{\mathbb{R}^3} \langle \psi(\mathbf{x}), \phi(\mathbf{x}) \rangle_{\mathbb{C}^2} \, d\mathbf{x} = \sum_{j=1}^{2} \langle \psi_j, \phi_j \rangle_{L^2(\mathbb{R}^3)}$$

---

[103] ここで言及した事実は，もっと一般的な事実，すなわち，SU(2) と SO(3) との間には，自然な（SU(2) の随伴表現による）局所同型が存在する，という構造定理（詳しくは，山内恭彦・杉浦光夫『連続群論入門』(培風館) p. 45 を参照）の一部を表したものである．
[104] **水素様原子** (hydrogen-like atom) とも呼ばれる．

## 7.12. スピン角運動量と内部自由度　407

によって定義される．なお，$\psi = \phi \overset{\text{def}}{\Longleftrightarrow} \psi(\mathbf{x}) = \phi(\mathbf{x})$, a.e. $\mathbf{x}$ とする．$L^2(\mathbb{R}^3; \mathbb{C}^2) = L^2(\mathbb{R}^3) \oplus L^2(\mathbb{R}^3)$ が成り立つ．

スピン角運動量 $S_1, S_2$ から

$$S_\pm := \frac{S_1 \pm iS_2}{\sqrt{2}} \tag{7.121}$$

をつくる．次の定理はスピン角運動量の一般的構造を明らかにするものである[105]：

**定理 7.53** $S_1, S_2, S_3, \mathcal{K}$ を上述のものとし，$\{S_1, S_2, S_3\}$ は既約[106]であると仮定する．このとき，非負整数または半整数 $s$ が存在して，次の (i)–(iii) が成り立つ：

(i) $\dim \mathcal{K} = 2s + 1$．

(ii) $S_3$ の固有値の集合は $\{s\hbar, (s-1)\hbar, \ldots, -(s-1)\hbar, -s\hbar\}$ であり，各固有値の多重度は 1 である．

(iii) $\psi_s$ を $S_3$ の固有値 $s\hbar$ に属する固有ベクトルとすれば，$S_3$ の固有値 $m\hbar$ ($m = -s, -s+1, \ldots, s$) に属する固有ベクトルは，定数倍を除いて

$$\psi_m := S_-^{s-m} \psi_s$$

で与えられ，$\{\psi_m\}_{m=-s,-s+1,\ldots,s}$ は $\mathcal{K}$ の直交基底である．さらに

$$S_+ \psi_m = c_m \psi_{m+1}, \quad S_- \psi_m = \psi_{m-1} \quad (m = -s, -s+1, \ldots, s)$$

が成り立つ．ただし，$c_m := \hbar^2 (s-m)(s+m+1)/2, \psi_{s+1} := 0, \psi_{-s-1} := 0$ とする．

**注意 7.54** 定理 7.53 は，軌道角運動量 $\bar{L}_j$ ($j = 1, 2, 3$) の固有値問題を解くのに応用され得る（$S_j = \bar{L}_j$ の場合）．要点は，適切なヒルベルト空間

---

[105] 証明については，拙著『物理の中の対称性——現代数理物理学の観点から』(日本評論社, 2008) の第 7 章，7.9 節，7.9.2 項を参照．
[106] すべての $j = 1, 2, 3$ に対して，$S_j$ 不変となる部分空間は $\mathcal{K}$ か $\{0\}$ のいずれかであるということ．

$\mathcal{H}$ とユニタリ変換 $U : L^2(\mathbb{R}^3) \to \mathcal{H}$ および有限次元部分空間 $\mathcal{K} \subset \mathcal{H}$ で，$\{UL_1U^{-1}, UL_2U^{-1}, UL_3U^{-1}\}$ が $\mathcal{K}$ 上の作用素の組として既約になるものを見出せばよい．このとき，定理 7.53 により，ある $\ell \in \mathbb{N} \cup \{0\}$ に対して，$\dim \mathcal{K} = 2\ell + 1$ であり，$\sigma(L_j \upharpoonright U^{-1}\mathcal{K}) = \{m\hbar \mid m = -\ell, -\ell+1, \ldots, \ell\}$ となる．このようにして

$$\sigma(\mathbf{L}^2) = \sigma_{\mathrm{p}}(\mathbf{L}^2) = \{\ell(\ell+1)\hbar^2 \mid \ell \in \{0\} \cup \mathbb{N}\},$$
$$\sigma(\bar{L}_j) = \sigma_{\mathrm{p}}(\bar{L}_j) = \mathbb{Z} \quad (j = 1, 2, 3)$$

が示される（いずれの固有値も——$L_j$ を $L^2(\mathbb{R}^3)$ 上の作用素として考えた場合——その多重度は無限大である）[107]．

スピンの他にも量子的粒子の内部自由度は存在し得る[108]．一般に，内部自由度を記述する作用素が働くヒルベルト空間を内部自由度のヒルベルト空間という．これは，内部自由度が有限な場合，同型を除いて，$\mathbb{C}^N$ で表される（定理 7.53 の場合には，$N = 2s+1$）．このとき，空間的自由度も考慮した量子的粒子の状態のヒルベルト空間は $L^2(\mathbb{R}^3; \mathbb{C}^N) = \bigoplus^N L^2(\mathbb{R}^3)$（$L^2(\mathbb{R}^3)$ の $N$ 個の直和）で与えられる（$L^2(\mathbb{R}^3; \mathbb{C}^N)$ は $L^2(\mathbb{R}^3; \mathbb{C}^2)$ の定義で $\mathbb{C}^2$ を $\mathbb{C}^N$ で置き換えたもの）．

## 7.13 合成系の状態空間と物理量

これまでは，抽象論の水準においては，単一の量子系について語ってきた．だが，具象的な水準では，単一の量子系がいくつかの「部分系」から合成されたり，逆に，複数の量子系から単一の量子系が生成されたりする場合がある．たとえば，例 7.38 は，複数個の量子的粒子が存在する量子系の例であるが，これを別の観点から見ることが可能である．すなわち，量子的粒子の種類に注目した場合，この系は，$N$ 個の電子からなる量子系と $Z$ 個の陽子からなる量子系から生成される合成系のモデルの一つであると解釈され得る．実は，こ

---

[107] これらの事実の数学的に厳密な証明については，拙著『量子現象の数理』（朝倉書店，2006）の第 4 章，4.10 節を参照されたい．
[108] たとえば，**アイソスピン**．

の解釈を支える構造が数学的に存在する.すなわち,状態のヒルベルト空間 $L^2(\mathbb{R}^{3N} \times \mathbb{R}^{3Z})$ は $L^2(\mathbb{R}^{3N})$ と $L^2(\mathbb{R}^{3Z})$ のテンソル積 $L^2(\mathbb{R}^{3N}) \otimes L^2(\mathbb{R}^{3Z})$ に自然な仕方で同型である,という事実である.詳しく述べるならば,ユニタリ変換 $U_{N,Z} : L^2(\mathbb{R}^{3N} \times \mathbb{R}^{3Z}) \to L^2(\mathbb{R}^{3N}) \otimes L^2(\mathbb{R}^{3Z})$ で

$$U_{N,Z}(\psi \times \phi) = \psi \otimes \phi \quad (\psi \in L^2(\mathbb{R}^{3N}),\ \phi \in L^2(\mathbb{R}^{3Z}))$$

を満たすものがただ一つ存在するのである[109].ただし

$$(\psi \times \phi)(\mathbf{x}, \mathbf{R}) := \psi(\mathbf{x})\phi(\mathbf{R}) \quad (\mathbf{x} \in \mathbb{R}^{3N},\ \mathbf{R} \in \mathbb{R}^{3Z}).$$

同様に,例 7.38 の量子系は別の仕方で部分系に分割することも可能である.その場合も,状態のヒルベルト空間の間に,テンソル積による自然な同型対応が存在する.

前段の例を踏まえると,$N$ 個の量子系 $S_1, \ldots, S_N$ ($N \geq 2$) が与えられたとき,これらの量子系から合成される系——**合成系** (composite system) または**複合系**という——の状態のヒルベルト空間は,同型を除いて,各 $S_j$ 系の状態のヒルベルト空間 $\mathcal{H}_j$ のテンソル積

$$\mathcal{H}^{(N)} := \mathcal{H}_1 \otimes \cdots \otimes \mathcal{H}_N$$

であると考えるのは自然であろう.公理論的量子力学では,これを第二次的公理の一つとする.この場合,系 $S_j$ が状態ベクトル $\Psi_j \in \mathcal{H}_j$ で表される状態を取り得るならば $\Psi_1 \otimes \cdots \otimes \Psi_N$ は合成系の状態ベクトルであり,合成系の部分系としての各 $S_j$ の状態が $[\Psi_j]$ である状態を表す.

次に問題となるのは,各部分系 $S_j$ の物理量は合成系の物理量としてどのように実現されるか,ということである.これについては次のように公理が設定される:$T_j$ を $S_j$ 系の物理量とするとき,これは,合成系の物理量としては

$$\widetilde{T}_j := I \otimes \cdots \otimes I \otimes \overset{j\,\text{番目}}{T_j} \otimes I \otimes \cdots I$$

(作用素のテンソル積) という形をとる ($j$ 番目だけが $T_j$ で,残りの場所は恒等作用素 $I$).

---

[109] 新井朝雄・江沢 洋『量子力学の数学的構造 I』(朝倉書店,1999) の定理 4.8 と例 4.2 を参照.

たとえば，$S_j$ 系のハミルトニアンを $H_j$ とするとき，$S_1,\ldots,S_N$ の間に相互作用がない場合には，合成系のハミルトニアンは

$$H = \sum_{j=1}^{N} \tilde{H}_j$$

で与えられる（公理）．他の物理量についても同様である．他方，合成系における部分系どうしの相互作用は，$\mathcal{H}^{(N)}$ 上の対称作用素で与えられる．もちろん，これは，考える相互作用ごとに異なり，それぞれの場合が一つの相互作用モデルを定義する．合成系の相互作用を表す対称作用素を $H_{\text{int}}$ とすれば，合成系の全ハミルトニアンは

$$H_{\text{total}} := H + H_{\text{int}}$$

によって定義される．

**例 7.55** 抽象的な水準における簡単な相互作用の例は次のように与えられる：$V_j$ を $\mathcal{H}_j$ 上の閉対称作用素とするとき，$H_{\text{int}} = V_1 \otimes V_2 \otimes \cdots \otimes V_N$．なお，相互作用の中には，この型の作用素の有限線形結合で表されないものも「たくさん」ある（次の例を参照）．

**例 7.56** 例 7.38 の量子系を電子 1 個の系たち（$N$ 個），陽子 1 個の系たち（$Z$ 個）から生成される合成系と見ることもできる．この場合，$L^2(\mathbb{R}^{3N} \times \mathbb{R}^{3Z})$ と $\bigotimes^{N+Z} L^2(\mathbb{R}^3) = \{\bigotimes^N L^2(\mathbb{R}^3)\} \otimes \{\bigotimes^Z L^2(\mathbb{R}^3)\}$ との自然な同型を与えるユニタリ変換を $U: L^2(\mathbb{R}^{3N} \times \mathbb{R}^{3Z}) \to \bigotimes^{N+Z} L^2(\mathbb{R}^3)$ とすれば

$$UH_{N,Z}U^{-1} = -\sum_{j=1}^{N} \frac{\hbar^2}{2m} \tilde{\Delta}_{\mathbf{x}_j} - \sum_{a=1}^{Z} \frac{\hbar^2}{2M} \tilde{\Delta}_{\mathbf{R}_a} + H_{\text{int}}^{(N,Z)}.$$

ただし，$V_{jk}^{(1)}, V_{ab}^{(2)}, V_{ja}^{(3)}$ をそれぞれ，関数 $1/|\mathbf{x}_j - \mathbf{x}_k|, 1/|\mathbf{R}_a - \mathbf{R}_b|, 1/|\mathbf{x}_j - \mathbf{R}_a|$ による掛け算作用素として

$$H_{\text{int}}^{(N,Z)} := \frac{1}{2} \sum_{\substack{j,k=1 \\ j \neq k}}^{N} \frac{e^2}{4\pi\varepsilon_0} UV_{jk}^{(1)} U^{-1} + \frac{1}{2} \sum_{\substack{a,b=1 \\ a \neq b}}^{Z} \frac{e^2}{4\pi\varepsilon_0} UV_{ab}^{(2)} U^{-1}$$

$$- \sum_{j=1}^{N} \sum_{a=1}^{Z} \frac{e^2}{4\pi\varepsilon_0} UV_{ja}^{(3)} U^{-1}.$$

## 7.14 同種の量子的粒子の不可弁別性と統計性

量子力学では,任意の同種の量子的粒子(たとえば,電子どうし)は,巨視的対象とは異なり,原理的に区別できない.これを**不可弁別性の原理**という[110].この原理は,同種の量子的粒子の多体系の状態のあり方にある種の制限をもたらす.この側面を以下に手短に見ておこう.

$N$ を 2 以上の自然数とし,$N$ 個の同種の量子的粒子からなる系 S を考え,この量子的粒子 1 個からなる系の状態のヒルベルト空間を $\mathcal{H}$ とする.ただし,$\mathcal{H}$ は可分であるとする.不可弁別性の原理を考慮しない場合には,前段で述べた公理にしたがって,S の状態のヒルベルト空間は $\bigotimes^N \mathcal{H}$ である.では,不可弁別性の原理を考慮したらどうなるであろうか.この場合は,各量子的粒子の状態の役割を入れ換えても全体の状態は不変であるはずである.そこで,まず,各量子的粒子の状態の入れ換えを記述する作用素を定義する.この入れ換えの演算は数学的には $\{1,\ldots,N\}$ 上の置換 $\sigma: \{1,\ldots,N\} \to \{1,\ldots,N\}$; $j \mapsto \sigma(j)$ を用いて表される.たとえば,状態ベクトル $\Psi_1 \otimes \cdots \otimes \Psi_N$ ($\Psi_j \in \mathcal{H}$)において,各量子的粒子の状態を入れ換えることにより得られる状態ベクトルは $\Psi_{\sigma(1)} \otimes \cdots \otimes \Psi_{\sigma(N)}$ である.$\{1,\ldots,N\}$ 上の置換の全体を $\mathfrak{S}_N$ としよう[111].次の事実に注目する:

**命題 7.57** 各 $\sigma \in \mathfrak{S}_N$ に対して,$\bigotimes^N \mathcal{H}$ 上のユニタリ作用素 $U_\sigma$ で

$$U_\sigma \Psi_1 \otimes \cdots \otimes \Psi_N = \Psi_{\sigma(1)} \otimes \cdots \otimes \Psi_{\sigma(N)} \quad (\Psi_j \in \mathcal{H}, j=1,\ldots,N) \quad (7.122)$$

を満たすものがただ一つ存在する.さらに次の事実が成り立つ:

(i) $e \in \mathfrak{S}_N$ を恒等置換とすれば $U_e = I$.

(ii) $U_\sigma U_\tau = U_{\tau\sigma}$ ($\sigma, \tau \in \mathfrak{S}_N$).

(iii) $U_{\sigma^{-1}} = U_\sigma^{-1}$ ($\sigma \in \mathfrak{S}_N$).

---

[110] これは,理論的な観点からは,作業仮説的な原理であるが,粒子的描像における量子的粒子の運動の時間因果的追跡の原理的不可能性やこの仮説から演繹される理論的帰結の実験的検証により,根源的な原理の一つと考えられている.
[111] $\mathfrak{S}_N$ は **$N$ 次の対称群**と呼ばれる.

**証明** 仮定により，$\mathcal{H}$ は可分であるので，$\mathcal{H}$ は完全正規直交系 $\{e_n\}_{n=1}^{\infty}$ をもつ[112]．ヒルベルト空間のテンソル積の一般論により $\{e_{i_1}\otimes\cdots\otimes e_{i_N}\,|\,i_1,\ldots,i_N\in\mathbb{N}\}$ は $\bigotimes^N\mathcal{H}$ の完全正規直交系である．したがって，任意の置換 $\sigma\in\mathfrak{S}_N$ に対して，$\{e_{i_{\sigma(1)}}\otimes\cdots\otimes e_{i_{\sigma(N)}}\,|\,i_1,\ldots,i_N\in\mathbb{N}\}$ も $\bigotimes^N\mathcal{H}$ の完全正規直交系である．ゆえに，可分なヒルベルト空間の同型定理により，各 $\sigma\in\mathfrak{S}_N$ に対して，$\bigotimes^N\mathcal{H}$ 上のユニタリ作用素 $U_\sigma$ で

$$U_\sigma e_{i_1}\otimes\cdots\otimes e_{i_N}=e_{i_{\sigma(1)}}\otimes\cdots\otimes e_{i_{\sigma(N)}} \tag{7.123}$$

となるものがただ一つ存在する．$\Psi_j=\sum_{i_j=1}^{\infty}\langle e_{i_j},\Psi_j\rangle e_{i_j}$ と $U_\sigma$ の有界線形性により

$$U_\sigma\Psi_1\otimes\cdots\otimes\Psi_N=\sum_{i_1,\ldots,i_N=1}^{\infty}\langle e_{i_1},\Psi_1\rangle\cdots\langle e_{i_N},\Psi_N\rangle U_\sigma(e_{i_1}\otimes\cdots\otimes e_{i_N}).$$

(7.123) を用いて右辺を変形すれば，(7.122) が得られる．$U_\sigma$ の一意性は $\mathcal{H}$ の代数的テンソル積

$$\widehat{\bigotimes}^N\mathcal{H}:=\mathcal{L}(\{\Psi_1\otimes\cdots\otimes\Psi_N\,|\,\Psi_j\in\mathcal{H},j=1,\ldots,N\})$$

の稠密性と有界線形作用素の拡大定理（付録 I の定理 I.3）から導かれる．

後半の (i) は，まず，$\widehat{\bigotimes}^N\mathcal{H}$ 上で成り立つ．これと有界線形作用素の拡大定理の一意性により，作用素の等式 $U_e=I$ が得られる．(ii) も，まず，$\widehat{\bigotimes}^N\mathcal{H}$ 上で示し，有界線形作用素の拡大定理の一意性を用いればよい．(iii) は，(ii) で $\tau=\sigma^{-1}$ の場合を考え，(i) を用いればよい． ∎

ユニタリ作用素 $U_\sigma$ を置換 $\sigma$ に関する**置換作用素**と呼ぶ．

さて，ベクトル $\Psi\in\bigotimes^N\mathcal{H}$ が不可弁別性の原理にしたがう量子系の状態ベクトルを表すとしよう．このとき，任意の $\sigma\in\mathfrak{S}_N$ に対して，$U_\sigma\Psi$ と $\Psi$ は同じ状態を表す．したがって，状態相等の原理により，定数 $c(\sigma)\in\mathbb{C}\setminus\{0\}$ があって

$$U_\sigma\Psi=c(\sigma)\Psi \tag{7.124}$$

が成り立つ[113]．$U_\sigma$ のユニタリ性により，$|c(\sigma)|=1$ である．

---

[112] 証明では，$\dim\mathcal{H}=\infty$ の場合を考える．
[113] この段階では，$c(\sigma)$ は $\Psi$ にも依存し得る．

対応 $c : \sigma \mapsto c(\sigma)$ は，$\mathfrak{S}_N$ 上の複素数値関数と見ることができる．この関数の形を決定しよう．(7.124) の両辺に $U_\tau$ ($\tau \in \mathfrak{S}_N$) を作用させ，命題 7.57 を使えば

$$c(\tau)c(\sigma) = c(\tau\sigma) \quad (\tau, \sigma \in \mathfrak{S}_N) \tag{7.125}$$

がわかる．明らかに

$$c_1(\sigma) := 1 \quad (\forall \sigma \in \mathfrak{S}_N)$$

によって定義される関数 $c_1$ （定値関数）は (7.125) を満たす．また，置換 $\sigma$ の符号を $\mathrm{sgn}(\sigma)$ とすれば[114]，関数 $\mathrm{sgn} : \mathfrak{S}_N \to \mathbb{C}$ も (7.125) を満たす．実は，(7.125) を満たす関数 $c(\cdot)$ はこれらの関数に限られることが証明される：

**補題 7.58** 関数 $c : \mathfrak{S}_N \to \mathbb{C} \setminus \{0\}$ は，$c = c_1$ または $c = \mathrm{sgn}$ のとき，かつこのときに限り，(7.125) を満たす．

**証明** 条件の必要性の部分だけを示せばよい．関数 $c$ は (7.125) を満たすとする．$e^2 = e$ であるから，(7.125) によって，$c(e)^2 = c(e)$．したがって，$c(e) = 1$．次に $\sigma$ を任意の互換（転置）とすれば，$\sigma^2 = e$．したがって，再び，(7.125) によって，$c(\sigma)^2 = c(e) = 1$．ゆえに，$c(\sigma) = \pm 1$．そこで，二つの場合が考えられる：(i) すべての互換 $\sigma$ に対して，$c(\sigma) = 1$ の場合と (ii) ある互換 $\sigma_0$ に対して，$c(\sigma_0) = -1$ となる場合である．

まず，(i) の場合を考えよう．任意の置換 $\tau \in \mathfrak{S}_N$ は互換の積で表される．すなわち，互換 $\sigma_1, \ldots, \sigma_n$ が存在して，$\tau = \sigma_1 \cdots \sigma_n \cdots (*)$．(7.125) を繰り返し用いることにより，$c(\tau) = c(\sigma_1) \cdots c(\sigma_n) \cdots (**)$．いまの仮定により，$c(\sigma_j) = 1$ $(j = 1, \ldots, n)$．したがって，$c(\tau) = 1$．ゆえに，$c = c_1$．

(ii) の場合を考察するために，まず，次に述べる事実に注意する．任意の二つの互換 $\sigma_1, \sigma_2$ に対して，$s \in \mathfrak{S}_N$ があって，$\sigma_1 = s\sigma_2 s^{-1}$ が成立する．実際，$\sigma_1 = (i_1 i_2)$ （$i_1$ と $i_2$ を入れ換え，他の数は入れ換えない置換），$\sigma_2 = (j_1 j_2)$ とすれば

$$s := \begin{pmatrix} j_1 & j_2 & j_3 & \cdots & j_N \\ i_1 & i_2 & i_3 & \cdots & i_N \end{pmatrix}$$

が求める $s$ である．したがって，(7.125) によって，$c(\sigma_1) = c(s)c(\sigma_2)c(s^{-1}) =$

---
[114] $\sigma$ が偶置換ならば $\mathrm{sgn}(\sigma) = 1$; $\sigma$ が奇置換ならば $\mathrm{sgn}(\sigma) = -1$.

$c(s)c(\sigma_2)c(s)^{-1} = c(\sigma_2)$. ゆえに,互換に対する $c$ の値はすべて等しい.

さて,(ii) の場合を考えよう.この場合,仮定と前段の事実により,すべての互換 $\sigma$ に対して,$c(\sigma) = -1$ である.任意の $\sigma \in \mathfrak{S}_N$ は (∗) のように互換の積で表される.このとき,(∗∗) によって,$c(\tau) = (-1)^n$ となる.ゆえに $c = \mathrm{sgn}$ である. ∎

以下,$c: \mathfrak{S}_N \to \mathbb{C} \setminus \{0\}$ は (7.125) を満たす任意の関数――したがって,補題 7.58 により,$c = c_1$ または $c = \mathrm{sgn}$――とする.これに対して

$$P_c := \frac{1}{N!} \sum_{\sigma \in \mathfrak{S}_N} c(\sigma) U_\sigma \tag{7.126}$$

という作用素を定義する.命題 7.57 に述べた性質を用いると

$$U_\sigma P_c = P_c U_\sigma = c(\sigma) P_c \quad (\sigma \in \mathfrak{S}_N) \tag{7.127}$$

を得る.これから

$$P_c^2 = P_c \tag{7.128}$$

が導かれる.また,$U_\sigma^* = U_\sigma^{-1} = U_{\sigma^{-1}}$ によって,$P_c^* = P_c$ であることがわかる.したがって,$P_c$ は正射影作用素である.特に,その値域 $\mathrm{Ran}(P_c)$ は閉部分空間である.

(7.127) から,ベクトル $\Psi \in \bigotimes^N \mathcal{H}$ について,すべての $\sigma \in \mathfrak{S}_N$ に対して,$U_\sigma \Psi = c(\sigma) \Psi$ が成立することと,$P_c \Psi = \Psi$ であることは同値になる.ゆえに,不可弁別性の原理を仮定した場合,いま考察している,$N$ 個の同種の量子的粒子からなる系の状態のヒルベルト空間は $\mathrm{Ran}(P_c)$ であるべきことが結論される.だが,補題 7.58 によって,このようなヒルベルト空間は二種類しかない.すなわち

$$S_N := P_{c_1} = \frac{1}{N!} \sum_{\sigma \in \mathfrak{S}_N} U_\sigma, \tag{7.129}$$

$$A_N := P_{\mathrm{sgn}} = \frac{1}{N!} \sum_{\sigma \in \mathfrak{S}_N} \mathrm{sgn}(\sigma) U_\sigma \tag{7.130}$$

とすれば,$\mathrm{Ran}(S_N)$ と $\mathrm{Ran}(A_N)$ の二つがそれである.正射影作用素 $S_N$,$A_N$ はそれぞれ,$N$ 次の**対称化作用素** (symmetrization operator),**反対称化作用素** (anti-symmetrization operator) と呼ばれる.こうして,不可弁別

性の原理を仮定した場合，$N$ 個の同種の量子的粒子からなる量子系の状態のヒルベルト空間は $\mathrm{Ran}(S_N)$ または $\mathrm{Ran}(A_N)$ で記述されなければならないことが帰結される．

二つのヒルベルト空間 $\mathrm{Ran}(S_N), \mathrm{Ran}(A_N)$ を，それぞれ，記号的に $\bigotimes_{\mathrm{s}}^N \mathcal{H}$, $\bigotimes_{\mathrm{as}}^N \mathcal{H}$（または $\bigwedge^N(\mathcal{H})$）と書き，前者を $\mathcal{H}$ の $N$ **重対称テンソル積** (N-fold symmetric tensor product)，後者を $\mathcal{H}$ の $\boldsymbol{N}$ **重反対称テンソル積** (N-fold anti-symmetric tensor product) と呼ぶ：

$$\bigotimes_{\mathrm{s}}^N \mathcal{H} := \mathrm{Ran}(S_N) = S_N(\bigotimes^N \mathcal{H}), \tag{7.131}$$

$$\bigotimes_{\mathrm{as}}^N \mathcal{H} := \mathrm{Ran}(A_N) = A_N(\bigotimes^N \mathcal{H}) = \bigwedge^N(\mathcal{H}). \tag{7.132}$$

**例 7.59**

$$L^2_{\mathrm{sym}}((\mathbb{R}^d)^N) := \left\{ \psi \in L^2((\mathbb{R}^d)^N) \,\middle|\, \begin{aligned} &\psi(\mathbf{x}_{\sigma(1)}, \ldots, \mathbf{x}_{\sigma(N)}) \\ &= \psi(\mathbf{x}_1, \ldots, \mathbf{x}_N), \text{ a.e. } \sigma \in \mathfrak{S}_N \end{aligned} \right\},$$

$$L^2_{\mathrm{as}}((\mathbb{R}^d)^N) := \left\{ \psi \in L^2((\mathbb{R}^d)^N) \,\middle|\, \begin{aligned} &\psi(\mathbf{x}_{\sigma(1)}, \ldots, \mathbf{x}_{\sigma(N)}) \\ &= \mathrm{sgn}(\sigma)\psi(\mathbf{x}_1, \ldots, \mathbf{x}_N), \text{ a.e. } \sigma \in \mathfrak{S}_N \end{aligned} \right\}$$

とすれば

$$\bigotimes_{\mathrm{sym}}^N L^2(\mathbb{R}^d) \cong L^2_{\mathrm{sym}}((\mathbb{R}^d)^N), \quad \bigotimes_{\mathrm{as}}^N L^2(\mathbb{R}^d) \cong L^2_{\mathrm{as}}((\mathbb{R}^d)^N)$$

が成り立つ．ただし，$\cong$ は自然な同型の意味である．量子力学の文脈では，ヒルベルト空間 $L^2_{\mathrm{sym}}((\mathbb{R}^d)^N), L^2_{\mathrm{as}}((\mathbb{R}^d)^N)$ の状態ベクトルは，それぞれ，**対称状態関数**，**反対称状態関数**と呼ばれる[115]．

上の一般的帰結から，量子的粒子には二種類あり得ることが導かれる．すなわち，一つは，一粒子状態のヒルベルト空間が $\mathcal{H}$ のとき，その $N$ 粒子系の状態が $\mathcal{H}$ の $N$ 重対称テンソル積 $\bigotimes_{\mathrm{sym}}^N \mathcal{H}$ で記述されるような量子的粒子

---

[115] これらは，対称「波動関数」，反対称「波動関数」と呼ばれる場合がある．だが，「波動関数」は，誤解を招く言い方なので，本書では採用しない．

であり、もう一つは、それが $\mathcal{H}$ の $N$ 重反対称テンソル積 $\bigotimes_{\mathrm{as}}^{N}\mathcal{H}$ で記述されるような量子的粒子である。前者の粒子は**ボース粒子** (Bose particle) あるいは**ボソン** (boson) と呼ばれ、後者の粒子は**フェルミ粒子** (Fermi particle) あるいは**フェルミオン** (fermion) と呼ばれる。こうして、互いに区別できない量子的粒子の多体系の状態にはある種の制限が伴うことがわかる。これを同種の量子的粒子からなる系の状態に関する**統計**といい、ボース粒子は**ボース統計**（または**ボース–アインシュタイン統計**）に、フェルミ粒子は**フェルミ統計**（または**フェルミ–ディラック統計**）にしたがうという。

ところで、すでに見たように、量子的粒子は、内部自由度の一つとして、スピンと呼ばれる特性量を担っている。実験的には、スピンが整数の量子的粒子——光子、$\pi$ 中間子、ヘリウム原子、$\alpha$ 粒子（ヘリウム原子の原子核）など——はボソンであり、スピンが半整数の量子的粒子——電子、陽子、中性子、ニュートリノなど——はフェルミオンであることが知られる。この事実を**スピンと統計の関係**という[116]。

**例 7.60** 空間 $\mathbb{R}^3$ の中を運動する、質量が正でスピン $s$ の量子的粒子の一粒子状態のヒルベルト空間として $\mathcal{H} = L^2(\mathbb{R}^3) \otimes \mathbb{C}^{2s+1} \cong L^2(\mathbb{R}^3; \mathbb{C}^{2s+1})$ がとれる[117]。この場合、$N$ 粒子系の状態のヒルベルト空間は、$s$ が半整数 $s = (2l-1)/2$ $(l \geq 1)$ ならば、$\bigotimes_{\mathrm{as}}^{N}\bigl(L^2(\mathbb{R}^3) \otimes \mathbb{C}^{2l}\bigr)$ であり、$s$ が整数ならば、$\bigotimes_{\mathrm{sym}}^{N}\bigl(L^2(\mathbb{R}^3) \otimes \mathbb{C}^{2s+1}\bigr)$ である。

ヒルベルト空間 $\mathcal{H}$ の $N$ 重反対称テンソル積 $\bigotimes_{\mathrm{as}}^{N}\mathcal{H}$ のベクトル $\Psi$ については、(7.127) で $c = \mathrm{sgn}$ の場合の関係式

$$U_\sigma A_N = \mathrm{sgn}(\sigma) A_N \quad (\sigma \in \mathfrak{S}_N) \tag{7.133}$$

によって、任意の互換 $(ij)$ $(i \neq j, i,j = 1,\ldots,N)$ に対して、

$$U_{(ij)}\Psi = -\Psi \quad (\Psi \in \bigotimes_{\mathrm{as}}^{N}\mathcal{H})$$

---

[116] これは、相対論的場の量子論の公理系から、一般的に導くことが可能である。たとえば、ボゴリューボフ他『場の量子論の数学的方法』（江沢 洋他訳）、東京図書、1972、の第 5 章 §3 を参照。
[117] 光子の場合は、$L^2(\mathbb{R}^3) \otimes \mathbb{C}^2 \cong L^2(\mathbb{R}^3; \mathbb{C}^2)$.

が成り立つ．これから，ある重要な結論が出てくる．もし，2 個以上の同種の粒子がそこにおいて同じ状態を占めるような状態 $\Psi \in \bigotimes_{\mathrm{as}}^{N} \mathcal{H}$ があったとすれば，ある番号の組 $\{i,j\}$ があって，$U_{(ij)}\Psi = \Psi$ を満たす[118]．したがって，$\Psi = -\Psi$，すなわち，$\Psi = 0$．これは，そのような状態 $\Psi$ が存在しないことを意味する．この帰結は，物理的には，同種のフェルミ粒子からなる系では，2 個以上の粒子は同一の状態に入れないことを意味するものと解釈される．フェルミ粒子系に関するこの規則を**パウリの排他原理** (Pauli's exclusion principle) と呼ぶ．

パウリの排他原理は，たとえば，巨視的物質が安定に存在することを可能にする[119]．

他方，フェルミ粒子系とは対照的に，ボース粒子からなる系では，何個でも同一の状態に入ることができる[120]．

## 7.15 無限粒子系

一般に，量子的粒子は，相互作用を通して，生成や消滅が可能であり，生成される量子的粒子の個数は，原理的には，いくらでも多くなり得る．したがって，量子的粒子の生成または消滅を含む現象を記述するには，状態のヒルベルト空間として，任意個数の量子的粒子の状態ベクトルを含むものをとる必要がある．本節では，そのようなヒルベルト空間のうち，基本的なものを四つだけ取り上げることにする．

1 個の量子的粒子からなる系の状態のヒルベルト空間——**一粒子ヒルベルト空間** (one-partilce Hilbert space)——が $\mathcal{H}$ である系を考える．このとき，$\mathcal{H}$ の $N$ 重テンソル積 $\bigotimes^{N} \mathcal{H}$ の無限直和

$$\mathcal{F}(\mathcal{H}) := \bigoplus_{N=0}^{\infty} \bigotimes^{N} \mathcal{H} \quad (\bigotimes^{0} \mathcal{H} := \mathbb{C})$$

---

[118] たとえば，$\Psi = A_N(\Psi_1 \otimes \cdots \otimes \Psi_N)$ $(\Psi_j \in \mathcal{H}, j = 1, \ldots, N)$ とし，$\Psi_i = \Psi_j$ である場合．
[119] この側面に関する，もっと詳しい解説については，江沢 洋，「物質の安定性」（江沢 洋・恒藤敏彦編『量子物理学の展望 下』（岩波書店）の第 22 章）を参照．
[120] この特性の現れとして，超流動や超伝導現象があげられる．

$$= \left\{ \Psi = \{\Psi^{(N)}\}_{N=0}^{\infty} \,\middle|\, \Psi^{(N)} \in \bigotimes^{N} \mathcal{H},\, N \geq 0,\, \sum_{N=0}^{\infty} \|\Psi^{(N)}\|^2 < \infty \right\} \tag{7.134}$$

を $\mathcal{H}$ 上の**全フォック空間** (full Fock space) という．これは，同種の量子的粒子が可能的に何個でも存在し得る量子系の状態ベクトルを記述するヒルベルト空間を表す．ただし，不可弁別性の原理は考慮していない．$\bigotimes^{N} \mathcal{H}$ を $\mathcal{F}(\mathcal{H})$ の **$N$ 粒子部分空間**という．ベクトル

$$\Omega_0 := \{1, 0, 0, \ldots\} \quad (\Omega_0^{(0)} = 1,\, \Omega_0^{(N)} = 0,\, N \geq 1) \tag{7.135}$$

は量子的粒子が存在しない状態を表し，**フォック真空**と呼ばれる．

不可弁別性の原理を考慮した場合，次の二つのヒルベルト空間を考えるのは自然である：

$$\mathcal{F}_{\mathrm{b}}(\mathcal{H}) := \bigoplus_{N=0}^{\infty} \bigotimes_{\mathrm{s}}^{N} \mathcal{H} \quad (\bigotimes_{\mathrm{s}}^{0} \mathcal{H} := \mathbb{C}), \tag{7.136}$$

$$\mathcal{F}_{\mathrm{f}}(\mathcal{H}) := \bigoplus_{N=0}^{\infty} \bigotimes_{\mathrm{as}}^{N} \mathcal{H} \quad (\bigotimes_{\mathrm{as}}^{0} \mathcal{H} := \mathbb{C}). \tag{7.137}$$

前者は，$\mathcal{H}$ の $N$ 重対称テンソル積の無限直和であり，$\mathcal{H}$ 上の**ボソンフォック空間**または**対称フォック空間**と呼ばれる．他方，後者は，$\mathcal{H}$ の $N$ 重反対称テンソル積の無限直和であり，$\mathcal{H}$ 上の**フェルミオンフォック空間**または**反対称フォック空間**と呼ばれる．その名称が示唆するように，$\mathcal{F}_{\mathrm{b}}(\mathcal{H})$ は，ボソンの無限粒子系を記述するヒルベルト空間であり，$\mathcal{F}_{\mathrm{f}}(\mathcal{H})$ は，フェルミオンの無限粒子系を記述するヒルベルト空間である．

一粒子ヒルベルト空間が $\mathcal{H}$ のボソンの無限系と一粒子ヒルベルト空間が $\mathcal{K}$ のフェルミオンの無限系が相互作用を行う量子系の状態のヒルベルト空間は $\mathcal{H}$ 上のボソンフォック空間 $\mathcal{F}_{\mathrm{b}}(\mathcal{H})$ と $\mathcal{K}$ 上のフェルミオンフォック空間 $\mathcal{F}_{\mathrm{f}}(\mathcal{K})$ とのテンソル積 $\mathcal{F}_{\mathrm{b}}(\mathcal{H}) \otimes \mathcal{F}_{\mathrm{f}}(\mathcal{K})$ によって与えられる．このヒルベルト空間を $(\mathcal{H}, \mathcal{K})$ 上の**ボソン-フェルミオンフォック空間**という．

量子的粒子の生成・消滅に関しては，いくつかの見方が可能であるが，一つの有力な見方は，時空の「背後」に量子的粒子を生成したり消滅させたりする機能を有する「場」が存在するというものである．そのような場を当の

量子的粒子の**量子場**という．フォック空間は量子場の理論を数学的に厳密な形式のもとに構成し，解析する枠組みの一つを提供する[121]．

## 7.16 ハミルトニアンの一般的特性

量子系のモデルは，基本的に，系のハミルトニアン $H$（状態のヒルベルト空間 $\mathcal{H}$ 上の自己共役作用素）とハミルトニアン以外の物理量の集合によって定義される．したがって，量子系の物理的特性を調べることは，本質的には，これらの物理量を表す作用素の解析に帰着される．本節では，この解析で最も基本となるハミルトニアンの解析について基本的かつ一般的な部分を論述する．

### 7.16.1 最低エネルギーに関する変分原理

ハミルトニアン $H$ の解析において，そのスペクトルを同定することは最も重要な問題の一つである．ここでは，$H$ が下に有界な場合に定義される最低エネルギー $E_0(H)$（(7.7) を参照）と基底状態に関するある一般的事実を証明する：

**定理 7.61**（変分原理）自己共役作用素 $H$ は下に有界であるとしよう．このとき，次の (i), (ii) が成立する：

(i)
$$E_0(H) = \inf_{\substack{\Psi \in D(H), \\ \|\Psi\|=1}} \langle \Psi, H\Psi \rangle. \tag{7.138}$$

(ii) もし，$E_0(H) = \langle \Psi_0, H\Psi_0 \rangle$ を満たす単位ベクトル $\Psi_0 \in D(H)$ があるならば，$\Psi_0$ は $H$ の基底状態である．すなわち，$H\Psi_0 = E_0(H)\Psi_0$.

---

[121] 詳しくは，荒木不二洋『量子場の数理』(岩波書店，1993)，拙著『フォック空間と量子場 上下』(日本評論社，2000)，江沢 洋・新井朝雄『場の量子論と統計力学』(日本評論社，1988) などを参照．具象的な水準において，多体系の量子力学から量子場の理論へと至る自然な道筋の一つが，拙著『多体系と量子場』(岩波講座 物理の世界 量子力学 5, 岩波書店，2002) に叙述されている．

**証明** (i) 簡単のため, $E_0 := E_0(H)$, $E := \inf_{\Psi \in D(H), \|\Psi\|=1} \langle \Psi, H\Psi \rangle$ とおく. $H$ のスペクトル測度を $E_H$ としよう. $E_H$ の台は $\sigma(H)$ に等しいので (付録 I の (I.3)), 任意の単位ベクトル $\Psi \in D(H)$ に対して

$$\langle \Psi, H\Psi \rangle = \int_{\sigma(H)} \lambda \, \mathrm{d}\|E_H(\lambda)\Psi\|^2 \geq E_0 \|E_H(\sigma(H))\Psi\|^2 = E_0.$$

したがって, $E \geq E_0$ が成り立つ. あとは, この不等式の逆を示せばよい.

任意の $\varepsilon > 0$ に対して, $I_\varepsilon := [E_0, E_0 + \varepsilon)$ とおくと, $E_H(I_\varepsilon) \neq 0$ が成り立つ[122]. したがって, $E_H(I_\varepsilon)\Phi_\varepsilon \neq 0$ となる $\Phi_\varepsilon \in \mathcal{H} \setminus \{0\}$ が存在する. そこで, $\Psi_\varepsilon := E_H(I_\varepsilon)\Phi_\varepsilon / \|E_H(I_\varepsilon)\Phi_\varepsilon\|$ とおけば, $\Psi_\varepsilon \in D(H)$, $\|\Psi_\varepsilon\| = 1$, $E_H(I_\varepsilon)\Psi_\varepsilon = \Psi_\varepsilon$ が成り立つ. また, 任意のボレル集合 $B \in \mathfrak{B}^1$ に対して, $\|E_H(B)\Psi_\varepsilon\|^2 = \|E_H(B \cap I_\varepsilon)\Psi_\varepsilon\|^2$ であり, $\|E_H(I_\varepsilon)\Psi_\varepsilon\|^2 = 1$ であるので

$$0 \leq \langle \Psi_\varepsilon, H\Psi_\varepsilon \rangle - E_0 = \int_{I_\varepsilon} (\lambda - E_0) \, \mathrm{d}\|E_H(\lambda)\Psi_\varepsilon\|^2 \leq \varepsilon$$

と評価できる. したがって, $\lim_{\varepsilon \downarrow 0} \langle \Psi_\varepsilon, H\Psi_\varepsilon \rangle = E_0$. これは, $E \leq E_0$ を意味する.

(ii) $\hat{H} := H - E_0(H)$ は非負の自己共役作用素であり, $E_0(H) = \langle \Psi_0, H\Psi_0 \rangle$ は $\langle \Psi_0, \hat{H}\Psi_0 \rangle = 0$ と同値である. したがって, $\int_{[0,\infty)} \lambda \, \mathrm{d}\|E_{\hat{H}}(\lambda)\Psi_0\|^2 = 0$ ($E_{\hat{H}}$ は $\hat{H}$ のスペクトル測度). これは $\|E_{\hat{H}}((0,\infty))\Psi_0\|^2 = 0$, すなわち, $E_{\hat{H}}((0,\infty))\Psi_0 = 0$ を意味する. したがって, $E_{\hat{H}}(\{0\})\Psi_0 = \Psi_0$. ゆえに, $\hat{H}\Psi_0 = 0$. ∎

定理 7.61 (i) の型の変分原理は, 最低エネルギーよりも大きい固有値の存在または非存在を調べる原理へと拡張される. 後者は, **最小–最大原理** (min-max principle) と呼ばれる[123].

### 7.16.2 「時間発展」における遷移確率の評価と量子ゼノン効果

公理 (QM.4) と確率解釈により, 時刻 0 で状態 $[\Psi] \in \mathcal{H}$ ($\Psi \in \mathcal{H}$, $\|\Psi\| = 1$) にあった系が時刻 $t \in \mathbb{R}$ で (測定したときに) 状態 $[\Phi]$ ($\Phi \in \mathcal{H}$, $\|\Phi\| = 1$)

---

[122] ∵ もし, ある $\delta > 0$ があって, $E_H(I_\delta) = 0$ とすると $\sigma(H) = \operatorname{supp} E_H \subset [E_0 + \delta, \infty)$ となり, $E_0 \in \sigma(H)$ に矛盾.
[123] この側面については, 拙著『量子現象の数理』(朝倉書店, 2006) の第 6 章を参照されたい.

## 7.16. ハミルトニアンの一般的特性

に見出される確率（7.2.3項の最後の段を参照）は

$$P_{\Psi,\Phi}(t) := \left|\langle \Phi, e^{-itH/\hbar}\Psi\rangle\right|^2 \tag{7.139}$$

で与えられる[124]．これを時刻 0 で状態 [$\Psi$] にあった系が，時刻 $t$ で（測定により）状態 [$\Phi$] へ遷移する**遷移確率**という．容易にわかるように，時間反転 $t \mapsto -t$ に関して

$$P_{\Psi,\Phi}(-t) = P_{\Phi,\Psi}(t) \tag{7.140}$$

が成り立つ．

$\Phi = \Psi$ の場合の遷移確率

$$P_{\Psi}(t) := \left|\langle \Psi, e^{-itH/\hbar}\Psi\rangle\right|^2 \tag{7.141}$$

を初期状態 [$\Psi$] に対する時刻 $t$ での**生き残り確率** (survival probability) または**残存確率**という．残存確率については，次に証明する普遍的な不等式が成立する：

**定理 7.62**（フレミングの不等式[125]）　$H$ を $\mathcal{H}$ 上の任意の自己共役作用素とする（必ずしも下に有界である必要はない）．このとき，任意の単位ベクトル $\Psi \in D(H)$ と条件

$$0 \le \frac{|t|(\Delta H)_{\Psi}}{\hbar} < \frac{\pi}{2} \tag{7.142}$$

を満たす任意の実数 $t \in \mathbb{R}$ に対して

$$P_{\Psi}(t) \ge \cos^2 \frac{t(\Delta H)_{\Psi}}{\hbar}. \tag{7.143}$$

**証明**　(7.143) は $t > 0$ の場合について示せば十分である[126]．簡単のため，$P(t) := P_{\Psi}(t)$, $\Psi(t) := e^{-itH/\hbar}\Psi$ とおく．1 次元部分空間 $\{\alpha\Psi \mid \alpha \in \mathbb{C}\}$ への正射影作用素を $Q$ とする：$Q\Phi := \langle \Psi, \Phi\rangle \Psi$ ($\Phi \in \mathcal{H}$)．このとき

$$P(t) = \langle \Psi(t), Q\Psi(t)\rangle$$

と変形できる．$\Psi \in D(H)$ であるので，$\Psi(t)$ は $t$ について強微分可能であり，

---

[124] $H$ は下に有界である必要はない．
[125] G. N. Fleming, A unitarity bound on the evolution of nonstationary states, *IL Nouvo Cimento* **16 A** (1973), 232–240.
[126] (7.140) により，$P_{\Psi}(t) = P_{\Psi}(-t)$ であることに注意．

$d\Psi(t)/dt = -iH\Psi(t)/\hbar$ が成り立つ. $Q$ は有界であるので, $P(t)$ は $t$ について微分可能であり

$$\dot{P}(t) = \frac{i}{\hbar}(\langle H\Psi(t), Q\Psi(t)\rangle - \langle Q\Psi(t), H\Psi(t)\rangle)$$

となる ($\dot{P}(t) := dP(t)/dt$). (7.48) を応用すれば

$$|\dot{P}(t)| \leq \frac{2}{\hbar}(\Delta H)_{\Psi(t)}(\Delta Q)_{\Psi(t)}$$

を得る. 一方, 作用素解析により, $(\Delta H)_{\Psi(t)} = (\Delta H)_{\Psi}$. (7.46) の応用により

$$(\Delta Q)^2_{\Psi(t)} = \|Q\Psi(t)\|^2 - \langle \Psi(t), Q\Psi(t)\rangle^2 = P(t) - P(t)^2 = P(t)(1 - P(t)).$$

したがって, $C := (\Delta H)_{\Psi}/\hbar$ とおくと, 任意の $\varepsilon > 0$ に対して

$$|\dot{P}(t)| \leq 2C\sqrt{P(t)(1 - P(t))} \leq 2C\sqrt{(P(t) + \varepsilon)(1 + \varepsilon - P(t))}.$$

任意の $t \in \mathbb{R}$ に対して, $f(t) := \sqrt{(P(t) + \varepsilon)(1 + \varepsilon - P(t))} \geq \varepsilon > 0$ ($0 \leq P(t) \leq 1$ に注意) であるので, 上式の両辺を $f(t)$ で割り, $t$ について $0$ から $t > 0$ まで積分し, 変数変換 $p = P(t)$ を行えば

$$\left|\int_{P(t)}^{1} \frac{1}{\sqrt{(p + \varepsilon)(1 + \varepsilon - p)}} dp\right| \leq 2Ct$$

が得られる. $1/\sqrt{(p + \varepsilon)(1 + \varepsilon - p)} \leq 1/\sqrt{p(1-p)}$ で $1/\sqrt{p(1-p)}$ は $(0,1)$ で可積分であるから, 上の不等式で $\varepsilon \downarrow 0$ とするとき, ルベーグの優収束定理により

$$\left|\int_{P(t)}^{1} \frac{1}{\sqrt{p(1-p)}} dp\right| \leq 2Ct$$

が得られる. $y = \sqrt{1-p}$ と変数変換すれば

$$\int_{P(t)}^{1} \frac{1}{\sqrt{p(1-p)}} dp = 2\int_{0}^{\sqrt{1-P(t)}} \frac{1}{\sqrt{1-y^2}} dy.$$

そこで, $y = \sin\theta, \theta \in [0, \pi/2)$ と変数変換すれば

$$\int_{P(t)}^{1} \frac{1}{\sqrt{p(1-p)}} dp = 2\sin^{-1}\sqrt{1 - P(t)}$$

を得る．したがって，$\sin^{-1}\sqrt{1-P(t)} \leq Ct$. ゆえに，(7.142) が成り立つならば，$1 - P(t) \leq \sin^2(Ct)$ となる．これは，$P(t) \geq \cos^2(Ct)$ を意味する．■

さて，時刻 0 で系は状態 $[\Psi]$ ($\Psi \in \mathcal{H}, \|\Psi\| = 1$) にあるとしよう．時刻 $t > 0$ を任意に固定し，時間区間 $[0, t]$ を $n$ 等分し

$$t_0 = 0, \quad t_j = \frac{jt}{n}, \quad (j = 1, 2, \ldots, n)$$

とおき（したがって，$t_0 < t_1 < \cdots < t_{n-1} < t_n = t$），各時刻 $t_j$ ($j = 1, \ldots, n$) で系を測定するとする．この場合，すべての時刻 $t_1, \ldots, t_n$ で初期状態 $[\Psi]$ が見出される確率（換言すれば，どの時刻でも初期状態が残存している確率）を $p_n(t)$ とすれば

$$\begin{aligned} p_n(t) &= P_\Psi(t_1) P_\Psi(t_2 - t_1) P_\Psi(t_3 - t_2) \cdots P_\Psi(t_n - t_{n-1}) \\ &= P_\Psi\left(\frac{t}{n}\right)^n = \left|\langle \Psi, e^{-itH/n\hbar} \Psi \rangle\right|^{2n} \end{aligned} \quad (7.144)$$

と表される．時間区間 $[0, t]$ の分割をどんどん細かくするとき，$p_n(t)$ はどういう振る舞いをするであろうか．これは，物理的にたいへん興味のある問いである．理論的には次の結果が成立する：

**定理 7.63** $\Psi \in D(H), \|\Psi\| = 1$ とする．このとき

$$\lim_{n \to \infty} p_n(t) = 1. \quad (7.145)$$

この定理を証明するために，次の補題をまず証明する：

**補題 7.64** 任意の実数 $a \in \mathbb{R}$ に対して

$$\lim_{n \to \infty} \cos^{2n} \frac{a}{n} = 1. \quad (7.146)$$

**証明** $0 \leq \cos^{2n}(a/n) \leq 1$ は明らか．したがって，$\limsup_{n \to \infty} \cos^{2n}(a/n) \leq 1$．一方，微分法の応用により

$$\cos x \geq 1 - \frac{x^2}{2} \quad (\forall x \in \mathbb{R})$$

が簡単に示される．したがって，$n \geq |a|/\sqrt{2}$ に対して

$$\cos^{2n} \frac{a}{n} \geq \left(1 - \frac{a^2}{2n^2}\right)^{2n} = c_n^{a^2/n}.$$

ただし, $c_n = (1-(a^2/2n^2))^{2n^2/a^2}$. ネピア数 $e$(自然対数の底)に関する公式により, $\lim_{n\to\infty} c_n = e^{-1}$. したがって, $\lim_{n\to\infty} c_n^{a^2/n} = 1$. ゆえに $\liminf_{n\to\infty} \cos^{2n}(a/n) \geq 1$. よって,「はさみうち」により, (7.146) が得られる. ∎

**定理 7.63 の証明**

$0 \leq p_n(t) \leq 1$ は明らかであるから, $\limsup_{n\to\infty} p_n(t) \leq 1$.

(7.143) と (7.144) により, $n \geq 2t(\Delta H)_\Psi/\pi\hbar$ ならば

$$p_n(t) \geq \cos^{2n} \frac{t(\Delta H)_\Psi}{n\hbar}.$$

これと補題 7.64 によって, $\liminf_{n\to\infty} p_n(t) \geq 1$. ゆえに (7.145) が得られる. ∎

(7.145) は, 系の測定を「非常に短い」時間間隔(等間隔)で行うと, ほぼ確率 1 でどの時刻においても系の状態が初期状態にとどまることを意味する. つまり, この場合, ほぼ確率 1 で初期状態は別の状態に移行しない. この現象は**量子ゼノン効果**と呼ばれる[127].

**注意 7.65** 量子ゼノン効果については, 以下の点も明らかにされている[128].

(i) $\Psi \notin D(H)$ の場合には, 量子ゼノン効果が起こる——(7.145) が成り立つ——とは限らない. この意味で $H$ の定義域は重要性をもつ.

(ii) $\Psi \in D(H)$ ならば, 時間区間 $[0,t]$ の分割が非等分分割の場合でも量子ゼノン効果が起きる.

---

[127] この現象は, 実際に, 実験的に実現されたという報告がある(たとえば, D. Home and M. A. B. Whitaker, A conceptual analysis of quantum Zeno; paradox, measurement, and experiment, *Ann. of Phys.* **258** (1997), 237–285).「量子ゼノン効果」という名称は,「矢は飛ばない」(運動は存在しない)といういわゆるゼノンの「パラドックス」にちなむ (B. Misra and E. C. G. Sudarshan, The Zeno's paradox in quantum theory, *J. Math. Phys.* **18** (1977), 756–763).

[128] 詳細については, A. Arai and T. Fuda, Some mathematical aspects of quantum Zeno effect, *Lett. Math. Phys.* **100** (2012), 245–260 および A. Arai, Asymptotic analysis of the Fourier transform of a probability measure with application to quantum Zeno effect, Hokkaido University Preprint Series #1008 (http://eprints3.math.sci.hokudai.ac.jp/view/type/preprint.html) を参照.

(iii) $p_n(t)$ の $1/n$ に関する漸近展開.

遷移確率 $P_{\Psi,\Phi}(t)$ に関しては，$|t| \to \infty$ での挙動（長時間挙動）を調べることも興味のある問題の一つである[129].

## 7.17 代数的定式化

本章を終えるにあたって，量子力学の公理論的アプローチにおける代数的定式化について簡単に触れておく．この定式化は，抽象的な $*$ 代数（付録 B の B.4 を参照）を最も根源的な対象として措定するものである．その背後にある考え方の一つは，本章で叙述した，ヒルベルト空間形式の定式化をもう一歩，抽象的な次元へと昇華させることにより，より根源的・普遍的な観点から量子現象を捉えようとするものである．粗く言うならば，ヒルベルト空間形式におけるヒルベルト空間を「捨象」し，より「上位」の位置から全体的に俯瞰する観点を採るのである．まず，代数的定式化における最も基本的な公理を提示する：

**公理 (A.1)**（物理量）各量子系 S に対して，単位的 $*$ 代数 $\mathfrak{A}$ が対応し，S の物理量は $\mathfrak{A}$ の自己共役元[130] によって表される．

**公理 (A.2)**（状態）量子系 S の状態は $\mathfrak{A}$ 上のの線形汎関数 $\omega: \mathfrak{A} \to \mathbb{C}$ で次の条件を満たすものによって記述される：

(i)（規格化条件）$\omega(E) = 1$（$E$ は $\mathfrak{A}$ の単位元）．

(ii)（正値性）すべての $A \in \mathfrak{A}$ に対して，$\omega(A^\dagger A) \geq 0$. ただし，$A^\dagger$ は $A$ の共役元である．

$\omega$ を $\mathfrak{A}$ **上の状態** (state) という．

**公理 (A.3)**（「時間発展」）量子系 S の「時間発展」は，$\mathfrak{A}$ 上の自己同型写像（付録 B の B.4 節を参照）からなる 1 パラメーター族 $\{\alpha_t\}_{t \in \mathbb{R}}$ で $\alpha_0 = I$,

---

[129] この問題については，拙著『量子現象の数理』（朝倉書店，2006）の第 3 章の 3.8.4 項，第 5 章の 5.6 節あるいは第 7 章を参照されたい．
[130] $A \in \mathfrak{A}$ が自己共役元 $\overset{\text{def}}{\Longleftrightarrow} A^\dagger$（$A$ の共役元）$= A$.

$\alpha_{t+s} = \alpha_t \alpha_s$ $(s, t \in \mathbb{R})$ を満たすもの——$\mathfrak{A}$ 上の **1 パラメーター自己同型群**——よって記述される[131]．

∗代数の基本的な範疇をあげておこう：

(i) 複素ヒルベルト空間 $\mathcal{H}$ 上の（$\mathcal{H}$ 全体を定義域とする）有界線形作用素の全体 $\mathfrak{B}(\mathcal{H})$ は，各 $A \in \mathfrak{B}(\mathcal{H})$ に対して，$A^\dagger = A^*$（$A$ の共役作用素）とすることにより，∗代数をなす．

(ii) $\mathfrak{B}(\mathcal{H})$ の ∗ 部分代数 $\mathfrak{A}$ で作用素ノルム $\|\cdot\|$ の位相で閉じているもの[132]を**作用素 $C^*$ 代数**または**作用素 $C^*$ 環**という[133]．

(iii) $\mathfrak{B}(\mathcal{H})$ の ∗ 部分代数 $\mathfrak{M}$ で弱位相で閉じているもの[134]を**フォン・ノイマン代数**または**フォン・ノイマン環**という．ノルム収束は弱収束を意味するので，フォン・ノイマン代数は作用素 $C^*$ 代数である（だが，この逆は，一般には成立しない）．

(iv) 複素ヒルベルト空間 $\mathcal{H}$ の稠密な部分空間 $\mathcal{D}$ に対して，$\mathcal{D}$ を定義域とする線形作用素 $A$ で $A\mathcal{D} \subset \mathcal{D}$ かつ $\mathcal{D} \subset D(A^*)$, $A^*\mathcal{D} \subset \mathcal{D}$ を満たすもの全体を $\mathcal{L}^\dagger(\mathcal{D})$ とする．このとき，$\mathcal{L}^\dagger(\mathcal{D})$ は，通常の作用素の和，スカラー倍，積および対応：$A \mapsto A^\dagger := A^* \!\upharpoonright\! \mathcal{D}$ によって，∗代数になる．∗代数 $\mathcal{L}^\dagger(\mathcal{D})$ は $\mathcal{D}$ 上の **$O^*$ 代数**と呼ばれる[135]．この ∗ 代数の範疇は，$\mathfrak{B}(\mathcal{H})$ を非有界線形作用素からなる ∗ 代数の範疇へと拡張したものと見ることができる（$\mathcal{L}^\dagger(\mathcal{H}) = \mathfrak{B}(\mathcal{H})$ に注意）．

**例 7.66** $\mathcal{L}^\dagger(\mathcal{D})$ の一つの ∗ 部分代数を $\mathfrak{A}$ とし，$I_\mathcal{D}(:= I \!\upharpoonright\! \mathcal{D}) \in \mathfrak{A}$ とする．単位ベクトル $\Psi \in \mathcal{D}$ に対して，写像 $\omega_\Psi : \mathfrak{A} \to \mathbb{C}$ を

$$\omega_\Psi(A) := \langle \Psi, A\Psi \rangle \quad (A \in \mathfrak{A}) \tag{7.147}$$

---

[131] $\alpha_t$ の $t$ に関する連続性の概念は，$\mathfrak{A}$ の範疇（以下を参照）に応じて定義されるので，この公理系では特定しないでおく．
[132] $\mathfrak{A}$ の有向点族（ネット）$\{A_\lambda\}_{\lambda \in \Lambda}$（$\Lambda$ は有向集合）が $A \in \mathfrak{A}$ にノルム収束する (i.e. $\lim_\lambda \|A_\lambda - A\| = 0$) ならば，つねに $A \in \mathfrak{A}$ ということ．
[133] 作用素 $C^*$ 代数の抽象版として，$C^*$ **代数**または $C^*$ **環**と呼ばれる抽象代数の範疇が存在する．詳しくは，拙著『量子統計力学の数理』（共立出版，2008）の第 3 章を参照．
[134] $\mathfrak{M}$ の有向点族 $\{A_\lambda\}_{\lambda \in \Lambda}$ が $A \in \mathfrak{M}$ に弱収束するならば (i.e. すべての $\Psi, \Phi \in \mathcal{H}$ に対して $\lim_\lambda \langle \Psi, A_\lambda \Phi \rangle = \langle \Psi, A\Phi \rangle$)，つねに $A \in \mathfrak{M}$ ということ．
[135] "operator ∗ algebra" の意．

によって定義すれば，$\omega_\Psi$ は $\mathfrak{A}$ 上の状態である．この型の状態をベクトル $\Psi$ から定まる**ベクトル状態** (vector state) という[136]．ベクトル状態は，ヒルベルト空間形式における状態ベクトルを $*$ 代数上の状態として捉え直したものと見ることができる．

**例 7.67** $\mathfrak{A}$ を $\mathcal{H}$ 上の有界線形作用素からなるフォン・ノイマン代数とする．$\{\Psi_n\}_{n=1}^\infty$ を $\mathcal{H}$ の完全正規直交系とし，非負の実数列 $\{\lambda_n\}_{n=1}^\infty$ は

$$\sum_{n=1}^\infty \lambda_n = 1 \tag{7.148}$$

を満たすとする．1 次元部分空間 $\{\alpha\Psi_n | \alpha \in \mathbb{C}\}$ への正射影作用素を $P_n$ とする：$P_n \Psi := \langle \Psi_n, \Psi \rangle \Psi_n$ ($\Psi \in \mathcal{H}$)．このとき

$$\rho := \sum_{n=1}^\infty \lambda_n P_n \in \mathfrak{B}(\mathcal{H}) \tag{7.149}$$

はノルム収束する[137]．この型の作用素を**密度行列** (density matrix) という[138]．

容易にわかるように，$\rho$ は非負の有界自己共役作用素であり，$\rho\Psi_n = \lambda_n \Psi_n$，$\forall n \geq 1$ が成り立つ．したがって，任意の $A \in \mathfrak{B}(\mathcal{H})$ に対して

$$\mathrm{tr}(\rho A) := \sum_{n=1}^\infty \langle \Psi_n, \rho A \Psi_n \rangle = \sum_{n=1}^\infty \lambda_n \omega_{\Psi_n}(A)$$

は絶対収束する[139]．特に，$A = I$（恒等作用素）の場合を考えると

$$\mathrm{tr}\,\rho = \sum_{n=1}^\infty \lambda_n = 1$$

である．

---

[136] これは後に述べる純粋状態であるとは限らない．この点には注意されたい（例 7.72 を参照）．
[137] $\because$ 各自然数 $N$ に対して，$S_N := \sum_{n=1}^N \lambda_n P_n$ とおくと，$S_N \in \mathfrak{B}(\mathcal{H})$ である．$M > N$ に対して，$\|S_M - S_N\| = \|\sum_{n=N+1}^M \lambda_n P_n\| \leq \sum_{n=N+1}^M \lambda_n \to 0$ ($N, M \to \infty$)．ゆえに，$\{S_N\}_{N=1}^\infty$ は $\mathfrak{B}(\mathcal{H})$ のコーシー列であり，$\mathfrak{B}(\mathcal{H})$ は完備であるので，$\rho := \lim_{N \to \infty} S_N$（ノルム収束）が存在する．
[138] 作用素論の言葉を使えば，$\rho$ は非負のトレース型作用素で，そのトレース $\mathrm{tr}\,\rho$ が 1 に等しいものである．トレース型作用素の理論については，拙著『量子統計力学の数理』（共立出版，2008）の第 1 章，1.1 節を参照されたい．
[139] $\because$ シュヴァルツの不等式により，$|\omega_{\Psi_n}(A)| \leq \|A\|$．

そこで，任意の $A \in \mathfrak{A}$ に対して，$\omega_\rho : \mathfrak{A} \to \mathbb{C}$ を

$$\omega_\rho(A) := \mathrm{tr}(\rho A) \tag{7.150}$$

によって定義すれば，これは，$\mathfrak{A}$ 上の状態である．状態 $\omega_\rho$ は，$\rho$ から定まる**正規状態** (normal state) と呼ばれる．$\lambda_n = 1, \lambda_m = 0, m \neq n$ ならば，$\omega_\rho(A) = \omega_{\Psi_n}(A)$ となるので，正規状態は，特別な場合として，ベクトル状態を含む．

量子力学の代数的定式化は，$\mathfrak{A}$ をヒルベルト空間上の線形作用素を用いて実現することにより，ヒルベルト空間形式の量子力学へと接続する．これを記述するのが ∗ 代数の表現という概念である：

**定義 7.68** $\mathfrak{A}$ を ∗ 代数，$\mathcal{H}$ を複素ヒルベルト空間，$\mathsf{L}_{\mathrm{dense}}(\mathcal{H})$ を $\mathcal{H}$ において稠密に定義された線形作用素の全体とする．写像 $\pi : \mathfrak{A} \to \mathsf{L}_{\mathrm{dense}}(\mathcal{H})$ が次の条件を満たすとき，$(\mathcal{H}, \pi)$ を $\mathfrak{A}$ の $\mathcal{H}$ 上での**表現**と呼ぶ：

(i) $\pi(\alpha A + \beta B) = \alpha \pi(A) + \beta \pi(B)$ $(A, B \in \mathfrak{A}, \alpha, \beta \in \mathbb{C})$.

(ii) $\pi(A)^* \supset \pi(A^\dagger)$ $(A \in \mathfrak{A})$.

(iii) $\pi(AB) = \pi(A)\pi(B)$ $(A, B \in \mathfrak{A})$.

もし，ある単位ベクトル $\Psi_0 \in \bigcap_{A \in \mathfrak{A}} D(\pi(A))$ があって，$\{\pi(A)\Psi_0 \mid A \in \mathfrak{A}\}$ が $\mathcal{H}$ で稠密ならば，$(\mathcal{H}, \pi)$ を**巡回表現** (cyclic representation) と呼び，$\Psi_0$ を**巡回ベクトル**という．

∗ 代数の表現については次の定理が基本的である：

**定理 7.69** $\mathfrak{A}$ を単位的 ∗ 代数，$\omega$ を $\mathfrak{A}$ 上の状態とする．このとき，ヒルベルト空間 $\mathcal{H}_\omega$，稠密な部分空間 $\mathcal{D}_\omega \subset \mathcal{H}_\omega$，単位ベクトル $\Psi_\omega \in \mathcal{D}_\omega$ および $\mathfrak{A}$ の巡回表現 $(\mathcal{H}_\omega, \pi_\omega)$ が存在して次の (i)–(iii) が成立する：

(i) 各 $A \in \mathfrak{A}$ に対して，$D(\pi_\omega(A)) = \mathcal{D}_\omega$ であり，$\pi_\omega(A)$ は $\mathcal{D}_\omega$ を不変にする (i.e. $\pi_\omega(A)\mathcal{D}_\omega \subset \mathcal{D}_\omega$, $A \in \mathfrak{A}$).

(ii) $\omega(A) = \langle \Psi_\omega, \pi_\omega(A)\Psi_\omega \rangle_{\mathcal{H}_\omega}$ $(A \in \mathfrak{A})$.

(iii) $\mathcal{D}_\omega = \{\pi_\omega(A)\Psi_\omega \,|\, A \in \mathfrak{A}\}$.

**証明** 任意の $A, B \in \mathfrak{A}$ に対して

$$\langle A, B \rangle := \omega(A^\dagger B), \quad \|A\| := \sqrt{\langle A, A \rangle} = \sqrt{\omega(A^\dagger A)}$$

を定義する．写像 $\langle \cdot, \cdot \rangle : \mathfrak{A} \times \mathfrak{A} \to \mathbb{C}$ が半正定値内積[140]であることは容易にわかる．そこで，$\mathcal{N} := \{A \in \mathfrak{A} \,|\, \langle A, A \rangle = 0\}$ とすれば，これは $\mathfrak{A}$ の部分空間である[141]．そこで，$\mathcal{N}$ に関する商ベクトル空間 $\mathcal{D}_\omega := \mathfrak{A}/\mathcal{N} = \{[A]\,|\,A \in \mathfrak{A}\}$ ($[A]$ は $A$ の同値類：$B \in [A] \Leftrightarrow A - B \in \mathcal{N}$) を考え

$$\langle [A], [B] \rangle_{\mathcal{D}_\omega} := \langle A, B \rangle \quad ([A], [B] \in \mathcal{D}_\omega)$$

とすれば，$\langle \cdot, \cdot \rangle_{\mathcal{D}_\omega}$ は $\mathcal{D}_\omega$ の内積になる．$\mathcal{D}_\omega$ の完備化を $\mathcal{H}_\omega$ とし，その内積を $\langle \cdot, \cdot \rangle_{\mathcal{H}_\omega}$ と記す．

各 $A \in \mathfrak{A}$ に対して，写像 $\pi_\omega(A) : \mathcal{D}_\omega \to \mathcal{D}_\omega$ を

$$\pi_\omega(A)[X] := [AX] \quad ([X] \in \mathcal{D}_\omega)$$

によって定義できる[142]．このとき，$\pi_\omega(A)$ は $\mathcal{D}_\omega$ 上の線形作用素であり，すべての $A, B \in \mathfrak{A}, \alpha, \beta \in \mathbb{C}$ に対して

$$\pi_\omega(\alpha A + \beta B) = \alpha \pi_\omega(A) + \beta \pi_\omega(B),$$
$$\pi_\omega(AB) = \pi_\omega(A)\pi_\omega(B), \quad \pi_\omega(A)^* \supset \pi_\omega(A^\dagger)$$

を満たす[143]．したがって，$(\mathcal{H}_\omega, \pi_\omega)$ は $\mathfrak{A}$ の表現である．

$\Psi_\omega := [E]$ とすれば，$\Psi_\omega \in \mathcal{D}_\omega$ であり，$\langle \Psi_\omega, \Psi_\omega \rangle_{\mathcal{H}_\omega} = \omega(E^\dagger E)$ である．一方，$E^\dagger = E$ である[144]．したがって，$E^\dagger E = E^2 = E$. ゆえに

---

[140] $\langle A, A \rangle = 0$ でも $A = 0$ とは限らないということ．
[141] ∵ 任意の $\alpha \in \mathbb{C}$ に対して，$A \in \mathcal{N}$ ならば $\alpha A \in \mathcal{N}$ は明らか．また，任意の $A, B \in \mathcal{N}$ に対して，$|\langle A+B, A+B \rangle| \le 2|\langle A, B \rangle| \le 2\|A\|\|B\| = 0$ (シュヴァルツの不等式は半正定値内積でも成立する)．
[142] $[X] = [Y]$ $(X, Y \in \mathfrak{A})$ ならば，任意の $A \in \mathfrak{A}$ に対して，$[AX] = [AY]$ であるので (∵ $|\langle AX - AY, AX - AY \rangle| = |\langle (X-Y), A^\dagger(AX-AY) \rangle| \le \|X-Y\|\|A^\dagger(AX-AY)\| = 0$)，この定義は意味をもつ．
[143] 最後の関係式については，$\langle \cdot, \cdot \rangle$ の定義から容易に導かれる式 $\langle AX, Y \rangle = \langle X, A^\dagger Y \rangle$ $(A, X, Y \in \mathfrak{A})$ を用いよ．
[144] ∵ 任意の $A \in \mathfrak{A}$ に対して，$A^\dagger = A^\dagger E = EA^\dagger$ であるから，これらの式の共役をとれば，$A = E^\dagger A = AE^\dagger$．これと単位元の一意性により，$E = E^\dagger$．

$\langle \Psi_\omega, \Psi_\omega \rangle_{\mathcal{H}_\omega} = 1$ と計算される.すなわち,$\Psi_\omega$ は単位ベクトルである.さらに,任意の $A \in \mathfrak{A}$ に対して,$\langle \Psi_\omega, \pi_\omega(A)\Psi_\omega \rangle_{\mathcal{H}_\omega} = \omega(E^\dagger A E) = \omega(A)$. したがって,(ii) が成立する.また,$\{\pi_\omega(A)\Psi_\omega | A \in \mathfrak{A}\} = \{[A] | A \in \mathfrak{A}\} = \mathcal{D}_\omega$ である.したがって,(iii) も成立する. ∎

定理 7.69 における表現 $(\mathcal{H}_\omega, \pi_\omega)$ を **GNS**[145]**表現**という.この表現の構成の考え方は,広い応用をもち,一般に,**GNS 構成法**と呼ばれる.

GNS 表現は,次の定理の意味で,ユニタリ同値を除いて,一意的である:

**定理 7.70(GNS 表現の一意性)** $\mathfrak{A}, \omega$ は定理 7.69 のものとする.$\mathcal{K}$ を複素ヒルベルト空間,$(\mathcal{K}, \pi)$ を $\mathfrak{A}$ の巡回表現とし,その巡回ベクトルを $\Phi_0$ とする.$\mathcal{F}_\pi := \{\pi(A)\Phi_0 | A \in \mathfrak{A}\}$ とおく.さらに,すべての $A \in \mathfrak{A}$ に対して $\omega(A) = \langle \Phi_0, \pi(A)\Phi_0 \rangle_\mathcal{K}$ が成り立つとする.このとき,ユニタリ変換 $U : \mathcal{H}_\omega \to \mathcal{K}$ で次の性質を満たすものがただ一つ存在する:

(i) $U\mathcal{D}_\omega = \mathcal{F}_\pi$.

(ii) $U\Psi_\omega = \Phi_0, U\pi_\omega(A)U^{-1} = \pi(A)$ ($\mathcal{F}_\pi$ 上)($A \in \mathfrak{A}$).

**証明** 写像 $U_0 : \mathcal{D}_\omega \to \mathcal{F}_\pi$ を $U_0 \pi_\omega(A)\Psi_\omega := \pi(A)\Phi_0$ によって定義する.このとき,$U_0 \Psi_\omega = \Phi_0$ ($\because \pi_\omega(E) = I, \pi(E) = I$) であり

$$\|U_0 \pi_\omega(A)\Psi_\omega\|^2 = \|\pi(A)\Phi_0\|^2 = \langle \Phi_0, \pi(A^\dagger A)\Phi_0 \rangle = \omega(A^\dagger A)$$
$$= \|\pi_\omega(A)\Psi_\omega\|^2.$$

したがって,$U_0$ は等距離作用素である.$U_0$ が全射であることは明らか.ゆえに,拡大定理により,ユニタリ変換 $U : \mathcal{H}_\omega \to \mathcal{K}$ で $U \upharpoonright \mathcal{D}_\omega = U_0$ となるものがただ一つ存在する.任意の $\Phi = \pi(B)\Phi_0 \in \mathcal{F}_\pi$ ($B \in \mathfrak{A}$) に対して

$$U\pi_\omega(A)U^{-1}\Phi = U\pi_\omega(AB)\Psi_\omega = \pi(AB)\Phi_0 = \pi(A)\Phi.$$

したがって,$U\pi_\omega(A)U^{-1} = \pi(A)$ ($\mathcal{F}_\pi$ 上). ∎

\* 代数 $\mathfrak{A}$ 上の任意の二つの異なる状態 $\omega_1, \omega_2$ に対して,これらの凸線形結合

$$\omega := \lambda \omega_1 + (1-\lambda)\omega_2 \quad (0 < \lambda < 1)$$

---

[145] ゲルファント (Gel'fand)–ナイマルク (Naimark)–シーガル (Segal).

も $\mathfrak{A}$ 上の状態である．この状態は，$\omega_1$ と $\omega_2$ の**混合** (mixture) または**混合状態** (mixed state) と呼ばれる．他方，$\mathfrak{A}$ 上の状態 $\omega$ が $\mathfrak{A}$ 上の他の状態 $\omega_1, \omega_2$（ただし，$\omega_1 \neq \omega_2$）の凸結合で表されないとき，$\omega$ を**純粋状態** (pure state) という．ここで，注意しなければならないことは，状態が純粋であるか否かは，それが定義されている $*$ 代数に依存するということである．

**例 7.71** 例 7.67 において，$\lambda_n$ のうち少なくとも二つが正ならば，$\omega_\rho$ は混合状態である．

**例 7.72** 例 7.66 において導入したベクトル状態は純粋状態であるとは限らないことを示そう．$\mathcal{M} (\neq \{0\}, \mathcal{H})$ を $\mathcal{H}$ の閉部分空間とすれば，$\mathcal{H} = \mathcal{M} \oplus \mathcal{M}^\perp$ が成り立つ（$\mathcal{M}^\perp$ は $\mathcal{M}$ の直交補空間）．$*$ 代数 $\mathfrak{A}$ として，$\mathfrak{A} := \mathfrak{B}(\mathcal{M}) \oplus \mathfrak{B}(\mathcal{M}^\perp) = \{A_1 \oplus A_2 | A_1 \in \mathfrak{B}(\mathcal{M}), A_2 \in \mathfrak{B}(\mathcal{M}^\perp)\}$ をとる．$\Psi_1 \in \mathcal{M}, \Psi_2 \in \mathcal{M}^\perp$ を単位ベクトル，$\alpha, \beta \in \mathbb{C} \setminus \{0\}$ を $|\alpha|^2 + |\beta|^2 = 1$ を満たす任意の複素数とする．このとき，$\Psi := \alpha \Psi_1 + \beta \Psi_2$ とすれば，$\Psi$ は単位ベクトルであり

$$\omega_\Psi = |\alpha|^2 \omega_{\Psi_1} + |\beta|^2 \omega_{\Psi_2}$$

が成り立つ[146]．したがって，ベクトル状態 $\omega_\Psi$ は，相異なる二つのベクトル状態 $\omega_{\Psi_1}$ と $\omega_{\Psi_2}$ の混合である．

証明は省略するが次の事実がある：ヒルベルト空間 $\mathcal{H}$ における作用素 $C^*$ 代数 $\mathfrak{A}$ 上のベクトル状態が純粋であるための必要十分条件は，$\mathfrak{A}$ が既約である (i.e. $\mathfrak{A}$ 不変な部分空間は $\{0\}$ または $\mathcal{H}$ に限る) ことである[147]．

例 7.72 の $*$ 代数 $\mathfrak{A}$ は既約でないのである．

代数的量子力学のさらに詳しい内容については，拙著『量子統計力学の数理』（共立出版，2008）の第 4 章を参照されたい．

---

[146] 任意の $A = A_1 \oplus A_2 \in \mathfrak{A}$ に対して，$\omega_\Psi(A) = |\alpha|^2 \omega_{\Psi_1}(A) + |\beta|^2 \omega_{\Psi_2}(A)$ を示せ（任意の $\Phi = \Phi_1 + \Phi_2$ ($\Phi_1 \in \mathcal{M}, \Phi_2 \in \mathcal{M}^\perp$) に対して，$A\Phi = A_1 \Phi_1 + A_2 \Phi_2$ に注意）．
[147] 証明については，拙著『量子統計力学の数理』（共立出版，2008）の定理 3.57 を参照されたい．

# 付録A 写像と同値関係

## A.1 写像の全単射性に関する条件

X, Y を空でない集合とする．$f$ が X から Y への写像であることを $f : \mathsf{X} \to \mathsf{Y}$ と表し，元の対応を $\mathsf{X} \ni x \mapsto f(x) \in \mathsf{Y}$ と記す．

$f$ の**値域**を $f(\mathsf{X})$ で表す：$f(\mathsf{X}) := \{f(x)\,|\,x \in \mathsf{X}\} \subset \mathsf{Y}$.

$f(\mathsf{X}) = \mathsf{Y}$ のとき，$f$ は**全射**であるという．

$x_1 \neq x_2$ $(x_1, x_2 \in \mathsf{X})$ ならば，つねに $f(x_1) \neq f(x_2)$ であるとき，$f$ は**単射**または **1 対 1** であるという．

全射かつ単射である写像は**全単射**であるという．

X 上の**恒等写像**を $I_\mathsf{X}$ とする[1]：$I_\mathsf{X}(x) := x$ $(\forall x \in \mathsf{X})$.

二つの写像 $f : \mathsf{X} \to \mathsf{Y}, g : \mathsf{Y} \to \mathsf{Z}$（Z は空でない集合）の合成写像を $g \circ f$ と表す：

$$(g \circ f)(x) := g(f(x)) \quad (x \in \mathsf{X}). \tag{A.1}$$

$f$ が単射であるとき，その逆写像を $f^{-1}$ で表す $(f^{-1} : f(\mathsf{X}) \to \mathsf{X})$.

与えられた写像が全単射であることを判定する上で次の命題は有用である：

**命題 A.1** 写像 $f : \mathsf{X} \to \mathsf{Y}$ が全単射であるための必要十分条件は，$g : \mathsf{Y} \to \mathsf{X}$ が存在して，$f \circ g = I_\mathsf{Y}, g \circ f = I_\mathsf{X}$ が成り立つことである．この場合，$g = f^{-1}$ である．

写像 $f : \mathsf{X} \to \mathsf{Y}$ に対して，直積集合 $\mathsf{X} \times \mathsf{Y} := \{(x, y)\,|\,x \in \mathsf{X}, y \in \mathsf{Y}\}$ の

---
[1] どの集合上の恒等作用素であるかが文脈から明らかな場合は，$I_\mathsf{X}$ を単に $I$ と記す場合がある．

部分集合 $\{(x, f(x)) | x \in \mathsf{X}\}$ を $f$ のグラフと呼ぶ.

## A.2 同値関係と同値類

$\mathsf{X}$ を空でない集合とし,$\mathsf{G}$ を $\mathsf{X}$ の直積集合 $\mathsf{X} \times \mathsf{X}$ の空でない部分集合とする.$\mathsf{X}$ の二つの元 $x, y \in \mathsf{X}$ について,$(x, y) \in \mathsf{G}$ が成り立つとき,***x*** は ***y*** と **G 関係にある**といい,$x \overset{\mathsf{G}}{\sim} y$ と記す.$\mathsf{X}$ の元の関係付け「$\overset{\mathsf{G}}{\sim}$」を **G 関係**という.この種の構造を総称的に **$\mathsf{X}$ における関係**と呼ぶ.$\mathsf{G}$ が何であるかが文脈から明らかな場合には,$\overset{\mathsf{G}}{\sim}$ を単に $\sim$ と記す場合がある.また,関係を表す記号は $\sim$ だけでなく,扱う集合に応じて,多様であり得る.

$\mathsf{X}$ における任意の関係 $\sim$ について次の三つの概念が定義される:

(i) すべての $x \in \mathsf{X}$ に対して,$x \sim x$ が成り立つとき,関係 $\sim$ は**反射律**を満たすという.

(ii) $x \sim y$ $(x, y \in \mathsf{X})$ ならば,つねに $y \sim x$ が成り立つとき,関係 $\sim$ は**対称律**を満たすという.

(iii) $x \sim y, y \sim z$ $(x, y, z \in \mathsf{X})$ ならば,つねに $x \sim z$ が成り立つとき,関係 $\sim$ は**推移律**を満たすという.

反射律,対称律,推移律のすべてを満たす関係を**同値関係**と呼ぶ.

相等の関係 $=$ が同値関係であることは明らかであろう.したがって,同値関係は,相等の概念の一般化(「弱化」)ないし拡大と見ることができる[2].

$\sim$ を $\mathsf{X}$ における同値関係としよう.このとき,$x \sim y$(したがって,$y \sim x$)ならば,$x$ と $y$ は**同値**であるという[3].各 $x \in \mathsf{X}$ に対して,$x$ と同値な元の全体

$$[x] := \{y \in \mathsf{X} | y \sim x\}$$

を $x$ の**同値類**と呼ぶ.このとき,次の事実が証明される:

---

[2] だが,実は,同値関係は,そういった単なる表面的な概念的拡大にとどまらず,数学的理念界のより高次の諸相の明晰で「動き」のある「生きた」認識にとって本質的・根源的な鍵概念の一つである.

[3] この背後にある直観的描像は,$x \sim y$ ならば,$(x \neq y$ であっても)$x$ と $y$ は,関係 $\sim$ においては,「同じもの」とみなせるということである.

(i) すべての $x \in \mathsf{X}$ に対して，$x \in [x]$.

(ii) $[x] = [y]$ であるための必要十分条件は $x \sim y$ である．

(iii) $[x] \neq [y]$ であるための必要十分条件は $[x] \cap [y] = \emptyset$（空集合）である．

(iv) $\mathsf{X} = \bigcup_{x \in \mathsf{X}} [x]$.

これらの性質は次のことを意味する：$\mathsf{X}$ は，互いに素な同値類の和集合として表される．このことを「$\mathsf{X}$ は同値関係 $\sim$ によって**類別される**」という．同値類の全体
$$\mathsf{X}/\!\sim \;:= \bigl\{[x] \,\big|\, x \in \mathsf{X}\bigr\}$$
を同値関係 $\sim$ による $\mathsf{X}$ の**商集合**と呼ぶ．(iv) によって，$\mathsf{X} = \bigcup_{A \in \mathsf{X}/\sim} A$.

# 付録B　代数的構造

## B.1　群

空でない集合 G の任意の二つの元 $a, b$ に対して，G の元 $ab$ がただ一つ定まり，次の性質 (i)–(iii) が成り立つとき，G を**群** (group) と呼ぶ．

(i)（結合則）すべての $a, b, c \in$ G に対して，$(ab)c = a(bc)$．

(ii)（単位元の存在）ある元 $e \in$ G が存在して，すべての $a \in$ G に対して，$ae = ea = a$ が成り立つ．$e$ を G の**単位元**という．

(iii)（逆元の存在）各 $a \in$ G に対して，元 $a^{-1} \in$ G が存在して，$aa^{-1} = a^{-1}a = e$ が成り立つ．$a^{-1}$ を $a$ の**逆元**という．

上述の (i)–(iii) の性質を満たす対応 $(a,b) \mapsto ab$ を G における一つの群演算という[1]．

群 G の元 $a, b$ が $ab = ba$ を満たすとき，$a$ と $b$ は**可換**であるという．G の任意の二つの元が可換であるとき，G を**可換群**または**アーベル群**と呼ぶ．

群 G の部分集合 F が F の群演算で群をなすとき，F を G の**部分群**と呼ぶ．

G, H を群とする．写像 $\rho:$ G $\to$ H がすべての $a, b \in$ G に対して，$\rho(ab) = \rho(a)\rho(b)$ を満たすとき，$\rho$ は**準同型写像**と呼ばれる．

全単射な準同型写像 $\rho:$ G $\to$ H を**同型写像**という．

---

[1] 一般に，集合 G が持ち得る群演算は一つとは限らない．

## 付録 B　代数的構造

群 G, H に対して，同形写像 $\rho: \mathsf{G} \to \mathsf{H}$ が存在するとき，G と H は群として同型であるという．この意味での同型を**群同型**と呼ぶ．

**例 B.1** $\mathbb{K} = \mathbb{R}$（実数全体）または $\mathbb{K} = \mathbb{C}$（複素数全体）とし，$\mathbb{K}$ 上のベクトル空間 V から V への線形作用素（線形写像）の全体を $\mathsf{L}(\mathsf{V})$ とする[2]．$\mathsf{L}(\mathsf{V})$ の元で全単射なものの全体を $\mathsf{GL}(\mathsf{V})$ とする．このとき，$\mathsf{GL}(\mathsf{V})$ は写像の合成演算を群演算として群になる．この群を V 上の**一般線形群**という．

**例 B.2** 各自然数 $n$ に対して，その行列要素が $\mathbb{K}$ の元である $n$ 次正則行列の全体 $\mathrm{GL}(n, \mathbb{K})$ は群になる．これを $n$ 次の**一般行列群**と呼ぶ[3]．$\mathrm{GL}(n, \mathbb{K})$ は種々の部分群をもつ．ここでは，本文で関係するものだけをあげておく[4]：

(i) （$n$ 次元ユニタリ群）$\mathrm{U}(n) := \{U \in \mathrm{GL}(n, \mathbb{C}) \mid U \text{ はユニタリ行列}\}$.

(ii) （$n$ 次元特殊ユニタリ群）$\mathrm{SU}(n) := \{U \in \mathrm{U}(n) \mid \det U = 1\}$ ($\det U$ は $U$ の行列式).

(iii) （$n$ 次元直交群）$\mathrm{O}(n) := \{T \in \mathrm{GL}(n, \mathbb{R}) \mid T \text{ は直交行列}\}$.

(iv) （$n$ 次元回転群）$\mathrm{SO}(n) := \{T \in \mathrm{O}(n) \mid \det T = 1\}$.

(v) （$(d+1)$ 次元ローレンツ群）$\mathcal{L}(d+1) := \{L \in \mathrm{GL}(d+1, \mathbb{R}) \mid {}^t L g L = g\}$. ただし，$d$ は自然数，${}^t L$ は $L$ の転置行列，$g = (g_{\mu\nu})_{\mu,\nu=0,\ldots,d}$（行列要素の添え字 $\mu, \nu$ は $0, 1, \ldots, d$ にわたるものとする）は $(d+1)$ 次の実対角行列で $g_{00} = 1$, $g_{ii} = -1$ ($i = 1, \ldots, d$) を満たすものである．

群 G から群 $\mathsf{GL}(\mathsf{V})$ への準同型写像 $\rho: \mathsf{G} \to \mathsf{GL}(\mathsf{V})$（上述の準同型写像の定義で $\mathsf{H} = \mathsf{GL}(\mathsf{V})$ の場合）と V の組 $(\mathsf{V}, \rho)$ を G の V 上での**表現**と呼び，V をその**表現空間**という[5]．V が有限次元のとき，$(\mathsf{V}, \rho)$ は**有限次元表現**であるといい，V が無限次元のとき，$(\mathsf{V}, \rho)$ は**無限次元表現**であるという．すべての $g \in \mathsf{G}$ に対して，$\rho(g)$ 不変な部分空間 $\mathsf{D} \subset \mathsf{V}$ (i.e. $\rho(g)\mathsf{D} \subset \mathsf{D}$ を満たす部分空間) が $\{0\}$ または V に限られるとき，表現 $(\mathsf{V}, \rho)$ は**既約**であるという．

---

[2] $A \in \mathsf{L}(\mathsf{V}) \overset{\text{def}}{\iff} A : \mathsf{V} \to \mathsf{V}$, （線形性）$A(\alpha\psi + \beta\phi) = \alpha A(\psi) + \beta A(\phi)$ ($\alpha, \beta \in \mathbb{K}$, $\psi, \phi \in \mathsf{V}$).

[3] $n$ 次の一般一次（線形）変換群という場合もある．

[4] 他の部分群については，群論の本を参照されたい（たとえば，山内恭彦・杉浦光夫『連続群論入門』（培風館））.

[5] 表現空間が了解されている場合には，単に「表現 $\rho$」という言い方をする場合がある．

## B.2 変換群

Xを空でない集合とし，X上の写像全体からなる集合を Map(X) と記す．任意の $f, g \in \text{Map}(X)$ に対して，$fg \in \text{Map}(X)$ を

$$fg := f \circ g \quad (\text{合成写像}) \tag{B.1}$$

によって定義する．対応：$(f, g) \mapsto fg$ は Map(X) における一つの演算である．この演算を Map(X) における**積演算**または単に**積**と呼び，$fg$ を $f$ と $g$ の積という．X 上の全単射写像の全体

$$G(X) := \{ f \in \text{Map}(X) \mid f \text{ は全単射} \} \tag{B.2}$$

は，写像の積演算に関して，群になる（単位元は $I_X \in G(X)$，$f \in G(X)$ の逆元は $f^{-1} \in G(X)$）．この群 G(X) を X 上の**全変換群**と呼ぶ．

G(X) の部分群を X 上の**変換群**と呼ぶ．

**例 B.3** ベクトル空間 V 上の一般線形群 GL(V) は V 上の変換群である．

**例 B.4** 各 $t \in \mathbb{R}$ に対して定まる写像 $g_t : X \to X$ の族 $\{g_t\}_{t \in \mathbb{R}}$ が

$$g_0 = I, \tag{B.3}$$

$$g_s g_t = g_{s+t} \quad (s, t \in \mathbb{R}) \tag{B.4}$$

を満たすとき，$\{g_t\}_{t \in \mathbb{R}}$ は $X$ 上の変換群である．この型の変換群を X 上の **1 パラメーター変換群**と呼ぶ．

## B.3 リー代数

$\mathbb{K}$ を $\mathbb{R}$（実数体）または $\mathbb{C}$（複素数体）とする．$\mathbb{K}$ 上のベクトル空間 $\mathfrak{g}$ の任意の二つの元 $x, y$ に対して，$\mathfrak{g}$ の元 $[x, y]$ がただ一つ定まり，次の関係式を満たすとき，$\mathfrak{g}$ を $\mathbb{K}$ 上の**リー代数**または**リー環**という（$x, y, z, \in \mathfrak{g}, \alpha, \beta \in \mathbb{K}$）：

(i)（反対称性）$[x, y] = -[y, x]$．

(ii)（線形性）$[\alpha x + \beta y, z] = \alpha[x, z] + \beta[y, z]$．

(iii) (ヤコビ恒等式) $[x,[y,z]] + [y,[z,x]] + [z,[x,y]] = 0$.

写像 $[\cdot,\cdot] : \mathfrak{g} \times \mathfrak{g} \to \mathfrak{g}$ をリー括弧積という.$\mathbb{K} = \mathbb{R}$ のときの $\mathfrak{g}$ を実リー代数または実リー環,$\mathbb{K} = \mathbb{C}$ のときの $\mathfrak{g}$ を複素リー代数または複素リー環という.リー代数(リー環)の次元はベクトル空間の次元として定義する.

**例 B.5** $\mathbb{K}$ 上のベクトル空間 $\mathsf{V}$ 全体を定義域とする,$\mathsf{V}$ 上の線形作用素の全体を $\mathsf{L}(\mathsf{V})$ とする.任意の $A, B \in \mathsf{L}(\mathsf{V})$ に対して,**交換子**

$$[A, B] := AB - BA \tag{B.5}$$

を対応させると,$\mathsf{L}(\mathsf{V})$ は,これをリー括弧積とする,$\mathbb{K}$ 上のリー代数となる.このリー代数を $\mathfrak{gl}(\mathsf{V})$ と記す.

**例 B.6** $n$ を自然数とする.

(i) 集合

$$\mathfrak{u}(n) := \{A : n \text{ 次複素行列} \,|\, \text{任意の実数}\, t \text{ に対して}\, e^{tA} \in \mathrm{U}(n)\}$$

は,反エルミート行列の全体

$$\mathfrak{u}(n) = \{A : n \text{ 次複素行列} \,|\, A^* = -A\} \tag{B.6}$$

($A^*$ は $A$ の共役行列)に等しい[6].(B.6) を用いると,$\mathfrak{u}(n)$ は実リー代数であることがわかる.このリー代数を $\mathrm{U}(n)$ のリー代数という.

(ii) 集合

$$\mathfrak{su}(n) := \{A : n \text{ 次複素行列} \,|\, \text{任意の実数}\, t \text{ に対して}\, e^{tA} \in \mathrm{SU}(n)\}$$

は

$$\mathfrak{su}(n) = \{A : n \text{ 次複素行列} \,|\, A^* = -A, \operatorname{tr} A = 0\} \tag{B.7}$$

($\operatorname{tr} A$ は行列 $A$ のトレースを表す)に等しい[7].(B.7) から,$\mathfrak{su}(n)$ は実リー代数であることがわかる.このリー代数を $\mathrm{SU}(n)$ のリー代数という.

---

[6] $\because e^{tA} \in \mathrm{U}(n)$ ならば $I = e^{tA}(e^{tA})^* = e^{tA}e^{tA^*}$.そこで両辺を $t$ について $t = 0$ で微分すれば $A + A^* = 0$ が得られる.逆に,$A^* = -A$ ならば,$e^{tA}e^{tA^*} = e^{tA}e^{-tA} = I$.したがって,$e^{tA} \in \mathrm{U}(n)$.

[7] $\because \forall t \in \mathbb{R},\, \det e^{tA} = 1 \Leftrightarrow \operatorname{tr} A = 0$.

(iii) (i), (ii) と同様にして，$GL(n, \mathbb{K})$ のいろいろな部分群のリー代数が定義される[8].

**例 B.7**（$\mathfrak{su}(2)$ の構造）$\mathfrak{su}(2)$ の任意の元 $x$ は

$$x = \begin{pmatrix} ic & -b+ia \\ b+ia & -ic \end{pmatrix}$$

$(a, b, c \in \mathbb{R})$ と表される．したがって

$$e_1 := \frac{1}{2}\begin{pmatrix} 0 & i \\ i & 0 \end{pmatrix}, \quad e_2 := \frac{1}{2}\begin{pmatrix} 0 & -1 \\ 1 & 0 \end{pmatrix}, \quad e_3 := \frac{1}{2}\begin{pmatrix} i & 0 \\ 0 & -i \end{pmatrix}$$

とおけば，$e_1, e_2, e_3 \in \mathfrak{su}(2)$ であり，$x = 2(ae_1 + be_2 + ce_3)$ と表される．$e_1, e_2, e_3$ が線形独立であることは容易にわかる．したがって，$\dim \mathfrak{su}(2) = 3$ であり，$\{e_1, e_2, e_3\}$ は $\mathfrak{su}(2)$ の基底である．これを $\mathfrak{su}(2)$ の**標準基底**と呼ぶ．次の関係式は直接計算によって示される：

$$[e_1, e_2] = e_3, \quad [e_2, e_3] = e_1, \quad [e_3, e_2] = e_1. \tag{B.8}$$

**定義 B.8** $\mathfrak{g}, \mathfrak{h}$ を $\mathbb{K}$ 上のリー代数とする．

(i) 線形作用素 $A : \mathfrak{g} \to \mathfrak{h}$ で $A[x, y] = [A(x), A(y)]$ $(x, y \in \mathfrak{g})$（リー括弧積を保存）を満たすものを**準同型写像**という．

(ii) 全単射な準同型写像 $A : \mathfrak{g} \to \mathfrak{h}$ を**同型写像**と呼ぶ．

(iii) 同型写像 $A : \mathfrak{g} \to \mathfrak{h}$ が存在するとき，リー代数 $\mathfrak{g}$ と $\mathfrak{h}$ は**同型**であるという．

**定義 B.9** $\mathfrak{g}$ を $\mathbb{K}$ 上のリー代数とし，$V$ を $\mathbb{K}$ 上のベクトル空間とする．準同型写像 $\pi : \mathfrak{g} \to L(V)$ と $V$ の組 $(V, \pi)$ をリー代数 $\mathfrak{g}$ の $V$ 上での**表現**と呼び，$V$ を $\mathfrak{g}$ の**表現空間**という[9]．$V$ が有限次元のとき，$(V, \pi)$ は**有限次元表現**であるといい，$V$ が無限次元のとき，$(V, \pi)$ は**無限次元表現**であるという．

表現 $(V, \pi)$ が有限次元表現の場合，すべての $x \in \mathfrak{g}$ に対して，$\pi(x)$ 不変

---
[8] たとえば，山内恭彦・杉浦光夫『連続群論入門』（培風館）を参照．
[9] 表現空間が了解されている場合には，単に「表現 $\pi$」という言い方をする場合がある．

な部分空間 $D \subset V$ が $\{0\}$ または $V$ に限られるとき，表現 $(V, \pi)$ は**既約**であるという．

$\mathfrak{g}$ を実リー代数とするとき，$\mathfrak{g}$ のベクトル空間としての複素化 $\mathfrak{g}_\mathbb{C} = \{x + iy | x, y \in \mathfrak{g}\}$ は

$$[x + iy, x' + iy'] := [x, x'] + i[x, y'] + i[y, x'] - [y, y'] \quad (x, x', y, y' \in \mathfrak{g})$$

によって定義される写像 $[\cdot, \cdot] : \mathfrak{g}_\mathbb{C} \times \mathfrak{g}_\mathbb{C} \to \mathfrak{g}_\mathbb{C}$ をリー括弧積として複素リー代数になる．この複素リー代数 $\mathfrak{g}_\mathbb{C}$ を $\mathfrak{g}$ の**複素化**という．

## B.4 結合的代数

$\mathfrak{A}$ を複素ベクトル空間とする．任意の二つの元 $A, B \in \mathfrak{A}$ に対して，積 $AB$ が定義されて以下の性質が満たされるとき（対応：$(A, B) \mapsto AB$ を積演算という），$\mathfrak{A}$ を**結合的代数**という（$A, B, C \in \mathfrak{A}, \alpha \in \mathbb{C}$ は任意）：

(i)（積の結合則）$A(BC) = (AB)C$．

(ii)（分配則）$A(B + C) = AB + AC, (A + B)C = AC + BC$．

(iii) $(\alpha A)B = A(\alpha B) = \alpha(AB)$．

本書では，結合的代数のことを単に**代数**ということにする．

もし，$EA = AE = A \ (\forall A \in \mathfrak{A})$ を満たす元 $E \in \mathfrak{A}$ が存在するならば，$E$ を $\mathfrak{A}$ の**単位元**という．この場合，$\mathfrak{A}$ を**単位的代数**という．

代数 $\mathfrak{A}$ の部分集合 $\mathfrak{M}$ が $\mathfrak{A}$ の和，スカラー倍，積演算に関して代数であるとき，$\mathfrak{M}$ を $\mathfrak{A}$ の**部分代数**という．

代数 $\mathfrak{A}$ の部分集合 $\mathfrak{D}$ に対して，$\mathfrak{D}$ を含む最小の部分代数を $\mathfrak{D}$ によって**生成される代数**と呼ぶ．

代数 $\mathfrak{A}$ の各元 $A$ に対して元 $A^\dagger \in \mathfrak{A}$ がただ一つ定まり，すべての $A, B \in \mathfrak{A}$, $\alpha, \beta \in \mathbb{C}$ に対して

$$(A^\dagger)^\dagger = A, \quad (AB)^\dagger = B^\dagger A^\dagger,$$
$$(\alpha A + \beta B)^\dagger = \alpha^* A^\dagger + \beta^* B^\dagger \quad (\alpha^* は \alpha の複素共役)$$

が成立するとき，$\mathfrak{A}$ を $*$ 代数または $*$ 環という．$A^\dagger$ を $A$ の共役元という．$A^\dagger = A$ を満たす元は自己共役元と呼ばれる．

$*$ 代数 $\mathfrak{A}$ の部分集合 $\mathfrak{M}$ が $\mathfrak{A}$ の和，スカラー倍，積演算に関して $*$ 代数であるとき，$\mathfrak{M}$ を $\mathfrak{A}$ の $*$ 部分代数という．

$*$ 代数 $\mathfrak{A}$ の部分集合 $\mathfrak{D}$ に対して，$\mathfrak{D}$ を含む最小の $*$ 部分代数を $\mathfrak{D}$ によって**生成される** $*$ **代数**と呼ぶ．

$*$ 代数 $\mathfrak{A}$ から $*$ 代数 $\mathfrak{B}$ への写像 $\alpha : \mathfrak{A} \to \mathfrak{B}$ がベクトル空間同型（i.e. 線形で全単射）であり，すべての $A, B \in \mathfrak{A}$ に対して，$\alpha(AB) = \alpha(A)\alpha(B)$, $\alpha(A)^\dagger = \alpha(A^\dagger)$ を満たすとき，$\alpha$ を $*$ **同型写像**という．特に，$\mathfrak{A}$ からそれ自体への $*$ 同型写像を**自己同型写像**という．

$\mathfrak{A}$ から $\mathfrak{B}$ への $*$ 同型写像が存在するとき，$*$ 代数 $\mathfrak{A}$ と $*$ 代数 $\mathfrak{B}$ は**同型**であるという．

# 付録C　ベクトル空間とアファイン空間

## C.1　基底と線形座標系

$\mathbb{K} = \mathbb{R}$ または $\mathbb{C}$ とし，$\mathsf{V}$ を $\mathbb{K}$ 上のベクトル空間とする．$\mathsf{V}$ の次元を $\dim \mathsf{V}$ と記す．自然数の全体を $\mathbb{N}$ で表す．

$\mathsf{V}$ の任意の部分集合 $\mathsf{D} \neq \emptyset$ に対して，$\mathsf{D}$ の元の線形結合の全体からなる部分集合

$$\mathcal{L}(\mathsf{D}) := \left\{ \sum_{i=1}^{k} a_i u_i \,\middle|\, k \in \mathbb{N},\, u_i \in \mathsf{D},\, a_i \in \mathbb{K},\, i = 1, \ldots, k \right\}$$

は $\mathsf{V}$ の部分空間になる．これを $\mathsf{D}$ によって**生成される部分空間**という．

$\dim \mathsf{V} = n$ とし，$E = \{e_i\}_{i=1}^{n}$ を $\mathsf{V}$ の任意の基底とする．このとき，任意の $u \in \mathsf{V}$ に対して，$n$ 個の数の組 $(u^1, \ldots, u^n) \in \mathbb{K}^n$ がただ一つ存在し

$$u = \sum_{i=1}^{n} u^i e_i \tag{C.1}$$

と表される[1]．(C.1) をベクトル $u \in \mathsf{V}$ の基底 $E$ による**展開**と呼び，$u^1, \ldots, u^n$ を**展開係数**という．展開係数の組 $(u^i)_{i=1}^{n} := (u^1, \ldots, u^n) \in \mathbb{K}^n$ をベクトル $u$ の，基底 $E$ に関する**座標表示**または**成分表示**と呼ぶ．次元 $n$ が文脈から了解されている場合には，$(u^i)_{i=1}^{n}$ を単に $(u^i)$ とも記す．

$\mathsf{V}$ と基底 $E$ の組 $(\mathsf{V}, E)$ を $\mathsf{V}$ における**線形座標系** (linear coordinate system) または**直線座標系**という[2]．$E = \{e_i\}_{i=1}^{n}$ のとき，ベクトル $e_i$ から生成

---
[1] ここでの「$u^i$」は「$u$ の $i$ 乗」ではなく，$u$ の上つきの添え字である．
[2] 斜交座標系という場合もある．

される 1 次元部分空間 $\mathcal{L}(\{ae_i | a \in \mathbb{K}\})$ を**第 $i$ 座標軸**と呼ぶ．V に基底を一つ定めることを「V に線形座標系を定める」という．

## C.2 基底の変換と座標変換

$\dim \mathsf{V} = n \in \mathbb{N}$ とし，$E = \{e_i\}_{i=1}^n$, $F = \{f_i\}_{i=1}^n$ を V の二つの基底とする．基底 $E$ に関する，ベクトル $f_j$ の成分表示を $(P_j^1, \ldots, P_j^n) \in \mathbb{K}^n$ とすれば

$$f_j = \sum_{i=1}^n P_j^i e_i. \tag{C.2}$$

同様に，基底 $F$ に関する，ベクトル $e_i$ の成分表示を $(Q_i^1, \ldots, Q_i^n)$ とすれば

$$e_i = \sum_{j=1}^n Q_i^j f_j. \tag{C.3}$$

このとき，$(i, j)$ 成分が $P_j^i$, $Q_j^i$ である $n$ 次の行列をそれぞれ，$P = (P_j^i)$, $Q = (Q_j^i)$ とすれば，

$$QP = I_n$$

が成り立つことがわかる[3]．ただし，$I_n$ は $n$ 次の単位行列である．したがって，$P, Q$ は正則であって

$$P = Q^{-1}, \quad Q = P^{-1} \tag{C.4}$$

が成り立つ．ただし，$P^{-1}$ は $P$ の逆行列を表す．

行列 $P$ を基底の変換 $E \mapsto F$ に対する**底変換の行列**という．したがって，行列 $Q$ は基底の変換 : $F \mapsto E$ に対する底変換の行列である．

線形座標系の観点からは，$P$ を線形座標系 $(\mathsf{V}, E)$ から線形座標系 $(\mathsf{V}, F)$ への**座標系の変換行列**と呼ぶ．

任意のベクトル $u \in \mathsf{V}$ は

$$u = \sum_{i=1}^n u^i e_i = \sum_{i=1}^n v^i f_i \tag{C.5}$$

---
[3] 通常，行列 $M$ の $(i, j)$ 成分は $M_{ij}$ と書かれるが，これは単に便宜上の問題にすぎない．

という 2 通りの展開をもつ. (C.3) を (C.5) に代入すると, $\sum_{i=1}^n u^j Q_j^i f_i = \sum_{i=1}^n v^i f_i$. したがって,

$$v^i = \sum_{j=1}^n Q_j^i u^j = \sum_{j=1}^n (P^{-1})_j^i u^j. \tag{C.6}$$

これが, 基底の変換 : $E \mapsto F$ (座標系の変換 : $(\mathsf{V}, E) \to (\mathsf{V}, F)$) に伴う, ベクトル $u \in \mathsf{V}$ の成分表示の変換である.

## C.3 線形作用素

$\mathsf{V}, \mathsf{W}$ を $\mathbb{K}$ 上のベクトル空間とし (有限次元であるとは限らない), $\mathsf{V}$ から $\mathsf{W}$ への線形作用素の全体を $\mathsf{L}(\mathsf{V}, \mathsf{W})$ と記す[4]. $\mathsf{L}(\mathsf{V}) := \mathsf{L}(\mathsf{V}, \mathsf{V})$ とする. $A : \mathsf{V} \to \mathsf{W}$ を線形作用素としよう. $\mathsf{V}$ の部分集合

$$\ker A := \{ u \in \mathsf{V} \,|\, A(u) = 0 \} \tag{C.7}$$

を $A$ の**核** (kernel) という. $A$ の線形性を使うと, $\ker A$ は $\mathsf{V}$ の部分空間であることがわかる. $\mathsf{V}$ に対する $A$ の像

$$\mathrm{Ran}(A) := A(\mathsf{V}) := \{ A(u) \,|\, u \in \mathsf{V} \} \tag{C.8}$$

を $A$ の**値域** (range) という. これも $\mathsf{W}$ の部分空間になる.

次の定理は, 有限次元ベクトル空間から任意のベクトル空間への線形写像の構成法の一般原理の一つを与える:

**命題 C.1** $\mathsf{V}$ を $\mathbb{K}$ 上の $n$ 次元ベクトル空間とし, $\mathsf{V}$ の基底を $e_1, \ldots, e_n$ とする. $f_1, \ldots, f_n$ を $\mathsf{W}$ の任意の元とする. このとき, 線形写像 $A : \mathsf{V} \to \mathsf{W}$ で $A(e_j) = f_j$ $(j = 1, \ldots, n)$ を満たすものがただ一つ存在する.

## C.4 線形作用素の行列表示

$\mathsf{V}, \mathsf{W}$ はともに有限次元で $\dim \mathsf{V} = n$, $\dim \mathsf{W} = m$ $(n, m \in \mathbb{N})$ であるとし, $A : \mathsf{V} \to \mathsf{W}$ を線形作用素とする. $E = \{e_j\}_{j=1}^n, F = \{f_i\}_{i=1}^m$ をそれぞ

---
[4] $A \in \mathsf{L}(\mathsf{V}, \mathsf{W}) \overset{\mathrm{def}}{\Longleftrightarrow} A : \mathsf{V} \to \mathsf{W}$. (線形性) $A(\alpha \psi + \beta \phi) = \alpha A(\psi) + \beta A(\phi)$ ($\alpha, \beta \in \mathbb{K}$, $\psi, \phi \in \mathsf{V}$).

れ，V, W の基底としよう．このとき

$$Ae_j = \sum_{i=1}^{m} A_j^i f_i \quad (j = 1, \ldots, n)$$

と展開できる．展開係数 $A_j^i$ を $(i, j)$ 成分とする行列 $A_{F,E} := (A_j^i)$ を基底の組 $(E, F)$ に関する，$A$ の**行列表示**という．これを用いると任意の $u \in V$ に対して，基底 $F$ に関する，$Au$ の成分表示を $((Au)^i)$ とすれば

$$(Au)^i = \sum_{j=1}^{n} A_j^i u^j \quad (i = 1, \ldots, m)$$

が成り立つ．特に，$V = W$, $E = F$ のとき，$A_E := A_{E,E}$ と記す．

## C.5 ベクトル空間の同型

V, W を $\mathbb{K}$ 上のベクトル空間とする．

**定義 C.2** 線形作用素 $A : V \to W$ が全単射であるとき，$A$ を V から W への**同型写像** (isomorphism) と呼ぶ．

同形写像 $A : V \to W$ の逆写像 $A^{-1}$ は W から V への同型写像になる．したがって，次の定義が可能である．

**定義 C.3** V から W への同型写像が存在するとき，V と W は**同型** (isomorhpic) であるという．このことを記号的に $V \cong W$ と表す．

**定理 C.4**（次元定理）$\dim V < \infty$ とし，$A : V \to W$ を線形作用素とする．このとき

$$\dim V = \dim \ker A + \dim \mathrm{Ran}(A).$$

ベクトル空間の間の同型を考察する上で次の定理は基本的である：

**定理 C.5**（ベクトル空間に関する同型定理）$n := \dim V = \dim W < \infty$ とし，$\{e_i\}_{i=1}^{n}$, $\{f_i\}_{i=1}^{n}$ をそれぞれ，V, W の基底とする．このとき，同型写像 $A : V \to W$ で $Ae_i = f_i$ $(i = 1, \ldots, n)$ となるものがただ一つ存在する．

## C.6 トレースと行列式

$\mathsf{V}$ を $\mathbb{K}$ 上の $n$ 次元ベクトル空間とし，$A$ を $\mathsf{V}$ 上の線形作用素とする．$E = \{e_i\}_{i=1}^n$ を $\mathsf{V}$ の基底とし，$A_E = (A^i_j)$ を $E$ に関する $A$ の行列表示とする．このとき

$$\operatorname{tr} A := \sum_{i=1}^n A^i_i \tag{C.9}$$

によって定義されるスカラー量 $\operatorname{tr} A$ は基底 $E$ の取り方に依らないことが証明できる[5]．$A$ から定まるスカラー量 $\operatorname{tr} A$ を $A$ の**トレース**と呼ぶ．また

$$\det A := \det A_E \tag{C.10}$$

（右辺は行列 $A_E$ の行列式）によって定義されるスカラー量 $\det A$ も基底 $E$ の取り方に依らないことを証明することができる[6]．$\det A$ を $A$ の**行列式**と呼ぶ．

## C.7 固有値と固有ベクトル

ベクトル空間 $\mathsf{V}$ 上の線形作用素 $A$ について，零でないベクトル $u \in \mathsf{V}$ と数 $\lambda \in \mathbb{K}$ があって，$Au = \lambda u$ が成り立つとき，$\lambda$ を $A$ の**固有値**，$u$ をこれに属する（対応する）**固有ベクトル**という．この場合，$\ker(A - \lambda)$ を $A$ の固有値 $\lambda$ に属する**固有空間**といい，その次元 $m_\lambda := \dim \ker(A - \lambda)$ を $\lambda$ の**多重度**という．$m_\lambda = 1$ のとき，固有値 $\lambda$ は**単純**であるといい，$m_\lambda \geq 2$ のとき，$\lambda$ は $m_\lambda$ 重に**縮退**しているという．

$A$ の固有値の全体を $\sigma_\mathrm{p}(A)$ で表し，これを $A$ の**点スペクトル**という．

## C.8 双対空間

$\mathbb{K}$ 上のベクトル空間 $\mathsf{V}$ から $\mathbb{K}$ への線形作用素，すなわち，$\mathsf{L}(\mathsf{V}, \mathbb{K})$ の元を $\mathsf{V}$ 上の**線形汎関数** (linear functional) または **1 次形式** (linear form) とい

---
[5] 拙著『物理現象の数学的諸原理』（共立出版，2003）の 1.2.9 項を参照．
[6] 行列表示を用いない定義の仕方については，付録 F の F.4 節で述べる．

う[7]．V 上の線形汎関数の全体

$$\mathsf{V}^* := \mathsf{L}(\mathsf{V}, \mathbb{K}) \tag{C.11}$$

を V の**双対空間** (dual space) と呼ぶ．$\mathbb{K} = \mathbb{R}$ のとき，$\mathsf{V}^*$ の元を**実線形汎関数** (real linear functional)，$\mathbb{K} = \mathbb{C}$ のとき，$\mathsf{V}^*$ の元を**複素線形汎関数** (complex linear functional) という．

$\dim \mathsf{V} = n < \infty$ とする．$\delta^i_j$ によって，クロネッカーデルタを表す：$i = j$ ならば $\delta^i_j = 1$; $i \neq j$ ならば $\delta^i_j = 0$．V の任意の規定 $E = \{e_i\}_{i=1}^n$ に対して，$\mathsf{V}^*$ の基底 $\{\phi^i\}_{i=1}^n$ で

$$\phi^i(e_j) = \delta^i_j \quad (i, j = 1, \ldots, n) \tag{C.12}$$

を満たすものがただ一つが存在する（したがって $\dim \mathsf{V}^* = \dim \mathsf{V}$）．この基底を $E$ の**双対基底** (dual basis) という．

$F = \{f_i\}_{i=1}^n$ を V の別の基底とし，その双対基底を $\{\psi^i\}_{i=1}^n$ とする．$P = (P^i_j)$ を底の変換：$E \mapsto F$ の行列とする．したがって，$\psi^i = \sum_{k=1}^n R^i_k \phi^k$ と展開できる $(R^i_k \in \mathbb{K})$．$\psi^i(f_j) = \delta^i_j$ であるから，

$$\delta^i_j = \sum_{k=1}^n R^i_k \phi^k(f_j) = \sum_{k=1}^n R^i_k \sum_{\ell=1}^n P^\ell_j \phi^k(e_\ell) = (RP)^i_j.$$

したがって，$RP = I_n$．これは $R = P^{-1}$ を意味する．ゆえに

$$\psi^i = \sum_{j=1}^n (P^{-1})^i_j \phi^j. \tag{C.13}$$

これは

$$\phi^i = \sum_{j=1}^n P^i_j \psi^j \tag{C.14}$$

と同値である．(C.13), (C.14) は，**双対基底の間の変換則**を表す．

$\omega \in \mathsf{V}^*$ を任意にとり，基底 $\{\phi^i\}_i$, $\{\psi^i\}_i$ に関する成分表示をそれぞれ，$(\omega_i)_i$, $(\omega'_i)_i$ とする．すなわち

$$\omega = \sum_{i=1}^n \omega_i \phi^i = \sum_{i=1}^n \omega'_i \psi^i. \tag{C.15}$$

---

[7] 線形形式ともいう．

第 2 の等号において，$\phi^i$ に (C.14) を代入して，両辺を比較すれば

$$\omega'_i = \sum_{j=1}^n P_i^j \omega_j \tag{C.16}$$

が得られる．これは，$\omega$ の成分表示（座標表示）の変換則を与える．

## C.9 アファイン空間

### C.9.1 定義と例

$\mathcal{A}$ を空でない集合，$\mathsf{V}$ を $\mathbb{K}$ 上のベクトル空間とする．$\mathsf{V}$ の各元 $u$ に対して，写像 $T_u : \mathcal{A} \to \mathcal{A}$ が定義されていて，次の条件 (A.1), (A.2) が満たされるとき，$\mathcal{A}$ を $\mathbb{K}$ 上の**アファイン空間** (affine space)，$\mathsf{V}$ をその**基準ベクトル空間**という：

(A.1) 任意の $u, v \in \mathsf{V}$ に対して，$T_u \circ T_v = T_{u+v}$．

(A.2) $\mathcal{A}$ の任意の 2 点 P, Q に対して，$T_u(\mathrm{P}) = \mathrm{Q}$ となるベクトル $u \in \mathsf{V}$ がただ一つ存在する．

写像 $T_u$ をベクトル $u$ による，$\mathcal{A}$ 上の**平行移動**と呼ぶ．$\dim \mathsf{V} = n$ のとき，$\mathcal{A}$ は $n$ 次元であるといい，$\dim \mathcal{A} = n$ と書く．アファイン空間 $\mathcal{A}$ の基準ベクトル空間が $\mathsf{V}$ であることを明示したいときは，$\mathcal{A} = \mathcal{A}(\mathsf{V})$ と記す．

この定義において，点 $T_u(\mathrm{P})$ は，幾何学的には，点 P をベクトル $u$ だけ平行移動して得られる点を意味する．この描像に対応して

$$\mathrm{P} + u := T_u(\mathrm{P})$$

という記号を導入し，これを $\mathrm{P} \in \mathcal{A}$ と $u \in \mathsf{V}$ の和という．$\mathrm{P}, \mathrm{Q} \in \mathcal{A}$ に対し，(A.2) によって定まるベクトル $u$ を $\mathrm{Q} - \mathrm{P}$ と記す．したがって，$\mathrm{P} + (\mathrm{Q} - \mathrm{P}) = \mathrm{Q}$．

$\mathcal{A}$ を $\mathbb{K}$ 上のアファイン空間，$\mathsf{V}$ をその基準ベクトル空間とする．$\mathrm{P} \in \mathcal{A}$ を任意に固定し，P と $\mathsf{V}$ のベクトルの組の全体

$$\mathcal{A}_\mathrm{P} := \{(\mathrm{P}, u) \mid u \in \mathsf{V}\} \tag{C.17}$$

を考える．この集合は，次の和とスカラー倍の演算によって，$\mathbb{K}$ 上のベクトル空間になる：

$$(P, u) + (P, v) := (P, u + v), \quad \alpha(P, u) := (P, \alpha u) \quad (u, v \in V, \; \alpha \in \mathbb{K}).$$

このベクトル空間の零ベクトルは $(P, 0_V)$ であり，$(P, u)$ の逆ベクトルは $(P, -u)$ である．ベクトル空間としての $\mathcal{A}_P$ を点 P おける $\mathcal{A}$ の**接空間**という．このベクトル空間の元を点 P における**接ベクトル**あるいは点 P を始点とする**束縛ベクトル**と呼ぶ．また，任意の点 $Q \in \mathcal{A}$ に対して，$\overrightarrow{PQ} := (P, Q - P)$ を点 P に関する点 Q の**位置ベクトル**という．

写像 $T_P : \mathcal{A}_P \to V$ を

$$T_P(P, u) := u \quad ((P, u) \in \mathcal{A}_P) \tag{C.18}$$

によって定義すれば，これは同型写像である．そこで，通常

$$V_P := T_P(\mathcal{A}_P) = V \tag{C.19}$$

とおき，これを接空間 $\mathcal{A}_P$ と同一視する．この同一視においては，点 P に関する点 Q の位置ベクトルは $Q - P$ で表されることになる（図 C.1）．こうして，アファイン空間 $\mathcal{A}$ の点は，$\mathcal{A}$ に一つの点 P を固定することにより，$V_P = V$ のベクトルによって表される．

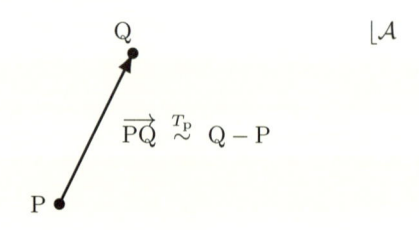

図 **C.1.** 位置ベクトルの描像．

## C.9.2 部分アファイン空間

$\mathcal{B}$ をアファイン空間 $\mathcal{A}$ の部分集合とする．$\mathcal{A}$ の基準ベクトル空間 $V$ の $r$ 次元部分空間 $\mathcal{M}$ があって，次の二つの条件 (B.1), (B.2) が満たされるとき，

$\mathcal{B}$ を $\mathcal{A}$ の $r$ 次元部分アファイン空間という:

(B.1) $P, Q \in \mathcal{B} \implies Q - P \in \mathcal{M}$.

(B.2) $P \in \mathcal{B}, u \in \mathcal{M} \implies P + u \in \mathcal{B}$.

$\dim \mathcal{A} = n \geq 2$ のとき,2次元部分アファイン空間を**平面**,$(n-1)$ 次元部分アファイン空間を $\mathcal{A}$ の**超平面**という.

## C.9.3 アファイン空間の同型

$\mathcal{A}, \mathcal{A}'$ を二つの $\mathbb{K}$ 上のアファイン空間とし,それぞれの基準ベクトル空間を $\mathsf{V}, \mathsf{V}'$ とする.$f$ を $\mathcal{A}$ から $\mathcal{A}'$ への写像とする.線形作用素 $L_f : \mathsf{V} \to \mathsf{V}'$ が存在して,すべての $P \in \mathcal{A}$ と $u \in \mathsf{V}$ に対して

$$f(P + u) = f(P) + L_f(u) \quad (\text{アファイン性})$$

が成立するとき,$f$ を**アファイン写像**という.

全単射なアファイン写像を**アファイン変換**という.

$\mathcal{A}$ から $\mathcal{A}'$ へのアファイン変換が存在するとき,$\mathcal{A}$ は $\mathcal{A}'$ と**アファイン同型**であるという.

アファイン空間の同型に関しては次の定理が基本的である:

**定理 C.6** $A : \mathsf{V} \to \mathsf{V}'$ をベクトル空間同型写像とし,$O, O'$ をそれぞれ,$\mathcal{A}$,$\mathcal{A}'$ の任意の点とする.写像 $f : \mathcal{A} \to \mathcal{A}'$ を

$$f(P) = O' + A(P - O) \quad (P \in \mathcal{A}) \tag{C.20}$$

によって定義する.このとき,$f$ はアファイン変換である.

この定理は,基準ベクトル空間が同型であれば,アファイン空間も同型であることを語る.

# 付録D 計量ベクトル空間と計量アファイン空間

## D.1 ベクトル空間の計量

**定義 D.1** $\mathsf{V}$ を $\mathbb{K}$ 上のベクトル空間とする. 写像 $g : \mathsf{V} \times \mathsf{V} \to \mathbb{K}; (u,v) \mapsto g(u,v)$ $(u,v \in \mathsf{V})$ が次の条件を満たすとき, $g$ を $\mathsf{V}$ 上の**計量** (metric) という.

(g.1) (線形性) $g(w, \alpha u + \beta v) = \alpha g(w,u) + \beta g(w,v)$ $(\alpha, \beta \in \mathbb{K}, u,v,w \in \mathsf{V})$.

(g.2) (対称性[1]) $g(u,v)^* = g(v,u)$ $(u,v \in \mathsf{V})$. ただし, 複素数 $z \in \mathbb{C}$ に対して, $z^*$ は $z$ の共役複素数を表す[2].

(g.3) (非退化性) ベクトル $v \in \mathsf{V}$ が, すべての $u \in \mathsf{V}$ に対して $g(u,v) = 0$ を満たすならば, $v = 0$.

計量 $g$ をもつ, $\mathbb{K}$ 上のベクトル空間 $\mathsf{V}$ を $\mathbb{K}$ 上の**計量ベクトル空間**といい, $(\mathsf{V}, g)$ と記す. $\mathbb{K} = \mathbb{R}$ のとき, $(\mathsf{V}, g)$ を**実計量ベクトル空間**, $\mathbb{K} = \mathbb{C}$ のとき**複素計量ベクトル空間**という.

$\mathsf{V}$ に計量 $g$ を一つ固定して考える場合, しばしば $g(u,v) = \langle u,v \rangle_\mathsf{V}$ $(u,v \in \mathsf{V})$ という記法を用いる. このことを $g = \langle \cdot, \cdot \rangle_\mathsf{V}$ と記す ($\mathsf{V}$ の計量であることが文脈から明らかな場合には, 添え字の $\mathsf{V}$ を省略することもある).

---

[1] $\mathbb{K} = \mathbb{C}$ の場合, **エルミート性**という場合もある.
[2] $\mathbb{K} = \mathbb{R}$ のときは, $g(u,v) \in \mathbb{R}$ であるから, いまの条件は $g(u,v) = g(v,u)$ $(u,v \in \mathsf{V})$ となる.

各ベクトル $u \in \mathsf{V}$ に対して

$$\|u\|_{\mathsf{V}} := \sqrt{|g(u,u)|} = \sqrt{|\langle u,u \rangle_{\mathsf{V}}|} \tag{D.1}$$

によって定義されるスカラー量をベクトル $u$ の**ノルム**と呼ぶ（ルートの中は絶対値をとることに注意；これは $\langle u,u \rangle = g(u,u)$ が常に非負とは限らないことによる）．これは，描像的には，ベクトルの「大きさ」あるいは「長さ」を定義するものである．どの計量ベクトル空間のノルムであるかが文脈から明らかな場合は，単に，$\|u\|_{\mathsf{V}} = \|u\|$ と書く．

**定義 D.2** $\mathsf{V}$ を $\mathbb{K}$ 上のベクトル空間とし，$g$ を $\mathsf{V}$ 上の計量とする．

(i) すべての $u \in \mathsf{V}$ に対して，$g(u,u) \geq 0$ であるとき，$g$ は**正定値**であるという．正定値計量は**内積** (inner product) とも呼ばれる．内積をもつ，$\mathbb{K}$ 上のベクトル空間を $\mathbb{K}$ 上の**内積空間**または**前ヒルベルト空間**という．$\mathbb{K} = \mathbb{R}$ のとき，**実内積空間**，$\mathbb{K} = \mathbb{C}$ の**複素内積空間**という．

(ii) $\{u \in \mathsf{V} | g(u,u) > 0\} \neq \emptyset$ かつ $\{u \in \mathsf{V} | g(u,u) < 0\} \neq \emptyset$ ならば，$g$ は**不定計量**または**不定内積**と呼ばれる．不定計量をもつベクトル空間を**不定計量ベクトル空間**または**不定内積空間**という．不定計量ベクトル空間のノルムは擬ノルムと呼ばれる場合がある．

(iii) すべての $u \in \mathsf{V}$ に対して，$g(u,u) \leq 0$ であるとき，$g$ は**負定値**であるという．

**注意 D.3** 文献によっては，計量という言葉で正定値計量（内積）だけを意味する場合があるから，注意されたい．

**例 D.4** $n$ 次元数ベクトル空間 $\mathbb{R}^n$ の任意の元 $\mathbf{x} = (x_1, \ldots, x_n)$，$\mathbf{y} = (y_1, \ldots, y_n)$ に対して

$$\langle \mathbf{x}, \mathbf{y} \rangle_{\mathbb{R}^n} := g_{\mathbb{R}^n}(\mathbf{x}, \mathbf{y}) := \sum_{i=1}^{n} x_i y_i$$

とおくと，この $g$ は，$\mathbb{R}^n$ 上の内積である．これによって，$\mathbb{R}^n$ は実内積空間になる．$g_{\mathbb{R}^n} = \langle \cdot, \cdot \rangle_{\mathbb{R}^n}$ を $\mathbb{R}^n$ の**ユークリッド内積**という．実内積空間 $(\mathbb{R}^n, g_{\mathbb{R}^n})$ を $n$ 次元の**標準ユークリッドベクトル空間**と呼ぶ．

**例 D.5** $d$ を任意の自然数とする．$(d+1)$ 次元数ベクトル空間 $\mathbb{R}^{d+1}$ の任意の元 $x = (x^0, x^1, \ldots, x^n), y = (y^0, y^1, \ldots, y^n)$ に対して，

$$g_{\mathrm{M}}(x, y) := x^0 y^0 - \sum_{i=1}^{n} x^i y^i$$

とおくと，この $g_{\mathrm{M}}$ は，$\mathbb{R}^{d+1}$ 上の不定計量である．これによって，$\mathbb{R}^{d+1}$ は不定計量空間になる．$g_{\mathrm{M}}$ を $\mathbb{R}^{d+1}$ の**ミンコフスキー計量**または**ミンコフスキー内積**という[3]．$(d+1)$ 次元の実不定計量ベクトル空間 $(\mathbb{R}^{d+1}, g_{\mathrm{M}})$ を $(d+1)$ 次元の**標準ミンコフスキーベクトル空間**と呼ぶ．

任意の計量 $g$ に対して，次の恒等式——**偏極恒等式** (polarization identity)——が成立する：

$$g(u, v) = \frac{1}{4}\{g(u+v, u+v) - g(u-v, u-v)\}$$
$$(\mathbb{K} = \mathbb{R} \text{ の場合}), \qquad \text{(D.2)}$$

$$g(u, v) = \frac{1}{4}\{g(u+v, u+v) - g(u-v, u-v) + ig(u-iv, u-iv)$$
$$- ig(u+iv, u+iv)\} \quad (\mathbb{K} = \mathbb{C} \text{ の場合}). \qquad \text{(D.3)}$$

次の定理は，実計量ベクトル空間の計量が有するある普遍的構造を示すものである：

**定理 D.6** $(V, g)$ を $n$ 次元実計量ベクトル空間とする．このとき，$V$ の基底 $\{e_1, \ldots, e_n\}$ と非負整数 $p \geq 0$ があって

$$g(e_i, e_i) = \begin{cases} 1 & (i = 1, \ldots, p) \\ -1 & (i = p+1, \ldots, n) \end{cases},$$
$$g(e_i, e_j) = 0 \quad (i \neq j, \ i, j = 1, \ldots, n).$$

を満たすものが存在する．さらに，このような $p$ は $g$ から一意的に定まる．

上の定理の $p$ から定まる数の組 $(p, n-p)$ を $g$ の**符号数**という．

---
[3] ローレンツ計量またはローレンツ内積と呼ぶ場合もある．

## D.2 計量ベクトル空間の同型

V, W を $\mathbb{K}$ 上の計量ベクトル空間とする．線形作用素 $T: \mathsf{V} \to \mathsf{W}$ が内積を保存するとき，すなわち，$\langle Tu, Tv \rangle_\mathsf{W} = \langle u, v \rangle_\mathsf{V}$ $(u, v \in \mathsf{V})$ が成り立つとき，$T$ を**等長作用素**または**等距離作用素**と呼ぶ．

等長作用素は単射である．実際，$T$ を等長作用素とし，$Tu = 0$ とすれば，$\langle u, v \rangle_\mathsf{V} = 0$ $(\forall v \in \mathsf{V})$ であるので，V の計量の非退化性により，$u = 0$ である．したがって，$\ker T = \{0\}$．

等長作用素 $T: \mathsf{V} \to \mathsf{W}$ が全射であるとき，$T$ を**計量同型写像**と呼ぶ．特に，$\mathbb{K} = \mathbb{R}$ の場合の計量同型写像を**直交変換**，$\mathbb{K} = \mathbb{C}$ の場合のそれを**ユニタリ作用素**または**ユニタリ変換**と呼び，それぞれの場合に応じて，$\mathsf{W} = T(\mathsf{V})$ を V の直交変換，ユニタリ変換という．

V から W への計量同型写像 $T$ が存在するとき，V と W は**計量同型**または単に**同型**であるという．この場合，$\mathsf{V} \stackrel{T}{\cong} \mathsf{W}$ と記す．

**定理 D.7**（計量ベクトル空間に関する同型定理）$(\mathsf{V}, g), (\mathsf{W}, h)$ を $n$ 次元計量ベクトル空間とし，$g, h$ の符号数を $(p, n-p)$ とする $(0 \leq p \leq n)$．このとき，$(\mathsf{V}, g)$ と $(\mathsf{W}, h)$ は計量同型である．

## D.3 直交系

**定義 D.8** V を計量ベクトル空間とする．

(i) ベクトル $u \in \mathsf{V}$ が $\|u\|_\mathsf{V} = 1$ を満たすとき，$u$ を**単位ベクトル**と呼ぶ．

(ii) 二つのベクトル $u, v \in \mathsf{V}$ が $\langle u, v \rangle_\mathsf{V} = 0$ を満たすとき，$u$ と $v$ は**直交する**といい，$u \perp v$ または $v \perp u$ と記す．V の部分集合 $D$ の任意の元と $u$ が直交するとき，$D$ と $u$ は直交するといい，$D \perp u$ または $u \perp D$ のように表す．

(iii) V の部分集合 $D$ の任意の異なる二つの元 $u, v \in D$ $(u \neq v)$ が直交するとき，$D$ は V の**直交系**であるという．直交系 $D$ の任意のベクトルが単位ベクトルのとき，$D$ は**正規直交系**であるという．

(iv) $\dim \mathsf{V} = n < \infty$ とする．$\mathsf{V}$ の基底で正規直交系であるものを**正規直交基底**と呼ぶ．$\mathsf{V}$ と正規直交基底 $E = \{e_1, \ldots, e_n\}$ の組 $(\mathsf{V}, E)$ を**正規直交座標系**と呼ぶ．

計量ベクトル空間 $\mathsf{V}$ の空でない任意の部分集合 $D$ に対して，$D$ のすべてのベクトルと直交するベクトルの全体

$$D^\perp := \left\{ v \in \mathsf{V} \,\middle|\, \langle v, u \rangle = 0, \,\forall u \in D \right\} \tag{D.4}$$

を $D$ の**直交補空間**と呼ぶ．これは $\mathsf{V}$ の部分空間である．

**例 D.9** $\mathbb{R}^n$ の標準基底 $\mathbf{e}_1, \ldots, \mathbf{e}_n$（$\mathbf{e}_i$ の第 $i$ 成分は 1，他の成分はすべて 0）は標準ユークリッドベクトル空間 $(\mathbb{R}^n, g_{\mathbb{R}^n})$ の正規直交基底である．

**例 D.10** $(d+1)$ 次元数ベクトル空間 $\mathbb{R}^{d+1}$ の標準基底を $\{\mathbf{e}_\mu\}_{\mu=0}^d$ と記す：$(\mathbf{e}_\mu)_\nu = \delta_{\mu\nu}$（$\mu, \nu = 0, \ldots, d$；左辺はベクトル $\mathbf{e}_\mu$ の第 $\nu$ 成分）．$(d+1)$ 次の対角行列 $g = (g_{\mu\nu})_{\mu,\nu=0,\ldots,d}$ を次のように定義する：

$$g_{00} = 1, \quad g_{ii} = -1 \quad (i = 1, \ldots, d), \tag{D.5}$$

$$g_{\mu\nu} = 0 \quad (\mu \neq \nu,\ \mu, \nu = 0, \ldots, d). \tag{D.6}$$

このとき

$$g_\mathrm{M}(\mathbf{e}_\mu, \mathbf{e}_\nu) = g_{\mu\nu} \quad (\mu, \nu = 0, 1, \ldots, d). \tag{D.7}$$

したがって，$\{\mathbf{e}_\mu\}_{\mu=0}^d$ は標準ミンコフスキーベクトル空間 $(\mathbb{R}^{d+1}, g_\mathrm{M})$ の正規直交基底である．

**定義 D.11**

(i) $n$ 次元実内積空間を $n$ 次元**ユークリッドベクトル空間**と呼ぶ[4]．

(ii) $g$ を (D.5), (D.6) によって定義される行列とする．$(d+1)$ 次元実計量ベクトル空間 $(\mathsf{V}, \langle \cdot, \cdot \rangle_\mathsf{V})$ において，

$$\langle e_\mu, e_\nu \rangle_\mathsf{V} = g_{\mu\nu} \quad (\mu, \nu = 0, 1, \ldots, d)$$

---
[4] これは，標準ユークリッドベクトル空間の抽象版である．

を満たす基底 $\{e_\mu\}_{\mu=0}^{d}$ が存在するとき，$\mathsf{V}$ を $(d+1)$ 次元ミンコフスキーベクトル空間と呼ぶ．この場合，$\{e_\mu\}_{\mu=0}^{d}$ を $\mathsf{V}$ のミンコフスキー基底またはローレンツ基底という．計量 $\langle\cdot,\cdot\rangle_\mathsf{V}$ をミンコフスキー計量またはローレンツ計量と呼ぶ（ミンコフスキー内積またはローレンツ内積という場合もある）．

標準ミンコフスキーベクトル空間 $(\mathbb{R}^{d+1}, g_\mathrm{M})$ は，$(d+1)$ 次元ミンコフスキーベクトル空間の一例である．

## D.4 計量ベクトル空間の直和

$\mathsf{V}_i\ (i=1,\ldots,n)$ を $\mathbb{K}$ 上の計量ベクトル空間とする．このとき，これらのベクトル空間の直和 $\bigoplus_{i=1}^{n}\mathsf{V}_i$ が定義される．任意の $u=(u_1,\ldots,u_n)$, $v=(v_1,\ldots,v_n)\in\bigoplus_{i=1}^{n}\mathsf{V}_i$ に対して

$$\langle u,v\rangle:=\sum_{i=1}^{n}\langle u_i,v_i\rangle$$

を定義すれば，これは $\bigoplus_{i=1}^{n}\mathsf{V}_i$ に計量を定める．これを計量とする計量ベクトル空間 $\bigoplus_{i=1}^{n}\mathsf{V}_i$ を計量ベクトル空間 $\mathsf{V}_1,\ldots,\mathsf{V}_n$ の直和と呼ぶ．

$\mathsf{V}_1,\ldots,\mathsf{V}_n$ が内積空間ならば，$\bigoplus_{i=1}^{n}\mathsf{V}_i$ も内積空間である．

## D.5 計量アファイン空間

基準ベクトル空間 $\mathsf{V}$ が計量ベクトル空間であるアファイン空間 $\mathcal{A}(\mathsf{V})$ を計量アファイン空間と呼ぶ．

**定義 D.12** $n$ 次元ユークリッドベクトル空間を基準ベクトル空間とする計量アファイン空間を $n$ 次元ユークリッド空間といい，これを $\mathbb{E}^d$ と記す．

**例 D.13** 標準ユークリッドベクトル空間 $\mathbb{R}^n$ を基準ベクトル空間とする，計量アファイン空間としての $\mathbb{R}^n$ は $n$ 次元ユークリッド空間である．

**定義 D.14** $(d+1)$ 次元ミンコフスキーベクトル空間を基準ベクトル空間とする，計量アファイン空間を $(d+1)$ 次元ミンコフスキー空間といい，これを $\mathcal{M}^{d+1}$ と記す．

**例 D.15** アファイン空間としての $\mathbb{R}^{d+1}$ の基準ベクトル空間を標準ミンコフスキーベクトル空間 $(\mathbb{R}^{d+1}, g_M)$（例 D.5）としたものは $(d+1)$ 次元ミンコフスキー空間の具象的実現の一つである.

## D.6 表現定理

**定理 D.16**（線形汎関数の表現定理）V を有限次元の計量ベクトル空間とする. このとき, 各 $\phi \in V^*$ に対して, ただ一つのベクトル $v_\phi \in V$ が存在して

$$\phi(u) = \langle v_\phi, u \rangle \quad (u \in V) \tag{D.8}$$

が成り立つ.

V が有限次元の計量ベクトル空間であるとき, 定理 D.16 によって, 写像 $i_* : V^* \to V$ を

$$i_*(\phi) := v_\phi \tag{D.9}$$

によって定義できる.

ベクトル $u \in V$ で $\langle u, u \rangle \neq 0$ を満たすものに対して $\epsilon(u) \in \{\pm 1\}$ を

$$\epsilon(u) := \frac{\langle u, u \rangle}{|\langle u, u \rangle|} \tag{D.10}$$

によって定義し, これを $u$ の符号と呼ぶ（V が内積空間ならば, $\epsilon(u) = 1$ $(\forall u \in V \setminus \{0\})$）.

$\dim V = n$ とし, $\{e_i\}_{i=1}^n$ を V の任意の正規直交基底とすれば

$$i_*(\phi) = \sum_{i=1}^n \epsilon(e_i) \phi(e_i)^* e_i \tag{D.11}$$

が成り立つ[5].

**定理 D.17** $i_*$ は全単射であり, 反線形である: $i_*(a\phi + b\psi) = a^* i_*(\phi) + b^* i_*(\psi)$ $(a, b \in \mathbb{K}, \phi, \psi \in V^*)$.

---

[5] 右辺を (D.8) の $v_\phi$ に代入してみよ.

この定理に基づいて, $i_*$ を $\mathsf{V}^*$ から $\mathsf{V}$ への**正準同型写像**と呼ぶ[6].

各 $\phi \in \mathsf{V}^*$ に対して, $\mathsf{V}$ のベクトル $i_*(\phi)$ を $\phi$ に**同伴するベクトル**と呼ぶ. $\phi, \psi \in \mathsf{V}^*$ に対して, $\langle \phi, \psi \rangle_{\mathsf{V}^*}$ を

$$\langle \phi, \psi \rangle_{\mathsf{V}^*} := \langle i_*(\psi), i_*(\phi) \rangle_{\mathsf{V}} \tag{D.12}$$

によって定義する. ただし, $i_* : \mathsf{V}^* \to \mathsf{V}$ は (D.9) によって定義される写像である. このとき, $\langle \cdot, \cdot \rangle_{\mathsf{V}^*}$ は $\mathsf{V}^*$ の計量である. これを $\mathsf{V}^*$ の**自然な計量**と呼ぶ.

## D.7 有限次元計量ベクトル空間における共役作用素

$\mathsf{V}, \mathsf{W}$ を $\mathbb{K}$ 上の有限次元計量ベクトル空間とし, $T : \mathsf{V} \to \mathsf{W}$ を線形作用素とする. $v \in \mathsf{W}$ を任意に固定し, 写像 $\phi : \mathsf{V} \to \mathbb{K}$ を $\phi(u) := \langle v, Tu \rangle_{\mathsf{W}}$ ($u \in \mathsf{V}$) によって定義する. $\phi$ は $\mathsf{V}$ 上の線形汎関数である. したがって, 定理 D.16 によって, ベクトル $w_v \in \mathsf{V}$ がただ一つ存在して, $\phi(u) = \langle w_v, u \rangle_{\mathsf{V}}$ ($u \in \mathsf{V}$) が成り立つ. そこで, 写像 $T^* : \mathsf{W} \to \mathsf{V}$ を

$$T^*(v) := w_v$$

によって定義する. このとき, $T^*$ は線形であることがわかる. この線形作用素 $T^*$ を $T$ の**共役作用素** (adjoint) と呼ぶ. 定義から

$$\langle v, Tu \rangle_{\mathsf{W}} = \langle T^*v, u \rangle_{\mathsf{V}} \quad (u \in \mathsf{V}, v \in \mathsf{W}) \tag{D.13}$$

が成り立つ.

$\mathsf{W} = \mathsf{V}$ で $T^* = T$ のとき, $T$ は**対称**であるという. また, $T^* = -T$ のとき, $T$ は**反対称**であるという.

---

[6] $\mathbb{K} = \mathbb{C}$ の場合は, より正確には, **反同型写像**と呼ばれる.

## D.8 ヒルベルト空間

### D.8.1 内積空間のノルムに関する性質

**定理 D.18** $(\mathsf{V}, \langle \cdot, \cdot \rangle)$ を内積空間とする．このとき，次の (i)–(iii) が成り立つ．

(i) (シュヴァルツの不等式)
$$|\langle u, v \rangle| \leq \|u\| \|v\| \quad (u, v \in \mathsf{V}). \tag{D.14}$$

(ii) (正定値性) $u \in \mathsf{V}$ が $\|u\| = 0$ を満たすならば $u = 0$.

(iii) (3角不等式)
$$\|u + v\| \leq \|u\| + \|v\| \quad (u, v \in \mathsf{V}). \tag{D.15}$$

**注意 D.19** 不定内積空間に対しては，定理 D.18 は，一般には成立しない．

### D.8.2 点列の収束と極限

$\mathsf{V}$ を内積空間とし，その内積とノルムをそれぞれ，$\langle \cdot, \cdot \rangle$, $\|\cdot\|$ によって表す．

自然数全体 $\mathbb{N}$ から $\mathsf{V}$ への写像：$\mathbb{N} \ni n \mapsto u_n \in \mathsf{V}$ を $\mathsf{V}$ の**点列**またはベクトル列と呼び，$\{u_n\}_{n=1}^{\infty}$, $\{u_n\}_{n \in \mathbb{N}}$ または単に $u_n$, $\{u_n\}_n$ のように表す．

**定義 D.20** $\mathsf{V}$ の点列 $\{u_n\}_n$ とベクトル $u \in \mathsf{V}$ について，$\lim_{n \to \infty} \|u_n - u\| = 0$ が成り立つとき，点列 $\{u_n\}_n$ は $u$ に**収束する**といい，このことを記号的に $\lim_{n \to \infty} u_n = u$ または $u_n \to u \ (n \to \infty)$ で表す．$u$ を点列 $\{u_n\}_n$ の**極限**と呼ぶ．厳密に言えば，$\lim_{n \to \infty} u_n = u$ であるとは，任意の $\varepsilon > 0$ に対して，番号 $n_0$ ($\varepsilon$ に依存し得る) が存在して，$n \geq n_0$ ならば $\|u_n - u\| < \varepsilon$ が成り立つことである．

収束する点列を**収束列** (convergent sequence) と呼ぶ．

**命題 D.21** $\{u_n\}_n$, $\{v_n\}_n$ を $\mathsf{V}$ の収束列とし，$\lim_{n \to \infty} u_n = u \in \mathsf{V}$, $\lim_{n \to \infty} v_n = v \in \mathsf{V}$ とする．このとき，次の (i), (ii) が成り立つ：

(i)（**ノルムの連続性**）$\lim_{n\to\infty} \|u_n\| = \|u\|$.

(ii)（**内積の連続性**）$\lim_{n\to\infty} \langle u_n, v_n \rangle = \langle u, v \rangle$.

Ⅴが有限次元内積空間の場合には，Ⅴのベクトル列の収束はベクトル列の各成分の収束に帰着される．すなわち，次の定理が成り立つ．

**命題 D.22** Ⅴは $p$ 次元内積空間 $(p < \infty)$ であるとし，$\{u_n\}_{n=1}^{\infty}$ をⅤの点列とする．

(i) $\lim_{n\to\infty} u_n = u$ ならば，Ⅴの任意の基底 $\{e_i\}_{i=1}^{p}$ に関する $u_n, u$ の展開 $u_n = \sum_{i=1}^{p} u_n^i e_i, u = \sum_{i=1}^{p} u^i e_i$ について，$\lim_{n\to\infty} u_n^i = u^i$ $(i = 1, \ldots, p)$ が成り立つ．

(ii) Ⅴのある基底 $\{f_i\}_{i=1}^{p}$ に関する $u_n, u$ の展開 $u_n = \sum_{i=1}^{p} u_n^i f_i, u = \sum_{i=1}^{p} u^i f_i$ について，$\lim_{n\to\infty} u_n^i = u^i$ $(i = 1, \ldots, p)$ が成り立つならば，$\lim_{n\to\infty} u_n = u$.

### D.8.3　コーシー列とヒルベルト空間

**定義 D.23** $\{u_n\}_n$ を内積空間Ⅴの点列とする．任意の $\varepsilon > 0$ に対して，番号 $n_0 \in \mathbb{N}$ があって，$n, m \geq n_0$ ならば，$\|u_n - u_m\| < \varepsilon$ が成り立つとき，$\{u_n\}_n$ をⅤの**基本列**または**コーシー列**という．

内積空間Ⅴのすべてのコーシー列が収束列であるとき，Ⅴは**完備**であるという．完備な内積空間を**ヒルベルト空間**と呼ぶ．$\mathbb{K} = \mathbb{R}$ の場合のヒルベルト空間を**実ヒルベルト空間**，$\mathbb{K} = \mathbb{C}$ の場合のヒルベルト空間を**複素ヒルベルト空間**という．

**定理 D.24** 任意の有限次元内積空間はヒルベルト空間である．

### D.8.4　開集合と閉集合

Ⅴを内積空間とする．点 $u \in $ Ⅴと $r > 0$ に対して定まる部分集合

$$U_r(u) := \{v \in \mathsf{V} \,|\, \|u - v\| < r\} \tag{D.16}$$

を $u$ の $r$ **近傍**または $u$ を中心とする半径 $r$ の**開球**と呼ぶ.

$D \subset \mathsf{V}$ とする. $D$ の任意の点 $u$ に対して, ある正数 $\delta > 0$ が存在して, $U_\delta(u) \subset D$ が成り立つとき, $D$ を**開集合**と呼ぶ. $\mathsf{V}$ は, このように定義される開集合の全体(空集合も含める)を位相とする位相空間である.

**命題 D.25** 任意の $r > 0$ と $u \in \mathsf{V}$ に対して, $U_r(u)$ は開集合である.

$F \subset \mathsf{V}$ の補集合 $F^c := \mathsf{V} \setminus F$ が開集合であるとき, $F$ を**閉集合**と呼ぶ.

**定義 D.26** $\mathsf{V}$ の部分集合 $D$ に対して, $D$ の収束列の極限となっているような点の全体

$$\overline{D} := \{u \in \mathsf{V} \,|\, \lim_{n \to \infty} u_n = u \text{ となる } u_n \in D \text{ が存在}\} \tag{D.17}$$

を $D$ の**閉包**と呼ぶ.

**命題 D.27** 任意の $D \subset \mathsf{V}$ に対して, $D \subset \overline{D}$ であり. $\overline{D}$ は閉集合である.

**定義 D.28** ヒルベルト空間 $\mathsf{V}$ の部分集合 $D$ について $\overline{D} = \mathsf{V}$ が成り立つとき, $D$ は $\mathsf{V}$ で**稠密**(dense)であるという[7].

## D.8.5 完備化

$\mathsf{V}$ を完備でない内積空間としよう. このとき, ヒルベルト空間 $\widetilde{\mathsf{V}}$ と等距離作用素 $U : \mathsf{V} \to \widetilde{\mathsf{V}}$ で $\overline{\mathrm{Ran}(U)} = \widetilde{\mathsf{V}}$ を満たすものが存在する. $\widetilde{\mathsf{V}}$ を $\mathsf{V}$ の**完備化**という. したがって, $\mathrm{Ran}(U)$ と $\mathsf{V}$ を同一視することにより, 完備でない内積空間は, つねに, あるヒルベルト空間の稠密な部分空間と考えることができる.

---

[7] これは, 任意の $u \in \mathsf{V}$ に対して, $D$ の点列 $\{u_n\}_{n=1}^\infty$ ($u_n \in D, n \geq 1$) があって, $\lim_{n \to \infty} u_n = u$ が成り立つこと (i.e. $\mathsf{V}$ の任意の元が $D$ の元で近似できること) と同値である.

## D.9 ベクトル場の連続性

V, W を計量ベクトル空間とする．$D$ を V の部分集合とし，$u: D \to W$; $D \ni x \mapsto u(x) \in W$ を $D$ から W への写像とする．この型の写像を $D$ 上の W 値ベクトル場と呼ぶ[8]．特に，$D$ 上の V 値ベクトル場（W = V の場合）を単に $D$ 上のベクトル場という．

V, W はともに内積空間であるとし，$x_0 \in D$ とする．任意の $\varepsilon > 0$ に対して，正数 $\delta > 0$ があって，$\|x - x_0\|_V < \delta$ $(x \in D)$ ならば，$\|u(x) - u(x_0)\|_W < \varepsilon$ が成り立つとき，$u$ は点 $x_0$ で連続であるという．このことを $\lim_{x \to x_0} u(x) = u(x_0)$ と記す．$u$ が $D$ のすべての点で連続であるとき，$u$ は $D$ 上で連続であるという．

## D.10 有限次元の不定計量ベクトル空間の位相

$(V, g)$ を有限次元の不定計量ベクトル空間とする．任意の有限次元ベクトル空間にはつねに内積が導入され得る[9]．V が有限次元ならば，V に内積空間の位相を導入した場合，それは内積の取り方に依存しないことが示される．そこで，この位相は**標準位相**と呼ばれる．すなわち，有限次元不定計量ベクトル空間 $(V, g)$ は標準位相に関して位相空間になる．このとき，不定計量は，標準位相に関して連続であることが示される．さらに，V の点列 $\{u_n\}_n$ が標準位相で $u$ に収束すること（これを $\lim_{n \to \infty} u_n = u$ と記す）とある内積 $h$ に対して $\lim_{n \to \infty} h(u_n - u, u_n - u) = 0$ が成り立つことは同値である．このことから，**計量の連続性**が導かれる：$\lim_{n \to \infty} u_n = u$, $\lim_{n \to \infty} v_n = v$ $(v_n, v \in (V, g))$ ならば $\lim_{n \to \infty} g(u_n, v_n) = g(u, v)$．

---

[8] 描像的には，$D$ の各点 $x$ に W のベクトル $u(x)$ が付随している状態を表す．
[9] W を任意の $N$ 次元ベクトル空間（$N \in \mathbb{N}$ も任意），$e_1, \ldots, e_N$ を W の基底とし，任意の $u, v \in W$ の，この基底に関する成分表示を $(u^i)_{i=1}^N, (v^i)_{i=1}^N$ とする．たとえば，写像 $g: W \times W \to \mathbb{K}$ を $g(u, v) := \sum_{i=1}^N (u^i)^* v^i$ によって定義すれば，これは W の内積である．より詳しいことは，拙著『現代ベクトル解析の原理と応用』（共立出版, 2006）の 4 章, 4.8 節を参照．

# 付録E　ベクトル解析

## E.1　曲線

$(\mathsf{V}, \langle \cdot, \cdot \rangle)$ を $\mathbb{K}$ 上の内積空間または有限次元不定計量ベクトル空間とする（後者の場合，位相は標準位相で考える）．$a, b \in \mathbb{R}, a < b$ とする．閉区間 $[a, b] := \{t \in \mathbb{R} \mid a \leq t \leq b\}$ から $\mathsf{V}$ への連続写像 $X : [a, b] \to \mathsf{V}$ を**曲線**と呼ぶ．この場合，$X(a) \in \mathsf{V}$ を $X$ の**始点**，$X(b) \in \mathsf{V}$ を $X$ の終点という．

曲線 $X : [a, b] \to \mathsf{V}$ が $X(a) = X(b)$ を満たすとき（つまり，始点と終点が一致するとき），$X$ は**閉曲線** (closed curve) であるという．

$X : [a, b] \to \mathsf{V}$ とし，$t_0 \in [a, b]$ とする．極限
$$v_0 := \lim_{h \to 0} \frac{X(t_0 + h) - X(t_0)}{h}$$
$(h \in \mathbb{R} \setminus \{0\}, t_0 + h \in [a, b])$ が存在するとき，$X$ は $\boldsymbol{t_0}$ において**微分可能**であるといい，$v_0$ を $X$ の $t = t_0$ における**微分係数**という．

$X$ が $t = t_0$ で微分可能ならば，$X$ は $t = t_0$ で連続である．

すべての $t \in [a, b]$ において，$X$ が微分可能であるとき，$X$ は $\boldsymbol{[a, b]}$ 上で**微分可能**であるという．この場合，各 $t$ における $X$ の微分係数を $X'(t)$ または $\dot{X}(t)$ あるいは $\dfrac{\mathrm{d}X(t)}{\mathrm{d}t}$, $\mathrm{d}X(t)/\mathrm{d}t$ と記す：
$$\lim_{h \to 0} \frac{X(t + h) - X(t)}{h} = X'(t) = \dot{X}(t) = \frac{\mathrm{d}X(t)}{\mathrm{d}t}.$$
この場合，対応 $X' : t \to X'(t)$ は $[a, b]$ から $\mathsf{V}$ への写像を定める．この写像を $\boldsymbol{X}$ の**導関数**と呼ぶ．$X'$ が $[a, b]$ 上で連続であるとき，曲線 $X$ は $[a, b]$ 上

で**連続微分可能**であるという．

$\mathsf{V}$ をアファイン空間と見るとき，$X'(t)$ は点 $X(t)$ における束縛ベクトル，すなわち，接空間 $\mathsf{V}_{X(t)}$ の元である．これを曲線 $X$ の点 $X(t)$ における**接ベクトル** (tangent vector) と呼ぶ（図 E.1）．

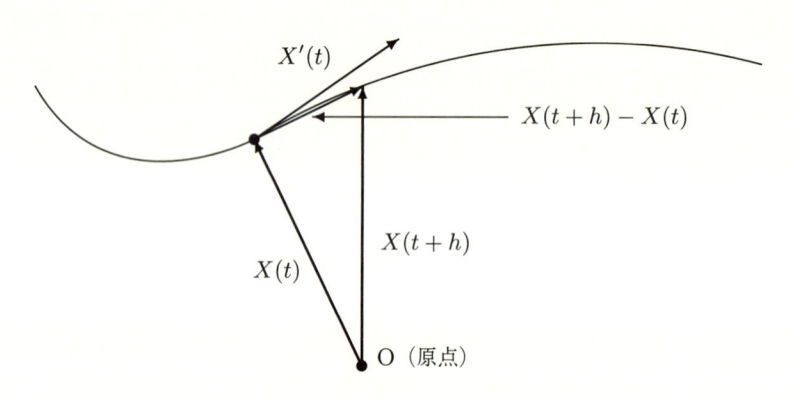

図 **E.1.** 内積空間 $\mathsf{V}$ における曲線の導関数の幾何学的イメージ．

写像 $X : [a,b] \to \mathsf{V}$ が微分可能で $X' : [a,b] \to \mathsf{V}$ も微分可能であるとき，$X$ は $[a,b]$ 上で **2 回微分可能**であるといい，$X'$ の導関数を $X''$ または $\ddot{X}$ あるいは $\dfrac{\mathrm{d}^2 X(t)}{\mathrm{d}t^2}$ と記す．これを $X$ の **2 階導関数**と呼ぶ．$n \geq 2$ に対する，$X$ の **$n$ 回微分可能性**と **$n$ 階導関数**——$X^{(n)}$ と記す——は，次のようにして，帰納的に定義される：$X$ が $[a,b]$ 上で $n$ 回微分可能であるとき，$X^{(n)}$ が $[a,b]$ 上で微分可能ならば，$X$ は $[a,b]$ 上で $(n+1)$ 回微分可能であるといい，$X^{(n+1)} := (X^{(n)})'$ を $X$ の $(n+1)$ 階導関数と呼ぶ．$X^{(n)}(t)$ を $\dfrac{\mathrm{d}^n X(t)}{\mathrm{d}t^n}$ とも記す．$X$ が $[a,b]$ 上で $n$ 回微分可能であり，$X^{(n)}$ が $[a,b]$ 上連続であるとき，$X$ は **$n$ 回連続微分可能**であるという．

**定理 E.1** $X, Y : [a,b] \to \mathsf{V}$ は微分可能であるとする．このとき，$\langle X(t), Y(t) \rangle_{\mathsf{V}}$ は $t \in [a,b]$ について微分可能であり

$$\frac{\mathrm{d}}{\mathrm{d}t}\langle X(t), Y(t)\rangle_{\mathsf{V}} = \langle \dot{X}(t), Y(t)\rangle_{\mathsf{V}} + \langle X(t), \dot{Y}(t)\rangle_{\mathsf{V}} \tag{E.1}$$

が成り立つ.

## E.2 曲線の積分

$\mathsf{V}$ を $N$ 次元内積空間 ($N \in \mathbb{N}$) とし,$\{e_i\}_{i=1}^N$ を $\mathsf{V}$ の基底とする.曲線 $X : [a,b] \to \mathsf{V}$ を

$$X(t) = \sum_{i=1}^N X^i(t) e_i \tag{E.2}$$

と展開する ($X^i(t) \in \mathbb{K}$).対応 $X^i : [a,b] \to \mathbb{K}; t \mapsto X^i(t)$ は $[a,b]$ 上のスカラー値関数である.これを基底 $\{e_i\}_{i=1}^N$ に関する $X$ の**第 $i$ 成分関数**という.

$X^i$ は $[a,b]$ 上で連続であることがわかる.したがって,リーマン積分 $\int_a^b X^i(t)\,\mathrm{d}t$ が定義される.そこで,

$$\int_a^b X(t)\,\mathrm{d}t := \sum_{i=1}^N \left( \int_a^b X^i(t)\,\mathrm{d}t \right) e_i \tag{E.3}$$

という,$\mathsf{V}$ のベクトルを定義し,これを点 $a$ から点 $b$ にわたる曲線 $X$ のリーマン積分あるいは単に**積分**と呼ぶ.このような積分をベクトル値積分という.これは基底 $\{e_i\}_{i=1}^N$ の取り方に依らないこともわかる.

点 $b$ から点 $a$ にわたる曲線 $X$ の積分は

$$\int_b^a X(t)\,\mathrm{d}t := -\int_a^b X(t)\,\mathrm{d}t \tag{E.4}$$

と定義する.

**定理 E.2** $c \in [a,b]$,$X : [a,b] \to \mathsf{V}$ を連続曲線とし,$G(t) = \int_c^t X(s)\,\mathrm{d}s$ ($t \in [a,b]$) とおく.このとき,$G : [a,b] \to \mathsf{V}$ は連続微分可能な曲線であって

$$G'(t) = X(t) \quad (t \in [a,b])$$

が成り立つ.

次の定理は,1 変数の実数値関数についての微分積分学の基本定理のベクトル値関数版である:

**定理 E.3** 任意の連続微分可能な曲線 $X:[a,b]\to \mathsf{V}$ と任意の $c\in[a,b]$ に対して

$$X(t)-X(c)=\int_c^t X'(s)\,\mathrm{d}s \quad (t\in[a,b]) \tag{E.5}$$

が成り立つ．

## E.3 曲線の長さ

$X:[a,b]\to \mathsf{V}$ を連続微分可能な曲線とする．このとき，$\|\dot{X}(t)\|$ は $t$ について連続である．したがって，リーマン積分

$$L_X=\int_a^b \|\dot{X}(t)\|\,\mathrm{d}t \tag{E.6}$$

が定義される．これを $X$ の**長さ**と呼ぶ．

## E.4 スカラー場

本節では，$V$ は有限次元計量ベクトル空間とする．

### E.4.1 微分形式

$\mathsf{D}$ を $\mathsf{V}$ の部分集合とする．$\mathsf{D}$ から $\mathbb{K}$ への写像 $f:\mathsf{D}\to\mathbb{K}$ を $\mathsf{D}$ 上の**スカラー場**または**スカラー値関数**という．$\mathbb{K}=\mathbb{R}$ の場合，**実スカラー場**，$\mathbb{K}=\mathbb{C}$ の場合，**複素スカラー場**という．

以下，$\mathsf{D}$ は $\mathsf{V}$ の開集合であるとする．このとき，$x\in\mathsf{D}, y\in\mathsf{V}$ に対して，$|h|$ が十分小さければ，$x+hy\in\mathsf{D}$ である．

**定義 E.4** $f:\mathsf{D}\to\mathbb{K}$ とする．$x\in\mathsf{D}, y\in\mathsf{V}$ を固定したとき

$$f'(x,y):=\lim_{h\to 0}\frac{f(x+hy)-f(x)}{h}$$

が存在するとき，$f$ は点 $x$ において $y$ **方向に微分可能**であるといい，$f'(x,y)$ を $x$ における $y$ **方向の微分係数**と呼ぶ．

E.4. スカラー場　　*471*

すべての $x \in \mathsf{D}$ と $y \in \mathsf{V}$ に対して，$f'(x,y)$ が存在するとき，$f$ は $\mathsf{D}$ 上で**微分可能**であるという．

$f$ が $\mathsf{D}$ 上で微分可能であって，任意の $y \in \mathsf{V}$ に対して，$f'(x,y)$ が $x$ に関して $\mathsf{D}$ 上で連続であるとき，$f$ は $\mathsf{D}$ において**連続微分可能**であるという．

次の定理はスカラー場の理論の基礎となる．

**定理 E.5** $f : \mathsf{D} \to \mathbb{K}$ は $\mathsf{D}$ 上で連続微分可能であるとする．このとき，任意の $x \in \mathsf{D}$ に対して，$f'(x,y)$ は $y \in \mathsf{V}$ について線形である．

$f : \mathsf{D} \to \mathbb{K}$ は $\mathsf{D}$ 上で連続微分可能であるとしよう．このとき，各 $x \in \mathsf{D}$ に対して，写像 $\phi_x : \mathsf{V} \to \mathbb{K}$ を $\phi_x(y) := f'(x,y)$ によって定義すれば，定理 E.5 によって，$\phi_x$ は $\mathsf{V}$ 上の線形汎関数，すなわち，双対空間 $\mathsf{V}^*$ の元である：$\phi_x \in \mathsf{V}^*$．すると，写像 $\mathrm{d}f : \mathsf{D} \to \mathsf{V}^*$ を

$$(\mathrm{d}f)(x) := \phi_x \quad (x \in \mathsf{D})$$

によって定義できる．したがって

$$(\mathrm{d}f)(x)(y) = f'(x,y) \quad (x \in \mathsf{D},\ y \in \mathsf{V})$$

（左辺は，$(\mathrm{d}f)(x) \in \mathsf{V}^*$ の $y$ における値と読む）が成り立つ．写像 $\mathrm{d}f$ を $f$ の**微分形式**あるいは単に**微分**と呼ぶ．

**例 E.6** $\mathsf{V}$ が $\mathbb{K}$ 上の $n$ 次元計量ベクトル空間（不定計量でもよい）とし，$f : \mathsf{D} \to \mathbb{K}$ は連続微分可能であるとしよう．$E := \{e_1, \ldots, e_n\}$ を $\mathsf{V}$ の基底とすれば，任意の $x \in \mathsf{V}$ は $x = \sum_{i=1}^n x^i e_i$ と展開できる（$(x^1, \ldots, x^n) \in \mathbb{K}^n$）．$f_E(x^1, \ldots, x^n) := f(\sum_{i=1}^n x^i e_i)$ とし

$$\mathsf{D}_{\mathbb{K}^n} := \left\{ (x^1, \ldots, x^n) \,\bigg|\, \sum_{i=1}^n x^i e_i \in \mathsf{D} \right\} \subset \mathbb{K}^n$$

とおけば，$f_E$ は $\mathsf{D}_{\mathbb{K}^n}$ 上の関数と見ることができる．このとき，$E$ の双対基底を $E^* := \{\phi^i\}_{i=1}^n$ とすれば

$$(\mathrm{d}f)(x) = \sum_{i=1}^n \partial_i f(x) \phi^i \tag{E.7}$$

が成り立つ．ただし，$\partial_j f(x) := \partial f_E(x)/\partial x^j$．したがって，$E^*$ に関する $(\mathrm{d}f)(x)$ の成分表示は $(\partial_1 f(x), \ldots, \partial_n f(x))$ である．特殊な場合として，$f(x) = f^i(x) := x^i$（もちろん，これは基底 $E$ の取り方に依存しながら定まるスカラー値関数）を考えると $(\mathrm{d}f^i)(x) = \phi^i$ が成り立つ．したがって，$E^* = \{(\mathrm{d}f^i)(x)\}_{i=1}^n$．通常，$(\mathrm{d}f^i)(x)$ を $\mathrm{d}x^i$ と記す．ゆえに

$$(\mathrm{d}f)(x) = \sum_{i=1}^n \partial_i f(x) \mathrm{d}x^i \tag{E.8}$$

という表示が成立する[1]．

### E.4.2 勾配ベクトル

$\mathsf{V}$ を有限次元計量ベクトル空間，$\mathsf{D}$ を $\mathsf{V}$ の開集合，$f : \mathsf{D} \to \mathbb{K}$ は連続微分可能とする．$\mathsf{V}^*$ から $\mathsf{V}$ への正準同型写像 $i_*$ を用いて，ベクトル場 $\mathrm{grad}\, f : \mathsf{D} \to \mathsf{V}$ を

$$(\mathrm{grad}\, f)(x) := i_*((\mathrm{d}f)(x)) \quad (x \in \mathsf{D}) \tag{E.9}$$

によって定義する．この写像を $f$ の**勾配**またはグラディエント (gradient) という．ベクトル $(\mathrm{grad}\, f)(x)$ を $x$ における $f$ の**勾配ベクトル**，$\mathrm{grad}\, f$ をスカラー場 $f$ の**勾配ベクトル場**と呼ぶ．

線形汎関数の表現定理（定理 D.16）により

$$(\mathrm{d}f)(x)(y) = f'(x, y) = \langle (\mathrm{grad}\, f)(x), y \rangle \quad (x \in \mathsf{D},\ y \in \mathsf{V}). \tag{E.10}$$

したがって，$E = \{e_i\}_{i=1}^n$ を $\mathsf{V}$ の正規直交基底とすれば，(E.7) と (D.11) より

$$(\mathrm{grad}\, f)(x) = \sum_{i=1}^n \epsilon(e_i) \partial_i f(x)^* e_i. \tag{E.11}$$

ただし，$x = \sum_{i=1}^n x^i e_i$．ゆえに，正規直交基底 $E$ に関する $(\mathrm{grad}\, f)(x)$ の成分表示は $(\epsilon(e_1)\partial_1 f(x)^*, \ldots, \epsilon(e_n)\partial_n f(x)^*)$ である（$(\mathrm{d}f)(x)$ の成分表示との違いに注意）．

---

[1] これは，通常の多変数微分積分学で使用される発見法的・形式的な式に数学的に厳密な意味を与えるものである．

**注意 E.7** $\mathsf{V}$ がユークリッドベクトル空間の場合には，$\mathsf{V}$ の正規直交基底 $\{e_i\}_{i=1}^n$ による，$(\operatorname{grad} f)(x)$ の成分表示とその双対基底による，$(\mathrm{d}f)(x)$ の成分表示は一致する．しかし，これまでの論述から明らかなように，$(\mathrm{d}f)(x)$ と $(\operatorname{grad} f)(x)$ は概念的には異なるものである．

### E.4.3 合成写像の微分

**定理 E.8** $\mathsf{V}$ を有限次元計量ベクトル空間，$\mathsf{D}$ は $\mathsf{V}$ の開集合とする．$f:\mathsf{D}\to\mathbb{K}$ は連続微分可能とする．$X:[a,b]\to\mathsf{D}$ を連続微分可能な曲線とし，$g(t)=f(X(t))$ $(t\in[a,b])$ とすれば，$g$ は連続微分可能であり

$$\frac{dg(t)}{dt} = \langle(\operatorname{grad} f)(X(t)), \dot{X}(t)\rangle. \tag{E.12}$$

したがって，特に，任意の $t_0, t \in [a,b]$ に対して

$$g(t) - g(t_0) = \int_{t_0}^{t} \langle(\operatorname{grad} f)(X(s)), \dot{X}(s)\rangle\, ds. \tag{E.13}$$

**証明** $h \in \mathbb{R}\setminus\{0\}$ として

$$\frac{g(t+h)-g(t)}{h} = \frac{f(X(t+h))-f(X(t))}{h}.$$

$X$ は微分可能であるので $X(t+h) = X(t) + \dot{X}(t)h + o(h) = X(t) + h(\dot{X}(t) + r(h))$ $(r(h) = o(h)/h)$ と書ける．ただし，$o(h)$ は $\lim_{h\to 0} o(h)/h = 0$ を満たすベクトルを表す記法である．$\operatorname{grad} f$ の定義により

$$f(x+hy) = f(x) + \langle(\operatorname{grad} f)(x), y\rangle h + o(h). \tag{E.14}$$

これを応用すれば

$$\frac{f(X(t+h))-f(X(t))}{h} = \langle(\operatorname{grad} f)(X(t)), \dot{X}(t)+r(h)\rangle + \frac{o(h)}{h}.$$

そこで，$h\to 0$ とすれば，(E.12) が得られる．(E.12) を $t_0$ から $t$ まで積分すれば (E.13) が得られる． ∎

## E.5 ベクトル場,発散,ラプラシアン

### E.5.1 ベクトル場の微分

V, W を $\mathbb{K}$ 上の有限次元計量ベクトル空間,D を V の開集合とする.$u: D \to W$ を D 上の W 値ベクトル場とする.すべての $x \in D$ と $y \in V$ に対して
$$u'(x,y) := \lim_{\varepsilon \to 0} \frac{u(x+\varepsilon y) - u(x)}{\varepsilon} \in W$$
が存在するとき,$u$ は D 上で**微分可能**であるという.$u'(x,y)$ を **$x$ における $y$ 方向への方向微分**と呼ぶ.各 $y \in V$ に対して,対応:$x \mapsto u'(x,y)$ が W 値関数として連続であるとき,$u$ は D 上で**連続微分可能**であるという.

$u: D \to W$ は連続微分可能であるとしよう.$\dim V = n$, $\dim W = m$ とし,$E = \{e_i\}_{i=1}^n$, $F = \{f_j\}_{j=1}^m$ をそれぞれ,V, W の基底とする.このとき,$x = \sum_{i=1}^n x^i e_i$, $u(x) = \sum_{j=1}^m u^j(x) f_j$ と展開する.線形作用素 $u'(x) : V \to W$ を
$$u'(x)(y) := \sum_{j=1}^m \left( \sum_{i=1}^n \partial_i u^j(x) y^i \right) f_j \quad (y \in V) \tag{E.15}$$
によって定義すれば
$$u'(x,y) = u'(x)(y) \quad (x \in D,\ y \in V) \tag{E.16}$$
が成り立つ.左辺は,基底の取り方に依らないから,$u'(x)$ も基底の取り方に依らない.$u'(x)$ を $x$ における $u$ の**微分**と呼ぶ.写像 $u' : D \to L(V, W)$; $x \mapsto u'(x)$ を $u$ の**導関数**という.

(E.15) によって,線形作用素 $u'(x)$ の基底 $E, F$ に関する行列表示 $(u'(x)_i^j)$ について
$$u'(x)_i^j = \partial_i u^j(x) \tag{E.17}$$
が成り立つ.すなわち,$(u'(x)_i^j)$ は $\mathbb{K}^m$ 値関数:$x \mapsto (u^1(x), \ldots, u^m(x))$ の関数行列である.

写像 $u_* : D \times V \to W \times W$ を
$$u_*(x, v) := (u(x), u'(x)(v)) \quad ((x, v) \in D \times V) \tag{E.18}$$

によって定義する．

## E.5.2　発散とラプラシアン

$W = V$, $\dim V = n$ の場合を考える．このとき，各 $x \in D$ に対して，$u'(x)$ は V 上の線形作用素であるから，そのトレース $\operatorname{tr} u'(x) \in \mathbb{K}$ が定義される（C.6 節を参照）．そこで，D 上のスカラー場 $\operatorname{div} u : D \to \mathbb{K}$ を

$$\operatorname{div} u(x) = \operatorname{tr} u'(x) \quad (x \in D) \tag{E.19}$$

によって定義し，ベクトル場 $u$ の**発散** (divergence) または**湧出量**という．成分表示では，(E.17) から

$$\operatorname{div} u(x) = \sum_{i=1}^{n} \partial_i u^i(x) \tag{E.20}$$

となる．

$\operatorname{div} u = 0$ を満たすベクトル場 $u$ は**無発散** (divergence-free) **ベクトル場**または**湧き出しのないベクトル場**と呼ばれる．

D 上の連続な実スカラー場（連続な実数値関数）全体を $C_{\mathbb{R}}(D)$ で表す．D 上の連続微分可能な実スカラー場 $f$ でその勾配も連続微分可能であるようなものの全体を $C_{\mathbb{R}}^2(D)$ とする．これらの関数空間は関数の和と実数倍に関して実ベクトル空間になる．写像 $\Delta_{\mathrm{L}} : C_{\mathbb{R}}^2(D) \to C_{\mathbb{R}}(D)$ を

$$\Delta_{\mathrm{L}} f(x) := \operatorname{div}(\operatorname{grad} f)(x) \quad (x \in D) \tag{E.21}$$

（勾配ベクトル場 $\operatorname{grad} f$ の発散）によって定義する．$\Delta_{\mathrm{L}}$ が線形であることは容易にわかる．$\Delta_{\mathrm{L}}$ を**ラプラシアン** (Laplacian) または**ラプラス作用素（演算子）**(Laplace operator) という．

ラプラス作用素 $\Delta_L$ が V の正規直交基底 $\{e_i\}_{i=1}^{n}$ を用いた座標表示でどのように表されるかを見ておこう．$x \in D$ を $x = \sum_{i=1}^{n} x^i e_i$ と展開する $(x^i \in \mathbb{R})$．(E.11) と (E.20) を用いることにより，任意の $f \in C_{\mathbb{R}}^2(D)$ に対して

$$\Delta_{\mathrm{L}} \phi(x) = \sum_{i=1}^{n} \epsilon(e_i) \partial_i^2 f(x) \tag{E.22}$$

となることがわかる．基底の符号 $\epsilon(e_i)$ が含まれることに注意しよう．よく現

れる例を書き留めておこう：

(i) $\mathsf{V}$ が $n$ 次元ユークリッドベクトル空間の場合は $\epsilon(e_i) = 1$ であるから，

$$\Delta_\mathrm{L} f(x) = \Delta\phi(x) := \sum_{i=1}^{n} \partial_i^2 f(x). \tag{E.23}$$

$\Delta$ は，通常，$n$ 次元ラプラシアンと呼ばれるが，いま見た事実からわかるように，これはユークリッドベクトル空間に同伴する普遍的対象（座標から自由な対象）としてのラプラシアン $\Delta_L$ の直交座標系での表示にすぎない．

(ii) $\mathsf{V}$ がミンコフスキーベクトル空間ならば

$$\Delta_\mathrm{L}\phi(x) := \partial_0^2 f(x) - \sum_{i=1}^{n-1} \partial_i^2 f(x) \tag{E.24}$$

となる．ただし，基底の添え字付を $\{e_0, e_1, \ldots, e_{n-1}\}$ とし，$x \in \mathsf{V}$ を $x = \sum_{\mu=0}^{n-1} x^\mu e_\mu$ と展開する．この $\Delta_L$ を $n$ 次元ダランベールシャン (d'Alembertian) といい，通常，$\square$ という記号で表される．

## E.6 無発散ベクトル場と保存則

$d$ を自然数とし，$\mathbb{R}^{d+1}$ 上の連続微分可能な無発散ベクトル場 $u: \mathbb{R}^{d+1} \to \mathbb{R}^{d+1}$ を考える：

$$\mathrm{div}\, u(x) = 0 \quad (x = (x^0, x^1, \ldots, x^d) \in \mathbb{R}^{d+1}) \tag{E.25}$$

（前節の記号で，$n = d+1$, $\mathsf{V} = \mathbb{R}^{d+1}$ の場合）．$x^0 = t$, $\mathbf{x} = (x^1, \ldots, x^d) \in \mathbb{R}^d$ とし

$$u(x) = (\rho(t, \mathbf{x}), \mathbf{u}(t, \mathbf{x})) \quad (\mathbf{u}(t, \mathbf{x}) = (u^1(t, \mathbf{x}), \ldots, u^d(t, \mathbf{x})))$$

とすれば，(E.25) は

$$\frac{\partial \rho(t, \mathbf{x})}{\partial t} + \mathrm{div}_{\mathbb{R}^d} \mathbf{u}(t, \mathbf{x}) = 0 \tag{E.26}$$

と書ける．ただし，$\mathrm{div}_{\mathbb{R}^d}$ は，$\mathbb{R}^d$ 上のベクトル場に関する発散を表す（各 $t \in \mathbb{R}$ に対して，写像 $\mathbf{u}(t, \cdot): \mathbf{x} \mapsto \mathbf{u}(t, \mathbf{x})$ は $\mathbb{R}^d$ 上のベクトル場であること

に注意). (E.26) の型の方程式は**連続の方程式**と呼ばれ,流体力学や電磁気学をはじめとして物理学のいろいろな場面で登場する.この場合,$t$ は時間変数,$\mathbf{x}$ は空間変数と解釈される.

さて,$\rho(t, \mathbf{x})$ は $\mathbf{x}$ について $\mathbb{R}^d$ 上で可積分であるとし

$$Q(t) := \int_{\mathbb{R}^d} \rho(t, \mathbf{x}) \, d\mathbf{x} \tag{E.27}$$

が,ある付加的な条件のもとで,時刻 $t$ に依らないこと,すなわち,保存量になることを示そう.

**定理 E.9** (E.26) が成立するとし,次の条件が満たされるとする:

(i) $\int_{\mathbb{R}^d} |\rho(t, \mathbf{x})| \, d\mathbf{x} < \infty$ ($\forall t \in \mathbb{R}$).

(ii) 任意の開区間 $(a, b) \subset \mathbb{R}$ に対して,$\mathbb{R}^d$ 上の非負値可積分関数 $g$ が存在して,$\sup_{t \in (a,b)} |\operatorname{div}_{\mathbb{R}^d} \mathbf{u}(t, \mathbf{x})| \leq g(\mathbf{x})$, a.e. $\mathbf{x} \in \mathbb{R}^d$.

(iii) 定数 $C > 0$ と $p > d - 2$ が存在して,すべての $R > 0$ に対して

$$\left| \langle \mathbf{u}(t, \mathbf{x}), \mathbf{x} \rangle \right| \leq \frac{C}{R^p} \quad (|\mathbf{x}| = R).$$

このとき,$Q(t)$ は $t$ に依らない定数である.

**証明** $t \in (a, b)$ とする. (E.26) と条件 (ii) により

$$\left| \frac{\partial \rho(t, \mathbf{x})}{\partial t} \right| \leq g(\mathbf{x}).$$

したがって,積分と微分の順序交換に関する一般的定理により,$Q(t)$ は $(a, b)$ で $t$ について微分可能であり

$$\begin{aligned}
\frac{dQ(t)}{dt} &= \int_{\mathbb{R}^d} \partial_t \rho(t, \mathbf{x}) \, d\mathbf{x} \\
&= -\int_{\mathbb{R}^d} \operatorname{div}_{\mathbb{R}^d} \mathbf{u}(t, \mathbf{x}) \, d\mathbf{x} \quad (\because (\text{E.26})) \\
&= -\lim_{R \to \infty} \int_{|\mathbf{x}| = R} \left\langle \mathbf{u}(t, \mathbf{x}), \frac{\mathbf{x}}{R} \right\rangle_{\mathbb{R}^d} dS(\mathbf{x})
\end{aligned}$$

($\because$ ガウスの発散定理.右辺の積分は面積分).

条件 (iii) により，定数 $C' > 0$ があって

$$\left| \int_{|\mathbf{x}|=R} \left\langle \mathbf{u}(t,\mathbf{x}), \frac{\mathbf{x}}{R} \right\rangle_{\mathbb{R}^d} dS(\mathbf{x}) \right| \leq \frac{C'}{R^{p-d+2}} \to 0 \quad (R \to \infty).$$

したがって，$dQ(t)/dt = 0$. ゆえに，$Q(t)$ は $t \in (a,b)$ に依らない定数である. $a, b \in \mathbb{R}$ は $a < b$ を満たす任意の実数であったから，題意が成立する. ∎

## E.7 有限次元実内積空間における積分

$n$ を任意の自然数とする. $\mathsf{V}$ を $n$ 次元実内積空間とし，$E := \{e_i\}_{i=1}^n$ を $\mathsf{V}$ の正規直交基底とする. このとき，任意の $x \in \mathsf{V}$ は

$$x = \sum_{i=1}^n \langle e_i, x \rangle e_i$$

と展開できる. $\mathsf{V}$ と $\mathbb{R}^n$ は写像

$$\iota : \mathsf{V} \to \mathbb{R}^n;\ \mathsf{V} \ni x \mapsto (\langle e_1, x \rangle, \ldots, \langle e_n, x \rangle) \in \mathbb{R}^n$$

によって計量同型である.

$\mathsf{D}$ を $\mathsf{V}$ の部分集合とする. $\iota(\mathsf{D})$ が $\mathbb{R}^n$ のボレル集合であるとき，$\mathsf{D}$ を $\mathsf{V}$ のボレル集合という. $\mathsf{V}$ のボレル集合全体を $\mathfrak{B}(\mathsf{V})$ で表す. 各ボレル集合 $\mathsf{D} \in \mathfrak{B}(\mathsf{V})$ に対して，$|\mathsf{D}|$ を

$$|\mathsf{D}| := \int_{\iota(\mathsf{D})} 1 \, d\mathbf{x} \tag{E.28}$$

によって定義し，これを $\mathsf{D}$ の**体積**と呼ぶ. この定義は正規直交基底 $E$ の選び方に依らない. 対応：$\mathsf{D} \mapsto |\mathsf{D}|$ は可測空間 $(\mathsf{V}, \mathfrak{B}(\mathsf{V}))$ 上の測度を与える. この測度を $\mathsf{V}$ 上の**ルベーグ測度**と呼び，可測関数 $f : \mathsf{V} \to \mathbb{C}$ に対して，この測度による積分を $\int_\mathsf{V} f(x) dx$ と表す[2].

$f$ が $\mathsf{D}$ 上で積分可能ならば

$$\int_\mathsf{D} f(x) dx = \int_{\iota(\mathsf{D})} f(x)\, d\mathbf{x} \tag{E.29}$$

---
[2] したがって，この積分に対して，測度による積分の一般論が適用される.

が成り立つ．ただし，右辺は，関数 $\mathbf{x} = (x^1, \ldots, x^n) \mapsto f(x) = f\bigl(\sum_{i=1}^n x^i e_i\bigr)$ の $\iota(\mathsf{D})$ 上でのルベーグ積分を表す．

$\phi : \mathsf{V} \to \mathsf{V}$ を連続微分可能な写像とする．このとき

$$\phi(x) = \sum_{i=1}^n \phi^i(x) e_i$$

と展開すれば，各 $\phi^i$ は $\mathsf{V}$ 上の連続微分可能な実数値関数である．各点 $x \in \mathsf{V}$ に対して $J_\phi(x)$ を次のように定義する：

$$J_\phi(x) := \begin{pmatrix} \frac{\partial \phi^1}{\partial x^1}(x) & \cdots & \frac{\partial \phi^1}{\partial x^n}(x) \\ \frac{\partial \phi^2}{\partial x^1}(x) & \cdots & \frac{\partial \phi^2}{\partial x^n}(x) \\ \vdots & \ddots & \vdots \\ \frac{\partial \phi^n}{\partial x^1}(x) & \cdots & \frac{\partial \phi^n}{\partial x^n}(x) \end{pmatrix}.$$

ただし，$\partial \phi^j / \partial x^i$ は $\phi^j(x) = \phi^j\bigl(\sum_{k=1}^n x^k e_k\bigr)$ を $x^i$ の関数と見たときの，$\phi^j$ の $x^i$ に関する偏微分を表す．$J_\phi(x)$ を点 $x$ における $\phi$ の**ヤコビ行列**という[3]．

**定理 E.10** 上述の $\phi$ は単射であるとし，$K$ を $\mathsf{V}$ の任意の有界なボレル集合とする．このとき，$\phi(K)$ 上の任意の可積分関数 $f : \phi(K) \to \mathbb{C}$ に対して

$$\int_{\phi(K)} f(x) \, dx = \int_K f(\phi(x)) |\det J_\phi(x)| \, dx. \tag{E.30}$$

ただし，$\det J_\phi(x)$ はヤコビ行列 $J_\phi(x)$ の行列式を表す．特に

$$|\phi(K)| = \int_K |\det J_\phi(x)| \, dx. \tag{E.31}$$

**証明** まず，$K$ が有界な開集合の場合を考える．積分の定義により

$$\int_{\phi(K)} f(x) \, dx = \int_{\iota(\phi(K))} f(x) \, d\mathbf{x}.$$

そこで，変数変換 $x^i = \phi^i\bigl(\sum_{k=1}^n y^k e_k\bigr)$, $\mathbf{y} = (y^1, \ldots, y^n) \in \iota(K)$ を行うと，多重積分の変数変換公式により，(E.30) が得られる．

次に $f \geq 0$ の場合を考え，任意の $B \in \mathfrak{B}(\mathsf{V})$ に対して

$$\mu_1(B) := \int_{\phi(B) \cap \phi(K)} f(x) \, dx, \quad \mu_2(B) := \int_{B \cap K} f(\phi(x)) |\det J_\phi(x)| \, dx$$

---
[3] $\mathsf{V} = \mathbb{R}^n$ の場合のヤコビ行列の一般化である．

とすれば, $\mu_1, \mu_2$ はいずれも $(V, \mathfrak{B}(V))$ 上の $\sigma$-有限な測度であり, 前段の結果により, 任意の有界開集合 $B$ に対して, $\mu_1(B) = \mu_2(B)$ が成り立つ. したがって, ホップの拡張定理の一意性により, $\mu_1 = \mu_2$. ゆえに, (E.30) が成立する.

$f$ が実数値の場合は, $f = f_+ - f_-$ ($f_+(x) := \max\{f(x), 0\}$, $f_-(x) := \max\{-f(x), 0\}$) と分解して, いまの結果を $f_\pm \geq 0$ の場合に適用すればよい. $f$ が複素数値の場合は, $f = f_1 + if_2$, $f_1(x) := \operatorname{Re} f(x)$ ($f(x)$ の実部), $f_2(x) := \operatorname{Im} f(x)$ ($f(x)$ の虚部) と分解して考えればよい. ∎

# 付録F　テンソル積

## F.1　定義

$\mathsf{V}$ を $\mathbb{K}$ 上の有限次元ベクトル空間，$\mathsf{V}^*$ を $\mathsf{V}$ の双対空間とする．自然数 $p$ に対して，$\mathsf{V}$ の $p$ 個の直積集合を $\mathsf{V}^p$ で表す：

$$\mathsf{V}^p := \{u = (u_1, \ldots, u_p) \,|\, u_i \in \mathsf{V}, i = 1, \ldots, p\}.$$

任意の $\phi_1, \ldots, \phi_p \in \mathsf{V}^*$ に対して，写像 $\bigotimes_{i=1}^p \phi_i : \mathsf{V}^p \to \mathbb{K}$ を

$$\Big(\bigotimes_{i=1}^p \phi_i\Big)(u) := \phi_1(u_1) \ldots \phi_p(u_p) \quad (u = (u_1, \ldots, u_p) \in \mathsf{V}^p)$$

によって定義し，$\phi_1, \phi_2, \ldots, \phi_p$ の**テンソル積**と呼ぶ．$\bigotimes_{i=1}^p \phi_i$ を $\phi_1 \otimes \phi_2 \otimes \cdots \otimes \phi_p$ のようにも記す．明らかに，$\bigotimes_{i=1}^p \phi_i \in \mathrm{Map}(\mathsf{V}^p, \mathbb{K})$（$\mathsf{V}^p$ から $\mathbb{K}$ への写像全体）．テンソル積 $\bigotimes_{i=1}^p \phi_i$ ($\phi_i \in \mathsf{V}^*, i = 1, \ldots, p$) によって生成されるベクトル空間（ベクトル空間 $\mathrm{Map}(\mathsf{V}^p, \mathbb{K})$ の部分空間）

$$\bigotimes^p \mathsf{V}^* := \mathcal{L}\bigg(\bigg\{\bigotimes_{i=1}^p \phi_i \,\bigg|\, \phi_i \in \mathsf{V}^*, i = 1, \ldots, p\bigg\}\bigg) \tag{F.1}$$

を $\mathsf{V}^*$ の**代数的 $p$ 重テンソル積**と呼び，その元を **$p$ 階共変テンソル**という．同様に，$\mathsf{V} = (\mathsf{V}^*)^*$ の代数的 $p$ 重テンソル積 $\bigotimes^p \mathsf{V}$ が定義される．$\bigotimes^p \mathsf{V}$ の元を **$p$ 階反変テンソル**という．

## F.2 対称テンソルと反対称テンソル

$\mathfrak{S}_p$ を $\{1,\ldots,p\}$ 上の置換 (i.e. $\{1,\ldots,p\}$ 上の全単射) の全体とする. 置換 $\sigma \in \mathfrak{S}_p$ の符号を $\mathrm{sgn}(\sigma)$ で表す[1]. $T \in \bigotimes^p \mathsf{V}$ とする.

(i) 任意の $\psi_i \in \mathsf{V}^*$ $(i = 1,\ldots,p)$ と任意の $\sigma \in \mathfrak{S}_p$ に対して

$$T(\psi_{\sigma(1)},\ldots,\psi_{\sigma(p)}) = T(\psi_1,\ldots,\psi_p)$$

が成り立つとき, $T$ は**対称** (symmetric) であるという. この型の反変テンソル $T$ を $p$ **階対称反変テンソル**または単に $p$ **階対称テンソル**という. $p$ 階対称反変テンソルの全体を $\bigotimes_\mathrm{s}^p \mathsf{V}$ または $\bigvee^p(\mathsf{V})$ で表し, $\mathsf{V}$ の $p$ **重対称テンソル積**という. $\bigvee^p(\mathsf{V})$ を $\bigvee^p \mathsf{V}$ と書く場合もある.

(ii) 任意の $\psi_i \in \mathsf{V}^*$ $(i = 1,\ldots,p)$ と任意の $\sigma \in \mathfrak{S}_p$ に対して

$$T(\psi_{\sigma(1)},\ldots,\psi_{\sigma(p)}) = \mathrm{sgn}(\sigma) T(\psi_1,\ldots,\psi_p)$$

が成り立つとき, $T$ は**反対称** (anti-symmetric) であるという. この型のテンソル $T$ を $p$ **階反対称反変テンソル**または単に $p$ **階反対称テンソル**という[2]. $p$ 階反対称反変テンソルの全体を $\bigwedge^p(\mathsf{V})$ または $\bigotimes_\mathrm{as}^p \mathsf{V}$ で表し, $\mathsf{V}$ の $p$ **重反対称テンソル積**という. $\bigwedge^p(\mathsf{V})$ を $\bigwedge^p \mathsf{V}$ と書く場合もある.

同様に $\mathsf{V}$ を $\mathsf{V}^*$ で置き換えて得られる $p$ 重対称テンソル積 $\bigotimes_\mathrm{s}^p \mathsf{V}^*$ (または $\bigvee^p(\mathsf{V}^*)$) と $p$ 重反対称テンソル積 $\bigwedge^p(\mathsf{V}^*)$ が存在する. 反変テンソルと区別を明確にしたい場合には, 前者の元を $p$ **階対称共変テンソル**, 後者の元を $p$ **階反対称共変テンソル**という.

ベクトル $u_1,\ldots,u_p \in \mathsf{V}$ に対して

$$\bigvee_{i=1}^p u_i := u_1 \vee \cdots \vee u_p := \frac{1}{\sqrt{p!}} \sum_{\sigma \in \mathfrak{S}_p} u_{\sigma(1)} \otimes \cdots \otimes u_{\sigma(p)}, \tag{F.2}$$

$$\bigwedge_{i=1}^p u_i := u_1 \wedge \cdots \wedge u_p$$

---

[1] $\sigma$ が偶置換ならば $\mathrm{sgn}(\sigma) = 1$, 奇置換ならば $\mathrm{sgn}(\sigma) = -1$.
[2] $p$ **階交代テンソル**という場合もある.

$$:= \frac{1}{\sqrt{p!}} \sum_{\sigma \in \mathfrak{S}_p} \mathrm{sgn}(\sigma) u_{\sigma(1)} \otimes \cdots \otimes u_{\sigma(p)} \tag{F.3}$$

を定義する. $\bigvee_{i=1}^{p} u_i \in \bigvee^{p}(\mathsf{V})$, $\bigwedge_{i=1}^{p} u_i \in \bigwedge^{p}(\mathsf{V})$ である. 特に, $\bigwedge_{i=1}^{p} u_i$ を $u_1, \ldots, u_p$ の**外積** (exterior product) と呼ぶ[3].

**定理 F.1** $\{e_i\}_{i=1}^{n}$ を $\mathsf{V}$ の任意の基底とする. このとき, 次の (i), (ii) が成立する:

(i) $\{e_{i_1} \vee \cdots \vee e_{i_p} \mid 1 \leq i_1 \leq \cdots \leq i_p \leq n\}$ は $\bigvee^{p}(\mathsf{V})$ の基底である. 特に

$$\dim \bigvee^{p} \mathsf{V} = {}_{n+p-1}\mathrm{C}_p.$$

ただし, ${}_n\mathrm{C}_r := n!/(n-r)!r!$ $(n, r \in \{0\} \cup \mathbb{N}, r \leq n)$ は 2 項係数である.

(ii) $\{e_{i_1} \wedge \cdots \wedge e_{i_p} \mid 1 \leq i_1 < \cdots < i_p \leq n\}$ は $\bigwedge^{p}(\mathsf{V})$ の基底である. 特に

$$\dim \bigwedge^{p} \mathsf{V} = {}_n\mathrm{C}_p$$

**命題 F.2** $u \neq 0$, $u \wedge v = 0$ ならば, 定数 $\alpha \in \mathbb{K}$ があって $v = \alpha u$ が成り立つ.

**命題 F.3** $p \geq 1$, $T \in \bigwedge^{p}(V)$ とする. このとき, すべての $u \in V$ に対して $u \wedge T = 0$ ならば $T = 0$ である.

## F.3 反対称的内部積

$\mathsf{V}$ を $\mathbb{K}$ 上の計量ベクトル空間とする. 各 $p \geq 1$ と $v \in \mathsf{V}$ に対して, 写像 $i_v : \bigwedge^{p}(\mathsf{V}) \to \bigwedge^{p-1}(\mathsf{V})$ $(\bigwedge^{0}(\mathsf{V}) := \mathbb{K})$ で任意の $u, u_1, \ldots, u_p \in V$ に対して

$$i_v(u) = \langle v, u \rangle_{\mathsf{V}}, \tag{F.4}$$

$$i_v(u_1 \wedge \cdots \wedge u_p)$$
$$= \sum_{j=1}^{p} (-1)^{j-1} \langle v, u_j \rangle_{\mathsf{V}} u_1 \wedge \cdots \hat{u}_j \wedge \cdots \wedge u_p \quad (p \geq 2) \tag{F.5}$$

---
[3] 文献によっては, 右辺の因子 $1/\sqrt{p!}$ を別の因子で定義する場合もある.

を満たすものが存在する．ただし，右辺の $\hat{u}_j$ は $u_j$ を除くことを示す記号である．各 $T \in \bigwedge^p(\mathsf{V})$ に対して，$i_v T := i_v(T) \in \bigwedge^{p-1}(\mathsf{V})$ を $v$ と $T$ の**反対称的内部積**と呼ぶ．

## F.4 行列式の本質的特徴づけ

$\mathsf{V}$ を $\mathbb{K}$ 上の $n$ 次元ベクトル空間とする．付録 C の C.6 節で述べたように，各線形作用素 $A: \mathsf{V} \to \mathsf{V}$ に対して，行列式 $\det A$ が定義される（(C.10)）．だが，この定義には $\mathsf{V}$ の基底が用いられた（もちろん，結果的には基底の取り方に依らないのであるが）．そこで，行列式の本質的な定義が望まれる．実は，次の事実が証明される[4]：

$$Av_1 \wedge Av_2 \wedge \cdots \wedge Av_n = (\det A)(v_1 \wedge \cdots \wedge v_n) \quad (v_i \in \mathsf{V},\ i=1,\ldots,n).$$

## F.5 ベクトル空間の向き

反対称テンソル積の理論の重要な含意の一つとして，$n$ 次元の実ベクトル空間は「向き」をもつことが導かれる．

$\mathsf{V}$ を $n$ 次元実ベクトル空間とする．$\mathsf{V}$ の線形独立な $n$ 個のベクトル $e_1, \ldots, e_n$ の順序づけられた組 $(e_1, \ldots, e_n)$ (i.e. $(e_1, \ldots, e_n) \in \mathsf{V}^n$) を**向きづけられた基底** (oriented basis) という．

$n$ 階反対称反変テンソルの空間 $\bigwedge^n(\mathsf{V})$ は 1 次元であるので，この空間の任意の二つの零でない元 $\omega_1, \omega_2$ は線形従属である．したがって，実数 $a \in \mathbb{R} \setminus \{0\}$ があって，$\omega_2 = a\omega_1$ が成り立つ．そこで $a > 0$ のとき，$\omega_1$ と $\omega_2$ は**同じ向き**をもつといい，$a < 0$ ならば，**逆の向きをもつ**という．この概念を用いると，$\bigwedge^n(\mathsf{V}) \setminus \{0\}$ に含まれる，互いに素な部分集合 $\bigwedge_1^n(\mathsf{V}), \bigwedge_2^n(\mathsf{V})$ が存在して

$$\bigwedge^n(V) \setminus \{0\} = \bigwedge_1^n(\mathsf{V}) \cup \bigwedge_2^n(\mathsf{V})$$

と表されることが示される．ただし，$\bigwedge_\sharp^n(\mathsf{V})$ ($\sharp = 1, 2$) の任意の二つの元は

---

[4] 拙著『物理現象の数学的諸原理』（共立出版，2003）の 1.6 節を参照．

同じ向きをもち，$\bigwedge_1^n(\mathsf{V})$ の任意の元と $\bigwedge_2^n(\mathsf{V})$ の任意の元は逆の向きをもつ．$\bigwedge_1^n(\mathsf{V}), \bigwedge_2^n(\mathsf{V})$ のいずれか一つを指定することを $\mathsf{V}$ の**向きづけ** (orientation) という．指定された部分集合 $\bigwedge_\sharp^n V$ の元を**正の元** (positive element)，そうでないものを**負の元** (negative element) と呼ぶ．

## F.6　テンソル空間の計量

$\mathsf{V}$ を $n$ 次元計量ベクトル空間とするとき，$\mathsf{V}$ の $p$ 重テンソル積 $\bigotimes^p \mathsf{V}$ の計量 $\langle\cdot,\cdot\rangle_{\bigotimes^p \mathsf{V}}$ で

$$\left\langle \bigotimes_{i=1}^p u_i, \bigotimes_{i=1}^p v_i \right\rangle_{\bigotimes^p \mathsf{V}} = \prod_{i=1}^p \langle u_i, v_i \rangle_\mathsf{V} \quad (u_i, v_i \in \mathsf{V},\ i=1,\ldots,p)$$

を満たすものがただ一つ存在することがわかる．この計量を $\bigotimes^p \mathsf{V}$ の**計量**と呼ぶ．対称テンソルの空間 $\bigotimes_\mathrm{s}^p \mathsf{V}$ と反対称テンソルの空間 $\bigwedge^p(\mathsf{V})$ は $\bigotimes^p \mathsf{V}$ の部分空間として，同じ計量 $\langle\cdot,\cdot\rangle_{\bigotimes^p \mathsf{V}}$ で計量ベクトル空間になる．しばしば，添え字を省いて，$\langle\cdot,\cdot\rangle_{\bigotimes^p \mathsf{V}}$ を単に $\langle\cdot,\cdot\rangle$ と記す．

**定理 F.4** $n$ を $2$ 以上の自然数とし，$1 \le p \le n-1$ とする．このとき，各 $T \in \bigwedge^p(\mathsf{V})$ に対して，線形写像 $F_T : \bigwedge^{p+1}(\mathsf{V}) \to \mathsf{V}$ で

$$\langle S, u \wedge T \rangle_{\bigwedge^{p+1}(\mathsf{V})} = \langle F_T(S), u \rangle_\mathsf{V} \quad (S \in \bigwedge^{p+1}(\mathsf{V}),\ u \in \mathsf{V})$$

を満たすものがただ一つ存在する．

## F.7　ホッジのスター作用素

$(\mathsf{V}, \langle\cdot,\cdot\rangle)$ を $n$ 次元の実計量ベクトル空間とする．$\tau \in [\bigwedge^n(\mathsf{V})] \setminus \{0\}$ で $|\langle \tau, \tau \rangle| = 1$ を満たすものとする．このとき，各 $p = 0, 1, \ldots, n$ に対して，線形写像 $* : \bigwedge^p(\mathsf{V}) \to \bigwedge^{n-p}(\mathsf{V})$ で

$$T \wedge S = \langle *T, S \rangle \tau \quad (T \in \bigwedge^p(\mathsf{V}),\ S \in \bigwedge^{n-p}(\mathsf{V})) \tag{F.6}$$

を満たすものがただ一つ存在する．この $*$ を**ホッジのスター作用素**という．

## F.8　3次元ユークリッドベクトル空間におけるベクトル積と回転

$\mathsf{V}$ を3次元ユークリッドベクトル空間とする．$\bigwedge^3(\mathsf{V})$ の単位ベクトル $\tau$ を一つ固定し，これから決まるホッジのスター作用素を $*$ とする．

### F.8.1　ベクトル積

任意の $u, v \in \mathsf{V}$ に対して，$u \times v \in \mathsf{V}$ を

$$u \times v := *(u \wedge v) \tag{F.7}$$

によって定義し，これを $u$ と $v$ の**ベクトル積** (vector product) という．

**例 F.5**　$\{e_1, e_2, e_3\}$ を $\mathsf{V}$ の任意の正規直交基底とし，$\tau = e_1 \wedge e_2 \wedge e_3$ から決まるホッジのスター作用素を $*$，ベクトル積を $\times$ とする．このとき

$$e_1 \times e_2 = e_3, \quad e_2 \times e_3 = e_1, \quad e_3 \times e_1 = e_2$$

が成り立つことがわかる．これを用いると任意の $u, v \in \mathsf{V}$ に対して

$$u \times v = (u^2 v^3 - u^3 v^2) e_1 + (u^3 v^1 - u^1 v^3) e_2 + (u^1 v^2 - u^2 v^1) e_3$$

が示される．ただし，$(u^i)_{i=1}^3, (v^i)_{i=1}^3$ はそれぞれ，基底 $\{e_i\}_{i=1}^3$ に関する $u, v$ の成分表示である．したがって，成分表示では

$$(u \times v)^i = u^j v^k - u^k v^j, \quad (ijk) = (123), (231), (312).$$

**定理 F.6**（**3次元ユークリッドベクトル空間における反対称作用素の表現定理**）3次元ユークリッドベクトル空間 $\mathsf{V}$ の向きを一つ固定する．$T : \mathsf{V} \to \mathsf{V}$ を反対称作用素とする (i.e. $T^* = -T$)．このとき，ベクトル $v_T \in \mathsf{V}$ がただ一つ存在し

$$T(u) = v_T \times u \tag{F.8}$$

が成り立つ．

## F.8.2 回転

D を向き付けられた 3 次元ユークリッドベクトル空間 V の開集合とし，$u : \mathsf{D} \to \mathsf{V}$ を D 上の連続微分可能なベクトル場とする．各 $x \in \mathsf{D}$ に対して，$u'(x)$ は V 上の線形作用素であり，その共役作用素を $u'(x)^*$ とすれば $u'(x) - u'(x)^*$ は V 上の反対称作用素である．したがって，定理 F.6 によって，ベクトル場 $X_u : \mathsf{D} \to \mathsf{V}$ がただ一つ存在し

$$u'(x)(y) - u'(x)^*(y) = X_u(x) \times y \quad (y \in \mathsf{V})$$

が成り立つ．ベクトル場 $X_u$ を $\operatorname{rot} u$ と書き，$u$ の**回転** (rotation) という．したがって

$$u'(x)(y) - u'(x)^*(y) = (\operatorname{rot} u(x)) \times y \quad (y \in \mathsf{V}). \tag{F.9}$$

V の基底に関する $\operatorname{rot} u(x)$ の成分表示を見てみよう．$e_1, e_2, e_3$ を V の正規直交基底とし，V の向き付けは，$e_1 \wedge e_2 \wedge e_3$ が正の元となるようにとる．$u(x) = \sum_{i=1}^{3} u^i(x) e_i$，$x = \sum_{i=1}^{3} x^i e_i$ と展開する．このとき，次の表式が導かれる：

$$\begin{aligned}\operatorname{rot} u(x) =& \left(\frac{\partial u^3(x)}{\partial x^2} - \frac{\partial u^2(x)}{\partial x^3}\right) e_1 + \left(\frac{\partial u^1(x)}{\partial x^3} - \frac{\partial u^3(x)}{\partial x^1}\right) e_2 \\ &+ \left(\frac{\partial u^2(x)}{\partial x^1} - \frac{\partial u^1(x)}{\partial x^2}\right) e_3.\end{aligned} \tag{F.10}$$

これが $\operatorname{rot} u(x)$ の正規直交基底 $\{e_i\}_{i=1}^{3}$ による展開である．

## F.9 外積の微分法

**命題 F.7** $\mathbb{I}$ を $\mathbb{R}$ の区間とし，$v, u : \mathbb{I} \to \mathsf{V}$ は連続微分可能であるとする．このとき，$u(t) \wedge v(t)$ も $t \in \mathbb{I}$ について微分可能であり

$$\frac{\mathrm{d}}{\mathrm{d}t} u(t) \wedge v(t) = \frac{\mathrm{d}u(t)}{\mathrm{d}t} \wedge v(t) + u(t) \wedge \frac{\mathrm{d}v(t)}{\mathrm{d}t} \tag{F.11}$$

が成り立つ．

# 付録 G 微分形式の理論

## G.1 微分形式と外微分作用素

$V$ を $\mathbb{K}$ 上の $n$ 次元計量ベクトル空間とし，$D$ を $V$ の開集合とする．$D$ から $V^*$ の $p$ 重反対称テンソル積 $\bigwedge^p(V^*)$ への写像 $\theta : D \to \bigwedge^p(V^*);\ D \ni x \mapsto \theta(x) \in \bigwedge^p(V^*)$ を $D$ 上の **$p$-形式**あるいは **$p$ 次微分形式**という[1]．$\theta$ は $D$ 上の **$p$ 階反対称共変テンソル場**とも呼ばれる．$D$ 上の $p$ 次微分形式の全体を $A_p(D)$ と記す．ただし，$A_0(D) := \{f : D \to \mathbb{K}\}$ ($D$ 上の $\mathbb{K}$ 値スカラー場全体) とする．

自然数 $k$ に対して，$k$ 回連続微分可能な $p$ 次微分形式の全体を $A_p^k(D)$ と記す．便宜上，$A_p^0(D)$ によって，$D$ 上で連続な $p$ 次微分形式の全体を表す．$p = 0$ に対しては $A_0^k(D) = \{f : D \to \mathbb{R} \mid f \text{ は } k \text{ 回連続微分可能}\}$ とおく．集合 $A_p(D)$ と $A_p^k(D)$ は，ベクトル値関数の自然な和とスカラー倍で実ベクトル空間になる．

**定理 G.1** $k \in \mathbb{N}$ とする．各 $p = 0, 1, \ldots, n$ に対して，写像 $\mathrm{d}_p : A_p^k(D) \to A_{p+1}^{k-1}(D)$ ($A_{n+1}(D) = \{0\}$) で次の性質を満たすものがただ一つ存在する：

(d.1) すべての $f \in A_0^1(D)$ に対して $\mathrm{d}_0 f = \mathrm{d}f$．ただし，$\mathrm{d}f$ はスカラー値関数 $f$ の微分形式である．

(d.2) $\mathrm{d}_{p+1}\mathrm{d}_p = 0$ ($p = 0, 1, \ldots, n-1$).

---
[1] $D$ 上のベクトル値関数で，行き先のベクトル空間が $\bigwedge^p(V^*)$ であるもの．したがって，連続や微分可能性については，ベクトル値関数の一般論が適用される．

(d.3) 任意の $\psi \in A_p^1(\mathsf{D})$ と $\phi \in A_q^1(\mathsf{D})$ に対して

$$\mathrm{d}_{p+q}\psi \wedge \phi = \mathrm{d}_p\psi \wedge \phi + (-1)^p \psi \wedge \mathrm{d}_q\phi.$$

$\{e_i\}_{i=1}^n$ を $\mathsf{V}$ の任意の基底とし，$x = \sum_{i=1}^n x^i e_i$ と展開する．このとき，$\{\mathrm{d}x^i\}_{i=1}^n$ は $\mathsf{V}^*$ の基底であり，$\{e_i\}$ の双対基底である．したがって

$$\{\mathrm{d}x^{i_1} \wedge \cdots \wedge \mathrm{d}x^{i_p} \,|\, 1 \leq i_1 < \cdots < i_p \leq n\}$$

は $\bigwedge^p(\mathsf{V}^*)$ の基底であるから

$$\psi(x) = \sum_{i_1 < \cdots < i_p} \psi_{i_1 \cdots i_p}(x)\, \mathrm{d}x^{i_1} \wedge \cdots \wedge \mathrm{d}x^{i_p} \tag{G.1}$$

$$= \frac{1}{p!} \sum_{i_1, \ldots, i_p} \psi_{i_1 \cdots i_p}(x)\, \mathrm{d}x^{i_1} \wedge \cdots \wedge \mathrm{d}x^{i_p} \tag{G.2}$$

と展開できる．ここで，反対称テンソル $\psi(x)$ の成分 $\psi_{i_1 \cdots i_p}(x)$ は $i_1, \ldots, i_p$ について反対称化してあるものとする．このとき

$$\mathrm{d}_p\psi(x) = \sum_{i_1 < \cdots < i_p} \mathrm{d}\psi_{i_1 \cdots i_p}(x) \wedge \mathrm{d}x^{i_1} \wedge \cdots \wedge \mathrm{d}x^{i_p} \tag{G.3}$$

が成り立つ．この右辺を詳しく書き直すと

$$\mathrm{d}_p\psi(x) = \sum_{j_1 < \cdots < j_{p+1}} \left( \sum_{k=1}^{p+1} (-1)^{k-1} \frac{\partial \psi_{j_1 \cdots \hat{j}_k \cdots j_{p+1}}}{\partial x^{j_k}} \right) \mathrm{d}x^{j_1} \wedge \cdots \wedge \mathrm{d}x^{j_{p+1}} \tag{G.4}$$

となる．ただし，右辺の和において $\hat{j}_k$ は $j_k$ を除くことを意味する記号である．

$p$-形式の空間 $A_p(\mathsf{D})$ は，ベクトル空間としては，直和ベクトル空間

$$A(\mathsf{D}) := \bigoplus_{p=0}^n A_p(\mathsf{D}) = \{\psi = (\psi_0, \ldots, \psi_n) \,|\, \psi_p \in A_p(\mathsf{D}),\, p = 0, \ldots, n\}$$

の部分空間と見るのが自然である．すなわち，任意の $\psi_p \in A_p(\mathsf{D})$ と $A(\mathsf{D})$ の元 $(0, \ldots, 0, \psi_p, 0, \ldots, 0)$ ($p$ 成分が $\psi_p$ で他の成分は 0) と同一視するのである．この同一視のもとで

$$\psi = (\psi_0, \ldots, \psi_n) = \psi_0 + \psi_1 + \cdots + \psi_n$$

と書ける．$D(\mathrm{d}) := \bigoplus_{p=0}^n A_p^1(\mathsf{D})$ とし写像 $\mathrm{d} : D(\mathrm{d}) \to A(\mathsf{D})$ を

$$\mathrm{d}\psi = \sum_{p=0}^{n} \mathrm{d}_p \psi_p \quad (\psi \in D(\mathrm{d})) \tag{G.5}$$

によって定義する．このとき，d は線形であり，上記の (d.2), (d.3) で $\mathrm{d}_p$, $\mathrm{d}_q$, $\mathrm{d}_{p+q}$ を d で置き換えた性質が成り立つ．写像 d を**外微分作用素** (exterior differential operator) という．$\mathrm{d}\psi$ を $\psi$ の**外微分** (exterior derivative) という．(d.2) から

$$\mathrm{d}^2 = 0 \tag{G.6}$$

が成り立つ．

## G.2　微分形式に同伴する反対称反変テンソル場

$i_* : \mathsf{V}^* \to \mathsf{V}$ を正準同型写像とする（付録 D の D.6 節を参照）．このとき，各 $p = 1, \ldots, n$ に対して，計量同型写像 $i_*^{(p)} : \bigwedge^p(\mathsf{V}^*) \to \bigwedge^p(\mathsf{V})$ で

$$i_*^{(p)}(\mathrm{d}x^{i_1} \wedge \cdots \wedge \mathrm{d}x^{i_p}) = \epsilon(e_{i_1}) \cdots \epsilon(e_{i_p}) e_{i_1} \wedge \cdots \wedge e_{i_p}$$
$$(1 \leq i_1 < \cdots < i_p \leq n)$$

を満たすものがただ一つ存在する．したがって，各 $\psi \in A_p(\mathsf{D})$ に対して，D 上の $p$ 階反対称反変テンソル場 $\widetilde{\psi} : \mathsf{D} \to \bigwedge^p(\mathsf{V})$ を

$$\widetilde{\psi}(x) := i_*^{(p)}(\psi(x)) \quad (x \in \mathsf{D})$$

によって定義できる．このテンソル場 $\widetilde{\psi}$ を $\psi$ に**同伴する反対称反変テンソル場**と呼ぶ．特に，$p = 1$ の場合は，$\widetilde{\psi}$ を $\psi$ に**同伴するベクトル場**という．成分表示では

$$\psi(x) = \sum_{i_1 < \cdots < i_p} \psi_{i_1 \cdots i_p}(x)\, \mathrm{d}x^{i_1} \wedge \cdots \wedge \mathrm{d}x^{i_p}$$

ならば

$$\widetilde{\psi}(x) = \sum_{i_1 < \cdots < i_p} \psi^{i_1 \cdots i_p}(x)\, e_{i_1} \wedge \cdots \wedge e_{i_p}$$

となる．ただし

$$\psi^{i_1 \cdots i_p}(x) := \epsilon(e_{i_1}) \cdots \epsilon(e_{i_p}) \psi_{i_1 \cdots i_p}.$$

写像 $i_*^{(p)}$ の同型性により，$D$ 上の $k$ 回連続微分可能な $p$ 階反対称反変テンソル場の全体を $\widetilde{A}_p^k(\mathsf{D})$ とすれば

$$\widetilde{A}_p^k(\mathsf{D}) = \{\widetilde{\psi} \mid \psi \in A_p^k(\mathsf{D})\} \tag{G.7}$$

が成り立つ．

写像 $\widetilde{\mathrm{d}} : \widetilde{A}_p^k(\mathsf{D}) \to \widetilde{A}_{p+1}^{k-1}(\mathsf{D})$ を

$$(\widetilde{\mathrm{d}}\psi)(x) := i_*^{(p+1)}((\mathrm{d}\psi)(x)) \quad (x \in \mathsf{D}) \tag{G.8}$$

によって定義する．$\widetilde{\mathrm{d}}$ を**反対称反変テンソル場に作用する外微分作用素**という．

## G.3 余微分作用素

$\mathsf{V}^*$ の $n$ 階反対称テンソル $\tau \in \bigwedge^n(\mathsf{V}^*)$ で $|\langle\tau,\tau\rangle| = 1$ を満たすものを一つ決め，これが属する向きに関するホッジのスター作用素を $*$ とする．写像 $\delta : A_p^k(\mathsf{D}) \to A_{p-1}^{k-1}(\mathsf{D})$ を

$$\delta := \begin{cases} (-1)^{np+n+1} * d* & (p \geq 1 \text{ のとき}) \\ 0 & (p = 0 \text{ のとき}) \end{cases} \tag{G.9}$$

によって定義し，これを**余微分作用素** (codifferential operator) という．$\psi \in A_p^k(\mathsf{D})$ に対する $\delta\psi$ を $\psi$ の**余微分** (coderivative) という．

**定理 G.2** (i) $\delta^2 = 0$．(ii) $*\delta\mathrm{d} = \mathrm{d}\delta*$．(iii) $\delta\mathrm{d}* = *\mathrm{d}\delta$．

余微分作用素 $\delta$ は外微分作用素と同じ仕方で $A(\mathsf{D})$ 上の線形作用素に拡張される．この拡張も同じ記号 $\delta$ で表す．

$\{e_i\}$ を $\mathsf{V}$ の正規直交基底とし，$x = \sum_{i=1}^n x^i e_i \ (x \in \mathsf{V})$ とすれば，$\{\mathrm{d}x^i\}_i$ は $\mathsf{V}^*$ の正規直交基底である．$n$ 階テンソル $\tau = \mathrm{d}x^1 \wedge \cdots \wedge \mathrm{d}x^n$ が正となる向きをとり，この向きに関するホッジのスター作用素から決まる余微分作用素を $\delta$ とする．任意の $\psi \in A_p^k(\mathsf{D})$ を (G.1) のように展開するとき

$$\delta\psi = -\sum_{j_1<\cdots<j_{p-1}} \left(\sum_{j=1}^n \frac{\partial \psi_{jj_1\cdots j_{p-1}}}{\partial x^j} \epsilon(\mathrm{d}x^j)\right) \epsilon(\tau)\, \mathrm{d}x^{j_1} \wedge \cdots \wedge \mathrm{d}x^{j_{p-1}}. \tag{G.10}$$

## G.4 ラプラス–ベルトラミ作用素

Vの向きを一つ固定する．外微分作用素 d と余微分作用素からつくられる $A(\mathsf{D})$ 上の作用素

$$\Delta_{\mathrm{LB}} := \mathrm{d}\delta + \delta\mathrm{d} \tag{G.11}$$

をラプラス–ベルトラミ作用素 (Laplace–Beltrami operator) という．

$\{e_i\}$ をVの正規直交基底とし，$x = \sum_{i=1}^n x^i e_i \ (x \in \mathsf{V})$ とする．このとき，任意の $\psi \in A_p^2(\mathsf{D})$ に対して，(G.1) と展開するとき

$$\Delta_{\mathrm{LB}}\psi = -\sum_{i_1<\cdots<i_p} L\psi_{i_1\cdots i_p}(x)\,\mathrm{d}x^{i_1}\wedge\cdots\wedge\mathrm{d}x^{i_p}. \tag{G.12}$$

ただし，$L$ は

$$L := \epsilon(\tau)\sum_{j=1}^n \epsilon(\mathrm{d}x^j)\partial_j^2 \tag{G.13}$$

によって定義される偏微分作用素である．

**例 G.3** Vが $n$ 次元ユークリッド空間の場合．この場合には，$\epsilon(\tau) = 1$, $\epsilon(\mathrm{d}x^j) = 1$ であるから

$$L = \Delta = \sum_{j=1}^n \partial_j^2. \tag{G.14}$$

ここで，$\Delta$ は通常の $n$ 次元のラプラシアンである．そこで，$p$-形式 $\psi$ に対する $\Delta$ の作用を

$$\Delta\psi := \sum_{i_1<\cdots<i_p}(\Delta\psi_{i_1\cdots i_p})\,\mathrm{d}x^{i_1}\wedge\cdots\wedge\mathrm{d}x^{i_p} \tag{G.15}$$

によって定義すれば

$$\Delta_{\mathrm{LB}}\psi = -\Delta\psi \tag{G.16}$$

となる（右辺のマイナス符号に注意）．

**例 G.4** Vが $(d+1)$ 次元ミンコフスキーベクトル空間である場合．Vのミンコフスキー基底 $\{e_\mu\}_{\mu=0}^d$ として $\langle \mathrm{d}x^0, \mathrm{d}x^0\rangle = 1$, $\langle \mathrm{d}x^j, \mathrm{d}x^j\rangle = -1$ ($j =$

$1,\ldots,d$) となるものをとれば, $\epsilon(\tau) = (-1)^d$, $\epsilon(\mathrm{d}x^0) = 1$, $\epsilon(\mathrm{d}x^j) = -1$ であるから

$$L = (-1)^d \Box. \tag{G.17}$$

ただし

$$\Box := \partial_0^2 - \sum_{j=1}^{d} \partial_j^2 \tag{G.18}$$

は $(d+1)$ 次元のダランベールシャンと呼ばれる偏微分作用素である. そこで, $p$-形式 $\psi$ に対する $\Box$ の作用を

$$\Box \psi := \sum_{i_1 < \cdots < i_p} (\Box \psi_{i_1 \cdots i_p}) \mathrm{d}x^{i_1} \wedge \cdots \wedge \mathrm{d}x^{i_p} \tag{G.19}$$

によって定義すれば

$$\Delta_{\mathrm{LB}} \psi = (-1)^{d+1} \Box \psi \tag{G.20}$$

となる.

# 付録H ポアソン方程式と非斉次波動方程式

## H.1 ポアソン方程式

$d$ を自然数, $\eta$ を $\mathbb{R}^d = \{\mathbf{x} = (x^1, \ldots, x^d) | x^j \in \mathbb{R}, j = 1, \ldots, d\}$ 上の連続関数とし, $\Delta$ を $d$ 次元ラプラシアンとする:

$$\Delta := \sum_{j=1}^{d} \partial_j^2 \quad (\partial_j := \partial/\partial x^j). \tag{H.1}$$

$\mathbb{R}^d$ 上の 2 回連続微分可能な関数 $f$ についての偏微分方程式

$$\Delta f = \eta \tag{H.2}$$

をポアソン方程式という.

**定理 H.1** $d = 3$ の場合を考える. 関数 $\eta : \mathbb{R}^3 \to \mathbb{C}$ は 2 回連続微分可能で次の条件 (i), (ii) を満たすとする:

(i) $i = 1, 2, 3$, $\alpha = 0, 1, 2$ と $\mathbb{R}^3$ の任意の閉直方体 $B = [a_1, b_1] \times [a_2, b_2] \times [a_3, b_3]$ ($a_i, b_i \in \mathbb{R}$, $a_i < b_i$, $i = 1, 2, 3$) に対して

$$\int_{\mathbb{R}^3} \sup_{\mathbf{x} \in B} \left| (\partial_i^\alpha \eta)(\mathbf{x} + \mathbf{y}) \right| \, d\mathbf{y} < \infty. \tag{H.3}$$

(ii)

$$\lim_{\|\mathbf{x}\| \to \infty} \eta(\mathbf{x}) = 0, \quad \lim_{\|\mathbf{x}\| \to \infty} \|\mathbf{x}\| \partial_i \eta(\mathbf{x}) = 0 \quad (i = 1, 2, 3). \tag{H.4}$$

## 付録 H　ポアソン方程式と非斉次波動方程式

このとき，

$$f(\mathbf{x}) := -\frac{1}{4\pi} \int_{\mathbb{R}^3} \frac{\eta(\mathbf{y})}{\|\mathbf{x} - \mathbf{y}\|} \, d\mathbf{y} \tag{H.5}$$

によって定義される関数 $f$ はポアソン方程式 (H.2) の解である．

**証明**　変数変換 $\mathbf{y} - \mathbf{x} \to \mathbf{y}$ により

$$f(\mathbf{x}) = -\frac{1}{4\pi} g(\mathbf{x}), \quad g(\mathbf{x}) := \int_{\mathbb{R}^3} \frac{\eta(\mathbf{x} + \mathbf{y})}{\|\mathbf{y}\|} \, d\mathbf{y}$$

と表される[1]．条件 (H.3) と，積分と微分の順序交換に関する一般定理により，$g$ は 2 回連続微分可能であり

$$\Delta g(\mathbf{x}) = \int_{\mathbb{R}^3} \frac{\Delta \chi(\mathbf{y})}{\|\mathbf{y}\|} \, d\mathbf{y}$$

が成り立つことがわかる．ただし，$\chi(\mathbf{y}) := \eta(\mathbf{x} + \mathbf{y})$．極座標

$$y^1 = r \sin\theta \cos\phi, \quad y^2 = r \sin\theta \sin\phi, \quad y^3 = r \cos\theta$$
$$(r > 0, \theta \in [0, \pi], \phi \in [0, 2\pi])$$

において，$\Delta$ を表すと

$$\Delta = \Delta_0 + \frac{1}{r^2} A \tag{H.6}$$

となる[2]．ただし

$$\Delta_0 := \frac{1}{r^2} \frac{\partial}{\partial r}\left(r^2 \frac{\partial}{\partial r}\right), \tag{H.7}$$

$$A := \frac{1}{\sin\theta} \frac{\partial}{\partial \theta}\left(\sin\theta \frac{\partial}{\partial \theta}\right) + \frac{1}{\sin^2\theta} \frac{\partial^2}{\partial \phi^2}. \tag{H.8}$$

したがって，$\omega = (\sin\theta \cos\phi, \sin\theta \sin\phi, \cos\theta)$ とおくと

$$\Delta g(\mathbf{x}) = \int_0^\infty dr \int_0^\pi d\theta \int_0^{2\pi} d\phi \, r \sin\theta \Delta_0 \chi(r\omega)$$

---

[1] 右辺の積分が存在することは，次のようにしてわかる（したがって，いまの変数変換は正当化される）：

$$\int_{\mathbb{R}^3} \frac{|\eta(\mathbf{x}+\mathbf{y})|}{\|\mathbf{y}\|} \, d\mathbf{y} = I_1 + I_2, \quad I_1 := \int_{\|\mathbf{y}\|<1} \frac{|\eta(\mathbf{x}+\mathbf{y})|}{\|\mathbf{y}\|} \, d\mathbf{y}, \quad I_2 := \int_{\|\mathbf{y}\|\geq1} \frac{|\eta(\mathbf{x}+\mathbf{y})|}{\|\mathbf{y}\|} \, d\mathbf{y}$$

と分解すれば，$I_1 \leq \sup_{\|\mathbf{y}\|<1} |\eta(\mathbf{x}+\mathbf{y})| \int_{\|\mathbf{y}\|<1} \|\mathbf{y}\|^{-1} \, d\mathbf{y} < \infty$ であり，$I_2 \leq \int_{\|\mathbf{y}\|\geq 1} |\eta(\mathbf{x}+\mathbf{y})| \, d\mathbf{y} \leq \int_{\mathbb{R}^3} |\eta(\mathbf{y})| \, d\mathbf{y} < \infty$．

[2] 合成関数の微分法を用いて，$\partial/\partial y^i$ を $\partial/\partial r, \partial/\partial\theta, \partial/\partial\phi$ を用いて表せ．

$$+ \int_0^\infty \mathrm{d}r \int_0^\pi \mathrm{d}\theta \int_0^{2\pi} \mathrm{d}\phi \,(\sin\theta) r^{-1} A\chi(r\omega)$$

と変形できる．部分積分と (H.4) の条件を用いることにより

$$\int_0^\infty r\Delta_0 \chi(r\omega)\,\mathrm{d}r = -\chi(\mathbf{0}) = -\eta(\mathbf{x})$$

が得られる．同様に

$$\int_0^\pi \mathrm{d}\theta \int_0^{2\pi} \mathrm{d}\phi \,(\sin\theta) A\chi(r\omega) = 0.$$

ゆえに $\Delta g(\mathbf{x}) = -4\pi\eta(\mathbf{x})$．よって，(H.2) が成立する． ∎

**注意 H.2** (i) $d=3$ の場合，$\mathbf{x} \neq \mathbf{y}$ を満たす点では，$\Delta_\mathbf{x} \|\mathbf{x}-\mathbf{y}\|^{-1} = 0$ となるので，(H.5) の右辺で，積分と微分の順序を形式的に入れ換えると $\Delta f = 0$ となり正しい結果が得られない．この点は特に注意されたい．この場合，正しく考察するには超関数の理論[3]を使用しなければならない．実際，超関数の意味では

$$\Delta_\mathbf{x} \frac{1}{\|\mathbf{x}-\mathbf{y}\|} = -4\pi\delta(\mathbf{x}-\mathbf{y}) \tag{H.9}$$

($\delta(\mathbf{x})$ は 3 次元のディラックデルタ超関数 $\delta: C_0^\infty(\mathbb{R}^3) \to \mathbb{C}$ の超関数核[4]）が正しい式であり，したがって，たとえば，$\eta$ が急減少関数ならば，(H.2) が成立することになるのである．上の証明は，実は，(H.9) の証明の一つを与えるものである（ただし，$\eta$ のクラスが $C_0^\infty(\mathbb{R}^3)$ よりも広くなっていることに注意）．

(ii) $\mathbb{R}^d \setminus \{0\}$ 上の関数 $K_\mathrm{P}$ を次のように定義する：

$$K_\mathrm{P}(\mathbf{x}) := \begin{cases} \dfrac{1}{2}|x| & (d=1) \\ \dfrac{1}{2\pi}\log\|\mathbf{x}\| & (d=2) \\ -\dfrac{\Gamma(d/2)}{(d-2)2\pi^{d/2}}\dfrac{1}{\|\mathbf{x}\|^{d-2}} & (d \geq 3) \end{cases} \tag{H.10}$$

---

[3] たとえば，L. シュワルツ『物理数学の方法』（岩波書店，1966）や新井朝雄・江沢 洋『量子力学の数学的構造 I』（朝倉書店，1999）の付録 C を参照．

[4] 任意の $u \in C_0^\infty(\mathbb{R}^3)$ に対して，$\delta(u) := u(\mathbf{0})$．$\delta(u) = \int_{\mathbb{R}^3} \delta(\mathbf{x}) u(\mathbf{x})\,\mathrm{d}\mathbf{x}$ と書く（単なる記号的表示）．

ただし，$\Gamma(z)\,(z>0)$ はガンマ関数である：$\Gamma(z) := \int_0^\infty e^{-t} t^{z-1}\,\mathrm{d}t\,(z>0)$.
このとき，上と同様にして

$$f(\mathbf{x}) := \int_{\mathbb{R}^d} K_\mathrm{P}(\mathbf{x}-\mathbf{y})\eta(\mathbf{y})\,\mathrm{d}\mathbf{y} \tag{H.11}$$

によって定義される関数 $f$ は一般の次元 $d$ の場合のポアソン方程式 (H.2) の解であることを証明することができる[5]．

## H.2 非斉次波動方程式

$(d+1)$ 次元空間 $\mathbb{R}^{d+1} = \{x = (x^0, \mathbf{x}) \mid x^0 \in \mathbb{R}, \mathbf{x} \in \mathbb{R}^d\}$ 上の関数 $J$ と関数 $\Phi$ に関する偏微分方程式

$$\Box \Phi(x) = J(x) \quad (x \in \mathbb{R}^{d+1}) \tag{H.12}$$

を**非斉次波動方程式**という．ただし，$\Box$ は $(d+1)$ 次元ダランベールシャン ((G.18) を参照) である．$J = 0$ の場合の (H.12) を**波動方程式またはダランベール方程式**という[6]．

**定理 H.3** 非斉次波動方程式 (H.12) において $d = 3$ の場合を考える．関数 $J : \mathbb{R}^4 \to \mathbb{R}$ は 2 回連続微分可能で次の条件 (i), (ii) を満たすとする：

(i) すべての $x \in \mathbb{R}^4$ に対して

$$\int_{\mathbb{R}^3} \frac{|J(x^0 - \|\mathbf{y}\|, \mathbf{x}+\mathbf{y})|}{\|\mathbf{y}\|}\,\mathrm{d}\mathbf{y} < \infty, \tag{H.13}$$

$$\lim_{\|\mathbf{y}\|\to\infty} \frac{J(x^0 - \|\mathbf{y}\|, \mathbf{x}+\mathbf{y})}{\|\mathbf{y}\|} = 0, \tag{H.14}$$

$$\lim_{\|\mathbf{y}\|\to\infty} \frac{1}{\|\mathbf{y}\|} \frac{\partial}{\partial y^j} J(x^0 - \|\mathbf{y}\|, \mathbf{x}+\mathbf{y}) = 0 \quad (j=1,2,3), \tag{H.15}$$

$$\lim_{\|\mathbf{y}\|\to\infty} \frac{1}{\|\mathbf{y}\|} (\partial_0 J)(x^0 - \|\mathbf{y}\|, \mathbf{x}+\mathbf{y}) = 0. \tag{H.16}$$

---
[5] より詳しくは，L. シュワルツ『物理数学の方法』(岩波書店, 1966) の第 II 章, 2 節, 3 項 (p. 81–87) を参照．
[6] (H.12) も単に波動方程式という場合がある．

(ii) $\mathbb{R}^3$ の任意の閉直方体 $B$ と任意の $x^0 \in \mathbb{R}$ ($j = 1, 2, 3$, $\alpha = 1, 2$) に対して

$$\int_{\mathbb{R}^3} \frac{1}{\|\mathbf{y}\|^\alpha} \sup_{\mathbf{x} \in B} \left| \frac{\partial}{\partial x^j} J(x^0 - \|\mathbf{y}\|, \mathbf{x} + \mathbf{y}) \right| d\mathbf{y} < \infty, \tag{H.17}$$

$$\int_{\mathbb{R}^3} \frac{1}{\|\mathbf{y}\|^\alpha} \sup_{\mathbf{x} \in B} \left| (\partial_0 J)(x^0 - \|\mathbf{y}\|, \mathbf{x} + \mathbf{y}) \right| d\mathbf{y} < \infty, \tag{H.18}$$

$$\int_{\mathbb{R}^3} \frac{1}{\|\mathbf{y}\|} \sup_{\mathbf{x} \in B} \left| \frac{\partial}{\partial x^j} (\partial_0 J)(x^0 - \|\mathbf{y}\|, \mathbf{x} + \mathbf{y}) \right| d\mathbf{y} < \infty, \tag{H.19}$$

$$\int_{\mathbb{R}^3} \frac{1}{\|\mathbf{y}\|} \sup_{\mathbf{x} \in B} \left| (\partial_0^2 J)(x^0 - \|\mathbf{y}\|, \mathbf{x} + \mathbf{y}) \right| d\mathbf{y} < \infty. \tag{H.20}$$

このとき

$$\Phi(x) := \frac{1}{4\pi} \int_{\mathbb{R}^3} \frac{J(x^0 - \|\mathbf{x} - \mathbf{y}\|, \mathbf{y})}{\|\mathbf{x} - \mathbf{y}\|} d\mathbf{y} \tag{H.21}$$

によって定義される関数 $\Phi$ は (H.12) の解である.

**注意 H.4** $J \in C_0^\infty(\mathbb{R}^4)$ ならば,定理 H.3 の仮定はすべて満たされる(証明せよ).

**証明** 条件 (H.13) と変数変換により

$$\Phi(x) = \frac{1}{4\pi} \int_{\mathbb{R}^3} \frac{J(x^0 - \|\mathbf{y}\|, \mathbf{x} + \mathbf{y})}{\|\mathbf{y}\|} d\mathbf{y} \tag{H.22}$$

が成り立つ. (H.17) と微分と積分の順序交換に関する一般定理により,$\Phi$ は $x^j$ について偏微分可能であり

$$\partial_j \Phi(x) = \frac{1}{4\pi} \int_{\mathbb{R}^3} \frac{1}{\|\mathbf{y}\|} \frac{\partial}{\partial x^j} J(x^0 - \|\mathbf{y}\|, \mathbf{x} + \mathbf{y}) d\mathbf{y}$$

が成り立つ. 合成関数の微分法により,$j = 1, 2, 3$ に対して

$$\frac{\partial}{\partial x^j} J(x^0 - \|\mathbf{y}\|, \mathbf{x} + \mathbf{y}) = \frac{\partial}{\partial y^j} J(x^0 - \|\mathbf{y}\|, \mathbf{x} + \mathbf{y})$$
$$+ \frac{y^j}{\|\mathbf{y}\|} (\partial_0 J)(x^0 - \|\mathbf{y}\|, \mathbf{x} + \mathbf{y}).$$

これと条件 (H.18) により

$$\partial_j \Phi(x) = \frac{1}{4\pi} \int_{\mathbb{R}^3} \frac{1}{\|\mathbf{y}\|} \frac{\partial}{\partial y^j} J(x^0 - \|\mathbf{y}\|, \mathbf{x} + \mathbf{y}) d\mathbf{y}$$

$$+ \frac{1}{4\pi} \int_{\mathbb{R}^3} \frac{y^j}{\|\mathbf{y}\|^2} (\partial_0 J)(x^0 - \|\mathbf{y}\|, \mathbf{x} + \mathbf{y}) \,\mathrm{d}\mathbf{y}$$

と表される.そこで,右辺第 1 項において,変数 $y^j$ について部分積分を遂行すれば(ここで条件 (H.14) が使われる)

$$\partial_j \Phi(x) = -\frac{1}{4\pi} \int_{\mathbb{R}^3} \left( \frac{\partial}{\partial y^j} \frac{1}{\|\mathbf{y}\|} \right) J(x^0 - \|\mathbf{y}\|, \mathbf{x} + \mathbf{y}) \,\mathrm{d}\mathbf{y}$$
$$+ \frac{1}{4\pi} \int_{\mathbb{R}^3} \frac{y^j}{\|\mathbf{y}\|^2} (\partial_0 J)(x^0 - \|\mathbf{y}\|, \mathbf{x} + \mathbf{y}) \,\mathrm{d}\mathbf{y}$$

を得る.同様にして,$\partial_j \Phi$ は $x_j$ に関して偏微分可能であり((H.19) を用いる)

$$I_j^1(x) := -\frac{1}{4\pi} \int_{\mathbb{R}^3} \left( \frac{\partial}{\partial y^j} \frac{1}{\|\mathbf{y}\|} \right) \frac{\partial}{\partial y^j} J(x^0 - \|\mathbf{y}\|, \mathbf{x} + \mathbf{y}) \,\mathrm{d}\mathbf{y},$$

$$I_j^2(x) := -\frac{1}{4\pi} \int_{\mathbb{R}^3} \left( \frac{\partial}{\partial y^j} \frac{1}{\|\mathbf{y}\|} \right) \frac{y^j}{\|\mathbf{y}\|} (\partial_0 J)(x^0 - \|\mathbf{y}\|, \mathbf{x} + \mathbf{y}) \,\mathrm{d}\mathbf{y},$$

$$I_j^3(x) := \frac{1}{4\pi} \int_{\mathbb{R}^3} \frac{y^j}{\|\mathbf{y}\|^2} \frac{\partial}{\partial y^j} (\partial_0 J)(x^0 - \|\mathbf{y}\|, \mathbf{x} + \mathbf{y}) \,\mathrm{d}\mathbf{y},$$

$$I_j^4(x) := \frac{1}{4\pi} \int_{\mathbb{R}^3} \frac{(y^j)^2}{\|\mathbf{y}\|^3} (\partial_0^2 J)(x^0 - \|\mathbf{y}\|, \mathbf{x} + \mathbf{y}) \,\mathrm{d}\mathbf{y}$$

とすれば

$$\partial_j^2 \Phi(x) = I_j^1(x) + I_j^2(x) + I_j^3(x) + I_j^4(x)$$

が成り立つことがわかる.(H.15) と部分積分により

$$\sum_{j=1}^3 I_j^1(x) = \frac{1}{4\pi} \int_{\mathbb{R}^3} \frac{1}{\|\mathbf{y}\|} \Delta_{\mathbf{y}} J(x^0 - \|\mathbf{y}\|, \mathbf{x} + \mathbf{y}) \,\mathrm{d}\mathbf{y}.$$

ただし,$\Delta_{\mathbf{y}}$ は変数 $\mathbf{y}$ に関するラプラシアンである.この表式と定理 H.1 の証明によって

$$\sum_{j=1}^3 I_j^1(x) = -J(x)$$

が得られる.(H.16) と部分積分により

$$\sum_{j=1}^3 I_j^3(x) = -\frac{1}{4\pi} \int_{\mathbb{R}^3} \frac{1}{\|\mathbf{y}\|^2} (\partial_0 J)(x^0 - \|\mathbf{y}\|, \mathbf{x} + \mathbf{y}) \,\mathrm{d}\mathbf{y}$$

となる．したがって，$\sum_{j=1}^{3} I_j^2(x) + \sum_{j=1}^{3} I_j^3(x) = 0$．また，(H.20) より

$$\sum_{j=1}^{3} I_j^4(x) = \frac{1}{4\pi}\int_{\mathbb{R}^3} \frac{1}{\|\mathbf{y}\|}(\partial_0^2 J)(x^0 - \|\mathbf{y}\|, \mathbf{x}+\mathbf{y})\,\mathrm{d}\mathbf{x} = \partial_0^2 \Phi(x).$$

以上から

$$\Delta\Phi(x) = -J(x) + \partial_0^2 \Phi(x)$$

が得られる．ゆえに $\Phi$ は (H.12) を満たす． ■

**注意 H.5** 一般の空間次元 $d$ の場合については，$K_\mathrm{P}$ を (H.10) によって定義される関数とすれば

$$\Phi(x) := -\int_{\mathbb{R}^d} K_\mathrm{P}(\mathbf{x}-\mathbf{y}) J(x^0 - \|\mathbf{x}-\mathbf{y}\|, \mathbf{y})\,\mathrm{d}\mathbf{y} \tag{H.23}$$

は――$J$ に対する適切な条件のもとで（少なくとも，$J \in C_0^\infty(\mathbb{R}^{d+1})$ に対して）――非斉次波動方程式 (H.12) の解である．証明は，$d=3$ の場合と同様である．

# 付録 I　ヒルベルト空間における線形作用素

ヒルベルト空間の基本的事項については，すでに付録 D の D.8 節で述べた．この付録では，本書の第 7 章以降を理解する上で最小限必要な事項（特に線形作用素に関する基礎的事実）を採録する[1]．

## I.1　線形作用素

$\mathbb{K} = \mathbb{R}$ または $\mathbb{C}$ とする．$\mathcal{H}, \mathcal{K}$ を $\mathbb{K}$ 上のヒルベルト空間とし，その内積とノルムをそれぞれ，$\langle \cdot, \cdot \rangle, \|\cdot\|$ で表す[2]．$\mathcal{D}$ を $\mathcal{H}$ の部分空間とする．$\mathcal{D}$ から $\mathcal{K}$ への線形写像 $T: \mathcal{D} \to \mathcal{K}$ を，$\mathcal{D}$ を**定義域** (domain) とする，$\mathcal{H}$ から $\mathcal{K}$ への線形作用素という．$T$ の定義域を $D(T)$ と記す：$\mathcal{D} = D(T)$．

$\mathcal{H}$ から $\mathcal{K}$ への二つの線形作用素 $S, T$ が**等しい**とは，$D(T) = D(S)$ かつすべての $\Psi \in D(T) (= D(S))$ に対して $T(\Psi) = S(\Psi)$ が成り立つときをいう．この場合，$T = S$ と記す．

$\mathcal{K} = \mathcal{H}$ の場合，便宜上，$T$ を $\mathcal{H}$ 上の線形作用素という（しかし，定義域 $D(T)$ は $\mathcal{H}$ 全体とは限らない）．

**例 I.1** $\mathbb{R}^d$ 上の複素数値ボレル可測関数 $f$ で $\int_{\mathbb{R}^d} |f(x)|^2 \, dx < \infty$（積分はルベーグ積分）を満たすものの全体を $\mathcal{L}^2(\mathbb{R}^d)$ とする．$f, g \in \mathcal{L}^2(\mathbb{R}^d)$ に対し

---

[1] 詳しくは，拙著『ヒルベルト空間と量子力学』（共立出版，1997）や新井朝雄・江沢 洋『量子力学の数学的構造 I, II』（朝倉書店，1999）を参照．
[2] どのヒルベルト空間の内積またはノルムであるかを明確にしたいときには，$\langle \cdot, \cdot \rangle = \langle \cdot, \cdot \rangle_{\mathcal{H}}$, $\|\cdot\| = \|\cdot\|_{\mathcal{H}}$ のように記す．

て,複素数 $\langle f, g \rangle \in \mathbb{C}$ を

$$\langle f, g \rangle := \int_{\mathbb{R}^d} f(x)^* g(x)\, \mathrm{d}x$$

によって定義する.$f, g \in \mathcal{L}^2(\mathbb{R}^d)$ が相等しいこと——$f = g$ と記す——を「$d$ 次元ルベーグ測度に関してほとんどいたるところ(almost everywhere; a.e. と略)の点 $x \in \mathbb{R}^d$ に対して $f(x) = g(x)$ が成り立つこと」と定義する.この相等の関係は $\mathcal{L}^2(\mathbb{R}^d)$ における同値関係である[3].そこで,この同値関係に関する,$f \in \mathcal{L}^2(\mathbb{R}^d)$ の同値類を $[f]$ とし,このような同値類の全体

$$L^2(\mathbb{R}^d) := \{[f] \mid f \in \mathcal{L}^2(\mathbb{R}^d)\}$$

を考える.この集合は,次のように定義される和の演算とスカラー倍の演算で複素ベクトル空間になる:

$$[f] + [g] := [f + g], \quad \alpha[f] := [\alpha f] \quad (f, g \in \mathcal{L}^2(\mathbb{R}^d),\ \alpha \in \mathbb{C}).$$

各 $[f], [g] \in L^2(\mathbb{R}^d)$ に対して

$$\langle [f], [g] \rangle_{L^2(\mathbb{R}^d)} := \int_{\mathbb{R}^d} f(x)^* g(x)\, \mathrm{d}x$$

によって定義される写像 $\langle \cdot, \cdot \rangle_{L^2(\mathbb{R}^d)} : L^2(\mathbb{R}^d) \times L^2(\mathbb{R}^d) \to \mathbb{C}$ は内積である.さらに,この内積に関して,$L^2(\mathbb{R}^d)$ は完備,すなわち,複素ヒルベルト空間になる.$L^2(\mathbb{R}^d)$ を $\mathbb{R}^d$ 上のルベーグ積分の意味で 2 乗可積分な関数の同値類から生成されるヒルベルト空間という.通常,記法上の便宜的理由により,各 $f \in \mathcal{L}^2(\mathbb{R}^d)$ に対して,$[f]$ を単に $f$ と記す.ただし,この場合の $f$ は,通常の意味での関数ではなく,相等の関係が上述のように定義された対象であることをつねに明晰に意識している必要がある.

$\mathbb{R}^d$ 上の関数 $f : \mathbb{R}^d \to \mathbb{C}$ に対して $f(x) \neq 0$ となる点 $x$ の全体の閉包

$$\mathrm{supp}\, f := \overline{\{x \in \mathbb{R}^d \mid f(x) \neq 0\}}$$

を $f$ の台 (support) という.$\mathbb{R}^d$ 上の無限回微分可能な関数でその台が有界であるものの全体を $C_0^\infty(\mathbb{R}^d)$ と記す.$C_0^\infty(\mathbb{R}^d)$ は $L^2(\mathbb{R}^d)$ の稠密な部分空間

---

[3] 同値関係については,付録 A の A.2 節を参照.

である.

各 $j = 1, \ldots, d$ と $\alpha = 1, 2, \ldots$ に対して,写像 $\partial_j^\alpha : C_0^\infty(\mathbb{R}^d) \to C_0^\infty(\mathbb{R}^d)$ を
$$(\partial_j^\alpha f)(x) := \frac{\partial^\alpha f(x)}{\partial x_j^\alpha} \quad (f \in C_0^\infty(\mathbb{R}^d))$$
によって定義できる.この写像は定義域を $C_0^\infty(\mathbb{R}^d)$ とする $L^2(\mathbb{R}^d)$ 上の線形作用素と見ることができる.この型の線形作用素を含む写像を**偏微分作用素**という.

**例 I.2** $F$ を $\mathbb{R}^d$ 上のボレル可測な複素数値関数とする.このとき,$L^2(\mathbb{R}^d)$ 上の線形作用素 $M_F$ を次のように定義できる:
$$D(M_F) := \left\{ f \in L^2(\mathbb{R}^d) \,\Big|\, \int_{\mathbb{R}^d} |F(x)|^2 |f(x)|^2 \, dx < \infty \right\},$$
$$(M_F f)(x) := F(x) f(x) \quad (f \in D(M_F)).$$
作用素 $M_F$ を関数 $F$ による**掛け算作用素**という.

ヒルベルト空間 $\mathcal{H}$ からヒルベルト空間 $\mathcal{K}$ への二つの線形作用素 $S, T$ の和 $S + T$ は次のように定義される:
$$D(S + T) := D(S) \cap D(T),$$
$$(S + T)(\Psi) := S(\Psi) + T(\Psi) \quad (\Psi \in D(S + T)).$$
3 個以上の線形作用素 $T_1, \ldots, T_n$ の和については,$T_1 + \cdots + T_n := (T_1 + \cdots + T_{n-1}) + T_n$ によって帰納的に定義する.

ヒルベルト空間 $\mathcal{H}$ 上の二つの線形作用素 $T_1, T_2$ に対して,**積** $T_2 T_1$ を次のように定義する:
$$D(T_2 T_1) := \left\{ \Psi \in D(T_1) \,\big|\, T_1 \Psi \in D(T_2) \right\},$$
$$(T_2 T_1)\Psi := T_2(T_1 \Psi) \quad (\Psi \in D(T_2 T_1)).$$
3 個以上の線形作用素 $T_1, T_2, \ldots, T_n$ の積については,$T_n \cdots T_1 := T_n(T_{n-1} \cdots T_1)$ によって帰納的に定義する.

ヒルベルト空間 $\mathcal{H}$ で働く作用素 $S, T$ に対して,**交換子** (commutator)

$[S, T]$ が
$$[S, T] := ST - TS$$
が定義される（上述の作用素の和と積の定義にしたがって，$D([S,T]) = D(ST) \cap D(TS)$ である）．

もし，$[S,T]\Psi = 0$ ($\forall \Psi \in D([S,T])$) ならば，$S$ と $T$ は**可換**であるという．また，部分空間 $\mathcal{D} \subset D(ST) \cap D(TS)$ があって，任意の $\Psi \in \mathcal{D}$ に対して，$[S,T]\Psi = 0$ が成り立つとき，$S$ と $T$ は $\mathcal{D}$ **上で可換**であるという．

ヒルベルト空間 $\mathcal{H}$ からヒルベルト空間 $\mathcal{K}$ への線形作用素 $T$ について

$$\|T\| := \sup_{\substack{\Psi \neq 0, \\ \Psi \in D(T)}} \frac{\|T\Psi\|_{\mathcal{K}}}{\|\Psi\|_{\mathcal{H}}} < \infty$$

が成り立つとき，$T$ は**有界**であるといい，$\|T\|$ を $T$ の**作用素ノルム**という．

$\mathcal{H}$ 全体を定義域とする有界線形作用素 $T : \mathcal{H} \to \mathcal{K}$ の全体を $\mathfrak{B}(\mathcal{H}, \mathcal{K})$ と記す．

## I.2 拡大と閉作用素

$\mathcal{H}, \mathcal{K}$ をヒルベルト空間，$T, S$ を $\mathcal{H}$ から $\mathcal{K}$ への線形作用素とする．もし，$D(T) \subset D(S)$ かつ $T\Psi = S\Psi$ ($\Psi \in D(T)$) が成り立つならば，$S$ は $T$ の**拡大**であるといい，このことを記号的に $T \subset S$ と表す．この場合，$S$ を基準にして見る観点からは，$T$ は $S$ の $D(T)$ への**制限**であるいい，記号的に $T = S \upharpoonright D(T)$ と記す．

**定理 I.3**（拡大定理） $T$ は $\mathcal{H}$ から $\mathcal{K}$ への有界線形作用素で $D(T)$ が稠密であるものとする．このとき，$\hat{T} \in \mathfrak{B}(\mathcal{H}, \mathcal{K})$ で $T \subset \hat{T}$ を満たすものがただ一つ存在する．この場合，$\|T\| = \|\hat{T}\|$ が成り立つ．

線形作用素 $T$ が「$\Psi_n \in D(T)$ ($n = 1, 2, \ldots$), $\lim_{n \to \infty} \Psi_n = \Psi \in \mathcal{H}$ かつ $\lim_{n \to \infty} T\Psi_n = \Phi \in \mathcal{K}$ ならばつねに $\Psi \in D(T)$ かつ $T\Psi = \Phi$」という性質を有するとき，$T$ は**閉**であるという．閉である線形作用素を**閉作用素**という．

線形作用素 $T$ が，閉作用素の拡大——**閉拡大**という——をもつとき，すなわち，$T \subset \tilde{T}$ となる閉作用素 $\tilde{T}$ が存在するとき，$T$ は**可閉**であるという．可閉

な線形作用素を**閉作用素**という.

**定理 I.4** 線形作用素 $T$ が可閉であるとき,次の性質を満たす $T$ の閉拡大 $\overline{T}$ がただ一つ存在する:

$$D(\overline{T}) = \{\Psi \in \mathcal{H} \,|\, \lim_{n\to\infty} \Psi_n = \Psi \text{ かつ } \{T\Psi_n\}_{n=1}^{\infty} \text{ がコーシー列} \\ \text{となる列 } \{\Psi_n\}_{n=1}^{\infty} \,(\Psi_n \in D(T)) \text{ が存在}\},$$

$$\overline{T}\Psi = \lim_{n\to\infty} T\Psi_n.$$

この定理にいう作用素 $\overline{T}$ を $T$ の**閉包**と呼ぶ.これは $T$ の閉拡大のうち最小のものである(すなわち,$T$ の任意の閉拡大 $S$ に対して,$\overline{T} \subset S$).

閉作用素 $T$ に対して,部分空間 $D \subset D(T)$ があって,$T$ の $D$ への制限 $T{\upharpoonright}D$ が可閉であり,$T = \overline{T{\upharpoonright}D}$ が成り立つとき,$D$ を $T$ の**芯** (core) という.

## I.3 レゾルヴェントとスペクトル

$\mathcal{H}$ を複素ヒルベルト空間,$T$ を $\mathcal{H}$ 上の線形作用素,$\lambda$ を複素数とする.集合

$$\varrho(T) := \{\lambda \in \mathbb{C} \,|\, T - \lambda \text{ は単射, } \operatorname{Ran}(T - \lambda) \text{ は } \mathcal{H} \text{ で稠密,} \\ \text{逆作用素 } (T - \lambda)^{-1} \text{ は有界}\}$$

を $T$ の**レゾルヴェント集合**という.この集合の補集合

$$\sigma(T) := \mathbb{C} \setminus \varrho(T)$$

を $T$ の**スペクトル**と呼ぶ.容易にわかるように,$T$ の固有値の全体 $\sigma_{\mathrm{p}}(T)$(付録 C の C.7 節)はスペクトル $\sigma(T)$ に含まれる.$T$ のスペクトルはさらに細かく分けることができる:$\sigma(T)$ の部分集合

$$\sigma_{\mathrm{c}}(T) := \{\lambda \in \mathbb{C} \,|\, T - \lambda \text{ は単射, } \operatorname{Ran}(T - \lambda) \text{ は } \mathcal{H} \text{ で稠密,} \\ (T - \lambda)^{-1} \text{ は非有界}\}$$

を $T$ の**連続スペクトル**といい

$$\sigma_{\mathrm{r}}(T) := \{\lambda \in \mathbb{C} \,|\, T - \lambda \text{ は単射, } \operatorname{Ran}(T - \lambda) \text{ は } \mathcal{H} \text{ で稠密でない}\}$$

を $T$ の**剰余スペクトル**という．明らかに，$\varrho(T), \sigma_{\mathrm{p}}(T), \sigma_{\mathrm{c}}(T), \sigma_{\mathrm{r}}(T)$ は互いに素であり

$$\sigma(T) = \sigma_{\mathrm{p}}(T) \cup \sigma_{\mathrm{c}}(T) \cup \sigma_{\mathrm{r}}(T), \quad \varrho(T) \cup \sigma(T) = \mathbb{C}$$

が成り立つ．

## I.4 共役作用素

ヒルベルト空間 $\mathcal{H}$ からヒルベルト空間 $\mathcal{K}$ への線形作用素 $T$ の定義域 $D(T)$ が $\mathcal{H}$ で稠密であるとき，$T$ は**稠密に定義されている**という．

**定理 I.5** $T$ を稠密に定義された，$\mathcal{H}$ から $\mathcal{K}$ への線形作用素とする．このとき，次の性質を満たす（$\mathcal{K}$ から $\mathcal{H}$ への）線形作用素 $T^*$ がただ一つ存在する：

$$D(T^*) = \big\{ \Phi \in \mathcal{K} \,\big|\, \text{あるベクトル } \eta_\Phi \in \mathcal{H} \text{ があって，すべての } \Psi \in D(T) \\ \text{に対して } \langle \eta_\Phi, \Psi \rangle_\mathcal{H} = \langle \Phi, T\Psi \rangle_\mathcal{K} \big\},$$

$T^* \Phi = \eta_\Phi \quad (\Phi \in D(T^*))$.

**命題 I.6** 稠密に定義された線形作用素の共役作用素は閉作用素である．

## I.5 対称作用素と自己共役作用素

$T$ をヒルベルト空間 $\mathcal{H}$ 上の線形作用素とする．

(i) $D(T)$ が稠密であり，すべての $\Psi, \Phi \in D(T)$ に対して $\langle \Psi, T\Phi \rangle_\mathcal{H} = \langle T\Psi, \Phi \rangle_\mathcal{H}$ が成り立つとき（これは，$T \subset T^*$ と同値），$T$ は**対称**であるという．

(ii) $D(T)$ が稠密であり，$T = T^*$ が成り立つとき，$T$ は**自己共役**であるという．

自己共役作用素は閉対称作用素であるが，この逆は成立しない（閉対称作用素で自己共役でないものが存在する）．

## I.5. 対称作用素と自己共役作用素

対称作用素 $T$ に対して，$\langle \Psi, T\Psi \rangle$ は実数である．そこで，実定数 $\gamma$ が存在して，$\langle \Psi, T\Psi \rangle_{\mathcal{H}} \geq \gamma \|\Psi\|_{\mathcal{H}}^2$ ($\Psi \in D(T)$) が成り立つとき，$T$ は**下に有界**であるといい，$T \geq \gamma$ と記す．特に $T \geq 0$ のとき，$T$ は**非負**であるという[4]．

$-T$ が下に有界で，$-T \geq c$ ($c \in \mathbb{R}$ は定数) が成り立つとき，$T$ は**上に有界**であるといい，$T \leq -c$ と記す．

$\mathcal{H}$ 上の二つの対称作用素 $T, S$ について，$D(T) \subset D(S)$ かつ $\langle \Psi, S\Psi \rangle \leq \langle \Psi, T\Psi \rangle, \forall \Psi \in D(T)$ が成り立つとき，$S \leq T$ と記す．

**定理 I.7** 任意の自己共役作用素 $T$ に対して，次の (i)–(iii) が成立する：

(i) スペクトル $\sigma(T)$ は $\mathbb{R}$ の空でない閉部分集合である．

(ii) $T$ が有界ならば，$\sigma(T) \subset [-\|T\|, \|T\|]$．

(iii) $T$ が下に有界で，$T \geq \gamma$ ($\gamma \in \mathbb{R}$ は定数) ならば，$\sigma(T) \subset [\gamma, \infty)$．

対称作用素 $T$ が自己共役作用素の拡大をもつとき，すなわち，$T \subset \tilde{T}$ となる自己共役作用素 $\tilde{T}$ が存在するとき，$\tilde{T}$ を $T$ の**自己共役拡大**という．

対称作用素 $T$ について，$T$ の閉包 $\overline{T}$ が自己共役であるとき，$T$ は**本質的に自己共役**であるという．

**命題 I.8** 対称作用素 $T$ が本質的に自己共役ならば，$T$ はただ一つの自己共役拡大をもち，それは $\overline{T}$ に等しい．

対称作用素 $T$ に対して，$D(T)$ に含まれる稠密な部分空間 $D$ があって，$T \upharpoonright D$ が本質的に自己共役であるとき，$T$ は **$D$ 上で本質的に自己共役**であるという．

---
[4] 文献によっては，正という場合もある．

## I.6 スペクトル測度，作用素解析，スペクトル定理

### I.6.1 スペクトル測度

複素ヒルベルト空間 $\mathcal{H}$ 上の正射影作用素[5]の全体を $\mathfrak{P}(\mathcal{H})$ とし，$d$ 次元ユークリッド空間 $\mathbb{R}^d$ $(d \in \mathbb{N})$ のボレル集合全体を $\mathfrak{B}^d$ とする．$\mathbb{R}^d$ から $\mathfrak{P}(\mathcal{H})$ への写像 $E : \mathbb{R}^d \to \mathfrak{P}(\mathcal{H})$，すなわち，各ボレル集合 $B \in \mathfrak{B}^d$ に対して，$\mathcal{H}$ 上の正射影作用素 $E(B) \in \mathfrak{P}(\mathcal{H})$ をただ一つ定める対応が次の二つの性質を満たすとき，$E$ を $d$ 次元スペクトル測度または $d$ 次元の単位の分解という[6]：

(E.1) $E(\mathbb{R}^d) = I$ ($\mathcal{H}$ 上の恒等作用素)，$E(\emptyset) = 0$．

(E.2) $B_n \in \mathfrak{B}^d$ $(n \in \mathbb{N})$ が互いに素なボレル集合（すなわち，$n \ne m$ ならば $B_n \cap B_m = \emptyset$）ならば，$\sum_{n=1}^{\infty} E(B_n)\Psi = E(\bigcup_{n=1}^{\infty} B_n)\Psi$ $(\forall \Psi \in \mathcal{H})$．

(E.1), (E.2) から次の性質が導かれる：

(E.3) 任意の $B_1, B_2 \in \mathfrak{B}^d$ に対して

$$E(B_1)E(B_2) = E(B_1 \cap B_2) = E(B_2) \cap E(B_1).$$

特に，$E(B_1)$ と $E(B_2)$ は可換である．

また，$A \subset B, A, B \in \mathfrak{B}^d$ ならば $E(A) \le E(B)$ が成り立つ（単調増加性）．

**命題 I.9** $E : \mathfrak{B}^d \to \mathfrak{P}(\mathcal{H})$ とし，任意の $\Psi \in \mathcal{H}$ に対して，対応：$\mathfrak{B}^d \ni B \mapsto \|E(B)\Psi\|^2$ は $(\mathbb{R}^d, \mathfrak{B}^d)$ 上の測度で，$\|E(\mathbb{R}^d)\Psi\|^2 = \|\Psi\|^2$ を満たすとする．このとき，$E$ は $d$ 次元スペクトル測度である．

$E(B) = I$ となる最小の閉集合 $B \subset \mathbb{R}^d$ をスペクトル測度 $E$ の台 (support) と呼び，$\mathrm{supp}\, E$ で表す．

$E : \mathfrak{B}^d \to \mathfrak{P}(\mathcal{H})$ を $d$ 次元スペクトル測度としよう．このとき，各 $\Psi \in \mathcal{H}$ に対して

$$\mu_\Psi(B) := \langle \Psi, E(B)\Psi \rangle = \|E(B)\Psi\|^2 \quad (B \in \mathfrak{B}^d)$$

---

[5] $P \in \mathfrak{B}(\mathcal{H})$ が $P^* = P$ （自己共役性），$P^2 = P$ （冪等性）を満たすとき，$P$ を正射影作用素という．
[6] 正射影作用素値測度 (projection-valued measure) ともいう．

とおくと，$\mu_\Psi$ は可測空間 $(\mathbb{R}^d, \mathfrak{B}^d)$ 上の有界測度であり，任意の $B \in \mathfrak{B}^d$ に対して
$$\mu_\Psi(B) \leq \mu_\Psi(\mathbb{R}^d) = \|\Psi\|^2$$
が成り立つ．また，任意の $\Psi, \Phi \in \mathcal{H}$ に対して，$\langle \Psi, E(\cdot)\Phi \rangle$ は $\mathfrak{B}^d$ 上の複素数値加法的集合関数を与える．$\mathbb{R}^d$ 上のボレル可測関数 $f$ に対して，この加法的集合関数に関するルベーグ–スティルチェス積分[7]を $\int_{\mathbb{R}^d} f(\lambda)\,\mathrm{d}\langle \Psi, E(\lambda)\Phi \rangle$ と記す（もちろん，積分が存在するときのみ）．正射影作用素の冪等性により $\|E(B)\Psi\|^2 = \langle \Psi, E(B)\Psi \rangle$ であるので，$\Phi = \Psi$ の場合に対するいまの積分を $\int_{\mathbb{R}^d} f(\lambda)\,\mathrm{d}\|E(\lambda)\Psi\|^2$ というふうにも書く．

## I.6.2 作用素解析

$\mathbb{R}^d$ 上の任意のボレル可測関数 $f$ に対して，$\mathcal{H}$ 上の線形作用素 $T_E(f)$ で
$$D(T_E(f)) = \left\{ \Psi \in \mathcal{H} \,\middle|\, \int_{\mathbb{R}^d} |f(\lambda)|^2\,\mathrm{d}\|E(\lambda)\Psi\|^2 < \infty \right\} \tag{I.1}$$
かつすべての $\Psi \in D(T_E(f))$ と $\Phi \in \mathcal{H}$ に対して
$$\langle \Phi, T_E(f)\Psi \rangle = \int_{\mathbb{R}^d} f(\lambda)\,\mathrm{d}\langle \Phi, E(\lambda)\Psi \rangle \tag{I.2}$$
を満たすものがただ一つ存在する．この作用素 $T_E(f)$ を記号的に $T_E(f) = \int_{\mathbb{R}^d} f(\lambda)\,\mathrm{d}E(\lambda)$ と表す．

対応：$T_E : f \to T_E(f)$ は，$\mathbb{R}^d$ 上のボレル可測関数の全体から $\mathcal{H}$ 上の線形作用素の空間への写像——作用素値汎関数——を定める．この写像は一連の法則性をもつ[8]．この種の写像についての解析あるいはその結果の総体を**作用素解析** (operational calculus, functional calculus) という．次の事実は基本的である：

**定理 I.10**

(i) $f$ が有界ならば，$D(T_E(f)) = \mathcal{H}$ であり，$T_E(f)$ は有界である．

---
[7] 伊藤清三『ルベーグ積分入門』（裳華房，1974）の §20 を参照．
[8] 詳しくは，拙著『ヒルベルト空間と量子力学』（共立出版，1997）の 3 章を参照．

(ii) $f$ が実数値連続関数ならば，$T_E(f)$ は自己共役である．

(iii) $|f(\lambda)| = 1$ ($\forall \lambda \in \mathbb{R}^d$) ならば，$T_E(f)$ はユニタリである．

## I.6.3 スペクトル定理

ヒルベルト空間 $\mathcal{H}$ 上の任意の自己共役作用素 $A$ に対して，1 次元のスペクトル測度 $E_A$ がただ一つ存在して

$$A = \int_\mathbb{R} \lambda \, dE_A(\lambda)$$

と表される（**スペクトル定理**）．$E_A$ は $A$ の**スペクトル測度**と呼ばれる．$A$ のスペクトルと $E_A$ の台は等しい：

$$\sigma(A) = \operatorname{supp} E_A. \tag{I.3}$$

自己共役作用素 $A$ と $\mathbb{R}$ 上の任意のボレル可測関数 $f$ に対して，作用素

$$f(A) := T_{E_A}(f) = \int_\mathbb{R} f(\lambda) \, dE_A(\lambda)$$

が定義される．対応 $f : A \to f(A)$ は，$\mathcal{H}$ 上の自己共役作用素の集合から $\mathcal{H}$ 上の線形作用素の空間への写像を与える．

任意の $t \in \mathbb{R}$ に対して，$f_t(\lambda) := e^{-it\lambda}$ ($\lambda \in \mathbb{R}$) によって定義される関数 $f_t$ は $|f_t(\lambda)| = 1$ を満たすので，定理 I.10 (iii) によって，$f_t(A)$ はユニタリであり，このユニタリ作用素を $e^{-itA}$ と記す．

$$e^{-itA} := f_t(A) = \int_{\mathbb{R}^d} e^{-it\lambda} \, dE_A(\lambda).$$

## I.7 自己共役作用素の強可換性

$\mathcal{H}$ で働く二つの自己共役作用素 $S, T$ について，それらのスペクトル測度が可換のとき，すなわち，すべての $J_1, J_2 \in \mathbf{B}^1$ に対して，$[E_S(J_1), E_T(J_2)] = 0$ が成立するとき，$S$ と $T$ は**強可換** (strongly commuting) であるという．

$\mathcal{H}$ 上の $N$ 個の自己共役作用素 $A_1, \ldots, A_N$ の任意の二つ $A_j, A_k$ ($j \neq k$) が強可換であるとき，$(A_1, \ldots, A_N)$ は**強可換**であるという．

## I.7. 自己共役作用素の強可換性

**命題 I.11** $S, T$ を $\mathcal{H}$ 上の強可換な自己共役作用素とする．このとき，$T$ と $S$ は可換である．

**注意 I.12** $S, T$ が非有界の場合，上の命題の逆は一般には成立しない．

$\mathcal{H}$ をヒルベルト空間，$A_1, \ldots, A_N$ を $\mathcal{H}$ 上の自己共役作用素とし，これらの組 $A = (A_1, \ldots, A_N)$ $(N \geq 2)$ は強可換であると仮定する．このとき，$N$ 次元スペクトル測度 $E_A$ で，すべての $J_k \in \mathfrak{B}^1$ $(k = 1, \ldots, N)$ に対して

$$E_A(J_1 \times \cdots \times J_N) = E_{A_1}(J_1) \cdots E_{A_N}(J_N)$$

を満たすものがただ一つ存在する．これを $E_A = E_{A_1} \times \cdots \times E_{A_N}$ と記し，$A_1, \ldots, A_N$ の**結合スペクトル測度**または**直積スペクトル測度**と呼ぶ．$E_A$ を用いると

$$A_j = \int_{\mathbb{R}^N} \lambda_j \, dE_A(\lambda)$$

と表される $(\lambda = (\lambda_1, \ldots, \lambda_N) \in \mathbb{R}^N)$．

任意のボレル可測関数 $f \colon \mathbb{R}^N \to \mathbb{C}$ に対して，線形作用素

$$f(A_1, \ldots, A_N) := \int_{\mathbb{R}^N} f(\lambda) \, dE_A(\lambda)$$

が定義される．

**定理 I.13**

(i) $f$ が実数値連続関数ならば $f(A_1, \ldots, A_N)$ は自己共役であり，各 $A_j$ と強可換である．

(ii)（**作用素解析のユニタリ共変性**）任意のユニタリ変換 $U \colon \mathcal{H} \to \mathcal{K}$（ヒルベルト空間）と任意のボレル可測関数 $f \colon \mathbb{R}^N \to \mathbb{C}$ に対して

$$U f(A_1, \ldots, A_N) U^{-1} = f(U A_1 U^{-1}, \ldots, U A_N U^{-1}).$$

スペクトル測度 $E_A$ の台 $\operatorname{supp} E_A$ を強可換な自己共役作用素 $A_1, \ldots, A_N$ の**結合スペクトル** (joint spectrum) といい，$\sigma_\mathrm{J}(A)$ で表す：

$$\sigma_\mathrm{J}(A) := \operatorname{supp} E_A.$$

# 索引

■記号・数式先頭索引
$\langle \cdot, \cdot \rangle$, 2
$\langle \cdot, \cdot \rangle_{V_\mathrm{M}}$, 182
$\langle \cdot, \cdot \rangle_{\mathcal{H}}$, 347
$\|\cdot\|$, 2
$\|\cdot\|_{\mathcal{H}}$, 347
$\bigwedge^2(V_\mathrm{E}^d)$, 41
$\bigwedge^p(\mathsf{V})$, 482
$\bigwedge_{i=1}^p u_i$, 483
$\bigvee^p(\mathsf{V})$, 482
$\bigvee_{i=1}^p u_i$, 483
$\bigotimes^p \mathsf{V}$, 481
$\bigotimes^p \mathsf{V}^*$, 481
$\bigotimes_{i=1}^p \phi_i$, 481
$\bigotimes^p \mathsf{V}$ の計量, 485
$u \times v$, 486
□, 494
∗ 環, 443
∗ 代数, 443
∗ 同型写像, 443
∗ 部分代数, 443
$\alpha$ 粒子, 416
$\Lambda$-対称性, 202
$\Lambda$-不変, 202
$\mu$ 中間子, 221
$\mu$-ニュートリノ, 221
$\pi^+$ 中間子, 221
$\pi$ 中間子, 416
$\varrho(T)$, 507
$\sigma(T)$, 507
$\sigma_\mathrm{c}(T)$, 507
$\sigma_\mathrm{p}(A)$, 449
$\sigma_\mathrm{p}(T)$, 507
$\sigma_\mathrm{r}(T)$, 508
$\omega$-直交する, 162
$\omega$-直交補空間, 162
1 次形式, 449
1 次元ユニタリ群, 325
1 対 1, 433
1 パラメーター自己同型群, 426
1 パラメーター変換群, 439
2 階反対称反変テンソル場, 236
2 次元回転群, 67
2 次元特殊直交群, 67
2 次元特殊ユニタリ群, 393
3 角不等式, 463
4 次元ミンコフスキー時空, 183

■欧文先頭索引
$a$-並進対称, 240
$A$ の対称性, 60

## 索引

$a$ 方向の並進対称性, 240
$a$ 方向への全運動量保存則, 119
$\mathbb{C}$, 87
$C([a,b];\Omega)$, 84
$C^*$ 環, 426
$C^*$ 代数, 426
$C_0^\infty([a,b];\Omega)$, 85
$C_0^\infty(\mathbb{R})$, 86
$C_0^\infty(\mathbb{R}^{d+1};\mathbb{R}^N)$, 292
$C_0^\infty(\mathbb{R}^n)$, 292
$C_0^\infty(\mathbb{R}^n;\mathbb{R})$, 292
$C^n([a,b];\Omega)$, 84
$C_{P,0}^n([a,b];\mathcal{E}_N)$, 90
$C_\mathbb{R}[a,b]$, 86
$C_{\mathbb{R},0}^\infty(a,b)$, 86
CCR のシュレーディンガー表現, 393
$(d+1)$ 次元運動量ベクトル, 222
$(d+1)$ 次元加速度ベクトル, 215, 253
$(d+1)$ 次元速度ベクトル, 215, 253
$(d+1)$ 次元的線形斥力, 225
$(d+1)$ 次元的発散, 262
$(d+1)$ 次元的力場, 222, 237
$(d+1)$ 次元電流保存則, 259
$(d+1)$ 次元電流密度, 258
$(d+1)$ 次元ベクトルポテンシャル, 257
$(d+1)$ 次元ミンコフスキー空間, 460
$(d+1)$ 次元ローレンツ群, 438
$D\Phi(\gamma)$, 91
$\det A$, 449, 484
$df$, 471
$\operatorname{div} u$, 475
$d$ 次元調和振動子, 25, 394
$d$ 次元的運動量, 226
$d$ 次元的加速度, 228
$d$ 次元的力, 228
$d$ 次元的ベクトルポテンシャル, 271
$d$ 次元電荷密度, 258

$d$ 次元電流密度, 258
$D$ 上のベクトル場, 466
$\mathbb{E}^3$, 2
$\mathbb{E}^d$, 2, 460
$\mathcal{E}_N$, 29
$\mathcal{F}_d$, 349
$f$-対称, 60
$f$ によって生成される変換群, 60
$f$-不変, 60
$\operatorname{GL}(d+1,\mathbb{R})$, 187
$\mathfrak{gl}(V)$, 440
$\operatorname{GL}(V_E^d)$, 67
GNS 構成法, 430
GNS 表現, 430
GNS 表現の一意性, 430
$\operatorname{grad} f$, 472
$\operatorname{grad} V$, 35
$G$ 関係, 434
$G$-対称性, 60
$\mathbb{I}$ の $a$ による並進, 62
$\mathbb{K}$, 87
$\mathbb{K}^n$, 87
$\ker A$, 447
$\mathcal{L}(d+1)$, 186
$\mathsf{L}(\mathsf{V})$, 438, 440
$\mathsf{L}(\mathsf{V},\mathsf{W})$, 447
$L^2(\mathbb{R}^d)$, 348
$L_{\text{loc}}^1(\mathbb{R}^{d+1})$, 292
$L_{\text{loc}}^2(\mathbb{R}^d)$, 387
$\mathcal{L}_M$, 201
$L_V$, 101
$L$ に同伴するエネルギー, 98
$\operatorname{Map}(\mathbb{I},V_E^d)$, 61
$\mathcal{M}^{d+1}$, 189, 209, 460
$M_F$, 505
$\mathcal{M}^n$, 183
$M$ 上のラグランジュ系, 132

$n$ 次元アファイン空間, 72
$n$ 次元回転群, 438
$n$ 次元直交群, 438
$n$ 次元特殊ユニタリ群, 438
$n$ 次元ユニタリ群, 438
$n$ 次元ラプラシアン, 476
$N$ 次の対称群, 411
$N$ 重対称テンソル積, 415
$N$ 重反対称テンソル積, 415
$N$ 成分実ベクトル場, 291
$N$ 成分複素ベクトル場, 291
$N$ 成分ベクトル場, 291
$n$ 体系, 2
$N$ 体系のハミルトン方程式, 148
$n$ 点系, 1
$N$ 点系における力学的エネルギー保存則, 41
$N$ 点系の位置ベクトル, 31
$N$ 点系の重心, 30
$N$ 点系の状態空間, 32
$N$ 点系の速度ベクトル, 31
$N$ 粒子部分空間, 418
$n$ 量子状態, 396
$\mathrm{O}(V_\mathrm{E}^d)$, 71
$\mathrm{O}^*$ 代数, 426
$\mathcal{P}_\mathrm{M}$, 207
$p$ 階共変テンソル, 481
$p$ 階対称共変テンソル, 482
$p$ 階対称テンソル, 482
$p$ 階対称反変テンソル, 482
$p$ 階反対称共変テンソル, 482
$p$ 階反対称共変テンソル場, 489
$p$ 階反対称テンソル, 482
$p$ 階反対称反変テンソル, 482
$p$ 階反変テンソル, 481
$p$-形式, 489
$p$ 次微分形式, 489

$p$ 重対称テンソル積, 482
$p$ 重反対称テンソル積, 482
$\mathbb{R}$, 87
$\mathbb{R}^{1,d}$, 183, 314
$\mathbb{R}^{d+1}$, 183
$R(\theta)$, 67
$\mathrm{Ran}(A)$, 447
$\mathrm{rot}\, u$, 487
$\mathrm{SO}(2)$, 67
$\mathrm{SO}(3)$, 406
$\mathrm{SO}(V_\mathrm{E}^d)$, 71
$\mathfrak{S}_p$, 482
$\mathrm{SU}(2)$, 393, 406
$\mathfrak{su}(2)$, 441
$\mathrm{SU}(n)$ のリー代数, 440
$\mathrm{supp}\, \mu$, 359
$\mathrm{tr}\, A$, 449
$T$-対称, 68
$T$-変換, 67
$\mathrm{U}(1)$, 325
$\mathrm{U}(1)$ ゲージ変換, 328
$\mathrm{U}(1)$ 対称性, 326
$\mathrm{U}(n)$ のリー代数, 440
$\mathsf{V}^*$, 450, 481
$V_\mathrm{E}^d$, 2, 3
$(V_\mathrm{E}^d)^N$, 29
$V_\mathrm{E}^d$ 上の並進群, 61
$V_\mathrm{M}$, 182
$V$ から定まる $N$ 点系のラグランジュ関数, 103
$\mathsf{W}$ 値ベクトル場, 466
$y$ 方向に微分可能, 470
$y$ 方向の微分係数, 470
$y$ 方向への方向微分, 474
$\mathbb{Z}$, 60
$\mathbb{Z}_+$, 382

## 索引

■和文索引

●あ行

アインシュタインの規約, 189
アファイン空間, 71, 451
アファイン写像, 453
アファイン性, 453
アファイン同型, 453
アファイン変換, 76, 453
アーベル群, 437
イオン, 388
生き残り確率, 421
位相, 22, 329
位相空間, 22, 161
位置, 3
位置 $\mathbf{x}(t)$ までの距離, 3
位置エネルギー, 36, 41
位置作用素, 353, 373
位置の瞬間変化率, 4
位置の初期値, 5
位置ベクトル, 3, 452
一粒子ヒルベルト空間, 417
一般化運動量, 97, 102, 155
一般化座標, 99
一般化された意味でのエネルギー保存則, 98
一般化された力, 115
一般化されたハイゼンベルクの不確定性関係, 372
一般化されたラプラシアン, 356
一般化されたリウヴィルの定理, 173
一般行列群, 438
一般線形群, 66, 67, 438
一般ハミルトン方程式, 172
一般ラグランジュ方程式, 115
因果的, 19
因果律, 19
引力, 9

ヴァイル関係式, 401
ヴァイル表現, 402
上に有界, 89, 509
運動, 3, 210
運動エネルギー, 35, 230
運動曲線, 3, 124, 209
運動の $T$-対称性, 69
運動の空間反転対称性, 70
運動の相対性, 2
運動量, 16
運動量作用素, 361
運動量の定理, 33
運動量表示のヒルベルト空間, 348
運動量保存則, 33
エネルギー, 34
エネルギー・運動量テンソル, 334
エネルギー運動量ベクトル, 230
エネルギー・運動量保存則, 235
エネルギー運動量保存則, 239
エネルギー固有状態, 352
エネルギーの定理, 35
エネルギー保存則, 36, 175
エルミート性, 455
円錐曲線, 53
オイラー–ラグランジュ方程式, 97, 297, 308
大きさ, 7
小澤の不等式, 373
オブザーヴァブル, 352

●か行

開球, 465
解空間, 61
開集合, 22, 465
階数1のスピノール, 404
外積, 483
回転, 272, 487
回転群, 71

回転対称, 10, 71
外微分作用素, 237, 491
外部自由度, 385
外力, 29
ガウスの法則, 270
可換, 437, 506
可換群, 437
可換ゲージ場の理論, 343
可換な物理量の極大な組, 358
核, 447
角運動量, 42
角運動量代数, 392
角運動量保存則, 44
角運動量リー代数, 392
角振動数, 27
角速度, 47
拡大, 506
拡大定理, 506
拡張された意味での運動量, 16
確率測度, 357
確率密度関数, 348, 361, 376
掛け算作用素, 375, 376, 387, 505
重ね合わせ, 263
重ね合わせの原理, 347
加速度, 5, 215
加速度ベクトル, 5
荷電物質場, 290
荷電粒子, 236, 255, 275
可閉, 506
可閉作用素, 507
可約, 400
ガリレイ群, 77
ガリレイ構造, 75
ガリレイ座標変換, 80
ガリレイ時空, 75
ガリレイ変換, 76
換算質量, 25, 389

慣性, 1
慣性系, 188
慣性座標系, 188
慣性質量, 1
慣性抵抗, 126
慣性力, 126
観測量, 352
完備, 464
完備化, 465
ガンマ行列, 314
基準ベクトル空間, 72, 451
軌跡, 3
基底空間, 21, 161
基底状態, 353, 419
軌道, 3
軌道角運動量, 393
軌道角運動量作用素, 357
軌道角運動量作用素ベクトル, 356
擬ノルム, 196, 456
基本列, 464
既約, 400, 438, 442
逆元, 437
逆3角不等式, 198
逆時的, 194
逆シュヴァルツ不等式, 197
逆像, 20
逆ベキ乗の力, 13
球体が生成する万有引力, 9
強可換, 374, 512
狭義極小, 89
狭義極大, 89
強制非減衰振動, 39
強微分, 364
強微分可能, 364
共変微分, 337
共変微分作用素, 337
共役運動量, 318, 322

**520**　索　引

共役元, 443
共役作用素, 462
共役写像, 67
行列式, 449, 484
行列表示, 448
強連続1パラメーターユニタリ群, 364
極限, 463
極小, 89
極小曲線, 89
極小値, 89
局所可積分, 292
局所的ゲージ対称性, 336
局所的ゲージ不変性, 336
局所的ゲージ変換, 336
局所的ゲージ変換群, 336
局所的電荷保存則, 265
局所的な U(1) ゲージ変換, 334
局所的な第一種ゲージ変換, 334
局所的に 2 乗可積分な関数, 387
曲線, 83, 467
極大, 89
極大曲線, 89
極大値, 89
極値, 89
極値曲線, 93
巨視的運動, 3
巨視的現象空間, 2, 73
虚部, 304
許容する, 116
虚粒子, 253
近傍, 465
空観, 365
空間座標, 190
空間軸, 190
空間成分, 78, 190
空間的, 210
空間的運動, 252

空間的距離, 75
空間的双曲的超曲面, 203
空間的操作 $T$ に関する運動の対称性, 69
空間的速度ベクトル, 216
空間的速さ, 216
空間的ベクトル, 193
空間的領域, 194
空間反転, 69
空間反転群, 69
空間反転対称, 69
クライン–ゴルドン作用素, 313
クライン–ゴルドン–マクスウェル程式, 341
グラディエント, 472
グラフ, 62
クリフォード代数, 315
グロス–ピタエフスキーの方程式, 313
クロネッカーデルタ, 175
クーロン条件, 285
クーロン電場, 286
クーロンポテンシャル, 286
群, 437
群同型, 438
形而上的次元, 365
計量, 455
計量アファイン空間, 2
計量行列, 183
計量同型, 458
計量同型写像, 458
計量の連続性, 466
計量ベクトル空間, 455
計量ベクトル空間に関する同型定理, 458
ゲージ化, 336
ゲージ関数, 282
ゲージ対称性, 283

ゲージ対称性の原理, 342
ゲージ的置き換え, 336
ゲージ場, 336
ゲージ場の理論, 336
ゲージ不変性, 283
ゲージ変換, 282
ゲージ変換群, 283
結合スペクトル, 513
結合スペクトル測度, 374, 375, 513
結合的代数, 442
ケプラーの第1法則, 55
ケプラーの第2法則, 55
ケプラーの第3法則, 55
原子, 345
原子核, 221
現象的多重性, 346
原像, 20
光円錐, 194
光円錐ベクトル, 193
交換子, 440, 505
広義回転, 70
広義回転群, 71
広義回転対称, 71
光子, 221, 235, 416
光錐, 194
合成系, 409
合成力, 7
拘束運動, 122
拘束系, 122
光速度不変の原理, 190
光的, 210
光的な運動, 249
光的ベクトル, 193
光的粒子, 250
恒等写像, 433
勾配, 58, 472
勾配ベクトル, 472

勾配ベクトル場, 472
合力, 7
公理論的量子力学, 346
コーシー列, 464
古典電磁気学, 256
古典電磁気学の基礎方程式, 258
古典電磁気学のゲージ対称性, 283
古典場, 289
古典物質場, 290
固有空間, 449
固有時反転, 248, 277
固有時表示, 214
固有状態, 352
固有値, 449
固有ベクトル, 449
混合, 431
混合状態, 431

●さ行
再帰定理, 147
最小曲線, 89
最小–最大原理, 420
最小値, 89
最大曲線, 89
最大値, 89
最低エネルギー, 352
座標, 122
座標系, 122
座標系の変換, 447
座標系の変換行列, 446
座標時間, 190
座標表示, 78, 261, 445
座標表示のヒルベルト空間, 348
左右対称性, 59
作用, 103
作用積分, 95, 103, 295, 306
作用素 $C^*$ 環, 426
作用素 $C^*$ 代数, 426

作用素解析, 511
作用素解析のユニタリ共変性, 513
作用素ノルム, 506
作用素ベクトル, 356
作用点, 7
作用汎関数, 95, 103, 131, 295, 304
作用・反作用の法則, 8, 23
残存確率, 421
散乱, 235
時間 $a$ の並進, 62
時間間隔, 72
時間区間, 3, 65
時間軸, 3, 78, 190
時間成分, 78, 190
時間的, 210
時間的可逆性, 66
時間的双曲的超曲面, 202
時間的等速直線運動, 224
時間的ベクトル, 193
時間的領域, 193
時間発展, 363, 425
時間発展作用素, 364
時間反転, 64, 65, 421
時間反転群, 65
時間反転対称性, 66
時間並進群, 62
時間並進対称性, 63
時空座標, 191, 290
時空的直線運動, 193, 212
次元定理, 45, 448
自己共役, 508
自己共役拡大, 509
自己共役元, 443
自己共役作用素, 352, 508, 512
自己共役性の問題, 386
自己共役表現, 379, 392
仕事, 33

自己同型写像, 425, 443
事象, 72
自然な計量, 462
下に有界, 89, 509
実一般線形群, 187
実クライン–ゴルドン場, 298
実クライン–ゴルドン方程式, 298
実計量ベクトル空間, 455
実スカラー場, 292, 470
実線形汎関数, 450
質点, 1
質点系, 2
実内積空間, 456
実場, 291
実場のエネルギー保存則, 319
実ヒルベルト空間, 464
実部, 304
実リー環, 440
実リー代数, 440
実粒子, 254
質量, 1
質量中心, 24, 30
質量密度, 9, 14
始点, 212, 467
磁場, 255, 256, 271
自発的対称性の破れ, 309
射影, 20
射影仮説, 358
射影空間, 350
弱交換子, 371
弱正準交換関係, 372
弱ハイゼンベルク方程式, 369
斜交座標系, 187, 445
射線, 350, 365
シュヴァルツの不等式, 463
自由運動, 16, 224
周期, 26

周期運動, 131
自由質点, 17
重心, 24
重心に対する質点の相対運動, 24
収束, 463
収束列, 463
終点, 212, 467
自由度 $f$ の正準交換関係, 379
自由度 $f$ の正準交換関係の表現, 379
自由なクライン–ゴルドン方程式, 299
自由な実クライン–ゴルドン場, 299
自由なシュレーディンガー作用素, 356
自由な相対論的実スカラー場, 299
自由な相対論的複素スカラー場, 309
自由なディラック場, 315
自由なディラック方程式, 315
自由な電磁ポテンシャル, 260
自由なド・ブロイ場, 311
自由なド・ブロイ方程式, 311
自由な複素クライン–ゴルドン場, 309
自由ハミルトニアン, 356
自由粒子, 353
自由粒子の運動量, 353
重力加速度, 15
縮退, 353, 449
寿命, 221
シュレーディンガー作用素, 387
シュレーディンガー場, 312
シュレーディンガー表現, 381
シュレーディンガー描像, 368
巡回表現, 428
巡回ベクトル, 428
循環座標, 114
順時的, 194
純粋状態, 431
準同型写像, 437, 441
商集合, 435

状態, 19, 425
状態関数, 311
状態曲線, 19
状態空間, 19, 131, 137, 350
状態の収縮, 363
状態の相等原理, 347, 350
状態のヒルベルト空間, 347
状態ベクトル, 347
衝突, 235
衝突実験, 235
消滅作用素, 396
剰余スペクトル, 508
初期時刻, 5, 19
初期状態, 19
初期値, 18, 19
初期値問題, 19
自励系, 140
芯, 507
真空の誘電率, 9, 258
シンプレクティック基底, 167
シンプレクティック行列, 168
シンプレクティック形式, 162
シンプレクティック形式保存性, 169
シンプレクティック構造, 162
シンプレクティック対称, 179
シンプレクティック対称性, 178
シンプレクティック多様体, 173
シンプレクティック同型, 170
シンプレクティックベクトル空間, 162
シンプレクティック変換, 169, 176
シンプレクティック変換群, 176
推移律, 434
水素原子のハミルトニアン, 389
錐体, 196
随伴シンプレクティック変換群, 178
スカラー値関数, 470
スカラー場, 35, 291, 470

スカラー不変量, 274
スカラーポテンシャル, 271
スピノール, 404
スピノール表現, 406
スピン角運動量, 403
スピン固有状態, 403
スピンと統計の関係, 416
スペクトル, 352, 507
スペクトル測度, 357, 510, 512
スペクトル定理, 512
正規状態, 428
正規直交基底, 459
正規直交系, 458
正規直交座標系, 459
制限, 506
静止, 220
静止エネルギー, 231, 235
静止質量, 232
静止重力, 14
正射影作用素, 510
正射影作用素全体, 357
正射影作用素値測度, 510
正準エネルギー運動量ベクトル, 239, 276
正準基底, 167
正準交換関係, 355
正準座標, 172
正準双対基底, 167
正準同型写像, 462
正準変換, 169, 176
正準量子化, 355
生成作用素, 396
生成される $*$ 代数, 443
生成される代数, 442
生成される部分空間, 445
正値性, 425
正定値, 456

正定値性, 463
正の元, 485
成分表示, 261, 445
世界線, 209
世界点, 72
積, 439, 505
積演算, 439
斥力, 9
接空間, 21, 32, 123, 452
接束, 21
接バンドル, 21, 32, 131
接ベクトル, 123, 452, 468
ゼノンの「パラドックス」, 424
全 $(d+1)$ 次元運動量, 235
全 $(d+1)$ 次元運動量保存則, 235
遷移確率, 421
遷移する確率, 363
全運動量, 39
全運動量保存則, 40
全エネルギー, 36, 57
全エネルギー関数, 57
全角運動量, 48, 58
線形クライン–ゴルドン方程式, 298
線形座標系, 187, 445
線形作用素, 438
線形振動, 140
線形性, 455
線形汎関数, 72, 449
線形汎関数の表現定理, 461
線形復元力, 25, 39
全射, 433
全単射, 433
全電荷, 265, 328
全電荷保存則, 265
前ヒルベルト空間, 456
全フォック空間, 418
全変換群, 60, 439

相運動, 19
双曲角, 199
双曲線, 53
相曲線, 19
双曲線運動, 225
双曲線正弦関数, 186
双曲線余弦関数, 186
双曲的超曲面, 202
相空間, 19, 32, 137
相速度, 19
相速度ベクトル場, 19
相対運動, 25
相対的位置ベクトル, 24, 25
相対論的実スカラー場, 297, 320
相対論的自由粒子, 300
相対論的な古典場, 290
相対論的複素スカラー場, 308
相対論的補正, 279
双対基底, 450
双対基底の間の変換則, 450
双対空間, 450
双対シンプレクティック基底, 167
双対ベクトル, 188
相点, 19
速度, 4, 215
速度の瞬間変化率, 5
速度の初期値, 6
速度ベクトル, 4, 124
束縛運動, 122
束縛ベクトル, 21, 452, 468
束縛力, 125
素粒子, 221, 235, 289, 345
素粒子の標準模型, 343

●た行
台, 359, 504
第 0 成分, 226
第 1 積分, 57

第 1 変分, 91
第 $i$ 座標軸, 446
第一種ゲージ不変性, 329
第一種ゲージ変換, 328
対応原理, 355
大局的時間並進対称性, 64
大局的な U(1) ゲージ変換, 334
大局的な第一種ゲージ変換, 334
対称, 462, 482, 508
対称化作用素, 414
対称群, 60
対称作用素, 508, 509
対称状態関数, 415
対称性, 59, 455
対称表現, 379
対称フォック空間, 418
対称律, 434
代数, 442
代数的 $p$ 重テンソル積, 481
代数的定式化, 425
代数的量子力学, 431
体積, 478
第二種ゲージ変換, 336
楕円, 53
タキオン, 253
多重度, 353, 449
多体系, 2
多体系のシュレーディンガー作用素, 388
多様体, 290
多様体上のラグランジュ力学, 132
ダランベールシャン, 262, 476, 494
ダランベールの原理, 126
ダランベール方程式, 263, 498
単位元, 437, 442
単位的代数, 442
単位の分解, 510

単位ベクトル, 458
単射, 433
単純, 449
単振動, 26
単振子, 129
値域, 433, 447
力, 7
力の重畳原理, 7
力の場, 15
力のモーメント, 43
置換作用素, 412
着力点, 7
抽象シュレーディンガー方程式, 364
抽象的な∗代数, 425
中心力場, 44
中性子, 221, 290, 388, 416
中性中間子, 301
中性のパイ中間子, 235
稠密, 465
稠密に定義されている, 368, 508
超光速, 252
超伝導現象, 417
超平面, 453
超流動, 417
調和振動子, 25
直積スペクトル測度, 513
直線運動, 44
直線座標系, 445
直和表現, 400
直交系, 458
直交する, 458
直交変換, 70, 458
直交変換群, 71
直交補空間, 459
定義域, 503
底空間, 21, 161
定常シュレーディンガー方程式, 365

底変換の行列, 446
ディラック作用素, 315, 325
ディラック場, 317
ディラック場の方程式, 341
ディラック–マクスウェル方程式, 342
定力場, 17
停留関数, 92, 294
停留曲線, 92
停留作用の原理, 104
デュボア–レイモンの補題, 87, 293
電荷, 256
展開, 445
展開係数, 445
電気的クーロン力, 9
典型的ファイバー, 21, 161
電子, 221, 255, 277, 290, 318, 388, 416
電磁現象, 256
電磁波, 221, 268
電磁場, 256, 267
電磁場テンソル, 267
電磁ポテンシャル, 257
電磁ポテンシャルの同値類, 284
電磁ポテンシャルの方程式, 301
点スペクトル, 449
テンソル積, 481
テンソル場, 291
天体表面近くにおける重力, 14
天体表面における落下運動, 38
電場, 255, 256, 270
電流, 256
点列, 463
等加速度運動, 6
導関数, 467
等距離作用素, 458
統計, 416
動径, 3

同型, 441, 458
動径 $\mathbf{x}(t)$ の長さ, 3
同型写像, 437, 441, 448
同型定理, 170
動径ベクトル, 3
同時事象, 73, 192
同時事象空間, 73
動質量, 231
同時に起こる, 73
等速円運動, 28, 48, 53
等速直線運動, 5, 30
等速度運動, 5
同値, 434
同値関係, 434
等長作用素, 458
同値類, 434
東洋哲学, 365
特殊相対性理論, 181
特殊相対論, 181
特殊相対論的運動方程式, 223, 279
特殊相対論的ハミルトニアン, 247
時計の遅れ, 221
凸線形結合, 430
ド・ブロイ場, 311
ド・ブロイ方程式, 311
ド・ブロイ–マクスウェル方程式, 342
トポロジー, 22
トレース, 440, 449

●な行
内積, 456
内積空間, 456
内積の連続性, 464
内力, 29
長さ, 470
滑らかな束縛力, 125
ナルベクトル, 193
二価表現, 406

ニュートリノ, 416
ニュートン時空, 4
ニュートンの運動方程式, 15, 101
ニュートンの第 2 法則, 16
ニュートン方程式, 15, 61
ニュートン方程式のガリレイ不変性, 81
ヌルベクトル, 193
ネーターの定理, 117
ノルムの連続性, 464

●は行
配位空間, 15, 28, 124
ハイゼンベルク型リー代数, 379
ハイゼンベルク作用素, 368
ハイゼンベルクの不確定性関係, 372
ハイゼンベルク描像, 368
ハイゼンベルク方程式, 368
パウリのスピン行列, 316, 404
パウリの排他原理, 417
波数ベクトル, 251
発散, 475
波動場, 290
波動方程式, 263, 498
波動–粒子の二重性, 345
場の位相, 329
場のエネルギー・運動量保存則, 333
場の空間的運動量, 333
ハミルトニアン, 135, 136, 148, 150, 158, 172, 247, 280, 319, 322, 352, 363, 419
ハミルトン関数, 150, 172
ハミルトン系, 136
ハミルトン相流, 138
ハミルトンの最小作用の原理, 104
ハミルトンベクトル場, 138, 172
ハミルトン方程式, 135, 136
ハミルトン密度関数, 319

速さ, 4
汎関数, 88
汎関数的導関数, 92
汎関数微分, 91, 92
反交換関係, 314
反交換子, 314
反射律, 434
反対称, 462, 482
反対称化作用素, 414
反対称状態関数, 415
反対称性, 175
反対称的内部積, 51, 236, 484
反対称フォック空間, 418
万有引力, 8, 23, 255
万有引力定数, 8
反粒子, 277
非可換ゲージ場の理論, 343
微視的対象, 345
非斉次波動方程式, 263, 498
非線形クライン–ゴルドン方程式, 298
（非線形）シュレーディンガー方程式, 312
非線形振動, 140
（非線形）ディラック方程式, 317
非相対論的極限, 229
非相対論的電子, 312
非相対論的電子場, 312
非相対論的な古典場, 290
非相対論的物質場, 310
非相対論的領域, 229
非退化, 159, 162
非退化性, 455
ヒッグス場, 309
ヒッグスポテンシャル, 309
非負, 509
微分, 471
微分可能, 293, 304, 467

微分形式, 92, 471
微分係数, 467
表現, 66, 428, 438, 441
表現空間, 438, 441
表現のヒルベルト空間, 379
標準位相, 155, 466
標準基底, 441, 459
標準的 $(d+1)$ 次元ミンコフスキーベクトル空間, 183
標準的シンプレクティック形式, 163
標準的シンプレクティック構造, 163
標準ミンコフスキー基底, 184
標準ミンコフスキーベクトル空間, 457
標準ユークリッドベクトル空間, 456
ヒルベルト空間, 464
ファイバー, 21, 131, 161
ファイバー束, 22
ファイバーバンドル, 22
フェルミオン, 416
フェルミオンフォック空間, 418
フェルミ–ディラック統計, 416
フェルミ統計, 416
フェルミ粒子, 416
フォック真空, 418
フォック表現, 383
フォン・ノイマン環, 426
フォン・ノイマン代数, 426
フォン・ノイマンの一意性定理, 402
不確定さ, 370
不可弁別性の原理, 411
複合系, 409
複素化, 442
複素クライン–ゴルドン場, 309
複素クライン–ゴルドン方程式, 309
複素計量ベクトル空間, 455
複素スカラー場, 292, 470
複素線形汎関数, 450

複素内積空間, 456
複素場, 291
複素場のエネルギー保存則, 323
複素ヒルベルト空間, 464
複素リー環, 440
複素リー代数, 440
符号, 461
符号数, 457
物質の安定性, 388
物質波, 290, 301
物体の全質量, 9
物理量, 57, 425
物理量の時間変化, 368
不定計量, 456
不定計量ベクトル空間, 456
負定値, 456
不定内積, 456
不定内積空間, 456
負のエネルギー, 249
負の元, 485
部分アファイン空間, 453
部分群, 437
部分代数, 442
プランク–アインシュタイン–ド・ブロイの関係式, 251, 300
プランク定数, 251
プランク–ディラック定数, 251
フーリエ変換, 349
フレミングの不等式, 421
分解定理, 199
分子, 345
閉, 506
閉拡大, 506
閉曲線, 467
平行移動, 62, 451
平行四辺形の法則, 7
閉作用素, 506

閉集合, 465
並進共変的, 331
閉包, 465, 507
平面, 453
平面波解, 264
ベクトル a による並進, 61
ベクトル空間に関する同型定理, 448
ベクトル状態, 427
ベクトル積, 42, 486
ベクトル束, 22
ベクトル値積分, 469
ベクトルバンドル, 22
ベクトル列, 463
ヘリウム原子, 416
変換群, 60, 439
変関数, 88
偏極恒等式, 70, 457
偏勾配, 94
偏汎関数微分, 293
偏微分作用素, 505
変分原理, 97, 243, 419
変分導関数, 91
変分方程式, 92, 294
変分法の基本補題, 87, 293
偏変分導関数, 293
ポアソン括弧, 174, 380
ポアソン方程式, 285, 495
ポアンカレ対称, 208
ポアンカレの再帰定理, 146
ポアンカレの不等式, 107
ポアンカレの補題, 281
ポアンカレ不変, 208
ポアンカレ変換, 207
ポアンカレ変換群, 208
方向エネルギー運動量保存則, 239
方向的全運動量保存則, 119
方向微分, 91

放物線, 53
ボース−アインシュタイン凝縮, 313
ボース−アインシュタイン統計, 416
ボース統計, 416
ボース粒子, 416
ボソン, 416
ボソン−フェルミオンフォック空間, 418
ボソンフォック空間, 418
保存量, 57, 98, 369
保存力, 36
ホッジのスター作用素, 274, 485
ポテンシャル, 41
ポテンシャル $V$ から定まるラグランジュ関数, 101
ポテンシャルエネルギー, 36
ポテンシャルエネルギー運動量, 239
ボルン−ハイゼンベルク−ヨルダン表現, 383
ホロノーム拘束, 128
本質的に自己共役, 509

●ま行

マクスウェル方程式, 256, 273, 287
マクローリン展開, 233
密度行列, 427
ミンコフスキー基底, 184, 460
ミンコフスキー空間, 183
ミンコフスキー計量, 183, 457, 460
ミンコフスキー内積, 457, 460
ミンコフスキーベクトル空間, 182, 460
向き, 7
向きづけ, 485
向きづけられた基底, 484
無限次元表現, 438, 441
無限自由度の量子系, 377
無限直和, 417
無発散ベクトル場, 475
面積速, 46

面積速度, 46
面積速度一定の法則, 47

●や行

ヤコビ恒等式, 175
ヤン−ミルズ理論, 343
有界, 506
有限次元表現, 438, 441
有限自由度の量子系, 377
湧出量, 475
ユークリッド空間, 460
ユークリッド内積, 456
ユークリッドベクトル空間, 459
ユニタリ作用素, 458
ユニタリ同値, 397
ユニタリ変換, 458
陽子, 221, 255, 290, 318, 388, 416
陽電子, 277
余接空間, 160
余接束, 161
余接バンドル, 161
余接ベクトル空間, 160
余微分, 492
余微分作用素, 492

●ら行

ラグランジアン, 93, 295
ラグランジュ関数, 93, 295, 306
ラグランジュ系, 93
ラグランジュ形式, 115
ラグランジュの運動方程式, 127
ラグランジュ方程式, 97, 297, 308
ラグランジュ密度関数, 295, 306
落下運動, 17
ラプラシアン, 285, 475, 493
ラプラス作用素, 475
ラプラス−ベルトラミ作用素, 493
リウヴィルの定理, 145

リー括弧積, 440
リー環, 439
力学的エネルギー, 36
力学的エネルギー保存則, 36
力積, 33
力場, 15
リー代数, 439
粒子的描像, 300
流線, 138
量子基本対称性原理, 385
量子系の物理量, 351
量子ゲージ場, 343
量子現象, 345, 346
量子ゼノン効果, 424
量子測定の理論, 373
量子的状態, 346, 347
量子的粒子, 311, 346
量子場, 92, 289, 378, 419
量子力学的状態, 346
量子力学的状態空間, 350
量子力学的ハミルトニアン, 386
類別, 435
ルジャンドル変換, 150
ルベーグ測度, 478
レゾルヴェント集合, 507
連続, 466

連続スペクトル, 507
連続の方程式, 477
連続微分可能, 468
ロバートソンの不確定性関係, 371
ローレンツ基底, 184, 460
ローレンツ行列, 185
ローレンツ群, 187
ローレンツ系, 188
ローレンツ計量, 183, 457, 460
ローレンツ座標系, 188, 190
ローレンツ座標変換, 191
ローレンツ写像, 201
ローレンツ写像群, 202
ローレンツ条件, 263, 285
ローレンツ対称, 208
ローレンツ対称性, 202
ローレンツ短縮, 219
ローレンツ内積, 457, 460
ローレンツ不変, 208
ローレンツ不変性, 201
ローレンツ変換, 201
ローレンツ変換群, 202
ローレンツ力, 279

●わ行
和, 451
湧き出しのないベクトル場, 475

著者
新井　朝雄（あらい　あさお）
北海道大学大学院理学研究院数学部門教授（1995年～）．
ストラスブール大学客員教授（1994年），ミュンヘン工科大学客員教授（1998年）．理学博士（1986年学習院大学）．

監修
荒木　不二洋（あらき　ふじひろ）
京都大学名誉教授

大矢　雅則（おおや　まさのり）
東京理科大学教授


シュプリンガー量子数理シリーズ　第3巻
物理学の数理　ニュートン力学から量子力学まで

平成24年9月14日　発　行
平成26年1月30日　第2刷発行

| | |
|---|---|
| 著　者 | 新　井　朝　雄 |
| 監　修 | 荒　木　不　二　洋 |
| | 大　矢　雅　則 |
| 編　集 | シュプリンガー・ジャパン株式会社 |
| 発行者 | 池　田　和　博 |
| 発行所 | 丸善出版株式会社 |

〒101-0051 東京都千代田区神田神保町二丁目17番
編集：電話(03)3512-3261／FAX(03)3512-3272
営業：電話(03)3512-3256／FAX(03)3512-3270
http://pub.maruzen.co.jp/

© Maruzen Publishing Co., Ltd., 2012

印刷・製本／シナノ書籍印刷株式会社

ISBN 978-4-621-06513-6 C 3042　　　　Printed in Japan

JCOPY 〈(社)出版者著作権管理機構委託出版物〉
本書の無断複写は著作権法上での例外を除き禁じられています．複写される場合は，そのつど事前に，(社)出版者著作権管理機構（電話 03-3513-6969, FAX 03-3513-6979, e-mail：info@jcopy.or.jp）の許諾を得てください．